D1996108

EUROPA LEHRMITTEL

EUROPA-FACHBUCHREIHE
für wirtschaftliche Bildung

Finanzmanagement und Allfinanzangebote

2. Auflage

Kaufm. Schulen Emmendingen
Lernmittel-Ausleihe

Schuljahr	Kl	Name
11/12	11-2	Alina Höhne
12/13	11-3	Kummm S
14/15	11/3	Seeger

Carl-Helbing-Schule
Jahnstr. 10, Emmendingen

Finanzmangement und Allfinanzangebote
2. Auflage

W05/2-30

VERLAG EUROPA-LEHRMITTEL · Nourney, Vollmer GmbH & Co. KG
Düsselberger Straße 23 · 42781 Haan-Gruiten

Europa-Nr.: 98764

Autoren:

Thomas Barnert, Freiburg

Erich Herrling, Ravensburg

Dr. Viktor Lüpertz, Freiburg

Michael Schmidt, Karlsruhe

Dietmar Zahner, Karlsruhe

Lektorat:

Erich Herrling

Das vorliegende Buch wurde auf **der Grundlage der aktuellen amtlichen Rechtschreibregeln** erstellt.

2. Auflage 2011

Druck 5 4 3 2 1

Alle Drucke derselben Auflage sind parallel einsetzbar, da bis auf die Behebung von Druckfehlern untereinander unverändert.

ISBN 978-3-8085-9877-1

Alle Rechte vorbehalten. Das Werk ist urheberrechtlich geschützt. Jede Verwertung außerhalb der gesetzlich geregelten Fälle muss vom Verlag schriftlich genehmigt werden.

© 2011 by Verlag Europa-Lehrmittel, Nourney, Vollmer GmbH & Co. KG, 42781 Haan-Gruiten
http://www.europa-lehrmittel.de

Umschlaggestaltung: Taff Stuff Media, Marcus Groß, 26629 Großefehn

Satz: Satz+Layout Werkstatt Kluth GmbH, 50374 Erftstadt
Druck: Media-Print Informationstechnologie GmbH, 33100 Paderborn

Vorwort

Diesem Lehr- und Aufgabenbuch liegen die Lehrpläne „Finanzmanagement" für das Wirtschaftsgymnasium und „Allfinanzangebote" für den Finanzdienstleistungsbereich Banken und Versicherungen in Baden-Württemberg zugrunde.

Das Fach **Finanzmanagement** ergänzt das Profil des Wirtschaftsgymnasiums in realitätsbezogenen Fragestellungen des privaten und betrieblichen Finanzmanagements. Inhaltlicher Schwerpunkt ist das private Finanzmanagement. Ausgehend von dem Lebensphasenmodell werden typische finanzielle Problemstellungen der Bereiche Risikovorsorge durch Versicherungen, Verbraucherkredite, Bausparen, Geldanlage, Immobilien und Altersvorsorge aufgegriffen. Leitgedanke ist dabei eine Problemlösung, die sich an den jeweiligen Bedürfnissen ausrichtet. Die Kenntnis der Inhalte dieses Buches trägt dazu bei, Finanzangebote kritisch zu hinterfragen und fundierte Finanzentscheidungen zu treffen. Darüber hinaus werden grundlegende Kompetenzen im betrieblichen Finanzmanagement vermittelt. Die im Profilfach Wirtschaft erworbenen Kenntnisse über betriebliche Abläufe werden um finanzwirtschaftliche Aspekte erweitert. Die Lösung finanzwirtschaftlicher Probleme verlangt die Anwendung mathematischer Verfahren. Sie werden dort eingesetzt, wo sie für Finanzentscheidungen benötigt werden.

Das Fach **Allfinanzangebote** verbreitert finanzwirtschaftliche Kenntnisse von Auszubildenden im Bank- und Versicherungsbereich insbesondere mit der Zusatzqualifikation Finanzassistent/in. Die Inhalte des Buches entsprechen bis auf das Einführungskapitel A und die Kapitel zum betrieblichen Finanzmanagement weitgehend den Anforderungen auch für dieses Fach. Ergänzungen für das Fach Allfinanzangebote sind entsprechend gekennzeichnet.

Entsprechend den Lehrplanvorgaben ist das Buch in 13 Abschnitte eingeteilt. Innerhalb dieser Abschnitte sind die Kapitel wie folgt gegliedert:

- Warum ist dieses Kapitel wichtig?
  Einführungen und Mindmaps geben einen ersten inhaltlichen Überblick und zeigen die Zusammenhänge zwischen den einzelnen Unterkapiteln auf.
- Sachdarstellung
  Die inhaltlichen Darstellungen werden durch zahlreiche Grafiken, Schaubilder und Übersichten ergänzt und veranschaulicht. Definitionen und Merksätze sind fett gedruckt und farbig unterlegt.
- Zusammenfassende Übersichten
  Die Übersichten am Ende eines jeden Kapitels dienen insbesondere der Veranschaulichung der Strukturzusammenhänge.
- Aufgaben und Probleme zur Erarbeitung und Anwendung von Wissen
  Die zahlreichen realitätsbezogenen Problemstellungen decken unterschiedliche Schwierigkeitsgrade und Anforderungsbereiche ab. Neben der Anwendung und Erschließung von thematischem Wissen ermöglichen sie auch die Einübung unterschiedlicher Arbeitstechniken und Lösungsverfahren.

Ergänzend zu diesem Lehr- und Aufgabenbuch liegt ein Lehrerhandbuch (Best.-Nr. 98887) mit ausführlichen Lösungen zu den aufgeführten Aufgaben- und Problemstellungen vor.

Verfasser und Verlag sind für Verbesserungsvorschläge dankbar (lektorat@europa-lehrmittel.de).

Die 2. Auflage wurde inhaltlich aktualisiert und im Bereich „Allfinanzangebote" inhaltlich ergänzt.

Im Oktober 2010 *Die Autoren*

Abkürzungsverzeichnis

Abs.	Absatz
AfA	Absetzung für Abnutzung
AG	Aktiengesellschaft
AHB	Allgemeine Versicherungsbedingungen für die Haftpflichtversicherung
ALV	Arbeitslosenversicherung
AO	Abgabenordnung
AVB	Allgemeine Versicherungsbedingungen
BaFin	Bundesanstalt für Finanzdienstleistungsaufsicht
BauGB	Baugesetzbuch
BauSparkG	Bausparkassengesetz
BauSparkV	Bausparkassen-Verordnung
BBR-HV	Besondere Bedingungen und Risikobeschreibungen Haftpflichtversicherung
BGB	Bürgerliches Gesetzbuch
BGB EG	Bürgerliches Gesetzbuch Einführungsgesetz
BU	Berufsunfähigkeit
bzgl.	bezüglich
bzw.	beziehungsweise
d. h.	das heißt
d. J.	des Jahres
d. V.	der/die Verfasser
dgl.	dergleichen
e.V.	eingetragener Verein
ErbStDV	Erbschaftsteuer-Durchführungsverordnung
ErbStG	Erbschaftsteuergesetz
ESt	Einkommensteuer
EStG	Einkommensteuergesetz
etc.	et cetera
EU	Europäische Union
EUR	Euro
evtl.	eventuell
EWR	Europäischer Wirtschaftsraum
EZB	Europäische Zentralbank
f.	folgende
ff.	fortfolgende
FSA	Freistellungsauftrag
GBO	Grundbuchordnung
gem.	gemäß
ggf.	gegebenenfalls
GKV	Gesetzliche Krankenversicherung
GRV	Gesetzliche Rentenversicherung
GTR	Grafikfähiger Taschenrechner
HGB	Handelsgesetzbuch
HV	Haftpflichtversicherung
i. d. R.	in der Regel
InsO	Insolvenzordnung
IPO	Initial Public Offering
K	Kapital
Kap.	Kapitel
KAP	Anlage Einkünfte aus Kapitalvermögen
KCV	Kurs-Cashflow-Verhältnis
KESt	Kapitalertragsteuer
Kfz	Kraftfahrzeug
KGV	Kurs-Gewinn-Verhältnis

KH	Kraftfahrzeughaftpflicht
KI	Kreditinstitut
KiSt	Kirchensteuer
KWG	Kreditwesengesetz
m^2	Quadratmeter
m^3	Kubikmeter
Mio.	Millionen
Mrd.	Milliarden
Nr.	Nummer
NV	Nichtveranlagung
o. Ä.	oder Ähnliches
p. a.	pro anno
p. M.	pro Monat
PAngV	Preisangabenverordnung
PflV	Pflichtversicherung
PflVG	Pflichtversicherungsgesetz
PHV	Privathaftpflichtversicherung
PIN	Persönliche Identifikationsnummer
PKV	Private Krankenversicherung
s.	siehe
s. o.	siehe oben
SF	Schadenfreiheitsklasse
SGB	Sozialgesetzbuch
SKLV	Sparer-Kassen-Leistungsverhältnis
sog.	sogenannt(e)
SolZ	Solidaritätszuschlag
StVG	Straßenverkehrsgesetz
StVO	Straßenverkehrsordnung
s. u.	siehe unten
t	Tonne
Tsd.	Tausend
u.	und
u. a.	unter anderem
u. U.	unter Umständen
USt	Umsatzsteuer
usw.	und so weiter
V	Versicherung
VAG	Versicherungsaufsichtsgesetz
v. H.	vom Hundert
VHB	Allgemeine Hausratversicherungsbedingungen
VGB	Vertragsbedingungen für Gebäudeversicherung
vgl.	vergleiche
VL	vermögenswirksame Leistungen
VN	Versicherungsnehmer
VR	Versicherer
VvaG	Versicherungsverein auf Gegenseitigkeit
VVG	Versicherungsvertragsgesetz
WHG	Wasserhaushaltsgesetz
WoP	Wohnungsbauprämie
WoPG	Wohnungsbau-Prämiengesetz
YtM	Yield to Maturity
z. B.	zum Beispiel
z. T.	zum Teil
zzt.	zurzeit

A Wirtschaftliche und rechtliche Grundlagen der privaten Finanzplanung

Warum ist dieses Kapitel wichtig? ?

Allzu häufig werden finanzielle Entscheidungen aus dem Bauch heraus getroffen und es ist nicht verwunderlich, wenn sich später herausstellt, dass dies nicht die besten Entscheidungen waren. Daher geht es in diesem Kapitel darum, Grundlagen für überlegte, planmäßige Finanzentscheidungen kennenzulernen.

Grundlage aller Entscheidungen ist, sich über die Zielsetzung im Klaren zu werden. Daher werden zunächst die Zielsetzungen der privaten Finanzplanung in den einzelnen Lebensphasen vorgestellt. Mit der Erstellung von privaten Vermögensbilanzen sowie der Einnahmen- und Ausgabenrechnung werden Instrumente vorgestellt, die die erforderlichen Daten für Entscheidungen in finanziellen Angelegenheiten liefern. Neben den persönlichen Rahmendaten sind auch die allgemeinen äußeren Bedingungen wie die gesamtwirtschaftliche Lage zu berücksichtigen. Dabei werden wirtschaftliche Aspekte ebenso wie familien-, erb- und steuerrechtliche Rahmenbedingungen behandelt.

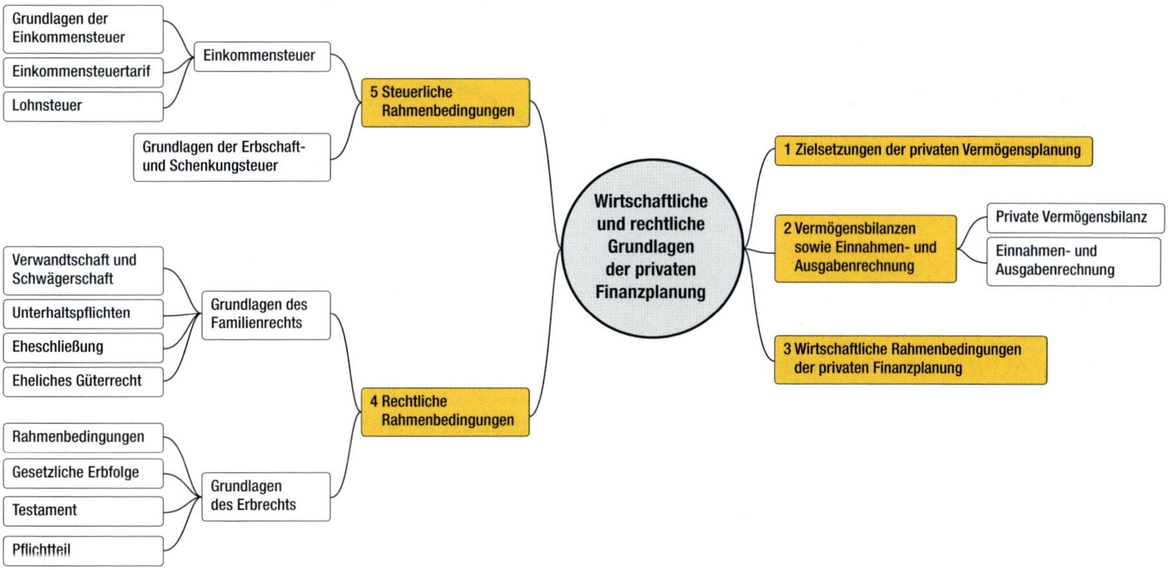

1 Zielsetzungen der privaten Vermögensplanung

Lebensphasen

Die finanzielle Situation eines privaten Haushalts ist abhängig von der Lebensphase, in der er sich befindet. !

- Für ein **Kleinkind** sparen zunächst meistens die Eltern. In der Phase des Schulbesuches geht es für Kinder darum, das Taschengeld einzuteilen und einen Teil davon für kleinere Wünsche anzusparen. In den späteren Schuljahren kann sich die Sparleistung, z. B. durch einen Nebenjob, erhöhen.
- In der Phase des **Berufseinstiegs** nehmen die Einnahmen zu. Zu diesem Zeitpunkt, gegebenenfalls etwas später, erfolgt i. d. R. beispielsweise die Anschaffung eines Autos oder der Auszug von zu Hause, sodass größere Ausgaben für die erste Wohnungseinrichtung anfallen. Manche tätigen solche Ausgaben erst, nachdem sie hierfür ausreichend Geld angespart

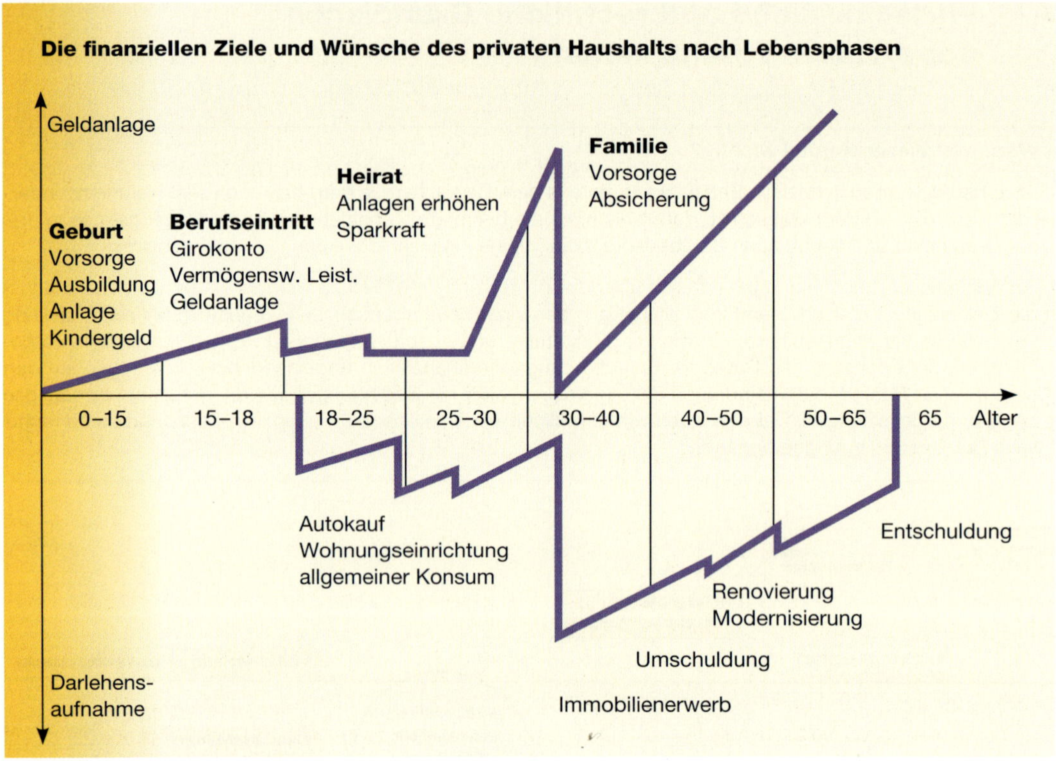

haben. Bei anderen Haushalten reicht das bisher Angesparte nicht aus, sodass zur Finanzierung dieser Konsumwünsche Kredit aufgenommen werden muss. Für diese Haushalte steht für den nächsten Zeitabschnitt dann die planmäßige Rückzahlung der Kredite an.

- In der Phase **Partnerschaft**, eventuell verbunden mit einer Heirat, ergeben sich die Hauptausgaben zunächst durch die gemeinsame Wohnungseinrichtung. Durch das gemeinsame Wohnen fällt eine Miete weg. Da in der Regel zu Beginn dieser Phase beide Partner berufstätig sind, verfügt der Haushalt in dieser Phase über eine hohe Sparkraft. Zu einem späteren Zeitpunkt, beispielsweise, wenn sich Nachwuchs ankündigt, kann der Umzug in eine größere Wohnung notwendig werden. Hierbei spielt der Gedanke an den Erwerb einer Eigentumswohnung oder eines Hauses eine große Rolle. Fast immer ist mit der Finanzierung der selbst genutzten Immobilie eine größere Darlehensaufnahme verbunden. Für die Tilgung dieser Darlehen wird häufig ein Zeitraum von 20 bis 30 Jahren benötigt.
- In der Phase **„Mitten im Leben"** geht es insbesondere um die Sicherung des Lebensstandards. Auch wird eventuell für die spätere Finanzierung der Ausbildung der Kinder angespart und bestehende Hauskredite werden getilgt. Außerdem ist diese Phase durch relativ hohe Ausgaben für aktuelle Konsumwünsche, wie die Anschaffung eines neuen Autos, eines Zweitwagens, die Finanzierung von größeren Reisen usw., geprägt. In diesem Lebensabschnitt wird gezielt Vermögen für das Alter in unterschiedlichen Formen aufgebaut. Eventuell wird für die Finanzierung einer Immobilie, die vermietet werden soll, um im Alter eine Miete als „zweite Rente" zu haben, ein Immobilienkredit aufgenommen.
- Beim Übergang in den **Ruhestand** steht mehr der „Lebensgenuss" im Vordergrund. Gegebenenfalls wird das Eigenheim verkauft und eine kleinere Eigentumswohnung erworben. Je nachdem, wie die konkrete finanzielle Situation im einzelnen Haushalt aussieht, wird in dieser Phase i. d. R. entspart, das heißt, ein Teil des angesparten Vermögens wird zur Bestreitung des Lebensunterhalts bzw. für die Anschaffung von Konsumgütern verwendet. Teilweise wird in dieser Phase auch bereits Vermögen auf die nachfolgende Generation übertragen.

Magisches Dreieck der Geldanlage

Beim **Aufbau des Vermögens** sind in jeder Lebensphase immer die finanziellen Wünsche und Ziele zu beachten. Dabei sind u. a. folgende Fragen zu berücksichtigen:

- Welcher Betrag soll angelegt werden?
- Soll regelmäßig gespart oder einmalig ein größerer Betrag angelegt werden?
- Soll kurzfristig über den Anlagebetrag verfügt werden können?
- Wie lange soll das Geld angelegt werden (Anlagehorizont)?
- Welche Rolle spielt die Sicherheit der Geldanlage?
- Welcher Ertrag soll mit der Vermögensanlage erzielt werden?

Außerdem sind jeweils die geltenden steuerlichen Rahmenbedingungen zu berücksichtigen.

Zugleich sind auch zahlreiche weitere Nebenbedingungen zu beachten, z. B., ob bereits entsprechende Absicherungen gegen bestimmte Lebensrisiken vorgenommen worden sind. Hierauf wird ausführlicher in den Kapiteln B und I eingegangen.

Bei der Anlageentscheidung spielen die mit der Geldanlage verbundenen Ziele und Wünsche eine entscheidende Rolle.

Die Hauptziele bei jeder Geldanlage sind:

- Sicherheit der Geldanlage
- Möglichkeit der Verfügung (Liquidität)
- Erzielung eines angemessenen Ertrags

Das Problem bei der Auswahl der geeigneten Anlageform besteht darin, dass es keine Anlage gibt, die diese Ziele allesamt zugleich erfüllt. Daher wird in diesem Zusammenhang auch vom **„Magischen Dreieck"** der Geldanlage gesprochen.

Das „Magische Dreieck" der Geldanlage

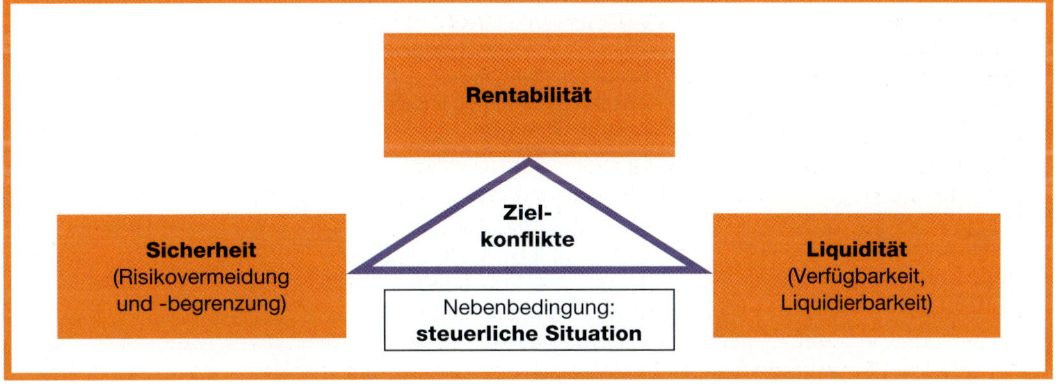

Bei den Zielen der Geldanlage handelt es sich um miteinander konkurrierende Ziele („Magisches Dreieck").

Als Beispiele für Zielkonflikte sind insbesondere die Zusammenhänge von

- Sicherheit und Rentabilität sowie
- Möglichkeit der (vorzeitigen) Verfügung (Liquidität) und Rentabilität zu nennen.

Eine hohe Rendite kann meistens nur mit einer riskanteren Geldanlage erzielt werden.

Beispiel

Hans-Jörg Sutelor legt 20.000 EUR in Aktien an, da er sich hiervon eine überdurchschnittliche Rendite erhofft. Als er nach einem Jahr den Erfolg seiner Geldanlage überprüft, stellt er erstaunt fest, dass diese Aktien nur noch 16.000 EUR wert sind.

Wenn ein Anleger jederzeit flexibel über sein angelegtes Geld verfügen möchte, muss er sich mit einer geringeren Rendite im Vergleich zu einer festen, längerfristigen Geldanlage zufriedengeben.

Beispiel

Eva-Maria Hippe möchte 5.000 EUR anlegen. Damit sie jederzeit spontan eine Karibik-Reise unternehmen kann, möchte Eva-Maria Hippe jederzeit über das Geld verfügen können. Ihr Bankberater meint, dass sie einen um 0,5 % höheren Zinssatz erzielen könnte, wenn sie auf die jederzeitige Verfügungsmöglichkeit verzichten würde.

Zusammenfassung zu Kapitel 1:
Zielsetzungen der privaten Vermögensplanung

Lebensphasen für finanzielle Entscheidungen	Beispiele für finanzielle Aktivitäten
Schulzeit	■ Sparvertrag mit Kindergeld ■ Bausparvertrag ab 16 für Wohnungsbauprämie
Berufseintritt	■ Anlage Vermögenswirksamer Leistungen (VL), z. B. auf Bausparvertrag
Berufsausübung	■ VL, Bausparen ■ Ansparen für Konsumwünsche: Auto, Wohnung, Urlaub ■ Riester-Vertrag ■ Erste Altersvorsorge
Familiengründung	■ Kredit für Wohnungseinrichtung ■ Ansparen für Immobilienerwerb ■ Anlage Kindergeld ■ Altersvorsorgeverträge
Berufliche Konsolidierung Familie	■ Immobilienerwerb mit Fremdfinanzierungsanteil ■ Zunehmende Entschuldung ■ Anlage ererbten Vermögens
Ruhestand	■ Auszahlungsplan ■ Wiederanlage der Auszahlung durch Lebensversicherung

Magisches Dreieck der Geldanlage:

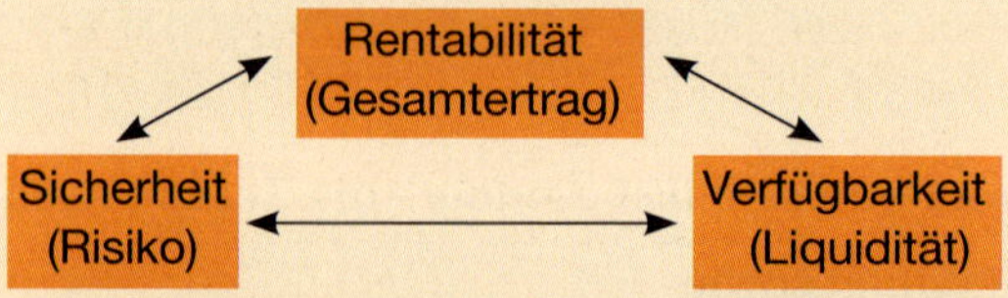

Nebenbedingung: steuerliche Situation

Aufgaben und Probleme

Kapitel 1 Zielsetzungen der privaten Vermögensplanung

1. Beschreiben Sie die finanziellen Ziele und Wünsche von privaten Haushalten in den unterschiedlichen Lebensphasen.

2. Warum wird im Zusammenhang mit den Zielen der Geldanlage auch vom „Magischen Dreieck“ gesprochen?

3. Beschreiben Sie die Zielkonflikte zwischen den Zielen
   a) Sicherheit und Rentabilität
   b) Liquidität und Rentabilität.

2 Private Vermögensbilanz sowie Einnahmen- und Ausgabenrechnung

Ein Privathaushalt ist eine Gruppe von Menschen, die gemeinsam wirtschaftet[1]. Eine solche Gruppe ist häufig eine Familie[2]. Als Haushalt gilt auch ein einzelner, sich selbst versorgender Mensch.

Wirtschaften in einem Privathaushalt bedeutet, dass der Haushalt planvoll mit seinen Einnahmen in der Weise umgeht, dass sein kurz- und langfristiger Bedarf gedeckt werden kann.

Die **Einnahmen eines Haushalts** können verwendet werden für:

- Konsum
- Risikovorsorge
- Vermögensbildung

Der Haushalt wird in diesen Bereichen kurz- und langfristige Ziele verfolgen. Die Erreichung dieser Ziele erfordert eine entsprechende Planung über die Verwendung der Einnahmen.

Beispiel

Lisa Schulte ist 30 Jahre alt und mit Jens, 32 Jahre alt, verheiratet. Sie haben eine zweijährige Tochter und möchten auch noch weitere Kinder haben. Beide sind berufstätig. Familie Schulte wohnt noch zur Miete, möchte aber, vor allem, wenn die Familie weiter wächst, eigenen größeren Wohnraum erwerben. Schultes wollen sich jedes Jahr einen schönen Urlaub leisten. Sie haben sich auch schon Gedanken gemacht, was wäre, wenn „einmal etwas passieren“ würde. Sie hoffen aber, lange zu leben und im Ruhestand ihren jetzigen, durchaus gehobenen Lebensstandard erhalten zu können.

1 Vgl. griechisch oikonomia = Haushaltung

2 Vgl. hierzu Kap. A 4.1

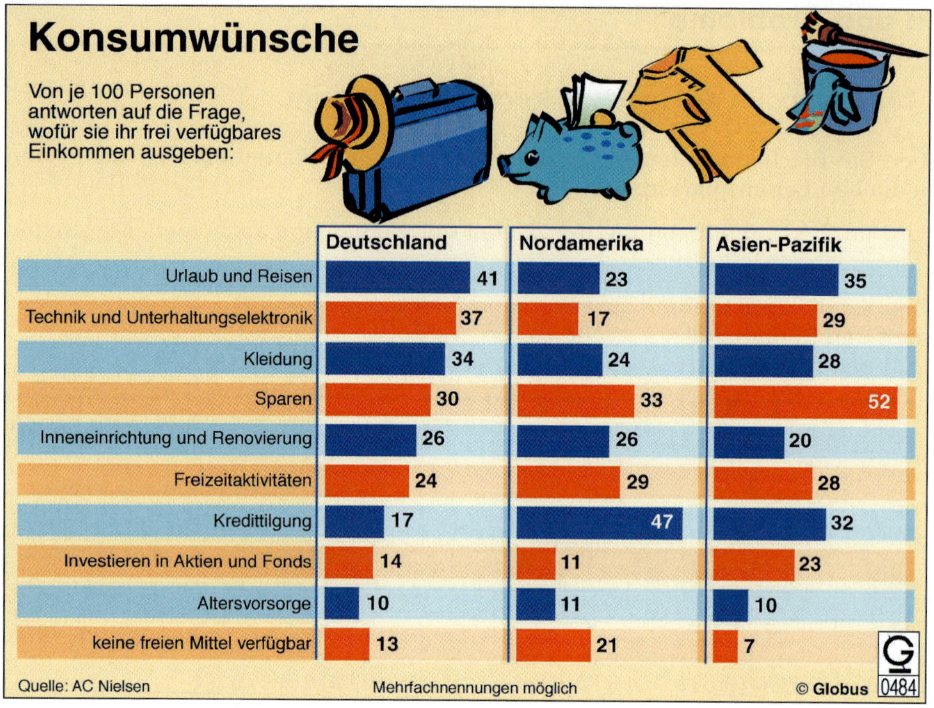

! **Ein Haushalt wird planen, in welchem Verhältnis das Einkommen für Konsumausgaben, für die notwendige Risikovorsorge und für die Vermögensbildung verwendet werden soll.**

2.1 Private Vermögensbilanz

Wie in einem Unternehmen ist es sinnvoll, eine Vermögensplanung mit der **Bestandsaufnahme des Vermögens** zu beginnen. Die vorhandenen Vermögensanlagen werden nach bestimmten Gesichtspunkten gegliedert. Dabei werden vorhandene Schulden den Vermögensanlagen gegenübergestellt. Auch eine private Vermögensbilanz ist abhängig von der jeweiligen Lebenssituation. Grundsätzlich gilt, dass der Eintritt in eine neue Lebensphase eine gute Gelegenheit bietet, die Zusammensetzung des Vermögens in Bezug auf die kurz- und langfristigen Zielsetzungen zu überdenken und anzupassen.

Die private Vermögensbilanz ist ein wichtiges Instrument der privaten Finanzplanung. Sie setzt zunächst voraus, dass die finanzielle Situation eines Haushalts zu einem bestimmten Zeitpunkt umfassend und übersichtlich ermittelt wird.

Die private Vermögensbilanz unterscheidet sich im grundsätzlichen Aufbau kaum von einer Unternehmensbilanz[1]. Auf der einen Seite stehen die realen Vermögenswerte, auf der anderen Seite ist zu sehen, wie hoch die Verbindlichkeiten sind. Die Differenz aus Vermögen und Schulden wird bei Unternehmen als Reinvermögen oder Eigenkapital bezeichnet.

! **Bei Privathaushalten wird der Unterschiedsbetrag zwischen Vermögen und Verbindlichkeiten Nettovermögen genannt.**

1 Als Bilanz wird die Gegenüberstellung von Vermögen und Kapital eines Unternehmens zu einem bestimmten Zeitpunkt bezeichnet.

Gliederung der privaten Vermögensbilanz

Eine private Vermögensbilanz wird der Übersichtlichkeit halber in eine „Ist-Bilanz" und in eine „Plan-Bilanz" gegliedert. Dabei wird jeweils sowohl die **Höhe des Nettovermögens** insgesamt als auch die **Vermögensstruktur** klar erkennbar.

Bei der Erstellung einer privaten Vermögensbilanz wird das Vermögen nach seinem jeweiligen Verwendungszweck eingeteilt:

Arten des Vermögens nach der Zweckbestimmung				
Liquiditätsreserve	reserviertes Vermögen	Immobilien	Altersvermögen	freies Vermögen

In dem Vermögenssegment der **Liquiditätsreserve** werden Geldanlagen gehalten, die kurzfristig für ungeplante Ausgaben verwendet werden können. Als Faustregel gilt, dass das Dreifache des monatlichen Nettoeinkommens als Liquiditätsreserve gehalten werden sollte.

Beispiel

Schultes verdienen zusammen 3.300 EUR netto im Monat. Sie halten auf einem Tagesgeldkonto mit jederzeitiger Verfügbarkeit 10.000 EUR. Damit könnten sie problemlos ein altes durch ein neues Haushaltsgroßgerät ersetzen, eine größere Autoreparatur durchführen lassen oder eine spontane Kurzreise finanzieren.

Beim **reservierten Vermögen** handelt es sich um Geldanlagen, deren Verwendungszweck für beabsichtigte Ausgaben bereits konkret feststeht. Dazu gehört beispielsweise das Ansparen für ein neues Auto, für Wohnungseinrichtungsgegenstände oder für geplante größere Reisen, aber auch für die Finanzierung der späteren Ausbildung der Kinder.

Zum **Immobilienvermögen** gehören selbst genutzte Eigentumswohnungen oder Häuser. Das in dieser Art gebundene Vermögen kann kurzfristig kaum liquidiert werden. Vermietete Objekte dienen der Erzielung von Mieteinnahmen und werden daher häufig zum freien Vermögen oder zum Altersvermögen gezählt.

Das **Altersvermögen** soll für die Bestreitung einer angemessenen Lebensführung nach der Beendigung der aktiven Berufstätigkeit dienen. Zwar bilden hierfür die Ansprüche auf gesetzliche oder betriebliche Altersversorgung regelmäßig die Grundlage, können aber nicht anderweitig verwertet werden. Da die genannten Ansprüche meistens nicht zur Deckung der Ausgaben bei Beibehaltung des bisherigen Lebensstandards ausreichen, müssen die daraus entstehenden Versorgungslücken durch ergänzende private Verträge geschlossen werden. Aufgrund der beabsichtigten Verwendung dieser privaten Verträge zählen solche Ansprüche ebenfalls zum Altersvermögen.

Freies Vermögen sind die Geld- und Sachwertanlagen, die keinem bestimmten Verwendungszweck zugeordnet sind. Oberstes Ziel der Geldanlage des freien Vermögens ist meistens eine wertsteigernde Anlageform oder zumindest der langfristige Werterhalt. Freie Vermögensmittel werden häufig an die nachfolgende Generation durch Schenkung oder Erbschaft übertragen.

Verbindlichkeiten werden in der privaten Vermögensbilanz jeweils den inhaltlich entsprechenden Vermögenspositionen zugeordnet, beispielsweise dem Eigenheim die dafür aufgenommenen Darlehen. Aus der Differenz des jeweiligen Vermögens mit den zuzuordnenden Verbindlichkeiten ergibt sich für jedes Vermögenssegment das Nettovermögen. Die Summe aller einzelnen Nettovermögen ergibt das **Nettovermögen** insgesamt.

Das Gebrauchsvermögen wird in der privaten Vermögensbilanz nicht berücksichtigt. Diese Güter sind nur schwer veräußerbar und würden im Fall einer Veräußerung nur sehr geringe Verwertungserlöse erbringen. Daher werden in der privaten Vermögensbilanz lediglich die

Geldanlagen, die zur Finanzierung künftiger Anschaffungen solcher Güter dienen, aufgeführt.

Beispiel

Vergleich privater Vermögensbilanzen im Zeitablauf

Familie Schulte vergleicht ihr Vermögen im Jahr 05 mit dem vor fünf Jahren bestehenden Vermögen im Jahr 00.

Jahr 05

	Bruttovermögen	Verbindlichkeiten	Nettovermögen
Liquiditätsreserve	15.000		15.000 EUR
Reserviertes Vermögen	10.000		10.000 EUR
Immobilienvermögen	200.000	120.000	80.000 EUR
Altersvermögen	60.000		60.000 EUR
Freies Vermögen	10.000		10.000 EUR
Insgesamt			175.000 EUR

Jahr 00

	Bruttovermögen	Verbindlichkeiten	Nettovermögen
Liquiditätsreserve	12.000		12.000 EUR
Reserviertes Vermögen	40.000	10.000	30.000 EUR
Immobilienvermögen	0		0 EUR
Altersvermögen	25.000		25.000 EUR
Freies Vermögen	30.000		30.000 EUR
Insgesamt			97.000 EUR

Zunahme des Nettovermögens in fünf Jahren:	78.000 EUR
Durchschnittliche jährliche Zunahme:	15.600 EUR
Durchschnittliche monatliche Zunahme:	1.300 EUR

Außerdem plant Familie Schulte, wie ihr Vermögen in fünf Jahren aussehen soll:

Plan-Bilanz für das Jahr 10

	Bruttovermögen	Verbindlichkeiten	Nettovermögen
Liquiditätsreserve	15.000		15.000 EUR
Reserviertes Vermögen	20.000		20.000 EUR
Immobilienvermögen	220.000	90.000	130.000 EUR
Altersvermögen	80.000		80.000 EUR
Freies Vermögen	20.000		20.000 EUR
Insgesamt			265.000 EUR

Anmerkung: Der Wert der Immobilie wird steigen, Immobilienkredite werden getilgt, außerdem soll weiter für das Alter angespart werden.

Bei der Erstellung der privaten Vermögensbilanz wird das vorhandene Vermögen in unterschiedliche Vermögenssegmente eingeteilt, vorhandene Verbindlichkeiten den entsprechenden Vermögenssektoren gegenübergestellt und schließlich das Nettovermögen insgesamt ermittelt.

Neben der Darstellung der aktuellen Situation („Ist-Bilanz“) wird eine Planung der zukünftigen Vermögenssituation vorgenommen („Plan-Bilanz“).

Strittig ist, inwiefern das **Humankapital** in der privaten Vermögensbilanz zu erfassen ist. Unter dem Humankapital werden die künftigen Einnahmen aus der Arbeitskraft verstanden. Hierzu müsste der Barwert aller künftigen Einnahmen berechnet werden. Von diesem

Wert sind die Konsumausgaben abzuziehen. Bei der Bewertung des Humankapitals ergeben sich jedoch erhebliche Probleme:

- Wie lange können die Einnahmen erzielt werden?
- Sind die Einnahmen auch in dieser Höhe nachhaltig erzielbar?
- Drohen Arbeitslosigkeit oder Erwerbsunfähigkeit?

Bei der Einbeziehung des Humankapitals in die Vermögensbilanz würde die Bilanzposition „Humankapital" in jedem Fall, insbesondere bei jungen Menschen, wertmäßig die größte Bilanzposition bilden.

Aufgrund der zuvor genannten Bewertungsprobleme wird daher das Humankapital in den Vermögensbilanzen i. d. R. nicht berücksichtigt.

2.2 Einnahmen- und Ausgabenrechnung

Ein Haushalt kann nur so viel sparen, wie nicht für Konsum ausgegeben wird. Daher ist es sinnvoll, eine Einnahmen- und Ausgabenrechnung aufzustellen, um zu sehen, wie viel Geld am Ende eines jeden Monats zur freien Verfügung steht. Diese Rechnung sollte in regelmäßigen Zeitabständen wiederholt werden, um zu überprüfen, ob die einmal ermittelten Werte noch aktuell sind.

Beispiel

Lisa und Jens Schulte möchten wissen, wie viel Geld am Ende eines Monats so übrig bleibt. Daher stellen sie zusammen, wie viel Geld sie verdienen, und erstellen ein Liste, in der sie aufschreiben, wofür sie das Geld ausgeben.

Einnahmen:		
Monatlicher Nettoverdienst beider Ehepartner:	3.300 EUR	
Kindergeld für ein Kind:	184 EUR	3.484 EUR
Ausgaben:		
Kaltmiete:	600 EUR	
Nebenkosten:	150 EUR	
Auto:	400 EUR	
Lebensmittel:	600 EUR	
Kleidung:	300 EUR	
Versicherungen:	100 EUR	
Vereinsbeiträge:	50 EUR	
Urlaub (durchschnittlich):	300 EUR	
Sonstiges:	200 EUR	
Regelmäßige Sparbeiträge:	200 EUR	2.900 EUR
Verbleiben:	584 EUR	

Im Hinblick auf langfristige Finanzentscheidungen ist die Frage zu klären, ob die Einnahmen in der ermittelten Höhe auch weiterhin zur Verfügung stehen. Daher sind – wie bei der privaten Vermögensbilanz – folgende Fragen zu stellen:

- Wie lange können die Einnahmen erzielt werden?
- Sind die Einnahmen auch in dieser Höhe nachhaltig erzielbar?
- Drohen Arbeitslosigkeit oder Erwerbsunfähigkeit?
- Ist aufgrund von Änderungen in der privaten Situation mit plötzlichen Einnahmeausfällen zu rechnen?

Einnahmen- und Ausgabenstruktur

Häufig geht es für die Haushalte auch um die Beantwortung der Frage, für welche Zwecke das Geld ausgegeben wird. In diesen Fällen ist es beispielsweise einfacher, Quellen zur Ausgabensenkung herausfinden zu können.

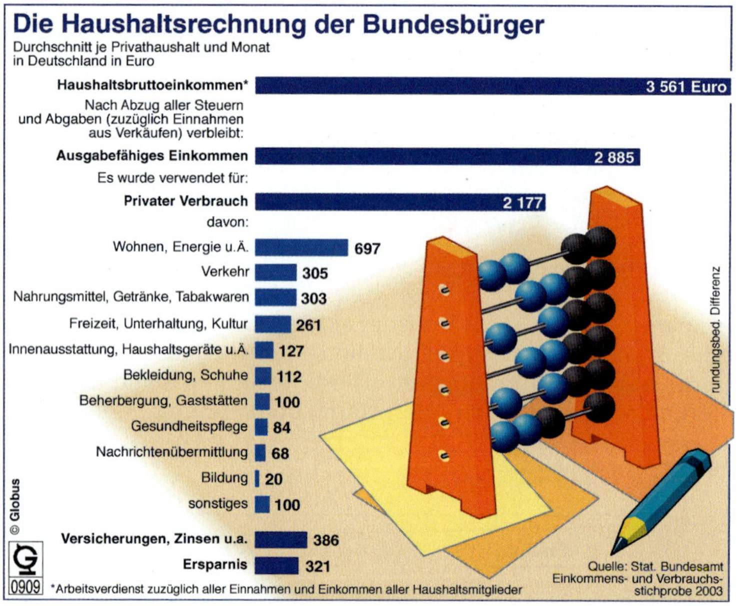

> **„Die Deutschen sparen emsig**
>
> Die Deutschen haben im vergangenen Jahr wieder mehr gespart. Das bar, auf einem Konto oder in Form von Wertpapieren gehaltene Vermögen ist nach einer Mitteilung des Bundesverbandes der Banken (BdB) um 239 Milliarden Euro auf knapp 4,7 Billionen Euro gestiegen. ... Die auf Bankkonten deponierte oder bar gehaltene Summe hat demnach um 50 Milliarden Euro auf 1,8 Billionen Euro zugelegt – was umgerechnet einem Anteil am gesamten Geldvermögen von fast 40 Prozent entspricht. Von Seiten des BdB wird diese Zahl als ungebrochen großes Sicherheitsbedürfnis der Deutschen gedeutet. ..."
>
> *Frankfurter Allgemeine Zeitung 23.06.2010*

! **Bei der Ermittlung der Ausgabenstruktur werden die einzelnen Ausgaben bestimmten Ausgabenkategorien zugeordnet und danach wird ausgerechnet, wie viel Prozent der Einnahmen für die jeweilige Ausgabenkategorie verwendet wird.**

Beispiel

Grundlagen einer Budgetplanung im privaten Haushalt:

Alle Einnahmen und Ausgaben werden in einem Haushaltsbuch erfasst.

1. Ermittlung der Einnahmen:
   - monatlich feste Nettoeinnahmen aller Haushaltsmitglieder
   - Sondervergütungen (Urlaubs-, Weihnachtsgeld o. Ä., diese schwankenden Einnahmen werden auf die Monate im Durchschnitt umgerechnet)
   - Kindergeld
   - Erträge aus Kapitalvermögen

2. Erfassung der festen jährlichen oder monatlich anfallenden Ausgaben:
   Grundlagen hierfür sind z. B. Kontoauszüge, Daueraufträge, Belege, Aufschriebe, Rechnungen.
   – Miete und Nebenkosten (Strom, Heizung, usw.)
   – Versicherungsbeiträge
   – Zeitungen
   – Telekommunikationskosten
   – Verkehrsmittel (Monatskarten, Bahncard)
   – Fahrzeugkosten: Benzin, Steuer und Versicherung, Leasingraten
   – Sparbeiträge
   – Kreditraten
   Bei viertel-, halbjährlicher oder jährlicher Zahlung: auf einen Monat umrechnen.
3. Verfügbares Monatsbudget aus der Differenz der Einnahmen und Ausgaben ermitteln.
4. Zuordnung der erfassten Ausgaben nach Kategorien, um die Ausgabenstruktur zu ermitteln:
   – Wohnen
   – Ernährung
   – Bekleidung
   – Gesundheit
   – Kommunikation
   – Freizeit
   – Bildung
   – Verkehrsmittel
   – Versicherungsbeiträge
   – Familie
   – Sonstiges
5. Außerdem erfolgt eine Planung der besonderen Ausgaben wie z. B.:
   – Urlaub
   – Umzug
   – Renovierungen
   – Familienfeste
   – Autokauf
   – Hauserwerb oder -umbau
6. Berechnung der Anteile der Ausgaben in Prozent der Einnahmen.

Zusammenfassung zu Kapitel 2: Private Vermögensbilanz sowie Einnahmen- und Ausgabenrechnung

Private Vermögensbilanz	
Vermögen	**Schulden**
▪ sofort verfügbare (liquide) Anlagen ▪ reserviertes Vermögen (zweckbestimmtes Geldvermögen) ▪ Immobilienvermögen ▪ Altersvorsorgevermögen ▪ freies Vermögen	▪ Kontoüberziehung ▪ Ratenkredit ▪ Finanzierung Immobilie
Ziel: Ermittlung des Nettovermögens	
Einnahmen- und Ausgabenrechnung	
Einnahmen	**Ausgaben**
▪ laufende Bezüge, z. B. Gehalt ▪ Zinseinnahmen ▪ Kindergeld	▪ Versicherungsbeiträge ▪ Telekommunikation ▪ Verkehr ▪ Wohnen ▪ Nahrung ▪ Urlaub ▪ Sonderanlässe ▪ Sparen
Zunächst werden alle regelmäßigen Einnahmen (einschl. Kindergeld) aufgelistet, eventuelle Jahreszahlungen sind auf den Monat umzurechnen.	▪ Die Ausgabenstruktur zeigt an, wie viel Prozent der Einnahmen für bestimmte Ausgabenkategorien verwendet werden. ▪ Um die Ausgabenstruktur zu ermitteln, werden die Ausgaben zusätzlich einzelnen Ausgabenkategorien zugeordnet.
Die Differenz zwischen Einnahmen und Ausgaben ergibt das verfügbare freie Monatsbudget. Nicht monatlich regelmäßige Zahlungen sind anteilig auf den Monat umzurechnen.	

Aufgaben und Probleme

Kapitel 2 Private Vermögensbilanz sowie Einnahmen- und Ausgabenrechnung

1 Das Ehepaar Elisabeth und Hubertus Grünberg hat kürzlich geheiratet. Das Ehepaar möchte einen aktuellen Vermögenscheck vornehmen und sich Gedanken machen, wie die finanzielle Situation in fünf Jahren aussehen soll.

Dazu sammelt es folgende aktuelle Daten:

– Guthaben auf dem Girokonto:	5.000 EUR
– Sparkonto (für alle Fälle):	4.000 EUR
– Sparbrief der Ehefrau (soll einmal für das Alter dienen):	10.000 EUR
– Autokredit des Ehemannes (läuft noch 2 Jahre):	7.500 EUR

Die zukünftige Situation soll sich wie folgt ändern:
- Aufbau einer Liquiditätsreserve in Höhe des empfohlenen Wertes (das Nettoeinkommen beträgt 3.500 EUR).
- Der in der Zwischenzeit fällige Sparbrief soll als solcher wieder angelegt werden.
- Auf dem Sparkonto soll ein Betrag von 8.000 EUR für alle Fälle vorhanden sein.
- Außerdem sollen 20.000 EUR für den Kauf eines Familienautos angespart werden.
- Weitere 15.000 EUR sollen in Altersvorsorgeverträgen angelegt werden.
- Auf einen neu abzuschließenden Bausparvertrag sollen 15.000 EUR angespart werden, um eventuell später einmal eine Immobilie erwerben zu können.

Erstellen Sie die private Vermögensbilanz für die aktuelle und erwartete künftige Situation.

2 Familie Gärtner hat zwei Kinder und möchte mal wissen, wie viel Geld am Ende eines Monats noch „übrig" ist. Daher erstellen sie eine Haushaltsrechnung:

– Bruttoeinkommen:	3.200 EUR
– Kindergeld:	368 EUR
– Abzüge für Steuern und Sozialabgaben:	870 EUR
– Kaltmiete:	600 EUR
– Mietnebenkosten:	180 EUR
– Auto:	300 EUR
– Kleidung:	200 EUR
– Versicherungsbeiträge:	100 EUR
– Lebensmittel:	500 EUR
– Urlaub (umgerechnet auf den Monat):	200 EUR
– Sparbeiträge:	200 EUR
– Sonstiges:	120 EUR

Erstellen Sie die Einnahmen- und Ausgabenrechnung für Familie Gärtner.

3 Erläutern Sie, warum ein privater Haushalt regelmäßig seine finanzielle Situation analysieren sollte.

4 Beschreiben Sie den Aufbau einer privaten Vermögensbilanz.

5 Nennen Sie jeweils Beispiele für:
- Liquiditätsreserve
- Reserviertes Vermögen
- Freies Vermögen
- Immobilienvermögen
- Altersvermögen

6 Kennzeichnen Sie die Phase der Vermögensentwicklung für eine junge Familie und geben Sie an, welche Ziele der Planung in dieser Lebensphase beachtet werden sollten.

3 Wirtschaftliche Rahmenbedingungen der privaten Finanzplanung

Perspektiven der deutschen Wirtschaft – Gesamtwirtschaftliche Vorausschätzungen 2010 und 2011

Im zweiten Vierteljahr 2010 hat die deutsche Wirtschaft wieder Fahrt aufgenommen ... Mit Beginn des Frühjahrs setzten sich die von der Weltwirtschaft ausgehenden positiven Impulse zunehmend durch. ... Im Jahr 2010 könnte das reale Bruttoinlandsprodukt (nicht arbeitstäglich bereinigt) um 1,9 % steigen; im Jahr darauf dürfte der Zuwachs auch wegen des rückläufigen Fiskalimpulses mit 1,4 % etwas geringer ausfallen. ... Die Verbraucherpreise könnten in diesem Jahr um 1,2 % und im Jahr 2011 um 1,6 % steigen.

aus: Monatsbericht der deutschen Bundesbank 06/2010

Die Umsetzungsmöglichkeit finanzieller Ziele wird von den gesamtwirtschaftlichen Bedingungen beeinflusst. In eine private Vermögensplanung muss deshalb auch die erwartete gesamtwirtschaftliche Entwicklung einbezogen werden, soweit diese vorhersehbar ist. Insbesondere die Zins-, Inflations- und Einkommensentwicklung beeinflussen eine langfristige Vermögensplanung. Informationen darüber können aus der gesamtwirtschaftlichen Entwicklung abgeleitet werden.

▶ Konjunktur

Die regelmäßigen Schwankungen in der gesamtwirtschaftlichen Entwicklung werden als Konjunktur bezeichnet. !

Die gesamtwirtschaftliche Entwicklung wird mithilfe von Konjunkturindikatoren beobachtet. Der wichtigste Indikator ist das Bruttoinlandsprodukt (BIP). Es zeigt den Wert der erzeugten Güter und Dienstleistungen einer Volkswirtschaft einer Periode. Die Entwicklung der Konjunktur ist durch typische Phasen gekennzeichnet.

Konjunkturphasen	
Phase	**Merkmale**
Boom	■ Hohe Produktion, hohe Investitionen. ■ Preise und Zinsen steigen deutlich.
Abschwung	■ Nachfrage und Produktion nehmen ab. ■ Beschäftigung, Einkommen und Gewinne gehen zurück. ■ Preis- und Zinssteigerungen gehen zurück.
Rezession	■ Nachfrage und Produktion nehmen weiter ab. ■ Beschäftigung, Einkommen und Gewinne sinken. ■ Zinsen sinken deutlich, Preise und Gewinne sinken.
Aufschwung	■ Produktion nimmt zu. ■ Nachfrage und Beschäftigung steigen. ■ Einkommen und Gewinne nehmen zu.

Warum die Zinsen niedrig bleiben

Normalerweise steht auf den Treffen des geldpolitischen Rates der Europäischen Zentralbank (EZB) immer eine Frage im Mittelpunkt: Heben oder senken die Währungshüter den Leitzins, zu dem sich Banken refinanzieren können? Doch die Zeiten sind nicht normal. Viele Euro-Staaten sind hoch verschuldet, Griechenland stand kurz vor der Pleite, die EZB griff im Mai zum Tabubruch und kauft seitdem Staatsanleihen auf. ...

Dabei ist interessant, dass mittlerweile fast alle Ökonomen glauben, dass die Zinsen auf absehbare Zeit nicht mehr steigen werden. Dem europäischen Währungsraum könnte eine lange Phase niedriger Zinsen bevorstehen.

Von Martin Greive, Die Welt, Berlin, vom 11. Juni 2010

Volkswirtschaftliche Kenntnisse sind erforderlich, um den Zusammenhang von Konjunktur, Zinsen, Inflationsrate und Einkommensentwicklung analysieren und damit eine Prognose abgeben zu können. Häufig bewegen sich diese Größen in gleicher Richtung. Bei steigender Konjunktur steigen tendenziell die Inflationsrate und die Einkommen. Bei einer Rezession gilt dieser Zusammenhang in umgekehrter Richtung.

Inflation

Wert des Geldes

Wer sein Vermögen anlegt, will sicher sein, dass dessen Wert erhalten bleibt. Ein großer Teil des Vermögens wird in Deutschland auf Bankkonten angelegt. Obwohl dies eine sichere Anlage ist, muss ein Anleger damit rechnen, dass er mit dem angelegten Geldbetrag später nur noch einen geringeren realen Gegenwert erhält als zum Zeitpunkt der Geldanlage, da die Güterpreise inzwischen gestiegen sind.

Beispiel

Max Müller hat vor 10 Jahren einen Betrag von 10.000 EUR auf einem Sparkonto mit dreimonatiger Kündigungsfrist angelegt. Dieser Betrag ist durch Zinsen inzwischen auf rund 12.500 EUR angewachsen. Dieses Guthaben ist ihm sicher. Allerdings stellt er fest, dass das Preisniveau in dem Zeitraum von 10 Jahren um insgesamt 33 Prozent angestiegen ist, sodass diese Anlage auch unter Einrechnung der erhaltenen Zinserträge real an Wert verloren hat.

Als Kaufkraft des Geldes wird das Tauschverhältnis zwischen Geld und Gütern bezeichnet. Die Kaufkraft verschlechtert sich, wenn die Preise steigen.

! Inflation ist die Geldentwertung durch die gesamtwirtschaftliche Preissteigerung.

Das jeweilige gesamtwirtschaftliche **Preisniveau** entspricht dem Durchschnitt aller wichtigen Güterpreise in einer Volkswirtschaft. Können für die gleiche nominale Geldmenge weniger Güter gekauft werden als in der Vorperiode, ist das Preisniveau gestiegen.

Für die Verbraucher ist vor allem die Entwicklung bei den Lebenshaltungskosten der privaten Haushalte von Bedeutung. Diese wird durch den Verbraucherpreisindex gemessen. Aus dem Verbraucherpreisindex wird die Inflationsrate errechnet.

! Die Inflationsrate zeigt den jährlichen prozentualen Anstieg des Verbraucherpreisindex.

Jahr	Stand des Preisindex	Inflationsrate im Vergleich zum Vorjahr
1	100	–
2	103	+ 3,0 %
3	107	$\frac{4 \cdot 100}{103} = +\,3{,}9\ \%$

Bei einer längerfristigen Vermögensplanung muss berücksichtigt werden, dass auch eine nur scheinbar geringe jährliche Inflationsrate insgesamt langfristig zu einer hohen Geldentwertung führt.

Beispiel

Eine Inflationsrate von jährlich 2 % ergibt in 40 Jahren nicht etwa eine Preissteigerung von insgesamt 80 % (2 · 40), sondern eine Preissteigerung von insgesamt 120 %[1] mit entsprechender Entwertung des nominalen Geldvermögens.

Zinsen als Ausgleich der Geldentwertung

Zinsen sind das Entgelt für das über einen bestimmten Zeitraum zur Nutzung überlassene Geld, das der empfangende Schuldner dem überlassenden Gläubiger zahlt. !

Rechtliche Grundlage für die Zinszahlung ist regelmäßig ein Vertrag, z. B. ein Darlehensvertrag. Das Zinsniveau für vergleichbare Verträge ergibt sich auf dem Geld- und Kapitalmarkt.

Das Wort Zins steht einmal für den **Zinssatz**, angegeben in Prozent, z. B. pro Jahr[2]. Davon zu unterscheiden ist der **Zinsbetrag** als der konkrete Geldbetrag, der sich bei Kreditzinsen aus der Höhe des Kapitals und dem vereinbarten Zinssatz entsprechend der Laufzeit ergibt.

Zinseszins[3] ist die Mitverzinsung desjenigen Zinses, der auf die Schuld aufgeschlagen wird. Als **Nominalzins** wird der vereinbarte oder bezahlte Zinssatz bezeichnet, als **Realzins** der Zinssatz nach Abzug der Inflationsrate. Der Realzins ist negativ, wenn die Inflationsrate höher ist als der Nominalzins.

Der Erfolg einer Geldanlage hängt letztlich davon ab, um welchen Prozentsatz der erzielte jährliche Ertrag aus dieser Geldanlage die Inflationsrate überschreitet.

Inflationswirkungen beim Vermögensaufbau

Wer ein Vermögen zur Altersvorsorge langfristig aufbauen möchte, wird eine inflationsbedingte Kapitalentwertung durch entsprechende Erträge ausgleichen wollen. Eine stabile Währung ist also die beste Voraussetzung für einen Vermögensaufbau zur Altersvorsorge.

Ein **Geldvermögen** kann durch Zinsen wachsen. Liegt der Zinssatz unter der Inflationsrate, nimmt das Geldvermögen real ab. Ein **Sachvermögen** kann durch Wertsteigerungen wachsen. Anleger in Sachvermögen erhoffen sich eine über der Inflationsrate liegende Wertstei-

1 Formel: $1{,}02^{40} \cdot 100 = 220\ \%$, also Anstieg um 120 %.

2 lateinisch p. a. oder pro anno

3 Zur Berechnung der Zinsen und Zinseszinsen vgl. Kapitel C 1

gerung. Bei hohen Inflationsraten findet deshalb oft eine „Flucht in Sachwerte" statt, d.h., Geldvermögen wird in Sachvermögen umgewandelt („Betongold"). Wenn durch dieses Verhalten die Preise für Sachvermögen stark aufgebläht („Spekulationsblase") werden, besteht die Gefahr, dass es zu einem Werteinbruch auch beim Sachvermögen kommt.

Für die Planung eines Vermögensaufbaus muss auch das künftige persönliche **Einkommen** geschätzt werden. Dieses hängt außer von der persönlichen Leistungskraft und weiteren persönlichen Faktoren auch von der konjunkturellen gesamtwirtschaftlichen Entwicklung ab.

Geld- und Kapitalmarkt

Wegen der Bedeutung der Zinsen als Preis des Geldes und Ausgleich für eine etwaige Geldentwertung ist es für Geldanleger wichtig, die Faktoren des Zustandekommens der Zinshöhe zu kennen, um so die Zinserwartungen besser einschätzen zu können.

Vom **Geldmarkt** im weitesten Sinne spricht man bei kurzfristigen Geldanlagen und Krediten mit einer vereinbarten Laufzeit oder Kündigungsfrist bis zu einem Jahr.

Zum **Kapitalmarkt** gehören längerfristige Geldanlagen und Kreditvereinbarungen.

Von Anlagen am Kapitalmarkt, z.B. in Anleihen oder Aktien, können sich Anleger durch den Verkauf an einer Börse meistens wieder trennen.

Die Zinssätze am Geld- und Kapitalmarkt ergeben sich aus dem Zusammenspiel von Nachfrage nach Kapital und Angebot an Kapital.

! Je länger die Laufzeit einer Geldanlage ist, desto höher ist regelmäßig der vereinbarte Zins.

Die Zinsen für kurzfristige Anlagen können die Zinsen für langfristige Anlagen beeinflussen und umgekehrt. Steigt das Zinsniveau für kurzfristige Anlagen, wird erwartet, dass es auch für längerfristige Anlagen ansteigt. Von einer inversen Zinsstrukturkurve spricht man, wenn die langfristigen Zinsen geringer als die kurzfristigen sind.

! Eine Zinsstrukturkurve zeigt jeweils die aktuell für bestimmte Zeiträume durchschnittlich gezahlten Zinsen.

Zinsstrukturkurve (normaler Verlauf)

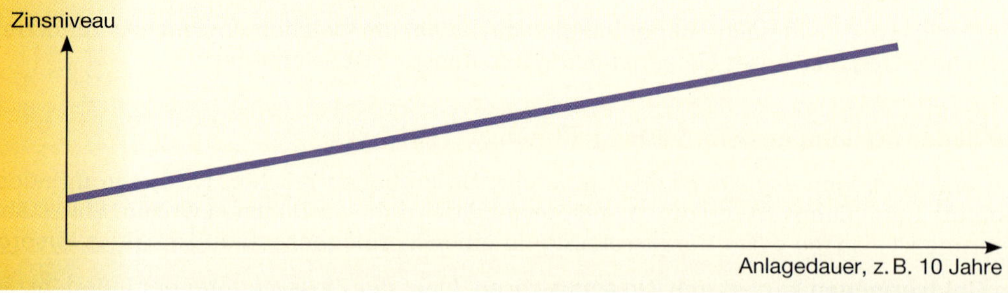

> „Auf den Anleihemärkten ist die Verzinsung für zweijährige Titel höher als für die fünfjährigen und gleichauf mit den Zinsen für längerfristige Anlagen. Das ist meist ein deutliches Signal dafür, dass die Marktteilnehmer mit einem harten Abschwung der Wirtschaft rechnen, der in der Zukunft zu sinkenden Leitzinsen führen wird. Die Umkehrung der üblichen Zinsstruktur wäre noch stärker, wenn die Inflationsrate nicht so hoch wäre …"
>
> *Frankfurter Allgemeine Zeitung, 06.09.2008*

**Zusammenfassung zu Kapitel 3:
Wirtschaftliche Rahmenbedingungen der privaten Finanzplanung**

Konjunktur	
Begriff	Schwankungen der gesamtwirtschaftlichen Entwicklung
Phasen	■ Boom ■ Abschwung ■ Rezession ■ Aufschwung
Bedeutung für Geldanleger	Boom kann zu Inflation führen; zunehmende Inflation führt evtl. zu steigenden Zinsen und eher fallenden Aktienkursen.
Inflation	
Messung	Inflationsrate = jährlicher prozentualer Anstieg des Verbraucherpreisindex als Durchschnittswert typischer Verbraucherpreise
Ausgleich bei der Geldanlage	Zinsen und Zinseszinsen Realzins: Erzielter Zins übersteigt Inflationsrate Zinsbildung am Geld- und Kapitalmarkt Grundregel: Lange Laufzeit der Geldanlage ergibt höhere Zinsen

Aufgaben und Probleme

Kapitel 3 Wirtschaftliche Rahmenbedingungen der privaten Finanzplanung

1. Beschreiben Sie, wie ein Anleger auf die verschiedenen Phasen der Konjunktur reagieren könnte.
2. Begründen Sie, bei welchen Vermögensanlagen sich eine andauernde Inflation besonders ungünstig auswirken wird.
3. Unterscheiden Sie Nominal- und Realzins.
4. Beschreiben Sie den üblichen Zusammenhang zwischen Laufzeit von Geldanlagen und ihrer Verzinsung sowie den Verlauf der entsprechenden Zinsstrukturkurve.

4 Rechtliche Rahmenbedingungen der privaten Finanzplanung

4.1 Grundlagen des Familienrechts

4.1.1 Verwandtschaft und Schwägerschaft

Im Allgemeinen versteht man unter Familie den Kreis der durch Ehe und Verwandtschaft verbundenen Personen. Im engen Sinne wird eine Gemeinschaft von Eheleuten und deren Kindern als **Familie** bezeichnet.

Verwandtschaft

§

§ 1589 BGB Verwandtschaft

(1) Personen, deren eine von der anderen abstammt, sind in gerader Linie verwandt. Personen, die nicht in gerader Linie verwandt sind, aber von derselben dritten Person abstammen, sind in der Seitenlinie verwandt. Der Grad der Verwandtschaft bestimmt sich nach der Zahl der sie vermittelnden Geburten.

Verwandtschaft kann unter anderem folgende Rechtsfolgen auslösen:

- Verwandte in gerader Linie sind verpflichtet, einander Unterhalt zu gewähren (§§ 1601 ff. BGB).
- Die gesetzliche Erbfolge richtet sich nach dem Verwandtschaftsgrad (§§ 1924 ff. BGB).
- Verwandte in gerader Linie bis zum 3. Grad haben ein Zeugnisverweigerungs-, ein Auskunftsverweigerungs- und ein Eidesverweigerungsrecht.
- Zwischen Verwandten in gerader Linie besteht ein Eheverbot.

!

Verwandtschaft im Sinne des Bürgerlichen Gesetzbuchs (BGB) ist Blutsverwandtschaft und beruht auf Abstammung oder Adoption[1].

Durch Adoption (Annahme als Kind) wird die Verwandtschaft im Rechtssinne mit den gleichen Rechtsfolgen wie bei einer Blutsverwandtschaft begründet. Eheleute sind nicht miteinander verwandt.

Verwandtschaft wird nach gerader Linie und Seitenlinien unterschieden. Dabei macht es keinen Unterschied, ob die Verwandtschaft väterlicher- oder mütterlicherseits ist. Der Grad der Verwandtschaft ergibt sich aus der Zahl der Geburten, die eine Verwandtschaft begründet haben.

Verwandtschaftsbeziehungen		
Verwandtschaftsgrad	**gerade Linie**	**Seitenlinie**
1. Grad	Eltern	
2. Grad	Großeltern	Geschwister
3. Grad	Urgroßeltern	Onkel, Tanten, Neffen, Nichten
4. Grad	usw.	Vetter, Cousine
5. Grad	usw.	usw.

Schwägerschaft

Die Verwandten eines Ehegatten sind mit dem anderen Ehegatten verschwägert (§ 1590 Abs. 1 BGB). Die Linie und der Grad der Schwägerschaft bestimmen sich nach der Linie und dem Grad der sie begründenden Verwandtschaft. Verschwägert ist immer nur ein Ehegatte allein, nicht aber seine Verwandten mit den Verwandten des Ehepartners. Aus einer Schwägerschaft kann kein Unterhaltsanspruch oder Erbanspruch abgeleitet werden.

1 Der Nachweis der Verwandtschaft wird durch die Geburtsurkunde erbracht, die Name und Geschlecht und die zum Zeitpunkt der Ausstellung der Urkunde rechtlich geltenden Eltern enthält.

4.1.2 Unterhaltspflichten

Unterhalt bedeutet, dass die für den Lebensbedarf einer Person erforderlichen Mittel als Geld- oder Sachleistung zur Verfügung gestellt werden.

Eine Unterhaltspflicht besteht
- zwischen Verwandten in gerader Linie (§§ 1601–1615 BGB),
- zwischen Ehegatten,
- gegenüber Kindern (§ 1615a BGB),
- gegenüber der Mutter des Kindes (§ 1615l BGB) durch den nicht mit dieser verheirateten Vater.

Beispiel

Ein volljähriger Student, der noch bei seinen Eltern am Hochschulort wohnt, kann zwar für bestimmte Aufwendungen Geld fordern, jedoch nicht für eine Wohnung, die er nehmen will, um unabhängig von seinen Eltern zu werden. Die Eltern leisten Unterhalt, indem sie „Kost und Logis" zu Hause anbieten.

Der gesetzliche Unterhaltsanspruch zwischen Verwandten in gerader Linie besteht zeitlebens. Für Ehegatten gelten besondere Regelungen.

Allgemein – und deshalb auch für das Verhältnis von Kindern und Eltern – gilt für die Gewährung des Unterhalts:

§ 1610 BGB Maß des Unterhalts

(1) Das Maß des zu gewährenden Unterhalts bestimmt sich nach der Lebensstellung des Bedürftigen (angemessener Unterhalt).

(2) Der Unterhalt umfasst den gesamten Lebensbedarf einschließlich der Kosten einer angemessenen Vorbildung zu einem Beruf, bei einer der Erziehung bedürftigen Person auch die Kosten der Erziehung.

§ 1612a BGB Mindestunterhalt minderjähriger Kinder

(1) Ein minderjähriges Kind kann von einem Elternteil, mit dem es nicht in einem Haushalt lebt, den Unterhalt als Prozentsatz des jeweiligen Mindestunterhalts verlangen.

Beispiel

Lena hat ihr Abitur mit der Note 1,2 bestanden. Sie erhält einen Studienplatz an einer Universität in ihrem Wunschfach. Allerdings müsste sie zur Aufnahme des Studiums in der Universitätsstadt ein Zimmer nehmen. Ihre nicht unvermögenden Eltern verlangen, dass sie die am Wohnort bestehende Fachhochschule besucht. Dies können sie von Lena nicht verlangen. Die Eltern müssen für das Studium an der Universität den angemessenen Unterhalt zahlen.

Ein Kind hat einen Anspruch darauf, dass ihm seine Eltern eine seiner Begabung entsprechende Erstausbildung finanzieren. Dazu kann auch eine Weiterbildung gehören, die in fachlichem Zusammenhang mit dem ersten erlernten Beruf steht, z.B. ein Betriebswirtschaftsstudium nach einer abgeschlossenen Ausbildung zum Industriekaufmann.

Für das Verhältnis von Kindern und Eltern gilt allgemein:

§

§ 1618a BGB Pflicht zu Beistand und Rücksicht
Eltern und Kinder sind einander Beistand und Rücksicht schuldig.

§ 1619 BGB Dienstleistungen in Haus und Geschäft
Das Kind ist, solange es dem elterlichen Hausstand angehört und von den Eltern erzogen oder unterhalten wird, verpflichtet, in einer seinen Kräften und seiner Lebensstellung entsprechenden Weise den Eltern in ihrem Hauswesen und Geschäft Dienste zu leisten.

4.1.3 Eheschließung

!

Die Ehe ist die staatlich anerkannte Lebensgemeinschaft zwischen Mann und Frau. Als Institution ist sie durch Art. 6 Abs. 1 Grundgesetz geschützt.

Nach dem **Lebenspartnerschaftsgesetz** können auch zwei Personen gleichen Geschlechts ihrer Beziehung einen rechtlichen Rahmen geben. Die Rechtsfolgen der Lebenspartnerschaft sind der Ehe ähnlich. So werden Partner bei den Pflichtteilen im Erbrecht wie Ehegatten behandelt (§ 10 Ziffer 6 Lebenspartnerschaftsgesetz).

Wer heiraten will, soll grundsätzlich volljährig sein. Das Familiengericht kann eine Ausnahme erteilen, wenn der Antragsteller das 16. Lebensjahr vollendet hat und sein künftiger Ehegatte volljährig ist. Die Eheschließung macht Minderjährige aber nicht voll geschäftsfähig.

Die Ehe wird dadurch geschlossen, dass die Eheschließenden vor dem Standesbeamten erklären, dass sie die Ehe miteinander eingehen wollen. Die Erklärungen müssen persönlich und bei gleichzeitiger Anwesenheit abgegeben werden. Die Ehe wird auf Lebenszeit geschlossen. Die Ehegatten sind einander zur ehelichen Lebensgemeinschaft verpflichtet und tragen füreinander Verantwortung (§ 1353 BGB).

4.1.4 Eheliches Güterrecht

!

Der Güterstand ist die für Eheleute geltende rechtliche Regelung für die Verwaltung ihres Vermögens.

Der Güterstand spielt außer für die Eheleute selbst auch für Gläubiger der Eheleute eine große Rolle. Wenn die Eheleute keinen Ehevertrag abschließen, gelten die Bestimmungen der §§ 1363 ff. BGB als sogenanntes gesetzliches Güterrecht.

Güterstände		
Gesetzlicher Güterstand	Vertragliche Güterstände	
Zugewinngemeinschaft (§§ 1363–1390 BGB)	Gütertrennung (§ 1414 BGB)	Gütergemeinschaft (§§ 1415–1518 BGB)

Zugewinngemeinschaft und Zugewinnausgleich

Die Zugewinngemeinschaft tritt automatisch mit der Eheschließung ein, wenn keine andere Vereinbarung getroffen worden ist. In den meisten Fällen gilt deshalb die Zugewinngemeinschaft. Der Begriff Gemeinschaft führt häufig zu Missverständnissen, denn bei diesem Güterstand handelt es sich um eine Art „Gütertrennung mit Ausgleich des Zugewinns bei Beendigung der Ehe“.

Für die Zugewinngemeinschaft gilt:

- Jeder Ehegatte bleibt Eigentümer des Vermögens, das er in die Ehe einbringt, und des Vermögens, das er nach der Eheschließung erwirbt (§ 1363 Abs. 2 BGB).
- Jeder Ehegatte verwaltet sein Vermögen grundsätzlich eigenständig (§ 1364 BGB). Die Zugewinngemeinschaft schließt aber nicht aus, dass die Eheleute Miteigentum begründen, z. B. an einer gemeinsam bewohnten Immobilie.

Beispiel

Lisa bringt in die mit ihrem Ehemann Jens gemeinsam eingerichtete Wohnung Möbel und ein wertvolles Bild ein. Sie besitzt auch einen Pkw. Jens hat einen Dienstwagen und ist Inhaber eines Bankkontos und eines ererbten Depots mit Wertpapierbestand. Lisa bleibt Eigentümerin ihrer Möbel und ihres Bildes. Über sein Bankkonto kann Jens allein verfügen, Lisa erhält von der Bank keinerlei Auskünfte über das Konto von Jens, wenn sie keine Vollmacht von Jens erhält.

- In folgenden Fällen bestehen bei der Zugewinngemeinschaft **Verwaltungsbeschränkungen** für die Ehegatten:
  - Über sein Vermögen als Ganzes kann ein Ehegatte wirksam nur mit Zustimmung des anderen Ehegatten verfügen (§ 1365 BGB). Damit soll erreicht werden, dass der Gemeinschaft nicht die Existenzgrundlage entzogen wird. Nach einer in der Rechtsprechung akzeptierten Formel liegt eine Verfügung über das Vermögen im Ganzen vor, wenn sie bei kleineren Vermögen mehr als etwa 85 %, bei sehr großem Vermögen mehr als 90 % des Wertes des Gesamtvermögens ausmacht.
  - Über Haushaltsgegenstände kann nur mit Einverständnis des anderen Ehegatten verfügt werden (§ 1369 BGB).

Fortsetzung des obigen Beispiels

Lisa könnte das Bild verkaufen und den Gegenwert für eine Urlaubsreise verwenden, da sie noch Eigentümerin der Möbel ist und deshalb nicht über ihr Vermögen als Ganzes verfügt. Wenn mit dem Pkw von Lisa private Fahrten, z. B. Einkaufsbesorgungen und Besuche, gemacht werden, gehört er zum Hausrat. Lisa kann den Pkw nicht ohne Zustimmung von Jens an eine Bank sicherungsübereignen. Sie könnte auch die gemeinsam genutzten Möbel nicht einfach wieder entfernen und in ihrem Elternhaus einlagern.

- Jeder Ehegatte haftet grundsätzlich nur für seine **persönlichen Schulden** (§§ 1363 f. BGB).

Beispiel

Jens will sich selbstständig machen. Er nimmt für die Existenzgründung Kredite bei seiner Bank und der Förderbank auf. Nachdem das eigene Unternehmen nicht wie erwartet läuft, gerät er in Insolvenz. Lisa ist von diesen Schulden nicht betroffen. Eine Pfändung ihrer Möbel, ihres Pkw und des Bildes durch Gläubiger von Jens ist nicht möglich.

- Der während einer Ehe entstandene beiderseitige Vermögenszuwachs, der **Zugewinn**, wird bei Auflösung der Ehe durch Scheidung oder Tod durch eine Geldzahlung ausgeglichen (§§ 1372 f. BGB).

Die Ursache eines Zugewinnausgleichs liegt bei Lebzeiten beider Eheleute in deren Scheidung. Für einen Ausgleich wird zuerst der **Zugewinn** errechnet.

Der Zugewinn ist der Vermögenszuwachs jedes Ehegatten während der Dauer der Ehe.

Es handelt sich beim Ausgleich also nicht um eine dingliche Teilung, sondern um eine rein rechnerische Bewertung von Vermögensmassen und deren Vergleich. Als Ausgleich entsteht lediglich eine auf Geld gerichtete persönliche Forderung, die sofort fällig ist. Einen Ausgleich in Sachwerten gibt es nicht. Dies mag folgendes einfaches Beispiel zeigen.

Beispiel

Die Ehe von Paul und Elsa wird geschieden. Beide hatten bei der Eheschließung ihr eingebrachtes Vermögen nicht dokumentiert, sodass nur das Endvermögen ausgeglichen werden muss. Dieses setzt sich jeweils wie folgt zusammen:

Elsa:
Wandbild mit einem Schätzwert von 5.000 EUR
Sparguthaben: 3.000 EUR
Vermögenswert von Elsa: 8.000 EUR

Paul:
Eigentümer der gemeinsam bewohnten Eigentumswohnung mit einem Verkehrswert von 150.000 EUR
Bankdarlehen zur Finanzierung der Wohnung in Höhe von 70.000 EUR
Guthaben auf Gehaltskonto: 2.000 EUR
Vermögenswert von Paul: 82.000 EUR

Der Zugewinn von Paul ist um 74.000 EUR höher als der von Elsa. Paul muss also an Elsa 37.000 EUR bezahlen. Woher er das Geld nimmt, ist seine Sache. Da er aber Eigentümer der Wohnung ist, kann er diese verkaufen oder sie höher beleihen.

Eine andere Aufteilung des Zugewinns als im Gesetz vorgeschlagen kann nur durch einen Ehevertrag erreicht werden (sogenannte modifizierte Zugewinngemeinschaft).

§ 1374 BGB Anfangsvermögen

(1) Anfangsvermögen ist das Vermögen, das einem Ehegatten nach Abzug der Verbindlichkeiten beim Eintritt des Güterstands gehört; die Verbindlichkeiten können nur bis zur Höhe des Vermögens abgezogen werden.

(2) Vermögen, das ein Ehegatte nach Eintritt des Güterstands von Todes wegen oder mit Rücksicht auf ein künftiges Erbrecht, durch Schenkung oder als Ausstattung erwirbt, wird nach Abzug der Verbindlichkeiten dem Anfangsvermögen hinzugerechnet, soweit es nicht den Umständen nach zu den Einkünften zu rechnen ist.

§ 1375 BGB Endvermögen

(1) Endvermögen ist das Vermögen, das einem Ehegatten nach Abzug der Verbindlichkeiten bei der Beendigung des Güterstands gehört. Die Verbindlichkeiten werden, wenn Dritte gemäß § 1390 in Anspruch genommen werden können, auch insoweit abgezogen, als sie die Höhe des Vermögens übersteigen.

Schulden eines Ehegatten bei Heirat werden negativ verrechnet. Ein Zugewinn kann nicht negativ verrechnet werden, auch wenn bei einem Ehegatten das Endvermögen geringer als das Anfangsvermögen ist. Für die Ermittlung des Zugewinns kann folgendes Schema verwendet werden:

Ergebnis der Bewertung	Mann (in EUR)	Frau (in EUR)
Vermögen bei Beginn des Güterstands – Verbindlichkeiten in diesem Zeitpunkt = Anfangsvermögen	13.000 – 12.000 1.000	14.000 – 0 14.000
Vermögen beim Ende des Güterstands – Verbindlichkeiten in diesem Zeitpunkt = Endvermögen	80.000 30.000 50.000	20.000 0 20.000
Endvermögen – Anfangsvermögen = Zugewinn	50.000 – 1.000 49.000	20.000 – 14.000 6.000
Zugewinnausgleich:	zahlt an Frau 21.500	erhält vom Mann 21.500

Haben die Ehegatten den Bestand und den Wert des jedem Ehegatten gehörenden Anfangsvermögens gemeinsam in einem **Verzeichnis** festgestellt, so wird vermutet, dass das Verzeichnis sowohl in Bezug auf den Bestand wie auf den Wert der Gegenstände richtig ist (§ 1377 BGB). Soweit kein Verzeichnis aufgenommen ist, wird vermutet, dass das Endvermögen eines Ehegatten seinen Zugewinn darstellt. Nicht zum Zugewinn zählen Versorgungsansprüche, da diese durch den Versorgungsausgleich geregelt werden.

Das Anfangsvermögen muss auf den aktuellen Geldwert umgerechnet werden, indem es um die während der Ehe eingetretene Kaufkraftveränderung bereinigt wird.

Vermögensteile, die nicht gemeinsam erarbeitet und nach Eintritt des Güterstands erworben wurden, z. B. Erbschaften und Schenkungen von Dritten, werden letztlich nicht berücksichtigt, da sie dem Anfangsvermögen zugerechnet werden und sich dadurch der Zugewinn verringert. Die daraus zugeflossenen Erträge, z. B. Zinsen, werden aber in den Ausgleich eingerechnet. Ein Lottogewinn würde ebenfalls zum Endvermögen des Gewinners gehören.

Zugewinnausgleich bei Todesfall eines Ehegatten

Der Zugewinn des überlebenden Ehegatten wird pauschal durch Erhöhung des gesetzlichen Erbteils des überlebenden Ehegatten um ein Viertel der Erbschaft ausgeglichen. Wahlweise kann der überlebende Ehegatte aber auch die Erbschaft ausschlagen und dann den normalen Pflichtteil zuzüglich des konkret berechneten Zugewinnausgleichs verlangen.

▶ Gütertrennung

> **Bei der Gütertrennung sind die Vermögen beider Ehegatten vollständig getrennt.** !

Sie wird häufig dann vereinbart, wenn beide Ehegatten erhebliches, meistens geerbtes Vermögen in die Ehe einbringen. Bei Gütertrennung gibt es keinen Zugewinnausgleich. Eine Gütertrennung muss durch einen notariell beurkundeten Ehevertrag vereinbart werden. Gegenüber Dritten wirkt die Gütertrennung nur, wenn sie ins Güterrechtsregister eingetragen oder dem Dritten bekannt ist.

> **Das Güterrechtsregister ist ein beim Amtsgericht geführtes Verzeichnis, in das Eheleute von dem gesetzlichen Güterstand abweichende Regelungen eintragen lassen müssen.** !

Allerdings genießt dieses Register keinen öffentlichen Glauben. Zuständig ist das Amtsgericht des Bezirks, in dem wenigstens einer der Ehegatten seinen gewöhnlichen Aufenthalt hat. Die Eintragungen können von jedermann eingesehen werden.

▶ **Gütergemeinschaft**

! Bei einer Gütergemeinschaft wird das Vermögen des Mannes und der Frau gemeinschaftliches Vermögen beider Ehegatten (Gesamthandsgemeinschaft).

Die Gütergemeinschaft muss durch einen Ehevertrag vereinbart und im Güterrechtsregister eingetragen werden. Grundsätzlich wird das Gesamtgut gemeinschaftlich verwaltet. Das Gesamtgut haftet für alle Schulden beider Ehegatten. Während die Gütergemeinschaft früher vor allem in ländlichen Gebieten häufig war, wird sie heute nur noch selten vereinbart.

4.2 Grundlagen des Erbrechts

4.2.1 Rahmenbedingungen

Das Erbrecht in Deutschland hat sich aus Elementen des deutschen und des römischen Rechts entwickelt. Der deutschen Rechtstradition folgt der Grundsatz der Verwandtenerbfolge, wonach das Erbe in der Familie bleiben soll[1]. Damit verbunden ist auch der im Grundgesetz verankerte Schutz des Eigentums[2]. Aus diesen Grundprinzipien heraus wurden im BGB folgende vier Hauptelemente festgelegt:

- **Testierfreiheit**
Durch Testament kann eine von der gesetzlichen Regelung abweichende Erbfolge festgelegt werden. Einschränkungen gibt es nur durch die Pflichtteilsregelung.

Beispiel

Hans Muster kann seinen Lieblingssohn Bernd zum Alleinerben einsetzen und seinen weniger geliebten Sohn Max von der Erbschaft ausschließen, auch wenn dieser meint, dies sei sittenwidrig, weil er seinen Vater in seinen letzten Lebensjahren mehr umsorgt habe als Bernd. Max kann nur die Zahlung des Pflichtteils von Bernd verlangen.

- **Verwandtenerbfolge**
Das Erbrecht geht, wenn der Erblasser kein Testament hinterlassen hat, von der Verwandten- bzw. Familienrechtsnachfolge aus. Die Verwandten werden durch Gesetz zu Erben. Eine Ausnahme davon ergibt sich durch das Erbrecht des überlebenden Ehegatten.

Beispiel

Wenn Hans Muster kein Testament gemacht hat und seine Ehefrau noch lebt, erbt diese die Hälfte des Vermögens, die andere Hälfte geht an seine zwei Söhne zu gleichen Teilen.

- **Gesamtrechtsnachfolge**

§ 1922 BGB Gesamtrechtsnachfolge
(1) Mit dem Tode einer Person (Erbfall) geht deren Vermögen (Erbschaft) als Ganzes auf eine oder mehrere andere Personen (Erben) über.

1 Sprichwort: „Wie das Blut, so das Gut"

2 Karl Marx verlangte in seinem kommunistischen Manifest eine Erbschaftsteuer von 100 %. Das Bundesverfassungsgericht untersagte eine über 50 % liegende Erbschaftsteuer, da dies einer Enteignung gleichkäme und dem Schutz des Eigentums widerspräche.

Die Erben erhalten den Nachlass, ohne dass sie dafür eine besondere Willenserklärung abgeben müssen[1]. Sie werden mit dem Tod des Erblassers unmittelbar Eigentümer seiner Sachen und Inhaber seiner Forderungen. Sachen müssen weder förmlich übereignet noch müssen Forderungen abgetreten werden. Es existiert also keine noch so kleine Zeitspanne, in der es keinen Eigentümer der bis zu seinem Tod dem Erblasser gehörenden Sachen gibt.

Beispiel

Die Ehefrau von Hans Muster und dessen Söhne werden ohne weitere Erklärungen Inhaber der Bankkonten und Eigentümer der auf Hans Muster eingetragenen Immobilie, obwohl das Konto noch auf Hans Muster lautet und das Grundbuch noch Hans Muster als Eigentümer ausweist. Eine andere Frage ist, ob und wie diese Erben rechtliche Verfügungen über die Sachen und Forderungen treffen können. Sie können also nicht ohne Weiteres Geld vom Bankkonto abheben oder die Immobilie beleihen oder weiterveräußern.

- **Unbeschränkte Erbenhaftung**

Die Haftung kann nur durch Ausschlagung der Erbschaft oder im Rahmen der Nachlasspflegschaft oder -verwaltung eingeschränkt werden.

! **Für die Verbindlichkeiten des Erblassers und die durch dessen Ableben entstandenen Verbindlichkeiten (Nachlassverbindlichkeiten) müssen die Erben grundsätzlich einstehen. Sie haften dafür unbeschränkt und gesamtschuldnerisch.**

Beispiel

Hans Muster hatte für einen Freund eine Bürgschaft übernommen, aus der der Gläubiger von den Erben Zahlung verlangt. Die Söhne meinen, sie hätten damit nichts zu tun, weil sie nichts davon gewusst hätten. Die Zahlung soll ihre miterbende Mutter leisten, da sie das größte Erbteil erhalten hätte. Ihre Mutter kann den Betrag kurzfristig nicht aufbringen. Der Gläubiger erfährt, dass Sohn Bernd genügend Geldmittel hat, und verlangt von diesem die volle Summe zur Auszahlung. Bernd muss zunächst zahlen und kann dann nur von den Miterben einen der Erbteilung entsprechenden Aufwendungsersatz verlangen.

Grundbegriffe aus dem Erbrecht

Der **Erbfall** ist der Tod eines Menschen. Juristische Personen können nicht beerbt werden. Die Erbschaft kann an eine einzelne oder an mehrere Personen gemeinsam gehen.

Der **Erblasser** ist die verstorbene Person, deren Vermögen auf eine oder mehrere Personen übergeht. Jeder Mensch wird mit seinem Tode zum Erblasser, weil zumindest Beerdigungskosten anfallen.

Als **Erbschaft** gilt das auf die Erben übergegangene Vermögen des Erblassers. Vom Erben aus gesehen wird von Erbschaft gesprochen, vom Erblasser her gesehen vom **Nachlass**. Bestimmte höchst persönliche Rechtsbeziehungen erlöschen mit dem Tod und sind nicht vererblich.

Beispiele

Hans Muster hat als begeisterter Jäger die Zeitschrift „Herr und Hund" abonniert. Dieses Abonnement läuft bis zur Kündigung durch die Erben weiter.

Mit einem Krankengymnasten hat er verschiedene Termine vereinbart. Diese Termine entfallen für den Krankengymnast ersatz- und entschädigungslos.

Hans Muster ist Mitglied im örtlichen Jägerverein. Diese Mitgliedschaft erlischt mit seinem Tod.

1 Sprichwort: „Sterben macht Erben"

Erbe ist die Person oder Personengemeinschaft, auf die das Vermögen des Erblassers übergeht.

Vermächtnisnehmer ist eine Person, der der Erbe nur einzelne Gegenstände zugewendet hat. Ein Vermächtnisnehmer ist nicht Erbe, sondern hat lediglich einen Herausgabeanspruch auf die im Testament beschriebenen Gegenstände.[1]

Erbfähigkeit ist die Fähigkeit, selbst Erbe werden zu können. Jede natürliche und juristische Person ist erbfähig, so auch ein gerade geborenes Kind. Wenn ein Kind schon gezeugt, aber noch nicht geboren ist, kann es Erbe werden, sofern es lebend geboren wird. Tiere können nicht Erbe werden.

Beispiel

Die Tochter von Frank Maier ist schwanger. Er vermacht deshalb testamentarisch einen Teil seines Vermögens seinem noch ungeborenen Enkel. Maier stirbt vor der Geburt des Kindes. Dieses wird Erbe, sofern es lebend geboren wird.

Mit dem **Erbschein** kann sich ein Erbe gegenüber Dritten legitimieren, z.B. beim Grundbuchamt für die Umschreibung von Grundeigentum oder bei Banken zur Kontoumschreibung. Die Erteilung eines Erbscheins ist gebührenpflichtig, aber in den meisten Erbfällen notwendig.

Wenn mehrere Erben zugleich erben, so wird der Nachlass deren gemeinschaftliches Vermögen in Form einer **Gesamthandsgemeinschaft**. Kein Erbe kann Ansprüche auf einzelne Nachlassgegenstände, auch nicht auf eigentlich leicht teilbare Geldbeträge, erheben. Jeder Erbe kann aber, soweit dies nicht der Erblasser durch eine Fristenauflage unterbunden hat, Liquidation des Erbes und anschließende Verteilung verlangen. Die Liquidation und Verteilung kann auch durch einen vom Erben durch letztwillige Verfügung bestellten Testamentsvollstrecker durchgeführt werden.

4.2.2 Gesetzliche Erbfolge

Erbfolgeregelungen				
Gesetzliche Erbfolge			Gewillkürte Erbfolge	
Gesetzliche Erben			durch Testament (einseitiges Rechtsgeschäft)	durch Erbvertrag (zweiseitiges Rechtsgeschäft zwischen Erblasser und Erbe/-n)
Blutsverwandte des Erblassers	überlebender Ehegatte des Erblassers	Staat (als Ersatzerbe)		

Hat der Erblasser auf sein Recht zur Regelung seiner Erbfolge, die sogenannte Testierfreiheit, verzichtet, gilt die gesetzliche Erbfolge. Bei ihr erben nur Blutsverwandte, Adoptivkinder und Ehegatten. Wenn sich kein sonstiger Erbe finden lässt, erbt der Staat. So gibt es nie einen herrenlosen Nachlass.

Parantelsystem[2]
Verwandte werden in Ordnungen eingeteilt. Die Zugehörigkeit zu einer Ordnung wird durch die Vorfahren bestimmt. Dieses Ordnungssystem wird deshalb auch als Parantelsystem bezeichnet.

1 Vgl. den Hinweis zur Münzsammlung im Testament des Hans Muster, S. 41.

2 von lat. parens = Vorfahre

Parantel ist die zu einer Ordnung zusammengefasste Gruppe von Verwandten, die von einem gemeinsamen Vorfahren abstammen.

Erben der ersten Ordnung sind die Kinder des Erblassers oder deren Kinder. Erben weiterer Ordnungen werden durch die Eltern, Großeltern usw. begründet. Stiefkinder haben kein Erbrecht, weil sie mit dem Erblasser nur verschwägert sind.

- Erben erster Ordnung: Abkömmlinge des Erblassers
- Erben zweiter Ordnung: Eltern und deren Abkömmlinge
- Erben dritter Ordnung: Großeltern des Erblassers und deren Abkömmlinge
- Erben vierter Ordnung: Urgroßeltern des Erblassers und deren Abkömmlinge

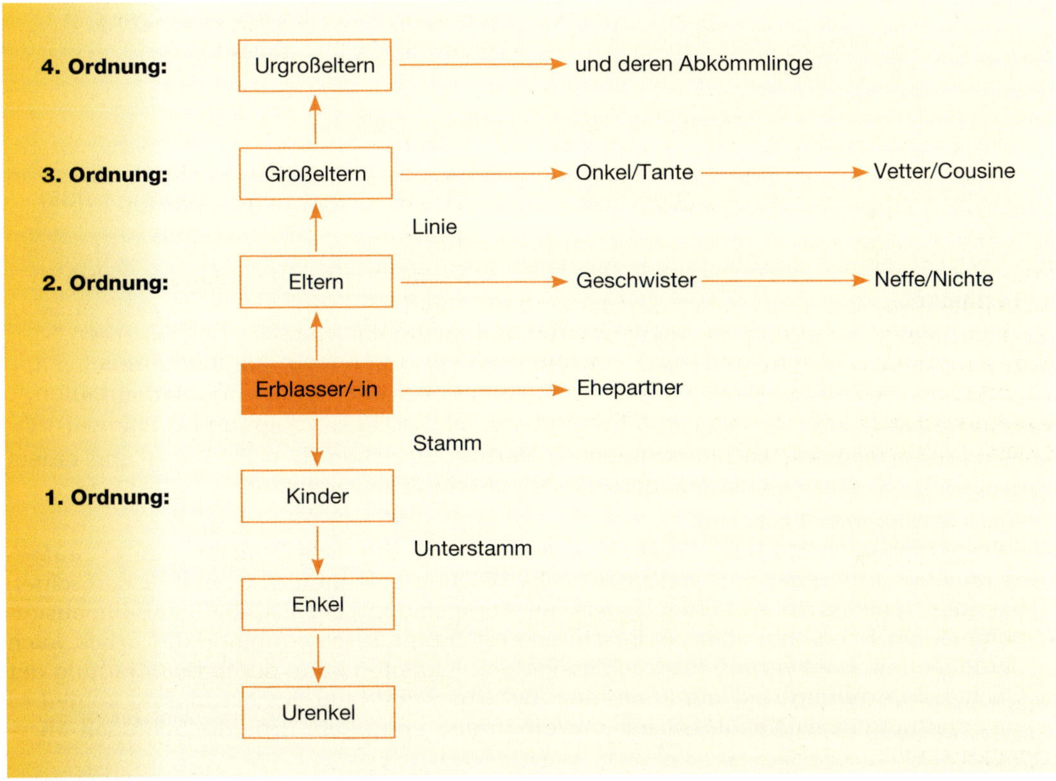

Jeder lebende Verwandte einer zum Erblasser näheren Ordnung schließt alle Verwandten einer entfernteren Ordnung völlig von der Erbfolge aus. Dadurch kommt jeweils die jüngste Generation zum Zuge.

Beispiel

Der Erblasser hinterlässt einen Enkel, dessen Eltern nicht mehr leben, einen Bruder und vier Neffen und Nichten. Nur der Enkel erbt. Die anderen Verwandten gehen leer aus.

An die Stelle eines zur Zeit des Erbfalls schon verstorbenen Elternteils treten dessen Kinder (Eintrittsrecht).

Wer innerhalb einer Ordnung zum Erben wird, das richtet sich nach Stämmen und Linien. Jedes Kind des Erblassers bildet mit seinen Nachkommen einen **Stamm**, jedes Enkelkind mit seinen Nachkommen einen Unterstamm. Jeder Stamm erbt zu gleichen Teilen.

Beispiel

Erblasser E hinterlässt eine Tochter (K1), die zwei Kinder hat (E1 und E2), und zwei weitere Enkel (E3 und E4), die seines bereits verstorbenen Sohnes (K2). Seine Schwiegertochter (ST), Ehefrau von K2, lebt noch, ebenfalls seine betagte Mutter (M).
Es erben: K1 die Hälfte, E3 und E4 je ein Viertel, alle anderen gehen leer aus.

In der zweiten Ordnung werden die Erben nach **Linien** bestimmt. Jeder Elternteil des Erblassers bildet zusammen mit seinen Abkömmlingen eine Linie. Jede Linie erbt zu gleichen Teilen. Innerhalb der Linie gilt das gleiche Ordnungsprinzip wie beim Stamm. Ein früher Geborener erbt erst alles, bevor seine eigenen Nachkommen erben können.

Der überlebende Ehegatte erbt neben Erben erster Ordnung die Hälfte des Nachlasses, wenn er mit dem Erblasser im Güterstand der Zugewinngemeinschaft gelebt hat.

Ausschluss der gesetzlichen Erbfolge			
Enterbung (§ 1938 BGB)	Vertraglicher Erbverzicht (§§ 2346–2352 BGB)	Ausschlagung der Erbschaft (§ 1953 BGB)	Erbunwürdigkeit (§§ 2339 ff. BGB)

Ein Verwandter oder der Ehegatte kann enterbt werden durch:

- **Testament**
  - als negatives Testament: „Meine Kinder und meine Ehefrau sollen nichts erben."
  - als positives Testament: „Der Tierschutzverein in … soll mein Alleinerbe sein."
  - durch Zuwendung des Pflichtteils: „Mein Sohn Fred soll nur den Pflichtteil erhalten."
- **Erbverzicht**
  Dies ist ein notariell zu beurkundender Vertrag zwischen dem Erblasser und einem grundsätzlich Erbberechtigten, dass dieser auf sein Erbe verzichtet.
- **Ausschlagung der Erbschaft**
  Erbe wird man ohne Abgabe einer Willenserklärung. Ein Erbe kann das ihm so „aufgezwungene" Erbe aber innerhalb von sechs Wochen ablehnen, z. B. weil er befürchtet, dass der Nachlass überschuldet ist. Mit der Ausschlagung der Erbschaft entfällt, ausgenommen für Ehegatten oder bei Beschränkungen und Beschwerungen des Erbes, auch der Pflichtteil. Die Haftung für Nachlassverbindlichkeiten kann durch Beantragung der Nachlassverwaltung beschränkt werden. Bei Überschuldung des Nachlasses kommt es zur Eröffnung eines Nachlassinsolvenzverfahrens, wenn kein Erbe die Schulden übernehmen will.

Beispiele

Der Ehemann hinterlässt zwei Kinder und die Ehefrau. Der Wert der Erbschaft ist 200.000 EUR. Es hatte Zugewinngemeinschaft gegolten.

Situation A: Der Ehemann hatte keinen Zugewinn, da er die 200.000 EUR bereits in die Ehe eingebracht hatte. Die Ehefrau nimmt das Erbe an und erhält neben den Kindern die Hälfte, also 100.000 EUR.

Situation B: Der Zugewinn des Ehemannes war 200.000 EUR, was dem gesamten Familienvermögen entsprach. Die Ehefrau schlägt die Erbschaft aus, verlangt 100.000 EUR als Zugewinnausgleich und erhält vom Rest nach § 1371 Abs. 3 BGB den Pflichtteil neben den Kindern in Höhe des halben gesetzlichen Erbteils von einem Viertel, also zusätzlich je 12.500 EUR.

- **Erbunwürdigkeit**
  Auf Antrag eines anderen Erbberechtigten kann ein Erbe für erbunwürdig erklärt werden. Die Gründe für die Erbunwürdigkeit sind in § 2339 BGB aufgeführt, so z. B. der Angriff auf das Leben des Erblassers.

4.2.3 Testament

Das Testament ist eine einseitige, nicht empfangsbedürftige Willenserklärung des Erblassers, mit der dieser seine Erbfolge regelt.

§ 2229 BGB Testierfähigkeit Minderjähriger, Testierunfähigkeit
(1) Ein Minderjähriger kann ein Testament erst errichten, wenn er das 16. Lebensjahr vollendet hat.
(2) Der Minderjährige bedarf zur Errichtung eines Testaments nicht der Zustimmung seines gesetzlichen Vertreters.

Das Testament kann vom Erblasser jederzeit geändert werden. Letztlich gilt das zuletzt verfasste Testament. Ein Testament kann nach dem Tod des Erblassers von etwaigen Erbberechtigten grundsätzlich wegen Irrtum, Drohung oder Sittenwidrigkeit angefochten werden.

Das Testament muss entweder **eigenhändig** verfasst und unterschrieben oder von einem Notar **beurkundet** werden. In Notfällen, z. B. wenn bei Todesgefahr kein Notar erreichbar ist und Schreiben nicht mehr möglich ist, kann auch ein **Nottestament** mit drei Zeugen verfasst werden.

Testament

Mein letzter Wille ist folgender:

Hiermit setze ich, Hans Muster, geboren am 4. Oktober 1941 in Stuttgart, zu meinen Erben ein:

1. meine liebe Nichte Clara Müller, geboren am 15. Dezember 1980 in Stuttgart,

2. meinen lieben Neffen Jens Muster, geboren am 17. August 1975 in Esslingen,

zu je gleichen Teilen.

Meinem lieben Freund Kurt Schmidt, wohnhaft in Backnang, Hauptstraße 10, vermache ich meine Münzensammlung.

Backnang, den 17. Januar 2006

Hans Muster

In einem Testament kann der Erblasser
- Erben als Allein- oder Miterben einsetzen,
- Ersatz- oder Nacherben bestimmen,
- Erben ausschließen,
- einen Testamentsvollstrecker benennen,
- ein Vermächtnis erteilen, d. h. dem Erben einen bestimmten Gegenstand oder Geldwert zuzusprechen, ohne dass der Vermächtnisnehmer zum Erben wird,
- Auflagen erteilen.

<table>
<tr><th colspan="8">Formen des Testaments</th></tr>
<tr><th colspan="5">Ordentliche Testamente</th><th colspan="3">Außerordentliche Testamente (Nottestamente)</th></tr>
<tr><td colspan="3">Öffentliches Testament (§ 2232 BGB)</td><td colspan="2">Privattestament als eigenhändig geschriebenes und unterschriebenes Testament (§ 2247 BGB)</td><td rowspan="2">Testament vor dem Bürgermeister und zwei Zeugen</td><td rowspan="2">Testament vor drei Zeugen</td><td rowspan="2">Seetestament auf deutschem Schiff vor drei Zeugen</td></tr>
<tr><td>mündliche Erklärung vor einem Notar</td><td>Übergabe einer offenen Schrift an den Notar</td><td>Übergabe einer verschlossenen Schrift an den Notar</td><td>eigene Verwahrung</td><td>Hinterlegung bei einem Amtsgericht</td></tr>
</table>

Beispiele

Für die Erbschaftsverwaltung hatte der Inhaber des Unternehmens Krupp für die Dauer von 30 Jahren einen Testamentsvollstrecker ernannt und damit die Erben von einer Verfügung über das Erbe ausgeschlossen.

Ein Erblasser hatte seine zu seinen Lebzeiten zerstrittenen Erben verpflichtet, 30 Jahre lang an seinem Todestag unter notarieller Aufsicht zu einem „friedlichen Familientreffen" zusammenzukommen. Wer ohne triftigen Grund fehlte, galt als enterbt.

Ein Testament kann nur persönlich errichtet werden, niemals durch einen Vertreter. Minderjährige sind ab dem Alter von 16 Jahren beschränkt testierfähig, können also ein Testament nach eigenem Willen errichten, wenn sie einen Notar einschalten.

Testierunfähigkeit liegt vor
- bei Geschäftsunfähigkeit,
- bei Personen unter 16 Jahren,
- bei vorübergehender Bewusstseinsstörung.

Ehegatten können ein gemeinschaftliches Testament errichten. Häufig werden darin die Nacherben eines überlebenden Ehegatten festgelegt.

4.2.4 Pflichtteil

Um etwaige Härten durch die Testierfreiheit abzumildern, gibt es für die nächsten Angehörigen bei Enterbung ein Schutzrecht in Form des Pflichtteils.

! Der Pflichtteil ist ein Forderungsrecht des Berechtigten an die Erben auf die Hälfte seines gesetzlichen Erbteils. Er kann grundsätzlich nicht entzogen werden.

Pflichtteilsberechtigte sind ausschließlich:
- Abkömmlinge, soweit sie gesetzlich zum Zuge kommen würden
- der Ehegatte
- die Eltern (wenn sie als Erben zweiter Ordnung zum Zuge kämen)

Der Pflichtteilsberechtigte kann den sich aus dem Pflichtteil errechnenden Geldbetrag vom Erben verlangen.

Beispiel

Der Erblasser hat drei seiner sechs Kinder enterbt. Die Witwe erbt, da Zugewinngemeinschaft bestand, die Hälfte des Nachlasses. Die andere Hälfte ginge grundsätzlich an die sechs Kinder, von denen jedes den zwölften Teil gesetzlich erben würde. Die enterbten Kinder erhalten davon dann je wiederum die Hälfte als Pflichtteil, also jeder ein Vierundzwanzigstel. Der Pflichtteil ist von den erbenden Kindern zu tragen, da diese die Pflichtteilsberechtigten und enterbten Kinder ersetzen. Sie erhalten von dem Rest jeweils ein Drittel.

Zahlenbeispiel: Der Wert der Erbschaft war 240.000 EUR. Ohne testamentarische Enterbung wäre die Aufteilung wie folgt: Witwe 120.000 EUR, jedes Kind 20.000 EUR. Der Pflichtteil der drei enterbten Kinder beträgt also je 10.000 EUR. Die erbenden Kinder erhalten dann je 30.000 EUR (120.000 – 30.000 = 90.000 : 3). Das Erbe der Witwe bleibt unverändert.

Der Pflichtteilsanspruch ist ein reiner Geldanspruch, der mit dem Erbfall entsteht. Pflichtteilsberechtigte sind nicht Erben und haben deshalb keinerlei Rechte wie die Herausgabe persönlicher Gegenstände des Erblassers. Sie haben ein Auskunftsrecht über den Bestand des Nachlasses. Bei der Berechnung des Pflichtteils besteht eventuell eine Ausgleichspflicht für Zuwendungen an die Erbberechtigten zu Lebzeiten des Erblassers oder ein Pflichtteilsergänzungsanspruch durch Schenkungen. Liegen solche mehr als zehn Jahre zurück, werden sie nicht mehr angerechnet. Gibt es mehrere Erben, so ist ein Pflichtteilsanspruch jeweils gegenüber den einzelnen Erben geltend zu machen.

Beispiel

Wenn Sohn Bernd Alleinerbe und sein Bruder nur Pflichtteilsberechtigter ist, kann er diesem jeden Zugang zu dem elterlichen Haus verweigern und braucht ihm keinerlei persönliche Gegenstände des Erblassers herauszugeben.

Der Pflichtteil kann nur bei besonderen Gründen wie schweren Verfehlungen, insbesondere gegenüber dem Erblasser, entzogen werden. Ein solcher Grund liegt beispielsweise vor, wenn der Pflichtteilsberechtigte dem Erblasser nach dem Leben getrachtet, ihn schwer misshandelt oder wenn er sich eines Verbrechens schuldig gemacht hat.

Zusammenfassung zu Kapitel 4: Rechtliche Rahmenbedingungen der privaten Finanzplanung

Verwandtschaft aus Abstammung oder Adoption	
gerade Linie	Eltern/Kinder, Großeltern/Enkel usw.
Seitenlinie	Geschwister, Onkel, Tanten usw.
Bedeutung der Verwandtschaft:	■ Unterhaltspflicht in gerader Linie ■ Grundlage der gesetzlichen Erbfolge ■ Höhe der Erbschaftsteuer ■ Zeugnisverweigerungsrecht (dies auch bei Schwägerschaft)

Eheschließung	
■ Bei Mindestalter 16 Jahre (Heirat macht nicht voll geschäftsfähig) anderer Ehepartner mindestens Lebensalter 18 Jahre ■ Eheschließung vor Standesbeamtem grundsätzlich auf Lebenszeit ■ Lebenspartnerschaft gleichgeschlechtlicher Personen ist gleichgestellt	
Rechtliche Folgen einer Eheschließung:	■ eheliche Gemeinschaft und gegenseitige Verantwortung ■ Unterhaltspflicht ■ Erbrecht ■ Erbschaftsteuerbegünstigung ■ Gemeinschaftliche Einkommensteuerveranlagung mit Splitting möglich
Eheliches Güterrecht mit Ehevertrag (Eintragung im Güterrechtsregister)	
Gütertrennung:	■ eigenständige Vermögensverwaltung ohne Ausgleich bei Trennung
Gütergemeinschaft	■ gemeinsames Vermögen und gemeinsame Verwaltung
Ohne vertragliche Regelung:	■ Zugewinngemeinschaft = eigene Vermögensverwaltung und Zugewinnausgleich bei Trennung/Tod
Zugewinnberechnung:	■ Endvermögen je Ehepartner – jeweiliges Anfangsvermögen je Ehepartner – Zugewinn, sofern positiv: Summe der Zugewinne geteilt durch 2 = Zugewinn je Partner – Ausgleich durch Geldzahlung
Erbrecht	
Erben sind Gesamtrechtsnachfolger über Nachlass (Vermögen und Schulden). Erbausschlagung möglich, regelmäßig innerhalb von sechs Wochen. **Vermächtnisnehmer** erhält vom Erben einen Gegenstand oder Geld. **Pflichtteilsberechtigter** ist nicht Erbe, hat aber einen Geldanspruch auf Pflichtteil (= halber gesetzlicher Erbteil).	
Erbfolgeregelung:	■ Erbvertrag ■ Gesetzlich: Blutsverwandte und Ehegatten (nach Rangfolge der Erben in Stämmen und Linien) ■ Testament = letzter Wille (eigenhändig, notariell, hinterlegt, Nottestament)

Aufgaben und Probleme

Kapitel 4 Rechtliche Rahmenbedingungen der privaten Finanzplanung

Familienrecht

1 Zu einer Großfamilie gehören folgende Personen:
A ist der Vater von B und C.
D ist die Tante von B und C.
E ist der Ehemann von D.
F ist das Kind von D und E.
Klären Sie die Verwandtschaftsgrade aus Sicht von B.

2 Kind Konrad hat sein Taschengeld immer auf einem Sparbuch gespart. Zwei Wochen vor seinem 18. Geburtstag entdecken die Eltern das Sparbuch, das, auch durch Schenkungen anderer Verwandter, ein Guthaben von rund 10.000 EUR aufweist. Sie verlangen von der Bank sofortige Barauszahlung des Guthabens, da sie Konrad vor unüberlegten Ausgaben schützen möchten. Muss die Bank diesem Verlangen nachkommen? Welche Ansprüche hat Konrad?

3 Enkel Sven ist durch einen Lottogewinn zu Reichtum gekommen. Sein Großvater lebt in einem Pflegeheim, dessen Kosten von der Sozialhilfe übernommen wurden.
Begründen Sie, ob und in welchem Umfang Sven für seinen Großvater unterhaltspflichtig ist.

4 Die 19-jährige Eva möchte nach dem Abitur (Notendurchschnitt 1,0) studieren und in die Universitätsstadt ziehen. Ihre Eltern meinen, sie solle erst etwas Richtiges lernen und eine Berufsausbildung am Ort machen. Begründen Sie, welche Rechte Tanja zustehen.

5 Ein Ehepaar war 20 Jahre im Güterstand der Zugewinngemeinschaft verheiratet. Ein Anfangsvermögen wurde nicht dokumentiert.
Gegenwärtig ist folgendes Vermögen vorhanden:
Eine gemeinsam bewohnte und im Alleineigentum des Mannes stehende Immobilie im Wert von 350.000 EUR, darauf besteht noch eine Grundschuld im aktuellen Stand von 50.000 EUR.
Die Ehefrau hat Sparkonten über 10.000 EUR, der Ehemann über 30.000 EUR.
Beschreiben Sie, wie der Zugewinnausgleich bei diesem Vermögensstand erfolgen müsste.

6 Das Ehepaar Schuster hat sich auseinandergelebt und möchte sich scheiden lassen. Die beiden gemeinsamen Kinder sind mittlerweile erwachsen und wohnen nicht mehr bei den Eltern. Beide Ehepartner sind berufstätig.
Folgende Daten liegen vor:
Vermögen zum Zeitpunkt der Eheschließung:
Herr Schuster: Wertpapiere und Kontoguthaben 40.000 EUR.
Frau Schuster: Kontoguthaben und Wertpapiere 30.000 EUR, geerbtes Grundstück im Wert von 150.000 EUR.
Die Schusters haben während ihrer Ehe ein Haus auf das geerbte Grundstück von Frau Schuster gebaut. Die gesamte Immobilie (Haus und Grundstück) hat heute einen Wert von 500.000 EUR.
Herr Schuster hat von seinem Vater 50.000 EUR als Kontoguthaben geerbt.
Am Tag der Scheidung waren auf den gemeinsamen Konten und Depots 30.000 EUR vorhanden.
Die Geldwertentwicklung ist in den angegebenen Vermögenswerten bereits berücksichtigt.
a) Die Immobilie ist im Grundbuch auf beide Eheleute eingetragen.
b) Die Ehefrau ist als Alleineigentümerin im Grundbuch eingetragen.
Berechnen Sie den Zugewinnausgleich zwischen Herrn und Frau Schuster und ermitteln Sie in beiden Fällen das Endvermögen nach Zugewinnausgleich beider Eheleute.

Erbrecht

7 Ein Ehepaar, das in Zugewinngemeinschaft lebt, hat drei Kinder. Eine letztwillige Verfügung ist nicht vorhanden. Der Ehemann stirbt. Beschreiben Sie die sich daraus ergebende Erbfolgeregelung.

8 Ein in Zugewinngemeinschaft lebendes Ehepaar hat eine Tochter; der Sohn ist bereits verstorben. Dieser Sohn hinterließ eine Ehefrau und zwei Kinder, also Schwiegertochter und zwei Enkel. Eine letztwillige Verfügung hat das Ehepaar nicht gemacht.
Legen Sie die Erbanteile für den Fall fest, dass ein Ehepartner verstirbt.

9 Der Erblasser E hat einen Sohn, der von seinem Vater nichts mehr wissen und ihn auch nicht beerben will. Als E stirbt, hinterlässt er nur seinen Sohn, der vom Tod seines Vaters zwar erfährt, aber in keiner Weise darauf reagiert. Eine letztwillige Verfügung liegt offensichtlich nicht vor.
Begründen Sie, ob der Sohn Erbe geworden ist.

10 Walter von Arnim ist Mitglied des Jachtklubs „Südwind e.V." mit einem begehrten Liegeplatz. Als er stirbt, möchte sein alleinerbender Neffe die Klubmitgliedschaft nebst dem Liegeplatz übernehmen. Der Klub lehnt dessen Mitgliedschaft grundsätzlich ab, da der Neffe dort nicht beliebt ist.
Beschreiben Sie, welche Rechte der Neffe gegenüber dem Klub hat.

11 Walter von Arnim setzte durch Testament den Jachtklub zum Erben ein. Sein Neffe will das Testament anfechten, da er dabei als einziger noch lebender Blutsverwandter zu kurz komme.
Beurteilen Sie die Rechtslage.

12 Der Erblasser E hinterlässt bei seinem Tode seine Ehefrau, ein Adoptivkind und seine Eltern. Begründen Sie, wer gesetzlicher Erbe ist.

13 Hans ist 17 Jahre alt und hat von seinem Großvater ein beträchtliches Vermögen geerbt. Daraufhin errichtet er selbst ein eigenhändiges Testament zugunsten seiner bereits volljährigen Freundin Tine. Beurteilen Sie, ob dieses Testament wirksam ist.

14 Jens Jensen ist verheiratet. Da die Ehe bisher kinderlos blieb, setzt er testamentarisch seine Frau zur Alleinerbin ein. Nach Errichtung des Testaments wird seine Frau doch noch schwanger. Bevor Jens Jensen sein Testament ändern kann, stirbt er durch einen Unglücksfall. Beurteilen Sie die Erbansprüche des nach dem Tode von Jens Jensen geborenen Kindes.

15 A verunglückt mit seinem Auto und erleidet schwere Verletzungen. Im Krankenhaus diktiert er einem Arzt seinen letzten Willen und unterschreibt die Urkunde, was er gerade noch vermag. Beurteilen Sie die Gültigkeit dieser Urkunde.

16 Von den drei Kindern des Erblassers E lebt zur Zeit des Erbfalles nur noch der Sohn S1. Die Söhne S2 und S3 sind verstorben. Von den Enkeln des Erblassers leben noch E1 und E2 (Söhne des S2). Außerdem leben noch zwei Brüder, B1 und B2, des Erblassers. Die Erbschaft hat einen Wert von 120.000 EUR. Es gilt die gesetzliche Erbfolge. Legen Sie die jeweiligen Erbanteile fest.

17 Erblasser E hinterlässt folgendes Vermögen:
Banksparbrief: 10.000 EUR.
Eigentumswohnung: Wert 150.000 EUR, belastet mit Grundschuld im gegenwärtigen Stand von 50.000 EUR.
Zum Zeitpunkt des Ablebens leben seine Ehefrau (Zugewinngemeinschaft) und zwei Neffen. Kinder hatte das Ehepaar nicht.
a) Wer würde nach der gesetzlichen Erbfolge welchen Anteil erben?
b) Neffe N1 geht zur Bank und möchte sofort seinen etwaigen Anteil abheben. Wie kann er an das Geld kommen?
c) Angenommen, in einem Testament würde stehen: „Meine Ehefrau erbt alles." Neffe N2 möchte aber seinen Pflichtteil. Hat er Anspruch?

18 Wie kann jemand erreichen, dass nach seinem Tod sein Hund Fifi das „Gnadenbrot" erhält?

19 Erblasser E trifft in seinem Testament folgende Verfügung: „Meine Kinder Achim und Beate sollen zu gleichen Teilen Erben sein, Achim soll meine Eigentumswohnung, Beate das gleichwertige Aktienpaket erhalten, mein Kind Christian soll nichts erhalten."

a) Wer ist im Zeitpunkt des Ablebens Eigentümer der Wohnung bzw. des Aktienpaketes?
b) Welchen Anspruch könnte Christian geltend machen, wenn der Wert des Nachlasses 400.000 EUR betragen hätte und gegenüber wem kann dieser geltend gemacht werden?

20 Teilen Sie das Vermögen des Erblassers Hans Welte nach der gesetzlichen Erbfolge auf. Das Vermögen zum Zeitpunkt des Todes beträgt 180.000 EUR. Verteilen Sie das Vermögen von Hans Welte auf nachfolgend aufgeführte Personen, sofern diese als Erben überhaupt infrage kommen:
- Erich Welte (Vater des Erblassers)
- Senta Welte (Witwe des Erblassers, während der Ehe bestand Zugewinngemeinschaft)
- Susi Welte (Tochter des Erblassers)
- Fred Welte (Sohn des Erblassers, bereits vor zwei Jahren verstorben)
- Lena Welte (Schwiegertochter des Erblassers, Witwe von Fred)
- Jochen Welte (Enkel des Erblassers, Sohn von Fred)
- Christian Welte (Enkel des Erblassers, Sohn von Fred)

21 Bestimmen Sie für folgende Fälle die gesetzlichen Erben und deren Erbteile:
a) Der verwitwete Erblasser hinterlässt den Sohn Jürgen und dessen drei Kinder. Tochter Susi ist bereits selbst Mutter eines Sohnes.
b) Der verwitwete Erblasser hinterlässt Sohn Jürgen, Tochter Lena und zwei Enkelkinder, die Kinder der verstorbenen Tochter Jutta sind.

5 Steuerliche Rahmenbedingungen

5.1 Einkommensteuer

5.1.1 Grundlagen der Einkommensteuer

Jeder Anleger muss mit den Grundlagen des Einkommensteuerrechts vertraut sein. Rechtsgrundlage ist in erster Linie das Einkommensteuergesetz (EStG).

Einkommensteuerpflicht

Unbeschränkt einkommensteuerpflichtig ist, wer seinen Wohnsitz oder ständigen Aufenthalt in der Bundesrepublik Deutschland hat (§ 1 EStG).

Für die Steuerpflicht spielen Alter, Geschlecht, Familienstand oder Staatsangehörigkeit ebenso wie die Geschäftsfähigkeit keine Rolle.

Beispiel

Jochen ist das jetzt einen Monat alte Kind von Jens und Lena Huber. Jochen hat eine vermögende Oma, die ihm aus Freude über den ersten Enkel ein vermietetes Haus und ein Bankguthaben in Höhe von 20.000 EUR übertragen hat. Die aus diesem Vermögen erzielten Erträge müssen von Jochen selbst versteuert werden. Die Steuererklärung geben seine Eltern als gesetzliche Vertreter ab.

Wer unbeschränkt steuerpflichtig ist, muss seine gesamten Einkünfte im Inland versteuern, auch soweit diese im Ausland erzielt werden; wer beispielsweise Geld im Ausland angelegt hat, muss die Einkünfte daraus in Deutschland versteuern. Unter Umständen ist aber ein Doppelbesteuerungsabkommen mit dem Staat, in dem die ausländischen Einkünfte erzielt werden, zu beachten.

Beispiel

Der Unternehmer Max Liebermann hat nach dem Verkauf seines Unternehmens sein ganzes Vermögen in der Schweiz angelegt und dort auch einen Wohnsitz mit Aufenthaltsrecht. In Deutschland lebt noch seine Familie. Er hat hier auch noch ein Haus. Wenn er sich mehr als 180 Tage des Jahres in Deutschland aufhalten würde, würde dies als „ständiger" Aufenthalt gewertet und er müsste seine gesamten Einkünfte, auch die, die er aus dem Vermögen in der Schweiz erzielt, in Deutschland nach deutschem Steuerrecht versteuern.

Entrichtung der Einkommensteuer

Die Einkommensteuerschuld wird immer aus dem gesamten Jahreseinkommen nachträglich berechnet. Bis zur Endabrechnung lässt sich der Staat meistens Vorauszahlungen geben, die dann bei der jährlichen Steuererklärung mit der errechneten Einkommensteuerschuld verrechnet werden.

Einkunftsarten und steuerfreie Gewinne

Im Einkommensteuergesetz ist in den §§ 2 und 3 grundsätzlich festgelegt, welche Einkünfte zur Steuerpflicht führen. Der Steuerpflicht unterliegen:

1. Einkünfte aus Land- und Forstwirtschaft
2. Einkünfte aus Gewerbebetrieb
3. Einkünfte aus selbstständiger Arbeit: Dies sind in erster Linie die Einkünfte der freien Berufe.
4. Einkünfte aus nicht selbstständiger Arbeit: Hierzu gehören in erster Linie Gehälter, Löhne und Sonderzahlungen vom Arbeitgeber.
5. Einkünfte aus Kapitalvermögen: Je Person sind 801 EUR jährlich steuerfrei.
6. Einkünfte aus Vermietung und Verpachtung: Diese Einkunftsart ist für Vermieter von Immobilien maßgeblich.
7. Sonstige Einkünfte: Dies sind Einkünfte aus wiederkehrenden Bezügen, insbesondere Renten und Gewinne aus privaten Veräußerungsgeschäften aus Vermögen, das nicht in Wertpapieren verbrieft ist, z. B. Gold oder Immobilien.

Die Einkünfte aus den Einkunftsarten der Ziffern 1 bis 3 werden als Gewinn festgestellt, die Einkünfte aus den Einkunftsarten der Ziffern 4 bis 7 als Überschuss der Einnahmen über die Werbungskosten. Dabei gelten folgende gesetzliche Definitionen:

§

§ 8 EStG
Einnahmen sind alle Güter, die in Geld oder Geldeswert bestehen und dem Steuerpflichtigen im Rahmen der entsprechenden Einkunftsart zufließen.

§ 9 EStG
Werbungskosten sind Aufwendungen zur Erwerbung, Sicherung und Erhaltung der Einnahmen. Sie sind bei der Einkunftsart abzuziehen, bei der sie erwachsen sind. …

Was nicht im Katalog der Einkunftsarten aufgeführt ist, unterliegt auch nicht der Einkommensteuer, wie beispielsweise ein Vermögenszuwachs aus einer Schenkung oder einer Erbschaft. Mit der Schenkung- bzw. Erbschaftsteuer ist dabei alles abgegolten (vgl. hierzu Kap. A 5.2.). Auch Lottogewinne sind steuerfrei, nicht aber die daraus fließenden Erträge.

Verlustausgleich

Positive und negative Einkünfte, also Verluste, eines Steuerpflichtigen können in bestimmten Grenzen zusammengerechnet werden. Gerade diese Möglichkeit kann beispielsweise bei der Vermietung von Wohnraum zu einer Steuerersparnis führen.

Beispiel

Hans Schuster hat als Kapitalanlage eine Eigentumswohnung erworben. Durch die hohe Fremdfinanzierung und die Abschreibung ergibt sich bei seinen Einkünften aus Vermietung und Verpachtung ein Verlust von jährlich 10.000 EUR. Diesen Verlust kann er mit seinen anderen positiven Einkünften aus nicht selbstständiger Arbeit verrechnen. Auf diese Weise erzielt er doch noch eine gewisse Rendite „nach Steuern" für seine Kapitalanlage.

Schema zur Ermittlung der Einkommensteuerschuld

Summe der Einkünfte (aus den sieben Einkunftsarten)
– Altersentlastungsbetrag
– Entlastungsbetrag für Alleinerziehende
= Gesamtbetrag der Einkünfte
– Verlustabzug aus Vorjahren
– Sonderausgaben einschl. Vorsorgeaufwendungen
– außergewöhnliche Belastungen
= Einkommen
– Kinderfreibetrag
= zu versteuerndes Einkommen → Anwendung des Einkommensteuertarifs
= tarifliche Einkommensteuer
– Steuerermäßigung für Parteispenden
= festzusetzende Jahres-Einkommensteuer
– einbehaltene Lohnsteuer bzw. geleistete Vorauszahlungen
= Einkommensteuernachzahlung/-erstattung

Sonderausgaben

Sonderausgaben nach § 10 EStG können aber bei der Ermittlung des zu versteuernden Einkommens – teilweise bis zu bestimmten Höchstbeträgen – abgezogen werden. Dazu gehören beispielsweise:

- Aufwendungen zur Altersvorsorge
- gezahlte Kirchensteuer
- Betreuungsaufwand für Kinder

Außergewöhnliche Belastungen

§

§ 33 EStG

(1) Erwachsen einem Steuerpflichtigen zwangsläufig größere Aufwendungen als der überwiegenden Mehrzahl der Steuerpflichtigen gleicher Einkommensverhältnisse, gleicher Vermögensverhältnisse und gleichen Familienstands (außergewöhnliche Belastung), so wird auf Antrag die Einkommensteuer dadurch ermäßigt, dass der Teil der Aufwendungen, der die dem Steuerpflichtigen zumutbare Belastung (Absatz 3) übersteigt, vom Gesamtbetrag der Einkünfte abgezogen wird.

Dazu können beispielsweise Krankheitskosten und Unterhaltsleistungen und Aufwendungen für die Berufsausbildung eines Kindes gehören.

5.1.2 Einkommensteuertarif

Maßgeblich für die Berechnung der Steuerhöhe ist zunächst der Grundtarif. Dieser Tarif berücksichtigt die unterschiedliche Leistungsfähigkeit der Steuerpflichtigen, indem er die „Steuerschraube" umso kräftiger anzieht, je höher das Einkommen ist. Die Steuerschuld wächst nicht nur linear mit zunehmendem zu versteuernden Einkommen, sondern auch relativ, das heißt, der Prozentsatz steigt über einen größeren Bereich hinweg laufend an. Die Entlastung durch bestimmte steuerliche Vergünstigungen ist deshalb umso größer, je höher das zu versteuernde Einkommen ohne diese vorher wäre. Der exakte Betrag einer Steuerminderung kann nur unter Berücksichtigung aller Einkünfte eines Steuerpflichtigen und unter konkreter Verwendung der Steuerformel ermittelt werden.

Der **Grundtarif** ist in folgende Zonen gegliedert:

Nullzone

Bis zu einem zu versteuernden Jahreseinkommen von 8.004 EUR[1], dem sogenannten Grundfreibetrag, wird keine Steuer berechnet. Wer mit seinem „zu versteuernden Einkommen" in diesem Bereich liegt, braucht keine Einkommensteuererklärung abzugeben und erhält gegebenenfalls alle vorausbezahlten oder im Voraus abgezogenen Steuerbeträge wieder zurück.

Beispiel

Der fünfjährige Jens Müller hat von seinem kinderlos gebliebenen Patenonkel eine Eigentumswohnung geerbt. Die Wohnung ist für monatlich 500 EUR vermietet. Nach Berücksichtigung der Werbungskosten und der Sonderausgabenpauschalen ergäbe sich für Jens, der sonst keine Einkünfte hat, ein zu versteuerndes Einkommen unterhalb des Grundfreibetrags. Die Eltern von Jens brauchen für ihn daher keine Einkommensteuererklärung abzugeben; die Mieteinnahmen von Jens bleiben steuerfrei.

Progressionszone

In der sogenannten Progressionszone liegende Einkommensteile werden mit einem ansteigenden (progressiven) Steuersatz besteuert. Er wird aus der im Gesetz angegebenen Formel in die Tabelle umgesetzt. Für die über dem Grundfreibetrag liegenden zusätzlich zu versteuernden Einkommensbeträge steigt die relative Besteuerung prozentual von 14 % auf 42 %, bis zu einem Einkommen von 52.881 EUR. Diesen Steueranteil für das zusätzlich zu versteuernde Einkommen nennt man auch **„Grenzsteuersatz"** oder „Spitzensteuersatz". Wird die jeweils zu zahlende Steuer prozentual auf das gesamte zu versteuernde Einkommen bezogen, ergibt sich ein Durchschnittssteuersatz, der immer geringer als der Grenzsteuersatz ist.

Proportionalzonen

Ab einem zu versteuernden Einkommen von 52.882 EUR werden die Einkommensbeträge mit 42 % besteuert, ab 250.731 EUR mit 45 %. Die letztlich zu zahlende Steuer erhöht sich um den Solidaritätszuschlag von jeweils 5,5 % und evtl. 8 % bzw. 9 % Kirchensteuer auf die tarifliche Steuer. Für die Ermittlung einer Steuerersparnis durch Verminderung des zu versteuernden Einkommens ist auch die Kirchensteuer zu berücksichtigen.

1 Stand für 2010.

Steuerformel

Die tarifliche Einkommensteuer richtet sich nach dem zu versteuernden Einkommen. Sie kann jeweils aus der nachstehend abgedruckten Formel errechnet werden:

§

§ 32a Absatz 1 ist ab dem Veranlagungszeitraum 2010 in der folgenden Fassung anzuwenden:

(1) [1]Die tarifliche Einkommensteuer bemisst sich nach dem zu versteuernden Einkommen. [2]Sie beträgt … jeweils in Euro für zu versteuernde Einkommen

1. bis 8.004 Euro (Grundfreibetrag): 0;
2. von 8.005 Euro bis 13.469 Euro: $(912{,}17 \cdot y + 1.400) \cdot y$;
3. von 13.470 Euro bis 52.881 Euro: $(228{,}74 \cdot z + 2.397) \cdot z + 1.038$;
4. von 52.882 Euro bis 250.730 Euro: $0{,}42 \cdot x - 8.172$;
5. von 250.731 Euro an: $0{,}45 \cdot x - 15.694$.

[3]„y" ist ein Zehntausendstel des 8.004 Euro übersteigenden Teils des auf einen vollen Euro-Betrag abgerundeten zu versteuernden Einkommens. [4]„z" ist ein Zehntausendstel des 13.469 Euro übersteigenden Teils des auf einen vollen Euro-Betrag abgerundeten zu versteuernden Einkommens. [5]„x" ist das auf einen vollen Euro-Betrag abgerundete zu versteuernde Einkommen. [6]Der sich ergebende Steuerbetrag ist auf den nächsten vollen Euro-Betrag abzurunden.

Derzeit sind zusätzlich zur Einkommensteuer nach der Formel 5,5 % aus der Einkommensteuerschuld Solidaritätszuschlag, abgerundet auf volle Cent, zu entrichten (Solidaritätszuschlaggesetz).

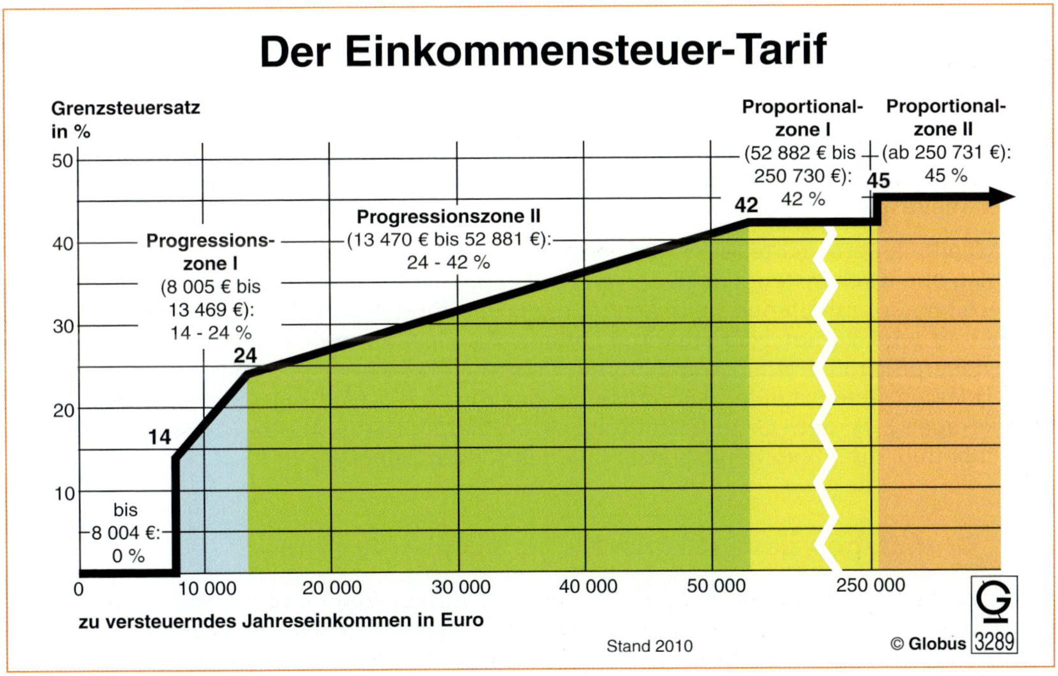

Splittingtarif

Der Splittingtarif kommt bei Eheleuten, die die gemeinsame Steuerveranlagung gewählt haben, zur Anwendung. Die Eheschließung bringt dann eine Milderung der Belastung aus der Progression, wenn die Eheleute unterschiedlich hohe Einkünfte zu versteuern haben. Die Steuerhöhe könnte auch aus dem Grundtarif abgelesen werden, wenn die Einkünfte der Eheleute zusammengerechnet und die Hälfte des sich dann ergebenden zu versteuernden Einkommens auf den Grundtarif angewendet wird. Der sich daraus ergebende Steuerbetrag ist schließlich wieder zu verdoppeln.

Beispiel

Carina Müller und Curt Schnell haben vor ihrer Heirat folgende zu versteuernde Jahreseinkommen und Einkommensteuerbeträge:
Carina Müller 40.000 EUR, Einkommensteuer 9.007 EUR.
Curt Schnell 15.000 EUR, Einkommensteuer 1.410 EUR.
Bei gleichen Einkünften würden sie nach ihrer Heirat bei gemeinsamer Veranlagung folgende Steuern bezahlen:
Gesamteinkommen 55.000 EUR, daraus die Hälfte: 27.500 EUR.
Die Einkommensteuer einer Einzelperson bei 27.500 EUR wäre 4.851 EUR. Die Eheleute müssten insgesamt 9.702 EUR Einkommensteuer bezahlen, also 715 EUR weniger als vor der Heirat.

▶ Pauschbetrag

Ein Pauschbetrag ist der Betrag für Werbungskosten, der bei der Ermittlung der Einkünfte ohne tatsächlichen Kostennachweis immer von den Einnahmen abgezogen wird, z. B. der Arbeitnehmerpauschbetrag von 920 EUR. Nur Werbungskosten, die über diesen Betrag hinausgehen, wirken sich dann steuerlich aus. Sie werden in der Einkommensteuererklärung angegeben, bei Arbeitnehmern z. B. die Entfernungspauschale von 0,30 EUR je Entfernungskilometer von der Wohnung zur Arbeitsstätte.

5.1.3 Lohnsteuer

Die Lohnsteuer ist eine Methode, Vorauszahlungen auf die zu entrichtende Einkommensteuer direkt an der „Quelle", d. h. beim Arbeitgeber, zu erheben. Als Arbeitnehmer muss man dann keine Steuererklärung mehr abgeben, wenn man nur Einkünfte aus nicht selbstständiger Arbeit und nur geringe andere Einkünfte bezieht. Der Arbeitgeber berücksichtigt beim Einbehalt der Lohnsteuer aufgrund der für die jeweilige Steuerklasse geltenden Lohnsteuertabelle alle dafür geltenden steuerlichen pauschalen Abzugsregelungen.

Bei Arbeitnehmern richtet sich der Lohnsteuerabzug sowie der Abzug von Solidaritätszuschlag und Kirchensteuer nach der auf der Lohnsteuerkarte eingetragenen bzw. in seiner Steuernummer enthaltenen Lohnsteuerklasse. Ein auf der Lohnsteuerkarte bescheinigter Freibetrag wird vorher vom steuerpflichtigen Arbeitslohn abgezogen. Dazu werden die Lohnsteuerpflichtigen einer sogenannten Lohnsteuerklasse zugeordnet. Die sechs Lohnsteuerklassen unterscheiden sich voneinander durch die Geltung unterschiedlich hoher Freibeträge, z. B. den Grundfreibetrag, Arbeitnehmerpauschbetrag, Sonderausgabenpauschbetrag, die Vorsorgepauschale und den Kinderfreibetrag.

5.2 Grundlagen der Erbschaft- und Schenkungsteuer

Die Erbschaftsteuer (Schenkungsteuer) ist eine Ländersteuer, weil die Steuereinnahmen den Ländern zufließen, und eine direkte Steuer, weil Steuerschuldner und Steuerträger identisch sind.

▶ Rechtsgrundlagen

Die Rechtsgrundlagen sind das Erbschaftsteuer- und Schenkungsteuergesetz (ErbStG) sowie die Erbschaftsteuer-Durchführungsverordnung (ErbStDV). Die Bewertung des angefallenen Vermögens richtet sich, soweit nicht etwas anderes bestimmt ist, nach den Vorschriften des Ersten Teils des Bewertungsgesetzes.

Es macht vom Prinzip her keinen Unterschied, ob etwas vererbt oder verschenkt wird. Bei Schenkungen können die Freibeträge alle zehn Jahre zur Anwendung kommen.

Der Erbschaftsteuer (Schenkungsteuer) unterliegen
- **der Erwerb von Todes wegen (z. B. Erbschaft, Vermächtnis),**
- **die Schenkungen unter Lebenden.**

Steuerfrei bleiben u. a.
- Hausrat einschließlich Wäsche und Kleidungsstücken beim Erwerb durch Personen der Steuerklasse I, soweit der Wert insgesamt 41.000 Euro nicht übersteigt,
- Zuwendungen unter Lebenden zum Zwecke des angemessenen Unterhalts oder zur Ausbildung des Bedachten,
- die üblichen Gelegenheitsgeschenke.

Steuerfreiheit bei Übernahme der **selbst genutzten Immobilie**
durch **Ehepartner:**
- Ehepartner bleibt 10 Jahre in der Immobilie wohnen
- kein Verkauf und keine Vermietung in dieser Zeit
- kein Zweitwohnsitz darf bestehen
  (keine Nachzahlungspflicht bei Tod oder Pflegeheim)

durch **Kinder:**
- Kind bleibt 10 Jahre in der Immobilie wohnen
- kein Verkauf und keine Vermietung in dieser Zeit
- kein Zweitwohnsitz darf bestehen
- Wohnflächenobergrenze 200 m^2, darüber anteilige Steuer

Freibeträge

Jedem Erwerber steht ein persönlicher Freibetrag zu, der sowohl für Erwerbe von Todes wegen als auch für Schenkungen unter Lebenden gilt. Der Schenkungsfreibetrag kann alle zehn Jahre erneut genutzt werden. Bei einer Erbschaft werden innerhalb der Zehnjahresfrist erfolgte Schenkungen auf den Freibetrag angerechnet.

	Steuerklasse I			**Steuerklasse II**	**Steuerklasse III**
	Ehegatten	**Kinder**	**Enkel**	**Geschwister**	**alle übrigen Erben**
Nachlasswert abzüglich eines Freibetrags von …	500.000 EUR	400.000 EUR	200.000 EUR	20.000 EUR	20.000 EUR
	100.000 EUR Eltern und Großeltern bei Erbschaft				

Abzug von Nachlassverbindlichkeiten

Zum Erbe gehören sowohl Vermögensteile wie auch Verbindlichkeiten. Diese können deshalb vor der Ermittlung der Erbschaftsteuer verrechnet werden.

Abziehbar sind:
- die vom Erblasser herrührenden Schulden;
- Verbindlichkeiten aus Vermächtnissen, Auflagen und geltend gemachten Pflichtteilen;
- die Kosten der Bestattung des Erblassers, ein angemessenes Grabdenkmal, die übliche Grabpflege mit ihrem Kapitalwert für eine unbestimmte Dauer sowie die Kosten, die dem Erwerber unmittelbar im Zusammenhang mit der Abwicklung und Verteilung des Nachlasses entstehen. Für diese Kosten ist insgesamt ein Betrag von 10.300 Euro ohne Nachweis abziehbar.

Steuerklassen

Je nach Verwandtschaftsgrad zwischen dem Erblasser (Schenker) und dem Erben (Beschenkten) werden drei Steuerklassen unterschieden:

- **Steuerklasse I:**
  Ehepartner, Kinder, Stiefkinder, Enkel, Urenkel, bei Erbschaften Eltern und Großeltern.
- **Steuerklasse II:**
  Geschwister, Neffen/Nichten, Großnichten und -neffen, Schwiegerkinder, Stief- und Schwiegereltern, geschiedene Ehepartner, bei Schenkungen Eltern und Großeltern.
- **Steuerklasse III:**
  alle übrigen Personen (z. B. Onkel und Tanten, Lebensgefährten, Freunde und auch eingetragene Lebenspartner, nicht verwandte Patenkinder).

Steuersätze

	Steuerklasse I			Steuerklasse II	Steuerklasse III
	Ehegatten	Kinder	Enkel	Geschwister	alle übrigen Erben
Steuersatz bei einem Vermögen in EUR					
bis 75.000	7 %	7 %	7 %	15 %	30 %
bis 300.000	11 %	11 %	11 %	20 %	30 %
bis 600.000	15 %	15 %	15 %	25 %	30 %
bis 6.000.000	19 %	19 %	19 %	30 %	30 %
bis 13.000.000	23 %	23 %	23 %	35 %	50 %
bis 26.000.000	27 %	27 %	27 %	40 %	50 %
über 26.000.000	30 %	30 %	30 %	43 %	50 %

Für Versorgungsansprüche steht Ehe- bzw. Lebenspartnern ein Versorgungsfreibetrag von 256.000 EUR zu. Für Kinder bei Tod eines Elternteils beträgt er zwischen 10.000 EUR und 52.000 EUR.

Härtefallregelung

Werden die Progressionsstufen nur geringfügig überschritten, wird nicht das gesamte Vermögen mit dem nächsthöheren Steuersatz belastet. Stattdessen wird ein Härtefallausgleich durchgeführt. Die höhere Steuer wird nur zu einem Teil erhoben, sodass dem Empfänger des Vermögens immer noch mindestens die Hälfte des den Grenzbetrag überschreitenden Vermögens verbleibt.

Der Nachlasswert richtet sich nach dem Verkehrswert im Sinne des Bewertungsgesetzes. Vermietete Wohnimmobilien werden nur zu 90 % ihres Wertes angesetzt.

Beispiel

Die kinderlosen Eheleute Schneider informieren sich im Rahmen eines Beratungsgesprächs beim Steuerberater über die zu erwartende Erbschaftsteuerbelastung für den überlebenden Ehegatten.

Das während der Ehe gemeinsam erworbene Vermögen setzt sich wie folgt zusammen:

1. Hausrat im Wert von 90.000 EUR
2. Wertpapiere mit einem Kurswert von 180.000 EUR (Depot des Ehemannes)
3. Das selbst bewohnte und im gemeinsamen Eigentum stehende Einfamilienhaus hat einen Verkehrswert in Höhe von 400.000 EUR.

4. Vermietete Eigentumswohnung im Eigentum des Ehemannes	
Verkehrswert	200.000 EUR
a) Ehefrau bleibt 10 Jahre in dem Haus wohnen:	
Hausrat	90.000 EUR
Wertpapiere	180.000 EUR
Eigentumswohnung 90 % von 200.000 EUR =	180.000 EUR
Nachlasswert des Ehemannes	450.000 EUR
Abziehbar sind:	
Freibetrag für Hausrat	41.000 EUR
persönlicher Freibetrag für Ehegatten	500.000 EUR
Die Erbschaft ist steuerfrei.	
b) Ehefrau zieht in die Eigentumswohnung und verkauft später das Haus.	
Nachlasswert beim Ableben des Ehemannes ist also:	
Hausrat	90.000 EUR
Wertpapiere	180.000 EUR
Anteil am Einfamilienhaus	200.000 EUR
Eigentumswohnung 90 % von 200.000 EUR =	180.000 EUR
Nachlasswert des Ehemannes	650.000 EUR
Abziehbar sind:	
Freibetrag für Hausrat	41.000 EUR
persönlicher Freibetrag für Ehegatten	500.000 EUR
Es verbleiben als steuerpflichtiger Nachlasswert	109.000 EUR
Steuersatz in Steuerklasse I ist 11 % =	11.990 EUR Erbschaftsteuer

Anzeigepflichten

Jeder der Erbschaftsteuer unterliegende Erwerb ist vom Erwerber binnen einer Frist von einem Monat nach erlangter Kenntnis von dem Anfall dem für die Verwaltung der Erbschaftsteuer zuständigen Finanzamt schriftlich anzuzeigen. Die Gerichte, Behörden, Beamten und Notare haben dem für die Verwaltung der Erbschaftsteuer zuständigen Finanzamt schriftlich diejenigen Beurkundungen, Zeugnisse und Anordnungen, die für die Festsetzung einer Erbschaftsteuer von Bedeutung sein können, anzuzeigen. Auch Banken sind verpflichtet, die Existenz von Schließfächern und den Wert der Konten und Depots zum Todestag dem Finanzamt anzuzeigen, soweit dieser 2.500 EUR übersteigt.

Da die Freibeträge für Schenkung bzw. Erbschaft alle zehn Jahre zur Verfügung stehen, kann eine vorweggenommene Erbfolge bzw. das vorzeitige Übertragen von Vermögenswerten im Zehnjahresrhythmus sinnvoll sein. Durch unmittelbare Übertragung größerer Vermögen von den Großeltern auf die Enkel kann ein Erb- oder Schenkungsfall vermieden und damit im Ergebnis Erbschaft- bzw. Schenkungsteuer verringert werden.

Zusammenfassung zu Kapitel 5: Steuerliche Rahmenbedingungen

Einkommensteuererhebung	■ Lohnsteuerpflichtige Arbeitnehmer ■ Veranlagung durch ESt-Erklärung
Einnahmen	= Güter in Geld oder Geldeswert in Zusammenhang mit Einkunftsarten
Einkünfte	= Einnahmen abzüglich Werbungskosten oder Betriebsausgaben
Einkommen	= aus Summe der Einkünfte und Abzug weiterer Beträge als Grundlage der Anwendung des Einkommensteuertarifs

Einkunftsarten	
Gewinneinkünfte: (Überschuss Betriebseinnahmen abzüglich Betriebsausgaben)	1. aus Land- und Forstwirtschaft 2. aus Gewerbebetrieb 3. aus selbstständiger Arbeit
Überschusseinkünfte: (Einnahmen abzüglich Werbungskosten)	4. aus nicht selbstständiger Arbeit 5. aus Kapitalvermögen 6. aus Vermietung und Verpachtung 7. sonstige Einkünfte
Werbungskosten:	Aufwendungen zur Erwerbung, Sicherung und Erhaltung der Einnahmen
Grundschema zur Ermittlung der Einkommensteuer:	Summe der sieben Einkunftsarten – Altersentlastungsbetrag – Entlastungsbetrag für Alleinerziehende = Gesamtbetrag der Einkünfte – Sonderausgaben und wie Sonderausgaben abzuziehende Beträge – außergewöhnliche Belastungen = Einkommen – Kinderfreibetrag = zu versteuerndes Einkommen

Einkommensteuertarif (2010)	
Grundfreibetrag:	0 % bis 8.004 EUR
Progressionszone:	14–42 % bis 52.881 EUR
Proportionalzonen:	42 % bis 250.730 EUR 45 % ab 250.731 EUR
Grenzsteuersatz:	Prozentanteil der Steuer für zusätzliches zu versteuerndes Einkommen
Durchschnittssteuersatz:	Prozentanteil der Einkommensteuer am gesamten zu versteuernden Einkommen
Alle Beträge gelten je steuerpflichtige Person. Für Ehegatten gelten bei gemeinsamer Veranlagung die doppelten Beträge. Bei unterschiedlichem Einkommen kann sich ein Splittingvorteil ergeben.	

Lohnsteuer

Erhebungsform der Einkommensteuer für Arbeitnehmer als Vorauszahlung durch den Arbeitgeber. Allgemeine Freibeträge sind jeweils im Lohnsteuertarif berücksichtigt. Daraus ergeben sich Lohnsteuerklassen.

Erbschaft- und Schenkungsteuer

Besteuerungsgrundlage ist Wert der Erbschaft/Schenkung abzüglich Verbindlichkeiten und steuerfreier Anlässe. Freibeträge bei Schenkung können alle zehn Jahre beansprucht werden.
Steuerhöhe hängt von Steuerklasse und zu versteuerndem Wert ab.
Steuerklassen I, II und III bestimmen sich nach dem Verwandtschaftsgrad.
Steuersätze von 7 % bis zu 50 % sind möglich.

Aufgaben und Probleme

Kapitel 5 Steuerliche Rahmenbedingungen

1 Martin und Ursula Schulz sind verheiratet und werden gemeinsam veranlagt.

Herr Schulz ist als Informatiker beschäftigt. Für seine Tätigkeit erhielt er im letzten Jahr eine Bruttovergütung von 55.884 EUR. Er fuhr an 220 Tagen mit seinem privaten Pkw zum 45 km entfernten Arbeitsort. Weitere Angaben zu beruflich bedingten Kosten macht Herr Schulz nicht. Beschreiben Sie, ob und wie sich diese Fahrten auf seine Besteuerung auswirken können. Verwenden Sie dabei die einschlägigen Fachbegriffe des Steuerrechts.

2 Für Einkommensteuerpflichtige sind Einnahmen aus den angegebenen Ursachen entstanden. Ordnen Sie diese den betreffenden Einkunftsarten zu:
a) Gewinnanteil KG-Gesellschafter
b) Leibrente aus einer Lebensversicherung
c) Gehalt eines Angestellten
d) Honorareinnahmen eines Schriftstellers
e) Sparzinsen eines minderjährigen Kindes
f) Mieteinnahmen aus einer vermieteten Immobilie

3 Kennzeichnen Sie: Einnahmen, Überschusseinkünfte, Gewinneinkünfte, Werbungskosten, Sonderausgaben, außergewöhnliche Belastungen, Einkommen.

4 Beschreiben Sie den grundsätzlichen Aufbau des Einkommensteuertarifs nach Zonen.

5 Bilden Sie ein Beispiel, aus dem der Unterschied zwischen Grenz- und Durchschnittssteuersatz ersichtlich ist.

6 Hans Müller und Else Schuster leben unverheiratet zusammen. Hans hat ein zu versteuerndes Einkommen von 30.000 EUR, Else eines von 15.000 EUR. Sie entschließen sich, zu heiraten.
a) Ermitteln Sie, wie sich durch die Heirat die gemeinsamen Steuern vermindern würden. Verwenden Sie die Formel für den Einkommensteuertarif und berücksichtigen Sie den Solidaritätszuschlag.
b) Berechnen Sie für das Ehepaar den Durchschnittssteuersatz und den Grenzsteuersatz einschl. Solidaritätszuschlag bei einer Erhöhung des zu versteuernden gemeinsamen Einkommens um 1.000 EUR.

7 Ein Unternehmer erzielte im letzten Jahr in seinem Einzelunternehmen einen steuerpflichtigen Gewinn in Höhe von 85.000 EUR. Seine Ehefrau hatte Einkünfte aus nicht selbstständiger Arbeit in Höhe von 31.000 EUR. Die Eheleute werden gemeinsam veranlagt. Eine vermietete Eigentumswohnung brachte einen Überschuss von 5.000 EUR. Die abziehbaren Sonderausgaben beliefen sich auf 10.000 EUR.

Ermitteln Sie aufgrund dieser Zahlen in übersichtlicher Form das zu versteuernde Einkommen. Berechnen Sie aus der Formel für die Einkommensteuer die Steuerschuld (ohne Solidaritätszuschlag und Kirchensteuer). Gehen Sie dabei von der Rechtslage im letzten Kalenderjahr aus.

8 Der verwitwete Hans Schuster überlegt sich, in welcher Höhe Erbschaftsteuer für seinen einzigen Sohn Jacob (30 Jahre alt) im Falle seines Todes anfallen würde.

Vermögensverhältnisse:
- Hausrat (geschätzt) 40.000 EUR
- festverzinsliche Wertpapiere, Kurswert 545.000 EUR
- Bankguthaben 180.000 EUR
- Das Einfamilienhaus hat einen Verkehrswert von 250.000 EUR. Sohn Jacob hat seinen Lebensmittelpunkt an einem anderen Ort und kann nicht in dem elterlichen Haus wohnen.

Berechnen Sie die Erbschaftsteuer, die im Falle des Todes von Hans Schuster anfallen würde.

B Absicherung wirtschaftlicher Risiken durch Versicherungen

Warum ist dieses Kapitel wichtig?

Es gibt vielfältige Gefahren im täglichen Leben. Selbst wer sich äußerst vorsichtig verhält, hat keine Sicherheit, von Schäden, die durch andere oder eigene Unachtsamkeit entstehen, verschont zu bleiben. Ein Schaden kann nicht nur den Verlust von Sachwerten und die Verpflichtung zum Schadenersatz bedeuten. Vielmehr sind Gesundheit und Arbeitskraft von Menschen gefährdet. Das kann zu Einkommensverlusten führen, die sowohl den Betroffenen selbst als auch die von ihm abhängigen Angehörigen in materielle Not stürzen können. Daher haben Menschen schon immer Schutz und Sicherheit vor solchen Gefahren gesucht. Eine Form, sich gegen Gefahren zu schützen, ist die Versicherung. Dabei zahlen viele Personen einen Geldbetrag (= Versicherungsbeitrag) in den Geldtopf bei einem Versicherer ein, um beim Eintreten des Versicherungsfalles aus diesem Geldtopf einen Schadenausgleich zu erhalten. Da der Versicherungsfall nur bei wenigen Versicherten eintreten wird, reicht der Geldtopf trotz der relativ geringen Beiträge aus. Voraussetzung ist, dass der Umfang der Schäden statistisch abschätzbar und der von jedem Mitglied der Versicherung benötigte Beitrag bestimmbar ist. Versicherungen gehören zu den wichtigsten Einrichtungen in einem modernen Wirtschaftsleben. Sie decken Gefahren und Vorsorgebedarf in den verschiedensten Bereichen ab, wie z.B. Krankheit, Unfall, Feuer, Haftpflicht, Fahrzeugschäden, Vorsorge für das Alter, Versorgung von Hinterbliebenen, Arbeitslosigkeit.

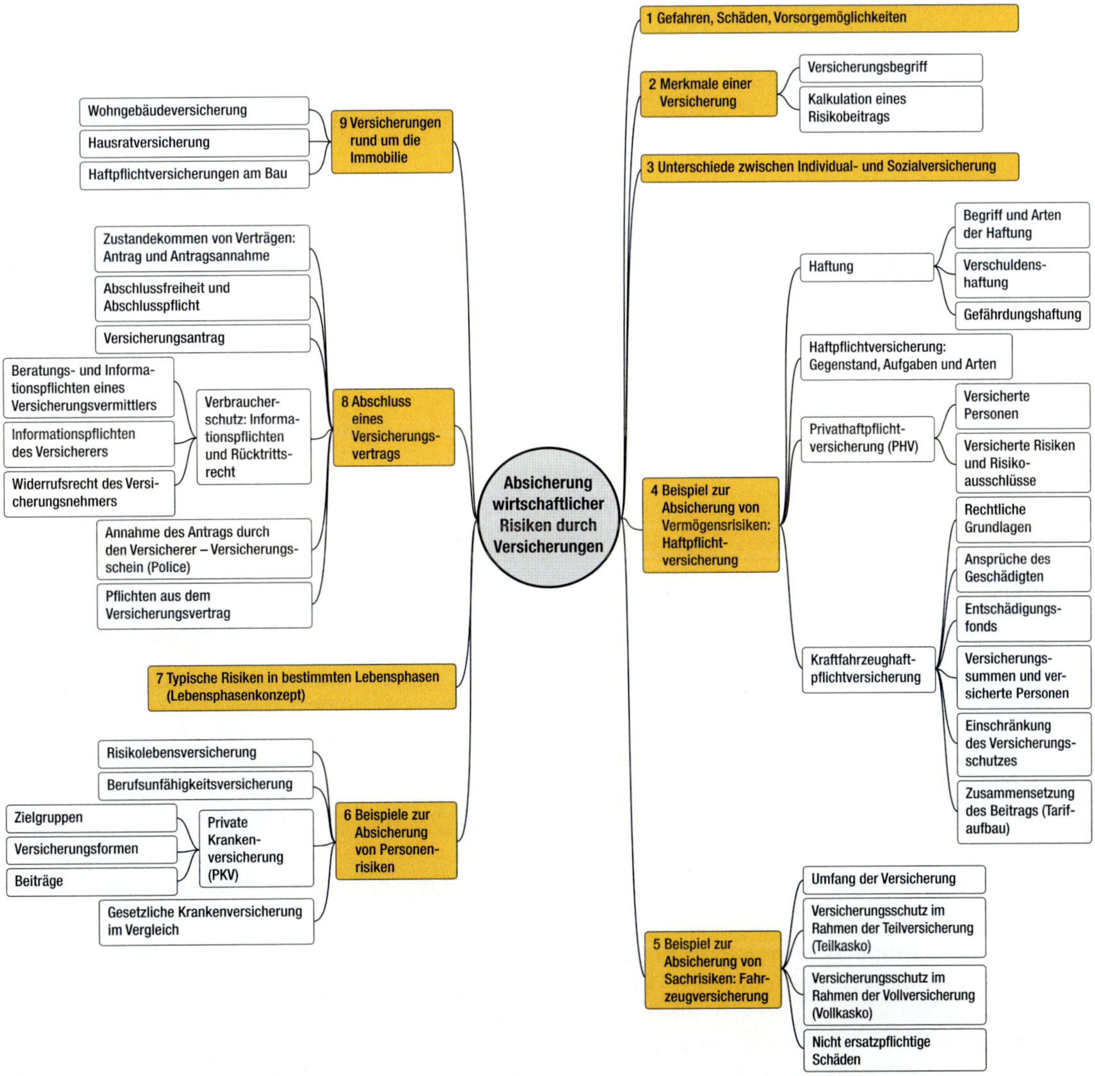

1 Gefahren, Schäden, Vorsorgemöglichkeiten

Gefahren

Als Gefahr wird die Möglichkeit bezeichnet, dass ein wirtschaftlich nachteiliges Ereignis (Schaden) eintritt.

Sowohl Privatpersonen als auch Unternehmen sind ständig von verschiedenartigen **Gefahren** bedroht, die zu erheblichen **Schäden** führen können. Folgende Arten von Gefahren lassen sich in diesem Zusammenhang unterscheiden:

Arten von Gefahren (= Möglichkeiten des Eintritts wirtschaftlich nachteiliger Ereignisse)		
Gefahren für Personen	**Gefahren für Sachen**	**Gefahren für Vermögen,** die nicht gleichzeitig Gefahren für Personen oder Sachen darstellen
■ Krankheit ■ Berufs- und Erwerbsunfähigkeit ■ Unfall ■ Tod	■ Brand ■ Sturm, Unwetter ■ Einbruchdiebstahl ■ Überschwemmung	■ Schadenersatzleistungen ■ Kosten für einen Gerichtsprozess ■ Entgangener Gewinn bei einer Betriebsunterbrechung, z. B. durch Brand

Im normalen Sprachgebrauch wird der Begriff **Risiko** gleichbedeutend mit dem Begriff **Gefahr** verwendet. In der Versicherungslehre wird dagegen unter Risiko nicht nur die Möglichkeit, dass versicherte Personen oder Sachen einen Schaden erleiden, verstanden. Auch die von einer Gefahr bedrohte versicherte Person oder Sache selbst wird als **versichertes Risiko** bezeichnet.

Schäden

Schäden sind wirtschaftlich nachteilige Ereignisse.

Arten von Schäden (= wirtschaftlich nachteilige Ereignisse)		
Personenschäden	**Sachschäden**	**reine Vermögensschäden**
wirtschaftliche Nachteile infolge von ■ Gesundheitsschädigung und Verletzung ■ Tod	wirtschaftliche Nachteile infolge von ■ Beschädigung ■ Zerstörung ■ Verlorengehen (Abhandenkommen)	wirtschaftliche Nachteile, die nicht Folge eines Personen- oder Sachschadens sind, wie z. B. Vermögensverluste durch falsche Beratung eines Rechtsanwalts oder Steuerberaters

Die aufgrund dieser Gefahren möglicherweise eintretenden Schäden lassen sich wie folgt unterscheiden:

Jeder Personen-, Sach- oder reine Vermögensschaden bedeutet einen in Geld messbaren Nachteil (= **materielle Schäden**). Daneben können aber auch Schäden eintreten, die nicht in Geld messbar sind, wie z. B. körperliche oder seelische Schmerzen (= **immaterielle Schäden**). Die Entschädigung für **immaterielle Schäden** erfolgt in Form von **Schmerzensgeld**.

Vorsorgemöglichkeiten

In manchen Fällen lässt sich der Eintritt von Schäden vermeiden oder zumindest die Gefahr des Eintritts von Schäden verringern.

Beispiel

- Beim Bau eines Einfamilienhauses wird auf den Einbau eines offenen Kamins verzichtet, um die von einer solchen Einrichtung ausgehende Brandgefahr auszuschalten (= Gefahrenumgehung).
- Auf einem Haus wird ein Blitzableiter montiert (= Gefahrenabwehr, Schadenverhütung).
- Ein Autofahrer legt einen Sicherheitsgurt an (= Schadenminderung).

Trotz aller vorbeugenden Maßnahmen können aber Schadenereignisse nicht völlig ausgeschlossen werden. Allerdings lassen sich ihre wirtschaftlichen Folgen in vielen Fällen mildern und ausgleichen. Privatpersonen und Unternehmen bieten sich dazu u.a. folgende Möglichkeiten:

Möglichkeiten der finanziellen Vorsorge		
Individuelle Selbsthilfe durch Vorsorgesparen und Rücklagenbildung	**Kollektive Selbsthilfe im Rahmen einer Versicherung**	**Inanspruchnahme staatlicher Leistungen**
z. B. Sparen zur Alters- und Hinterbliebenenvorsorge	z. B. Feuerversicherung, Unfallversicherung	z. B. Sozialhilfe, Arbeitslosengeld II, Subventionen

Zusammenfassung zu Kapitel 1: Gefahren, Schäden, Vorsorgemöglichkeiten

Gefahren = Möglichkeit des Eintritts wirtschaftlich nachteiliger Ereignisse		
Gefahren für Personen	**Gefahren für Sachen**	**Gefahren für Vermögen**
Krankheit, Unfall, Tod …	Brand, Sturm, Einbruchdiebstahl …	Schadenersatzleistungen, entgangener Gewinn …

Schäden = wirtschaftlich nachteilige Ereignisse		
Personenschäden	**Sachschäden**	**Vermögensschäden**
Gesundheitsschädigung, Verletzung, Tod	Beschädigung, Zerstörung …	Vermögensverluste durch falsche Beratung …

Vorsorgemöglichkeiten		
Individuelle Selbsthilfe	**Kollektive Selbsthilfe**	**Inanspruchnahme staatlicher Leistungen**
Vorsorgesparen, Rücklagenbildung	Versicherung (z. B. Feuerversicherung, Unfallversicherung)	Sozialhilfe, Arbeitslosengeld II, Subventionen

Aufgaben und Probleme

Kapitel 1 Gefahren, Schäden, Vorsorgemöglichkeiten

1. Grenzen Sie die Begriffe Gefahr und Risiko, wie sie in der Versicherungswirtschaft benutzt werden, an einem selbst gewählten Beispiel voneinander ab.
2. Unterscheiden Sie verschiedene Arten von Schäden.
3. Unterscheiden Sie verschiedene Arten der finanziellen Vorsorge.
4. Es wird behauptet, der Abschluss von Versicherungsverträgen ließe sich durch das Ansparen von Kapital ersetzen. Nehmen Sie dazu Stellung.

2 Merkmale einer Versicherung

2.1 Versicherungsbegriff

Versicherung bedeutet die planmäßige Deckung eines zwar ungewissen, aber dennoch schätzbaren Geldbedarfs auf der Grundlage des Risikoausgleichs zwischen den Mitgliedern einer Gefahrengemeinschaft (Versicherungskollektiv).

Gefahrengemeinschaft

Eine Gefahrengemeinschaft besteht aus einer Vielzahl gleichartig gefährdeter Personen, die sich zu gegenseitiger Unterstützung im Versicherungsfall verpflichten. Einem Versicherungsunternehmen kommt dabei die Aufgabe zu, die Gefahrengemeinschaft zu organisieren und nach einem bestimmten Plan Beiträge für die Auszahlung in Leistungsfällen zu erheben.

Beispiel

100 000 Hauseigentümer (= eine Vielzahl von Personen) sind von der Gefahr Schadenfeuer bedroht (= Bedrohung durch ein und dieselbe Gefahr). Jeder zahlt 125 Euro pro Jahr an die Versicherung (= Beitrag/Prämie). Die Versicherung erhält somit insgesamt 12.500.000 Euro (Summe aller Beitragszahlungen) und ist damit in der Lage, den finanziellen Verlust, der durch Feuerschäden in unterschiedlicher Höhe (Gefahreneintritt) bei nur wenigen Hauseigentümern (wenigen Personen) entsteht, auszugleichen.

Der erforderliche Geldbedarf zur Schadendeckung (hier 12.500.000 Euro) und der dazu erforderliche Beitrag werden nach versicherungsmathematischen Methoden ermittelt.

Ungewisser Geldbedarf

Eintritt und Umfang der zu versichernden Ereignisse dürfen nicht feststehen. Sie müssen vielmehr unverhofft und **zufällig** eintreten. Zwar ist mit dem Eintritt des zu versichernden Ereignisses (= versicherte Gefahr) nach der allgemeinen Lebenserfahrung zu rechnen. Es ist jedoch im Einzelfall ungewiss,

- ob das Ereignis überhaupt jemals eintritt (z.B. Unfall, Blitzschlag, Schadenfeuer) oder
- zu welchem Zeitpunkt bzw. in welcher Höhe ein unausweichliches Ereignis eintreten wird (z.B. der mit Sicherheit einmal eintretende Todesfall oder die mit Sicherheit einmal anfallenden Reparaturkosten).

Ein absichtlich herbeigeführtes schädigendes Ereignis ist somit nicht versicherbar, weil das Merkmal der Zufälligkeit fehlt.

Beispiel

Ein Mitglied einer Gefahrengemeinschaft (= Versicherter) setzt absichtlich sein Wohnhaus in Brand. Für den entstandenen Schaden kann er keine Versicherungsleistung beanspruchen. Eine Ausnahme bildet die Lebensversicherung. Nach einer bestimmten Wartezeit haben die Hinterbliebenen (Bezugsberechtigten) auch bei Selbstmord des Versicherten Anspruch auf die Versicherungsleistung.

Schätzbarer Geldbedarf

Damit der Versicherer die zur Deckung der entstandenen Schäden erforderlichen Mittel bereitstellen kann, muss der zukünftige Geldbedarf schätzbar sein. Für die Schätzung des Geldbedarfs werden u.a. folgende Informationen benötigt:

Schadenhäufigkeit	Schadendurchschnitt
Zahl der Versicherungsfälle	durchschnittlicher Geldbedarf je Versicherungsfall

Beispiel

Feuerversicherung: Wie viele Gebäude einer bestimmten Bauart brennen pro Jahr ab?
Lebensversicherung: Wie viele Personen einer bestimmten Altersgruppe sterben pro Jahr? Auskunft über die Sterbewahrscheinlichkeit geben die sogenannten Sterbetafeln.

Damit der Zufall statistisch berechnet werden kann, muss die Zahl der beobachteten Personen oder Sachen sehr groß sein. Der Zufall spielt eine umso geringere Rolle, je größer die beobachtete Masse ist (= **Gesetz der großen Zahl**).

Das **Gesetz der großen Zahl** lässt sich mit folgendem Würfelexperiment leicht nachvollziehen: Man nimmt fünf Würfel und notiert nach jedem Wurf, wie oft jede Zahl oben liegt. Je häufiger man würfelt, umso schneller stellt man fest, dass jede Zahl gleich oft erscheint. Obwohl das Ergebnis eines jeden einzelnen Wurfs ganz zufällig ist, ist erkennbar, dass bei hinreichend häufigem Würfeln jede Zahl zu einem Sechstel (16,67 %) an der Gesamtzahl aller Würfe beteiligt ist.

Beispiel

Wenn von 100 Säuglingen 10 sterben, kann nicht gefolgert werden, dass die Sterbewahrscheinlichkeit bei Säuglingen 10 % beträgt. Werden jedoch 100 000 oder mehr Säuglinge beobachtet, kann die Sterbewahrscheinlichkeit relativ sicher geschätzt werden.

Risikoausgleich zwischen den Versicherten

Zufall ist nur dann schätzbar, wenn
- sehr viele Personen in einer Gefahrengemeinschaft zusammengeschlossen sind (= Versicherungskollektiv),

- alle diese Personen von der gleichen Gefahr (z. B. Brand) bedroht sind,
- regelmäßig aber nur wenige Mitglieder der Gefahrengemeinschaft zum gleichen Zeitpunkt von dieser Gefahr betroffen werden.

Das versicherte Risiko muss sich also gleichmäßig verteilen lassen (= **Risikoausgleich im Kollektiv**).

Wenn von einer bestimmten Gefahr (z. B. Krieg, Erdbeben, Hochwasserschäden) nicht nur viele bedroht sind, sondern dieses Ereignis zum **gleichen Zeitpunkt** auch viele treffen kann, so sind diese Gefahren eigentlich nicht mehr versicherbar. Wegen der geringen Wahrscheinlichkeit, dass große Gebiete **gleichzeitig** von Erdbeben, Orkanen oder anderen Naturkatastrophen betroffen sind, können in Deutschland trotzdem unter bestimmten Voraussetzungen Versicherungen gegen sogenannte Elementarschäden abgeschlossen werden.

Das Gesetz der großen Zahl ermöglicht bei gleichartigen versicherten Gegenständen oder Personen eine ziemlich genaue Vorhersage, wie oft und in welcher Höhe bestimmte Schäden innerhalb eines bestimmten Zeitraumes auftreten.

2.2 Kalkulation eines Risikobeitrags

Die Leistungen, die der Versicherer erbringt, und die Beiträge, die er dafür von den Versicherten erhebt, müssen sich die Waage halten. Dieser Grundsatz der Übereinstimmung von Leistung (Risikoübernahme des Versicherers) und Gegenleistung (Risikobeiträge der Versicherten) wird als **Äquivalenzprinzip** bezeichnet.

Das Äquivalenzprinzip besagt, dass die Leistung des Versicherers (= Risikoübernahme) und Gegenleistung des Versicherten (= Beitrag) übereinstimmen müssen. Die Höhe des Versicherungsbeitrags wird in diesem Fall durch Art und Höhe des versicherten Risikos bestimmt.

Das Äquivalenzprinzip ist das Grundprinzip der Individualversicherung. In der gesetzlichen Sozialversicherung zahlen dagegen alle Versicherten unabhängig vom versicherten Risiko einen Beitrag, der von der Höhe ihres Einkommens abhängig ist (Solidarprinzip) (vgl. Kap. B 3).

Für die Kalkulation des Risikobeitrags muss der voraussichtliche **Schadenbedarf** geschätzt werden.

Schadenbedarf = Schadenhäufigkeit · durchschnittliche Schadenhöhe

Schadenhäufigkeit und durchschnittliche Schadenhöhe werden mithilfe statistischer Methoden (Wahrscheinlichkeitsrechnung) ermittelt.

Beispiel

100.000 Häuser sollen gegen die Gefahr Feuer versichert werden. Angenommen, durch statistische Beobachtung von 1 Mio. Häusern wurde festgestellt, dass
– durchschnittlich 2.500 Häuser jährlich von einem Schaden betroffen werden,
– die durchschnittliche Schadenhöhe 50.000 EUR beträgt.
Da bei 100.000 Häusern die erwartete Schadenhäufigkeit 250 beträgt, ergibt sich für den Versicherer ein Schadenbedarf von 250 · 50.000 EUR = 12,5 Mio. EUR.

Der Schadenbedarf muss durch die Risikobeiträge[1] der Versicherten aufgebracht werden.

Fortsetzung des Beispiels

Bei einem Schadenbedarf von 12,5 Mio. EUR (s. o.) und einem Versichertenkollektiv von 100.000 Hauseigentümern entfällt auf jeden Versicherten ein Risikobeitrag von 125 EUR.

Gesamter Risikobeitrag = Schadenbedarf = Schadenhäufigkeit · durchschnittliche Schadenhöhe
12,5 Mio. EUR = 250 · 50.000 EUR

Risikobeitrag je Versichertem = Schadenbedarf/Zahl der Versicherten = 125 EUR
= 12,5 Mio. EUR/100.000

gesamter Risikobeitrag = Schadenbedarf = Schadenhäufigkeit · durchschnittliche Schadenhöhe

Risikobeitrag je Versichertem = $\frac{\text{gesamter Risikobeitrag (Schadenbedarf)}}{\text{Zahl der Versicherten}}$

**Zusammenfassung zu Kapitel 2:
Merkmale einer Versicherung**

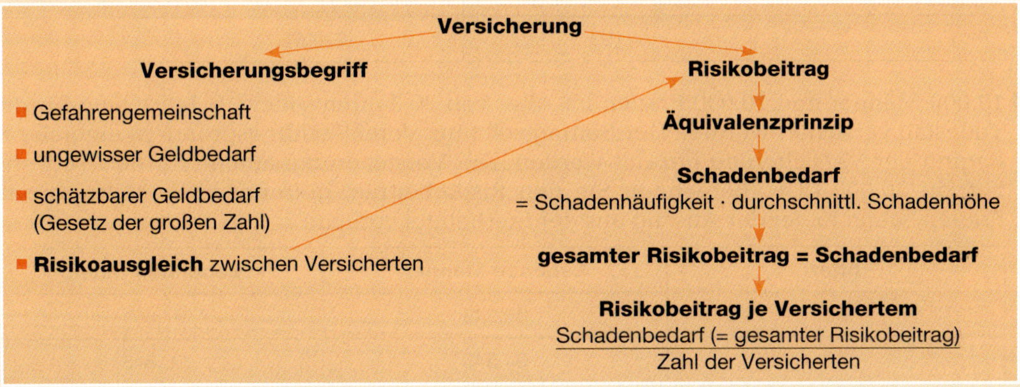

Aufgaben und Probleme

Kapitel 2 Merkmale einer Versicherung

Versicherungsbegriff

1. Erläutern Sie folgende vier wesentlichen Bestandteile des Begriffs „Versicherung": planmäßige Deckung, Ungewissheit, schätzbarer Geldbedarf, Risikoausgleich.

Kalkulation einer Risikoprämie

2. Eine wesentliche Grundlage des Versicherungswesens stellt das „Gesetz der großen Zahl" dar. Erläutern Sie dieses Gesetz und seine Bedeutung für die Versicherungswirtschaft.

1 Zusätzlich zum Risikobeitrag kalkuliert der Versicherer auch einen Sicherheitszuschlag und einen Beitrag zur Deckung der Kosten für die Organisation des Versicherungsschutzes in den Gesamtbeitrag ein.

3 Was besagt das Äquivalenzprinzip der Versicherung? Erläutern Sie dieses Prinzip anhand der Beitragskalkulation einer Einbruchdiebstahl-Versicherung für ein Juweliergeschäft im Vergleich zu einem Lebensmittelgeschäft.

4 Bei 500.000 Gebäuden wurden 15.000 Leitungswasserschäden registriert.
a) Wie groß ist die Schadenwahrscheinlichkeit?
b) Wie groß ist die erwartete Schadenhäufigkeit, wenn 40.000 Gebäude versichert werden?

5 Die Statistik eines Kfz-Haftpflichtversicherers weist 86 Schäden pro 1.000 Versicherte aus. Die durchschnittliche Schadenhöhe beträgt 2.300 EUR.
a) Wie hoch muss der Risikoanteil (ohne Sicherheitszuschlag) am Beitrag sein?
b) Der Versicherer kalkuliert mit einem Sicherheitszuschlag von 20 % und einem Betriebskostenzuschlag von 15 %. Wie hoch ist der Gesamtbeitrag (ohne Versicherungssteuer)?

6 Ermitteln Sie die Risikobeiträge für folgende Beispiele aus der Statistik eines Kfz-Haftpflichtversicherers:

Fahrzeugart	Schadenhäufigkeit auf 1.000 Fahrzeuge	Schadendurchschnitt in EUR	Risikobeitrag in EUR
Mofas, Mopeds	31	1.164	
Leichtkrafträder	103	2.148	
Pkw	103	2.416	

7 10.000 Männer und 10.000 Frauen im Alter von 30 Jahren sollen 10 Jahre lang für den Todesfall versichert werden. Der Beitrag soll (aus Vereinfachungsgründen) einmalig zu Beginn der Versicherung gezahlt werden. Die Versicherungssumme für den Todesfall beträgt 20.000 EUR. Berechnen Sie den Risikobeitrag, getrennt nach Männern und Frauen, wenn folgender Auszug aus der Sterbetafel vorliegt:

Alter	Lebende Männer	Lebende Frauen
30	96.243	97.801
40	94.545	96.848

8 Stellen Sie anhand eines Vernetzungsdiagramms fest, welche Einflüsse, Zusammenhänge und Abhängigkeiten zwischen folgenden Faktoren, die die Höhe des Versicherungsbeitrags bestimmen, bestehen. Verbinden Sie dazu die Elemente, die sich direkt beeinflussen, mit einem Pfeil. Kennzeichnen Sie die gleichgerichtete Wirkung (je höher – desto höher, bzw. je niedriger – desto niedriger) mit einem Pluszeichen an der Pfeilspitze. Kennzeichnen Sie entgegengesetzte Wirkungen (je höher – desto niedriger, bzw. je niedriger – desto höher) mit einem Minuszeichen an der Pfeilspitze.

Kostenbeitrag	Verwaltungskosten des Versicherers
Risikobeitrag	Versicherungsbeitrag
durchschnittliche Schadenhöhe	Schadenwahrscheinlichkeit
Schadenverhütungsmaßnahmen des Versicherten	

3 Unterschiede zwischen Individual- und Sozialversicherung

Begriffe

Unter einer Individualversicherung ist eine von einem privaten Versicherungsunternehmen angebotene Versicherung zu verstehen. Der Abschluss einer solchen Versicherung erfolgt in den meisten Fällen freiwillig. Gleichbedeutende Begriffe für Individualversicherung sind Privatversicherung und Vertragsversicherung.

Die Sozialversicherung (= gesetzliche Renten-, Kranken-, Arbeitslosen-, Pflege- und Unfallversicherung) ist wesentlicher Bestandteil der Wirtschaftsordnung der sozialen Marktwirtschaft in Deutschland. Die Mitgliedschaft in der Sozialversicherung beruht in der Regel auf einer gesetzlich festgelegten Versicherungspflicht.

Individualversicherung

Die **Individualversicherung** beruht auf **Versicherungsverträgen**, die zwischen einem **Versicherer** (= **VR**) und einem **Versicherungsnehmer** (= **VN**) unter Berücksichtigung der individuellen Bedürfnisse und Risiken des VN abgeschlossen werden. Die Unternehmen der Individualversicherung bieten Versicherungsschutz gegen eine **Vielzahl von Gefahren**. Grundsätzlich kann jede Privatperson, jeder Haushalt und jedes Unternehmen frei darüber entscheiden, ob ein Versicherungsvertrag abgeschlossen und gegen welche Risiken, in welcher Höhe und bei welchem Versicherer ein solcher Versicherungsschutz gegebenenfalls beantragt werden soll. Nur in wenigen Fällen besteht auch im Rahmen der Individualversicherung eine **gesetzliche Versicherungspflicht** (z. B. Kfz-Haftpflichtversicherung). Für die Risikoübernahme werden dem Versicherungsnehmer vom Versicherer **Risikobeiträge** in Rechnung gestellt, die nach wirtschaftlichen Gesichtspunkten kalkuliert sind und der gebotenen Leistung entsprechen (**Äquivalenzprinzip**).

Nach der Art der Versicherungsleistung lassen sich die verschiedenen Versicherungszweige der Individualversicherung folgendermaßen einteilen:

Einteilung der Versicherungszweige nach der Art der Versicherungsleistung			
Schadenversicherung			**Summenversicherung**
Der VR muss höchstens den durch die Versicherung gedeckten **tatsächlich** entstandenen Schaden ersetzen (Schadenersatz).			Auszahlung einer **vereinbarten Versicherungssumme** bei Eintritt des Schadenfalls
nach Art der Risiken			
Personenschaden	**Sachschaden**	**Vermögensschaden**	
Versichert ist eine bestimmte Person	Versichert sind bestimmte Sachen	Versichert ist das Vermögen als Ganzes (nicht einzelne Gegenstände)	
▪ Kranken-V (Heilkosten) ▪ Pflege-V ▪ Unfall-V (Bergungskosten)	▪ Feuer-V ▪ Leitungswasser-V ▪ Einbruchdiebstahl-V ▪ Sturm-V	▪ Haftpflicht-V ▪ Betriebsunterbrechungs-V ▪ Rechtsschutz-V	▪ Lebens-V ▪ Unfall-V (Todesfall bzw. Invalidität) ▪ Krankentagegeld-V (Verdienstausfall)

Zusammenfassung von Versicherungszweigen	
Kombinierte Versicherung (verbundene Versicherung)	**Gebündelte Versicherung**
Mehrere Gefahren sind in einem einheitlichen Versicherungsvertrag zu einem Versicherungszweig zusammengefasst.	Mehrere Gefahren in verschiedenen Verträgen werden verwaltungsmäßig zusammengefasst.
■ Gefahren für den Hausrat: Verbundene Hausrat-V (Einbruchdiebstahl, Leitungswasser, Feuer) ■ Gefahren für ein Gebäude: Verbundene Gebäude-V (Sturm, Feuer, Leitungswasser)	■ Familienversicherung als Bündelung von Hausrat-, Privathaftpflicht- und Unfallversicherung. Jeder einzelne Versicherungsvertrag ist unabhängig von den anderen kündbar.

Sozialversicherung

Grundgedanke der Sozialversicherung ist es, solchen Personenkreisen, die nicht in der Lage sind, besondere finanzielle Notlagen aus eigener Kraft zu bewältigen, eine Vorsorge zur Abdeckung von Lebensrisiken (z. B. Krankheit, Unfall, Alter, Tod eines Familienangehörigen) und Beschäftigungsrisiken (z. B. Arbeitslosigkeit, Arbeitsunfall) durch eine **staatliche Pflichtversicherung** zu bieten.

Das deutsche Sozialversicherungssystem geht in seinen Grundzügen (Krankenversicherung, Unfallversicherung, Invaliden- und Altersversicherung) auf die sozialpolitischen Reformen des deutschen Reichskanzlers Otto von Bismarck (1815–1898) zurück. Bismarck verfolgte mit der Sozialgesetzgebung damals allerdings nicht in erster Linie humanitäre Ziele. Vielmehr wollte er die Arbeiterschaft, die der von ihm geführten Regierung ablehnend gegenüberstand, stärker an den Staat binden.

Heute besteht das deutsche Sozialversicherungssystem aus fünf Versicherungszweigen:

Gesetzliche Krankenversicherung (GKV) seit 1883 SGB V	**Soziale Pflegeversicherung (PflV)** seit 1995 SGB XI	**Gesetzliche Unfallversicherung (GUV)** seit 1884 SGB VII	**Gesetzliche Rentenversicherung (GRV)** seit 1889 SGB VI	**Arbeitslosenversicherung (ALV)** seit 1927 SGB III
Wichtige Leistungen				
Förderung der Gesundheit, Verhütung und Früherkennung von Krankheiten. Im Krankheitsfall: ärztliche Behandlung, Medikamente, Krankenhausbehandlung, Krankengeld	Häusliche Pflege, Pflegegeld für Pflegehilfen, vollstationäre Pflege	Verhütung von Arbeitsunfällen und Berufskrankheiten. Im Versicherungsfall: Heilbehandlung, Rehabilitation, Geldleistungen (Verletztengeld, Rente bei geminderter Erwerbsfähigkeit, Hinterbliebenenrente)	Rehabilitation (Erhaltung und Besserung der Erwerbsfähigkeit), Rente wegen Erwerbsminderung, Altersrente, Witwen-/Witwerrente, Waisenrente	Arbeitslosengeld höchstens 12 Monate (für über 55-jährige höchstens 18 Monate) 60 % (mit Kind 67 %) des Nettolohns (Durchschnitt der letzten 52 versicherungspflichtigen Wochen)

! **Im Mittelpunkt der sozialen Sicherung in Deutschland steht das aus Renten-, Arbeitslosen-, Kranken-, Pflege- und Unfallversicherung bestehende gesetzliche Sozialversicherungssystem.**

In allen Sozialversicherungszweigen besteht **Versicherungszwang**, von dem nur bestimmte Personengruppen (z. B. Selbstständige) ausgenommen sind. Bei der Unfallversicherung erfolgt die Beitragszahlung ausschließlich durch den Arbeitgeber. In den anderen Fällen werden die **Beiträge derzeit noch** größtenteils **je zur Hälfte von Arbeitnehmer und Arbeitgeber** getragen und als **Prozentsatz vom Brutto-Arbeitsverdienst** berechnet.

Seit 2005 wird im Rahmen der Krankenversicherung von den Arbeitnehmern ein Sonderbeitrag von 0,9 % für Zahnersatz und Krankengeld erhoben. Im Rahmen der Pflegeversicherung zahlen kinderlose Arbeitnehmer, die älter als 23 Jahre sind, einen Zuschlag von 0,25 %. In diesen beiden Fällen entfällt der Arbeitgeberanteil.

Beitragssätze, Beitragsbemessungsgrenzen und Versicherungspflichtgrenzen in der Sozialversicherung
Stand: 1. Januar 2010

Versicherungszweig	Beitragssatz	Beitragsbemessungsgrenze	Versicherungspflichtgrenze
Gesetzliche Rentenversicherung	19,9 %	alte Bundesländer: 5.500 EUR neue Bundesländer: 4.650 EUR	keine
Arbeitslosenversicherung	2,8 %	wie Rentenversicherung	keine
Gesetzliche Krankenversicherung	Einheitsbeitrag 14,0 % zusätzlich Arbeitnehmeranteil in Höhe von 0,9 % für Zahnersatz und Krankengeld*	3.750 EUR	4.162,50 EUR
Soziale Pflegeversicherung	1,9 % zzgl. 0,25 % Arbeitnehmeranteil für Kinderlose (nach 1940 geboren)	3.750 EUR	4.162,50 EUR

* ab 01.01.2011 geplant: Erhöhung auf insgesamt 15,5 % (8,2 % Arbeitnehmer, 7,3 % Arbeitgeber; evt. weitere Zusatzbeiträge der Arbeitnehmer bei Finanzbedarf der jeweiligen Krankenkasse)

Die Höhe der Sozialversicherungsbeiträge richtet sich somit nach der finanziellen Leistungsfähigkeit des Versicherten. Dessen Risikomerkmale (Alter, Geschlecht, Vorerkrankungen, Gesundheitszustand usw.) sind für die Beitragshöhe unerheblich. Das darin zum Ausdruck kommende **Solidaritätsprinzip** („Einer für alle, alle für einen") stellt den entscheidenden Unterschied zum **Individualprinzip** („Jeder für sich") einer privaten (Kranken-, Pflege-, Unfall-, Renten-)Versicherung dar.

▶ Unterschiede zwischen Individual- und Sozialversicherung im Überblick

Merkmal	Sozialversicherung	Individualversicherung
Entstehung des Versicherungsverhältnisses	durch **Gesetz (Zwangsversicherung)**, i. d. R. bei Aufnahme einer versicherungspflichtigen Beschäftigung (z. B. Beschäftigungsverhältnis mit einem Monatsentgelt von mehr als 400 EUR)	durch Abschluss eines Versicherungsvertrags (freiwillige Vereinbarung, Ausnahme: Kfz-Haftpflichtversicherung, Pflegeversicherung für privat Versicherte)
Versicherte Risiken	nur **personenbezogene Risiken** wie Krankheit, Pflegebedürftigkeit, Arbeitsunfall, Invalidität, Alter, Hinterbliebenenversorgung im Todesfall, Arbeitslosigkeit	**alle Arten von versicherbaren Risiken** (Personen-, Sach- und Vermögensschäden), und zwar für natürliche Personen und juristische Personen (z. B. Unternehmen in Rechtsform einer Aktiengesellschaft)

Merkmal	Sozialversicherung	Individualversicherung
Träger und Rechtsform	Sozialversicherungsträger als Institutionen des öffentlichen Rechts, z. B. Deutsche Rentenversicherung in Berlin, Agentur für Arbeit in Nürnberg, Gesetzliche Krankenkassen wie Allgemeine Ortskrankenkassen (AOK), Deutsche Angestellten-Krankenkasse (DAK), Barmer Ersatzkasse (BEK), Kaufm. Krankenkasse (KKH)	private Versicherungsunternehmen (juristische Personen des privaten Rechts), z. B. als Aktiengesellschaft (AG) oder Versicherungsvereine auf Gegenseitigkeit (VVaG)
Beginn des Versicherungsverhältnisses	in der Regel aufgrund gesetzlicher Vorschriften automatisch bei Aufnahme einer versicherungspflichtigen Beschäftigung	Abschluss eines Versicherungsvertrags mit vereinbartem Versicherungsbeginn
Ende des Versicherungsverhältnisses	Beendigung einer versicherungspflichtigen Beschäftigung	mit Ablauf der vereinbarten Versicherungsdauer, durch Kündigung oder Rücktritt eines der Vertragspartner
Bemessung der Beiträge	außer bei der gesetzl. Unfallversicherung nach der Höhe des **Einkommens** des Versicherten (Bruttoentgelt bis zur Beitragsbemessungsgrenze) ohne Rücksicht auf die Höhe des individuellen Risikos **(Solidaritätsprinzip)**	nach dem zu deckenden Risiko des einzelnen Versicherten (ohne Abhängigkeit vom Einkommen) und der vereinbarten Leistung **(Äquivalenzprinzip)**
Leistungsumfang	gesetzlich **einheitlich** festgelegt	**frei vereinbar** (Risiko, Schadenhöhe, Versicherungssumme)
Rechtsgrundlagen	Sozialgesetzbuch (SGB III, V, VI, VII, XI)	Gesetze des Privatrechts, z. B. Bürgerliches Gesetzbuch (BGB), Handelsgesetzbuch (HGB), Versicherungsvertragsgesetz (VVG), Versicherungsaufsichtsgesetz (VAG) sowie Allgemeine Versicherungsbedingungen (AVB)
Entscheidung bei Streitigkeiten (Gerichtsbarkeit)	Sozialgerichte (örtlich zuständiges Sozialgericht als Klageinstanz, für weitergehende Verfahren Landes- bzw. Bundessozialgericht)	Zivilgerichte (Amts- bzw. Landgerichte als Klageinstanzen, für weitergehende Verfahren Bundesgerichtshof als höchste Instanz)

Aufgaben und Probleme

Kapitel 3 Unterschiede zwischen Individual- und Sozialversicherung

1. Unterscheiden Sie zwischen Schaden- und Summenversicherung und nennen Sie je zwei Beispiele.

2. Die Schadenversicherung wird nach der Art des Risikos in drei Bereiche eingeteilt. Nennen Sie diese Bereiche und geben Sie je ein Beispiel an.

3. Unterscheiden Sie zwischen Individual- und Sozialversicherung anhand folgender Merkmale: Entstehung des Versicherungsverhältnisses, Leistungsumfang, Bemessung der Beiträge. Gehen Sie dabei auch auf die Begriffe „Individualprinzip“ und „Solidaritätsprinzip“ ein.

4 Nennen Sie die verschiedenen Zweige der Sozialversicherung und deren Leistungen

5 Entscheiden Sie, ob es sich bei den folgenden Versicherungsarten um eine Individual- oder eine Sozialversicherung handelt. (Hinweis: In einigen Fällen ist eine doppelte Zuordnung möglich.) a) Hausratversicherung, b) Unfallversicherung, c) Hundehaftpflichtversicherung, d) Fahrzeugversicherung, e) Auslandskrankenversicherung, f) Arbeitslosenversicherung, g) Kfz-Haftpflichtversicherung, h) Krankenversicherung, i) Rechtsschutzversicherung, j) Lebensversicherung, k) Rentenversicherung, l) Privathaftpflichtversicherung

4 Beispiel zur Absicherung von Vermögensrisiken: Haftpflichtversicherung

4.1 Haftung

4.1.1 Begriff und Arten der Haftung

Haftung bedeutet, für die Folgen eines schädigenden Ereignisses, das einem anderen zugefügt wurde und für das der Haftende verantwortlich ist, einzustehen und den Schaden, der dem Geschädigten entstanden ist, wiedergutzumachen.

Haftpflicht bedeutet Verpflichtung zum Schadenersatz.

Ob und in welchem Umfang in einzelnen Schadenfällen zu haften ist, richtet sich nach dem Haftpflichtrecht.

Die wesentlichen Bestimmungen zum deutschen Haftpflichtrecht sind im Bürgerlichen Gesetzbuch (BGB) enthalten. Weitere Haftpflichtbestimmungen finden sich in Spezialgesetzen wie z. B. im Straßenverkehrsgesetz (StVG), Umwelthaftungsgesetz (UmweltHG), Wasserhaushaltsgesetz (WHG), Produkthaftungsgesetz (ProdHaftG).

Im Haftpflichtrecht werden u. a. die beiden Haftpflichtarten **Verschuldenshaftung** und **Gefährdungshaftung** unterschieden[1].

Verschuldenshaftung	Gefährdungshaftung
Haftung wegen einer schuldhaften unerlaubten Handlung (§ 823 BGB)	Haftung ohne Verschulden (z. B. § 7 StVG)

1 Auf die Vertragshaftung (z. B. Störungen bei der Erfüllung eines Kaufvertrags und die sich daraus ergebende Schadenersatzpflicht) wird hier nicht näher eingegangen.

4.1.2 Verschuldenshaftung

Die wichtigste Bestimmung zur Verschuldenshaftung findet sich im § 823 BGB. Daraus ergeben sich fünf Voraussetzungen für einen berechtigten Anspruch auf Schadenersatz. In der Regel muss der Geschädigte nachweisen, dass die Voraussetzungen erfüllt sind (**Beweislast**).	**Unerlaubte Handlungen** **§ 823 BGB: Schadenersatzpflicht** Wer vorsätzlich oder fahrlässig das Leben, den Körper, die Gesundheit, die Freiheit oder ein sonstiges Recht eines anderen widerrechtlich verletzt, ist dem anderen zum Ersatz des daraus entstehenden Schadens verpflichtet.

Voraussetzungen für Verschuldenshaftung				
Verschulden	**Verletzung eines Rechtsgutes**	**rechtswidrige Handlung**	**ursächlicher Zusammenhang (Kausalität)**	**Deliktsfähigkeit**

! In der Regel muss der Geschädigte, der Anspruch auf Schadenersatz erhebt, nachweisen, dass die Voraussetzungen der Verschuldenshaftung erfüllt sind, d.h., der Geschädigte hat die Beweislast.

In einigen Fällen gilt allerdings die umgekehrte Beweislast (z.B. Haftung aus vermutetem Verschulden gem. §§ 831, 832 BGB).

▶ (1) Verschulden

Eine Schadenersatzpflicht wegen unerlaubter Handlung tritt nur ein, wenn der Verantwortliche **schuldhaft**, d.h. vorsätzlich oder fahrlässig gehandelt hat.

Vorsatz		Fahrlässigkeit	
Vorsätzlich handelt, wer bewusst und gewollt einen Schaden herbeiführt.		Fahrlässig handelt, wer die im Verkehr erforderliche Sorgfalt außer Acht lässt.	
bewusster Vorsatz	**bedingter Vorsatz**	**grob fahrlässig**	**leicht fahrlässig**
Ein Dachdecker wirft einen alten Dachziegel vom Dach auf die Straße, weil dort eine mit ihm verfeindete Person steht, die er treffen (schädigen) will. („Hoffentlich treffe ich.“)	Ein Dachdecker wirft einen alten Dachziegel vom Dach auf die Straße, obwohl er dort einen Passanten sieht. Er hat zwar nicht die Absicht, ihn zu verletzen, nimmt aber die Möglichkeit einer Verletzung in Kauf. („Na, wenn schon!“)	Die erforderliche Sorgfalt wird in ungewöhnlich hohem Maße verletzt (= rücksichtsloses Verhalten, Missachtung grundlegender Sicherheitsvorkehrungen).	Die erforderliche Sorgfalt, mit der ein gewissenhafter Durchschnittsmensch handeln würde, wird außer Acht gelassen.
		Ein Dachdecker wirft einen alten Dachziegel vom Dach in den Garten eines Hauses, ohne diesen zuvor abgesperrt zu haben.	Einem Dachdecker fällt ein Dachziegel aus der Hand, weil er ihn nicht richtig festgehalten hat.

(2) Verletzung eines Rechtsgutes

Eine Schadenersatzpflicht wegen unerlaubter Handlung tritt nur ein, wenn ein **Rechtsgut** verletzt wurde.

Rechtsgutverletzungen		
Verletzung von Persönlichkeitsrechten	**Verletzung von Eigentumsrechten**	**Verletzung von sonstigen Rechten**
■ Tod bei Verkehrsunfall (Leben) ■ Verletzung eines Menschen (Körper, Gesundheit) ■ Einsperren, Fesseln (Freiheit) ■ Allgemeine Persönlichkeitsrechte (Ehrverletzung, Verletzung der Intimsphäre)	■ Beschädigung, Zerstörung, Eigentumsentzug (z. B. Veräußerung durch den Nichteigentümer) ■ Störung oder Beeinträchtigung der Eigentumsnutzung (z. B. Luft aus Autoreifen lassen)	■ Verletzung von Namensrechten (z. B. Diplom, Wappen, Firmenname) ■ Verletzung von Patent- und Urheberrechten

(3) Rechtswidrige Handlung (Widerrechtlichkeit)

Eine Schadenersatzpflicht wegen unerlaubter Handlung tritt nur ein, wenn eine **rechtswidrige Handlung** vorliegt. Die Handlung kann sowohl in einem „Tun" als auch in einem „Unterlassen" bestehen. Grundsätzlich ist jede Schädigung eines anderen widerrechtlich. Es lassen sich aber folgende Rechtfertigungsgründe (= Ausnahmen von der Widerrechtlichkeit) unterscheiden:

Rechtfertigungsgründe (= Ausnahmen von der Widerrechtlichkeit)				
Einwilligung	**Berechtigte Interessen** §§ 677, 683 BGB	**Notwehr** § 227 BGB	**Notstand**	
			Verteidigungsnotstand § 228 BGB	**Angriffsnotstand** § 904 BGB
Ärztliche Operation nach vorheriger Einwilligung des Patienten, Verletzungen beim Box- oder Mannschaftssport (außer bei schwerem Regelverstoß, vorsätzliches Foul).	Aufbruch einer Tür zum Nachbarhaus, weil dort ein Wasserrohr geplatzt ist und sich der Nachbar im Urlaub befindet.	Verletzung eines Taschendiebs bei dem Versuch, den Diebstahl zu verhindern.	Beschädigung einer fremden Sache, von der eine Gefahr ausgeht.	Beschädigung einer fremden Sache, die zur Abwehr einer Gefahr benötigt wird.
			Ein Postbote verletzt einen Hund, der ihn angreift, durch einen Fußtritt.	Ein Postbote reißt eine Latte aus einem Zaun, um sich gegen einen angreifenden Hund zu wehren.

Selbsthilfe (§§ 229, 230 BGB) mit Schadenfolge (z. B. Verletzung eines Diebs bei dem Versuch, seine Flucht zu verhindern) ist nur dann nicht widerrechtlich, wenn andernfalls die Gefahr besteht, dass der Anspruch (z. B. Herausgabe der gestohlenen Sachen) nicht oder nur schwer durchsetzbar ist.

Es gibt auch Fälle, in denen jemand für **Handlungen anderer Personen** (= fremdes Handeln) haftet.

§ 831 BGB Haftung für den Verrichtungsgehilfen	
(1) [1]Wer einen anderen zu einer Verrichtung bestellt, ist zum Ersatze des Schadens verpflichtet, den der andere in Ausführung der Verrichtung einem Dritten widerrechtlich zufügt. [2]Die Ersatzpflicht tritt nicht ein, wenn der Geschäftsherr bei der Auswahl der bestellten Person und, sofern er Vorrichtungen oder Gerätschaften zu beschaffen oder die Ausführung der Verrichtung zu leiten hat, bei der Beschaffung oder Leitung die im Verkehr erforderliche Sorgfalt beobachtet oder wenn der Schaden auch bei Anwendung der Sorgfalt entstanden sein würde.	Ein Dachdeckermeister (= Geschäftsherr) beauftragt seinen Gesellen (= Verrichtungsgehilfe), beim Haus eines Kunden das Dach auszubessern. Dabei rutscht dem Gesellen ein Stapel Dachziegel weg. Dadurch werden die Dachterrasse beschädigt und ein Passant auf dem Gehweg verletzt. Bei beiden Schäden kann der Geschäftsherr u. U. für die Handlungen seines Verrichtungsgehilfen zur Haftung herangezogen werden. Zusätzlich haftet der Dachdeckermeister möglicherweise noch aufgrund des mit dem Eigentümer abgeschlossenen Vertrags zur Reparatur des Dachs (= vertragliche Haftung).

§ 832 BGB Haftung des Aufsichtspflichtigen	
(1) [1]Wer kraft Gesetzes zur Führung der Aufsicht über eine Person verpflichtet ist, die wegen Minderjährigkeit oder wegen ihres geistigen oder körperlichen Zustandes der Beaufsichtigung bedarf, ist zum Ersatze des Schadens verpflichtet, den diese Person einem Dritten widerrechtlich zufügt. [2]Die Ersatzpflicht tritt nicht ein, wenn er seiner Aufsichtspflicht genügt oder wenn der Schaden auch bei gehöriger Aufsichtsführung entstanden wäre.	Eine Mutter geht mit ihrem 4-jährigen Sohn auf den Spielplatz. Anstatt ihn zu beaufsichtigen, liest sie in einer Zeitschrift. Das Kind verkratzt in der Zwischenzeit mit einem Stein den Lack eines in der Nähe stehenden Autos. Das 4-jährige Kind ist zwar nicht deliktsfähig (s. u.). Trotzdem kann u. U. die Mutter wegen Verletzung der Aufsichtspflicht für den Schaden zur Haftung herangezogen werden.

In beiden Fällen wird ein Verschulden des Geschäftsherrn bzw. der Aufsichtsperson so lange vermutet (= **vermutetes Verschulden**), bis sie bewiesen haben, dass sie kein Verschulden trifft (= Entlastungsbeweis). Die Beweislast liegt hier – abweichend von der üblichen Regelung – bei dem, der für den Schaden haftbar gemacht werden soll (= **Beweislastumkehr**).

(4) Ursächlicher Zusammenhang (Kausalität)

Eine Schadenersatzpflicht wegen unerlaubter Handlung tritt nur ein, wenn zwischen der Handlung (Tun oder Unterlassen) und dem eingetretenen Schaden ein **ursächlicher (unmittelbarer) Zusammenhang** besteht.

Beispiel

Wegen mangelnder Instandhaltung löst sich von einem Balkon eines Gebäudes ein Geländer (= auslösendes Ereignis: Unterlassung der Instandhaltung). Ein Fußgänger blickt nach oben, erkennt die Gefahr und springt vor Schreck auf die Straße. Er wird von einem Auto angefahren und schwer verletzt (= Folgeschaden).

Im folgenden Fall liegt zwar ein ursächlicher Zusammenhang zwischen Schaden und Schadenursache vor, es fehlt aber der **unmittelbare** Zusammenhang. Es liegt keine **adäquate Kausalität** vor.

Beispiel

Weil sein Pkw bei einem Unfall durch Fremdverschulden beschädigt wurde und in der Werkstatt steht, fährt Herr Schmitz mit dem Zug zur Arbeit. Bei einem Zugunglück wird er schwer verletzt.

(5) Deliktsfähigkeit

Verschulden setzt Deliktsfähigkeit voraus.

Wer deliktsfähig ist, muss uneingeschränkt für seine widerrechtlichen Handlungen haften. !

Erst mit Vollendung des 18. Lebensjahres haftet grundsätzlich jeder uneingeschränkt für seine Handlungen. Im § 828 BGB werden folgende drei Stufen der Deliktsfähigkeit unterschieden:

Deliktsunfähigkeit = keine Haftung	**beschränkte Deliktsfähigkeit** = Haftung nur unter bestimmten Voraussetzungen		**Deliktsfähigkeit** = uneingeschränkte Haftung
Kinder unter 7 Jahren, Geisteskranke, Bewusstlose (aber nicht, wenn der Zustand der Bewusstlosigkeit durch Alkohol oder Drogen verschuldet herbeigeführt wurde).	Minderjährige vom 7. bis zum …		Ab Vollendung des 18. Lebensjahres (= volljährige Personen), außer bei Geisteskrankheit oder nicht durch Alkohol/Drogen verschuldeter Bewusstlosigkeit.
	18. Lebensjahr haften nur dann, wenn zum Zeitpunkt der schädigenden Handlung die zur Erkenntnis der Verantwortlichkeit nötige Einsicht vorhanden war.	10. Lebensjahr haften bei Unfällen mit Kraftfahrzeugen o. Ä. nicht, wenn kein Vorsatz vorlag (§ 828 (2) BGB).	

Ausnahme: Haftung aus Billigkeitsgründen
Ein Deliktsunfähiger haftet gem. § 829 BGB u. U. dennoch für den durch eine unerlaubte Handlung verursachten Schaden. Voraussetzung hierfür ist, dass der Geschädigte keinen Ersatzanspruch, z. B. wegen Aufsichtspflichtverletzung gegen eine andere Person, die den Deliktsunfähigen hätte beaufsichtigen müssen, hat und dass gleichzeitig aufgrund der guten Vermögensverhältnisse des Schädigers eine Schadenersatzleistung als gerecht empfunden wird („Millionärsparagraf“, Haftung, weil es „recht und billig“ ist = **Billigkeitshaftung**).

Bei Schäden durch Deliktsunfähige oder beschränkt Deliktsfähige kann aber u. U. eine **Aufsichtspflichtverletzung** vorliegen. In diesem Fall haftet der Aufsichtspflichtige für die von Minderjährigen oder sonstigen Schutzbefohlenen angerichteten Schäden (§ 832 BGB).

Die **Deliktsfähigkeit** darf nicht mit der **Straffähigkeit** verwechselt werden. Die Deliktsfähigkeit befasst sich mit der **Wiedergutmachung** von Schäden, die durch widerrechtliche Handlungen entstanden sind (Schadenersatz). Die **Bestrafung** (Geldstrafe, Freiheitsstrafe) für widerrechtliche Handlungen ist dagegen eine Frage der Straffähigkeit. Straffähigkeit setzt die Vollendung des 18. Lebensjahres voraus. Strafunfähig ist, wer zur Tatzeit noch keine 14 Jahre alt war. Bedingt Straffähige (über 14 Jahre, aber unter 18 Jahre) sind dann strafrechtlich verantwortlich und werden nach dem Jugendstrafrecht bestraft, wenn sie in der Lage sind, das Unrecht der Tat einzusehen.

4.1.3 Gefährdungshaftung

Im Rahmen der Verschuldenshaftung tritt eine Schadenersatzpflicht wegen unerlaubter Handlung nur dann ein, wenn der Verantwortliche **schuldhaft**, d. h. vorsätzlich oder fahrlässig gehandelt hat. Eine wichtige **Ausnahme** von diesem Grundprinzip des **Verschuldens** stellt im deutschen Haftpflichtrecht die **Gefährdungshaftung** dar.

Grundlage der **Gefährdungshaftung** ist die Überlegung, dass derjenige, der für die Allgemeinheit eine besondere, aber trotzdem erlaubte **Gefährdung** verursacht und daraus einen

Nutzen zieht, einer **verschärften Haftung** für die von ihm verursachten Schäden unterliegt. Bei einer **Gefährdungshaftung** haftet der Schädiger auch **ohne Verschulden**.

! Gefährdungshaftung ist eine verschuldensunabhängige Haftung für Schäden, welche sich aus einer erlaubten Gefahr (z. B. Betrieb einer gefährlichen Einrichtung, Halten eines Hundes) ergeben. Im Unterschied zur Haftung wegen unerlaubter Handlung kommt es hierbei auf ein Verschulden des Schädigers nicht an.

Beispiele, für die nach deutschem Haftpflichtrecht die Gefährdungshaftung gilt:

Haftung des Tierhalters § 833 BGB	**Haftung des Hoteliers** §§ 701 ff. BGB	**Haftung beim Betrieb von Fahrzeugen und gefährlichen Anlagen**	**Haftung bei Umweltverunreinigung**
Ein Halter von sog. Luxustieren (z. B. Hunde, Reitpferde) haftet für Schäden, die von einem solchen Tier verursacht wurden (z. B. Schäden durch Beißen, Ausschlagen, Scheuen, Durchgehen).	In einem gewerbsmäßigen Beherbergungsbetrieb haftet der Hotelier bis zu einer bestimmten Höhe für Verlust, Zerstörung oder Beschädigung der von den Gästen mitgebrachten Sachen.	Der Kfz-Halter haftet für alle Schäden beim Betrieb des Fahrzeugs (§ 7 StVO). Ähnliche Vorschriften gelten für Schienen- und Luftfahrzeuge sowie für den Betrieb von Atomanlagen.	Haftung für Schäden durch Verseuchung von natürlichen Gewässern z. B. durch Heizöl, Treibstoff, Chemikalien (§ 22 WHG); Schäden für die Umwelt durch bestimmte Anlagen (§ 1 UmweltHG).
Ein Postbote wird von einem normalerweise äußerst friedlichen Hund gebissen. Obwohl den Halter kein Verschulden trifft, haftet er für den Schaden.	Einem Gast wird aus einem verschlossenen Hotelzimmer ein Koffer gestohlen. Der Hotelier haftet bis zu einer bestimmten Höhe für den Schaden.	Ein Fußgänger weicht auf dem Gehweg einem unerkannten Radfahrer aus und stolpert auf die Straße. Dort wird er von einem langsam fahrenden Auto erfasst. Obwohl der Unfall für den Fahrer unabwendbar war, haftet der Kfz-Halter.	Beim Befüllen eines Öltanks in einem Einfamilienhaus gerät trotz fachgerechter und sorgfältiger Vorgehensweise Heizöl ins Grundwasser. Der Hauseigentümer haftet für den Schaden.

Da im Rahmen der Gefährdungshaftung unabhängig vom Verschulden gehaftet wird, spielt die Beweislast keine Rolle. Für den Haftpflichtigen besteht i. d. R. nur dann eine Entlastungsmöglichkeit, wenn er nachweist, dass höhere Gewalt (z. B. Naturkatastrophen, Krieg) vorlag (z. B. Beschädigung eines Heizöltanks und Verunreinigung des Grundwassers aufgrund eines Erdbebens). Im Gegensatz zur Verschuldenshaftung haftet der Verantwortliche im Rahmen der Gefährdungshaftung aber häufig nur in begrenzter Höhe.

4.2 Haftpflichtversicherung: Gegenstand, Aufgaben und Arten

▶ Gegenstand der Haftpflichtversicherung

<table>
<tr><th colspan="5">Haftpflicht</th></tr>
<tr><td colspan="4">gesetzlich</td><td rowspan="4">rein vertraglich
(Übernahme einer Haftung durch Vertrag, die über die gesetzliche Haftpflicht hinausgeht)</td></tr>
<tr><td colspan="3">Verschuldenshaftung</td><td rowspan="3">Gefährdungshaftung</td></tr>
<tr><td rowspan="2">Vorsatz</td><td colspan="2">Fahrlässigkeit</td></tr>
<tr><td>leicht</td><td>grob</td></tr>
<tr><td>nicht versichert</td><td colspan="3">Gegenstand der Haftpflichtversicherung</td><td>muss gesondert vereinbart werden</td></tr>
</table>

Aufgaben der Haftpflichtversicherung

Aufgabe einer Haftpflichtversicherung ist es, das Vermögen des Versicherten zu schützen, indem sie unberechtigte Ansprüche auf Schadenersatz abwehrt und berechtigte Ansprüche erfüllt.

Gegen einen Haftpflichtversicherten werden Schadenersatzansprüche geltend gemacht.

↓

Haftpflichtversicherer prüft, ob Versicherter haften und somit Schadenersatz leisten muss. Ansprüche sind

unberechtigt	berechtigt
Wenn die Ansprüche nach Art und/oder Höhe unberechtigt sind, ist es Aufgabe des Haftpflichtversicherers, diese unbegründeten Ansprüche mit juristischen Mitteln abzuwehren (= **Rechtsschutzfunktion** der Haftpflichtversicherung).	Wenn die Ansprüche berechtigt sind, ist es Aufgabe des Haftpflichtversicherers, für den Versicherten diese begründeten Ansprüche zu befriedigen.

Eine Haftpflichtversicherung dient somit sowohl den Interessen des Schädigers als auch denen des Geschädigten. Sie bietet Versicherungsschutz für folgende Schadenarten:

Personenschäden	Sachschäden	Reine Vermögensschäden	Abhandenkommen von Sachen
Bsp.: Tod, Verletzung, Gesundheitsschädigung **Folge:** Ersatz der Heilbehandlungskosten, Schmerzensgeld, Verdienstausfall, Bestattungskosten	**Bsp.:** Beschädigung, Zerstörung von Sachen **Folge:** Ersatz der Reparaturkosten, Entschädigung des Zeitwertes (nicht des Gebrauchswertes) bei Zerstörung einer Sache	Schäden, die weder durch einen Personen- noch durch einen Sachschaden entstanden sind. **Bsp.:** Die Garageneinfahrt eines Geschäftsmannes ist von einem fremden Pkw zugeparkt, sodass er nicht rechtzeitig zu einem wichtigen Geschäftstermin erscheinen kann. Dadurch entgeht ihm ein gewinnbringender Geschäftsabschluss. **Folge:** Ersatz nur in Geld möglich	Unfreiwilliger Verlust von Sachen, die aber noch unversehrt vorhanden sind und grundsätzlich wiederbeschafft werden können. **Bsp.:** Auf einem Passagierschiff stößt ein Mitreisender versehentlich den Goldring eines Mitreisenden ins Wasser. **Folge:** Ersatz nur in Geld möglich
versichert		**nur durch besondere Vereinbarung versichert**	

Haftung und Deckung

Unabhängig davon, ob ein Schädiger ein bestimmtes Haftungsrisiko versichert hat, muss er für den verursachten Schaden entsprechend den gesetzlichen Vorschriften einstehen und Schadenersatz leisten (= **Haftung**). Nur wenn für den vom Geschädigten erhobenen Schadenersatzanspruch dem Grunde und der Höhe nach aufgrund der im Versicherungsvertrag getroffenen Vereinbarungen eine **Deckung** besteht, muss sich der Haftpflicht-VR des Schädigers mit dem Fall befassen. Obwohl der VN in den meisten Fällen für einen verursachten Schaden in **unbegrenzter Höhe haftet**, werden in der Haftpflichtversicherung üblicherweise **Höchstleistungsgrenzen** (= Deckungssummen) vereinbart. Der Haftpflicht-VR reguliert den Schaden dann höchstens bis zur vereinbarten **Deckungssumme**. Die Entschädigungsleistung ist möglicherweise niedriger als der tatsächlich entstandene Schaden, für den der Schädiger haftet.

Die Haftung ist umfassender als die Deckung. Nicht jeder Schaden, für den der Schädiger haftet, ist durch die Haftpflichtversicherung gedeckt.

Im Schadenfall prüft der Haftpflicht-VR zunächst, ob für den gegenüber dem VN geltend gemachten Anspruch Deckung im Rahmen des bestehenden Versicherungsvertrags besteht. Nur wenn dies zutrifft, wird auch die Haftungsfrage geprüft.

<table>
<tr><th colspan="2">(1) Prüfung der Deckung</th></tr>
<tr><td colspan="2">■ Ist der Versicherungsfall während der Wirksamkeit des Versicherungsvertrags (nach dem Beginn und vor Ende der Laufzeit) eingetreten?
■ Ist der Versicherungsbeitrag rechtzeitig gezahlt worden?
■ Ist das entsprechende Risiko versichert oder liegt ein Ausschluss vor?</td></tr>
<tr><th colspan="2">(2) Prüfung des Haftpflichtanspruchs</th></tr>
<tr><th>Prüfung dem Grunde nach</th><th>Prüfung der Höhe nach</th></tr>
<tr><td>■ Welche Art von Schaden ist eingetreten (Personen-, Sach-, Vermögensschaden)?
■ Liegt eine Verschuldens- oder Gefährdungshaftung vor? (Feststellung des Tatbestands mit Beweissicherung)
■ Sind die Ansprüche verjährt?
■ Ist die Abwehr der Ansprüche auf juristischem Wege möglich?</td><td>■ Ist die Höhe der Ansprüche gerechtfertigt?
■ Ist die Deckungssumme ausreichend?
■ Trifft den Anspruchsteller ein Mitverschulden, sodass der Schädiger nur für einen Teil des Schadens aufkommen muss?
■ …</td></tr>
</table>

Rechtsbeziehungen

Der Geschädigte hat (außer in der Kfz-Haftpflichtversicherung) keinen direkten Anspruch gegenüber dem Haftpflicht-VR. Verhandelt der VR im Schadenfall mit dem Geschädigten über die Berechtigung und/oder die Höhe des Anspruchs, so tut er das in seiner Eigenschaft als Vertreter des VN (= Schädiger).

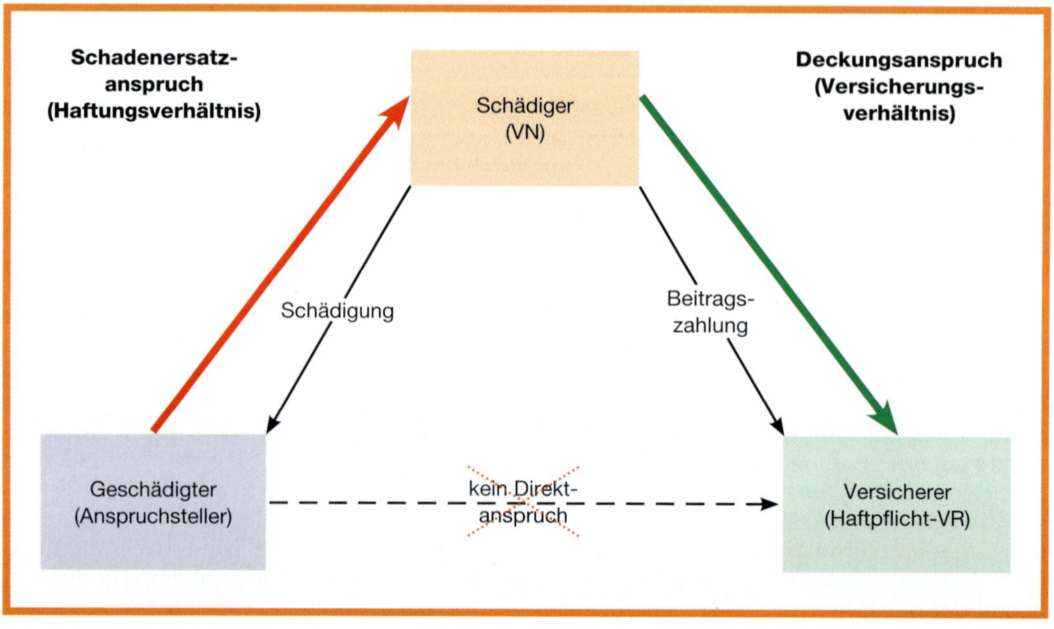

Arten der Haftpflichtversicherung

In der Haftpflichtversicherung gibt es keine Standardversicherung, sondern zahlreiche spezielle Haftpflichtversicherungen für die ganz bestimmten, im Vertrag genau bezeichneten Gefahrenbereiche. Dazu gehören u. a.:

▪ **Privat-HV** (Privatpersonen) ▪ **Berufs-HV** (u. a. Ärzte, Rechtsanwälte, Steuerberater, Lehrer) ▪ **Betriebs-HV** (Gewerbetreibende, z. B. Handwerker)	▪ **Kfz-HV** (Fahrzeughalter) ▪ **Tierhalter-HV** (z. B. Hundebesitzer) ▪ **Produkt-HV** (Zusatzdeckung für Industrie und Handel)	▪ **Haus- und Grundbesitz-HV** ▪ **Gewässerschaden-HV** (u. a. bei Nutzung eines Heizöltanks) ▪ **Umwelt-HV** (Umweltrisiken im gewerblichen Bereich)

4.3 Privathaftpflichtversicherung (PHV)

4.3.1 Versicherte Personen

In der Privathaftpflichtversicherung (PHV) ist die gesetzliche Haftpflicht des Versicherungsnehmers und der Mitversicherten als Privatpersonen aus den Gefahren des täglichen Lebens versichert. !

Die PHV ist ein im Rahmen der Haftpflichtversicherungen häufig anzutreffender und besonders wichtiger Vertragstyp.

Die Privathaftpflichtversicherung ist die wichtigste Individualversicherung für eine Privatperson. Jeder sollte auf ausreichenden Versicherungsschutz achten, da andernfalls die materielle Existenz gefährdet sein kann. !

In der PHV sind aufgrund ihres Charakters als Familienversicherung neben dem VN selbst als Privatperson auch noch weitere Personen automatisch mitversichert.

Neben dem VN in der PHV gleichartig mitversicherte Personen	
Ehegatten, eingetragene Lebenspartner, Lebensgefährten	Ehegatten sind automatisch mitversichert, sobald die standesamtliche Trauung vollzogen ist. Bei unverheirateten Paaren, die in „eheähnlicher häuslicher Gemeinschaft“ leben, besteht ebenfalls die Möglichkeit, sich wie Ehepaare in ein und demselben Vertrag zu versichern. Dazu muss aber der Partner des VN im Versicherungsschein namentlich genannt sein.
Unverheiratete Kinder	Uneingeschränkter Versicherungsschutz besteht für minderjährige unverheiratete Kinder. Volljährige unverheiratete Kinder sind nur mitversichert, solange sie sich noch in einer Schul- oder sich **unmittelbar** daran anschließenden Berufsausbildung befinden. Dabei ist es unerheblich, ob das Kind noch bei den Eltern wohnt oder nicht.
Im Haushalt des VN beschäftigte Personen	z. B. Putzfrau, Haushaltshilfe, Babysitter, Personen, die Wohnung, Haus oder Garten betreuen, Winterstreudienst verrichten o. Ä. Dabei ist es unerheblich, ob diese Tätigkeiten gegen Entgelt oder aus Gefälligkeit übernommen werden.

Eigenschäden zwischen den Personen, die mit dem VN in häuslicher Gemeinschaft wohnen, oder anderen mitversicherten Personen sind nicht gedeckt. !

4.3.2 Versicherte Risiken und Risikoausschlüsse

▶ Gefahrenbereiche des täglichen Lebens (versicherte Risiken)

! Die Deckung in der PHV bezieht sich auf die gesamte private Sphäre des VN und der mitversicherten Personen.

Dazu gehören z. B. Schadenfälle bei Freizeitbetätigungen, im Urlaub, als Gastgeber oder Gast, beim Einkaufen, als Sportler, Fußgänger, Radfahrer.

Ergänzend werden in den „Besonderen Bedingungen und Risikobeschreibungen" zur PHV folgende Fallgruppen zur Klarstellung besonders erwähnt, bei denen der **Versicherungsschutz zweifelhaft** sein könnte.

Beispiele für besondere Gefahren	
Die gesetzliche Haftpflicht des VN und der mitversicherten Personen ist durch die PHV in folgenden Fällen gedeckt:	
Familien- und Haushaltsvorstand	Z. B. Aufsichtspflicht über Minderjährige (also nicht nur über die eigenen Kinder), auch außerhalb der Wohnung.
Dienstherr für Hauspersonal	Z. B. Putzfrau des VN beschädigt beim Reinigen eines untervermieteten Zimmers das Fernsehgerät des Untermieters.
Haus-/Wohnungseigentümer	Z. B. Eigentümer eines Einfamilienhauses versäumt es, die defekte Außenbeleuchtung zu reparieren, sodass ein Besucher im Dunkeln stolpert und sich verletzt.
Vermieter	In der PHV besteht Versicherungsschutz u. a. für die Vermietung von Räumen, Ferien-/Einliegerwohnungen im selbst bewohnten Einfamilienhaus, Garagen, bis zu drei Eigentumswohnungen.
Teilnehmer am Straßenverkehr	Fußgänger, Radfahrer (nicht aber für den Gebrauch von Kraftfahrzeugen!), u. U. auch als Kfz-Fahrzeuginsasse.
Sportler	Z. B. Fußball, Tennis, Fechten, Skifahren Ausgenommen: Jagd
Waffenbesitzer (mit Erlaubnis)	Z. B. erlaubter privater Besitz und Gebrauch von Hieb-, Stoß- und Schusswaffen sowie Munition und Geschossen, soweit sie nicht zu Jagdzwecken oder zu strafbaren Handlungen verwendet werden.
Reiter (fremde Pferde)	Benutzung fremder Pferde zu privaten Zwecken.
Tierhalter/Tierhüter	Z. B. zahme Haustiere, gezähmte Kleintiere, Bienen. Nicht versichert: Hunde, Pferde, sonst. Reit- und Zuchttiere, wilde Tiere und alle gewerblich/landwirtschaftlich genutzten Tiere. Versichert ist aber das gelegentliche Hüten fremder Hunde.

Knapp an der Katastrophe vorbei!

Schülerin verursachte Verkehrsunfall – 10.000 Liter Benzin ausgelaufen

Sehr viel Glück hatten die Anwohner der B 8 in Höhe des Damaschkeweges gestern morgen, als sich gegen 7.45 Uhr auf der Kreuzung der Hänger eines mit Super-Benzin gefüllten Tanklastzuges quer stellte und umkippte. Dabei ergossen sich ca. 10.000 Liter des Treibstoffs auf die Fahrbahn. Die sofort herbeigeeilte Feuerwehr konnte ein Entzünden verhindern.

Allerdings gelangten mehrere tausend Liter in die städtische Kanalisation, so dass die Bewohner von vier Straßenzügen wegen der Explosionsgefahr evakuiert werden mussten. Bei dem Unfall wurde der 42-jährige Fahrer eines entgegenkommenden Pkw schwer verletzt, der dem umstürzenden Hänger nicht mehr ausweichen konnte. Der Vater von zwei Kindern musste von der Feuerwehr aus dem total zerstörten Fahrzeug unter schwierigsten Umständen befreit werden, da das ausgelaufene Benzin den Einsatz von Schneidbrennern unmöglich gemacht hatte. Nach Aussagen des Lkw-Fahrers fuhr eine 16-jährige Schülerin mit ihrem Fahrrad die B 8 stadteinwärts. In Höhe der Kreuzung B 8 Damaschkeweg änderte die Radfahrerin plötzlich ohne ein Zeichen zu geben die Richtung und bog nach links in den Damaschkeweg ein. Der die B 8 stadtauswärts fahrende Tankzug hätte das Mädchen unweigerlich überrollt, wäre der Fahrer nicht geistesgegenwärtig nach links ausgewichen. Dabei geriet der Hänger des Tankzuges auf regennasser Fahrbahn ins Schleudern, stellte sich quer und stürzte auf die Straße. Ein entgegenkommender Pkw fuhr in den umgekippten Hänger. An beiden Fahrzeugen entstand ein Sachschaden von ca. 50.000 €. Das Mädchen kam mit leichten Verletzungen und einem Schock davon.

Alle Schäden zusammen (Gesundheitsschäden, Sachschäden, Nebenkosten für Gericht, Rechtsanwalt und Gutachter) beliefen sich auf über 300.000 EUR. Da die Eltern der Schülerin eine Privathaftpflichtversicherung abgeschlossen hatten, in der die Schülerin mitversichert war, wurden die angefallenen Kosten in voller Höhe durch die Versicherung ersetzt.

Quelle: Arbeitsgemeinschaft zur Förderung der wirtschaftlichen und sozialen Bildung, Bonn 2002

▶ Erweiterter Versicherungsschutz

Einige für einen privaten Haushalt typische Ereignisse, die in der Haftpflichtversicherung normalerweise ausgeschlossen sind (= ausgeschlossene Risiken nach AHB: Allgemeine Haftpflichtbedingungen), können bei der PHV unter bestimmten Voraussetzungen in den Deckungsumfang einbezogen werden.

Möglichkeiten zur Erweiterung des Versicherungsschutzes im Rahmen der PHV					
Auslandsschäden	**Abwasserschäden**	**Allmählichkeitsschäden**	**Mietsachschäden**	**Schlüsselverlust**	**Gewässerschäden**
Schäden im Ausland bei Auslandsaufenthalt bis zu 2 Jahren	Sachschäden durch häusliche Abwässer (z. B. dringt wegen defektem Abflussschlauchs eines Geschirrspülers im 1. OG Abwasser in die EG-Wohnung)	Sachschäden durch allmähliche Einwirkung von Temperatur, Gasen, Dämpfen, Feuchtigkeit	Schäden an Gebäudebestandteilen in gemieteten Räumen (z. B. Waschbecken, Einbauschränke, fest verklebte Teppichböden, Türen)	z. B. Kosten für den Austausch des Schlosses bzw. der Schließanlage bei Verlust des Haustürschlüssels	Schäden durch gewässerschädliche Stoffe (z. B. Altöl, Pflanzenschutzmittel), die das Grundwasser verseuchen (außer: Anlagen wie z. B. Öltank)

Nicht versicherte Risiken

Folgende Risiken sind nicht durch die PHV gedeckt, da sie der Betriebs- bzw. Berufshaftpflicht zuzuordnen sind oder außerhalb der normalen Risiken einer Privatperson liegen:

In der PHV ausgeschlossene Gefahren				
Betrieb	**Beruf**	**Dienst**	**Ehrenamt**	**ungewöhnliche/gefährliche Beschäftigung**
während der Arbeitszeit am Arbeitsplatz	außerhalb des Betriebs auf Dauer angelegte berufliche (Neben-)Tätigkeit	z. B. Wehr- und Ersatzdienst	z. B. Vorsitzender eines Vereins	z. B. Fällen von großen Bäumen

Außerdem gilt aufgrund der sogenannten **„Benzinklausel"** gem. BBR-HV, Teil A III (1):

> Nicht versichert ist die Haftpflicht des Eigentümers, Besitzers, Halters oder Fahrers eines Kraft-, Luft- oder Wasserfahrzeugs wegen Schäden, die durch den Gebrauch des Fahrzeugs verursacht werden.

Diese Sonderrisiken sind wegen ihres großen Schadenrisikos aus der PHV ausgeschlossen. Außerdem soll eine Überschneidung mit der Kfz-Haftpflichtversicherung vermieden werden.

4.4 Kraftfahrzeughaftpflichtversicherung

4.4.1 Rechtliche Grundlagen

Versicherungspflicht und Versicherungsumfang

Entsprechend dem **Grundsatz des Verkehrsopferschutzes** soll sich ein im Straßenverkehr Geschädigter darauf verlassen können, dass ihm ein entstandener Schaden (Personenschaden, Sachschaden oder reiner Vermögensschaden) ersetzt wird. Das soll auch dann gelten, wenn das Vermögen des Schädigers für den Schadenersatz nicht ausreicht. Deswegen besteht für die Kfz-Haftpflichtversicherung eine **Versicherungspflicht**.

§

> **Pflichtversicherungsgesetz (PflVG) § 1** (Auszug)
> Der **Halter** eines Kraftfahrzeuges mit regelmäßigem Standort im Inland ist … verpflichtet, für sich, den **Eigentümer** und den **Fahrer** eine Haftpflichtversicherung abzuschließen und aufrechtzuerhalten, die den durch den Gebrauch des Fahrzeugs verursachten Personen-, Sach- und sonstigen Vermögensschaden deckt …

Kfz-Halter	Kfz-Eigentümer	Kfz-Fahrer
ist nach der Rechtsprechung derjenige, „der das Kfz für eigene Rechnung in Gebrauch hat und über das Fahrzeug die einen solchen Gebrauch voraussetzende Verfügungsgewalt besitzt" (wirtschaftlicher Eigentümer).	ist derjenige, dem das Kfz rechtlich gehört (rechtliche Verfügungsgewalt).	ist derjenige, der das Fahrzeug zum Zeitpunkt des Unfalls tatsächlich steuert oder typische Verrichtungen damit vornimmt (z. B. Beladen und Abkippen eines Lkw).

Schadenersatzpflichtig ist im Regelfall der **Fahrer**, der den Schaden verursacht hat. Da es aber praktisch unmöglich ist, alle Inhaber einer Fahrerlaubnis einer Versicherungspflicht zu unterziehen, haftet nicht nur der **Fahrer** für die von ihm verursachten Schäden, sondern gem. § 7 StVG auch der **Halter** des Fahrzeugs. Diese Haftung erstreckt sich nicht nur auf schuldhafte Handlungen (= Verschuldenshaftung), sondern auf **alle Schäden**, die beim Betrieb des Fahrzeugs entstehen. Somit haftet der Halter auch dann, wenn ihn kein eigenes Verschulden trifft (= **Gefährdungshaftung**).

§

Straßenverkehrsgesetz (StVG) § 7
Wird bei dem Betrieb eines Kfz oder eines Anhängers ein Mensch getötet, der Körper oder die Gesundheit eines Menschen verletzt oder eine Sache beschädigt, so ist der Halter des Fahrzeugs verpflichtet, dem Verletzten den daraus entstandenen Schaden zu ersetzen; die Ersatzpflicht ist ausgeschlossen, wenn der Unfall durch höhere Gewalt verursacht wird.

!

Die Kfz-Haftpflichtversicherung bezieht sich auf die gesetzliche Haftpflicht von Halter, Eigentümer und Fahrer im Zusammenhang mit dem Gebrauch eines Kraftfahrzeugs.

!

Die Kfz-Haftpflichtversicherung ist – obwohl es sich um eine Individualversicherung handelt – eine Pflichtversicherung.

!

Die Kfz-Haftpflichtversicherung ersetzt auch diejenigen Ansprüche, die sich aus der Betriebsgefahr eines Fahrzeugs ergeben (= verschuldensunabhängige Gefährdungshaftung).

Da es sich bei der Kfz-Haftpflichtversicherung um eine Pflichtversicherung handelt, muss ein Haftpflicht-VR grundsätzlich den Antrag eines Kfz-Halters auf Erteilung einer Kfz-Haftpflichtversicherung annehmen und darf nur unter bestimmten Bedingungen das Zustandekommen eines Vertrags verweigern (= Annahmezwang gem. § 5 PflVG).

Dieser **Annahmezwang (= Kontrahierungszwang)** bezieht sich allerdings nur auf Zweiräder sowie Pkw und Kombis (bis 1 t Nutzlast) und nur bis zur Höhe der gesetzlich vorgeschriebenen **Mindestdeckungssummen** (Personenschäden: bis 2,5 Mio. EUR bzw. bei mehreren geschädigten Personen bis insgesamt 7,5 Mio. EUR, Sachschäden: bis 1 Mio. EUR, reine Vermögensschäden: bis 50.000 EUR).

▶ Elektronische Versicherungsbestätigung

Anstelle der früher üblichen Deckungskarte erhält der VN vom VR seit März 2008 eine **elektronische Versicherungsbestätigung** (eVB), die in einer zentralen Datenbank bereitgestellt wird. Diese Bestätigung ist Voraussetzung für die Zulassung des Kfz. Sie gilt als Nachweis über ausreichenden Versicherungsschutz und stellt eine **vorläufige Deckungszusage** dar. Der VN erhält vom VR einen Code (= Nummer der Versicherungsbestätigung), mit dem bei der Zulassung des Kfz geprüft werden kann, ob eine Versicherungsbestätigung hinterlegt ist. Die Daten werden elektronisch zwischen Versicherung, Zulassungsstelle und Kraftfahrt-Bundesamt ausgetauscht.

4.4.2 Ansprüche des Geschädigten

Direktanspruch

Abweichend von den übrigen Haftpflichtversicherungen kann der Geschädigte im Rahmen der Kfz-HV seine Ansprüche auch direkt gegenüber dem VR des Schädigers geltend machen (**Direktanspruch** gem. § 3 PflVG).

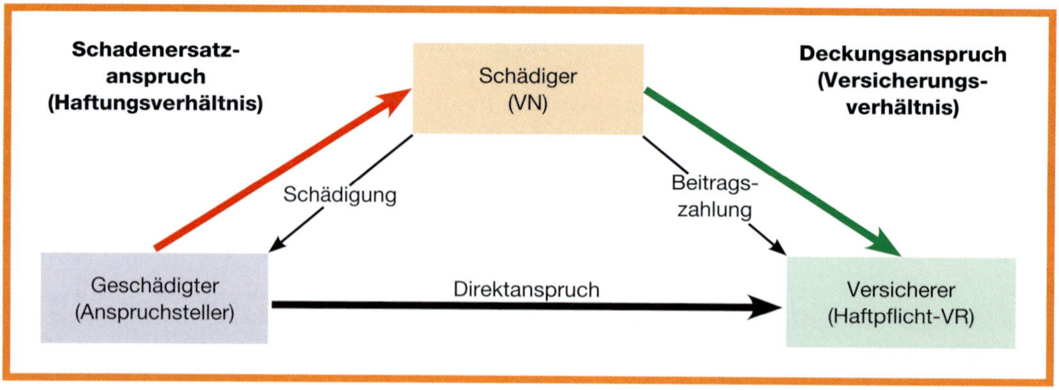

Im Gegensatz zu anderen Arten der Haftpflichtversicherung kann der Geschädigte im Rahmen der Kfz-Haftpflichtversicherung seine Ansprüche auch direkt gegenüber dem Haftpflichtversicherer geltend machen (= Direktanspruch).

VN und VR haften dem Geschädigten als Gesamtschuldner.

Nachhaftung

Der VR kann dem Geschädigten gegenüber sogar noch bis zu einem Monat nach Beendigung des Versicherungsverhältnisses leistungspflichtig sein (= **Nachhaftung**). (§ 117 (2) VVG)

Beispiel

Am 10. April d. J. hat der VN durch den VR die fristlose Kündigung wegen Nichtzahlung des Beitrags erhalten. Am 13. April d. J. geht der Zulassungsstelle die entsprechende Benachrichtigung zu. Für Schadenereignisse, die bis zum 13. Mai d. J. eintreten, gilt die Pflicht zur Nachhaftung. Danach ist der VR endgültig von der Leistungspflicht befreit.

4.4.3 Entschädigungsfonds

Eine weitere Maßnahme zum Schutz des Verkehrsopfers ist der **Entschädigungsfonds** (§ 12 PflVG). Er tritt bei folgenden Schäden aus Kraftfahrzeugunfällen ein:

- Schäden durch nicht zu ermittelnde Fahrzeuge (z. B. Fahrerflucht)
- Schäden durch pflichtwidrig nicht versicherte Fahrzeuge
- Vorsätzliche, widerrechtliche Schädigung durch den Versicherten

Liegt einer der genannten Fälle vor, so kann der Geschädigte den Entschädigungsfonds (Verkehrsopferhilfe e. V., Hamburg) direkt in Anspruch nehmen, wenn er von niemandem sonst (z. B. Halter, Eigentümer, Fahrer) Schadenersatz erlangen kann.

Bei Fahrerflucht wird der Sachschaden am Fahrzeug nicht ersetzt und Schmerzensgeld nur bei schweren Verletzungen gezahlt. Für sonstige Sachschäden ist die Leistung in diesem Fall auf den 500 EUR übersteigenden Betrag beschränkt. Diese Einschränkung der Ersatzpflicht des Entschädigungsfonds bei Fahrerflucht wurde vorgenommen, um betrügerischen Manipulationen vorzubeugen.

4.4.4 Versicherungssummen und versicherte Personen

Versicherungssummen

Wegen der unbegrenzten Haftung im Schadenfall ist es für einen VN ratsam, nicht nur die gesetzlich vorgeschriebenen Mindestdeckungssummen, sondern die höchstmögliche Deckung (sog. Pauschaldeckung) zu vereinbaren.

	gesetzliche Mindestdeckung	höchstmöglich Deckung
Personenschäden	7,5 Mio. EUR	100 Mio. EUR pauschal für Personen-, Sach- und Vermögensschäden (max. 8 Mio. EUR je geschädigte Person)
Sachschäden	1 Mio. EUR	
reine Vermögensschäden	50.000 EUR	

Versicherte Personen

Versicherungsnehmer	Mitversicherte Personen	
Der VN ist der Vertragspartner des VR. Er ist u. a. berechtigt, vertragliche Vereinbarungen zu treffen. Andererseits ist er zur Beitragszahlung verpflichtet.	▪ Kfz-Halter	▪ Kfz-Eigentümer
	▪ Kfz-Fahrer	▪ Beifahrer, die im Rahmen ihres Arbeitsverhältnisses den Fahrer begleiten

Die Kfz-HV umfasst auch Schäden, die ein unberechtigter Fahrer verursacht, der das Fahrzeug ohne Wissen und Willen des Halters zu einer Schwarzfahrt nutzt.

Beispiel

Ein Dieb verunglückt mit dem gestohlenen Auto und entfernt sich dann vom Unfallort. Der Geschädigte nimmt daraufhin den Halter im Rahmen der Gefährdungshaftung in Anspruch. Der VR ist dem Halter gegenüber eintrittspflichtig. Hierdurch kommt der Grundgedanke des Opferschutzes in besonderer Weise zum Ausdruck. Der leistungspflichtige VR kann aber beim unberechtigten Fahrer Regress nehmen.

Ersatzansprüche von Kfz-Insassen gegen mitversicherte Personen	
Der geschädigte Insasse selbst ist keine mitversicherte Person.	**Der geschädigte Insasse ist gleichzeitig eine mitversicherte Person.**
Verschuldet ein Ehemann (= versicherte Person) einen Unfall, bei dem seine Ehefrau als Beifahrerin (= nicht mitversicherte Person) verletzt wird, erhält sie vom Haftpflicht-VR des Ehemannes vollen Ersatz für ihre Schäden (z. B. Verdienstausfall, Pflegekosten, Schmerzensgeld, neue Brille).	Verschuldet der Fahrer eines Transporters (= mitversicherte Person) einen Unfall, bei dem ein aus beruflichen Gründen (z. B. zum Ein- und Ausladen) anwesender Beifahrer (= mitversicherte Person) verletzt wird, erhält er vom Haftpflicht-VR nur Ersatz für die Personenschäden.

4.4.5 Einschränkung des Versicherungsschutzes

Wesentliche Ausschlüsse des Versicherungsschutzes

Vorsatz	Rennveranstaltungen	Ansprüche gegen mitversicherte Personen	Schäden am versicherten Kfz	Sachschäden an Gegenständen im versicherten Kfz
Vorsätzlich widerrechtlich herbeigeführte Versicherungsfälle sind nicht versichert.	Die Teilnahme an Fahrveranstaltungen, bei denen es auf die Erzielung einer Höchstgeschwindigkeit ankommt, ist nicht versichert.	Haftpflichtansprüche des VN, Halters oder Eigentümers gegen mitversicherte Personen sind nur für Personenschäden möglich.	Bsp.: Der mitversicherte Fahrer kann keinen Schadenersatz aus der HV des Halters verlangen, wenn er das Fahrzeug des Halters schuldhaft beschädigt.	Es sind nur Schäden an Sachen versichert, die die beförderten Personen üblicherweise mit sich führen (also keine Transportgüter o. Ä.).

Obliegenheitsverletzungen vor Eintritt des Versicherungsfalles

Obliegenheiten sind Verhaltensnormen, die in der Kfz-HV vom VN und den mitversicherten Personen zu erfüllen sind, um die Ansprüche aus dem Versicherungsvertrag zu erhalten.

Wird eine dieser Obliegenheiten nicht erfüllt (= Obliegenheitsverletzung), bringt das nur Nachteile für denjenigen, der die Obliegenheitsverletzung zu vertreten hat.

Wesentliche Verletzungen vertraglicher Obliegenheiten				
Verwendungszweck	Schwarzfahrt	Führerschein	Trunkenheit/ Rauschmittel	Anzeige der Veräußerung
Wird das Fahrzeug zu einem anderen als dem angegebenen Zweck verwendet (z. B. Vermietung eines für den Privatgebrauch versicherten Kfz), ist der VR im Innenverhältnis von der Leistung frei. Gegenüber dem Geschädigten ist er jedoch leistungspflichtig.	Wird das Fahrzeug ohne Wissen und Willen des Halters benutzt, besteht für den unberechtigten Fahrer (z. B. Dieb) kein Versicherungsschutz. Der VR leistet an den Geschädigten im Rahmen der Gefährdungshaftung und kann beim unberechtigten Fahrer Regress nehmen.	Der Fahrer hat auf öffentlichen Wegen nur dann Versicherungsschutz, wenn er im Besitz der vorgeschriebenen Fahrerlaubnis ist. Wenn der VN das Fahrzeug einem Fahrer überlässt, ohne dessen Fahrerlaubnis zu prüfen, hat auch er keinen Versicherungsschutz.	Das Fahrzeug darf nicht geführt werden, wenn der Fahrer infolge alkoholischer Getränke oder anderer berauschender Mittel dazu nicht sicher in der Lage ist. Ein Blutalkoholgehalt ab 1,1 ‰ erfüllt auf jeden Fall den Tatbestand der Obliegenheitsverletzung (möglicherweise aber auch schon bei 0,3 ‰).	Die Veräußerung des Fahrzeugs muss dem VR unverzüglich angezeigt werden, damit dieser prüfen kann, ob er den Erwerber als neuen Vertragspartner anerkennen will, ob eine nachweisbare höhere Gefahr (z. B. Nutzung als Taxi) vorliegt und ob er ggf. einen Ablehnungsgrund geltend machen kann.

Wird eine Obliegenheit vor dem Versicherungsfall verletzt, ist der VR dem VN und den mitversicherten Personen gegenüber bis zu je 5.000 EUR von der Leistungspflicht befreit (§ 5 (3) KfzPflVV). Der VR nimmt daher bis zu dieser Höhe beim VN bzw. den mitversicherten Personen Regress, soweit sie dem Unfallopfer gegenüber leistungspflichtig sind. Der Regress trifft aber immer nur denjenigen, der die Obliegenheitsverletzung zu vertreten hat.

Beispiel

Ein Kfz-Halter hat sein Fahrzeug einem Arbeitskollegen geliehen. Auf dem Heimweg kehrt dieser noch in einem Gasthaus ein. Trotz des Alkoholgenusses fühlt er sich danach noch fahrtüchtig. Auf der Heimfahrt verursacht er einen schweren Unfall mit einem Sachschaden am Fahrzeug des Unfallgegners in Höhe von 10.000 EUR.
Der VR nimmt für die an den Geschädigten geleistete Zahlung beim Unfallverursacher Regress bis 5.000 EUR. Wäre der Halter des Fahrzeugs bei dem Gaststättenbesuch dabei gewesen und hätte er der Fahrt unter Alkoholeinfluss zugestimmt, könnte der VR auch bei ihm Regress bis 5.000 EUR nehmen.

!

Tritt der Versicherungsfall ein und liegt eine vorher begangene Obliegenheitsverletzung vor, erbringt der VR trotzdem auf jeden Fall die Leistung an den Geschädigten (Unfallopfer). Der VR fordert diese Leistung aber bis zu einer Höhe von 5.000 EUR von dem, der die Obliegenheitsverletzung zu vertreten hat (VN bzw. eine der mitversicherten Personen), zurück (= Regressanspruch des VR).

4.4.6 Zusammensetzung des Beitrags (Tarifaufbau)

Der Versicherungsbeitrag in der Kfz-Haftpflichtversicherung wird nach **objektiven** (sachbezogenen) und **subjektiven** (personenbezogenen) **Risikomerkmalen** festgesetzt.

Risikomerkmale als Grundlage für den Tarifaufbau in der Kfz-Haftpflichtversicherung

Objektive Merkmale	Subjektive Merkmale
Art des Kfz ■ Pkw, Lkw, Motorrad, Anhänger, Omnibus **Verwendungszweck** ■ Pkw: Privatgebrauch, Taxi, ... ■ Lkw: Nah-, Fernverkehr ■ Bus: Linien-, Schul-, Werksbus **Fahrzeugtyp**	■ Beruf/Branche ■ Wohnort/Firmensitz ■ Schadenfreiheit bzw. Zahl der Vorschäden ■ Dauer des Führerscheinbesitzes ■ weitere Angaben, soweit der Tarif des VR Rabatte bzw. Zuschläge für bestimmte Pkw-Risiken vorsieht.

▶ Fahrzeugtyp

Im Rahmen der objektiven Risikomerkmale werden Pkw auch nach dem **Fahrzeugtyp** unterschieden. Die Auswertung von Unfallstatistiken hat ergeben, dass Fahrzeuge verschiedener Fabrikate, aber mit gleicher Motorleistung, zum Teil sehr unterschiedliche Schadenverläufe aufweisen. Nicht die Motorleistung, sondern der jeweilige Fahrzeugtyp und der ein solches Fahrzeug bevorzugende Fahrer sind maßgeblich für die unterschiedliche Unfallhäufigkeit zwischen den verschiedenen Automarken mit gleicher Motorstärke. Die verschiedenen Fahrzeuge werden ihrem jeweiligen Schadenverlauf entsprechend in **Typklassen** eingestuft. Die jeweilige Typklasse für die Ermittlung des Versicherungsbeitrags für ein bestimmtes Fahrzeug kann aus dem **Typklassenverzeichnis** entnommen werden.

▶ Beruf/Branche

Der Beruf bzw. die Branche ist für die Einordung in die jeweilige **Tarifgruppe** von Bedeutung. So gelten beispielsweise für die Versicherung von Fahrzeugen von

- landwirtschaftlichen Betrieben
- Gebietskörperschaften (Bund, Länder, Gemeinden)

- Beamten und Angehörigen des öffentlichen Dienstes
- Fahrschulen

besondere Tarife.

Wohnort/Firmensitz

Unfallstatistiken zeigen, dass der Schadenverlauf regional unterschiedlich ist. Großstädte weisen eine höhere Schadenquote auf als ländliche Gebiete. Beim Tarif für Pkw werden daher **regional differenzierte Beitragssätze** in Form von **Regionalklassen** unterschieden. Die anzuwendende Regionalklasse richtet sich nach dem Bezirk, in dem das versicherte Fahrzeug aufgrund des Wohnorts/Firmensitzes des VN zugelassen ist.

Schadenfreiheit/Anzahl der Vorschäden

Die Beitragshöhe richtet sich auch nach der Anzahl der schadenfreien Jahre bzw. der Anzahl der Vorschäden. Aus der Tabelle der Schadenfreiheitsklassen kann der jeweilige Beitragssatz in Prozent abgelesen werden. Der Beitragssatz wird auf den Tarifbeitrag (= 100 %) bezogen und ermöglicht die Ermittlung des tatsächlich zu zahlenden Beitrags.

Beispiel

Ein VN wird in Klasse SF 10 (= 10 Jahre schadenfreier und ununterbrochener Versicherungsverlauf) geführt. Der Beitragssatz beträgt dann 45 %, d.h., es sind nur 45 % des Tarifbeitrags zu zahlen. Ein Vertrag wird in die nächstgünstigere Schadenfreiheitsklasse (günstigste Klasse: SF 25) eingestuft, wenn er in einem Kalenderjahr ununterbrochen bestanden hat und schadenfrei gewesen ist.

Grundsätzlich erfolgt die Einstufung eines erstmals abgeschlossenen Kfz-Haftpflichtvertrags in Klasse 0 (Beitragssatz: 240 %).

Die sofortige Einstufung in Klasse SF $^1/_2$ (Beitragssatz 125 %) erfolgt, wenn

- es sich um einen Zweitwagen handelt und der bereits zugelassene Pkw einer SF-Klasse zugeordnet ist, oder
- es sich um den Ehegatten des VN handelt, dessen Pkw einer SF-Klasse zugeordnet ist, oder
- der VN mindestens drei Jahre im Besitz einer gültigen Fahrerlaubnis ist.

Wird ein Schaden gemeldet, wird der Vertrag im folgenden Kalenderjahr zurückgestuft. Der VN kann aber auch den Schaden selbst regulieren, wenn dies (bei kleineren Schäden) für ihn günstiger als die Rückstufung in eine teurere Klasse ist (= Bagatellschäden). Im Extremfall wird als höchste Stufe die Malusklasse „M" (Beitragssatz: 245 %) erreicht.

Rückstufung im Schadenfall: Kfz-Haftpflichtversicherung			
Rückstufung aus Klasse	**bei 1 Schaden nach Klasse**	**bei 2 Schäden nach Klasse**	**bei 3 Schäden nach Klasse**
SF 25 30 %	SF 22 30 %	SF 10 45 %	SF 2 85 %
SF 24 30 %	SF 11 45 %	SF 4 60 %	SF 1 100 %
SF 23 30 %	SF 10 45 %	SF 4 60 %	SF 1 100 %
SF 22 30 %	SF 10 45 %	SF 4 60 %	SF 1 100 %
SF 21 35 %	SF 10 45 %	SF 4 60 %	SF 1 100 %
SF 20 35 %	SF 9 45 %	SF 3 70 %	SF 1 100 %

SF 19	35 %	SF 9	45 %	SF 3	70 %	SF 1	100 %
SF 18	35 %	SF 7	50 %	SF 3	70 %	SF 1	100 %
SF 17	35 %	SF 7	50 %	SF 2	85 %	SF 1/2	140 %
SF 16	35 %	SF 6	55 %	SF 2	85 %	SF 1/2	140 %
SF 15	40 %	SF 6	55 %	SF 2	85 %	SF 1/2	140 %
SF 14	40 %	SF 6	55 %	SF 2	85 %	SF 1/2	140 %
SF 13	40 %	SF 5	55 %	SF 2	85 %	SF 1/2	140 %
SF 12	40 %	SF 5	55 %	SF 1	100 %	S	155 %
SF 11	45 %	SF 5	55 %	SF 1	100 %	S	155 %
SF 10	45 %	SF 4	60 %	SF 1	100 %	S	155 %
SF 9	45 %	SF 4	60 %	SF 1	100 %	S	155 %
SF 8	50 %	SF 4	60 %	SF 1	100 %	S	155 %
SF 7	50 %	SF 3	70 %	SF 1/2	140 %	S	155 %
SF 6	55 %	SF 3	70 %	SF 1/2	140 %	S	155 %
SF 5	55 %	SF 2	85 %	SF 1/2	140 %	S	155 %
SF 4	60 %	SF 2	85 %	SF 1/2	140 %	S	155 %
SF 3	70 %	SF 1	100 %	S	155 %	M	245 %
SF 2	85 %	SF 1/2	140 %	S	155 %	M	245 %
SF 1	100 %	S	155 %	M	245 %	M	245 %
SF 1/2	140 %	S	155 %	M	245 %	M	245 %
S	155 %	M	245 %	M	245 %	M	245 %
O	230 %	M	245 %	M	245 %	M	245 %
M	245 %	M	245 %	M	245 %	M	245 %

Quelle: HUK Coburg, Stand 01.04.2005

Grundsätzlich ist der Schadenfreiheitsrabatt personengebunden. In bestimmten Fällen kann der Schadenfreiheitsrabatt aber auch auf andere Personen übertragen werden. Dazu müssen i. d. R. folgende Bedingungen erfüllt sein:

- Bisheriger VN tritt seinen Anspruch ab.
- Der neue VN muss glaubhaft machen, dass die Übernahme gerechtfertigt ist (z. B., weil schon längere Zeit ein Führerschein vorhanden ist und er bisher mit dem Fahrzeug des VN schon häufiger gefahren ist).
- Das neue Fahrzeug muss derselben oder einer höheren Fahrzeuggruppe angehören.
- Der neue und der bisherige VN müssen in häuslicher Gemeinschaft wohnen oder zwischen ihnen muss eine Ehepartnerschaft bzw. ein Verwandtschaftsverhältnis ersten Grades bestehen.

Einige Versicherer räumen neben dem SF-Rabatt weitere Rabatte ein, wenn z. B.

- pro Jahr eine bestimme Kilometerzahl (z. B. 10 000 km) nicht überschritten wird,
- das Fahrzeug nur von Personen über 25 Jahren oder nur vom VN und seinem Ehepartner gefahren wird.

Zusammenfassung zu Kapitel 4: Beispiel zur Absicherung von Vermögensrisiken: Haftpflichtversicherung

Haftung		
Verschuldenshaftung = Haftung wegen schuldhafter unerlaubter Handlung § 823 BGB		**Gefährdungshaftung** = Haftung ohne Verschulden
Voraussetzungen		**Arten**
Verschulden	bewusster oder bedingter Vorsatz, grobe oder leichte Fahrlässigkeit	Haftung des Tierhalters Haftung des Hoteliers Haftung beim Betrieb von Fahrzeugen und gefährlichen Anlagen Haftung bei Umweltverunreinigungen
Rechtsgutverletzung	Verletzung von Persönlichkeitsrechten, Eigentumsrechten oder sonstigen Rechten	
rechtswidrige Handlung	Ausnahmen von der Widerrechtlichkeit: Einwilligung des Geschädigten, berechtigtes Interesse, Notwehr, Notstand	
Kausalität	ursächlicher (unmittelbarer) Zusammenhang zwischen rechtswidriger Handlung und Schaden	
Deliktsfähigkeit	Deliktsunfähigkeit (keine Haftung): Kinder unter 7 Jahren beschränkte Deliktsfähigkeit (Haftung nur unter bestimmten Voraussetzungen): 7. bis 18. Lebensjahr Deliktsfähigkeit (uneingeschränkte Haftung): ab vollendetem 18. Lebensjahr	

Gegenstand der Haftpflichtversicherung			
gesetzliche Haftpflicht			
Verschuldenshaftung			**Gefährdungshaftung**
Vorsatz	**Fahrlässigkeit**		
	leicht	**grob**	
nicht versichert	**Gegenstand der Haftpflichtversicherung**		

Aufgaben der Haftpflichtversicherung			
Abwehr unberechtigter Ansprüche (= Rechtsschutzfunktion)		**Befriedigung berechtigter Ansprüche**	
Versicherungsschutz			
Personenschäden	**Sachschäden**	bei besonderer Vereinbarung	
		reine Vermögensschäden	**Abhandenkommen von Sachen**

Haftung > Deckung	
Haftung des Schädigers i. d. R. in unbegrenzter Höhe	**Deckung des Schadens durch Versicherer nur im Rahmen der Deckungssumme (= Höchstleistungsgrenze)**

Rechtsbeziehungen bei einer Haftfpflichtversicherung
(außer Kfz-Haftpflichtversicherung)

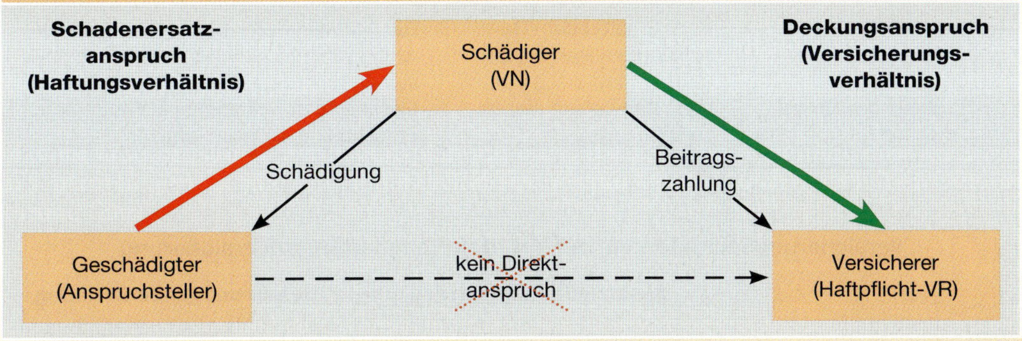

Privathaftpflichtversicherung

versicherte Personen	versicherte Risiken	nicht versicherte Risiken
Versicherungsnehmer Ehepartner Lebensgefährte unverheiratete minderjährige Kinder (volljährige Kinder nur bis Ende der Schul-/Berufsausbildung) Haushaltshilfen	gesamter Privatbereich des VN und der mitversicherten Personen, z. B. als Familien-/Haushaltsvorstand, Haus-/Wohnungseigentümer, Vermieter, Teilnehmer im Straßenverkehr, Sportler, Tierhalter … **erweiterter Versicherungsschutz** Auslandsschäden, Abwasserschäden, Mietsachschäden, Schlüsselverlust, Gewässerschäden	Arbeitsplatz Beruf Dienst Ehrenamt ungewöhnliche/gefährliche Beschäftigung

Kraftfahrzeughaftpflichtversicherung

Versicherungspflicht gem. § 1 PflVG
für

Kfz-Halter	Kfz-Eigentümer	Kfz-Fahrer

Haftung für

Verschuldenshaftung	Gefährdungshaftung

Annahmezwang für VR
bis zur Höhe der gesetzlich vorgeschriebenen Mindestdeckungssummen

↓

vorläufige Deckungszusage bei Antragstellung

Ansprüche des Geschädigten bei der Kraftfahrzeughaftpflichtversicherung		
Direktanspruch	**Nachhaftung**	**Entschädigungsfonds**
Anders als bei anderen Arten der HV kann der Geschädigte Ansprüche direkt gegen den VR geltend machen.	Der VR haftet dem Geschädigten noch bis zu einem Monat nach Beendigung des Versicherungsverhältnisses.	Bei Schäden durch Fahrerflucht, pflichtwidrig nicht versicherten Fahrzeugen und vorsätzlicher Schädigung durch VN kann Geschädigter Schadenersatz aus einem Entschädigungsfonds erhalten.

Versicherungssummen bei der Kraftfahrzeughaftpflichtversicherung		
	gesetzliche Mindestdeckung	**höchstmögliche Deckung**
Personenschäden	7,5 Mio. EUR	100 Mio. EUR pauschal für Personen-, Sach- und Vermögensschäden (max. 8 Mio. EUR je geschädigte Person).
Sachschäden	1 Mio. EUR	
reine Vermögensschäden	50.000 EUR	

Einschränkung des Versicherungsschutzes bei der Kraftfahrzeughaftpflichtversicherung				
Ausschlüsse				
Vorsatz	**Teilnahme an Rennveranstaltungen**	**Ansprüche gegen mitversicherte Personen**	**Schäden am versicherten Kfz**	**Sachschäden an Gegenständen im versicherten Kfz**
Obliegenheitsverletzungen Bei einer Obliegenheitsverletzung vor dem Versicherungsfall wird das Unfallopfer zwar voll entschädigt. Der VR kann aber bei demjenigen, der die Obliegenheitsverletzung zu vertreten hat (VN und/oder mitversicherte Personen), bis zu 5.000 EUR Regress nehmen.				
Änderung des Verwendungszwecks des Fahrzeugs	**Schwarzfahrt** (ohne Wissen und Willen des Halters, z. B. bei Diebstahl)	**Fahren ohne Führerschein**	**Fahren bei Trunkenheit/ Rauschmittel**	**Unterlassung einer Veräußerungsanzeige**

Risikomerkmale für die Beitragsgestaltung in der Kraftfahrzeughaftpflichtversicherung	
Objektive Merkmale	**Subjektive Merkmale**
Art des Kfz, Verwendungszweck, Fahrzeugtyp	Beruf, Wohnort, Schadenfreiheit bzw. Zahl der Vorschäden, Dauer des Führerscheinbesitzes

Aufgaben und Probleme

Kapitel 4 Beispiel zur Absicherung von Vermögensrisiken: Haftpflichtversicherung

Verschuldenshaftung

1. Die Verschuldenshaftung ist durch bestimmte Merkmale gekennzeichnet.
   a) Nennen Sie die Voraussetzungen der Verschuldenshaftung nach § 823 Abs. 1 BGB.
   b) Worin liegt der Unterschied zwischen
      – Vorsatz und bedingtem Vorsatz
      – grober Fahrlässigkeit und leichter Fahrlässigkeit?
   c) Wodurch kann die Widerrechtlichkeit einer Handlung ausgeschlossen sein?
   d) In welchen Fällen kann die Notwehrlage zu einer Schadenersatzpflicht führen?
   e) Wann kann man von einem adäquaten Kausalzusammenhang sprechen?

2. Frau B. hat für den Balkon ihrer Mietwohnung Blumenkästen mit Halterungen gekauft und nach beiliegender Montageanleitung angebracht. Da sie handwerklich weniger geschickt ist, unterläuft ihr ein Montagefehler, den sie aber nicht bemerkt. Beim nächsten Sturm löst sich ein Blumenkasten und fällt auf das vor dem Haus geparkte Auto des Herrn Zurbriggen.
   Prüfen Sie, ob die Voraussetzungen der Verschuldenshaftung gegeben sind und Herr Zurbriggen seinen Schaden von Frau B. ersetzt verlangen kann.

3. A stürzt bei Schneeglätte vor dem Grundstück des B so schwer, dass er sich einen Oberschenkelhalsbruch zuzieht. Mit welcher Begründung bzw. mit welcher Rechtsgrundlage (zwei alternative Rechtsgrundlagen nennen und erläutern) kann A den B haftpflichtig machen?

4. Prüfen Sie für die folgenden Fälle, ob der Schädiger (das Kind) haftbar gemacht werden kann. Eine mögliche Haftung der Eltern ist erst später zu prüfen.
   a) Die 5-jährige Tochter von Herrn Müller ist zum Geburtstag ihrer Freundin eingeladen. Bei einem Spiel ist sie etwas zu ausgelassen und beschädigt eine Stehlampe.
   b) Ein 14-Jähriger, der seinen Eltern als Rüpel bekannt ist, verbringt jeden Nachmittag allein. Bei einem seiner Streifzüge wirft er Scheiben eines Hauses ein.
   c) Wie wäre der Fall b) zu beurteilen, wenn es sich um einen 6-Jährigen handeln würde?

5. Der betrunkene A gerät auf nächtlichem Heimweg ins Wanken und fällt in eine Schaufensterscheibe.
   Ist A dem Hauseigentümer gegenüber schadenersatzpflichtig?

6. Dem 8-jährigen Hans rutscht ein Ball aus den Händen. Der Ball rollt zwischen zwei parkenden Autos auf die Straße. Hans läuft hinterher, um ihn zu holen. Herr Krause, der seinen Pkw nicht mehr rechtzeitig bremsen kann, weicht aus, um Hans nicht zu überfahren. Bei dem Ausweichmanöver wird ein parkendes Auto beschädigt. Muss der 8-jährige Hans für den Schaden aufkommen (mit Begründung)?

Gefährdungshaftung

7. Welche Merkmale kennzeichnen die Gefährdungshaftung und wie ist die Beweislast im Gegensatz zur Verschuldenshaftung geregelt?

8. Entscheiden Sie jeweils die Frage der Haftung in den folgenden beiden Fällen:
   a) Herr Fritz ist Liebhaber russischer Windhunde. Eines Tages will er mit seinem Hund Boris ausgehen. Als er gerade die Gartentür öffnet, stürzt der Hund auf die Straße und bringt einen Radfahrer zu Fall, der sich schwere Kopfverletzungen zuzieht.

b) Trotz aller Vorsicht entflieht ein Löwe eines umherziehenden Zirkus aus dem gut gesicherten Käfig und richtet Schaden an.

9 Ein Hotelier wird von einem Feriengast schadenersatzpflichtig gemacht. Prüfen Sie die Rechtslage in folgenden Fällen:
a) Diebstahl einer wertvollen Lederjacke aus dem Hotelzimmer. Das Zimmer war nach der Tagesreinigung nicht mehr vom Personal abgeschlossen worden.
b) Beschädigung eines im Hotelhof abgestellten Pkw. Der Schaden war offensichtlich von einem anderen Gast, der aber nicht mehr zu ermitteln war, verursacht worden.

10 Herr Krause, Eigentümer eines Einfamilienhauses, ist der Meinung, dass er auf eine Gewässerschaden-HV verzichten könne. Sein Öltank werde laufend durch die zuverlässige Lieferfirma überprüft, sodass er schuldlos wäre, wenn es im Zusammenhang mit dem Öltank zu einem Gewässerschaden käme. Nehmen Sie zu dieser Ansicht Stellung.

Haftpflichtversicherung: Gegenstand, Aufgaben und Arten

11 Erläutern Sie, warum die Haftpflichtversicherung nach Art des Risikos eine Vermögensschadenversicherung ist.

12 a) Warum prüft der Haftpflicht-VR nach einer Schadenmeldung zunächst den Deckungsanspruch des Versicherten?
b) Nennen Sie die wichtigsten Arten der Allgemeinen Haftpflichtversicherung.
c) Für welche Risikobereiche hat der Gesetzgeber in der Allgemeinen Haftpflichtversicherung eine Pflichtversicherung vorgesehen? Wie lässt sich dies begründen?

13 Welche Schadenart ist angesprochen?
a) Der geschädigte Dritte muss aufgrund der erlittenen Verletzungen für zwei Wochen ins Krankenhaus. Neben den Krankenhauskosten entsteht ihm ein beträchtlicher Einnahmeausfall in seinem Geschäft.
b) Ein Rechtsanwalt versäumt einen Termin, wodurch gegen seinen Mandanten ein Versäumnisurteil ergeht.
c) Ein Lkw fährt in den Wagen eines Versicherungsvertreters. Der Vertreter muss sich ein Ersatzfahrzeug mieten. Wegen der Unfallaufnahme geht ihm ein Versicherungsabschluss verloren, da er nicht rechtzeitig zum vereinbarten Beratungstermin erscheinen konnte.

Privathaftpflichtversicherung (PHV)

Versicherte Personen

14 Der 19-jährige Sohn eines VN hat gerade das Abitur gemacht. Prüfen und begründen Sie, ob er in den folgenden alternativen Fällen noch über die elterliche Privat-HV mitversichert ist oder nicht.
a) Er dient im Augenblick als Zeitsoldat in der Bundeswehr, anschließend wird er Medizin studieren.
b) Er jobbt während einer sechsmonatigen Wartezeit auf das Medizinstudium als Kfz-Fahrer und kann erst dann sein Studium beginnen.
c) Er studiert Volkswirtschaftslehre, macht sein Examen und beginnt dann eine Lehre als Kaufmann für Versicherungen und Finanzen.

15 Die Putzhilfe des VN schüttelt Teppiche aus. Dabei fällt ihr ein Teppich über die Balkonbrüstung direkt auf einen Passanten. Dieser wird dabei so unglücklich zu Boden gerissen, dass ihm die Brille zerbricht. Ist der Privathaftpflicht-VR der Putzhilfe oder der des VN ersatzpflichtig (mit Begründung)?

Versicherte Risiken und Risikoausschlüsse

16 Prüfen Sie jeweils die Deckungspflicht des Privathaftpflicht-VR:

a) In total betrunkenem Zustand beschädigt der VN als Radfahrer ein parkendes Auto.

b) VN Schröter hat eine Herdplatte versehentlich nicht ausgeschaltet, wodurch ein Küchenbrand entstehen konnte. Eine Hausbewohnerin verlangt Schadenersatz, da Teile ihres Hausrates durch eingedrungenen Ruß beschädigt wurden.

c) Der VN ist Polizist und beschädigt auf seiner Dienststelle durch Falschbedienung das Faxgerät.

d) Bei der Sitzung des örtlichen Sportvereins wirft ein Vereinsmitglied versehentlich sein Bierglas um. Die Anzugjacke des neben ihm sitzenden Vereinsvorsitzenden muss chemisch gereinigt werden.

e) Aus Verärgerung über seinen Nachbarn schneidet der VN dessen blühenden Rosenstrauch komplett ab.

f) Bei einem Kindergeburtstag zerreißt ein Kind einem anderen Kind bei einem ausgelassenen Fangspiel das Kleid. Die Mutter des Geburtstagskindes hatte kurzfristig den Raum verlassen, da es an der Haustür geklingelt hatte. Muss die Privathaftpflichtversicherung der Gastgeberfamilie den Schaden ersetzen, wenn die Eltern des geschädigten Kindes Schadenersatzansprüche gegen die Gastgeber geltend machen?

g) Vom Einfamilienhaus des VN, das er selbst bewohnt, löst sich ein Dachziegel. Er fällt auf die Straße und zerschellt. Ein Passant wird von den Splittern getroffen und am Bein verletzt.

h) Ein VN brachte in seiner Mietwohnung an einer holzverkleideten Wohnzimmerwand ein Bild an. Beim Einschlagen des Bilderhakens traf er offensichtlich eine Wasser führende Leitung, da sich später herausstellt, dass durch diese Leitung – im Bereich des Bilderhakens – immer wieder Wassertropfen austraten, die im Verlauf von Monaten die gesamte Wand durchfeuchteten.

i) Ein privathaftpflichtversicherter VN wird auf einer Ägyptenreise von einem Mitreisenden gebeten, dessen Fotoapparat zu überprüfen, weil ganz offensichtlich der Auslöser klemmt. Da der VN technisch sehr geschickt ist, kann er das Gerät mit Erfolg reparieren. Es rutscht ihm jedoch noch vor Rückgabe aus den Händen, fällt zu Boden und wird erheblich beschädigt.

j) Der VN hat den Schlüssel verloren. Wegen der Gefahr des Missbrauchs durch den Finder verlangt der Vermieter des VN die Änderung des Schlosses und Ersatz für die entsprechende Anzahl der Schlüssel.

k) Beim wöchentlichen „Kollegenfußball" verletzt der VN den Spieler B.

l) Im Sommerurlaub hat sich die 16-jährige Nicole mit Zustimmung des Vaters ein Pferd gemietet. Leistet die Privathaftpflichtversicherung für folgende Schäden?
   - Beim Ritt durch den Ferienort scheut das Pferd und beschädigt ein parkendes Auto.
   - Auch das Pferd ist schwer verletzt.

m) Während seines Spanienurlaubs zerstört/beschädigt der VN das Fenster, den Teppichboden, die Bettdecke in seinem Hotelzimmer und eine große Standvase im Frühstücksraum des Hotels.

n) Der 15-jährige Sohn des VN zertrümmert grob fahrlässig eine Fensterscheibe in der gemieteten Wohnung.

o) Dem VN fällt eine geliehene Bohrmaschine auf den gefliesten Küchenboden der gemieteten Wohnung. Zwei Fliesen und die Bohrmaschine sind beschädigt.

p) Der VN beschädigt den Heißwasserzubereiter und die Badewanne in seiner Mietwohnung.

q) Die Kinder unseres VN spielten auf der Terrasse des gemieteten Einfamilienhauses Fußball. Dabei werden die Terrassenüberdachung und die Sichtschutzwand zum Nachbarhaus bzw. das Terrassengeländer beschädigt.

r) Nach Auszug aus seiner Mietwohnung macht der Vermieter den VN für die beschädigte Küchentür verantwortlich. Offensichtlich hatte die Katze (der Hund) des VN diese während der Mietzeit derart verkratzt, dass sie jetzt ersetzt werden muss.

s) Der VN setzt seine Waschmaschine in Betrieb und verlässt seine Wohnung. Infolge eines defekten Abwasserschlauches dringt Wasser in die darunter liegende Wohnung und beschädigt dort die Decken- und Wandverkleidung sowie einen wertvollen Eichenschrank.

Kraftfahrzeugpflichtversicherung (KH-Versicherung)

KH-Versicherung: Rechtliche Grundlagen

17 Warum und wann ist der Halter eines Kraftfahrzeugs verpflichtet, eine Haftpflichtversicherung abzuschließen?

18 Grenzen Sie beispielhaft voneinander ab: Halter – Eigentümer – Fahrer eines Kraftfahrzeugs.

19 Was ist unter dem Kontrahierungszwang zu verstehen und womit kann er begründet werden?

20 Erläutern Sie an einem Beispiel
a) Haftungsanspruch,
b) Deckungsanspruch,
c) Direktanspruch.

KH-Versicherung: Ansprüche des Geschädigten

21 Stellen Sie fest, ob und ggf. aufgrund welcher Rechtsgrundlage der Geschädigte Schadenersatz verlangen kann.
a) A muss verkehrsbedingt stark abbremsen. Da die Straße nass und glitschig ist, rutscht er auf das Fahrzeug des Vordermannes.
b) Z fährt mit mäßiger Geschwindigkeit und großer Umsicht über eine unbefestigte Straße. Durch die Erschütterungen des Fahrzeugs löst sich eine Auspuffschelle, die dann später auf freier Strecke abfällt und die Windschutzscheibe des nachfolgenden Fahrzeugs beschädigt.
c) Frau S fährt vorschriftsmäßig auf ihrer rechten Fahrbahnseite. Ein entgegenkommendes Fahrzeug, das weder zugelassen noch versichert ist, gerät ins Schleudern, rammt das Fahrzeug der S und drückt dieses in einen Kleingarten. Der Kleingartenbesitzer verlangt Schadenersatz von Frau S aus Betriebsgefahr.
d) A reißt das Lenkrad seines Fahrzeugs herum, als ein großer Hund plötzlich auf die Straße läuft. Sein Nachbar, den er aus Gefälligkeit mitgenommen hat, stößt mit dem Kopf gegen den Seitenholm und zieht sich eine Platzwunde zu, die ärztlich behandelt werden muss.
e) Wie Fall d), jedoch reißt A das Lenkrad nicht wegen eines Hundes, sondern wegen eines Blitzes, der vor ihm in ein Fahrzeug einschlägt, herum.
f) Zwei junge Autofahrer, A und B, liefern sich auf einer innerstädtischen Straße ein „Privatrennen". Sie geraten mit ihren Fahrzeugen aneinander, wodurch A die Kontrolle verliert und gegen eine Hauswand fährt. Da gerade dieses Fahrzeug nicht versichert ist, möchte der Geschädigte von B den Schaden ersetzt bekommen.
g) Der Geschäftsmann Erwin Klein parkt seinen Anhänger mit Firmenaufschrift häufig zu Werbezwecken an verschiedenen Orten im Stadtgebiet. Kinder machen sich an dem Hänger, der auf einer leicht abschüssigen Straße steht, zu schaffen und lösen schließlich die Bremse. Der Anhänger rollt in den fließenden Verkehr und beschädigt das Auto der Frau Klement. Die Kinder können unerkannt entkommen.

KH-Versicherung: Einschränkung des Versicherungsschutzes

22 Entscheiden Sie, ob der KH-VR für den Schaden zuständig ist (mit Begründung):
a) Herr X hat beim Ausladen sperriger Güter aus seinem Pkw das daneben abgestellte Fahrzeug des N beschädigt.

b) Herr B ist Autobastler. Durch unsachgemäße Ausführung von Schweißarbeiten am Kfz des Arbeitskollegen K gerät dieses in Brand. Die Hitzeeinwirkung beschädigt das in unmittelbarer Nähe abgestellte Fahrzeug des Arbeitskollegen A. A verlangt vom VR des K Schadenersatz.
c) Achtlos wird von der Beifahrerin ein Zigarettenrest aus dem Autofenster geworfen, während sie auf den Fahrer wartet. Die Glut setzt ein Waldstück in Brand.
d) Ein Autofahrer verlässt sein Fahrzeug, bemerkt aber nicht, dass die Handbremse nicht fest genug angezogen ist. Der Wagen setzt sich später in Bewegung und prallt gegen ein anderes Fahrzeug.

23 Otto Müller sieht seinen Nachbarn mit mehreren Einkaufstüten an der Bushaltestelle stehen. Er hält an, um ihn gefälligkeitshalber mitzunehmen. Auf dem Heimweg verursacht er durch Vorfahrtsverletzung einen Zusammenstoß. Diverse Artikel in den Einkaufstüten und die Brille des Nachbarn werden durch den Aufprall beschädigt. Muss der KH-Versicherer von Otto Müller Schadenersatz für die beschädigten Sachen leisten?

24 Welche Obliegenheiten sind in der KH-Versicherung vor dem Versicherungsfall zu beachten und wie wirkt sich ihre Verletzung ggf. aus?

25 Entscheiden Sie, ob in den folgenden Fällen für den Fahrer und ggf. für mitversicherte Personen uneingeschränkter Versicherungsschutz aus der KH-Versicherung besteht.
a) Mark-Alexander hat zwei Tage vor seinem Geburtstag die Führerscheinprüfung erfolgreich abgelegt. Am 18. Geburtstag soll er seinen Führerschein beim Straßenverkehrsamt abholen. Auf dem Weg zum Straßenverkehrsamt verursacht er mit dem Auto seines Vaters, das dieser ihm für die Abholung des Führerscheins geliehen hat, einen Auffahrunfall.
b) Wie wäre der Fall zu entscheiden, wenn Mark-Alexander den Wagen seines Vaters heimlich genommen hätte?

KH-Versicherung: Zusammensetzung des Beitrags (Tarifaufbau)

26 Nach welchen objektiven und welchen subjektiven Merkmalen ist der Tarif für die KH-Versicherung von Personenkraftwagen aufgebaut?

27 Ein Enkel möchte den Schadenfreiheitsrabatt seines Großvaters übernehmen, da dieser kein Fahrzeug mehr führen will. Stellen Sie dar, unter welchen Voraussetzungen und inwieweit eine Übertragung möglich ist.

5 Beispiel zur Absicherung von Sachrisiken: Fahrzeugversicherung

5.1 Umfang der Versicherung

Die **Fahrzeugversicherung** (auch als Kaskoversicherung bezeichnet[1]) ist eine **Sachversicherung**, die (im Gegensatz zur Kfz-Haftpflichtversicherung) freiwillig abgeschlossen werden kann. VN ist in der Regel der Fahrzeughalter, der diese Versicherung gegen Schäden an seinem eigenen Fahrzeug abschließt. Seitens des VR besteht – anders als bei der Kfz-Haftpflichtversicherung – kein Annahmezwang.

1 casco *(span.)*: Schiffsrumpf; Das Wort Kasko soll für die Vollversicherung des Ganzen stehen, entsprechend dem Schiffsrumpf, der mehr ist als die Schiffsladung.

Die Fahrzeugversicherung deckt die Beschädigung, die Zerstörung und den Verlust eines Fahrzeugs sowie der unter Verschluss verwahrten bzw. am Fahrzeug befestigten Fahrzeug- und Zubehörteile.

Die Fahrzeugversicherung wird in der Form der **Teilversicherung** (Teilkaskoversicherung) und der **Vollversicherung** (Vollkaskoversicherung) angeboten. Die beiden Arten der Fahrzeugversicherung unterscheiden sich im Umfang der versicherten Gefahren.

Die Fahrzeugversicherung deckt Schäden am Fahrzeug sowie an Fahrzeug- und Zubehörteilen durch

Beschädigung | **Verlust** | **Zerstörung**

Versicherungsumfang

Fahrzeugvollversicherung (Vollkasko) | **Fahrzeugteilversicherung** (Teilkasko)

Nach Abzug einer möglicherweise vereinbarten **Selbstbeteiligung** werden in der Fahrzeugversicherung die eingetretenen Schäden bei Beschädigung, Verlust oder Zerstörung der versicherten Sache wie folgt ersetzt:

- **Reparaturkosten** (= erforderliche Kosten der Wiederherstellung, höchstens jedoch bis zum Wiederbeschaffungswert)
- **Wiederbeschaffungswert** (= Kaufpreis, den der VN aufwenden muss, um ein **gleichwertiges gebrauchtes** Fahrzeug oder gleichwertige Teile zu erwerben).
- **Fracht- und Transportkosten** (z. B. Abschleppkosten)

5.2 Versicherungsschutz im Rahmen der Teilversicherung (Teilkasko)

Der Versicherungsschutz in der Teilversicherung umfasst folgende Gefahren:

Brand	Sowohl Selbstentzündung (z. B. durch Kurzschluss) als auch Beschädigung durch Brand von außen. Seng- oder Schmorschäden (z. B. Beschädigung durch Zigarettenglut am Sitzpolster) sind keine Brandschäden.
Explosion	Z. B. Explosion des Fahrzeugtanks beim Schweißen.
Entwendung	Hauptfälle sind Diebstahl und unbefugter Gebrauch (auch Beschädigungen beim Diebstahlversuch). Unbefugter Gebrauch ist eine Schwarzfahrt (= Fahrt durch eine nicht berechtigte Person), z. B. 14-jähriger Sohn des VN entwendet die Schlüssel und beschädigt das Fahrzeug während einer Spritztour.
Raub und Unterschlagung	Raub ist Diebstahl mit Gewalt (oder deren Androhung) gegen eine Person. Unterschlagung ist die rechtswidrige Zueignung einer fremden Sache, die der Täter in Besitz hat. Z. B. nicht versichert: Ein Kaufinteressent kehrt nach einer Probefahrt nicht mehr zurück.
Einwirkung von Elementarereignissen (Sturm, Hagel, Blitz, Überschwemmung)	Versichert sind nur Schäden durch **unmittelbare Einwirkung** von Naturgewalten, z. B.: Durch Sturm herabfallende Dachziegel, Äste o. Ä. beschädigen ein Auto, durch Hagel wird der Autolack beschädigt. Nicht versichert: Schreckreaktion eines Fahrers wegen Blitz o. Ä. führt zu einem Schaden.
Zusammenstoß mit Haarwild, Pferden, Rindern, Ziegen, Schafen	Schaden, der dadurch entsteht, dass das in **Bewegung befindliche Fahrzeug** mit Haarwild (z. B. Reh, Wildschwein) oder einem anderen der genannten Tiere kollidiert. I.d.R nicht versichert: Schäden durch ein Brems- oder Ausweichmanöver ohne Kollision mit dem Haarwild.

Glasbruch	Bruchschäden an der Verglasung (z. B. Scheibe, Blinker, Scheinwerfer). Kratzer sind nicht versichert.
Kurzschluss an der Verkabelung	Kurzschlussschäden sind i. d. R. Schmorschäden, d. h., es findet ein Zersetzungsprozess infolge Wärmewirkung statt, ohne dass es zur Flammenbildung (= Brand) kommt. Versichert ist nur die Verkabelung (also nicht Folgeschäden an der Lichtmaschine o. Ä.).
Schäden durch Marderbiss	Durch Marderbiss unmittelbar verursachte Schäden an den Kabeln, Schläuchen, Leitungen. Folgeschäden aller Art sind ausgeschlossen.

5.3 Versicherungsschutz im Rahmen der Vollversicherung (Vollkasko)

Die **Fahrzeugvollversicherung** umfasst alle **Gefahren und Schäden der Teilversicherung**. **Zusätzlich** umfasst der Versicherungsschutz in der Vollversicherung folgende Gefahren:

Unfallschäden am eigenen Fahrzeug	Unfall ist in der Fahrzeugversicherung definiert als ein unmittelbares, von außen her plötzlich mit mechanischer Gewalt auf das Fahrzeug einwirkendes Ereignis. Unfallschäden am **eigenen** Fahrzeug sind gedeckt.
Mut- oder böswillige Schadenshandlungen betriebsfremder Personen	Mutwillig: „dummer Streich“, Übermut Böswillig: Täter empfindet (Schaden-)freude In beiden Fällen liegt ein vorsätzliches Handeln vor, wobei die Beschädigung das wesentliche Motiv des Handelns ist (z. B. Betrunkene treten eine Autotür ein, Zerkratzen des Lacks, Abbrechen eines „Mercedes-Sterns“). Reifenschäden (z. B. Zerstechen) sind nur versichert, wenn gleichzeitig auch andere versicherungsschutzpflichtige Schäden (z. B. Abbrechen des Spiegels, Zerkratzen) vorliegen.

Bei den im Rahmen der **Vollversicherung** gedeckten Unfallschäden am **eigenen** Fahrzeug (= Sachschäden) handelt es sich vorrangig um Schäden aus Unfällen, die der Fahrer **selbst verschuldet** hat.

Für die von einem Unfallgegner mit dessen Fahrzeug verschuldeten Schäden haftet dessen **Kfz-Haftpflichtversicherung** (vgl. Kap. B 4.6.1). Unfallschäden, die durch Fußgänger oder Radfahrer verschuldet werden, sind durch deren PHV gedeckt (vgl. Kap. B 4.5.2). Durch die Haftpflichtversicherung des Unfallgegners sind aber nicht nur die Sachschäden am Fahrzeug des Unfallopfers, sondern auch Personen- und Vermögensschäden gedeckt (vgl. Kap. B 4.4).

Bei einem Unfall können gleichzeitig Schadenersatzansprüche gegen die Kfz-Haftpflichtversicherung des Unfallgegners und – bei Vorliegen einer Vollversicherung – gegen den Versicherer des eigenen Fahrzeugs entstehen.

Beispiel

Herr Schmitz prallt mit seinem Auto mit einem anderen Auto, das aus einer nicht vorfahrtsberechtigten Seitenstraße kommt, zusammen. Bei der Unfallaufnahme wird festgestellt, dass Herr Schmitz zwar vorfahrtsberechtigt war, aber zu schnell gefahren ist. Ihm wird ein Mitverschulden von 30 % angelastet, da der Unfall bei angemessener Fahrweise vermutlich hätte vermieden werden können. Der Schaden am Fahrzeug von Herrn Schmitz wird zu 70 % von der Kfz-HV des Unfallgegners und zu 30 % von der eigenen Fahrzeugvollversicherung gedeckt.

5.4 Nicht ersatzpflichtige Schäden

Nicht ersetzt werden u. a.
- Wertminderungen, Nutzungsausfall, Kosten eines Ersatzwagens,
- Schäden durch Aufruhr, innere Unruhen, Kriegsereignisse,
- Schäden, die durch **Vorsatz** oder **grobe Fahrlässigkeit** herbeigeführt wurden.

Nach der Rechtsprechung ist **grobe Fahrlässigkeit** wie folgt umschrieben:

!

Grobe Fahrlässigkeit liegt vor, wenn
- **die im Verkehr erforderliche Sorgfalt in besonders schwerem Maße verletzt wird,**
- **schon einfachste nahe liegende Überlegungen nicht angestellt werden und Maßnahmen nicht ergriffen werden, die jedem normalen Menschen einleuchten müssten.**

In folgenden Fällen hat die Rechtsprechung beispielsweise grobe Fahrlässigkeit unterstellt und damit den Versicherungsschutz der Fahrzeugversicherung für die aufgrund dieses Verhaltens entstandenen Schäden versagt:

Leichtfertiges Fahren	Mangelnde Sicherung des Fahrzeugs
▪ Anzünden und Rauchen einer Zigarette am Steuer ▪ Aufheben von Gegenständen am Steuer ▪ Überhöhte Geschwindigkeit auf der Autobahn ▪ Geschwindigkeit von 120 km/h bei Nebel ▪ Überholen einer Kfz-Kolonne mit hoher Geschwindigkeit ▪ Einschlafen am Steuer wegen Übermüdung ▪ Überfahren einer Ampel bei Rotlicht	▪ Zündschlüssel im Handschuhfach ▪ Verlassen des Fahrzeugs, ohne abzuschließen ▪ Steckenlassen des Zündschlüssels **Alkohol am Steuer** Bei unter 0,8 ‰ Blutalkoholgehalt liegt keine grobe Fahrlässigkeit vor.

5.5 Ersatzleistung

▶ Wiederbeschaffungswert bei Zerstörung oder Verlust des Fahrzeugs

Bei **Zerstörung oder Verlust des Fahrzeugs** wird als Höchstentschädigung der **Wiederbeschaffungswert** gewährt. Der Wiederbeschaffungswert ist der Kaufpreis, den der VN aufwenden muss, um ein gleichwertiges gebrauchtes Fahrzeug bzw. gleichwertige gebrauchte Fahrzeugteile zu erwerben.

In Ausnahmefällen (u. a. Schaden in den ersten 6 Monaten nach Neuzulassung, Wiederherstellungskosten betragen mindestens 80 % des Neupreises) kann auch eine Neupreisentschädigung vereinbart werden.

Rest- und Altteile des zerstörten Fahrzeugs verbleiben beim VN und werden zum **Veräußerungswert** auf die Ersatzleistung angerechnet. Bei einem **Entwendungsschaden** (Diebstahl) muss der VN die entwendeten Gegenstände (Fahrzeug bzw. Fahrzeugteile) wieder zurücknehmen, wenn sie innerhalb eines Monats nach Eingang der Schadenanzeige aufgefunden werden. Danach gehen sie in das Eigentum des VR über.

▶ Ersatzleistung bei Zerstörung oder Verlust des Fahrzeugs

Bei Beschädigung des Fahrzeugs ersetzt der VR die **erforderlichen Kosten** der Wiederherstellung. Dabei werden Rest- und Altteile zum Veräußerungswert auf die Ersatzleistung angerechnet. Ohne Nachweis der vollständigen Reparatur in einer Fachwerkstatt beschränkt sich die **Höchstentschädigung** auf die **Differenz zwischen Wiederbeschaffungswert** und **Restwert**.

Grundsätzlich werden hierbei höchstens die Wiederbeschaffungskosten (und nicht auch Reparaturkosten bis zu 130 % der Wiederbeschaffungskosten wie bei der Kfz-HV) ersetzt. Liegen die Reparaturkosten darüber, liegt ein **wirtschaftlicher Totalschaden** vor.

▶ Selbstbeteiligung

In der Fahrzeugversicherung kann eine Selbstbeteiligung pro Schadenfall vereinbart werden, die je nach gewählter Höhe (üblicherweise zwischen 150 EUR und 1.000 EUR) zu einer Beitragsersparnis führt. Die Ersatzleistungen des VR werden um den vereinbarten Selbstbehalt gekürzt.

Zusammenfassung zu Kapitel 5:
Beispiel zur Absicherung von Sachrisiken: Fahrzeugversicherung

Fahrzeugversicherung		
deckt Schäden am Fahrzeug und an Fahrzeugteilen/Zubehörteilen durch		
Beschädigung	**Verlust**	**Zerstörung**
Umfang		

Fahrzeugteilversicherung (Teilkasko)	**Fahrzeugvollversicherung** (Vollkasko)
Brand, Explosion, Entwendung, Raub, Elementarereignisse (Sturm, Hagel, Blitz), Wildschäden, Glasbruch, Kurzschluss, Marderbiss **aber: keine Unfallschäden am eigenen Fahrzeug und keine mut-/böswilligen Beschädigungen durch Fremde**	**Unfallschäden am eigenen Fahrzeug, mut-/böswillige Beschädigungen durch Fremde** Brand, Explosion, Entwendung, Raub, Elementarereignisse (Sturm, Hagel, Blitz), Wildschäden, Glasbruch, Kurzschluss, Marderbiss

Nicht ersatzpflichtige Schäden		
leichtfertiges Fahren	mangelnde Sicherung des Fahrzeugs	Alkohol am Steuer

Aufgaben und Probleme ▼

Kapitel 5 Beispiel zur Absicherung von Sachrisiken: Fahrzeugversicherung

Umfang der Fahrzeugversicherung

1. Begründen Sie, warum die Fahrzeugversicherung im Rahmen der Kraftfahrtversicherung zur Sachversicherung und nicht zur Vermögensversicherung zählt.

Teilversicherung (Teilkasko)

2. Welche Gefahren und welche Schäden sind Gegenstand der Teilversicherung (Teilkaskoversicherung)?

❸ Stellen Sie die Ersatzpflicht im Rahmen der Fahrzeug-Teilversicherung des Versicherers fest.

a) Das verschlossene Fahrzeug wurde entwendet und einige Tage später ohne Motor, Leichtmetallräder und die nachträglich montierte Kotflügelverbreiterung aufgefunden.
b) Durch Kurzschluss verschmort ein Kabelstrang. Auch der Bordcomputer muss ausgetauscht werden, da die Elektronik in Mitleidenschaft gezogen wurde.
c) Von der Bauschuttladung eines entgegenkommenden Lkw fliegt ein Stein in die Seitenscheibe. Die Reparaturwerkstatt stellt neben dem Preis der Scheibe die Einbaukosten und die Kosten für die Beseitigung der Glassplitter aus dem Fahrzeuginnenraum in Rechnung.
d) Ein Angestellter, der gerade von seinem Arbeitgeber die Kündigung zum Quartalsende erhalten hat, verbeult aus spontaner Verärgerung dessen Autodach.
e) Ein angestellter Kraftfahrer soll eine Ladung wertvoller Geräte der Unterhaltungselektronik transportieren. Er setzt sich mit dem Lkw und der gesamten Ladung ab.
f) Vom Sturm wurde ein Dachziegel gelöst, der in der Dachrinne hängen blieb. Am nächsten Tag wird dieser Ziegel durch einen heftigen Regen aus der Dachrinne gespült und fällt auf das geparkte Auto des VN.
g) Wegen schlechter Motorleistung gibt der VN seinen Pkw in die Werkstatt. Dort wird festgestellt, dass ein Kühlwasserschlauch durch Marderbiss undicht geworden ist. Infolge des Wasserverlustes konnte der Motor überhitzen und die Zylinderkopfdichtung durchbrennen. Im Gegensatz zum Austausch des Kühlwasserschlauches ist die Reparatur der Zylinderkopfdichtung aufwendig und kostenträchtig.

Vollversicherung (Vollkasko)

❹ Prüfen Sie, ob und inwieweit Versicherungsschutz in der Vollversicherung besteht.

a) Herr Müller streift infolge einer kurzen Unaufmerksamkeit die Leitplanke.
b) Der Schalldämpfer eines Auspuffs löst sich während der Fahrt vom Auspuffrohr und beschädigt den Wagenunterboden erheblich.
c) Unbekannte besprühen das Fahrzeug mit einer Farbspraydose.
d) Ein Angetrunkener bricht die Autoantenne ab und zersticht einen Reifen.
e) Bei einer verkehrsbedingt notwendig gewordenen Vollbremsung werden Teile der Ladung in einem Kombi gegen das Armaturenbrett auf der Beifahrerseite geschleudert und zertrümmern die Verkleidung.
f) Die Motorhaube wurde bei der letzten Ölkontrolle versehentlich nicht richtig geschlossen und springt nun während der Fahrt auf. Sie schlägt gegen die Windschutzscheibe und wird zerbeult. Die Windschutzscheibe zeigt einen deutlichen Riss.

6 Beispiele zur Absicherung von Personenrisiken

6.1 Risikolebensversicherung

Lebensversicherung als Personen- und Summenversicherung

Eine **Lebensversicherung** ist eine **Personenversicherung** und gleichzeitig eine **Summenversicherung** (vgl. Kap. B 3). Im Versicherungsfall wird unabhängig von einem tatsächlichen Geldbedarf die im Voraus vereinbarte Versicherungssumme zur Zahlung fällig. Der Versicherungsfall in der Lebensversicherung ist ein Ereignis, das an die versicherte Person gebunden ist (z. B. Tod, Erreichen eines bestimmten Alters, Eintritt der Berufsunfähigkeit). Je nach Art des versicherten Ereignisses lassen sich in der Lebensversicherung verschiedene Versicherungsarten unterscheiden.

Todesfallversicherung

Ist vereinbart, dass der **Versicherungsfall** dann eintritt, wenn die versicherte Person stirbt (= **Tod der versicherten Person** während der Vertragslaufzeit), handelt es sich um eine **Todesfallversicherung**.

In ihrer ursprünglichen Form sieht die Todesfallversicherung eine lebenslängliche Beitragszahlung (höchstens jedoch bis zum 85. Lebensjahr) vor. **Die Leistungspflicht des Versicherers tritt beim Tod der versicherten Person ein**. Der VR wird somit auf jeden Fall leistungspflichtig (= **unbedingte Leistungspflicht des VR**). Diese Form der Todesfallversicherung kommt heute fast nur noch als **Sterbegeldversicherung** zur Deckung der Bestattungskosten vor.

Risikolebensversicherung als abgekürzte Todesfallversicherung

Eine Risikolebensversicherung deckt das Todesfallrisiko für einen bestimmten Zeitraum ab (= temporäre Todesfallversicherung).

Bei einer Risiko-LV muss der VR die vereinbarte Versicherungssumme nur dann zahlen, wenn die versicherte Person während der Vertragslaufzeit stirbt. Erlebt hingegen die versicherte Person das Ende der vereinbarten Laufzeit, entfällt die Versicherungsleistung (= **bedingte Leistungspflicht des VR**). Die während der Laufzeit gezahlten Versicherungsbeiträge sind dann durch die Abdeckung des Todesfallrisikos während dieser Zeit verbraucht und werden nicht zurückerstattet.

Beispiel

Herr Beyer schließt im Alter von 25 Jahren eine Risikolebensversicherung mit einer Laufzeit von 30 Jahren ab. Als Versicherungssumme wird ein Betrag von 50.000 EUR vereinbart. Die Versicherungssumme wird nur fällig, wenn Herr Beyer innerhalb der Vertragslaufzeit von 30 Jahren stirbt. Erlebt Herr Beyer hingegen das Ende der Laufzeit (d. h., er wird im vorliegenden Fall älter als 55 Jahre), erbringt der Versicherer keine Leistung.

Diese Form des Versicherungsschutzes eignet sich insbesondere als **Hinterbliebenenvorsorge** (z. B. Absicherung der Ehefrau und der kleinen Kinder eines Familienvaters für den Fall, dass der Familienvater stirbt).

Die Risiko-LV kann auch mit einer regelmäßig (z. B. monatlich oder jährlich) fallenden Versicherungssumme vereinbart werden. In dieser Form eignet sie sich insbesondere zur Absicherung von Darlehen, indem die Versicherungssumme laufend der jeweiligen Restschuld angepasst wird (= **Restschuldversicherung**). Bei Tod des Darlehensschuldners, der zugleich versicherte Person im Rahmen der Risiko-LV ist, wird die dann fällige Versicherungssumme zur Ablösung der Schulden verwendet. Restschuldversicherungen werden häufig zur Absicherung von Verbraucherdarlehen (vgl. Kap. D 3) und im Rahmen der Baufinanzierung (vgl. Kap. H 3) abgeschlossen. Wegen der fallenden Versicherungssumme sind die Beiträge für eine solche Versicherung niedriger als für eine Risikoversicherung mit gleichbleibender Versicherungssumme.

Beispiel

Herr Beyer möchte einen Kredit über 60.000 EUR absichern, der in sechs Jahren mit jährlich 10.000 EUR zu tilgen ist. Zur Absicherung der jeweiligen Restschuld schließt er eine Risiko-LV ab, deren Anfangsversicherungssumme 60.000 EUR beträgt. Die Versicherungssumme fällt in den folgenden Jahren jährlich um 10.000 EUR. Wenn Herr Beyer während der 6-jährigen Kredit- und Versicherungslaufzeit stirbt, wird die jeweilige Versicherungssumme fällig und kann von den Hinterbliebenen zur Tilgung der restlichen Darlehensschulden verwendet werden.

6.2 Berufsunfähigkeitsversicherung

Begriff der Berufsunfähigkeit (BU)

Jeder fünfte Arbeitnehmer scheidet in Deutschland wegen Berufs- oder Erwerbsunfähigkeit vorzeitig aus dem Erwerbsleben aus. Hauptursachen sind Herz- und Kreislauferkrankungen sowie Rheuma und Gelenkerkrankungen.

Der Begriff **Berufsunfähigkeit** im Sinne der privaten Berufsunfähigkeitsversicherung ist nicht gleichbedeutend mit dem Begriff **Erwerbsminderung** im Sinne der gesetzlichen Rentenversicherungen.

Berufsunfähigkeit im Sinne einer privaten Berufsunfähigkeitsversicherung	Erwerbsminderung im Sinne der gesetzlichen Rentenversicherungen (§ 43 SGB VI)
Vollständige Berufsunfähigkeit liegt vor, wenn jemand infolge von Krankheit, Körperverletzung oder Kräfteverfall voraussichtlich dauernd außerstande ist, seinen Beruf oder eine andere Tätigkeit auszuüben, die aufgrund seiner Ausbildung und Erfahrung ausgeübt werden kann und seiner bisherigen Lebensstellung entspricht. **Teilweise Berufsunfähigkeit** liegt vor, wenn diese Voraussetzungen nur in einem bestimmten Grad voraussichtlich dauernd erfüllt sind.	**Volle Erwerbsminderung** liegt vor, wenn ein Versicherter wegen Krankheit oder Behinderung nicht in der Lage ist, Tätigkeiten unter den üblichen Bedingungen des Arbeitsmarktes (unabhängig vom erlernten Beruf) von mindestens drei Stunden täglich zu verrichten. Können zwar Tätigkeiten von mindestens drei, nicht aber von mindestens sechs Stunden täglich ausgeübt werden, liegt eine **teilweise Erwerbsminderung** vor.

! **Berufsunfähig ist, wer infolge von Krankheit o. Ä. voraussichtlich dauernd nicht in der Lage ist, seinen Beruf oder eine andere seiner Ausbildung und Erfahrung entsprechende Tätigkeit auszuüben.**

Ein **Berufsunfähiger** kann also in der Lage sein, weiterhin eine Arbeits- bzw. Erwerbstätigkeit auszuüben. Er kann lediglich nicht mehr in seinem **bisherigen** (erlernten) **Beruf** tätig sein oder eine gleichwertige Tätigkeit ausüben. Eine **Erwerbsminderung** geht über eine Berufsunfähigkeit hinaus. Bei einer Erwerbsminderung kommt es darauf an, ob jemand in der Lage ist, mindestens drei bzw. mindestens sechs Stunden täglich **irgendeine Erwerbstätigkeit** unter den normalen Bedingungen des Arbeitsmarktes auszuüben.

Zielgruppe einer BU-Versicherung

Das Risiko einer vorzeitigen **Berufsunfähigkeit** kann durch eine private **Berufsunfähigkeitsversicherung** (BU-Versicherung) abgedeckt werden.

BU-Versicherungen werden häufig als **Zusatzversicherungen** zu verschiedenen Formen von Lebensversicherungen (z. B. Kapitallebensversicherung, private Rentenversicherung) angeboten. Es besteht aber auch die Möglichkeit, dieses Risiko durch eine selbstständige BU-Versicherung abzudecken.

Die Absicherung der Berufsunfähigkeit ist insbesondere für Selbstständige (z. B. Unternehmer, Ärzte, Rechtsanwälte), die keine Ansprüche aus der gesetzlichen Rentenversicherung erwerben, von großer Bedeutung. Aber auch für pflichtversicherte Arbeitnehmer der gesetzlichen Rentenversicherung besteht bezüglich der **Berufsunfähigkeit** eine erhebliche **Versorgungslücke**.

Die gesetzliche Rentenversicherung bietet zwar unter bestimmten Voraussetzungen eine Absicherung gegen volle und teilweise **Erwerbsminderung**, nicht aber gegen **Berufsunfähigkeit**. Voraussetzungen für den Bezug einer Rente wegen **Erwerbsminderung** sind (§ 43 SGB VI):

- Zahlung von Pflichtbeiträgen für mindestens drei Jahre während der letzten fünf Jahre vor Eintritt der Erwerbsminderung,
- Erfüllung der allgemeinen Wartezeit von fünf Jahren vor Eintritt der Erwerbsminderung.

Die Höhe der Erwerbsminderungsrente hängt zwar von der Beitragsdauer und der Beitragshöhe ab. Im Durchschnitt beläuft sich eine Rente wegen voller Erwerbsminderung allerdings auf lediglich 700 EUR monatlich.

▶ Leistungen einer BU-Versicherung

Die Leistung einer selbstständigen BU-Versicherung besteht darin, dass der VR bei Eintritt des Versicherungsfalles eine **Rente** in einer im Voraus vereinbarten Höhe zahlt. Die Höhe der vereinbarten Rente hängt von der Höhe der regelmäßig zu zahlenden Beiträge ab. Die Versicherungsdauer kann höchstens bis zum Alter von 65 Jahren (bei Frauen bis zum Alter von 60 Jahren) gewählt werden.

> **Eine selbstständige Berufsunfähigkeitsversicherung leistet bei Eintritt der Berufsunfähigkeit eine monatliche Rente in vereinbarter Höhe für den vereinbarten Zeitraum.** !

In den meisten Fällen ist in den Versicherungsbedingungen vereinbart, dass die Leistungspflicht des VR erst ab einer Berufsunfähigkeit von mindestens 50 % beginnt (Pauschalregelung). Erst wenn diese 50 %-Grenze erreicht oder überschritten ist, wird die vereinbarte Rente – unabhängig vom tatsächlichen Grad der Berufsunfähigkeit – fällig. Neben dieser Pauschalregelung, die dem Prinzip „alles oder nichts" entspricht, wird teilweise auch eine Staffelung der Versicherungsleistung entsprechend dem Grad der Berufsunfähigkeit angeboten (25/75 %-Regelung). Dabei ist die volle Rente erst ab einer Berufsunfähigkeit von mindestens 75 % fällig. Bei einem geringeren Grad der Berufsunfähigkeit (mindestens 25 %) wird nur ein bestimmter Prozentsatz der Rente gezahlt.

▶ Probleme bei der Feststellung des Versicherungsfalles: Abstrakte und konkrete Verweisung

Die Vertragsbedingungen zur BU-Versicherung enthalten standardmäßig eine Klausel, nach der die Leistung (= Rentenzahlung) verweigert werden kann, wenn der VN gesundheitsbedingt zwar nicht mehr in seinem früheren Beruf einsetzbar ist, aber aufgrund seiner Kenntnisse und Fähigkeiten **theoretisch** noch eine andere, bezüglich Einkommen und sozialer Stellung vergleichbare Tätigkeit aufnehmen kann. Dies ist unabhängig davon, ob der VN aufgrund seiner Gesundheitsschäden, seines Alters oder der Arbeitsmarktsituation überhaupt die Chance hat, eine solche Stelle zu finden. Ein Verweis auf eine solche theoretisch mögliche Berufstätigkeit, mit dem sich der VR auf Leistungsfreiheit berufen kann, wird als **„abstrakte Verweisung"** bezeichnet.

Beispiel

Ein berufsunfähiger Fliesenleger wird darauf verwiesen, noch als Lkw-Fahrer arbeiten zu können. Mit diesem abstrakten Verweis beruft sich der VR aufgrund der Vereinbarungen in den Versicherungsbedingungen auf Leistungsfreiheit. Nicht möglich wäre es dagegen, einen bisher als Arzt tätigen VN auf eine Tätigkeit als Pförtner zu verweisen. Dieser Beruf ist wegen der damit verbundenen Minderung von Einkommen und sozialem Ansehen für den VN nicht zumutbar.

Eine **konkrete Verweisung** liegt demgegenüber vor, wenn der VN bereits einen anderen Beruf, der seinen Fähigkeiten und Kenntnissen sowie der bisherigen Lebensstellung entspricht, ausübt.

Beispiel

Ein berufsunfähiger Masseur übt inzwischen einen Beruf als medizinischer Bademeister tatsächlich aus. Der neue Beruf entspricht seinen Fähigkeiten und Kenntnissen sowie seiner bisherigen Lebensstellung. Der VR kann in diesem Fall auf den tatsächlich ausgeübten gleichwertigen Beruf verweisen und die Leistung verweigern.

Einige Versicherer haben in dieser Hinsicht inzwischen ihre Bedingungen für den VN verbessert, indem z. B. der völlige Verzicht auf eine abstrakte Verweisung oder der Verzicht auf eine abstrakte Verweisung ab einem bestimmten Alter angeboten werden. Beim Abschluss einer BU-Versicherung sollten daher die Versicherungsbedingungen verschiedener Anbieter in diesem Punkt besonders gründlich geprüft und verglichen werden. Die BU-Versicherung ist nämlich eine Versicherungsart, bei der es besonders häufig zu gerichtlichen Auseinandersetzungen über eine bestehende Leistungspflicht bzw. über das Ausmaß der Leistungspflicht kommt.

Ausschlüsse

Wenn die Berufsunfähigkeit durch eine der folgenden Ursachen bedingt ist, erbringt die Berufsunfähigkeitsversicherung keine Leistung:

- absichtliche Herbeiführung von Krankheit oder Kräfteverfall,
- absichtliche Selbstverletzung oder versuchte Selbsttötung,
- vorsätzliche Ausführung oder strafbarer Versuch eines Verbrechens oder Vergehens,
- innere Unruhen, wenn der Versicherte daran als Unruhestifter teilgenommen hat,
- unmittelbar oder mittelbar durch Kriegsereignisse.

6.3 Private Krankenversicherung (PKV)

6.3.1 Zielgruppen

Grundsätzlich besteht für alle Personen die Möglichkeit, sich bei einer privaten Krankenversicherung gegen Krankheitsrisiken zu versichern. Allerdings sind nahezu 90 % der Bevölkerung in der gesetzlichen Krankenversicherung (GKV) als Pflichtversicherte, mitversicherte Familienmitglieder oder freiwillig Versicherte gegen Krankheit versichert. Für diese Personengruppen besteht jedoch die Möglichkeit, durch **Zusatzversicherungen** im Rahmen der PKV den Leistungsumfang der GKV zu verbessern und zu ergänzen.

In der GKV nicht versicherungspflichtig und somit besondere Zielgruppe der PKV sind insbesondere:

- Selbstständige (z. B. Handwerker) und Freiberufler (z. B. Rechtsanwälte, Steuerberater)
- Arbeitnehmer, deren Einkommen mindestens drei Jahre[1] lang über der Krankenversicherungspflichtgrenze (2010: 4.162,50 EUR monatlich) liegt
- Beamte

Zur Zielgruppe der privaten Krankenversicherung gehören vornehmlich diejenigen Personen, die nicht in der gesetzlichen Krankenversicherung pflichtversichert sind.

6.3.2 Versicherungsformen

Überblick

Krankheitskosten-versicherung	Krankentagegeld-versicherung	Sonstige Versicherungen
Übernahme der Kosten von medizinisch notwendigen Heilbehandlungen (ambulante und stationäre Behandlung, zahnärztliche Behandlung)	Absicherung gegen krankheitsbedingte Einkommensverluste durch **Vereinbarung einer** pro Tag zu zahlenden **Geldsumme**	z. B. ■ Krankenhauszusatztarif für Mitglieder der GKV ■ Krankenhaustagegeld-versicherung ■ Auslandsreisekranken-versicherung
= Schadenversicherung (konkrete Bedarfsdeckung)	**= Summenversicherung** (abstrakte Bedarfsdeckung)	

Zur privaten Krankenversicherung gehören die Krankheitskostenversicherung, die Krankentagegeldversicherung und andere (Zusatz-)Versicherungen.

Krankheitskostenversicherung

Die Krankheitskostenversicherung bietet Versicherungsschutz für Krankheiten, Unfälle und andere im Versicherungsvertrag genannte Ereignisse (z. B. Schwangerschaft, Vorsorgeuntersuchungen).

Krankheitskostenversicherung	
Krankheitskosten-Vollversicherung	**Krankheitskosten-Teilversicherung**
für Personen, die nicht in der GKV versichert sind: Absicherung von ambulanter und stationärer Heilbehandlung sowie zahnärztlicher Behandlung und Zahnersatz	für Personen, die in der GKV versichert sind und ihren Versicherungsschutz ergänzen oder erweitern wollen: insbesondere als ambulante Ergänzungsversicherung und/oder Krankenhauszusatzversicherung

Leistungen im Rahmen der Krankheitskostenversicherung		
Tarife für ambulante Heilbehandlung	**Tarife für stationäre Heilbehandlung**	**Tarife für zahnärztliche Behandlung**
ärztliche Beratung, Untersuchung, Arzneimittel, Heilmittel (z. B. Krankengymnastik), Hilfsmittel (z. B. Gehhilfen), Heilpraktikerbehandlung etc.	ärztliche Leistungen, Operationen, Unterbringung und Verpflegung im Krankenhaus, Krankentransporte etc.	zahnärztliche Leistungen, Zahnersatz, Kieferorthopädie etc.

1 Zum 01.01.2011 Verkürzung auf ein Jahr geplant.

Für Versicherte der GKV bieten sich im Rahmen der **Krankheitskosten-Teilversicherung** folgende Ergänzungen an:

- Krankenhauszusatzversicherung für die Inanspruchnahme von Wahlleistungen im Krankenhaus (z. B. Zweibettzimmer, Chefarztbehandlung)
- ambulante Ergänzungstarife zur Verbesserung der GKV-Leistungen
  - Zahnersatz
  - Brillen/Kontaktlinsen
  - Heil- und Hilfsmittel

Leistungen aus Zusatztarifen erfolgen nur gegen Nachweis der bereits von der GKV erbrachten Vorleistungen. Die Leistungen beider Versicherungsträger zusammen dürfen die tatsächlich entstandenen Kosten nicht übersteigen.

Krankentagegeldversicherung

Die Krankentagegeldversicherung dient dem Schutz gegen **Verdienstausfall durch Arbeitsunfähigkeit** infolge von Krankheiten oder Unfällen. Für die Dauer der Arbeitsunfähigkeit wird das vereinbarte Tagegeld gezahlt.

Zielgruppen	
Selbstständige, Freiberufler	**Arbeitnehmer**
■ Bestreitung der Kosten für den eigenen Lebensunterhalt ■ Bestreitung der Kosten für eine Vertretung	■ Ausgleich des Verdienstausfalls

Für die Leistungen aus der Krankentagegeldversicherung gelten aus Gründen des **Bereicherungsverbots** folgende Einschränkungen:

1. Das Krankentagegeld darf zusammen mit sonstigen Krankentage- und Krankengeldern das auf den Kalendertag umgerechnete, aus der beruflichen Tätigkeit herrührende Nettoeinkommen (Durchschnitt der letzten 12 Monate) nicht übersteigen.
2. Für Arbeitnehmer leistet der Arbeitgeber bei Arbeitsunfähigkeit für die Dauer von sechs Wochen (42 Tage) das Arbeitsentgelt in der bisherigen Höhe weiter (Entgeltfortzahlungsgesetz). Ab dem 43. Krankheitstag erhält der Arbeitnehmer für längstens 78 Wochen Krankengeld von seiner gesetzlichen Krankenkasse in Höhe von 70 % des letzten Bruttolohns bis zur Beitragsbemessungsgrenze. Ist im Rahmen einer Krankentagegeldversicherung zusätzlich ein Tagegeld vereinbart, wird dieses erst ab dem 43. Krankheitstag gezahlt.

Unabhängig von einer **Krankentagegeldversicherung** wird von der PKV auch eine **Krankenhaustagegeldversicherung** angeboten. In diesem Fall ist die Leistung des Tagegeldes auf die Dauer des Krankenhausaufenthaltes beschränkt.

Beispiel für sonstige private Krankenversicherungen: Auslandsreisekrankenversicherung

Für Versicherte der GKV besteht Versicherungsschutz bei Auslandsaufenthalten nur innerhalb der EU bzw. in einem Land, für das mit Deutschland ein Sozialversicherungsabkommen besteht. In allen übrigen Ländern sind Versicherte der GKV nicht krankenversichert. In diesen Fällen bietet sich für berufliche und private Auslandsaufenthalte der Abschluss einer privaten Auslandsreisekrankenversicherung an, die bei akuten Erkrankungen die ambulanten und stationären Behandlungskosten sowie ggf. die Kosten für Rücktransport und Überführung übernimmt.

6.3.3 Beiträge

Die Beitragskalkulation in der PKV erfolgt nach dem **Äquivalenzprinzip**.

Die Anwendung des Äquivalenzprinzips bedeutet, dass die Beitragshöhe u. a. von folgenden Größen beeinflusst wird:

- Umfang der versicherten Leistung
- Lebensalter: Je niedriger das Eintrittsalter, desto niedriger der Beitrag, da mit steigendem Alter höhere Gesundheitsleistungen anfallen
- Gesundheitszustand bei Versicherungsbeginn
- Geschlecht: Höhere Krankenversicherungsbeiträge für Frauen sind auch nach dem Allgemeinen Gleichbehandlungsgesetz (AGG von 2006) nach wie vor erlaubt und gehören nicht zu den Diskriminierungstatbeständen.

Für jede versicherte Person (z. B. Ehemann, Ehefrau, Kinder) fallen Beiträge an. Eine kostenlose Mitversicherung von Familienangehörigen wie im Fall der gesetzlichen Krankenversicherung gibt es in der PKV nicht.

Zwar ist eine Beitragserhöhung wegen des mit zunehmendem Alter steigenden Krankheitsrisikos ausgeschlossen. Wegen der Kostensteigerungen im Gesundheitswesen können aber dennoch die Beiträge unter bestimmten (gesetzlich geregelten) Voraussetzungen im Bedarfsfall angepasst werden. Die Versicherungsbedingungen der PKV enthalten entsprechende Beitragsanpassungsklauseln.

6.3.4 Gesetzliche und private Krankenversicherung im Vergleich

Merkmale	GKV	PKV
Rechtsgrundlagen	Sozialgesetzbuch VI (SBG VI)	BGB, VVG, VAG, Musterbedingungen (MB), Tarifbedingungen
Träger	Körperschaften des öffentlichen Rechts ▪ Allgemeine Ortskrankenkassen ▪ Ersatzkassen ▪ Betriebskrankenkassen ▪ Innungskrankenkassen ▪ Landwirtschaftliche Krankenkassen ▪ …	private Unternehmen in der Rechtsform von AG oder VVaG
Versicherter Personenkreis	▪ Versicherungspflichtige (= Beschäftigte mit Bruttoarbeitsverdienst unterhalb der Versicherungspflichtgrenze, 2010: 4.162,50 EUR mtl.) ▪ Arbeitslose, Rentner, Auszubildende … ▪ freiwillig Versicherte ▪ mitversicherte Familienangehörige: Ehepartner und Kinder (bis zu einer bestimmten Altersgrenze) sind beitragsfrei mitversichert, wenn sie nicht selbst versicherungspflichtig sind.	▪ Versicherungsfreie bzw. von der Versicherungspflicht befreite Beschäftigte ▪ Selbstständige (z. B. Handwerker) ▪ Freiberufler (z. B. Rechtsanwälte) ▪ Beamte ▪ … ▪ Personen, bei denen der Anspruch auf Familienversicherung in der GKV entfällt (= Ehegatten/Kinder der o. g. Personen)
Versicherbarkeit	keine Einschränkungen	nach individueller Risikoprüfung, ggf. mit Einschränkungen (Risikozuschlag, Leistungsausschlüsse)

Merkmale	GKV	PKV
Beginn der Versicherung und Wartezeiten	■ bei Pflichtversicherten mit Beginn der versicherungspflichtigen Beschäftigung ■ bei freiwillig Versicherten mit Beginn der Mitgliedschaft, mit dem Tag des Beitritts in die GKV bzw. mit Annahmebestätigung der jeweiligen Krankenkasse ■ keine Wartezeiten	nach dem jeweiligen Versicherungsbeginn unter Berücksichtigung einer allgemeinen Wartezeit von drei Monaten und einer besonderen Wartezeit von acht Monaten (Entbindung, Psychotherapie, Zahnbehandlungen, Kieferorthopädie)
Beiträge	**Solidaritätsprinzip** einkommensabhängig, Grundlage sind der Bruttoarbeitsverdienst bis zur Beitragsbemessungsgrenze (2010: 3.750 EUR monatlich) und der einheitliche Beitragssatz der Krankenkassen (seit 01.07.2009: 14,0 % zusätzlich 0,9 % Arbeitnehmeranteil)[1]. Die Beiträge werden je zur Hälfte von Arbeitgeber und Arbeitnehmer getragen. **Ausnahme:** Seit 2005 wird in der GKV vom Arbeitnehmer ein Sonderbeitrag von 0,9 % für Zahnersatz und Krankengeld erhoben. Für diesen Zusatzbeitrag entfällt der Arbeitgeberanteil.	**Äquivalenzprinzip** Beiträge richten sich nach dem jeweiligen Tarif, dem Eintrittsalter und dem Geschlecht. Bei Arbeitnehmern, die in der PKV versichert sind, muss der Arbeitgeber einen Zuschuss leisten, dessen Höhe maximal der Hälfte des Betrages entspricht, der sich aus dem Beitragssatz der gesetzlichen Krankenkassen und der Beitragsbemessungsgrenze (2010: 3.750 EUR) ergibt.
Beitragsrückerstattung	nicht möglich	je nach Tarif Rückerstattung von bis zu sechs Monatsbeiträgen, wenn keine Leistung in Anspruch genommen wurde
Leistungserbringung und Abrechnung	**Sachleistungsprinzip** ■ Sachleistungen gegen Versichertenkarte (Praxisgebühr von 10 EUR für jede erste Inanspruchnahme pro Quartal, die nicht auf einer Überweisung beruht) ■ Abrechnung zwischen Kasse und Leistungserbringer ■ Ausnahme: Barleistungen bei Krankengeld	**Kostenerstattungsprinzip** ■ Erstattung der nachgewiesenen und dem Patienten nach der Gebührenordnung in Rechnung gestellten Kosten, Abrechnung zwischen Versichertem und Leistungserbringer und danach zwischen Versichertem und PKV ■ bei Krankentagegeldversicherung: Zahlung eines vereinbarten Tagegeldes
Leistungen: Vorsorgeuntersuchungen	Leistungen im Rahmen der gesetzlichen Vorsorge	Leistungen im Rahmen der gesetzlichen Vorsorge
Leistungen: Arztwahl	Behandlung im gesetzlichen Rahmen durch Ärzte und Zahnärzte, soweit sie zur Kassenpraxis oder zur kassenärztlichen Versorgung beteiligt bzw. ermächtigt sind	Behandlung durch alle niedergelassenen Ärzte, Zahnärzte und Chefärzte, Behandlung auch durch Heilpraktiker
Leistungen: Arznei-, Heil- und Hilfsmittel	Auf Rezept (nur Kassenärzte); Zuzahlungen: ■ Eigenbeteiligung bei Arzneimitteln: 10 % des Preises, mind. 5 EUR und max.10 EUR, aber nicht mehr als der tatsächliche Preis ■ Hilfsmittel (z. B. Gehhilfen): Zuzahlung 10 % der Kosten, mind. 5 EUR und max. 10 EUR ■ Heilmittel (z. B. Krankengymnastik): Zuzahlung 10 % der Kosten je Anwendung + 10 EUR je Verordnung	Rezepte von niedergelassenen Ärzten, Zahnärzten und Heilpraktikern, alle wissenschaftlich anerkannten Mittel, Hilfsmittel je nach Tarif

1 Zum 01.01.2011 Erhöhung auf insgesamt 15,5 % sowie im Bedarfsfall Zusatzbeiträge der Arbeitnehmer geplant.

Merkmale		GKV	PKV
Leistungen	**Arznei-, Heil- und Hilfsmittel**	Ausschluss von Bagatellarzneien (z. B. Erkältungsmittel), Brillen nur bei Personen bis zu 18 Jahren Zahnersatz: Abschluss einer Zusatzversicherung (ohne Arbeitgeberanteil) nötig	Rezepte von niedergelassenen Ärzten, Zahnärzten und Heilpraktikern, alle wissenschaftlich anerkannten Mittel, Hilfsmittel je nach Tarif
	Krankenhaus	Mit den Kassen vertraglich verbundene Krankenhäuser. Nur Wahl eines der nächsterreichbaren geeigneten Krankenhäuser; sonst Mehrkosten zulasten des Versicherten Selbstbeteiligung pro Kalendertag: 10 EUR für max. 28 Tage eines stationären Aufenthaltes im Kalenderjahr; Mehrbettzimmer; Behandlung durch diensthabende Ärzte	Freie Krankenhauswahl innerhalb Europas, Ein- bzw. Zweibettzimmer (je nach Tarif), Chefarztbehandlung, Abrechnung direkt bei Vorlage einer Card für privat Versicherte bzw. einer Kostenübernahmeerklärung, alles Weitere regelt der Tarif
	Zahnbehandlung, Zahnersatz, Kieferorthopädie	Zahnbehandlung 100 %, Zahnersatz (zahnärztliche Behandlung und zahntechnische Leistungen) wird nur als Pauschale (u. a. auch in Abhängigkeit von regelmäßigen Untersuchungen und von regelmäßiger Zahnpflege) geleistet und muss mit einem zusätzlichen, nur vom Arbeitnehmer finanzierten Beitrag in der GKV versichert werden. Kieferorthopädie: i. d. R. nur bis zum 18. Lebensjahr	Zahnbehandlung 100 % Zahnersatz und Kieferorthopädie: prozentualer Anteil der Kosten (je nach Tarif)
	Krankengeld	Ab 7. Woche bei krankheitsbedingter Arbeitsunfähigkeit (70 % des letzten Bruttolohns, höchstens von der Beitragsbemessungsgrenze)	Bei Abschluss einer gesonderten Krankentagegeldversicherung: nach Ablauf einer möglicherweise vereinbarten Karenzzeit (z. B. 2 Wochen) Krankentagegeld in der vereinbarten Höhe bei Arbeitsunfähigkeit infolge Krankheit/Unfall
Geltungsbereich		■ Deutschland ■ EU-Staaten ■ Länder, mit denen ein Sozialversicherungsabkommen besteht (z. B. Finnland, Kroatien, Schweiz, Türkei, Tunesien)	■ Europa (zeitlich unbegrenzt) ■ teilweise auch Weltgeltung (abhängig vom jeweiligen Tarif) Spezielle Auslandsreisekrankenversicherung mit weltweiter Geltung mögl.
Wechsel des Versicherers		Innerhalb der GKV Kündigung und Mitgliedschaft in einer anderen Krankenkasse alle 18 Monate möglich; bei Beitragsanhebung besteht ein Sonderkündigungsrecht	Innerhalb der PKV nach erneuter Gesundheitsprüfung möglich, aber meist mit finanziellen Einbußen verbunden (Altersrückstellungen beim bisherigen VR gehen verloren, höheres Eintrittsalter mit höheren Beiträgen, bei verschlechtertem Gesundheitszustand sind Risikozuschläge oder Leistungsausschlüsse möglich)
Beendigung/ Kündigung		■ bei Beendigung der Versicherungspflicht, Weiterversicherung ist aber möglich ■ freiwillige GKV-Mitglieder: Kündigung zum Ablauf des übernächsten Monats möglich ■ bei Beitragserhöhung besteht ein Sonderkündigungsrecht	■ Vertragsablauf ■ ordentliche Kündigung durch VN (3 Monate zum Ende des Versicherungsjahres) ■ VR verzichtet bei Vollversicherung auf ordentliches Kündigungsrecht ■ außerordentliche Kündigung durch VR (z. B. bei Zahlungsverzug, Verletzung der Anzeigepflicht)

Zusammenfassung zu Kapitel 6: Beispiele zur Absicherung von Personenrisiken

Risikolebensversicherung

Merkmale		Zweck	
Personenversicherung, Summenversicherung	**abgekürzte Todesfallversicherung (= temporäre Todesfallversicherung)**	**Hinterbliebenenversorgung**	**Restschuldversicherung** mit lfd. fallender Versicherungssumme

↓

bedingte Leistungspflicht des VR
nur wenn VP innerhalb der vereinbarten Laufzeit stirbt, ist VR leistungspflichtig.

Berufsunfähigkeitsversicherung

Begriff	Zielgruppe	Leistungen
BU: wegen Krankheit o. Ä. voraussichtlich dauernd außerstande, den Beruf oder eine andere der Ausbildung /Berufserfahrung entsprechende Tätigkeit auszuüben	Selbstständige ohne Ansprüche auf Erwerbsunfähigkeitsrente aus GRV Arbeitnehmer mit geringen Ansprüchen auf Erwerbsunfähigkeitsrente aus GRV	Rente in vereinbarter Höhe für vereinbarten Zeitraum **Probleme bei Feststellung des Versicherungsfalles** abstrakte Verweisung / konkrete Verweisung
Berufsunfähigkeit ist nicht identisch mit Erwerbsunfähigkeit!		

Private Krankenversicherung (PKV)

Zielgruppe

Selbstständige, Freiberufler,
Arbeitnehmer mit Einkommen oberhalb der Versicherungspflichtgrenze der GKV,
Beamte

Versicherungsformen

Krankheitskostenversicherung	Krankentagegeldversicherung	Sonstige Versicherungen
Übernahme der Kosten von medizinisch notwendigen Heilbehandlungen (ambulante und stationäre Behandlung, zahnärztliche Behandlung)	Absicherung gegen krankheitsbedingte Einkommensverluste durch **Vereinbarung einer** pro Tag zu zahlenden **Geldsumme**	z. B. ■ Krankenhauszusatztarif für Mitglieder der GKV ■ Krankenhaustagegeldversicherung ■ Auslandsreisekrankenversicherung
= **Schadenversicherung** (konkrete Bedarfsdeckung)	= **Summenversicherung** (abstrakte Bedarfsdeckung)	

Beiträge

↓

Kalkulation nach dem Äquivalenzprinzip

↓

Einflussfaktoren

Umfang der versicherten Leistung	Lebensalter	Gesundheitszustand bei Versicherungsbeginn	Geschlecht
	Je niedriger das Eintrittsalter, desto niedriger der Beitrag		höhere Beiträge für Frauen

Jede versicherte Person (z. B. Ehemann, Ehefrau, Kinder) muss getrennt versichert werden. Keine kostenlose Mitversicherung von Familienangehörigen wie in der GKV

Aufgaben und Probleme

Kapitel 6 Beispiele zur Absicherung von Personenrisiken

Risikolebensversicherung

1. Besonderheiten der Risikoversicherung
   a) Erläutern Sie die Besonderheiten einer als Risikoversicherung ausgestalteten Lebensversicherung.
   b) Für welchen Personenkreis und für welche Zielsetzung eignet sich eine Risikoversicherung?
   c) Erläutern Sie die Unterschiede zwischen einer lebenslänglichen und einer kurzen (temporären) Todesfallversicherung (Risikoversicherung).

Berufsunfähigkeitsversicherung

2. Merkmale der BU-Versicherung
   a) Unterscheiden Sie zwischen Berufsunfähigkeit und Erwerbsminderung.
   b) Unter welchen Voraussetzungen besteht ein Anspruch auf eine Erwerbsminderungsrente aus der gesetzlichen Rentenversicherung?
   c) Für welchen Personenkreis ist eine Berufsunfähigkeitsversicherung von besonderer Bedeutung?
   d) Erläutern Sie die Voraussetzungen für den Eintritt des Versicherungsfalles und die Art der dann fällig werdenden Leistung.
   e) Wann erlischt der Leistungsanspruch aus einer Berufsunfähigkeitsversicherung?

Krankenversicherung

3. Zielgruppe der privaten Krankenversicherung (PKV)
   a) Welcher Personenkreis kommt für den Abschluss einer Krankheitskosten-Vollversicherung in Frage?
   b) Welche Bedeutung hat die Beitragsbemessungsgrenze?
4. Versicherungsformen der PKV
   a) Erläutern Sie, inwieweit die PKV Schadenversicherung bzw. Summenversicherung ist, und geben Sie Tarifbeispiele.
   b) Welchen Tarif würden Sie den nachstehend genannten Interessenten jeweils empfehlen, wenn die anderweitig nicht gedeckten Krankheitskosten und ein eventueller Verdienstausfall abgedeckt werden sollen?
      - Angestellter, verheiratet, ein Kind (10 Jahre), Einkommen monatlich 4.050 EUR, Ehefrau ebenfalls als Angestellte berufstätig, Einkommen monatlich 2.560 EUR
      - Handwerksmeister (selbstständig), verheiratet, ein Kind (10 Jahre), Einkommen 77.000 EUR jährlich, Ehefrau nicht berufstätig
   c) Frau Schmidt ist gesetzlich krankenversichert. Warum ist ihr der Abschluss einer Auslandsreisekrankenversicherung zu empfehlen?
   d) Geben Sie zwei Gründe an, die für den Abschluss einer Krankenhaustagegeldversicherung sprechen.
5. Welche Bedeutung hat das Äquivalenzprinzip für die Beitragskalkulation in der privaten Krankenversicherung?
6. Gesetzliche und private Krankenversicherung im Vergleich
   a) Beschreiben Sie die wesentlichen Aufgaben der gesetzlichen Krankenversicherung (GKV).
   b) Welcher Personenkreis ist in der GKV versichert?
   c) Welche Leistungen stehen den in der GKV Versicherten grundsätzlich zu?
   d) Unter welchen Voraussetzungen muss der Arbeitgeber dem Arbeitnehmer einen Beitragszuschuss zur privaten Krankenversicherung gewähren?

7 Typische Risiken in bestimmten Lebensphasen (Lebensphasenkonzept)

Jeder Lebensphase lassen sich typische Risiken, die möglicherweise durch eine entsprechende Versicherung abgedeckt werden können, zuordnen.

Lebensphase: Kindheit		
Risiken	**Risikobeschreibung**	**Abdeckung der Risiken durch Versicherungen**
Krankheit	Das Krankheitsrisiko besteht in allen Lebensphasen einer Person. Besondere Risiken bestehen jedoch durch angeborene Krankheiten und Behinderungen sowie durch höhere Krankheitsanfälligkeit von Kindern.	**Krankenversicherung** *(i. d. R. Kinder als mitversicherte Familienangehörige in der GKV)*
Unfall	Für Kinder besteht ein besonders hohes Unfallrisiko. Dadurch kann bei bleibenden Schäden die künftige Erwerbsfähigkeit beeinträchtigt werden. Für Kindergarten- und Schulkinder besteht eine gesetzliche Unfallversicherung, die aber keine Unfälle in der Freizeit und zu Hause abdeckt und zudem nur eine finanzielle Grundsicherung darstellt (SGB VII).	**Kinderinvaliditätsversicherung** oder **Unfallversicherung**
Ausbildung	Eine gute Ausbildung ist mit hohen Kosten verbunden. Eltern können bereits frühzeitig regelmäßig für die Ausbildung ihrer Kinder entsprechende Beträge ansparen.	**Ausbildungsversicherung** (Termfixversicherung) (vgl. Kap. I 4.3.6) Vorteil gegenüber einem Sparplan bei einer Bank: Die vereinbarte Summe wird in jedem Fall zum vereinbarten Termin (z. B. nach 20 Jahren) fällig, auch dann, wenn der Beitragszahler (z. B. Vater) vorzeitig stirbt.

Lebensphase: Berufseinstieg/Haushaltsgründung		
Risiken	**Risikobeschreibung**	**Abdeckung der Risiken durch Versicherungen**
Krankheit	Das Krankheitsrisiko besteht in allen Lebensphasen einer Person.	**Krankenversicherung** *(i. d. R. Pflichtversicherung in der GKV)*
Vermögensschäden	Nach Ende der Ausbildung endet meistens auch die Mitversicherung in der PHV der Eltern (unabhängig davon, ob man weiterhin bei den Eltern wohnt oder nicht). Der Abschluss einer eigenen PHV ist dann unverzichtbar.	**Privathaftpflichtversicherung** (vgl. Kap. B 4.3)
Berufsunfähigkeit	Durch den Berufseintritt entsteht ein Erwerbseinkommen, das durch Krankheit, Unfall oder andere Ereignisse gefährdet sein kann. Die gesetzliche Rentenversicherung bietet ihren Versicherten keinen Schutz gegen Berufsunfähigkeit, sondern sieht lediglich (nach Erfüllung der allgemeinen fünfjährigen Wartezeit) eine von Beitragshöhe und Beitragsdauer abhängige Rente bei voller oder teilweiser Erwerbsminderung vor.	**Berufsunfähigkeitsversicherung** (vgl. Kap. B 6.2)

Auslands-reisen	Die GKV deckt im Ausland nur Erkrankungen in EU-Staaten bzw. in Staaten, mit denen ein Sozialversicherungsabkommen besteht, ab. Insbesondere bei Reisen in andere Länder ist für Versicherte der GKV der Abschluss einer Auslandsreisekrankenversicherung ratsam.	*bei Bedarf:* **Auslandsreisekrankenversicherung**
Sach-schäden	Durch einen eigenen Haushalt ist auch der Hausrat (u. a. Wohnungseinrichtung) typischen Risiken ausgesetzt (Einbruchdiebstahl, Brand, Leitungswasser, Sturm, Hagel).	*bei hochwertiger Wohnungseinrichtung und wertvollem Hausrat:* **Hausratversicherung**

Lebensphase: Familiengründung		
Risiken	**Risikobeschreibung**	**Abdeckung der Risiken durch Versicherungen**
Krankheit	Zusätzlich zu dem in allen Lebensphasen bestehenden Krankheitsrisiko kommen noch die Risiken der Erkrankung von Familienmitgliedern und der Betreuung von Kindern bei krankheitsbedingtem Ausfall von Elternteilen.	**Krankenversicherung** *(i. d. R. Familienversicherung in der GKV)*
Vermögens-schäden	Ehe-/Lebenspartner und Kinder als mitversicherte Personen in der PHV. Die PHV deckt auch das Risiko der Aufsichtspflichtverletzung bei der Beaufsichtigung von Kindern. Bei Anschaffung eines Kfz ist der Abschluss einer Kfz-Haftpflichtversicherung Pflicht	**Privathaftpflichtversicherung** *(Familienversicherung)* (vgl. Kap. B 4.3) *bei Bedarf:* **Kfz-Haftpflichtversicherung** *(= Pflichtversicherung)* (vgl. Kap. B 4.4)
Hinter-bliebenen-versorgung	Nachdem in den bisherigen Lebensphasen die Privatperson selbst im Vordergrund stand, rückt mit der Familiengründung die Verantwortung für andere Personen in den Vordergrund. Ehe-/Lebenspartner sind gegenseitig dem Verlust des Arbeitseinkommens ausgesetzt. Für die Versorgung der Kinder ist eine finanzielle Absicherung bei Verlust eines oder beider Elternteile notwendig.	**Risikolebensversicherung** (vgl. Kap. B 6.1)
Berufs-unfähigkeit	Durch den Eintritt in das Berufsleben entsteht ein Erwerbseinkommen, das durch Krankheit, Unfall oder andere Ereignisse gefährdet sein kann. Die gesetzliche Rentenversicherung bietet ihren Versicherten keinen Schutz gegen Berufsunfähigkeit, sondern sieht lediglich (nach Erfüllung der allgemeinen fünfjährigen Wartezeit) eine von Beitragshöhe und Beitragsdauer abhängige Rente bei voller oder teilweiser Erwerbsminderung vor.	**Berufsunfähigkeitsversicherung** (vgl. Kap. B 6.2)
Unfall	Für Kinder besteht ein besonders hohes Unfallrisiko. Dadurch kann bei bleibenden Schäden die künftige Erwerbsfähigkeit beeinträchtigt werden. Für Kindergarten- und Schulkinder besteht eine gesetzliche Unfallversicherung, die aber keine Unfälle in der Freizeit und zu Hause abdeckt und zudem nur eine finanzielle Grundsicherung darstellt (SGB VII).	**Kinderinvaliditätsversicherung** oder **Unfallversicherung**

Auslandsreisen	Die GKV deckt im Ausland nur Erkrankungen in EU-Staaten bzw. in Staaten, mit denen ein Sozialversicherungsabkommen besteht, ab. Insbesondere bei Reisen in andere Länder ist für Versicherte der GKV der Abschluss einer Auslandsreisekrankenversicherung ratsam.	*bei Bedarf:* **Auslandsreisekrankenversicherung**
Sachschäden	Durch einen eigenen Haushalt ist auch der Hausrat (u. a. Wohnungseinrichtung) typischen Risiken ausgesetzt (Einbruchdiebstahl, Brand, Leitungswasser, Sturm, Hagel).	**Hausratversicherung**

Lebensphase: Vermögensaufbau		
Zusätzliche Risiken	**Risikobeschreibung**	**Abdeckung der Risiken durch Versicherungen**
Sicherung von Vermögensgegenständen gegen Sachschäden	Über die bisherigen Risiken hinaus gewinnt die Absicherung des geschaffenen Vermögens an Bedeutung. Durch Erwerb von Eigentum (z. B. Haus, Kfz) entstehen zusätzliche Sachrisiken.	**Gebäudeversicherung** (Feuer, Sturm, Überschwemmung, Leitungswasser) **Fahrzeugversicherung** (Fahrzeugteil- oder Fahrzeugvollversicherung)
Vermögensschäden	Für Gewässerschäden (z. B. Verunreinigung des Grundwassers durch Heizöl) gilt die Gefährdungshaftung.	**Gewässerschadenhaftpflichtversicherung** bei Eigenheim mit Öltank, wenn dieser Schutz nicht in der PHV enthalten ist.
Altersvorsorge	In den meisten Fällen kann der Lebensstandard im Ruhestand nicht allein durch die Rente aus der GRV gesichert werden (= Versorgungslücke). Als Ergänzung bietet sich eine private (teilweise staatlich geförderte) Altersvorsorge an (z. B. Riester-Rente, Rürup-Rente).	**Lebensversicherung** (Kapitalversicherung, private Rentenversicherung) (vgl. Kap. I 4)

Lebensphase: Ruhestand		
Zusätzliche Risiken	**Risikobeschreibung**	**Abdeckung der Risiken durch Versicherungen**
Altersversorgung	Als Ergänzung zur gesetzlichen und betrieblichen Rente können größere Beträge (z. B. aus einer fälligen Kapitallebensversicherung) in eine lebenslange private Rente umgewandelt werden.	Umwandlung fälliger Beträge aus einer Kapitallebensversicherung o. Ä. in eine **lebenslange private Rentenversicherung** (vgl. Kap. I 4.4)

Aufgaben und Probleme

Kapitel 7 Typische Risiken in bestimmten Lebensphasen (Lebensphasenkonzept)

1 Erstellen Sie anhand der folgenden Tabelle eine Rangfolge der für Sie bzw. Ihre Eltern wichtigsten Versicherungsarten, getrennt nach Personen-, Sach- und Vermögensversicherungen. Überprüfen Sie, ob Sie bzw. Ihre Eltern entsprechenden Versicherungsschutz haben.

Finanztest Wichtige und unwichtige Versicherungen

Jeder sollte gelegentlich seinen Versicherungsschutz überprüfen, unwichtige Verträge kündigen, wichtige abschließen und vorher immer Preis und Leistungen eines Angebots vergleichen. Der Bedarf ändert sich oft mit dem Beginn einer neuen Lebensphase.

Versicherungsschutz für ...	Versicherungsart	Bedeutung	Für wen eignet sich die Versicherung?
Schadenersatzforderungen	Privathaftpflichtversicherung	●●●	Braucht jeder. Unverheiratete Kinder sind in der Regel bis zum Ende ihrer Ausbildung über den Vertrag der Eltern mitversichert.
	Kfz-Haftpflichtversicherung	●●●	Für Kraftfahrzeughalter Pflicht.
	Tierhalter-Haftpflichtversicherung	●●	Für Hundehalter oder Pferdebesitzer.
	Gewässerschaden-Haftpflichtversicherung	●●	Für Öltankbesitzer.
	Bauherren-Haftpflichtversicherung	●●	Für Bauherren.
	Haus-und Grundbesitzerhaftpflicht	●●	Für Vermieter von Immobilien.
Ausbildung und Altersvorsorge	Riester-Rente	●●	Als Altersvorsorge empfehlenswert für alle Arbeitnehmer und deren Ehepartner.
	Private Rentenversicherung	●	Für alle, die eine garantierte lebenslange Rente wünschen.
	Kapitallebensversicherung	○	Kommt nur für Selbstständige infrage, die den Sparerfreibetrag schon überschritten haben und nur einen geringen Todesfallschutz benötigen. Als reiner Todesfallschutz nicht sinnvoll. Als reine Sparanlage auch nicht sinnvoll.
	Ausbildungsversicherung	○	Als Sparform für die Ausbildung der Kinder nicht sinnvoll.
Krankheit und Pflegebedürftigkeit	Gesetzliche Kranken- und Pflegeversicherung	●●●	Für jeden Pflicht, sofern er sich nicht privat krankenversichern kann oder einen anderen Anspruch auf Absicherung im Krankheitsfall hat (zum Beispiel freie Heilfürsorge).
	Private Krankenvollversicherung und Pflegepflichtversicherung	●●●	Für Beamte, weil für sie die Privatversicherung meist günstiger ist als die gesetzliche. Für alle anderen Versicherungsfreien überlegenswert, wenn sie bessere Leistungen als die der gesetzlichen Kasse wünschen und bereit sind, dafür langfristig viel zu zahlen.
	Krankentagegeldversicherung (Zusatzversicherung)	●	Für gesetzlich versicherte Selbstständige und Angestellte mit hohen Einkommen oberhalb der Beitragsbemessungsgrenze. Angestellte sollten die Zahlung von Krankentagegeld erst ab dem Ende der Lohnfortzahlung vereinbaren.
	Stationäre Zusatzversicherung	●	Für gesetzlich Krankenversicherte, die im Krankenhaus Chefarztbehandlung und ein Ein- oder Zweibettzimmer wünschen.
	Pflegezusatzversicherung	●	Für jeden, um die Leistungen der Pflegeversicherung aufzustocken.
	Zahnzusatzversicherung	●	Für gesetzlich Krankenversicherte, die eine höherwertige Zahnversorgung wünschen, als sie die Kassen bieten.
	Krankenhaustagegeld-Versicherung	○	Braucht niemand. Verdienstausfall durch Krankenhausaufenthalt ist bereits durch das Krankengeld der Kasse oder durch eine private Krankentagegeldversicherung abgedeckt.
Todesfall	Risikolebensversicherung	●●	Für alle, die für andere sorgen.
Berufsunfähigkeit und Invalidität	Berufsunfähigkeitsversicherung	●●	Für jeden, der von seinem Arbeitseinkommen lebt.
	Erwerbsunfähigkeitsversicherung	●●	Für alle, die aus Kostengründen keine Berufsunfähigkeitsversicherung abschließen können oder wegen ihres hohen Risikos keine bekommen.
	Kinderinvaliditätsversicherung	●●	Für Kinder und Jugendliche bis zum Ende ihrer Ausbildung. Anschließend Berufsunfähigkeitsschutz sichern.
	Unfallversicherung	●	Für Kinder und Jugendliche, sofern für sie keine Kinderinvaliditätsversicherung abgeschlossen wird, sowie für Erwachsene, wenn sie weder eine Berufs- noch eine Erwerbsunfähigkeitsversicherung bekommen.
Wohnen und Leben	Wohngebäudeversicherung	●●	Für jeden Eigentümer einer Immobilie.
	Hausratversicherung	●	Für Versicherte, deren Hausrat einen höheren Wert erreicht.
	Rechtsschutzversicherung (Verkehrsrechtsschutz, siehe unten)	◐	Je nach Rechtsschutzpaket für Selbstständige, Angestellte, Mieter, Privatleute. Gewerkschaften (Arbeitsrecht) oder Vereine (Mietrecht) bieten für spezielle Probleme oft preiswerteren Rechtsschutz als die Versicherer.
Auto und Reise	Auslandsreise-Krankenversicherung	●●	Für alle Kassenpatienten sowie für Privatversicherte, wenn die Kostenübernahme für medizinisch notwendige Rücktransporte aus dem Ausland in ihrer Hauptpolice fehlt.
	Kfz-Vollkaskoversicherung	●	Für Besitzer neuer Fahrzeuge.
	Kfz-Teilkaskoversicherung	●	Für höherwertige ältere Autos. Oft werden die Versicherungsbeiträge aber im Verhältnis zum Restwert des Autos nach einigen Jahren zu teuer.
	Verkehrsrechtsschutzversicherung	●	Für jeden Kraftfahrzeughalter/Autofahrer.
	Reiserücktrittsversicherung	●	Für Urlauber, die teure Pauschalreisen buchen, vor allem mit kleinen Kindern.
	Autoschutzbrief	○	Keine Abdeckung existenzieller Schäden. Häufig in Kfz-Versicherung integriert.
	Insassenunfallversicherung	○	Braucht niemand. Mitfahrende sind über die Kfz-Haftpflichtversicherung des Fahrers versichert, der Fahrer besser über eine Berufsunfähigkeits- oder Unfallversicherung.
	Reisegepäckversicherung	○	Meist lohnt sich der Abschluss nicht. Reisegepäck ist weitgehend auch über die Hausratversicherung und zum Teil über Reiseveranstalter geschützt.

●●● = Unbedingt notwendig. ●● = Sehr zu empfehlen. ● = Sinnvoll. ◐ = Mit Einschränkung sinnvoll. ○ = Überflüssig.

Quelle: Finanztest 9/2008, S. 64

8 Abschluss eines Versicherungsvertrags[1]

8.1 Zustandekommen von Verträgen: Antrag und Antragsannahme

Jeder **Vertrag** kommt durch mindestens **zwei inhaltlich übereinstimmende Willenserklärungen** zustande.

Eine Willenserklärung ist eine Äußerung einer Person, mit der willentlich eine Rechtsfolge herbeigeführt werden soll.

Die erste Willenserklärung zum Zustandekommen eines Vertrags wird als **Antrag**, die zweite als **Antragsannahme** bezeichnet. Geht die erste Willenserklärung von demjenigen aus, der eine Waren- oder Dienstleistung anbietet (z. B. Verkäufer, Versicherer), wird dieser **Antrag** auch als **Angebot** bezeichnet.

Die rechtliche Wirksamkeit einer Willenserklärung setzt die Geschäftsfähigkeit (§§ 104, 106 BGB) desjenigen, der die Willenserklärung abgibt, voraus.

Die **Erklärung** des Willens, eine Rechtsfolge herbeizuführen, kann in **mündlicher** oder **schriftlicher Form** oder durch **schlüssiges Handeln** (z. B. Kopfnicken, Zeigen) abgegeben werden.

Besonderheiten hinsichtlich der Form der Willenserklärung ergeben sich, wenn diese mittels eines Computers abgegeben werden. Das ist der Fall, wenn Rechtsgeschäfte im Rahmen des **E-Commerce** oder **Internets** angebahnt oder abgeschlossen werden.

Beispiel: Das Internetportal einer Versicherungsgesellschaft erstellt nach Eingabe der erforderlichen Daten ein **Angebot** (Willenserklärung) für den Abschluss eines Lebensversicherungsvertrags.

Ein Vertrag ist ein zwei- oder mehrseitiges Rechtsgeschäft. Für sein Zustandekommen müssen die Willenserklärungen dem jeweiligen Vertragspartner zugehen (**= empfangsbedürftige Willenserklärungen**) (§ 433 BGB).

Ein Vertrag ist ein mehrseitiges Rechtsgeschäft. Es kommt durch mindestens zwei inhaltlich übereinstimmende Willenserklärungen zustande. Diese beiden Willenserklärungen werden als Antrag und Antragsannahme bezeichnet.

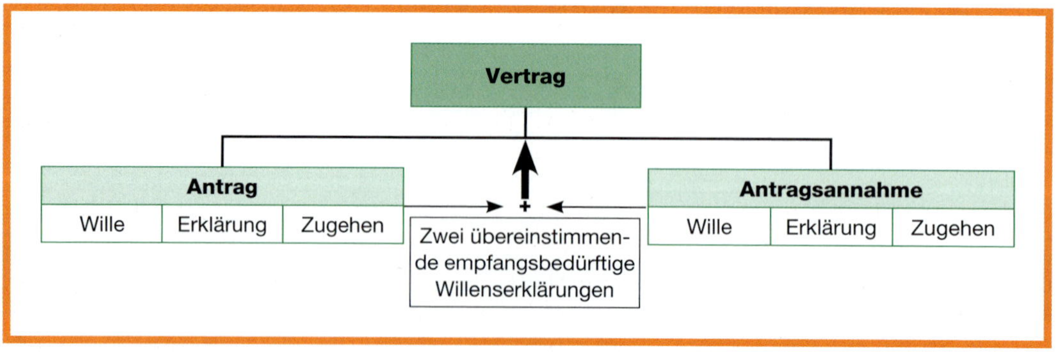

1 Dieses Kapitel dient als Zusatzinformation für den Bereich „Allfinanz" und ist nicht im Lehrplan Finanzmanagement enthalten.

8.2 Abschlussfreiheit und Abschlusspflicht

Nach dem Grundsatz der Vertragsfreiheit ist es jedem Menschen grundsätzlich freigestellt, ob, mit wem und über welchen Inhalt er Verträge abschließen will. Allerdings gibt es insbesondere im Versicherungsrecht Ausnahmen von diesen Grundsätzen der Abschluss- und Inhaltsfreiheit. In einigen Fällen besteht eine (gesetzliche) **Pflicht zum Abschluss eines Versicherungsvertrags**. Es steht dem VN aber frei, bei welchem VR er Deckungsschutz sucht.

- Auf gesetzlichen Versicherungspflichten beruhen z. B. die Haftpflichtversicherungen der Kraftfahrzeughalter (§ 5 PflVG), Luftverkehrsunternehmen, Jäger, Steuerberater, der Betreiber von Kernkraftwerken usw. Für diese Pflichtversicherungen enthält das VVG Sondervorschriften, die vor allem dem Schutz des geschädigten Dritten dienen (§§ 113 ff. VVG).
- Ärzte müssen eine Berufshaftpflichtversicherung abschließen.
- Versicherungsvermittlern kann die Tätigkeitserlaubnis versagt werden, wenn sie nicht den Abschluss einer Berufshaftpflichtversicherung nachweisen können.

Wenn der VN seiner **Abschlusspflicht** nachkommen will, besteht für den VR ein **Annahmezwang (Kontrahierungszwang)**. Wird beispielsweise ein Kfz-Haftpflichtschutz im gesetzlich vorgeschriebenen Umfang beantragt, darf der VR den Antrag nur aus bestimmten, gesetzlich festgelegten Gründen ablehnen oder wegen einer nachweisbar höheren Gefahr ein vom Tarif abweichendes Gegenangebot unterbreiten.[1] Ausnahmsweise kann auch im Bereich freiwilliger Versicherungen ein Kontrahierungszwang bestehen, wie z. B. bei der Krankenversicherung neugeborener Kinder.

8.3 Versicherungsantrag

Ein Antrag ist eine einseitige, empfangsbedürftige Willenserklärung, in der der Antragsteller einer bestimmten Person gegenüber zum Ausdruck bringt, mit dieser Person unter bestimmten Bedingungen einen Vertrag schließen zu wollen.

Beim Zustandekommen des **Versicherungsvertrags** kann der **Antrag** entweder vom Kunden (= VN) oder vom VR gestellt werden.

- Wird der **Antrag** zum Abschluss eines Versicherungsvertrags **vom Kunden** gestellt, liegt das sogenannte **Antragsmodell** (vgl. Kap. B 8.4.2) vor. Die **Form des Antrags** ist grundsätzlich frei wählbar. Es ist allerdings üblich, dass der Kunde den Versicherungsantrag durch Ausfüllen und Unterschreiben eines vom Versicherer zur Verfügung gestellten **Antragsformulars** stellt.

  Voraussetzung für die rechtliche Wirksamkeit des Antrags ist die volle Geschäftsfähigkeit des Antragstellers (Vollendung des 18. Lebensjahres). Bei Anträgen von beschränkt Geschäftsfähigen (7. bis 18. Lebensjahr) müssen die gesetzlichen Vertreter (Eltern) zustimmen. Verträge mit mehrjähriger Laufzeit, an die der Minderjährige über die Vollendung des 18. Lebensjahres hinaus gebunden ist, bedürfen sogar der Zustimmung des Familiengerichts (§ 1643 i. V. m. § 1822 Nr. 5 BGB).

- Wird der Antrag zum Abschluss eines Versicherungsvertrags vom Versicherer gestellt, nachdem der Kunde ihn durch Ausfüllen eines entsprechenden Formulars zur Abgabe eines Antrags (= Versicherungsangebot) aufgefordert hat, liegt das sogenannte **Invitatiomodell**[2] vor.

1 Vgl. Kap. B 4.4.1
2 invitatio *(lat.)*: Einladung.

8.4 Verbraucherschutz: Informationspflichten und Rücktrittsrecht

8.4.1 Beratungs- und Informationspflichten eines Versicherungsvermittlers

Die Versicherer setzen zur Anbahnung und zum Abschluss von Versicherungsverträgen häufig Versicherungsvermittler ein. Die Beratungspflicht solcher Personen, die für einen VR Versicherungsverträge vermitteln oder abschließen, besteht aus fünf Teilpflichten:

fragen	beraten	begründen	informieren	dokumentieren

Versicherungsvermittler haben unter Berücksichtigung der Schwierigkeit der angebotenen Versicherung und der jeweiligen Situation des Versicherungskunden diesen nach seinen Wünschen und Bedürfnissen zu befragen, zu beraten sowie die Gründe für die erteilten Ratschläge zu jeder Versicherung anzugeben. Daneben muss der Versicherungskunde über die **Beratungsgrundlagen** informiert werden. Dazu gehört auch eine Erklärung, für welchen VR der Versicherungsvermittler seine Tätigkeit ausübt und ob er ausschließlich für diesen VR tätig ist. Diese **Informationen** sind vor dem Abschluss des Vertrags klar und verständlich in Textform zu übermitteln. Außerdem sind Versicherungsvermittler verpflichtet, ihre Beratung zu dokumentieren, sofern der Versicherungskunde nicht ausdrücklich schriftlich darauf verzichtet hat. Die Dokumentation ist insbesondere dann hilfreich, wenn der VN eine Falschberatung mit daraus folgenden Schadenersatzansprüchen geltend macht.

8.4.2 Informationspflichten des Versicherers

Auch der VR selbst ist verpflichtet, den zukünftigen VN zu informieren. Informationsinhalt und -umfang sind für die einzelnen Versicherungsarten unterschiedlich und bestimmen sich nach der **Informationspflichtenverordnung (VVG-InfoV)**. Das VVG sieht vor, dass die Informationspflicht des Versicherers rechtzeitig vor **Abgabe der Vertragserklärung** durch den zukünftigen VN in Textform zu erfolgen hat. Dabei wird zwischen dem **Antragsmodell** und dem **Invitatiomodell** unterschieden.

▶ Antragsmodell

Beim Antragsmodell händigt der Versicherungsvermittler bzw. der Versicherer dem zukünftigen VN **vor dessen Unterschrift unter den Antrag** alle geforderten Vertragsinformationen (u. a. Versicherungsbedingungen, Produktinformationsblatt, Beratungsprotokoll, Kopie des Versicherungsantrags) in Textform aus, damit er sich umfassend über die beabsichtigte Versicherung informieren kann.

Phasen des Vertragsabschlusses beim Antragsmodell			
Beratung	Übergabe der Informationen in Textform	Antrag des VN = 1. Willenserklärung	Ausstellung eines Versicherungsscheins durch den VR = 2. Willenserklärung (Vertragsabschluss)

▶ Invitatiomodell

Beim Invitatiomodell wird der zukünftige VN, wie auch beim Antragsmodell, zunächst beraten. Besteht Klarheit über den gewünschten Versicherungsschutz, wird dem Kunden ein Vertragsvorschlag zur Unterschrift vorgelegt. Die Unterschrift des Kunden unter diesen

Vertragsvorschlag ist rechtlich noch kein Antrag, sondern eine **Aufforderung an den VR**, ein verbindliches **Vertragsangebot** zu unterbreiten (sogenannte **Aufforderung zur Offerte**). Der VR prüft die Versicherbarkeit anhand der Angaben im Vertragsvorschlag und stellt gegebenenfalls einen **Versicherungsschein (Police)** aus, dem alle gesetzlich geforderten Informationen beigefügt werden. Dieser Versicherungsschein ist rechtlich ein Antrag. Ob der Vertrag zustande kommt, hängt von der Reaktion des Kunden ab. In der Regel wird er den Erstbeitrag zahlen, was eine Annahme des Antrags durch schlüssiges Handeln darstellt. Er kann aber auch ausdrücklich die Annahme des Angebots erklären.

Phasen des Vertragsabschlusses beim Invitatiomodell			
Beratung und Vertragsvorschlag	Anforderung eines Angebots durch den Kunden beim VR	Zustellung der Informationen und Ausstellung eines Versicherungsscheins durch den VR = Antrag des VR = 1. Willenserklärung	Annahme durch den Kunden (meist durch Zahlung des Erstbeitrags = schlüssiges Handeln) = 2. Willenserklärung (Vertragsabschluss)

8.4.3 Widerrufsrecht des Versicherungsnehmers

Der VN kann seinen Antrag innerhalb von **zwei Wochen** (bei **Lebensversicherungen** innerhalb von **30 Tagen**) widerrufen. Der Widerruf ist in Textform zu erklären. Zur Fristwahrung genügt die rechtzeitige Absendung. Die Widerrufsfrist beginnt zu dem Zeitpunkt, zu dem der VN folgende Unterlagen erhalten hat:

- **Versicherungsschein** und Vertragsbestimmungen sowie die weiteren Informationen (sogenannte **Verbraucherinformationen**)
- **Belehrung** über das Widerrufsrecht und die Rechtsfolgen des Widerrufs

Bei Versicherungsverträgen, die unter ausschließlicher Verwendung von Fernkommunikationsmitteln (z. B. Internet) abgeschlossen werden (= Fernabsatzverträge), gilt beim Widerrufsrecht des VN die Besonderheit, dass die Frist zur Ausübung des Widerrufs nicht bereits mit der Antragstellung, sondern erst mit dem Abschluss des Fernabsatzvertrags beginnt.

8.5 Annahme des Antrags durch den Versicherer – Versicherungsschein (Police)

Grundsätzlich kann die Annahme des vom VN gestellten Antrags **formlos** durch eine Erklärung gegenüber dem VN erfolgen. In der Praxis geschieht dies beim Antragsmodell in aller Regel durch Zusendung des **Versicherungsscheins** (Police). Beim Invitatiomodell gilt die Zusendung des Versicherungsscheins rechtlich als Antrag des Versicherers, den der VN meistens durch Zahlung des Erstbeitrags (= schlüssiges Handeln) annimmt.

Obwohl der Versicherungsvertrag nicht formbedürftig ist, ist der VR gesetzlich **verpflichtet**, dem VN die im Versicherungsvertrag getroffenen Vereinbarungen in Form eines Versicherungsscheins (Police) auszuhändigen.

> **!** **Der Versicherungsschein (Police) dient dazu, die im Versicherungsvertrag getroffenen Vereinbarungen schriftlich festzuhalten. Der Inhalt der Police gilt als richtig und vollständig, es sei denn, der VN könnte beweisen, dass etwas anderes vereinbart worden ist.**

Von der gesetzlichen Vorschrift zur Ausfertigung eines Versicherungsscheins kann durch vertragliche Vereinbarung abgewichen werden. Davon wird insbesondere bei Versicherungen mit kurzer Laufzeit häufig Gebrauch gemacht.

Vorsorge Lebensversicherungs-AG **Vorsorge AG**

Muster

Auszug aus den Vertragsunterlagen (Antragsmodell)

Lebensversicherung

mit:
Kapitalzahlung im Todes- und Erlebensfall
Zusätzliche Kapitalzahlung bei Unfalltod
Rentenwahlrecht

VERSICHERUNGS-NR.
111719002

Die Vorsorge Lebensversicherungs-AG versichert die nachstehend genannte versicherte Person aufgrund der eingereichten schriftlichen Erklärungen zu den in diesem Versicherungsschein und seinen Anhängen erhaltenen Bedingungen

VERSICHERTE PERSON
Herr Peter Scheck
82131 Unterbrunn **GEB.** 26. Mai 1975

VERSICHERUNGSNEHMER

ist die versicherte Person.

VERSICHERTE SUMME

30.000 EUR

TARIF K10 M MIT GEWINNBETEILIGUNG ALS VERWIRKLICHTE ANSAMMLUNG

BEITRAG MONATLICH 62,08 EUR

VERSICHERUNGSDAUER 32 JAHRE BEITRAGSDAUER 32 JAHRE
DIE FÄLLIGKEIT DER VERSICHERTEN LEISTUNGEN IST IM ANHANG ANGEGEBEN
BEGINN DES 1. VERSICHERUNGSJAHRES 01. April 2008
BEGINN DES VERSICHERUNGSSCHUTZES S. § 1 DER ALLGEM. VERSICHERUNGSBEDINGUNGEN
ABLAUFTERMIN DER VERSICHERUNG 01. April 2040

BEZUGSRECHT

Für das Bezugsrecht sind die im Antrag zu dieser Versicherung oder später getroffenen Verfügungen maßgebend.

Vorsorge Lebensversicherungs-AG

Köln, den 27. März 2008

VERBRAUCHERINFORMATIONEN UND WIDERSPRUCHSRECHT
SIEHE RÜCKSEITE DIESES VERSICHERUNGSSCHEINS.

8.6 Pflichten aus dem Versicherungsvertrag

Wie bei jedem anderen Vertrag ergeben sich auch aus dem Versicherungsvertrag für beide Vertragsparteien (VR und VN) Rechte und Pflichten. Den **Pflichten des VR** zur **Ausstellung eines Versicherungsscheins**, zur **Risikoübernahme/Gefahrtragung** und zur Erbringung der vereinbarten **Leistung im Versicherungsfall** steht die **Beitragsleistungspflicht des VN** gegenüber.

Rechtspflichten der Vertragspartner beim Versicherungsvertrag (= einklagbare Pflichten)	
Versicherer (VR)	**Versicherungsnehmer (VN)**
■ Ausstellung eines Versicherungsscheines ■ Risikoübernahme/Gefahrtragung ■ Leistung im Versicherungsfall	■ Beitragszahlung

Neben diesen einklagbaren **Hauptpflichten** der Vertragspartner hat der VN zusätzlich noch sogenannte **Obliegenheiten** (= nicht einklagbare Nebenpflichten) zu erfüllen.

> **Obliegenheiten sind Nebenpflichten des VN, die vom VR zwar nicht eingeklagt werden können, aber Voraussetzung für die Gewährung des Versicherungsschutzes sind.**

Einteilung der Obliegenheiten nach dem Zeitpunkt, zu dem ein Tun oder Unterlassen vom VN gefordert wird.	**vor Vertragsabschluss** **vorvertragliche** Anzeigepflicht, vor allem über Art und Schwere des Risikos[1]
	während der Vertragsdauer vor Eintritt des Versicherungsfalls ■ Unterlassen von Gefahrerhöhungen bzw. Anzeige von Gefahrenerhöhungen ■ Anzeige bei Wohnungswechsel <u>für die gesamte Schadenversicherung:</u> ■ vertragliche Auflagen zur vorbeugenden Schadenverhütung ■ sonstige Obliegenheiten, u. a. Mitteilung einer Mehrfachversicherung, Anzeige einer Veräußerung
	nach Eintritt des Versicherungsfalls ■ Anzeigepflicht ■ Auskunfts- und Belegpflicht ■ Schadenabwendungs- und Schadenminderungspflicht

1 Eine falsche Angabe im Versicherungsvertrag, z. B. bei der Schilderung des Gesundheitszustands, kann Anfechtung des Versicherungsvertrags und damit eine Leistungsfreiheit des Versicherers zur Folge haben.

Zusammenfassung zu Kapitel 8: Abschluss eines Versicherungsvertrags

Zustandekommen des Versicherungsvertrags

Versicherungsantrag → zwei übereinstimmende Willenserklärungen ← **Annahme des Versicherungsantrags (Antragsannahme)**

↓

Vertrag

↓

grundsätzlich **Abschlussfreiheit**

(aber: bei Kfz-HV Pflicht zum Abschluss eines Versicherungsvertrags)

Antrag
auf Abschluss des Versicherungsvertrags

geht vom Kunden aus	geht vom VR aus
Antragsmodell	**Invitatiomodell**

Beratungs- und Informationspflicht des VR

↓

Widerrufsrecht des VN
innerhalb von 2 Wochen (bei LV: innerhalb von 30 Tagen)

Versicherungsschein (Police)
= schriftliche Formulierung der getroffenen Vereinbarungen

Rechtspflichten der Vertragspartner beim Versicherungsvertrag (= einklagbare Pflichten)

Versicherer (VR)	Versicherungsnehmer (VN)
▪ Ausstellung eines Versicherungsscheins ▪ Risikoübernahme/Gefahrtragung ▪ Leistung im Versicherungsfall	▪ Beitragszahlung

Obliegenheiten (= nicht einklagbare Nebenpflichten) des VN

Einteilung der Obliegenheiten nach dem Zeitpunkt, zu dem ein Tun oder Unterlassen vom VN gefordert wird.

vor Vertragsabschluss

Vorvertragliche Anzeigepflicht, vor allem über Art und Schwere des Risikos

während der Vertragsdauer vor Eintritt des Versicherungsfalls

- Unterlassen von Gefahrerhöhungen bzw. Anzeige von Gefahrenerhöhungen
- Anzeige bei Wohnungswechsel

für die gesamte Schadenversicherung:

- vertragliche Auflagen zur vorbeugenden Schadenverhütung
- sonstige Obliegenheiten, u. a. Mitteilung einer Mehrfachversicherung, Anzeige einer Veräußerung

nach Eintritt des Versicherungsfalls

- Anzeigepflicht
- Auskunfts- und Belegpflicht
- Schadenabwendungs- und Schadenminderungspflicht

Aufgaben und Probleme

Kapitel 8 Abschluss eines Versicherungsvertrags

1. Erläutern Sie die Voraussetzungen für das Zustandekommen von Verträgen.

2. Für das Zustandekommen von Versicherungsverträgen gibt es keine gesetzlichen Formvorschriften. Erläutern Sie zwei Möglichkeiten, wie solche Verträge üblicherweise zustande kommen können. Erläutern Sie dabei auch die Unterschiede zwischen dem Antrags- und dem Invitatiomodell.

3. Nennen Sie Beispiele für Versicherungsverträge, die von bestimmten Personen verpflichtend abgeschlossen werden müssen.

4. Im Zusammenhang mit den Beratungs- und Dokumentationspflichten wird zwischen
   - Beratungsgrundlagen
   - Beratung
   - Dokumentation

   unterschieden.
   a) Was ist unter den Beratungsgrundlagen zu verstehen?
   b) Welche Beratungspflichten muss ein Versicherungsvermittler erfüllen?
   c) Welchen Inhalt und welche rechtliche Bedeutung hat die Dokumentation?

5. Erläutern Sie anhand der Phasen des Vertragsabschlusses, wie und wann der VR seiner Informationspflicht beim Antrags- und beim Invitatiomodell nachkommt.

6. Eine Kundin erscheint im Büro eines Versicherungsvermittlers und möchte eine Unfallversicherung abschließen. Sie hat sich im Internet informiert und klare Vorstellungen, was sie will. Sie bittet deshalb darum, sofort „zur Sache zu kommen" und den Versicherungsantrag aufzunehmen, zumal sie es eilig habe.
   Welche Belehrungen sind erforderlich und welche Erklärungen der Kundin müssen trotzdem eingeholt werden?

7. Erläutern Sie anhand des auf S. 122 abgebildeten Versicherungsscheins dessen Inhalt und Bedeutung.

8. Welche Rechtspflichten ergeben sich für den VR und den VN aus einem Versicherungsvertrag?

9. Wodurch unterscheiden sich Rechtspflichten und Obliegenheiten des Versicherungsnehmers?

10. Nennen Sie die wichtigsten Obliegenheiten, die der VN zu beachten hat.

11. Ein VN hatte bei Abschluss einer Krankenversicherung (Versicherungsbeginn zum 1. Februar d. J.) einen Herzinfarkt, den er vor einem Jahr erlitten hatte, wissentlich nicht angezeigt. Nach einem erneuten Versicherungsfall am 10. März des folgenden Jahres erhält der VR Kenntnis von dem verschwiegenen Umstand.
    a) Welche Obliegenheit hat der VN verletzt?
    b) Wann war diese Obliegenheit zu erfüllen?
    c) Was beinhaltet diese Obliegenheit?
    d) Wie hätte sich der VR bei der Antragsstellung vermutlich verhalten, wenn er von der Vorerkrankung gewusst hätte?
    e) Welche Rechte würden Sie dem VR bei wissentlich (vorsätzlich) verschwiegenen Vorerkrankungen zugestehen, wenn nach Vorerkrankungen auf dem vom VN unterschriebenen Antragsformular gefragt worden war und das Formular auch einen Hinweis auf die Rechtsfolgen bei falschen Angaben enthielt?

9 Versicherungen rund um die Immobilie

Dieser Baustein ist eine Information für Schülerinnen und Schüler mit dem Fach Allfinanz als Finanzassistenten. Grundlagen jedes Versicherungsvertrags sind im Kapitel B behandelt. Die Abdeckung der allgemeinen Risiken des Lebens durch Versicherungen ist in diesem Buch in Kapitel B 6.1 und 6.2 beschrieben. Im folgenden werden Besonderheiten des Versicherungsschutzes in Zusammenhang mit Immobilien dargestellt.

9.1 Wohngebäudeversicherung

Das Risiko, dass an einem Gebäude ein Schaden auftritt, mag vom Eigentümer für sich persönlich als gering eingeschätzt werden – im Schadensfall sind die Schäden aber oft recht hoch. Zum Schutz einer Immobilie gehört deshalb auch der Schutz durch ausreichende Versicherungen für den Schadensfall. Dies verlangen regelmäßig auch die Baufinanzierer.

„Versichert sind die in dem Versicherungsschein bezeichneten Gebäude mit ihren Gebäudebestandteilen und Gebäudezubehör einschließlich unmittelbar an das Gebäude anschließender Terrassen auf dem im Versicherungsschein bezeichneten Versicherungsgrundstück."

Nach allgemeiner Auffassung ist ein **Gebäude** ein mit dem Erdboden verbundenes Bauwerk, das von Menschen betreten werden kann und dazu geeignet und bestimmt ist, gegen äußere Einflüsse Schutz zu gewähren.

Gebäude zählen aufgrund ihrer festen und dauerhaften Verbindung mit dem Boden zu den unbeweglichen Sachen. Baracken, Wohncontainer, Baubuden, die auf dem Grund und Boden lediglich aufliegen, sind danach keine Gebäude im Sinne der Wohngebäudeversicherung. Sie können durch einzelvertragliche Regelung jedoch als Gebäude versichert werden. Ferien- und Wochenendhäuser sind in der Regel als Gebäude einzustufen, wenn sie mit Fundamenten fest verankert sind.

Das zu versichernde Gebäude wird in der Regel durch Benennung des Versicherungsgrundstücks, auf dem es sich befindet, eindeutig bestimmt. Versicherungsgrundstück ist regelmäßig das Flurstück, auf dem das versicherte Gebäude steht (**Versicherungsort**). Stehen mehrere Gebäude auf einem Flurstück, so gilt der einem versicherten Gebäude durch Einfriedung oder Abgrenzung zuordnungsbare Teil des Flurstücks als Versicherungsort.

Als **Gebäudebestandteile** gelten alle Bauteile, die in das Gebäude eingefügt wurden und die durch ihre feste Verbindung mit dem Gebäude ihre Selbstständigkeit verloren haben. Die VGB 2008 regeln nicht, welche Gebäudebestandteile bzw. Gebäudeteile im Einzelnen versichert sind (Ausnahme: Einbaumöbel/-küchen, s. weiter unten). In Zweifelsfällen ist deshalb nach den sachenrechtlichen Grundsätzen des BGB und der Verkehrsanschauung zu entscheiden.

Das BGB kennt den Begriff der wesentlichen Bestandteile. **Wesentliche Bestandteile** einer Sache sind solche, die voneinander nicht getrennt werden können, ohne dass der eine oder andere zerstört oder in seinem Wesen verändert wird.

Beispiele für Gebäudebestandteile:

Türen, Fenster, Balkone, eingeklebte Teppichböden, Innenschwimmbecken, Einbruchmeldeanlagen, Tapeten.

Die klassische Deckung für Wohngebäude ist die **verbundene Wohngebäudeversicherung,** bei der über einen Versicherungsvertrag die Gefahren einer Feuer-, Leitungswasser- und Sturm-Versicherung abgedeckt werden können. Für Neuverträge werden die „Allgemeinen Wohngebäude-Versicherungsbedingungen" (Verbundene Gebäudeversicherungs-Bedingungen, VGB 2008) zugrunde gelegt.

- **Feuer:** Eine Feuerversicherung deckt das Risiko durch Brand, Blitzschlag, Explosion, Absturz von Flugkörpern oder deren Landung einschließlich der Folgeschäden durch Ruß, Rauch und Löscharbeiten. Zubehör, das der Instandhaltung des versicherten Gebäudes oder dessen Nutzung zu Wohnzwecken dient, ist mitversichert. Ist das Gebäude oder die Wohnung durch den Schaden nicht mehr bewohnbar, wird ein Mietausfall gezahlt. Bei Blitzschlag wird nur der Schaden aus einem unmittelbaren Übergang des Blitzes auf Sachen abgedeckt. Reine Überspannungsschäden müssen durch eine Zusatzvereinbarung versichert werden; entsteht durch die Überspannung ein Brand, ist dieser Schaden jedoch eingeschlossen. Eine Explosion kann beispielsweise durch einen Schaden in einer Gasleitung auftreten.
- **Leitungswasserschaden:** Das Risiko, dass ein Gebäude durch Leitungswasser geschädigt wird, ist wesentlich höher als das Risiko der Beschädigung durch Feuer. Die Leitungen sind meistens unter Putz verlegt, sodass Schäden nur aufwendig zu beseitigen sind. Ein Versicherungsschutz ist deshalb dringend zu empfehlen. Versichert werden kann der Schaden durch „Rohrbruch" einschließlich der Folgeschäden, zum Beispiel in unteren Wohn- oder Kellerräumen. Auch der je nach Wasserbeschaffenheit entstehende „Rohrfraß" ist mitversichert. Der Versicherer muss aber nur den Schaden ersetzen, der durch die Wiederherstellung des „alten" Zustandes entstanden ist, die Verlegung besserer und widerstandsfähigerer Rohre muss vom Eigentümer selbst bezahlt werden. Eine verbundene Hausratversicherung deckt zwar beispielsweise den Schaden durch eine geplatzte Leitung der Waschmaschine an einem Bodenteppich, nicht aber am Gebäude selbst, wozu ein fest verlegter Teppichboden gehören kann.
- **Sturm und Hagel:** Ein Sturm ist eine „atmosphärisch bedingte Luftbewegung von mindestens Windstärke 8". Der Nachweis über die Windstärke kann im Schadensfall meistens über das Wetteramt erfolgen. Dies ist überflüssig, wenn die Schäden durch Sturm an Gebäuden mit einwandfreier Beschaffenheit und Bauweise offensichtlich sind. Auch Folgeschäden wie Zerstörung von Gebäuden durch Bäume sind versichert. Wenn Regen oder Hagel in vom Sturm beschädigte Gebäudeteile eindringt, sind auch die daraus entstehenden Schäden gedeckt. Die verbundene Wohngebäudeversicherung deckt grundsätzlich auch Schäden durch Hagel ab.
- **Elementarschäden** wie Erdbeben, Erdrutsch, Lawinen und Hochwasserschäden können zusätzlich versichert werden, sofern die Gebäude nicht in ausgesprochenen Risikogebieten liegen. Als Überschwemmungsschäden gelten nur solche Schäden, die nicht durch Sturmflut oder durch Rückstau in der Kanalisation verursacht wurden.

Nach den VGB (Vertragsbedingungen Gebäudeversicherung) sind bei Gebäuden:

versichert	nicht versichert
Feuer	
Gebäudeschäden durch Brand, Blitzschlag, Explosion und Schäden durch herabstürzende Flugzeugteile	Folgeschäden durch Rauch, Ruß und Löschen Schäden an und durch Sachen, die bewusst Feuer oder Wärme ausgesetzt werden, wie Kachelöfen, Heizungskessel
Leitungswasser[1]	
Gebäudeschäden durch auslaufende Wasch- oder Spülmaschinen, sowie grundsätzlich bestimmungswidrig austretendes Leitungswasser aus allen mit dem Rohrsystem verbundenen Einrichtungen oder Schläuchen der Wasserversorgung; auch Schäden durch Wasserdampf; Bruch oder Frostschäden an Rohrleitungen im Gebäude; an Zuleitungen auch auf dem Grundstück; Frostschäden an sanitären Einrichtungen, Boilern und Durchlauferhitzern	Schäden durch Leitungswasser, bevor das Gebäude bezugsfertig ist; Erdsenkung oder Erdrutsch, der nicht Folge von Leitungswasserschäden ist; Regen-, Grund- und Hochwasser, stehende und fließende Gewässer, witterungsbedingter Rückstau, Plansch- oder Reinigungswasser, Hausschwamm

Sturm und Hagel	
Sturm ab Windstärke 8 (auch Schäden an Fenstern), gleich ob Bäume oder andere Gegenstände den Schaden anrichten; auch bei Hagel sind Schäden an den Fenstern abgedeckt; Schäden am Haus durch eindringenden Regen nach einem Sturm- oder Hagelschaden	Schäden vor Bezugsfertigkeit des Gebäudes; Lawinen, Sturmflut; Schäden durch Regen, Hagel, Schnee oder Schmutz, wenn diese durch unverschlossene oder undichte Türen und Fenster eindringen
Bei allen genannten Gefahren	
Kosten für Aufräumen und Abbruch von versicherten Sachen; Kostenaufwand, um Schaden gering zu halten; etwaigen Mietausfall von vermieteten Immobilien bzw. Unterbringungskosten in Höhe der ortsüblichen Miete bei selbstgenutzten Wohnungen/Häusern	Kriegsereignisse, innere Unruhen, Erdbeben und Kernenergie
[1] Vgl. aber Leitungswasserschäden am Hausrat Kap. 9.2	

Versicherungssumme und Prämie

Die Prämie ergibt sich aus: Versicherungswert (Index 1914), Beitragssatz und Prämienfaktor (abgeleitet aus Baupreissteigerungen). Bei Neubauten wird die Versicherungssumme Wert 1914 auf Basis der tatsächlichen Baukosten im Jahr der Erstellung des Gebäudes vom Versicherer umgerechnet.

Beispiel

Die Baukosten aus dem Jahr 1914 (Basisjahr) entsprechen 100 Indexpunkten. Im Jahr 2010 beträgt der Baukostenindex 1.190.

Der Neubauwert eines im Jahr 2010 erstellten Gebäudes sei 320.000 EUR. Daraus ergibt sich der Wert 1914 von 320.000 : 1.190 · 100 = 26.891 Mark. Wäre später beim Indexstand von beispielsweise 1.400 ein Totalschaden entstanden, beträgt die Versicherungssumme bei 26.891 · 1.400 : 100 = 376.474 EUR.

Für die Berechnung der Prämie wird der vom Versicherungsverband empfohlene **„gleitende Neuwertfaktor"** verwendet. Er liegt für 2010 bei 15,08. Der Wert 1914 wird mit diesem Faktor multipliziert und der vom Versicherer festgelegte Beitragssatz aus je 1.000 EUR Versicherungssumme darauf angewandt.

Hinweis für Finanzierungen:

I. d. R. verlangen die finanzierenden Banken eine Abtretung der Entschädigungszahlungen aus der Gebäudeversicherung. Die Gebäudeversicherung stellt dem Grundpfandrechtsgläubiger dann einen Sicherungsschein aus, der sie zum Empfang der Leistung berechtigt. Eine Kündigung der Versicherung durch den Versicherungsnehmer ist dann nur mit Zustimmung des Gläubigers wirksam.

Eine **Unterversicherung sollte** bei der Gebäudeversicherung unbedingt vermieden werden, da Schäden nur anteilig zur Unterversicherung gedeckt werden.

Beispiel

Der Wert eines Gebäudes betrug am Schadenstag 400.000 EUR. Die vereinbarte Versicherungssumme beläuft sich auf 300.000 EUR. Nach einem Brand kostet die Wiederherstellung 160.000 EUR. Die Versicherung bezahlt nicht bis zu 300.000 EUR, sondern nur $^{3}/_{4}$ des Schadens entsprechend der Unterversicherung, also 120.000 EUR.

Werterhöhungen durch Baupreissteigerungen brauchen nach Abschluss des Versicherungsvertrages nicht mehr berücksichtigt zu werden, wenn die Gebäudeversicherung zum **gleitenden Neuwert** abgeschlossen und von dem Versicherer laufend an die Wertsteigerungen angepasst wird.

Die Versicherungssumme gilt als richtig ermittelt, wenn

- sie aufgrund einer vom Versicherer anerkannten Schätzung eines Bausachverständigen festgesetzt wird;
- der Versicherungsnehmer im Antrag den Neuwert in Preisen eines anderen Jahres zutreffend angibt und der Versicherer diesen Betrag auf seine Verantwortung umrechnet;
- der Versicherungsnehmer Antragsfragen nach Größe, Ausbau und Ausstattung des Gebäudes zutreffend beantwortet und der Versicherer hiernach die Versicherungssumme 1914 auf seine Verantwortung berechnet.

Nachträgliche Änderungen in der Bausubstanz, beispielsweise durch wertsteigernde Um-, An- oder Ausbauten sind dem Versicherer umgehend anzuzeigen.

Die Versicherungsprämie wird entsprechend den vom Bundesaufsichtsamt für das Versicherungswesen genehmigten Tarifen von jeder Versicherungsgesellschaft nach folgenden Kriterien festgelegt:

- Lage (es gibt in der Bundesrepublik zwei Gefahrenzonen bei Sturm und Leitungswasser),
- Alter, Wert und Bauweise,
- Umfang der versicherten Gefahren,
- besondere Risiken des Objektes.

Ein Wechsel der bestehenden Gebäudeversicherung ist nur mit Zustimmung des Gläubigers von Grundpfandrechten zulässig. Wird der Versicherungsschutz in ausreichender Form beibehalten, muss dieser dem Wechsel zustimmen. Die Kündigungsfrist bestehender Verträge beträgt regelmäßig drei Monate. Insbesondere ist auf den Schutz vor Elementarschäden zu achten.

Bei Eigentumswohnungen schließt der Hausverwalter die Gebäudeversicherung ab. Sie umfasst auch Risiken am Sondereigentum.

Versicherung des Gebäudes im Bau: Bereits in der Bauphase sollte die Gebäudeversicherung abgeschlossen werden, was auch Kreditgeber verlangen. Als Richtwert für die Versicherungssumme kann der Kostenvoranschlag mit einem Vorsichtszuschlag für Kostensteigerungen dienen.

9.2 Hausratversicherung

Rechtsgrundlagen

Der Deckungsumfang in der Hausratversicherung bestimmt sich

- nach den Allgemeinen Versicherungsbedingungen,
- nach den zugehörigen Klauseln,
- nach den Besonderen Bedingungen.

Sachinbegriff „Gesamter Hausrat“

Versichert ist der gesamte Hausrat in der im Versicherungsschein bezeichneten Wohnung (Versicherungsort).

Gesamter Hausrat ist ein Sachinbegriff, d. h., unter diesem Begriff werden verschiedene Sachen zusammengefasst, ohne dass sie im Versicherungsvertrag einzeln benannt werden müssen.

Nach dem VVG erstreckt sich der Versicherungsschutz bei einer Sachinbegriffsversicherung auf die Sachen der Personen, mit denen der VN bei Eintritt des Schadens in häuslicher Gemeinschaft lebt oder die in einem Dienstverhältnis zum VN stehen und ihre Tätigkeit am Versicherungsort ausüben. Durch die VHB 2008 wird diese VVG-Bestimmung dergestalt erweitert, dass auch fremdes Eigentum (z. B. Sachen eines Besuchers) im Haushalt des VN versichert ist, soweit es sich nicht um Eigentum von Mietern oder Untermietern handelt.

Hausrat, der wegen eines bevorstehenden oder eingetretenen Versicherungsfalles vorübergehend vom Versicherungsort entfernt werden muss, bleibt versichert, solange ein zeitlicher und örtlicher Zusammenhang mit dem Vorgang besteht.

Ansonsten gelten für vom Versicherungsort vorübergehend entfernte Sachen die Bestimmungen zur Außenversicherung.

Definitionen gem. VHB 2008 zu den versicherten Sachen

„Zum Hausrat gehören alle Sachen, die dem Haushalt des Versicherungsnehmers zur privaten Nutzung (Gebrauch bzw. Verbrauch) dienen.“

„Wertsachen und Bargeld gehören ebenfalls zum Hausrat.“

Zur privaten Nutzung in einem Haushalt zählen üblicherweise folgende Sachen:

- **Einrichtung** z. B. Möbel, Teppiche, Gardinen, Bilder;
- **Gebrauchsgüter** z. B. Geschirr, Besteck, Bettzeug, Bücher, elektrische Haushaltsgeräte, Foto- und optische Geräte, Musikanlagen;
- **Verbrauchsgüter** z. B. Nahrungs- und Genussmittel;
- **Bargeld, Wertsachen** z. B. Schmuck, Pelze.

Elektronisch gespeicherte Daten und Programme sind keine Sachen nach VHB 2008.

Der weiteren Betrachtung liegen zugrunde:

- **Allgemeine Hausrat-Versicherungsbedingungen (VHB 2008)**

  Die Abkürzung „VHB“ steht für „Verbundene Hausratversicherungs-Bedingungen“, womit zum Ausdruck gebracht wird, dass mehrere Gefahrengruppen in der Hausratversicherung zusammengefasst sind, nämlich

  - Brand/Blitzschlag/Explosion/Implosion/Aufprall eines Luftfahrzeuges, seiner Teile oder seiner Ladung,

- Einbruchdiebstahl, Raub oder der Versuch einer solchen Tat,
- Vandalismus nach einem Einbruch,
- Leitungswasser,
- Sturm/Hagel.

Der Zusatz 2008 steht für das Entwicklungsjahr der vorliegenden VHB.

- **Klauseln zu den VHB 2008**
- **Besondere Bedingungen** für die Versicherung weiterer Elementarschäden in der Hausratversicherung **(BWE 2008)**

Einbruchdiebstahl, Vandalismus und Raub

Einbruchdiebstahl

Der Begriff „Einbruchdiebstahl" umfasst nach den VHB 2008 verschiedene Formen des Einbruchs. Alle dort beschriebenen Formen haben gemeinsam, dass für sie der **Grundsatz der Gebäudegebundenheit** gilt, denn es heißt in den Versicherungsbedingungen:

- ... in einen Raum eines Gebäudes einbricht ...
- ... in einem Raum eines Gebäudes ein Behältnis aufbricht ...
- ... aus einem verschlossenen Raum eines Gebäudes Sachen entwendet ...

Als Raum ist jeder abgetrennte und allseitig umschlossene Teil eines Gebäudes anzusehen. Balkone und Veranden erfüllen diese Bedingung nicht, soweit sie nicht durch Verglasung geschlossen sind.

Beispiele

- Der Täter findet die Haustür eines Mehrfamilienhauses unverschlossen vor. Im Haus bricht er eine Wohnung auf.
- Der Täter bricht die Haustür eines Mehrfamilienhauses auf. Im Haus findet er eine Wohnung unverschlossen vor.

In beiden Fällen ist das Merkmal der Gebäudegebundenheit erfüllt. Der Sachverhalt im 2. Beispiel wäre aber dennoch kein versicherter Einbruchdiebstahl, da der Versicherungsort die Wohnung im Gebäude ist. Der Einbruch muss für diesen Fall in einen Raum der Wohnung erfolgt sein, um als versichert zu gelten.

Einbruchdiebstahl durch Einbrechen, Einsteigen oder Eindringen mittels falscher Schlüssel oder anderer Werkzeuge

- **Einbrechen**

  Einbrechen liegt vor, wenn der Täter Gewalt gegen Sachen ausübt, um die ihm entgegenstehenden Hindernisse zu beseitigen.

Beispiele

Aufhebeln von Türen, Einschlagen von Fenstern, Aufbiegen von Gitterstäben.

- **Einsteigen**

  Einsteigen liegt vor, wenn der Täter eine für den Zugang nicht vorgesehene Art und Weise der Fortbewegung wählt.

Beispiele

Einsteigen mithilfe einer Leiter, Kriechen durch ein Kellerfenster, Sprung auf einen Balkon von einem Balkon des Nachbarhauses aus.

- **Eindringen mittels falscher Schlüssel oder mittels anderer Werkzeuge**

  Ein Schlüssel ist falsch, wenn er zum Öffnen des Schlosses ohne Billigung der befugten Person angefertigt worden ist.

  Andere Werkzeuge sind alle Werkzeuge, mit denen der Schließmechanismus überwunden werden soll, wie z. B. ein Dietrich, ein Haken.

Aufbrechen eines Behältnisses

Das Aufbrechen ist Voraussetzung, um den Tathergang vom einfachen, nicht versicherten Diebstahl abzugrenzen. Der Gebrauch falscher Schlüssel oder anderer, nicht zum ordnungsgemäßen Öffnen bestimmte Werkzeuge wird in den VHB 2008 dem Aufbrechen gleichgestellt.

Einschleichen, Verborgenhalten

Diese Form des „Einbruchdiebstahls" liegt vor, wenn aus einem verschlossenen Raum eines Gebäudes Sachen weggenommen werden, nachdem sich der Dieb in das Gebäude eingeschlichen oder dort verborgen gehalten hatte.

Beispiel

Ein im Treppenhaus lauernder Dieb huscht hinter dem Rücken eines Wohnungsinhabers in dessen Wohnung, als dieser gerade die Zeitung hereinholen will. Er verbirgt sich hinter einem Vorhang und wartet ab, bis der Wohnungsinhaber die Wohnung verlässt. Dann nimmt er wertvolle Schmuckstücke weg und befreit sich aus der verschlossenen Wohnung, indem er die Wohnungstür von innen aufbricht.

Es kommt nicht auf die Tatzeit an, sondern nur darauf, dass der Raum des Gebäudes zum Zeitpunkt der Wegnahme der Sachen verschlossen war.

Räuberischer Diebstahl

Er liegt vor, wenn der Dieb bei einem Diebstahl angetroffen wird und dann Gewalt anwendet oder eine Gewalttat mit Gefahr für Leib und Leben androht, um im Besitz der gestohlenen Sachen zu bleiben.

Verwendung richtiger Schlüssel (sog. „Schlüsselklausel")

Es sind hierbei zu unterscheiden:

- **Eindringen in einen Raum des Gebäudes mit dem richtigen Schlüssel**

  Es besteht Versicherungsschutz, wenn der Täter den Schlüssel zuvor
  - durch Einbruchdiebstahl oder
  - durch Raub oder
  - durch **einfachen Diebstahl** ohne fahrlässiges Verhalten des berechtigten Besitzers (sog. **„erweiterte Schlüsselklausel"**)

  an sich gebracht hat.

Beispiel

Der Schlüsselbesitzer wird abgelenkt und dabei gleichzeitig der Schlüssel aus der Manteltasche entwendet. Mit dem richtigen Schlüssel gelangt der Dieb in die Wohnung und entwendet dort Sachen.

Wäre der Schlüssel aus dem abgestellten Auto oder aus dem Mantel an der Garderobe entwendet worden, läge ein fahrlässiges Verhalten des Besitzers vor.

- **Öffnen eines Behältnisses in einem Raum eines Gebäudes mit dem richtigen Schlüssel**
  Es besteht Versicherungsschutz, wenn der Täter den Schlüssel zuvor
  – durch Einbruchdiebstahl oder
  – durch Raub
  an sich gebracht hat.

Exkurs: Fahrraddiebstahl

Fahrräder zählen zum Sachinbegriff Gesamter Hausrat, sodass sie am Versicherungsort (Wohnung) den gleichen Versicherungsschutz wie der übrige Hausrat genießen.

Der Verlust eines Fahrrades erfolgt jedoch in den meisten Fällen durch einfachen Diebstahl außerhalb der Wohnung, z. B. vor der Schule oder dem Schwimmbad. Dieses Risiko ist nach dem VHB 2008 nicht versichert, kann jedoch gegen Beitragszuschlag versichert werden.

Leitungswasser

Umfang der Leitungswasserversicherung

Die VHB 2008 unterscheiden im Zusammenhang mit der versicherten Gefahr Leitungswasser nach Bruchschäden und Nässeschäden.

Sturm, Hagel

Die Gefahren Sturm und Hagel werden in den VHB 2008 zu einer Gefahrengruppe zusammengefasst.

Umfang des Versicherungsschutzes

Nach der Versicherungsschutzbeschreibung sind nicht alle adäquaten Schäden infolge eines Sturms versichert, sondern nur solche, deren **Kausalverlauf** auf einer der drei folgenden Alternativen beruht:

Schäden „durch unmittelbare Einwirkung des Sturmes oder Hagels auf versicherte Sachen oder auf Gebäude, in denen sich versicherte Sachen befinden“

Beispiel

Die Balkontür wird durch einen heftigen Sturm eingedrückt. Geschirr wird vom Tisch geweht und zerstört.

Im Beispiel wirkt der Sturm unmittelbar durch die sog. Windlast schädigend auf Gebäude, in dem sich die versicherten Sachen befinden und anschließend auf den Hausrat ein. Nach der Rechtsprechung hat ein Sturm dann unmittelbar eingewirkt, wenn er die **zeitlich letzte Ursache** für den Schaden ist. Der Gebäudeversicherer ersetzt den Gebäudeschaden und der Hausratversicherer den Hausratschaden.

Die Entschädigung wird evtl. gekürzt, wenn dem VN grobe Fahrlässigkeit nachgewiesen werden kann.

▶ Schäden „dadurch, dass der Sturm Gebäudeteile, Bäume oder andere Gegenstände auf versicherte Sachen oder auf Gebäude, in denen sich versicherte Sachen befinden, wirft"

Beispiele

- Durch die vom Sturm bereits eingedrückte Balkontür werden Astteile in den Wohnraum geschleudert. Sie zerstören einen Kristallleuchter.
- Die Verglasung des am Gebäude angebauten Wintergartens wird durch Hagelkörner zerschlagen. Der eindringende Hagel beschädigt die Möblierung des Wintergartens.

Sind durch Sturm auf versicherte Sachen geworfene Gegenstände die „zeitlich letzte Ursache" des Schadens, besteht Versicherungsschutz. Der geforderte Kausalverlauf ist in beiden Beispielen erfüllt.

Im 2. Beispiel wird die Wintergartenverglasung durch die Wohngebäudeversicherung entschädigt, während die Reparaturkosten für das beschädigte Mobiliar von der Hausratversicherung getragen werden.

▶ Schäden „als Folge eines Sturmschadens an versicherten Sachen"

Beispiel

Nachdem der Sturm die Balkontür eingedrückt hat, dringt Regenwasser in den Wohnraum und bewirkt einen Durchnässungsschaden am wertvollen Perserteppich.

Im Beispiel ist der **zeitlich erste Schaden** (Sturmschaden) für den Folgeschaden verantwortlich. Es besteht ein adäquater kausaler Zusammenhang im Sinne der Versicherungsbedingungen.

Hätte der Sturm zu einer Regenwasseransammlung vor einem nicht dicht schließenden Fenster geführt und wäre dieses Wasser dann eingedrungen, läge kein Folgeschaden vor, da es an einem ersten, durch Sturm verursachten Gebäudeschaden mangelt.

▶ Schäden „durch die unmittelbare Einwirkung des Sturms oder Hagels auf Gebäude, die mit dem versicherten Gebäude oder Gebäuden, in denen sich versicherte Sachen befinden, baulich verbunden sind."

Beispiel

Der Sturm deckt das Dach des angrenzenden Nachbarhauses ab. Eindringender Regen gelangt über das Nachbarhaus bis in die Wohnung des VN und beschädigt seinen Hausrat.

Jetzt ist klargestellt, dass auch Schäden an versicherten Sachen, die durch einen Sturm- oder Hagelschaden in angrenzenden Gebäuden entstehen, in der Hausratversicherung versichert sind.

Die vorgenannten Bestimmungen klären bei der Gelegenheit auch, dass die Hausratversicherung in dem beschrieben Fall zuständig bleibt, selbst wenn das Gebäude, in dem der VN wohnt, versichert ist. Obgleich die Wohngebäudeversicherung für Hausratschäden durch Sturm oder Hagel in der Regel nicht zuständig ist, sehen die VHB 2008 offensichtlich Klärungsbedarf.

▶ Schäden „dadurch, dass Sturm oder Hagel Gebäudeteile, Bäume oder andere Gegenstände auf Gebäude wirft, die mit dem versicherten Gebäude oder Gebäude, in denen sich versicherte Sachen befinden, baulich verbunden sind."

Beispiel

Das Dach des angrenzenden Nachbarhauses wird durch einen vom Sturm umgedrückten Baum beschädigt. Eindringender Regen gelangt bis in die Wohnung des VN und beschädigt seinen Hausrat.

Bestimmte Antennenanlagen und Markisen

Antennenanlagen und Markisen auf dem Grundstück, auf dem sich die versicherte Wohnung befindet, sind versichert, wenn sie ausschließlich vom VN genutzt werden.

Beispiel

Der VN ist Hobbyfunker und hat die Funkantenne mit Einverständnis des Vermieters auf dem zum Mietshaus gehörenden Hof installiert.

Elementarschadenversicherung

Unter dem Eindruck der Naturkatastrophen aus jüngerer Zeit (Münchener Hagelsturm 1984, Orkane in Deutschland im Frühjahr 1990, Erdbeben im April 1992 im Rheinland, Überschwemmungen durch den Rhein und andere Flüsse im Winter 1993/94 und Frühling 1994 sowie in jüngerer Zeit) hat sich die Notwendigkeit gezeigt, einen Versicherungsschutz gegen Elementarschäden anzubieten.

Zur Hausratversicherung nach VHB 2008 kann eine solche Elementarschadenversicherung als Ergänzung vereinbart werden **(Annex zu den VHB 2008)**.

Grundlage hierfür sind die **Besonderen Bedingungen für die Versicherung weiterer Elementarschäden (BWE 2008).**

a) Umfang des Versicherungsschutzes

Versichert sind die Gefahren:

- Überschwemmung des Versicherungsgrundstücks
- Rückstau
- Erdbeben
- Erdsenkung
- Erdrutsch
- Schneedruck
- Lawinen
- Vulkanausbruch

Beispiele

- Durch heftigen Regen kommt es zu einem Rückstau im Kanalnetz. Häusliche Abwässer, die nicht abfließen können, gelangen in den Keller und beschädigen Hausrat.

  Es liegt ein ersatzpflichtiger Schaden infolge Rückstau vor.
- Anhaltende Regenfälle lassen einen nahe gelegenen Bach über die Ufer treten. Das Wasser dringt in das Wohnhaus des VN ein und beschädigt Hausrat. Es liegt ein ersatzpflichtiger Überschwemmungsschaden vor, da ein oberirdisches Gewässer ausgeufert ist.

Entschädigt werden auch versicherte Kosten gemäß § 8 VHB 2008.

Der Gesamtentschädigungsbetrag wird ggf. um den vereinbarten Selbstbehalt gekürzt.

9.3 Haftpflichtversicherungen am Bau

Grundsätzlich sind der Architekt bzw. Bauleiter und die ausführenden Handwerker für die Sicherheit der Baustelle verantwortlich. Der Bauherr muss dies aber im Rahmen des Zumutbaren überwachen. Da alle Beteiligten gesamtschuldnerisch haften, kann bei unklarer Verschuldenslage der Bauherr zur Haftung herangezogen werden. Dies gilt auch, wenn ein Geschädigter bei dem Handwerker wegen dessen Zahlungsunfähigkeit nichts mehr holen kann. Die **Bauherrenhaftpflichtversicherung** tritt für alle Schäden ein, für die der Bauherr aufgrund seiner gesetzlichen Haftpflicht aufkommen muss; die Prämie beträgt etwa 1 ‰ der Versicherungssumme. Mitversichert ist während der Bauzeit auch die Haftpflicht als Grundstücksbesitzer, z. B. bei Versäumen einer ausreichenden Streupflicht im Winter. Die Bauherrenhaftpflichtversicherung sollte deshalb bereits beim Grundstückskauf abgeschlossen werden, damit auch das unbebaute Grundstück sofort versichert ist; dies gilt für die Dauer von zwei Jahren. Wird die Bauherrenhaftpflichtversicherung bereits beim Grundstückskauf abgeschlossen und wird binnen zwei Jahren der Bau fertiggestellt, gilt sie bereits vor Baubeginn ohne Zusatzkosten für das unbebaute Grundstück.

Besteht bereits eine **Privathaftpflichtversicherung**, so schließt diese die Haftung für die vom Versicherungsnehmer selbst bewohnte Wohnung oder Ferienwohnung oder ein selbst bewohntes Einfamilienhaus ein. Bis zu einer Höchstsumme sind häufig auch Risiken aus der Bauherrenhaftung bei Um- und Anbauten am selbst bewohnten Haus eingeschlossen. In der Privat-Haftpflichtversicherung ist die Haftpflicht als Mieter eingeschlossen. Für Vermieter ist deshalb eine separate Vermieterhaftpflichtversicherung empfehlenswert. Hierbei sind Haftpflichtansprüche **ausgeschlossen** wegen

- Abnutzung, Verschleiß oder übermäßiger Beanspruchung,
- Schäden an Heizungs- und Warmwasserbereitungsanlagen, Gas- und Elektrogeräten,
- Glasschäden.

Eingeschlossen hingegen sind Sachschäden durch häusliche Abwässer, z. B. wenn in einem oberen Stockwerk der Zuleitungsschlauch an einer Waschmaschine platzt. Bei einer eigengenutzten Eigentumswohnung gilt der Versicherungsschutz nur für das Sondereigentum. Für das Gemeinschaftseigentum schließt der Hausverwalter die erforderlichen Versicherungen ab. Wenn Wohnungen oder Gebäude **vermietet** werden oder wenn es sich um eine Eigentumswohnungsanlage handelt, ist der Abschluss einer **Haus- und Grundbesitzerhaftpflichtversicherung** zu empfehlen. Sie deckt die Haftpflicht als Eigentümer oder Besitzer eines Grundstücks ab, unabhängig davon, ob der Eigentümer selbst oder ob Mieter für die Pflichten des Besitzers verantwortlich gewesen wären.

Der Inhaber einer Anlage zur Lagerung gewässerschädlicher Stoffe ist für die von diesen ausgehenden Gefahren unbegrenzt verantwortlich. Insbesondere für unterirdische Heizöltanks ist der Abschluss einer **Öltank- bzw. Gewässerschadenhaftpflichtversicherung** für etwa 80 EUR Jahresprämie erforderlich. Ausgeschlossen bleiben Schäden an der Anlage selbst. Regelmäßige Wartung und Kontrolle der Anlage dürften als Vorbeugung selbstverständlich sein.

Zusammenfassung zu Kapitel 9: Versicherungen rund um die Immobilie	
Art der Versicherung	**Welche Risiken werden gedeckt?**
notwendig bereits in der Bauphase	
Risikolebensversicherung mit **Berufsunfähigkeits-Zusatzversicherung**	Stirbt der Hauptverdiener in der Familie oder wird dieser berufsunfähig, wird die Fortführung der Finanzierung und damit des Bauvorhabens und die spätere Rückzahlung weitgehend gesichert.
Bauherren-Haftpflichtversicherung[1]	Schadenersatzansprüche wegen eines Personen-, Vermögens- oder Sachschadens an den Bauherrn wegen Pflichtverletzungen während der Bauphase werden geregelt und ersetzt.
notwendig spätestens ab Einzug	
Wohngebäudeversicherung	Sicherung von Schäden durch Feuer, Leitungswasser, Sturm und Hagel am Gebäude einschließlich der Zusatzschäden wie z. B. Aufräumkosten. Sie ist Voraussetzung für eine Beleihung. Als gleitende Neuwertversicherung empfehlenswert.
evtl. mit **Elementarschadenversicherung**	Ergänzung der Wohngebäudeversicherung mit Deckung von Schäden durch Überschwemmung, Starkregen, Erdbeben, Erdrutsch, Lawinen u. Ä.
Hausratversicherung	Schutz gegen finanzielle Folgen durch Schäden am Hausrat (z. B. Möbel, Geräte, Wertsachen, lose Teppiche) durch Feuer, Leitungswasser, Sturm, Hagel, Einbruchdiebstahl, Raub oder Vandalismus.
Haus- und Grundbesitzerhaftpflichtversicherung	Kommt ein Dritter durch Vernachlässigung der Verkehrssicherungspflicht (z. B. Reinigung und Beleuchtung des Grundstücks, Streupflicht) zu schaden, tritt die Versicherung dafür ein.
Privathaftpflichtversicherung	Bei selbst genutzten Gebäuden (Ein- und Zweifamilienhäuser) tritt eine Privathaftpflichtversicherung für Schäden aus Verletzung der Verkehrssicherungspflicht ein.
Gewässerschadenhaftpflichtversicherung	Deckung von Schäden (auch verschuldensunabhängig) durch einen Öltank.

1 Bauherr ist im Baurecht der rechtlich und wirtschaftlich verantwortliche Auftraggeber bei der Durchführung von Bauvorhaben. Als Bauherr gilt, wer im eigenen Namen oder für eigene oder fremde Rechnung Bauvorhaben vorbereitet oder ausführt oder vorbereiten oder ausführen lässt. Er kann sowohl eine natürliche Person als auch eine juristische Person sein.

Aufgaben und Probleme[1]

1 Prüfen Sie, ob der Hausratversicherer leistungspflichtig ist:

a) Unbekannte Täter legen im Hausflur Feuer. Rauch und Ruß dringen in die Wohnung des Mieters ein und verschmutzen Wände, Decken und Möbel.

b) Der Weihnachtsbaum gerät in Brand, während der VN (Mieter) mit seiner Familie im Nebenzimmer zu Tisch sitzt. Die Gardine wird zerstört und der vom Vermieter eingebrachte Teppichboden durch die brennend herabfallende Gardine angesengt.

c) Ein brennendes Holzstück spritzt aus dem offenen Kamin und verfängt sich in der Jacke des VN. Noch ehe das Glutstück beseitigt werden kann, ist ein Loch in Größe einer Fingerkuppe in der Jacke entstanden. Daraufhin ist die Glut erloschen.

d) Unbekannte brechen den zur Mietwohnung gehörenden Kellerraum auf und entwenden das dort abgestellte Fahrrad des VN.

e) Die Eingangstür zum Mehrfamilienhaus steht zufällig offen. Diese Gelegenheit nutzen Diebe und gehen ins Haus. Die Tür zur Wohnung des VN öffnen sie mit einem Dietrich. Sie entwenden die Musikanlage und nehmen 25 EUR Bargeld aus einer Geldkassette, auf der der Schlüssel steckte.

f) Unbekannte brechen das geparkte Auto des VN auf und entwenden den im Wagen liegenden Mantel.

2 Prüfen Sie, ob die folgenden Schäden versichert sind:

a) Unerwartet aufkommender stürmischer Wind (nach der Beaufort-Skala) beschädigt die vom VN auf dem Balkon seiner Mietwohnung angebrachte Markise, noch ehe sie vollständig eingefahren werden konnte.

b) Durch einen heftigen Sturm wird Schnee in das Abluftrohr der Küche geweht. Er taut dort und fließt als Wasser in die Dunstabzugshaube, wodurch der Lüftungsmotor zerstört wird.

3 In der Wohnung eines Mieters platzt der Wasserschlauch an der Spülmaschine. Das Wasser dringt über mehrere Etagen bis in den Keller vor. Es entstehen erhebliche Wasserflecken am Putz der Decken und Wände. In den Wohnungen haben sich Tapeten gelöst. Ferner sind die Parkettfußböden teilweise aufgequollen.

4 Durch Sturm werden die unten stehenden Sachen zerstört bzw. beschädigt. Prüfen Sie, ob die Wohngebäudeversicherung nach VGB 2008 Versicherungsschutz für diese Sachen gewährt. Es ist unstrittig, dass ein Sturm im Sinne der Versicherungsbedingungen vorgelegen hat.

a) Eine vom Mieter angebrachte Satellitenschüssel wird abgerissen und beim Aufprall deformiert.

b) Terrassenfliesen und Gartenmöbel werden durch herabfallende Ziegel beschädigt.

c) Die Äste eines umgewehten Baumes richten erheblichen Schaden am Dach, dem Fensterglas, den am Balkongeländer angebrachten Pflanzen und der Umzäunung des Grundstücks an.

d) Die Gemeinschaftsantenne knickt durch den Staudruck des Sturmes um.

e) Dachziegel fallen auf das Auto des VN und auf das Auto eines Besuchers.

1 Aufgaben zur Haftpflichtversicherung siehe Kapitel B 4

C Geldanlage auf Konten

Warum ist dieses Kapitel wichtig?

Auf der Suche nach einer passenden Geldanlage führt der erste Weg zu einer Bank oder Sparkasse. Insbesondere, wenn der Anleger nur einen kleineren Anlagebetrag zur Verfügung hat oder wenn er nur über geringe Kenntnisse über Finanzanlagen verfügt, kommen sichere Geldanlagen in Betracht. Daher werden in diesem Kapitel zunächst die sicheren Geldanlagemöglichkeiten behandelt. Andere, auch mit Risiken behaftete Geldanlagen werden dann in weiteren Kapiteln untersucht. Bei der Behandlung der sicheren Geldanlagen werden auch die Methoden der Zinsberechnung sowie die steuerliche Behandlung der Zinseinnahmen vorgestellt.

Inhaltlich werden neben den sicheren Geldanlagen bei Banken auch die Anlagemöglichkeiten bei der Bundesrepublik Deutschland – Finanzagentur GmbH und die Geldanlage bei Bausparkassen vorgestellt. Bei dieser Anlageform sind die Möglichkeiten der staatlichen Sparförderung zu berücksichtigen. Nach einer genauen Besprechung der Situation eines Anlegers im Insolvenzfall der Bank erfolgt ein abschließender Vergleich der genannten Anlageformen nach den Kriterien des Magischen Dreiecks der Geldanlage.

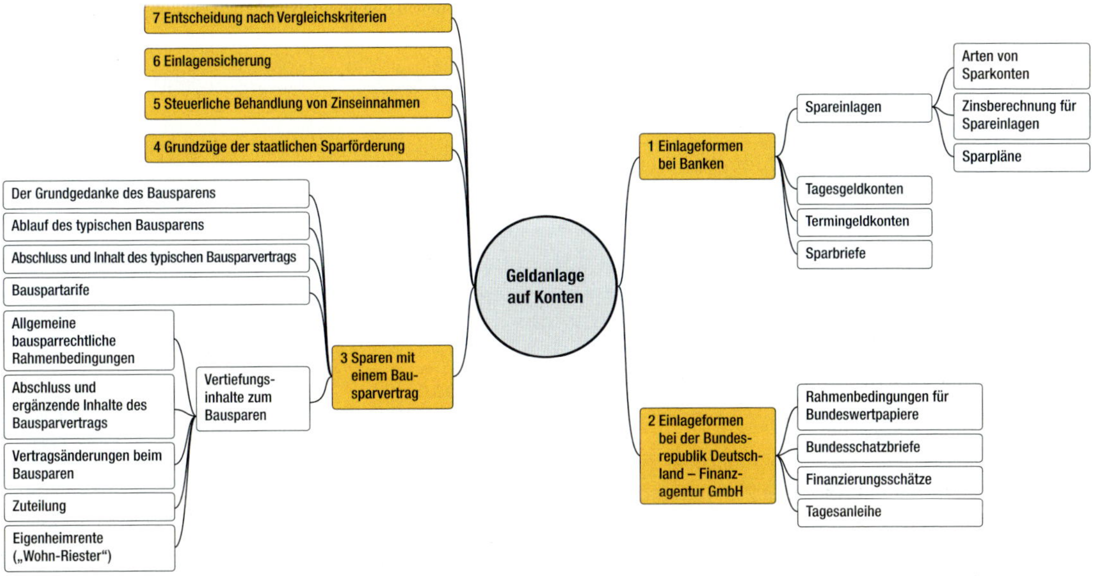

1 Einlageformen bei Banken

1.1 Spareinlagen

1.1.1 Arten von Sparkonten

Der Anleger erhält bei der Eröffnung eines Sparkontos ein Sparbuch, das er im Regelfall bei jeder Verfügung vorlegen muss. Mit dem Sparbuch können Dritte fällige Beträge auch ohne besondere Vollmacht bar abheben.

Teilweise verzichten die Banken auf die Ausstellung eines Sparbuchs. In diesen Fällen erhält der Anleger eine **Sparkarte**, mit der er an Geldautomaten Einzahlungen und unter Verwendung der persönlichen Geheimzahl (PIN) Abhebungen vornehmen kann.

Merkmale des Sparkontos

- Ein- und Auszahlungen in beliebigen Beträgen möglich
- Auszahlung nur gegen Vorlage des Sparbuchs bzw. bei der Sparkarte mit der PIN

- Verfügungen auch durch Dritte bei Vorlage des Sparbuchs möglich
- Verfügung i. d. R. auch ohne Kündigung möglich
- Verzinsung bei der Normalform gering
- Von einem Sparkonto mit dreimonatiger Kündigungsfrist können innerhalb eines Kalendermonats je nach den Vertragsbedingungen über 2.000 EUR verfügt werden. Höhere Geldabhebungen müssten drei Monate zuvor gekündigt worden sein.
- Wenn mit der Bank eine längere Kündigungsfrist vereinbart worden ist, besteht die zuvor genannte Verfügungsmöglichkeit nicht. Sollte die Bank aber – wie üblich – eine Verfügung dennoch zulassen, ist sie zur Berechnung eines Vorfälligkeitsentgelts oder von Vorschusszinsen berechtigt. Die Vorschusszinsen betragen üblicherweise ein Viertel der zu vergütenden Habenzinsen.
- Über gutgeschriebene Zinsen kann innerhalb von zwei Monaten nach Gutschrift verfügt werden, ansonsten unterliegen sie der üblichen Kündigungsfrist.

Beispiel

Cornelia Schäfer eröffnet am 07.08. d. J. ein Sparkonto mit einer vereinbarten Kündigungsfrist von drei Monaten und zahlt zugleich 8.000 EUR ein.
Am 19.11. d. J. hebt Cornelia Schäfer 1.400 EUR bar ab.
Sie könnte im November noch über 600 EUR verfügen sowie am 01.12. weitere 2.000 EUR abheben.

Da Cornelia Schäfer bei ihrem Sparkonto mit dem derzeit geltenden Zinssatz von 0,5 % nicht zufrieden ist, wendet sie sich an ihren Bankberater, um sich über einen höheren Zinssatz zu erkundigen.

Da die Zinsen bei einem Sparkonto mit dreimonatiger Kündigungsfrist ohne Sondervereinbarung niedrig sind, bieten die Banken und Sparkassen den Anlegern zahlreiche Sondersparformen mit einer höheren Verzinsung an:

Sondersparformen	
Mehrzinssparen	Hierbei handelt es sich um ein Sparkonto mit einer dreimonatigen Kündigungsfrist und der Zusatzvereinbarung, dass bei Erreichen eines bestimmten Guthabens ein höherer Zinssatz gezahlt wird.
Zuwachssparen	▪ Bei dieser Sparform wird einmalig ein fester Betrag angelegt. Der Zinssatz ist für die Laufzeit fest vereinbart und steigt. ▪ Nach Ablauf von i. d. R. einem Jahr sind Verfügungen wie bei einem Sparkonto mit dreimonatiger Kündigungsfrist, größere Abhebungen sind nach erfolgter Kündigung möglich. ▪ Nach Ablauf der Zinsvereinbarung wird dieses Sparkonto wie ein Sparkonto mit dreimonatiger Kündigungsfrist behandelt.
Sparen mit variablem Zins	▪ Auch bei diesem Sparkonto erfolgt i. d. R. eine einmalige Einzahlung; das Sparkonto erhält eine variable Verzinsung, z. B. EURIBOR[1] zuzüglich 0,50 %. ▪ Bei einigen Kreditinstituten können auch weitere Einzahlungen erfolgen. ▪ Verfügungen sind wie bei den Sparkonten mit dreimonatiger Kündigungsfrist möglich.

1.1.2 Zinsberechnung für Spareinlagen

Bei den Sparkonten werden die Zinsen üblicherweise mit Hilfe der **kaufmännischen Zinsmethode** berechnet. Dabei wird davon ausgegangen, dass ein Monat 30 Zinstage und dementsprechend das Jahr 360 Zinstage hat.

1 EURIBOR = European Interbank Offered Rate = Geldmarktzins unter Banken

$$\text{Zinsbetrag} = \frac{\text{Anlagebetrag (Kapital)} \cdot \text{Prozentsatz} \cdot \text{Tage}}{100 \cdot 360}$$

Beispiele

1. Ein Sparkonto mit dreimonatiger Kündigungsfrist, dessen Kontostand zu Jahresbeginn einschließlich kapitalisierter Zinsen 1.400 EUR betrug, wird Wert 30.03. ohne weitere Kontobewegungen aufgelöst.
   Der Auszahlungsbetrag, wenn das Sparkonto mit 0,50 % verzinst wird, ergibt sich wie folgt:
   $$Z = \frac{1.400 \cdot 0{,}5 \cdot 90}{100 \cdot 360} = 1{,}75 \text{ EUR}$$
   Auszahlungsbetrag: 1.400 EUR + 1,75 EUR = 1.401,75 EUR
2. Ein Sparkonto mit einer Kündigungsfrist von einem Jahr wird zu 3 % verzinst. Der Saldovortrag betrug 8.600 EUR.
   Die Zinsen zum Jahresende betragen, wenn keine weiteren Kontoumsätze stattgefunden haben:
   $$Z = \frac{8.600 \cdot 3}{100} = 258 \text{ EUR}$$
   Die Zinsen zum Jahresende betragen, wenn Wert 30.06. weitere 2.000 EUR eingezahlt wurden und ansonsten keine weiteren Kontoumsätze stattgefunden haben:
   $$Z = \frac{8.600 \cdot 3}{100} + \frac{2.000 \cdot 3 \cdot 180}{100 \cdot 360}$$
   Zinsbetrag = 258 EUR + 30 EUR = 288 EUR

Zinseszinseffekt

Wenn der Anleger auf die gutgeschriebenen Zinsen wieder Zinsen erhält, entsteht der sogenannte Zinseszinseffekt.

Beispiel

Ein Sparkonto mit einer einjährigen Kündigungsfrist, das mit 2 % verzinst wird, wird mit einer Einzahlung von 5.000 EUR eröffnet. Berechnen Sie das Kapital nach 3 Jahren unter der Annahme, dass weder weitere Einzahlungen noch Verfügungen vorgenommen werden.

Einzahlung (Wert 31.12.)	5.000,00 EUR
Zinsen 1. Jahr	100,00 EUR
Kapital nach dem 1. Jahr	5.100,00 EUR
Zinsen 2. Jahr	102,00 EUR
Kapital nach dem 2. Jahr	5.202,00 EUR
Zinsen 3. Jahr	104,04 EUR
Kapital nach dem 3. Jahr	5.306,04 EUR

Erklärung: Nach dem ersten Jahr erfolgt die Gutschrift der Zinsen in Höhe von 100 EUR, sodass im nächsten Jahr 5.100 EUR verzinst werden.

Das Endkapital kann auch mit der finanzmathematischen **Aufzinsungsformel** ermittelt werden:

$K_n = (1 + p/100)^n \cdot K_o$
K_o = Kapital am Anfang
K_n = Kapital am Ende des Jahres n
n = Anzahl der Jahre
p = Jahreszinssatz in %

Fortsetzung des Beispiels

$K_3 = (1 + 2/100)^3 \cdot 5.000$ **EUR = 5.306,04 EUR**

Vorschusszinsen

Vorzeitige Verfügung

Cornelia Schäfer hebt von ihrem Sparkonto mit einer vereinbarten Kündigungsfrist von drei Monaten 5.000 EUR ab. Weitere Verfügungen hat Cornelia Schäfer in diesem Monat nicht vorgenommen. Den Betrag hatte sie zuvor auch nicht gekündigt. Die Bank verzinst diese Spareinlagen zu 0,5 %; für vorzeitige Verfügungen berechnet die Bank Vorschusszinsen in Höhe von einem Viertel der zu vergütenden Habenzinsen.
Daher berechnet die Bank in diesem Fall Vorschusszinsen in Höhe von 0,94 EUR aus 3.000 EUR (2.000 EUR sind frei).

1.1.3 Sparpläne

Banken und Sparkassen bieten den Kunden auch lang laufende Sparpläne an. Hierbei wirken sich die Zinseszinseffekte besonders stark aus.

Kapitalentwicklung bei monatlicher Ansparung

Folgende Tabelle zeigt, wie regelmäßige monatliche Einzahlungen durch Zinsen und Zinseszinsen im Laufe der Zeit anwachsen:

Sparleistungen von 100 EUR pro Monat wachsen bei einer angenommenen Verzinsung von ...			
	4 %	6 %	8 %
in 1 Jahr	1.226 EUR	1.239 EUR	1.252 EUR
in 2 Jahren	2.502 EUR	2.552 EUR	2.604 EUR
in 3 Jahren	3.832 EUR	3.944 EUR	4.064.EUR
in 4 Jahren	5.221 EUR	5.420 EUR	5.642 EUR
in 5 Jahren	6.673 EUR	6.984 EUR	7.345 EUR
in 10 Jahren	15.069 EUR	16.331 EUR	18.137 EUR
in 15 Jahren	25.997 EUR	28.838 EUR	33.994 EUR
in 20 Jahren	40.647 EUR	45.577 EUR	57.294 EUR
in 30 Jahren	88.916 EUR	97.953 EUR	141.831 EUR

Aus dem obigen Beispiel lässt sich ableiten, dass zwei Gesichtspunkte für die Schließung einer Versorgungslücke im Alter besonders wesentlich sind:

- Nicht allein der monatlich zu sparende Betrag spielt eine Rolle, sondern insbesondere der frühe Beginn des Ansparens.
- Im Laufe der Zeit ergeben auch scheinbar geringfügige Unterschiede in der Verzinsung eine große Differenz beim Endkapital.

Entnahmeplan ohne Kapitalverzehr

Aus folgender Tabelle ist zu ersehen, wie hoch eine monatliche „zweite Rente“ ist, wenn nur die Erträge in Höhe des jährlichen Wertzuwachses entnommen werden (bei sofortigem Beginn der Auszahlung):

Bei einem Vermögen von ...	beträgt die monatliche Entnahme bei einer angenommenen Verzinsung von ...		
	4 %	6 %	8 %
30.000 EUR	98 EUR	145 EUR	192 EUR
40.000 EUR	132 EUR	194 EUR	256 EUR
50.000 EUR	165 EUR	242 EUR	319 EUR
60.000 EUR	199 EUR	291 EUR	383 EUR
70.000 EUR	231 EUR	339 EUR	447 EUR
80.000 EUR	263 EUR	387 EUR	511 EUR
90.000 EUR	297 EUR	436 EUR	575 EUR
100.000 EUR	332 EUR	484 EUR	639 EUR

Auszahlungsplan mit Kapitalverzehr

Die nachfolgende Tabelle zeigt, welcher Betrag 10, 15 oder 20 Jahre lang monatlich entnommen werden kann, wenn die Erträge einschließlich des Kapitals verbraucht werden.

Bei einem Vermögen von ...	beträgt die monatliche Entnahme in EUR während einer Dauer von ... und bei einer Verzinsung in Höhe von ... (sofortiger Beginn der Auszahlung)								
	10 Jahren			15 Jahren			20 Jahren		
	4 %	6 %	8 %	4 %	6 %	8 %	4 %	6 %	8 %
30.000 EUR	301	329	357	218	249	280	178	211	244
40.000 EUR	402	439	476	291	332	373	237	281	325
50.000 EUR	501	548	595	365	416	467	297	352	407
60.000 EUR	602	658	714	438	499	560	356	422	488
70.000 EUR	703	768	833	511	582	653	417	493	569
80.000 EUR	802	877	952	583	665	747	475	563	651
90.000 EUR	903	987	1.071	656	748	840	534	633	732
100.000 EUR	1.004	1.097	1.190	729	831	933	594	704	814

1.2 Tagesgeldkonten

Als Tagesgeld werden täglich fällige Einlagen bezeichnet. Über das Guthaben auf Tagesgeldkonten kann täglich verfügt werden.

Tagesgeld wird auf einem besonderen Konto gebucht. Manche Banken verlangen ein Mindestguthaben. In der Regel werden Tagesgeldkonten als Unterkonten von Girokonten geführt, d.h., dass das Guthaben des Tagesgeldkontos nur auf das zugehörige Girokonto und nicht direkt auf andere Konten übertragen werden kann. Anderweitige Verfügungen über das Guthaben sind nicht möglich. Einzahlungen sind in beliebiger Höhe möglich. Die Verzinsung liegt regelmäßig deutlich über der Verzinsung für Spareinlagen mit dreimonatiger Kündigungsfrist. Die höchsten Zinssätze lassen sich bei den Internetbanken erzielen.

Beispiel

Herbert Müller unterhält bei seiner Volksbank ein Girokonto. Im Laufe der Zeit hat sich auf diesem ein Guthaben von 7.000 EUR angesammelt. Da er für das Girokontoguthaben keine Zinsen erhält, eröffnet er bei der Volksbank ein Tagesgeldkonto und überträgt hierauf 6.000 EUR. Nun erhält er auf diesen Betrag Zinsen, kann aber jederzeit über dieses Guthaben verfügen, um damit z. B. eine unvorhergesehene größere Autoreparatur bezahlen zu können.

Üblicherweise erfolgt bei den Konten die Zahlung der Zinsgutschrift am Jahresende. Bei den Tagesgeldkonten, bei denen die Buchung der Zinsen am Ende eines Monats oder eines Quartals erfolgt, entsteht ein unterjähriger Zinseszinseffekt (vgl. nächstes Kapitel).

1.3 Termingeldkonten

Geldanleger können bei ihrer Bank oder Sparkasse ein Termingeldkonto, auch als **Festgeld** bezeichnet, eröffnen. Hierzu ist ein Mindestanlagebetrag erforderlich, z. B. 5.000 EUR. Bei der Kontoeröffnung wird der Anlagezeitraum, z. B. 30, 60, 90 oder 180 Tage, sowie der vereinbarte Zinssatz festgelegt. Nach Ablauf dieser Frist wird der Anlagebetrag, sofern vereinbart, wieder ausgezahlt oder aber für den gleichen Zeitraum zu dem dann geltenden Zinssatz wieder angelegt. Die Zinsen werden zum Fälligkeitstermin gutgeschrieben, wodurch bei diesen Konten ein **unterjähriger Zinseszinseffekt** entstehen kann. Zum Fälligkeitstermin sind auch weitere Einzahlungen oder Teilauszahlungen möglich. Der Mindestanlagebetrag darf hierbei jedoch nicht unterschritten werden.

Beispiel

Frederike Heinze hat bei ihrem Autohändler ein neues Cabriolet bestellt. Da die Lieferzeit drei Monate beträgt, ist der vereinbarte Kaufpreis in Höhe von 38.000 EUR erst bei Übergabe des Fahrzeugs fällig. Da Frederike Heinze den Geldbetrag bereits heute auf ihrem Girokonto hat, eröffnet sie bei ihrer Hausbank ein Termingeldkonto mit einer Laufzeit von drei Monaten.

! **Die Geldanlage auf Termingeldkonten eignet sich ebenso wie die Anlage auf Tagesgeldkonten insbesondere für die Anlage der Liquiditätsreserve.**

Termingeldkonten weisen regelmäßig eine höhere Verzinsung als Sparkonten auf. Die Zinssätze sind in erster Linie von dem Anlagebetrag und der vereinbarten Laufzeit abhängig. Bei der Berechnung der Zinsen wird üblicherweise die kaufmännische Zinsmethode angewandt.

Berechnungsbeispiel

Ein Geldanleger eröffnet zu Jahresbeginn mit einer Einzahlung von 20.000 EUR ein Termingeldkonto mit einer Laufzeit von 90 Tagen. Der für die Laufzeit vereinbarte Zinssatz beträgt 2 %. Die Gutschrift der Zinsen erfolgt jeweils auf das Termingeldkonto. Berechnen Sie die tatsächlich erzielte Rendite, wenn der Anleger das Guthaben das ganze Jahr über nicht anrührt. Gehen Sie bei der Berechnung davon aus, dass der Prolongationszinssatz auch weiterhin jeweils 2 % beträgt.

Anlagebetrag	20.000,00 EUR
Zinsen für 90 Tage	100,00 EUR
	20.100,00 EUR
Zinsen für die nächsten 90 Tage	100,50 EUR
	20.200,50 EUR
Zinsen für die nächsten 90 Tage	101,00 EUR
	20.301,50 EUR
Zinsen für die nächsten 90 Tage	101,51 EUR
	20.403,01 EUR

▶ **Berechnung der Rendite:**

Die Renditeformel lautet: $\frac{\text{jährlicher Zinsertrag}}{\text{Kapitaleinsatz}} \cdot 100$

$R = \frac{403{,}01}{20.000} \cdot 100 = 2{,}015\ \%$

Die tatsächlich erzielte Rendite liegt bei 2,015 %. Die 0,015 % lassen sich auf den **unterjährigen Zinseszinseffekt** zurückführen.

▶ **Hinweis:** Der Endbetrag ließe sich auch mithilfe der unterjährigen Aufzinsungsformel für vierteljährliche Zinszahlung $K_n = (1 + p/4/100)^4$ berechnen.

1.4 Sparbriefe

Sparbriefe werden von Banken und Sparkassen herausgegeben. Es sind Geldanlagen mit einer festen Laufzeit. Eine Rückgabe vor Fälligkeit ist regelmäßig nicht möglich.

!

▶ **Kennzeichen der Sparbriefe:**
- **fester Rückzahlungsbetrag (Nennbetrag)**
- **Mindestanlagebetrag, z. B. 5.000 EUR**
- **fester Zinssatz**
- **feste Laufzeit**

Bei Sparbriefen sind zwei Formen zu unterscheiden:

Arten / Kriterien	Normalverzinslicher Sparbrief	Abgezinster Sparbrief
Anlagebetrag (Kaufpreis)	Nennwert	Nennwert abzüglich Zinsen und Zinseszinsen
Zeitpunkt der Zinszahlung	Jährlich	Am Ende der Laufzeit
Rückzahlungsbetrag	Nennwert	Nennwert

Bei den normalverzinslichen Sparbriefen werden die Zinsen jährlich gezahlt. Entweder erfolgt dies am Jahresende oder exakt nach dem ersten Laufzeitjahr.

Bei abgezinsten Sparbriefen erfolgt keine laufende Zinszahlung. Dem Anleger wird am Ende der Laufzeit der Nennwert ausgezahlt. Die Zinsen entsprechen der Differenz aus dem Nennwert und dem niedrigeren, bei Anlage zu zahlenden Anlagebetrag. Dabei entsteht bei abgezinsten Sparbriefen, die eine längere Laufzeit als ein Jahr aufweisen, ein Zinseszinseffekt.

Für die abgezinsten Sparbriefe gilt steuerlich das Zuflussprinzip: Die Zinsen sind in dem Jahr zu versteuern, in dem sie dem Anleger zugeflossen sind. Das ist in diesen Fällen das Jahr der Rückzahlung.

Berechnungsbeispiele

Für die folgenden Sparbriefe gilt ein Nennwert von 10.000 EUR, eine Laufzeit von 5 Jahren, der Zinssatz beträgt 4 % p. a.

1. Normalverzinslicher Sparbrief
   Berechnung der Höhe der jährlichen Zinsen und der Zinsen insgesamt:
   $$Z = \frac{K \cdot t \cdot p}{100 \cdot 360}$$
   Zinsen: 400 EUR p. a.; Zinsen insgesamt: 2.000 EUR
2. Abgezinster Sparbrief
   Berechnung des Anlagebetrags für den abgezinsten Sparbrief und der Zinsen insgesamt; aus der Umstellung der Aufzinsungsformel: $K_n = (1 + p/100)^n \cdot K_o$ ergibt sich als Anlagebetrag:
   $$K_o = \frac{1}{(1 + p/100)^n} \cdot K_n$$
   $$K_o = \frac{1}{(1 + 0{,}04)^5} \cdot 10.000 \text{ EUR} = 8.219{,}27 \text{ EUR}$$

Anlagebetrag (Kaufpreis):	8.219,27 EUR
Nennwert:	10.000,00 EUR
– Kaufpreis:	8.219,27 EUR
= Zinsen	1.780,73 EUR

Zusammenfassung zu Kapitel 1: Einlageformen bei Banken

Merkmale	Spareinlagen	Sparbriefe	Tagesgeld	Termineinlagen
Zinshöhe	ohne Sondervereinbarung gering	höher als bei Spareinlagen	je nach Geldmarktsituation	höher als bei Spareinlagen
Zinszahlung	jährlich	■ jährlich ■ abgezinst	■ jährlich ■ unterjährig	bei Fälligkeit
Verfügung	meistens 2.000 EUR ohne Kündigung	bei Fälligkeit	täglich	bei Fälligkeit
Übliche Mindestanlage	keine, nur bei Sondersparformen	meistens 1.000 EUR	vielfach ohne	meistens 5.000 EUR
Steuerpflicht	jährlich	bei Fälligkeit	jährlich	bei Fälligkeit

Formeln für die Berechnung von Zinsen:

- Allgemeine (kaufmännische) Zinsformel: $Z = \frac{K \cdot t \cdot p}{100 \cdot 360}$
- Aufzinsungsformel: $K_n = (1 + p/100)^n \cdot K_o$
- Aus der Umstellung der Aufzinsungsformel ergibt sich die Abzinsungsformel:
  $$K_o = \frac{1}{(1 + p/100)^n} \cdot K_n$$
- Berechnung der Rendite: $\frac{\text{jährlicher Ertrag}}{\text{Kapitaleinsatz}} \cdot 100$

Aufgaben und Probleme

Kapitel 1 Einlageformen bei Banken

1. Entscheiden und begründen Sie, welche Art eines Sparkontos für die folgenden Fälle infrage kommt:
   a) Die 15-jährige Hanna Herbster möchte ein Sparkonto eröffnen, um regelmäßig einen Teil ihres Taschengeldes in Höhe von 80 EUR zu sparen. Bei Bedarf möchte sie jederzeit wieder an das Geld herankommen.
   b) Jürgen Dieckmann möchte ein Sparkonto, bei dem die Verzinsung bei einem Anstieg des allgemeinen Zinsniveaus automatisch erhöht wird.
   c) Melanie Drewes wünscht auf ihrem neu zu eröffnenden Sparkonto eine attraktive Verzinsung. In der nächsten absehbaren Zeit benötigt sie den Anlagebetrag von 4.000 EUR nicht, möchte aber später flexibel über den Betrag verfügen können.

2. Ein Kreditinstitut zahlt für Spareinlagen mit einer vereinbarten Kündigungsfrist von drei Monaten 0,5 % Zinsen. Berechnen Sie den Betrag, der eingezahlt werden muss, damit der Sparer monatlich 10 EUR Zinsen aus dem Anlagebetrag erhält (ohne Berücksichtigung der exakten Zinszahlungszeitpunkte).

3. Am 26.02. d. J. wurde ein Tagesgeld über 14.000 EUR bis zum 06.07. d. J. angelegt. Wieviel Zinsen (ohne unterjährige Zinskapitalisierung) erhält der Anleger, wenn der Zinssatz für die ersten 40 Tage 3 % und für den Rest der Laufzeit 3,3 % betragen hat?

4. Am 15.05. d. J. legt ein Anleger 40.000 EUR als Festgeld an. Stellen Sie fest, wann der Anleger wieder über das Geld verfügen kann, wenn er bei einem Zinssatz von 3,5 % Zinsen in Höhe von 700 EUR erzielen möchte.

5. Ein Festgeld über 15.000 EUR wurde am 15.06. d. J. einschließlich Zinsen mit 15.093,75 EUR zurückgezahlt. Der vereinbarte Zinssatz betrug 2,5 %. Wann erfolgte die Festgeldanlage?

6. Berechnen Sie die Rendite für ein Termingeldkonto mit jeweils 30-tägiger Laufzeit. Nach Zeitablauf werden die Zinsen jeweils dem Termingeldkonto gutgeschrieben. Gehen Sie davon aus, dass der ursprünglich vereinbarte Zinssatz von 3 % auch jeweils für die Folgeperioden gilt.
   Hinweis: Da kein Anfangskapital genannt wurde, kann mit einem beliebigen Kapital gerechnet werden. Da die erzielten Zinsen jeweils ins Verhältnis zum eingesetzten Kapital gesetzt werden, spielt die Höhe des Anlagebetrages für die erzielte Rendite keine Rolle.

7. Beantworten Sie die folgenden Aufgaben für einen Sparbrief mit einem Nennwert von jeweils 25.000 EUR, einem Zinssatz von 3 % p. a. und einer vierjährigen Laufzeit.
   a) Berechnen Sie für den normalverzinslichen Sparbrief die jährlichen Zinsen und geben Sie die Höhe der Zinsen insgesamt an.
   b) Berechnen Sie für den abgezinsten Sparbrief den Anlagebetrag und die Zinsen.

8. Friedrich Naum möchte seinen Lottogewinn von 20.000 EUR vier Jahre in einem abgezinsten Sparbrief anlegen. Berechnen Sie den Nennwert des Sparbriefs bei einer jährlichen Verzinsung von 4 %.

9. Begründen Sie, warum bei abgezinsten Sparbriefen ein Zinseszinseffekt entsteht.

10. Erläutern Sie, was bei der Besteuerung der Zinsen bei den abgezinsten Sparbriefen zu beachten ist.

11. Unterscheiden Sie Spareinlagen und Festgeld nach zwei unterschiedlichen Merkmalen.

⓬ Auf einem Sparkonto haben sich während eines Jahres folgende Umsätze ergeben:

Umsatz/Wert	Abhebung	Einzahlung
17.04.		3.400 Kontoeröffnung
23.06.	2.000	
27.07.		500
25.08.		300
03.10.	1.800	
15.11.		250

Berechnen Sie die Zinsen auf Ende des Jahres bei einem Zinssatz von 2,5 %.

2 Einlageformen bei der Bundesrepublik Deutschland – Finanzagentur GmbH

2.1 Rahmenbedingungen für Bundeswertpapiere

Bundeswertpapiere werden von der Bundesrepublik Deutschland – Finanzagentur GmbH[1] (Deutsche Finanzagentur) herausgegeben. Die folgende Übersicht zeigt die Geldanlagemöglichkeiten in Bundeswertpapieren auf, die nicht börsenmäßig gehandelt, sondern ähnlich wie Bankeinlagen bei Fälligkeit zurückgezahlt werden.

Wertpapiere des Bundes auf einen Blick		
Merkmale	**Bundesschatzbriefe**	**Finanzierungsschätze**
Emissionsverfahren	Freihändiger Verkauf	Freihändiger Verkauf
Stückelung	0,01 EUR	0,01 EUR
Mindestauftrag	50 EUR 52 EUR Direkterwerb Deutsche Finanzagentur	500 EUR
Anlagehöchstbetrag	unbeschränkt	250.000 EUR je Person und Geschäftstag
Zinszahlung	Typ A = jährlich; Typ B = Zinsansammlung (Auszahlung der Zinsen mit Zinseszinsen bei Rückzahlung des Kapitals)	Abzinsung (Nennwert – Zinsen = Kaufpreis)
Zinsberechnungsmethode	actual/actual (taggenau)	actual/actual
Laufzeit	Typ A: 6 Jahre Typ B: 7 Jahre	1 Jahr und 2 Jahre

1 im Geschäftsverkehr Deutsche Finanzagentur genannt.

Rückzahlung	Typ A zum Nennwert Typ B zum Rückzahlungswert (= Nennwert + Zinsen)	zum Nennwert
Erwerber	nur natürliche Personen sowie gebietsansässige Einrichtungen, die gemeinnützigen, mildtätigen oder kirchlichen Zwecken dienen	jedermann außer Kreditinstitute
Verkauf bzw. vorzeitige Rückgabe	Es können jederzeit nach dem ersten Laufzeitjahr bis zu 5.000 EUR je Gläubiger innerhalb 30 Zinstagen zurückgegeben werden	nicht möglich
Übertragbarkeit auf Dritte	jederzeit auf Erwerbsberechtigte	jederzeit auf Erwerbsberechtigte
Verkaufsstellen	Deutsche Finanzagentur und Kreditinstitute	
Lieferung	Wertrechte (= Anteile an einer Sammelschuldbuchforderung oder Einzelschuldbuchforderung): keine effektiven Stücke	
Verwahrung/Verwaltung	Banken, Sparkassen, Kreditgenossenschaften sowie Deutsche Finanzagentur	
Kosten und Gebühren: Erwerb Einlösung bei Fälligkeit Verwaltung durch ■ Kreditinstitute ■ Deutsche Finanzagentur	 gebührenfrei gebührenfrei Depotgebühren gebührenfrei	 gebührenfrei gebührenfrei Depotgebühren gebührenfrei

Erwerb der Bundeswertpapiere

Bundeswertpapiere können sowohl über alle Banken und Sparkassen als auch direkt über die Deutsche Finanzagentur erworben werden. Der Erwerb sowie die Einlösung bei Fälligkeit ist für den Anleger kostenfrei. Übernimmt ein Kreditinstitut die Verwahrung und Verwaltung der Bundeswertpapiere für den Kunden, fallen Depotgebühren an. Werden die Bundeswertpapiere auf einem Einzelschuldbuchkonto bei der Deutschen Finanzagentur gebucht, erfolgt dies gebührenfrei.

Bei Bundeswertpapieren handelt es sich um Wertrechte, d. h., dass die Forderung des Anlegers lediglich buchmäßig erfasst ist und hierüber keine Urkunde ausgestellt wird.

Lässt der Anleger seine Bundeswertpapiere im Depot eines Kreditinstituts verwahren, so ist bei der Deutschen Finanzagentur das Kreditinstitut und nicht der einzelne Anleger eingetragen. In diesem Zusammenhang wird von einer Sammelschuldbuchforderung gesprochen. Hat der Geldanleger die Deutsche Finanzagentur mit der Verwahrung beauftragt, handelt es sich um eine Einzelschuldbuchforderung, da in diesem Fall der Anleger wie bei einem Bankkonto namentlich eingetragen ist.

Die **Zinsen für die Bundeswertpapiere** werden mit der kalendergenauen Zinsberechnungsmethode berechnet (**actual/actual**).

2.2 Bundesschatzbriefe

Überblick über die Bundesschatzbriefe:	
Typ A	**Typ B**
■ Laufzeit: 6 Jahre ■ Zinszahlung erfolgt jährlich ■ Steuerpflicht für Zinsen entsteht jährlich	■ Laufzeit: 7 Jahre ■ Zinsen und Zinseszinsen werden dem Kapital zugeschlagen und am Ende der Laufzeit ausgezahlt ■ Steuerpflicht für Zinsen erst bei Rückzahlung

Bei beiden Arten des Bundesschatzbriefs steigen die Zinssätze mit den Jahren der Anlage.

Bundesschatzbriefe sind nicht börsengehandelt und weisen eine eingeschränkte Liquidität auf.

Nach dem ersten Laufzeitjahr können je Gläubiger bis zu 5.000 EUR innerhalb von 30 Zinstagen an die Deutsche Finanzagentur zurückgegeben werden.

Bundesschatzbriefe ab 15. Juni 2010, 12.00 Uhr				
Typ	**A**		**B**	
Ausgabe Zinsenlauf ab Fälligkeit ISIN WKN	**2010/09** **01.06.2010** **01.06.2016** **DE0001118669** **111866**		**2010/10** **01.06.2010** **01.06.2017** **DE0001118677** **111867**	
Laufzeitjahr	**Zinssätze**	Rendite	**Zinssätze**	Rendite
1. (06/2010–05/2011)	**0,25 %**	0,25 %	**0,25 %**	0,25 %
2. (06/2011–05/2012)	**0,25 %**	0,25 %	**0,25 %**	0,25 %
3. (06/2012–05/2013)	**0,75 %**	0,42 %	**0,75 %**	0,42 %
4. (06/2013–05/2014)	**1,75 %**	0,75 %	**1,75 %**	0,75 %
5. (06/2014–05/2015)	**3,00 %**	1,18 %	**3,00 %**	1,19 %
6. (06/2015–05/2016)	**3,25 %**	**1,51 %**	**3,25 %**	1,53 %
7. (06/2016–05/2017)			**3,25 %**	**1,78 %**
Stückelung: 0,01 EUR Mindestnennwert: 50 EUR Mindestauftrag im Direkterwerb über die Finanzagentur: 52 EUR Rückzahlungswert für Typ B je 100 EUR Nennwert: 113,13 EUR				

Quelle: www.deutsche-finanzagentur.de

Beispiel

Erwin Krause möchte sein Geld sicher in Bundeswertpapieren anlegen. Von den jährlichen Zinserträgen möchte er mit seiner Ehefrau in den Urlaub fahren. Daher kauft er einen Bundesschatzbrief Typ A.

Eva Schauer möchte eine Erbschaft sicher und gewinnbringend anlegen. Auf die jährliche Auszahlung von Zinsen legt sie keinen Wert. Um den Zinseszinseffekt zu nutzen, legt Eva Schauer den Geldbetrag in einem Bundesschatzbrief Typ B an. Um Depotkosten zu sparen, kauft sie diese direkt bei der Deutschen Finanzagentur.

2.3 Finanzierungsschätze

Bei den Finanzierungsschätzen des Bundes handelt es sich um kurzfristige Geldanlagen mit einer Laufzeit von 1 oder 2 Jahren. Sie werden mit einem Abschlag ausgegeben, da keine laufenden Zinsausschüttungen vorgesehen sind (Verkaufspreis = Nennwert – Zinsen). Der sogenannte Verkaufszinssatz dient nur der Ermittlung des Abschlags bei der Ausgabe. Er ist für die Laufzeit fest und zuvor von der Deutschen Finanzagentur entsprechend der Marktlage festgesetzt worden. Die tatsächlich erzielte Rendite (= Zinsertrag bezogen auf den Kaufpreis) wird finanzmathematisch berechnet.

Finanzierungsschätze ab 30. Juni 2010, 12.00 Uhr

Laufzeit	1 Jahr	2 Jahre
ISIN	DE0001116986	DE0001116994
WKN	111698	111699
Fälligkeit	20.07.2011	20.07.2012
Verkaufszinssatz	**0,16 %**	**0,33 %**
Rendite (Zinsertrag bezogen auf Kaufpreis)	**0,16 %**	**0,33 %**
Für eine Jahresanlage über[1]	500,00 EUR	500,00 EUR
Kaufpreis[2]	499,20 EUR	496,70 EUR
Zinsertrag[2]	0,80 EUR für 1 Jahr	3,30 EUR für 2 Jahre

Stückelung: 0,01 EUR
Mindestauftrag: 500 EUR

[1] Anlage entspricht dem Nominal- und Einlösungswert
[2] Bei einem Anlagezeitraum von genau 12 beziehungsweise 24 Monaten.

Quelle: www.deutsche-finanzagentur.de

Bei den Finanzierungsschätzen wird der Verkaufszinssatz auf den Nennwert gerechnet.

Beispiele: Finanzierungsschätze

1. Mit einjähriger Laufzeit
   Verkaufszinssatz: 3,85 %

Für einen Nennwert über	100,00 EUR
abzüglich der Zinsen	3,85 EUR
= Kaufpreis:	96,15 EUR

▶ Berechnung der Rendite (= Zinsertrag bezogen auf den Kaufpreis)

$$R = \frac{3{,}85 \cdot 100}{96{,}15} = 4{,}00\ \%$$

2. Mit einer Laufzeit von 2 Jahren
   Verkaufszinssatz: 3,86 % (p. a.)

Für einen Nennwert über	100,00 EUR
abzüglich der Zinsen (2 · 3,86 %)	7,72 EUR
= Kaufpreis:	92,28 EUR

▶ Finanzmathematische Berechnung der Rendite: $p = (\sqrt{K_n/K_0} - 1) \cdot 100$

$p = (\sqrt{100/92{,}28} - 1) \cdot 100 = 4{,}1\ \%$

Ein Verkauf von Finanzierungsschätzen über die Börse ist nicht möglich. Es gibt keine vorzeitige Rückgabemöglichkeit.

Beispiel

Ute Stocker möchte in einem Jahr heiraten. Dafür hat sie bereits 5.000 EUR angespart. Diese möchte sie nun gewinnbringend und sicher anlegen. Daher kauft sie bei ihrer Sparkasse einen einjährigen Finanzierungsschatz.

2.4 Tagesanleihe[1]

Rechtliche Grundlagen

Die Tagesanleihe ist ein Wertpapier mit täglicher Verfügbarkeit. Sie wird im Namen und im Auftrag des Bundes von der Deutschen Finanzagentur vertrieben.

Anteile an der Tagesanleihe werden als Einzelschuldbuchforderungen begründet. Einzelheiten des Erwerbs und der Verzinsung regeln die Emissionsbedingungen.

- Der Gläubiger kann seine Anteile an der Tagesanleihe jederzeit bis zu einem Nennwert in Höhe von einer Million Euro je Bankgeschäftstag zurückgeben.
- Der Rückgabeerlös errechnet sich auf Basis des maßgeblichen Tagespreises. Maßgeblich ist der Tagespreis, der für den auf den Tag des Auftragseingangs folgenden Bankgeschäftstag berechnet wird.

Der Brutto-Rückgabeerlös – ohne Berücksichtigung von Steuern – ergibt sich wie folgt:

$\textbf{Rückgabeerlös}_t = \textbf{Nennwert}_t \cdot \textbf{Tagespreis}_{t+1}$

t = Tag des Auftragseingangs
t + 1 = Bankgeschäftstag nach Auftragseingang

Beispiel

Der Nennwert einer Anlage sei 10.000 EUR.
Bei einem Auftragseingang am 02.07. vor 12:00 Uhr zur Rückgabe am nächsten Geschäftstag sei der Tagespreis am nächsten Geschäftstag: 102,457845 %. Daraus ergibt sich der Brutto-Rückgabeerlös:
10.000 · 102,457845/100 = 10.245,78 EUR

Verzinsung und Tagespreis

Der Tagespreis wird von der Berechnungsstelle grundsätzlich kalendertäglich für den Folgetag berechnet und auf der Internetseite www.deutsche-finanzagentur.de an jedem Bankgeschäftstag veröffentlicht. Der Tagespreis wird kaufmännisch gerundet mit sechs Nachkommastellen angegeben. Die angewandte Zinsberechnungsmethode ist actual/360.

Die Tagesanleihe wird variabel bei kalendertäglicher Zinsanpassung verzinst.

Der Tageszinssatz eines Tages wird anhand des Referenzwertes berechnet. **Referenzwert** ist der am Vortag vor 20:00 Uhr von der Europäischen Zentralbank festgestellte und veröffentlichte „Euro OverNight Index Average"-Satz (**„EONIA-Satz"**). Der EONIA-Satz ist ein effektiver Tagesgeldsatz, der als umsatzgewichteter Durchschnitt aller unbesicherten Euro-Tagesgeldausleihungen im Interbankenmarkt berechnet wird.

1 Tagesanleihen sind nicht im Lehrplan Finanzmanagement enthalten, weil es diese bei Lehrplanerstellung noch nicht gab.

Der Tagespreis eines beliebigen Kalendertages bildet sich aus dem Tagespreis des vorherigen Kalendertages zuzüglich eines Preisaufschlags, der auf Grundlage des jeweiligen Tageszinssatzes berechnet wird.[1]

Tagespreis t = Tagespreis_{t-1} (1 + Tageszinssatz_t/360)
t = aktueller Kalendertag („heute“)
t–1 = Vortag („gestern“)
Tageszinssatz = V.-H.-Satz, ausgedrückt als Dezimalbruch (Beispiel: 1,00 % = 0,01)

Beispiel

Ermittlung des Tagespreises:
EONIA-Satz aktuell: 4 % = Tagesgeldzinssatz 4 · 0,925[2] = 3,7 % p. a.
Tageszinssatz in Prozent, ausgedrückt als Dezimalbruch: 3,7/360/100 = 0,00010277 %
Tagespreis (1 + 0,00010277) · 100 = 100,010278 %
Tagespreis bei Erwerb von 10.000 EUR: 10.000 EUR
Tagespreis am nächsten Bankarbeitstag (= Rückgabewert):
10.000 · 100,010278/100 = 10.001,03 EUR
Rechnerischer Tagespreis am 10. Bankarbeitstag bei gleichen Zinsbedingungen:
$1{,}00010277^{10}$ = 1,001028 (bei Ausgabe auf 6 Stellen nach dem Komma gerundet)

Zusammenfassung zu Kapitel 2:
Einlageformen bei der Deutschen Finanzagentur

Merkmal	Bundesschatzbriefe	Finanzierungsschätze
Laufzeit	■ Typ A 6 Jahre ■ Typ B 7 Jahre	■ 1 Jahr ■ 2 Jahre
Verzinsung	fest vereinbart, während der Laufzeit steigend	gleichbleibend durch festen Abschlag vom Nennwert als Verkaufszinssatz
Steuerpflicht auf Zinsen	■ Typ A jährlich ■ Typ B bei Fälligkeit	bei Fälligkeit
Liquidität	nach einem Jahr: 5.000 EUR je Anleger in 30 Zinstagen	keine vorzeitige Rückgabemöglichkeit

Aufgaben und Probleme

Kapitel 2 Einlageformen bei der Deutschen Finanzagentur

1. Informieren Sie sich aus der Tageszeitung bzw. dem Internet über die aktuellen Konditionen der Bundesschatzbriefe, der Finanzierungsschätze und der Tagesanleihe.

2. Berechnen Sie die Rendite für folgenden Bundesschatzbrief:
   Typ B: Zinssätze 1,60 %; 1,80 %; 2,10 %; 2,60 %; 3,30 %; 3,80 %; 3,80 %.

1 Ein zusätzlicher Renditerechner kann über die homepage www.tagesanleihe.de aktiviert werden.
2 für EONIA von 2 % bis 6 %: EONIA · 0,925

❸ Berechnen Sie den Ausgabepreis und den auf den Kaufpreis bezogenen Zinsertrag (= Rendite) für einen einjährigen Finanzierungsschatz mit einem Verkaufszinssatz von 3,50 %.

❹ Finanzierungsschätze mit einer Laufzeit von 2 Jahren und einem Rückzahlungswert von 40.000 EUR werden erworben. Als Verkaufszinssatz gelten 3,0 % p. a.
a) Berechnen Sie den Anlagebetrag.
b) Berechnen Sie die effektive Jahresverzinsung (Rendite).

Vertiefungsaufgaben Tagesanleihe

❺ Nennen Sie vier Vorteile der Tagesanleihe.

❻ Der Tagespreis einer Tagesanleihe belief sich am 31.12. auf 103,984632 %.
a) Berechnen Sie den Jahresendpreis unter der Bedingung, dass der EONIA-Satz am 31.12. 6 % beträgt.
b) Der Anleger hatte einen Nennwert von 100.000 EUR am 15.07. zum Tagespreis von 102,396877 % erworben. Ermitteln Sie die Zinsauszahlung zum 01.01. des Folgejahres ohne Berücksichtigung der Abgeltungsteuer und des Solidaritätszuschlags.

❼ Berechnen Sie den rechnerischen effektiven Jahreszinssatz für eine Tagesanleihe, die zu Jahresbeginn bei einem EONIA-Satz von 5 % angelegt wird, unter der Bedingung, dass sich der EONIA-Satz während des ganzen Jahres nicht verändern würde.

3 Sparen mit einem Bausparvertrag

Der Begriff „Bausparen" verweist sowohl auf **„Sparen"** als auch auf **„Bauen"**.

! Bausparen → zweckgebundene Sparform, unterstützt durch staatliche Förderung
Bausparen → Anspruch auf Darlehen für Bauzwecke

Die Bausparkassen sind Spezialkreditinstitute, die aufgrund der im Bausparkassengesetz geregelten Begrenzung ihrer Geschäfte in erster Linie die Wohnbaufinanzierung betreiben. Die Bausparkassen unterscheiden sich durch ihre Rechtsform, es gibt 14 private Bausparkassen und 10 öffentlich-rechtliche Landesbausparkassen. Aufgrund der rechtlichen Vorgaben ist das Grundprinzip des Bausparens bei allen Bausparkassen gleich.

3.1 Der Grundgedanke des Bausparens

! **Die Grundidee des Bausparens besteht darin, dass jemand, der kontinuierlich über mehrere Jahre hinweg gespart hat, ein Anrecht auf ein Darlehen für den Erwerb von Wohneigentum erwirbt.**

Der Grundgedanke des Bausparens kann modellhaft wie folgt gezeigt werden.

Modell des Bausparkollektivs
- Es gibt 10 Sparer (Bausparfreunde), die später das Darlehen zum Bauen verwenden wollen.
- Jeder Sparer spart pro Jahr 10.000 EUR bis zum Erhalt des Darlehens.
- Jeder Sparer möchte 100.000 EUR für den Hauskauf erhalten.
- Das erhaltene Darlehen wird in gleichen Jahresraten zu 10.000 EUR getilgt.
- Der Darlehensanspruch wird zeitlich „freundschaftlich“ im Einvernehmen oder durch Los bestimmt.
- Die Sparer vertrauen einander in Bezug auf die Sicherheit der Rückzahlung.
- Zinsen werden nicht berücksichtigt.

	1. Jahr	2. Jahr	3. Jahr	4.–9. Jahr	10. Jahr
Sparleistungen	10 · 10.000	9 · 10.000	8 · 10.000	nicht ausgeführt, da entsprechend den ersten Jahren fortgesetzt	10.000
+ Tilgungen	0	10.000	2 · 10.000		9 · 10.000
Summe (Zuteilungsmasse)	100.000	100.000	100.000		100.000
Auszahlung für Hausbau an einen Sparer	100.000	100.000	100.000		100.000

Ergebnis:
- Ohne gegenseitiges Darlehen müsste jeder Sparer 10 Jahre sparen, bis er die gewünschte Summe zum Hausbau zur Verfügung hätte.
- Durch die gemeinschaftliche Vereinbarung kann jedes Jahr ein Sparer über die gewünschte Summe verfügen.
- Die durchschnittliche „Wartezeit“ bis zur Erfüllung des Bauwunsches sinkt von 10 Jahren auf 5,5 Jahre.
- Je mehr Personen sparen, also je größer das Bausparkollektiv ist, umso leichter können Darlehen gegeben werden.

Das regelmäßige Bauspargeschäft unterscheidet sich vom üblichen Bankgeschäft dadurch, dass die Auszahlung der Guthaben und die Gewährung von Darlehen von dem Umfang der von den Bausparern selbst aufgebrachten Mittel abhängt. Letztere werden als Zuteilungsmasse bezeichnet.

!

Zuteilungsmasse:
- Spargelder
- Tilgungsbeiträge
- Zinsgutschriften
- Gutschriften von Wohnungsbauprämien[1]

3.2 Ablauf des typischen Bausparens

Bausparen gliedert sich in drei Abschnitte, die Sparphase, die Zuteilung und die Darlehensphase.

!

In der Sparphase vereinbart der Bausparer mit der Bausparkasse eine bestimmte, feste Vertragssumme, die sogenannte Bausparsumme, und zahlt regelmäßige Sparbeiträge ein.

1 Vgl. Kapitel C 4

Das Guthaben wird je nach Bauspartarif mit einem im Voraus vereinbarten Zinssatz verzinst, meistens zwischen 0,5 % und 4 %. Staatliche Vergünstigungen[1] können, sofern die Bedingungen vorliegen, zusätzlich in Anspruch genommen werden. Wenn auch mit dem Sparen ein Darlehensanspruch zu einem bereits bei Vertragsabschluss vereinbarten Zinssatz erworben wird, muss das Sparguthaben letztlich keineswegs für wohnwirtschaftliche Maßnahmen verwendet werden.[2] Man kann auch sagen:

Bausparen ist Sparen, bei dem unter bestimmten Voraussetzungen staatliche Zulagen zu erhalten sind und das zu einem Darlehen für wohnwirtschaftliche Zwecke berechtigt.

Voraussetzung dafür, dass der Bausparer ohne Kündigung sein Guthaben und/oder ein Darlehen von der Bausparkasse erhält, ist die sogenannte Zuteilung. Sie kann nur in dem Umfang und zu dem Zeitpunkt erfolgen, in dem der Bausparkasse genügend Mittel zur Verfügung stehen. Welche Bausparverträge dabei zum Zuge kommen, wird mittels der Berechnung der sogenannten Zielbewertungszahl[3] festgelegt.

Der Ablauf des Bausparens bis zur Zuteilung	
	Merkmale
Sparphase ca. 7–8 Jahre	■ Vereinbarung einer bestimmten Bausparsumme ■ Entrichtung der vereinbarten Abschlussgebühr ■ individuelle Ansparung durch regelmäßige Sparraten und/oder Sonderzahlungen, meistens nur bis zur Höhe der Mindestansparung ■ Zinsgutschriften auf Sparguthaben ■ Erlangung staatlicher Vergünstigungen, wenn Voraussetzungen erfüllt werden
Zuteilung	■ Auszahlung des Guthabens und Möglichkeit zur Auszahlung des Bauspardarlehens ■ Zuteilungsvoraussetzungen: – Mindestansparung, z. B. 40 % oder 50 % der Bausparsumme, erreicht – evtl. Mindestansparzeit, z. B. 18–60 Monate, erfüllt – Erreichung der festgelegten Bewertungszahl

3.3 Abschluss und Inhalt des Bausparvertrags[4]

Der Bausparer verpflichtet sich bei zahlreichen Bausparverträgen mit dem Vertragsabschluss zur Entrichtung einer **Abschlussgebühr** zwischen 1 % und 1,6 % der Bausparsumme. Die Gebühr ist aber nicht sofort zu zahlen. Einzahlungen werden zuerst mit der Gebühr verrechnet. Bei einigen Bausparkassen wird die Gebühr wieder zur Verfügung gestellt, wenn später kein Darlehen beansprucht wird. Der **Regelsparbeitrag** ist im Bauspartarif festgelegt. Bei den Standardtarifen beträgt er monatlich meistens 4 ‰ der Bausparsumme, also 4 EUR auf 1.000 EUR Bausparsumme. Die Einzahlung auf den Bausparvertrag ist eine sogenannte „Naturalobligation", die von der Bausparkasse nicht eingeklagt wird. Der Sparer ist im Grunde genommen in der Höhe seiner Sparzahlungen frei. Wenn er aber in Höhe des Regelsparbeitrags einzahlt, kann er mit einem regelmäßigen Vertragsablauf rechnen. Ein erforderliches **Mindestsparguthaben** für die Zuteilung ist dann in der geplanten Zeit erreicht.

1 Vgl. Kapitel C 4
2 Dies gilt für Verträge ab 2009 für Bausparer, die bei Vertragsabschluss nicht älter als 25 waren.
3 Einzelheiten hierzu siehe Kap. C 3.5.1
4 Ausführlicher behandelt im Vertiefungskapitel C 3.5.2

Die **Bausparsumme** legt das Sparziel und den Anspruch auf ein Darlehen fest. Sie ist Grundlage für die Höhe der Abschlussgebühr, den Regelsparbeitrag und den Tilgungsbeitrag bei Beanspruchung des Darlehens.

Die Bausparsumme sollte sich einerseits nach den Ansparmöglichkeiten, andererseits nach dem vielleicht schon absehbaren Darlehensbedarf richten. Wird die Bausparsumme so hoch gewählt, dass nicht mindestens der Regelsparbeitrag erbracht werden kann, muss der Bausparer zu lange auf die Zuteilung warten.

Beispiel

Ein Tarif sieht ein Mindestsparguthaben von 40 %, einen Regelsparbeitrag von 4 ‰, einen Tilgungsbeitrag einschließlich Zinsen von 6 ‰ und eine Abschlussgebühr von 1 % vor. Der Guthabenzins beträgt 3 %, der Darlehenszins 5 %. Daraus ergibt sich folgender Regelverlauf: Ein Bausparer schließt einen Vertrag über 50.000 EUR ab. Dem Bausparkonto wird zunächst die Abschlussgebühr von 500 EUR belastet. Der Sparer leistet Regelsparbeiträge von monatlich 200 EUR. Das Sparguthaben wachse mit Zinsen nach gut 7 Jahren auf 20.500 EUR an. Wird der Vertrag jetzt zugeteilt, so kann der Bausparer mit einem Darlehen von 29.500 EUR rechnen. Ist der Vertrag noch nicht zuteilungsreif, weil dies die Zuteilungsmasse noch nicht erlaubt, kann die Leistung des Regelsparbeitrags ausgesetzt werden. Weitere Einzahlungen erhöhen zwar die Zuteilungschancen, verringern aber bei vielen Tarifen entsprechend den Darlehensanspruch.

3.4 Bauspartarife

Die Bausparkassen bieten jeweils unterschiedliche Tarife, d. h. Vertragsbedingungen, an. Ein Bauspartarif hat zu den angebotenen Bedingungen oft über einen Zeitraum von 20 Jahren und mehr für die Bausparer Gültigkeit. Er kann also nicht wie andere Bankprodukte rasch an sich ändernde wirtschaftliche Rahmenbedingungen angepasst werden. Aus diesem Grund ist er regelmäßig das Ergebnis des Einsatzes komplizierter mathematischer Rechenverfahren.

Als Bausparer sollte man von Anfang an möglichst einen Tarif wählen, der am ehesten zu den schon bekannten Zielvorstellungen passt. Unterschieden werden meistens drei Hauptgruppen von Tarifarten:

- **Standardtarif:** Dieser Tarif ist auf eine mittlere Spar- und Tilgungsbelastung abgestellt. Er ist für alle sinnvoll, deren Geldbedarf mittelfristig ist und die daran denken, einmal den Erwerb von Wohnungseigentum mit Bausparmitteln zu finanzieren. Die gesamte Dauer des regulären Ablaufs eines solchen Tarifs liegt bei etwa 20 Jahren, nämlich etwa 8 Jahre Ansparzeit und etwa 12 Jahre Rückzahlungszeit.
- **Schnelltarif:** Bei dieser Tarifvariante ist die gesamte Vertragsdauer kürzer, das heißt, es wird schneller angespart, somit schneller zugeteilt und das Bauspardarlehen schneller zurückgezahlt. Er kommt für Modernisierer, für relativ kleine Bausparsummen oder für Bauwillige infrage, die rasch ein Bauspardarlehen beanspruchen wollen und hohe monatliche Spar- und Tilgungsleistungen erbringen wollen und können.
- **Hochzins-/Langzeittarif:** Alle, die noch keine konkrete Verwendung für frei werdende Bausparmittel sehen, werden zunächst einen Tarif wählen, bei dem der Guthabenzins höher (Hochzinstarif) und die Einzahlungsfristen länger sind. Das sind besonders Berufsanfänger, die ihre vermögenswirksamen Leistungen auf ihren Bausparvertrag einzahlen, oder auch Umschuldner, die längerfristig ihre Bankdarlehen ablösen wollen.

Von einem **Optionstarif** wird dann gesprochen, wenn der Bausparer während der Vertragslaufzeit andere Zins-, Spar- und Rückzahlungsbedingungen wählen kann. Beispielsweise kann er nachträglich auf die höhere Verzinsung verzichten und damit eine schnellere Zuteilung erhalten. Manche Bausparkassen bieten nur solche sehr flexiblen Varianten an.

Beispiel

Monatlicher Sparbeitrag 200 EUR, Mindestansparung 40 %.
Bausparsumme in Abhängigkeit von der Sparzeit:

Sparzeit	Bausparguthaben in EUR ohne Wohnungsbauprämie	angemessene Bausparsumme (Standardtarif) in EUR
5 Jahre	12.760	31.000
6 Jahre	15.510	38.000
7 Jahre	18.320	45.000
8 Jahre	21.200	53.000
9 Jahre	24.160	60.000
10 Jahre	27.200	67.000

Entscheidungstableau für die Tarifwahl
von Bewertungsziffer 1 = „trifft nicht zu" bis zu Bewertungsziffer 5 = „trifft voll zu"

Tarifmerkmal	**Standardtarif**	**Schnelltarif**	**Hochzinstarif**
hoher Guthabenzins	3	3	5
niedriger Darlehenszins	2	2	1
schnelle Zuteilung	4	5	1
kurze Tilgungszeit	3	3	4
niedrige Tilgungshöhe	3	1	1

Tarife der LBS Baden-Württemberg (Auszug)

Tarifvariante Classic	**S Standard**	**U 6**	**N Niedrigzins**[2]	**B Bonus**[3]	**F 5 Finanzierer**[1]
Mindestbausparsumme in Tsd. Euro	5	5	5	5	50
Abschlussgebühr in % der BS	1 %	1 %	1 %	1 %	1 %
Zinsen					
Guthabenzins in %	1,50	0,50	0,50	1,50	0,50
Bonus in %	0	0	0	1,50/3,00[4]	0
Darlehenszins in %	4,25	3,25	1,50	4,75	2,95
effektiver Jahreszins ab Zuteilung	4,55	3,67	1,82	5,15	3,17

1 Mindestbausparsumme 50.000 EUR.

2 Bis zur Beantragung des Bauspardarlehens ist ein Wechsel in eine Variante mit 4 ‰ Tilgungsbeitrag und einem Darlehenszins von 3,25 % (effektiver Jahreszns ab Zuteilung gemäß PAngV 3,44 %) möglich.

3 Höchstbausparsumme pro Bausparvertrag 50.000 EUR.

4 Voraussetzung für den Erhalt des Bonus ist die Zuteilung des Bausparvertrages. Im Abschlussjahr und in den folgenden 10 Kalenderjahren beträgt der Bonus 1,50 %, die Gesamtverzinsung 3,00 %. Danach ist der Bonus von der Umlaufrendite abhängig.

Zuteilung	S	U 6	N 8	B	F 5
Regelsparbeitrag monatl. in ‰ der Bausparsumme	4	4	4	4	4
Zins- u. Tilgungsbeitrag monatl. in ‰ der Bausparsumme	6	6	8	8	5
Mindestsparzeit in Monaten	18	18	18	80	18
Mindestsparguthaben in % der Bausparsumme	40	40	40	40	40
Darlehenslaufzeit					
Bei maximalem Darlehensanspruch	10 J., 4 M.	9 J., 9 M.	6 J., 7 M.	7 J., 5 M.	11 J., 11 M.
Wechsel möglich in Variante	–	–	F 5, U 6	S	U 6

Beurteilung des Bausparens

„Die Wiedergeburt des Bausparens

… Lange galt Bausparen als bieder und altmodisch. Doch jetzt hat Mathias Metz, Vorstandsvorsitzender der Bausparkasse Schwäbisch Hall, in diesen für viele in der Finanzbranche schweren Zeiten gut lachen. ‚Kunden und Politiker schätzen die Stabilität, die vom Bausparen ausgeht', will Metz beobachtet haben. …"

Frankfurter Allgemeine Zeitung, 30.10.2008

Als Vorteile des Bausparens in der Sparphase werden meistens genannt:

- **Sichere Geldanlage (Einlagensicherung und staatliche Aufsicht)[1]**
- **Guthabenverzinsung je nach Tarif fest**
- **Staatliche Förderung durch Wohnungsbauprämie und Arbeitnehmer-Sparzulage[2]**
- **Flexibilität durch Vertragsänderung mit anderer Verzinsung**
- **Jederzeit Zusatzzahlungen möglich**
- **Sparbeitrag nicht einklagbar, kann ausgesetzt werden**
- **Freie Verfügung über Guthaben nach Kündigung möglich**
- **Zeitpunktbezogener Einsatz für Bauzwecke**
- **Bei Darlehensverzicht evtl. Erstattung der Abschlussgebühr**

Nachteilig ist die Verpflichtung zur Zahlung der Abschlussgebühr, insbesondere, wenn der Vertrag nur kurze Zeit bespart wird.

1 Vgl. Kap. C 6
2 Vgl. Kap. C 4

Beispiel

Ein Bausparvertrag wird über eine Bausparsumme von 50.000 EUR abgeschlossen. Der Bauspartarif sieht eine Mindestansparung von 40 % vor. Nach Erreichen dieser Quote, also bei einem Guthaben von 20.000 EUR, soll über das Guthaben verfügt werden. Die beim Abschluss zu entrichtende Abschlussgebühr von 1 % auf die Bausparsumme, also 500 EUR, macht aber, bezogen auf die tatsächliche Sparsumme, dann 2,5 % aus und beeinträchtigt auch bei einer angenommenen Laufzeit bis zur Zuteilung von 8 Jahren die Rentabilität erheblich, durchschnittlich mit 0,3125 % p.a.

Je nach der aktuellen Kapitalmarktsituation könnte bei einer anderen Geldanlageform eine höhere Verzinsung erlangt werden.

Wer die Absicht hat, später einmal Wohneigentum zu erwerben, wird den Abschluss eines Bausparvertrags erwägen. Dieser ermöglicht eine günstige nachrangige Sicherheit. Ein etwaiger Zinsvorteil beim Bauspardarlehen wird unter Umständen mit einem entgangenen Zinsertrag in den Sparjahren einhergehen. Ob es dann besser gewesen wäre, bei einer Bank zu sparen und ein Darlehen am Kapitalmarkt aufzunehmen, kann exakt nur im Nachhinein beurteilt werden.

3.5 Vertiefungsinhalte zum Bausparen[1]

3.5.1 Allgemeine bausparrechtliche Rahmenbedingungen

! **Bausparkassen sind Kreditinstitute mit besonderen Aufgaben. Als solche unterliegen sie der vollen Aufsicht durch die Bundesanstalt für Finanzdienstleistungsaufsicht (BaFin).**

Die Einlagen bei Bausparkassen sind bei allen Bausparkassen im Rahmen der EU-Vorschriften des Anlegerentschädigungs- und Einlagensicherungsgesetzes gesetzlich gesichert[2]. Seit Bestehen der deutschen Bausparkassen hat es aber noch nie Probleme mit der Bauspareinlagensicherung gegeben. Durch die Vorschriften des **Bausparkassengesetzes** sind noch weitere umfassende Sicherheitsvorschriften gegeben.

§ 1 BauSparkG Begriffsbestimmungen

(1) Bausparkassen sind Kreditinstitute, deren Geschäftsbetrieb darauf gerichtet ist, Einlagen von Bausparern (Bauspareinlagen) entgegenzunehmen und aus den angesammelten Beträgen den Bausparern für wohnungswirtschaftliche Maßnahmen Gelddarlehen (Bauspardarlehen) zu gewähren (Bauspargeschäft). Das Bauspargeschäft darf nur von Bausparkassen betrieben werden.

(2) Bausparer ist, wer mit einer Bausparkasse einen Vertrag schließt, durch den er nach Leistung von Bauspareinlagen einen Rechtsanspruch auf Gewährung eines Bauspardarlehens erwirbt (Bausparvertrag).

Das Bausparkassengesetz wird ergänzt durch die **Bausparkassen-Verordnung**. Allgemeine Geschäftsgrundsätze enthalten institutsbezogene Grundlagen des Geschäftsbetriebs der Bausparkassen und die bausparmathematischen Grundlagen der Tarife. Die **Allgemeinen Bausparbedingungen** sind die vorformulierten Vertragsbedingungen für den Geschäftsverkehr der Bausparkasse mit den Bausparern in der Spar- und in der Darlehensphase. Die Bedingungen sind allen Verträgen zugrunde zu legen.

1 Insbesondere für Stoffbereich Allfinanzangebote, nicht zum Lehrplan Finanzmanagement gehörend.
2 Vgl. Kap. C 6

Während die privaten Bausparkassen im gesamten Bundesgebiet tätig sind, sind die Geschäftsgebiete der öffentlich-rechtlichen Bausparkassen innerhalb der Sparkassenorganisation regional begrenzt.

Der rechtliche Rahmen des Bauspargeschäfts	
Gesetzliche Vorgaben	
Kreditwesengesetz (KWG)	Allgemeine Aufsicht über Kreditinstitute gilt auch für Bausparkassen
Bausparkassengesetz (BauSparkG)	Spezielle Regelungen für den Betrieb einer Bausparkasse: ■ Rechtsform (AG oder öffentlich-rechtlich) ■ Prüfung und Aufsicht ■ zulässige Geschäftsarten ■ Rahmen für allgemeine Geschäftsgrundsätze und allgemeine Bedingungen für Bausparverträge ■ Zweckbindung der Bausparmittel ■ Sicherung der Bauspardarlehen
Verordnung zum Schutz der Gläubiger von Bausparkassen (Bausparkassen-Verordnung, BauSparkV)	■ Festsetzung von Maximalvolumen für die Anlage verfügbarer Bausparmittel und die Gewährung bestimmter Darlehen ■ Regelung zuteilungssichernder Maßnahmen
Von der Bundesanstalt für Finanzdienstleistungsaufsicht zu genehmigen	
Allgemeine Geschäftsgrundsätze	Institutsbezogene Grundlagen des Geschäftsbetriebs sowie bausparmathematische Grundlagen der Tarife
Allgemeine Bausparbedingungen	Vertragsbedingungen für den Geschäftsverkehr mit Bausparern in der Spar- und Darlehensphase
Ohne Genehmigungspflicht	
Bausparvertrag und Bauspardarlehensvereinbarung	Abschluss des Bausparvertrags bzw. der Darlehensvereinbarung zwischen Bausparkasse und Bausparer unter Zugrundelegung der allgemeinen Bausparbedingungen
Kreditvertrag und Kreditbedingungen	Kredite im nicht auf Bausparverträge bezogenen Geschäft der Bausparkasse

In Anlehnung an: Bausparkassen-Fachbuch der Bundesgeschäftsstelle Landesbausparkassen

3.5.2 Abschluss und ergänzende Inhalte des Bausparvertrags

> **Der Bausparvertrag kommt mit Annahme des Antrags durch die Bausparkasse zustande.** !

Der Zeitpunkt dieser Annahme wird in der später ausgestellten Annahmeurkunde festgehalten. Diese hat nur deklaratorischen Charakter. Maßgeblich für den Annahmezeitpunkt ist der Tag des Eingangs des Antrags beziehungsweise des Geldeingangs einer vorab geleisteten Einzahlung.

Diese Regelung über den Vertragsbeginn kann in Zusammenhang mit der staatlichen Förderung eine Rolle spielen. Wer am Jahresende, z.B. am 30.12., auf einen bestehenden Bausparvertrag einzahlt, kann für das entsprechende Kalenderjahr noch die Förderung beanspruchen.

Im Bausparvertrag werden folgende Hauptpunkte festgehalten:

- Name der Bausparkasse
- Name und Anschrift der/s Bausparer/s und ggf. der gesetzlichen Vertreter; evtl. Gemeinschaftskonto für Eheleute; Vertrag mit Wohnungseigentumsgemeinschaften; Vertrag ist auch mit juristischen Personen möglich
- Tarifvariante, Bausparsumme, Abschlussgebühr, Regelsparbeitrag, Zahlungsbeginn
- Begünstigung Dritter für den Todesfall
- Vollmachtserteilung an Dritte
- Widerrufsbelehrung und Datenschutzerklärung
- Anerkennung der allgemeinen Bedingungen für Bausparverträge
- Vermerk über die Legitimationsprüfung (hier gelten die gleichen Regeln wie bei einer Kontoeröffnung)

Die bezahlte **Abschlussgebühr** gehört zu den mit Wohnungsbauprämie geförderten Bausparbeiträgen. Bei Vermietung und Verpachtung des Objekts kann die Gebühr als Werbungskosten steuerlich geltend gemacht werden, wenn der Bausparvertrag in direktem Zusammenhang mit einer Finanzierung abgeschlossen worden ist. Bei Verzicht auf ein Darlehen erstatten manche Bausparkassen die Gebühr oder verrechnen diese bei einem Neuabschluss. Dies gilt aber nicht bei Kündigung des Vertrags durch den Bausparer.

Ein für den Bausparvertrag vom Bausparer bestimmter **Bevollmächtigter** ist berechtigt, im Namen des Bausparers oder dessen Erben Verfügungen zu treffen. Er kann z. B. den Vertrag im Namen der Erben kündigen, die Zuteilung annehmen oder Zahlungen aus dem Bausparvertrag entgegennehmen oder leisten. Der Bevollmächtigte ist verfügungs-, aber nicht anspruchsberechtigt. Die Vollmacht gilt regelmäßig über den Tod des Bausparers hinaus. Sie kann vom Bausparer oder dessen Erben jederzeit widerrufen werden.

Durch einen **Vertrag zugunsten Dritter** zwischen Bausparer und Bausparkasse wird festgelegt, dass der Dritte beim Eintritt bestimmter Voraussetzungen, z. B. bei Tod des Bausparers, unmittelbar den Anspruch auf die Leistungen aus dem Bausparvertrag hat. Insbesondere im Falle des Todes des Bausparers gehen alle Rechte auf den Begünstigten über, ohne dass das Guthaben in den Nachlass des Bausparers fällt.

3.5.3 Vertragsänderungen beim Bausparen

Vertragsänderungen beim Bausparen					
Kündigung	**Teilung**	**Herabsetzung**	**Erhöhung**	**Zusammenlegung**	**Übertragung**

Kündigung des Bausparvertrags

Ein Bausparvertrag kann von den Vertragspartnern unter Einhaltung der vereinbarten Frist gekündigt werden. Die Bausparkasse wird nur in Ausnahmefällen kündigen, z. B., wenn der Bausparer die Vertragsbedingungen nicht einhält oder wenn ein Tarifwerk aufgegeben wird. Der Bausparer wird meistens dann kündigen, wenn er vor der Zuteilung über das Guthaben verfügen will. Bei einer Kündigung durch den Bausparer geht die staatliche Förderung verloren, wenn die Bindungsfristen nicht eingehalten werden.

Ändern sich während der Vertragslaufzeit die Zielvorstellungen, kann auch bei Bausparverträgen, die ursprünglich kein Optionsrecht enthielten, die Bausparsumme durch Zusammenlegung, Erhöhung oder Herabsetzung geändert werden. Die Zustimmung der Bausparkasse ist erforderlich, weil bei einer Anpassung geprüft werden muss, ob sich ein Bausparer Vorteile zulasten der Sparergemeinschaft verschaffen will. Bei einer Vertragsänderung wird der Bausparer regelmäßig mit einer Gebühr, meistens einer Pauschale, belastet.

Teilung des Bausparvertrags

Bei einer Teilung wird die Bausparsumme und/oder das angesparte Guthaben auf weitere Bausparverträge aufgeteilt.

Gründe für eine Teilung können sein:

- Der Bausparvertrag soll an mehrere Personen übertragen werden; der Bausparer will nur einen Teil der Bausparsumme wohnwirtschaftlich verwenden.
- Die Teilung kann „symmetrisch“ vorgenommen werden. Dabei wird das Guthaben des zu teilenden Vertrags genau im Verhältnis der Bausparsumme auf diese Verträge aufgeteilt. Die Bewertungszahl der Teilverträge entspricht dann genau derjenigen des bisherigen Vertrags.

Beispiel

Bausparsumme (Mindestansparung 50 %) bisher: 90.000 EUR, Guthaben 30.000 EUR.
Der Vertrag soll auf zwei Personen so aufgeteilt werden, dass A 2/3 und B 1/3 der Bausparsumme erhalten. Dies ergibt folgende Teilung:

- Bausparvertrag A: Bausparsumme 60.000 EUR, Guthaben 20.000 EUR;
- Bausparvertrag B: Bausparsumme 30.000 EUR, Guthaben 10.000 EUR.

Wenn der Bausparer nur einen Teil der Summe wohnwirtschaftlich verwenden will, ist eine „asymmetrische“ Teilung sinnvoll, bei der ein Vertrag möglichst bis zum Mindestguthaben aufgefüllt wird, damit er schneller zugeteilt bzw. für einen Zwischenkredit verwendet werden kann.

Beispiel

Bausparsumme (Mindestansparung 50 %) bisher: 90.000 EUR, Guthaben 30.000 EUR.
Der Bausparer benötigt für die Reparatur eines Flachdachs 40.000 EUR. Folgende Aufteilung wäre dann sinnvoll:

- Bausparvertrag A: Bausparsumme 40.000 EUR, Guthaben 20.000 EUR; dieser Vertrag erfüllt dann die Bedingungen für eine Zuteilung oder Zwischenfinanzierung und muss nicht mehr bespart werden. Regelmäßig ist eine Sperrzeit zu beachten.
- Bausparvertrag B: Bausparsumme 50.000 EUR, Guthaben 10.000 EUR; dieser Vertrag wird unter Berücksichtigung der geringeren Bausparsumme weiter regelmäßig bespart. Die Zuteilungsaussichten haben sich selbstverständlich verschlechtert.

Herabsetzung der Bausparsumme

Wenn abzusehen ist, dass die Erreichung des Bausparguthabens in der geplanten Zeit kaum mehr möglich ist, oder wenn aus anderen Gründen eine schnellere Zuteilung gewünscht wird, kann die Bausparsumme herabgesetzt werden. Bei Erhaltung des Guthabens verbessert dies die Zuteilung.

Beispiel

Bausparsumme (Mindestansparung 50 %) bisher: 90.000 EUR, Guthaben 30.000 EUR. Der Bausparer möchte sofort das Mindestguthaben erreichen. Der Vertrag wird dann auf 60.000 EUR Bausparsumme herabgesetzt. In die Überlegung muss allerdings einbezogen werden, dass bei den meisten Bausparverträgen die Abschlussgebühr für den herabgesetzten Betrag ersatzlos verfällt. Außerdem verringert sich der Anspruch auf ein Bauspardarlehen.

Erhöhung der Bausparsumme

Wenn mit einem Bausparvertrag mit relativ geringer Bausparsumme angefangen worden ist, kann sich herausstellen, dass sich die Sparzeit bis zur Realisierung eines Bauwunsches verlängert und sich das Sparziel eventuell zusätzlich erhöht. In einer solchen Situation ist es nicht sinnvoll, mehr als das notwendige Mindestsparguthaben auf den Vertrag zu sparen, weil sich dann zwar die Zuteilungsaussicht verbessert, der Darlehensanspruch aber vermindert. Einer Vertragserhöhung wird eine Bausparkasse deshalb immer zustimmen. Aus dem Erhöhungsbeitrag wird dann regelmäßig die Abschlussgebühr belastet. Die Zuteilungsaussicht vermindert sich für den neu vereinbarten Vertrag.

Zusammenlegung von Bausparverträgen

Eine Zusammenlegung von Bausparverträgen ist dann sinnvoll, wenn für ein Bauvorhaben mehrere Verträge verwendet werden sollen, die aber unterschiedlich hohe Besparungen aufweisen. Grundsätzlich können nur Verträge des gleichen Tarifs und der gleichen Tarifvariante zusammengelegt werden.

Übertragung von Bausparverträgen

Ein Bausparvertrag kann auf eine andere Person mit allen darin enthaltenen Rechten übertragen werden.

Gründe für den Übertragenden können sein:
- Wohnungswirtschaftliche Verwendung ist nicht möglich oder geplant.
- Für einen Nahestehenden oder Angehörigen soll eine Finanzierungshilfe gegeben werden.

Gründe für den Erwerb eines Bausparvertrags von einem anderen:
- Der Anspruch auf ein zinsgünstiges Darlehen soll ohne Wartezeit erworben werden.
- Wohnungswirtschaftliche Verwendung soll rasch ermöglicht werden.
- Zusammenlegung mit anderen Bausparverträgen oder Erhöhung der Bausparsumme ist vorgesehen.

Auch wer selbst keine konkreten Bauabsichten hat, kann die Vorteile des Bausparens für „Angehörige" im Sinne des § 15 der Abgabenordnung (AO) sichern. Ein Bausparvertrag kann mit allen Rechten auch vor Zuteilung für wohnungswirtschaftliche Zwecke bei Erhalt der staatlichen Förderung verwendet werden.

Beispiel

So können Eltern einen Vertrag auf ihre Kinder abschließen, über den diese die Wohnungsbauprämie erhalten. Wollen die Eltern dann ihr Haus renovieren, kann der Vertrag auf diese übertragen werden. Oder die Großeltern erhalten durch die geringe Rentenbesteuerung und das damit niedrigere zu versteuernde Einkommen Wohnungsbauprämie, schließen einen Bausparvertrag ab und verwenden diesen entweder für die Renovierung des eigenen Hauses, für den Einkauf in ein Seniorenheim, oder sie übertragen ihn auf den Sohn oder die Tochter, die sie in ihren Neubau aufnehmen.

§

§ 15 Abgabenordnung Angehörige

(1) Angehörige sind
1. der Verlobte,
2. der Ehegatte,
3. Verwandte und Verschwägerte gerader Linie,
4. Geschwister,
5. Kinder der Geschwister,
6. Ehegatten der Geschwister und Geschwister der Ehegatten,
7. Geschwister der Eltern,
8. Personen, die durch ein auf längere Dauer angelegtes Pflegeverhältnis mit häuslicher Gemeinschaft wie Eltern und Kind miteinander verbunden sind (Pflegeeltern und Pflegekinder).

Vertragsänderungen beim Bausparen				
Bedarfsermittlung	**Erhöhung**	**Teil-bauspar-vertrag**	**Ermäßigung**	**Teilung**
Das Bausparguthaben überschreitet die Mindestansparung (Überzahlung) oder hat eine sehr hohe Bewertungszahl. Wohnungswirtschaftliche Verwendung ist erst später vorgesehen.	X			
Der Bausparer benötigt nur das Sparguthaben oder einen Teil des Bausparvertrags. Der Restbausparvertrag soll weiterhin bespart werden.		X		
Der Bausparer benötigt nur das Sparguthaben oder einen Teil des Bausparvertrags, möchte aber keinen weiteren Bausparvertrag.			X	
Der Bausparer benötigt nur einen Teil des Bausparvertrags mit gleichmäßiger Guthabenverteilung.				X

3.5.4 Zuteilung

!

Die Zuteilung eines Bausparvertrags hat für den Bausparer eine doppelte Bedeutung:
- **Über das Bausparguthaben kann ohne Kündigung verfügt werden.**
- **Der Anspruch auf das Bauspardarlehen zu den vereinbarten Bedingungen ist entstanden.**

Der Zeitpunkt der Zuteilung wird dem Bausparer von der Bausparkasse mitgeteilt. Die Zuteilung muss vom Bausparer regelmäßig innerhalb einer bestimmten Frist angenommen werden.

Die Festlegung des Zuteilungszeitpunkts hängt einmal von der Entwicklung der Zuteilungsmasse insgesamt und zum anderen von der individuellen Entwicklung des einzelnen Bausparvertrags ab. Das Zuteilungsverfahren wird von der Bausparkasse in den Geschäftsbedingungen festgelegt. Die konkreten Berechnungen erfolgen mittels komplexer mathematischer Verfahren.

§

§ 5 BauSparkG Allgemeine Geschäftsgrundsätze

(2) Die Allgemeinen Geschäftsgrundsätze müssen Bestimmungen enthalten über
1. die Berechnungen für die Abwicklung der Bausparverträge unter Angabe der individuellen Sparer-Kassen-Leistungsverhältnisse (§ 8 Abs. 1 Nr. 1) und unter Hervorhebung der längsten, mittleren und kürzesten Wartezeit,
2. die Zusammensetzung der Zuteilungsmasse, die Zuteilungstermine sowie die Voraussetzung und die Ermittlung der Reihenfolge für die Zuteilung (Zuteilungsverfahren) …

§ 7 Bausparkassen-Verordnung Zuteilungsvoraussetzungen

(1) In die Allgemeinen Bedingungen für Bausparverträge sind Mindestbewertungszahlen oder andere geeignete Zuteilungsvoraussetzungen aufzunehmen, die auf Dauer zu einem kollektiven Sparer-Kassen-Leistungsverhältnis von mindestens 1,0 führen.

Da der Zeitpunkt der Zuteilung von der Entwicklung der Zuteilungsmasse abhängt, kann eine Bausparkasse dem Bausparer zwar einen Termin für die voraussichtliche Zuteilung des Bausparvertrags nennen, darf ihm aber nach § 4 BauSparkG keine verbindliche Zusage abgeben. Wegen des Zeit-mal-Geld-Prinzips kann ein Bausparer durch Sondereinzahlungen auf seinen Bausparvertrag die Zuteilung beschleunigen, sein Darlehensanspruch vermindert sich dann aber entsprechend, wenn die Mindestansparsumme überschritten ist.

Zeit-mal-Geld-Prinzip

Der einzelne Bausparer kann einen Darlehensanspruch nur in der Höhe und Zeit erwerben, in der das Sparguthaben aufgebaut worden ist.

Je länger und je mehr gespart worden ist, umso umfangreicher wird der Darlehensanspruch, abhängig von der Bausparsumme.

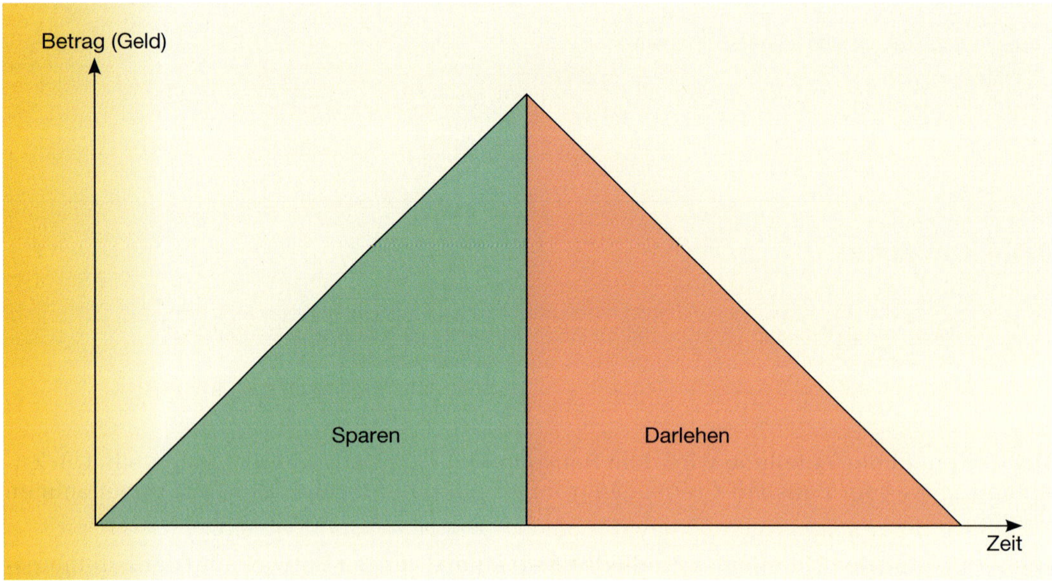

Sparer-Kassen-Leistungsverhältnis

Grundvoraussetzung für die Funktionsfähigkeit des kollektiven Bausparsystems ist die dauerhafte Ausgewogenheit der Sparleistungen der Bausparer und der Gegenleistung der Bausparkasse aus der von ihr zu verwaltenden Zuteilungsmasse (Kassenleistung) in Form von Darlehen.

Sparer-Kassen-Leistungsverhältnis (SKLV): $\frac{\text{Guthaben}}{\text{Darlehen}} \geq 1$

Das individuelle Sparer-Kassen-Leistungsverhältnis (SKLV) bezieht sich auf die gesamte Laufzeit der einzelnen Bausparverträge. Für seine Berechnung kommen verschiedene Methoden in Betracht, so beispielsweise die Ermittlung des Quotienten aus der Summe der Guthaben, die der Bausparvertrag zu bestimmten Terminen in der Sparphase aufweist, und der Summe der Restdarlehen in der Darlehensphase. Gemessen wird damit die jeweils effektive Kapitalbindung eines Bausparvertrags in der Spar- und Darlehensphase. Das SKLV erlaubt eine theoretische Aussage über die langfristigen Liquiditätswirkungen eines bestimmten Spar- und Tilgungsverhaltens auf das Bausparkollektiv.

Der **Anlegungsgrad** bezeichnet das Verhältnis zwischen den Beständen an Bauspardarlehen und Bausparguthaben einer Bausparkasse. Er zeigt, in welchem Umfang Bauspareinlagen bereits in Bauspardarlehen angelegt sind und ist damit eine wichtige Kennzahl für die Zuteilungsliquidität der Bausparkasse. Der Anlegungsgrad soll wie das Sparer-Kassen-Leistungsverhältnis mindestens den Wert eins haben.

Entsprechend der Entwicklung des Sparer-Kassen-Leistungsverhältnisses berechnet die Bausparkasse die Zuteilungsmöglichkeiten für die Bausparverträge. Üblicherweise legt sie eine **Mindestbewertungszahl** zugrunde, die der einzelne Bausparvertrag erreicht haben muss. Dafür sind mehrere Verfahren üblich. Bei manchen Bausparkassen muss darüber hinaus eine festgelegte **Mindestwartezeit** erfüllt sein.

Beispielrechnung für die Ermittlung einer Bewertungszahl

(Von der Bausparkasse festgelegtes Verfahren: Summe der Darlehenssalden an zwei Stichtagen des Jahres; auf die Einbeziehung von Zinsen wird in der Beispielrechnung verzichtet. Die Bewertungsziffer beträgt 1 ‰ der Saldensumme.)

Stichtag	Saldo EUR	Kumulierte Salden EUR	Bewertungsziffer
01.01.01	1.000	1.000	1
01.07.01	1.500	2.500	2,5
01.01.02	2.000	4.500	4,5
01.07.02	2.500	7.000	7,0

Der Vertrag kann zugeteilt werden, wenn die erforderliche Ziffer von 50 erreicht worden ist.

3.5.5 Eigenheimrente („Wohn-Riester")

Der frühere Arbeitsminister Walter Riester hat Anlass gegeben, mit seinen Gesetzesvorlagen das Wort „Riestern" als Synonym für die Altersvorsorge zu schaffen. Die heute geltenden Bestimmungen sind im Einkommensteuergesetz (§§ 79–99 Altersvorsorgezulage, insbesonders §§ 92–93) enthalten. Mit dem Eigenheimrentengesetz wurde der Kreis der förderungswürdigen Anlagen auf die selbst genutzte Wohnung erweitert. Statt von **Eigenheimrente** wird häufig nur von **Wohn-Riester** gesprochen.

Mit den Riester-Zulagen wird der Kauf, der Bau oder die Entschuldung einer selbst genutzten Wohnung im eigenen Haus oder als Eigentumswohnung, Genossenschaftswohnung oder Dauerwohnrecht gefördert, wenn das Objekt nach dem 31.12.2007 erworben wurde. Die Wohnung muss sich in einem Land des EWR (EU-Länder und Norwegen, Liechtenstein und Island) befinden. Gefördert wird die Wohnung nur als Hauptwohnsitz/ Lebensmittelpunkt, nicht als Ferienwohnung. Die Renovierung einer Immobilie wird nicht gefördert.

Im Zusammenhang mit dem Aufbau von Eigenmitteln und der Finanzierung mit Darlehen für den Eigenheimerwerb gibt es drei Wege:

- Kapitalentnahme aus einem vorhandenen Riester-Renten-Vertrag zur unmittelbaren Errichtung oder zum unmittelbaren Erwerb einer Immobilie und zu Beginn der Auszahlungsphase zur Entschuldung einer Wohnung (Altersvorsorge-Eigenheimbeitrag)
- Riester-Immobilien-Darlehen
- Riester-Bausparvertrag

Die Förderung kann in gleicher Höhe und auf den gleichen Wegen wie bei anderen Altersvorsorgebeiträgen beansprucht werden als

- Altersvorsorgezulage nach Abschnitt XI. Einkommensteuergesetz oder
- Sonderausgabenabzug gemäß §10a Einkommensteuergesetz.

Grundsätzlich gilt auch für Wohn-Riester: Bis zum Eintritt in den Ruhestand sind die Beiträge steuerfrei bzw. werden mit Zulage gefördert, in der dann folgenden Auszahlungsphase muss die Riester-Rente versteuert werden.

Kapitalentnahme als Altersvorsorge-Eigenheimbeitrag

Wer bereits ein staatlich gefördertes Altersvorsorgevermögen angespart hat, z. B. in einem Banksparvertrag, kann einen beliebigen Betrag bis zu 75 % oder den gesamten Betrag für die Anschaffung oder den Bau einer förderfähigen Wohnimmobilie verwenden. Eine solche Art der Entnahme muss zuerst bei der Zentralen Zulagenstelle beantragt werden. Der entnommene Betrag wird in einem Wohnförderkonto berücksichtigt und erhöht dort den zu versteuernden Gesamtbetrag. Das Darlehenskonto, auf das das entnommene Geld fließt, muss nicht zertifiziert werden.

Zu Beginn der Auszahlungsphase, also in der Regel bei Renteneintritt, ist die Verwendung des Betrags zur Entschuldung einer bereits vor 2008 erworbenen Immobilie möglich. Es muss nachgewiesen werden, dass Finanzierungskosten entstanden sind und dass diese Ausgaben in ein Eigenheim fließen, das die oben genannten Voraussetzungen erfüllt.

Eigenheimrente (Wohn-Riester)

Dies ist die staatlich geförderte Altersvorsorge zum Erwerb einer selbstgenutzten Wohnimmobilie. Dem Sparer fließen nach Erreichen der Altersgrenze keine Geldbeträge zu, sondern seine Vorsorge wirkt sich in Form einer Mietersparnis aus. Die Produkte dafür sind das Riester-Darlehen und der Riester-Bausparvertrag.

Voraussetzung für die Verwendung des **Riester-Immobilien-Darlehens** ist, dass der Darlehensvertrag selbst zertifiziert ist. Bei bereits bestehenden Darlehensverträgen oder Darlehen ohne ausdrückliche Zertifizierung ist eine solche Riesterförderung nicht möglich. Nach Auszahlung des Darlehens sind monatlich Zinsen und Tilgungsraten auf das Darlehenskonto zu zahlen. Die vereinbarten Tilgungsraten sollten an der Riester-Förderung ausgerichtet werden, damit die Raten zu der Laufzeit und der Darlehenssumme passen. Zulagen und Steuererstattung können zur Sondertilgung von Riester-Immobilien-Darlehen genutzt werden. Ab dem Folgejahr des Vertragsabschlusses zahlt die Zentrale Zulagenstelle für Altersvermögen (ZfA) die Riester-Zulagen auf das Darlehenskonto. In der Regel wird die Einzahlung der Zulagen als Sondertilgung behandelt. Die Zinssätze für Riester-Darlehen sind in der Regel nicht oder nur wenig höher als die für ungeförderte Darlehen.

Zertifizierungskriterien für Darlehensverträge sind:

- Das Darlehen darf allein für die Anschaffung oder Herstellung einer begünstigten Wohnung oder für den Erwerb von Pflichtanteilen an einer Genossenschaft für die Selbstnutzung einer Genossenschaftswohnung verwendet werden.
- Die Abschluss- und Vertriebskosten müssen gleichmäßig mindestens auf die ersten fünf Jahre verteilt werden, wenn sie nicht als Prozentsatz von den Beiträgen/Tilgungsleistungen abgezogen werden.
- Die Darlehenstilgung muss bis spätestens zum 68. Lebensjahr des Darlehensnehmers abgeschlossen sein. Allgemein sind folgende Formen zulässig:
  - Reiner Darlehensvertrag: Der Vertrag wird unmittelbar bei Aufnahme eines Darlehens abgeschlossen. Ein vorhergehender Sparvorgang ist nicht erforderlich.
  - Kombination Sparvertrag mit Darlehensoption: Nach einem Ansparvorgang sind die Entnahme des Angesparten und eine Darlehensaufnahme möglich. Ein typisches Beispiel dafür ist ein Bausparvertrag.

– Vorfinanzierungsdarlehen: Eine Kombination aus einem tilgungsfreien Darlehen und einem Sparvertrag. Bei Vertragsabschluss muss unwiderruflich vereinbart werden, dass das Angesparte zur späteren Darlehenstilgung verwendet wird. Es besteht auch die Möglichkeit, das Vorfinanzierungsdarlehen durch einen Bausparvertrag abzulösen. Das Vorfinanzierungsdarlehen wird dann durch das im Rahmen des Bausparvertrags angesparte Kapitel und das Bauspardarlehen getilgt. All dies muss in einem einheitlichen Vertrag geregelt werden.

Riester-Bausparvertrag

Die Einzahlungen in einen nach Riester geförderten Bausparvertrag werden wie die Tilgungsleistungen zu einem Riester-Darlehensvertrag gefördert. Zu den üblichen Regeln der Immobilienfinanzierung und den Vorschriften der Riester-Förderung kommen hier allerdings noch die Bauspar-Regeln hinzu. Die zertifizierten Bausparverträge entsprechen in der Konstruktion und im Ablauf grundsätzlich den allgemeinen Bausparverträgen.

Eigentumswechsel und spätere Vermietung

Bei einem Verkauf der Immobilie oder Vermietung mit eigenem Umzug in eine andere Wohnung ohne neuen Erwerb müssen die erhaltenen Zulagen und Steuererstattungen zurückgezahlt werden. Dies kann vermieden werden, wenn der Verkaufserlös innerhalb von vier Jahren in ein neues Riester-Eigenheim investiert wird oder wenn die geförderten Beträge innerhalb eines Jahres in einen Geld-Riester-Vertrag eingezahlt werden.

Wer aus beruflichen Gründen auszieht und das Haus oder die Wohnung befristet vermietet, muss die Förderung ebenfalls nicht zurückzahlen, wenn das Riester-Eigenheim wieder vor dem 68. Geburtstag selbst bewohnt wird.

Stirbt der Wohn-Riester-Sparer, bewohnt die Witwe oder der Witwer das Riester-Eigenheim und führt auch das Wohnförderkonto weiter fort, bleibt die Förderung ebenfalls erhalten. Aber auch die Steuerbelastung wird generell mit der Immobilie „vererbt", egal an wen das Haus oder die Wohnung geht. Die restliche Steuerschuld mindert das Erbe. Muss nach einer Scheidung ein Riester-Sparer ausziehen, weil der Ex-Partner die Wohnung oder das Haus zugewiesen bekommt, liegt keine schädliche Verwendung vor, sodass Zulagen und Steuererstattungen nicht zurückgezahlt werden müssen.

Nachgelagerte Besteuerung der Eigenheimrente

Die nachgelagerte Besteuerung in Zusammenhang mit Wohn-Riester-Förderung ist grundsätzlich kongruent mit der bei den anderen Riesterprodukten. Grundlage der nachgelagerten Besteuerung ist nur der Umfang der tatsächlich in Anspruch genommenen Förderung. Mit Beginn der Auszahlungsphase – frühestens mit 60, spätestens mit 68 Jahren – hat bei Wohn-Riester der Förderberechtigte den Auflösungsbetrag zu versteuern. Als Auflösungsbetrag gilt der bis dahin fiktiv angesparte Betrag des Wohnförderkontos. Auch bei Wohn-Riester kann der Förderberechtigte entweder einmalig 70 % des Auflösungsbetrages versteuern oder die Versteuerung über einen Zeitraum verteilen (Verminderungsbetrag).

Wohnförderkonto

Das Wohnförderkonto ist ein fiktives Konto, das im Rahmen staatlich geförderter Altersvorsorgeverträge eingerichtet wird, die zur Immobilienfinanzierung im Rahmen der Eigenheimrente genutzt werden. Auf dem Wohnförderkonto werden die aus dem Vertrag entnommenen Einzahlungen sowie die staatlichen Zulagen fiktiv gebucht, sodass sich – auch wenn sich auf dem Konto kein Guthaben befindet – eine wertmäßige Entwicklung ergibt, aus der sich die „Schuld" des Vertragsinhabers und damit die bis zum Beginn der Rentenphase notwendigen Rückführungen ergeben. Die auf dem Wohnförderkonto gebuchten Beträge werden mit dem gesetzlichen Garantiezins von 2,0 Prozent bis zum Beginn der Auszahlungsphase verzinst.

Beispiel

Für einen Bausparvertrag über 50.000 EUR ergibt sich folgender schematischer Verlauf des Wohnförderkontos. Der Bausparvertrag wird nach Ansparung von 40 % der Bausparsumme ausgezahlt.

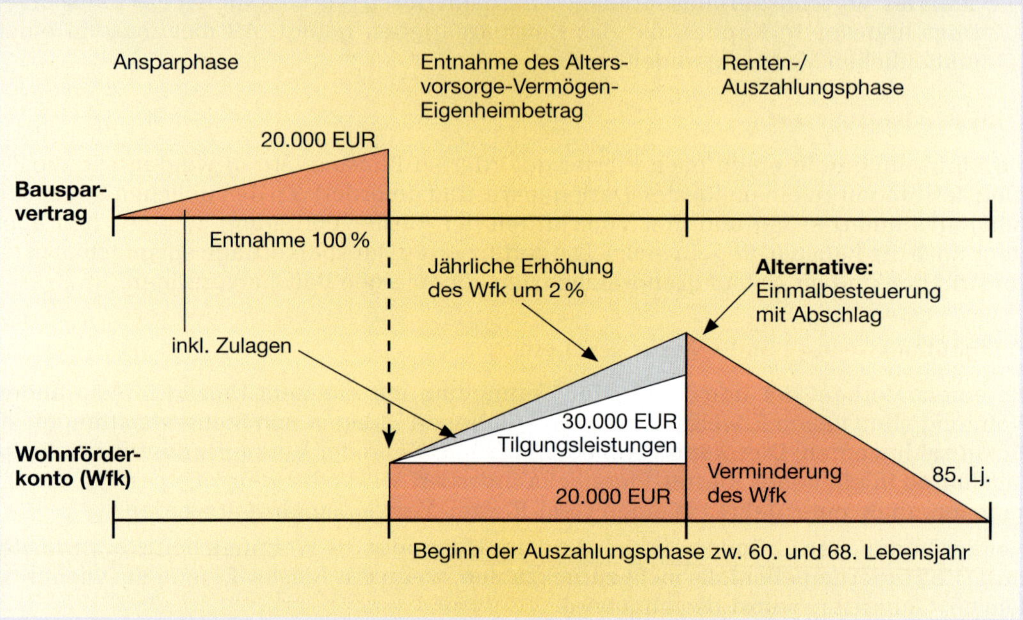

Quelle: nach LBS und Institut für Vorsorge und Finanzplanung

Versteuerung des Auflösungsbetrags

Der Auszahlungsbetrag wird um 30 % vermindert und ist dann im Jahr der Auszahlung mit dem persönlichen Steuersatz zu versteuern.

Beispiel

Der Auszahlungsbetrag sei 60.000 EUR, davon werden 42.000 EUR besteuert. Wenn das zu versteuernde Einkommen auf Grundlage der Altersrente für einen Alleinstehenden 14.000 EUR beträgt, sind insgesamt 56.000 EUR zu versteuern. Die Steuerbelastung im Jahr der Auszahlung steigt nach dem Tarif 2010 von 1.170 auf 15.349 EUR, also um 14.179 EUR.

Versteuerung des Verminderungsbetrags

Beispiel

Bei einem Auszahlungsbetrag von 60.000 EUR und Verteilung auf 20 Jahre bis zum 85. Lebensjahr erhöht sich das jährliche Einkommen um jeweils 60.000 : 20 = 3.000 EUR. Bei einem sonstigen zu versteuernden Einkommen von 14.000 EUR erhöht sich die Steuerlast für einen Alleinstehenden auf Basis des Steuertarifs um jährlich 748 EUR. Über 20 Jahre wären dies bei gleichen Bedingungen 14.960 EUR. Im Vergleich zur Versteuerung des Auflösungsbetrags ist aber zu berücksichtigen, dass die jährliche Zusatzbesteuerung über 20 Jahre hinweg entsprechend abgezinst werden müsste. Der Verminderungsbetrag wird während der Besteuerungsphase nicht mehr zusätzlich verzinst.

Beurteilung der Wohn-Riester-Förderung:	
Vorteile	**Nachteile**
■ Förderung wie bei anderen Riester-Produkten ■ Bausparvertrag – Sondertilgungen jederzeit möglich – Zinssicherheit ■ Übertragung des Bausparvertrags/-guthabens möglich – auf weiteren Bausparvertrag – auf Geld-Riester-Vertrag ■ Wohn-Riester grundsätzlich vererbbar ■ Keine Einkommensgrenze für Förderung ■ Zusätzlich zur Wohnungsbauprämie und Arbeitnehmer-Sparzulage möglich ■ Mietersparnis steuerfrei gefördert ■ Nachgelagerte Versteuerung kann Steuerlast insgesamt vermindern ■ Zinseszinseffekt durch sofortige Verrechnung der Förderungsbeträge mit Darlehen und erst später einsetzende Versteuerung	■ Bei Veräußerung/Vermietung Rückzahlung der Förderung ■ Zahlreiche Bedingungen und Formalitäten sind zu beachten

Zusammenfassung zu Kapitel 3: Sparen mit einem Bausparvertrag

Bausparen	Sparen mit späterem Anrecht auf Darlehen zu vereinbarten Bedingungen bei einer Bausparkasse
Bausparkollektiv und Zuteilungsmasse	Sparguthaben und Darlehen werden aus der Zuteilungsmasse ausgezahlt. Diese besteht wiederum überwiegend aus den angesparten Guthaben und den Darlehensrückzahlungen.
Ablauf des Sparens mit Bausparvertrag	■ Sparphase: Bausparer spart regelmäßig über mehrere Jahre hinweg ■ Zuteilungszeitpunkt: Bausparguthaben wird ohne Kündigung freigegeben bzw. Darlehen kann abgerufen werden.
Bauspartarife	Vertragliche Festlegung insbesondere für Spar- und Darlehensablauf und entsprechende Verzinsung, z. B. ■ Normaltarif ■ Hochzinstarif ■ Schnelltarif
Bausparsumme	Betrag, der bei Zuteilung als Guthaben und Darlehen insgesamt ausgezahlt werden kann; Grundlage für Festlegung des Regelsparbeitrags und des Zins- und Tilgungsbeitrags beim Darlehen.
Regelsparbeitrag	Sparbeitrag, der bei Einhaltung des monatlichen Ansparens den üblichen Zuteilungszeitpunkt erreichen lässt und gleichzeitig die Mindestansparsumme von 40 %/50 % der Bausparsumme erreicht, z. B. 4 ‰ monatlich der Bausparsumme.

Aufgaben und Probleme

Kapitel 3 Sparen mit einem Bausparvertrag

1 Nennen Sie zwei Vorteile, die das Bausparen in der Sparphase mit sich bringen kann.

2 Beschreiben Sie den „normalen" Verlauf eines Bausparvertrags bei folgenden Rahmenbedingungen: Bausparsumme 40.000 EUR, Mindestansparung 40 %; Guthabenzins 3 %, Sparbeitrag 4 ‰.

3 Geben Sie an, auf welche Größen die Wahl der Bausparsumme unmittelbar Einfluss hat.

4 Zitat aus einer Zeitung: „Bausparen in der Hochzinsphase? Würdigt man den Risikoaspekt gebührend, so ist es selbst in Hochzinsphasen interessant, mit dem Bausparen zu beginnen. Diese Aussage lässt sich von der Sparseite wie von der Darlehensseite her stützen ..."
Nehmen Sie zu dieser Behauptung Stellung.

5 Die Eheleute Klein haben einen Bausparvertrag über 50.000 EUR Bausparsumme bei der Bauspar-AG abgeschlossen. Es wurde ein Standardtarif gewählt, den die Bausparkasse als Optionstarif anbot. Merkmale: Abschlussgebühr 1 % der Bausparsumme (BS); Guthabenzins 1,5 %; Darlehenszins 3,75 %; Regelsparbeitrag monatlich 4 ‰ der BS; Mindestguthaben 50 % der BS.
a) Berechnen Sie den Kunden die Abschlussgebühr, den Regelsparbeitrag und das Mindestsparguthaben.
b) Obwohl die Eheleute Klein bei Vertragsabschluss eine Soforteinzahlung von 40 % aus vorhandenen Sparguthaben hätten leisten können, haben sie sich für eine monatliche Überweisung des Regelsparbeitrags bis zur Zuteilung entschieden. Beschreiben Sie, welche Gründe bei der Beratung für diese Wahl der Kunden gesprochen haben könnten.

6 Herr Wolf möchte sich über Einzelheiten des Bausparens informieren.
a) Erläutern Sie Herrn Wolf Inhalt und Zweck des sogenannten Zeit-mal-Geld-Prinzips.
b) Beschreiben Sie, weshalb es den Bausparkassen möglich ist, schon bei Vertragsabschluss einen festen Kreditzinssatz für die Laufzeit zu garantieren.
c) Herr Wolf beabsichtigt, einen Bausparvertrag abzuschließen. Erläutern Sie ihm die Merkmale eines Standardtarifs.
d) Begründen Sie, welcher Tarif für Herrn Wolf infrage käme, wenn er nur die staatliche Förderung beanspruchen möchte (siehe Kap. C 4).

7 Welchen Tarif eines Bausparvertrags würden Sie für folgende Zielgruppen empfehlen?
a) Junge Erwachsene mit hohem Spargewinnziel
b) Interessenten mit mittelfristigen Bauabsichten
c) Hausbesitzer zur mittelfristigen Vorsorge
d) Hausbesitzer zur Realisierung kurzfristiger Modernisierung

Vertiefungsfragen zum Bausparen

8 Ein Bausparer, dessen Bausparvertrag über 80.000 EUR zu 15 % angespart ist, möchte für eine Hausrenovierung ein Bauspardarlehen verwenden.
Da der Bausparvertrag nicht zuteilungsreif ist (Mindestsparguthaben 40 %), schlagen Sie die Bildung eines Teilbausparvertrags vor. Die Vertragsbedingungen sehen dabei Folgendes vor:
„Bei der Bildung eines Teilbausparvertrags wird die ursprüngliche Bausparsumme aufgeteilt in die Bausparsumme des Teilbausparvertrags und diejenige des Restbausparver-

trags. Das Bausparguthaben verbleibt auf dem Teilbausparvertrag. Der Restbausparvertrag wird als neuer Bausparvertrag fortgeführt."
Berechnen Sie die Bausparsummen von Teil- und Restbausparvertrag, wobei der Teilbausparvertrag voll eingezahlt sein soll.

9 Beschreiben Sie die Bedeutung der Bewertungszahl eines Bausparvertrags.

10 Nehmen Sie zu folgenden Aussagen über Regelungen bei der Gestaltung eines Bausparvertrags Stellung.
a) Ein Bausparvertrag kann vom Bausparer an jedermann durch Abtretung übertragen werden.
b) Bei zu geringem Bausparguthaben kann mit der Bausparkasse eine Herabsetzung der Bausparsumme vereinbart werden, um die Zuteilungschancen zu erhöhen.
c) Der Bausparer kann Bauspardarlehen jederzeit ohne Kündigung zurückzahlen.
d) Ein Bausparvertrag kann geteilt werden, indem das gesamte Guthaben auf einen Vertrag geschrieben wird.

11 Die Familie Klaus hat einen zuteilungsreifen Bausparvertrag der Bauspar-AG über eine Bausparsumme von 50.000 EUR mit einem Sparguthaben von 20.000 EUR.
a) Herr Klaus kann von seiner Schwester zusätzlich einen zuteilungsreifen Bausparvertrag nach Tarif B über 100.000 EUR Bausparsumme übernehmen. Die Schwester erhielt auf den Vertrag Wohnungsbauprämie. Geben Sie an, unter welchen Voraussetzungen dieser Bausparvertrag ohne Nachteile auf Dritte übertragen werden kann.
b) Nennen Sie vier Beispiele für Angehörige nach § 15 AO.

12 Beschreiben Sie die Bedeutung der Angabe des „Begünstigten" im Bausparvertrag.

13 Nachdem Bausparer drei Jahre lang die Regelsparbeiträge geleistet haben, wollen sie die Zuteilung beschleunigen, ohne zu diesem Zeitpunkt gleich Sondereinzahlungen leisten zu müssen. Zeigen Sie die Konsequenzen eines Wechsels in einen Schnelltarif auf, die sich daraus ergeben könnten.

4 Grundzüge der staatlichen Sparförderung

Arbeitnehmer-Sparzulage

Die Arbeitnehmer-Sparzulage wird bei der Anlage von vermögenswirksamen Leistungen im Sinne des 5. Vermögensbildungsgesetzes gewährt. Dazu ist die Anlage eines Teils der Vergütung des Arbeitnehmers erforderlich. Der Arbeitgeber zahlt zusätzlich zur sonst vereinbarten Vergütung im Rahmen eines Tarif- bzw. Arbeitsvertrags einen Beitrag zur Anlage dieser Mittel, wenn der Arbeitnehmer einen Vertrag zur Anlage vermögenswirksamer Leistungen bei einem Finanzinstitut abgeschlossen hat. Dabei muss der Arbeitnehmer den Arbeitgeber beauftragen, den Anlagebetrag direkt auf diesen Vertrag zu überweisen.

Sollte der Betrag der gezahlten vermögenswirksamen Leistungen geringer als der Höchstförderbetrag sein, kann der Arbeitnehmer einen höheren Betrag auf seinen Sparvertrag einzahlen lassen. Damit kann die staatliche Sparförderung in vollem Umfang ausgenutzt werden.

Beispiel

Jens Flach erhält vom Arbeitgeber monatlich zu seinem Gehalt 20 EUR als vermögenswirksame Leistung. Er kann darüber hinaus weitere 20 EUR, also insgesamt 40 EUR von seiner Nettovergütung durch den Arbeitgeber auf den von ihm gewählten Bausparvertrag einzahlen lassen.

Auch Minderjährige, die Arbeitslohn beziehen, können auf diese Weise bereits selbstständig eine Sparförderung erhalten. Sparbeiträge für vermögenswirksame Leistungen können auch aus dem Lohn für Gelegenheitsarbeiten erbracht werden.

Arbeitnehmer-Sparzulage		
	Anlage auf Bausparvertrag	**zusätzliche Anlage in Beteiligungen**
Jährlicher Sparbeitrag maximal	470 EUR	400 EUR
Zulage in % des Sparbeitrags	9 %	20 %
Einkommensgrenzen	zu versteuerndes Jahreseinkommen maximal 17.900 EUR/ 35.800 EUR	zu versteuerndes Jahreseinkommen maximal 20.000 EUR/ 40.000 EUR

Beispiel

Jens Flach und seine Ehefrau Kerstin haben zusammen ein zu versteuerndes Jahreseinkommen von 34.000 EUR. Da auch Kerstin Flach Arbeitnehmerin ist, kann sie zusätzlich vermögenswirksam sparen. Beide können auf denselben Bausparvertrag einzahlen lassen.

Ein vermögenswirksamer Sparvertrag muss eine Laufzeit von mindestens sieben Jahren haben. Erst nach Ablauf dieser Laufzeit zahlt das Finanzamt die gewährte Sparzulage aus, danach erfolgt die Auszahlung jährlich. Eine vorzeitige zulagenunschädliche Verfügung ist nur in ganz bestimmten Ausnahmefällen möglich (z. B. bei Tod des Sparers).

Wohnungsbauprämie

Wohnungsbauprämie kann auf Einzahlungen des Bausparers auf einen Bausparvertrag erlangt werden. Dies ist unabhängig von einer vermögenswirksamen Leistung. Wenn wegen Überschreitung der Einkommensgrenze für vermögenswirksame Leistungen keine Arbeitnehmer-Sparzulage zu erhalten ist, kann der eingezahlte Betrag aber für die Wohnungsbauprämie verwendet werden, sofern die dafür geltende Einkommensgrenze nicht überschritten ist.

Wohnungsbauprämie	
Höchstförderbetrag	512 EUR jährlich je Person, Eheleute 1.024 EUR
Prämienhöhe	8,8 %
Einkommensgrenzen	zu versteuerndes Jahreseinkommen maximal 25.600 EUR/51.200 EUR
Mindestlaufzeit des Vertrags	7 Jahre

Wohnungsbauprämie kann jeder erhalten, der im Sparjahr das 16. Lebensjahr vollendet. Sie ist über die Bausparkasse beim Finanzamt zu beantragen. Die Prämie wird erst nach sieben Jahren auf den Bausparvertrag überwiesen, danach jährlich. Das Guthaben muss für wohnungswirtschaftliche Zwecke[1] verwendet werden. Wer ab 2009 im Alter bis 25 Jahre einen Bausparvertrag abschließt, kann nach Ablauf der Sperrfrist über das Guthaben beliebig verfügen und einmal die Wohnungsbauprämie der letzten sieben Jahre behalten.

Beispiel

Tarifliche vermögenswirksame Leistung:	320 EUR
Zusätzlicher eigener Sparbeitrag VL:	150 EUR
Prämienbegünstigte Einzahlung auf Bausparvertrag:	512 EUR

Neben der Verzinsung, die bei einem Langzeittarif beispielsweise immerhin bei 4 % liegt, können jährlich 87,36 EUR zusätzliche Förderung bei einem Einsatz von eigenen Mitteln in Höhe von 662 EUR erhalten werden. Für die Wohnungsbauprämie von jährlich 45,06 EUR und die Arbeitnehmer-Sparzulage von jährlich 42,30 EUR gilt dies nur rechnerisch, da sie dem Bausparkonto erst nach Ablauf der 7-jährigen Bindungsfrist bzw. nach Zuteilung des Bausparvertrages und wohnungswirtschaftlicher Mittelverwendung gutgeschrieben wird.

Bausparen kann auch im Rahmen eines Altersvorsorgevertrags als **Eigenheimrente** („Wohn-Riester") gefördert werden.[2]

Zusammenfassung zu Kapitel 4: Grundzüge der staatlichen Sparförderung

Überblick über die staatliche Sparförderung

Anlageformen	Bausparen	Beteiligungssparen (z. B. Aktienfonds)	Bausparen
Rechtsgrundlage	5. Vermögensbildungsgesetz		Wohnungsbauprämiengesetz
Einzahlungen	Anlage von Vermögenswirksamen Leistungen		Einzahlungen durch den Bausparer und Zinsgutschriften auf Bausparverträge
Staatliche Förderung	**9 % Arbeitnehmer-Sparzulage**	**20 % Arbeitnehmer-Sparzulage**	**8,8 % Wohnungsbauprämie**
Maximale Sparförderung auf einen Einzahlungsbetrag von	470 EUR je Arbeitnehmer	400 EUR je Arbeitnehmer	512 EUR bei Ledigen bzw. 1.024 EUR bei zusammenveranlagten Ehegatten
Jährliche Einkommensgrenzen für die staatliche Förderung	Bei Ledigen: max. 17.900 EUR, Verheiratete 35.800 EUR zu versteuerndes Einkommen	Bei Ledigen: max. 20.000 EUR, Verheiratete 40.000 EUR zu versteuerndes Einkommen	Bei Ledigen: max. 25.600 EUR; bei zusammenveranlagten Ehegatten: max. 51.200 EUR zu versteuerndes Einkommen
Bindungsfrist (Sperrfrist)	7 Jahre (ab Vertragsabschluss)	7 Jahre ab 01.01. des Jahres der ersten Einzahlung (wobei die Ansparzeit 6 Jahre beträgt)	7 Jahre (ab Vertragsabschluss)

1 Vgl. Kap. H 4
2 Vgl. Kap. C 3.5.5 und I 10

Aufgaben und Probleme

Kapitel 4 Grundzüge der staatlichen Sparförderung

1 Der Staat fördert das Sparen durch verschiedene Möglichkeiten.

a) Nennen Sie die Möglichkeiten der staatlichen Sparförderung.

b) Geben Sie hierzu die Höhe der Förderung an.

c) Nennen Sie die jeweiligen Einkommensvoraussetzungen.

d) Erklären Sie, warum der Staat die staatliche Sparförderung an Einkommensgrenzen geknüpft hat.

2 Geben Sie an, wie in den folgenden Fällen die staatliche Sparförderung optimal genutzt werden könnte:

a) Studentin Lisa Brender lässt monatlich 30 EUR per Dauerauftrag auf ihren Bausparvertrag überweisen.

b) Werner Richter hat seinen Arbeitgeber beauftragt, die vermögenswirksamen Leistungen in Höhe von 24 EUR direkt auf seinen Bausparvertrag zu überweisen. Außerdem zahlt Werner Richter jährlich von seinem Weihnachtsgeld weitere 300 EUR auf seinen Bausparvertrag ein. Werner Richter ist ledig und verfügt gemäß Steuerbescheid über ein zu versteuerndes Einkommen von 17.500 EUR.

c) Wie wäre Fall b) zu behandeln, wenn Herr Richter ein zu versteuerndes Jahreseinkommen von 24.000 EUR hätte?

d) Wie wäre Fall b) zu behandeln, wenn Herr Richter verheiratet ist, seine Ehegattin selbstständig ist, beide steuerlich gemeinsam veranlagt werden und ein zu versteuerndes Einkommen von 47.500 EUR hätten?

e) Der 15-jährige Schüler Stephan Scheller wird am 16.12. d. J. 16 Jahre alt.

3 Axel Sauter, 17 Jahre, beginnt eine Ausbildung zum Industriekaufmann. Seine Ausbildungsvergütung beträgt brutto 600 EUR, die tarifliche vermögenswirksame Leistung 40 EUR pro Monat. Im Rahmen des Beratungsprogramms für Berufsstarter wurde er von dem Kundenberater der Allbank auf die Vorteile des Bausparens in Zusammenhang mit der Beanspruchung der staatlichen Förderung aufmerksam gemacht. Grundsätzlich ist Axel bereit, entsprechende Verträge abzuschließen.

a) Geben Sie die maximal mögliche staatliche Förderung in EUR an, die Axel erhalten könnte.

b) Axel äußert Bedenken, ob er diese Förderung nach Abschluss seiner Ausbildung als Angestellter weiterhin beanspruchen könne. Beschreiben Sie, wie man ihn beraten müsste.

c) Auszug aus den Tarifbedingungen A und B der Bauspar-AG:

> § 3 Vertragsabschluss
> Der Antrag auf Abschluss des Bausparvertrags ist auf einem hierfür bestimmten Vordruck zu stellen. Diesem Antrag steht die Einzahlung eines Betrages zum Zwecke des Abschlusses eines Bausparvertrags gleich. … Der Antrag gilt als von der Bausparkasse im Zeitpunkt seines Eingangs unter der Bedingung angenommen, dass die Bausparkasse oder im Falle des Satzes 2 auch der Bausparer innerhalb einer Frist von 2 Monaten nicht widerspricht. Die Annahme des Antrages wird dem Bausparer von der Bausparkasse unverzüglich schriftlich bestätigt.
>
> § 5 Sparzahlungen
> Der monatliche Bausparbeitrag beträgt 4 EUR je 1.000 EUR Bausparsumme (Regelsparbeitrag).

§ 6 Verzinsung des Bausparguthabens, Bonus
Das Bausparguthaben wird mit 2,5 v.H. jährlich auf der Grundlage taggenauer Berücksichtigung aller Zahlungseingänge verzinst. In Variante B erhöht sich die Verzinsung um einen Bonus von 1,5 v.H. auf eine Gesamtverzinsung von 4 v.H. jährlich.
Bei einem Wechsel von Variante B in Variante A gilt die niedrigere Verzinsung ab Vertragsabschluss.

§ 7 Zusammenlegung
Werden nicht zugeteilte Bausparverträge zusammengelegt, wird eine neue Bewertungszahl errechnet; der Vertragsbeginn des ältesten der zusammengelegten Verträge gilt als Vertragsbeginn des neu gebildeten Vertrags.

§ 10 Vertragsübertragung
Die Übertragung aller Rechte und Pflichten aus dem Bausparvertrag oder des Anspruchs auf das Bauspardarlehen auf einen Dritten bedarf der Zustimmung der Bausparkasse; die Zustimmung wird in der Regel erteilt, wenn der Übernehmer ein Angehöriger (§ 15 Abgabenordnung) des Bausparers ist.

§ 11 Zuteilung
Voraussetzung für die Zuteilung der Bausparsumme ist, dass an dem der jeweiligen Zuteilungsperiode vorangegangenen Bewertungsstichtag das Bausparguthaben des Vertrags in den Varianten A und B mindestens 50 v.H. der Bausparsumme betragen hat. ...

Axel Sauter schließt einen Bausparvertrag über die Bausparsumme von 25.000 EUR bei der Bauspar-AG nach Tarif B ab. Der Antrag geht der Bausparkasse am 5. August des Antragjahrs zu. Die erste Lastschrift wird zum 1. Oktober des Abschlussjahres eingezogen.

Begründen Sie, ob die Höhe der Bausparsumme und die Art der Tarifvariante für Axel bedarfsgerecht sind.

4 Geben Sie an, ab welchem Zeitpunkt Axel Sauter (vgl. Aufgabe 3) über sein Bausparguthaben prämienunschädlich verfügen könnte.

5 In der Familie Klein gibt es folgende Personen:
Ehemann Kurt Klein, Gehalt 20.000 EUR p. a.
Ehefrau Ina Klein, kaufmännische Angestellte in Teilzeit, Gehalt 15.000 EUR p. a.
Sohn Wolf Klein, 14 Jahre, Schüler
Tochter Jutta Klein, 17 Jahre, Auszubildende

Geben Sie an, welche Sparform für diese Familie grundsätzlich infrage kommt, wenn sie dafür staatliche Förderung erhalten will. Geben Sie die Höhe des zu sparenden Betrages und die Höhe der jeweiligen Förderung an.

6 Ein Bausparer entschließt sich am 30.12. eines Jahres zur Ausnutzung der staatlichen Förderung einen Bausparvertrag abzuschließen. Geben Sie an, was ihm unter Berücksichtigung der üblichen Vertragsbedingungen zu raten ist.

7 Herr Wolf ist Arbeitnehmer und verheiratet. Die Eheleute haben ein zu versteuerndes Jahreseinkommen von 45.000 EUR. Die Ehefrau hat als Arbeitnehmerin einen Bruttolohn von jährlich 15.000 EUR. Begründen Sie, welche staatliche Sparförderung die Eheleute maximal erhalten können.

5 Steuerliche Behandlung von Zinseinnahmen

Abgeltungsteuer

Zinseinnahmen gehören steuersystematisch zu den Einkünften aus Kapitalvermögen.

Auf alle Zinseinnahmen ist die sogenannte Abgeltungsteuer in Höhe von 25 % fällig. Dazu kommt der 5,5 %ige Solidaritätszuschlag. Wenn der Steuerpflichtige der Kirchensteuer unterliegt, wird diese ebenfalls zugeschlagen.

§ 43 EStG
(5) Für Kapitalerträge im Sinne des § 20, die der Kapitalertragsteuer unterlegen haben, ist die Einkommensteuer mit dem Steuerabzug abgegolten …

Die Kapitalertragsteuer auf Zinseinnahmen (Abgeltungsteuer) wird als Quellensteuer von der auszahlenden Stelle, regelmäßig einer Bank, einbehalten und an die Finanzbehörde abgeführt.

Wer seine Kapitalerträge in Deutschland so besteuern lässt, braucht diese nicht mehr in der Steuererklärung anzugeben. Die Steuer ist mit dem Abzug abgegolten.

Sparer-Pauschbetrag

Jedem Steuerpflichtigen steht jährlich ein Sparer-Pauschbetrag von 801 EUR zu.

Gemeinsam veranlagte Eheleute haben dementsprechend einen Sparer-Pauschbetrag von 1.602 EUR. Einnahmen aus Kapitalvermögen sind insgesamt bis zu diesem Betrag völlig steuerfrei.

Beispiel

Felix Held hat aus Geldanlagen Zinseinnahmen von jährlich 700 EUR. Weitere Kapitalerträge hat er nicht. Seine Zinsen bleiben steuerfrei, weil sie den Sparer-Pauschbetrag nicht übersteigen.

Freistellungsauftrag (FSA)

Ein Steuerpflichtiger kann an eine oder mehrere Banken bis zum Höchstbetrag von 801/1.602 EUR den Auftrag erteilen, Einnahmen aus Kapitalvermögen bis zu diesem Betrag ganz von der Abgeltungsteuer zu befreien. Für einen solchen Auftrag ist ein vorgeschriebenes Formular oder eine elektronische Datei zu verwenden. Die Zahl der erteilten Aufträge ist offen, die Gesamtsumme der erteilten Freistellungsaufträge darf aber den Höchstbetrag nicht überschreiten. Banken melden die erteilten Freistellungsaufträge und deren Inanspruchnahmen der Finanzbehörde. Die auszahlenden Banken unterwerfen nur die einen Freistellungsauftrag übersteigenden Einnahmen der Abgeltungsteuer.

Beispiel

Simon Bitter hat aus Geldanlagen Zinseinnahmen bei der
- Sparkasse: 905 EUR
- Direktbank: 400 EUR

Der Sparkasse hat er einen FSA über 801 EUR erteilt.
Die Sparkasse wird Abgeltungsteuer aus 104 EUR (905 – 801) einbehalten, die Direktbank aus 400 EUR.

Veranlagungsoption

Wer keinen oder einen nicht ausreichenden Freistellungsauftrag erteilt hat, kann die von den Banken einbehaltene Abgeltungsteuer „zurückholen", indem er eine Einkommensteuererklärung mit der entsprechenden Anlage Einnahmen aus Kapitalvermögen (KAP) abgibt. Der Steuerabzug muss von der Bank bescheinigt sein. Das Finanzamt erstattet dann den Steuerabzug ganz, wenn die gesamten Einnahmen aus Kapitalvermögen den Sparer-Pauschbetrag nicht übersteigen.

Beispiel

Ina Schuster hatte im letzten Jahr folgende Zinseinnahmen:
Sparkasse: 500 EUR (FSA über 801 EUR an diese erteilt)
Direktbank: 300 EUR
Die Sparkasse hatte die Zinserträge ohne Steuerabzug gutgeschrieben, die Direktbank hatte die Abgeltungsteuer einbehalten. Ina Schuster gibt eine Steuererklärung ab und füllt die Anlage KAP aus. Die Steuerbescheinigung über die einbehaltene Abgeltungsteuer legt sie bei. Sie erhält unabhängig von ihren sonstigen Einnahmen die von der Direktbank einbehaltene Abgeltungsteuer in voller Höhe zurück, da ihre gesamten Einnahmen aus Kapitalvermögen unter dem Sparer-Pauschbetrag liegen.

Günstigerprüfung

Wer bei der Einkommensteuer einen Grenzsteuersatz von weniger als 25 % erreicht und höhere Einnahmen aus Kapitalvermögen als den Sparer-Pauschbetrag hat, kann sich die zu viel erhobene Kapitalertragsteuer mit Abgabe einer Einkommensteuererklärung erstatten lassen.

Beispiel

Frieder Huber (keine Kirchensteuerpflicht) hatte im letzten Jahr folgende Zinseinnahmen:
Sparkasse: 750 EUR (FSA über 801 EUR an diese erteilt)
Direktbank: 1.300 EUR
Die Sparkasse hatte die Zinserträge ohne Steuerabzug gutgeschrieben, die Direktbank hatte Abgeltungsteuer von 26,375 % in Höhe von 325 + 17,87 = 342,87 EUR einbehalten. Frieder Huber gibt seine Steuererklärung ab und füllt die Anlage KAP aus. Die Steuerbescheinigung legt er bei. Sein zu versteuerndes Einkommen beträgt insgesamt nur 10.000 EUR. Daraus ergibt sich für ihn ein Grenzsteuersatz von 20 % unter Berücksichtigung des Solidaritätszuschlags. Er hat deshalb seine Zinseinkünfte mit der Steuererklärung veranlagt und muss diese nur wie folgt versteuern:

Zinseinnahmen insgesamt	2.050,00 EUR
– Sparer-Pauschbetrag	801,00 EUR
zu versteuern	1.249,00 EUR
anteilige Steuer daraus	249,80 EUR
Abgeltungsteuer	342,87 EUR
Erstattung	93,07 EUR

Nichtveranlagung

Wer nachweist, dass seine gesamten Einkünfte einschließlich der Einnahmen aus Kapitalvermögen die im Einkommensteuertarif festgelegte „Nullzone" nicht überschreiten, erhält jeden vorgenommenen Abzug einer Abgeltungsteuer zurück. Dies können beispielsweise Kinder sein, auf die Vermögen übertragen worden ist und die nur Zinseinkünfte haben. Die Grenze für die Einhaltung der Nullzone liegt unter Berücksichtigung des Grundfreibetrags der Einkommensteuer von 8.004 EUR, des Sparer-Pauschbetrags von 801 EUR und des Sonderausgaben-Pauschbetrags von 36 EUR bei Zinseinnahmen von 8.841 EUR (2010).

Wer mittels einer beantragten Veranlagung dem Finanzamt nachweist, dass seine Einkünfte in den nächsten drei Jahren diese Schwelle nicht übersteigen werden, erhält eine **Nichtveranlagungs-Bescheinigung** (NV-Bescheinigung), die drei Kalenderjahre gültig ist. Mit Vorlage einer solchen Bescheinigung verzichten die auszahlenden Banken wie bei einem erteilten Freistellungsauftrag auf den Kapitalertragsteuerabzug.

Beispiel

Gina Meister hat einen sechsjährigen Sohn Lars. Diesem hat sie ein Guthaben in Höhe von 100.000 EUR, verzinst zu durchschnittlich 4,5 %, geschenkt. Andere Einkünfte hat Lars nicht. Die Zinseinnahmen von Lars bleiben steuerfrei, da er deutlich unter dem Grundfreibetrag bleibt. Für Lars kann eine Nichtveranlagungs-Bescheinigung beantragt und bei der kontoführenden Bank eingereicht werden. Die Zinsen von Lars werden dann ohne Steuerabzug gutgeschrieben.

Kirchensteuer

§

§ 43a EStG

(1) Die Kapitalertragsteuer beträgt ... 25 Prozent des Kapitalertrags; ...
Im Fall einer Kirchensteuerpflicht ermäßigt sich die Kapitalertragsteuer um 25 Prozent der auf die Kapitalerträge entfallenden Kirchensteuer. ...

Die abzugeltende Kirchensteuer bemisst sich als Prozentsatz des ermittelten Steuersatzes. Zur Ermittlung kann die Formel wie folgt verwendet werden:

$$\text{Kapitalertragsteuer bei Kirchensteuerpflicht} = \frac{\text{steuerpflichtige Einnahme}}{4 + \text{Kirchensteuersatz in Dezimalen}}$$

Beispiel

Steuerpflichtige Einnahme 1.600 EUR, Kirchensteuersatz 8 % = 0,08

$\text{KESt} = \frac{1.600}{4,08}$ = 392,15 EUR (entspricht 24,51 % der Einnahme)

Kirchensteuer 8 % aus 392,16 = 31,37 EUR

Solidaritätszuschlag 5,5 % aus 392,16 = 21,56 EUR

Abgeltungsteuer insgesamt: 392,16 + 31,37 + 21,56 ≙ 445,09 = 27,818 % aus der Einnahme

**Zusammenfassung zu Kapitel 5:
Steuerliche Behandlung von Zinseinnahmen**

Abgeltungsteuer	
Kapitalertragsteuer auf Zinsen	25 % als Quellensteuer (= Abzug bei zinszahlender Stelle), zusätzlich 5,5 % Solidaritätszuschlag aus der Steuer und evtl. Kirchensteuer
Abgeltungswirkung	Grundsätzliche endgültige Belastung als Höchstsatz
Befreiung bzw. Veranlagung	Sparer-Pauschbetrag: je Person 801 EUR Kapitalerträge steuerfrei, Abzugsvermeidung durch Freistellungsauftrag NV-Bescheinigung: Abzugsvermeidung Veranlagungsoption: Mit Einkommensteuererklärung Erstattung zuviel gezahlter Kapitalertragsteuer oder bei geringem Grenzsteuersatz anteilige Erstattung
Verlustverrechnung	Bei Anlagen ab 2009: Realisierte Verluste aus Kapitalanlagen außer Aktien können mit allen Zinserträgen verrechnet werden.

Aufgaben und Probleme

Kapitel 5 Steuerliche Behandlung von Zinseinnahmen

1. Beschreiben Sie, welche Wirkung die Abgeltungsteuer für einen Steuerzahler hat, dessen zu versteuerndes Einkommen besteuert wird mit einem Grenzsteuersatz von
   a) 40 %
   b) 20 %
   c) 0 %, da unter dem Grundfreibetrag liegend.
2. Geben Sie an, inwiefern der Steuerzahler in der vorigen Aufgabe bei den unterschiedlichen Situationen seine Steuererklärung gestalten wird.
3. Beschreiben Sie die Voraussetzungen und Wege, wie ein Abzug von Abgeltungsteuer vermieden werden kann.
4. Lars Schmieder hat Einlagen nur bei einer Bank. Hierfür stehen ihm jährlich Zinsen in Höhe von 3.000 EUR zu. Lars ist nicht kirchensteuerpflichtig, seine gesamten Einkünfte liegen über dem Grundfreibetrag.
   a) Berechnen Sie, welchen Betrag Lars von der Bank erhält, wenn er den maximalen Freistellungsauftrag an diese erteilt hat.
   b) Berechnen Sie die anteilige Steuererstattung für Lars, wenn sein tatsächlicher Grenzsteuersatz nur 15 % zuzüglich Solidaritätszuschlag beträgt.

6 Einlagensicherung

Beispiel

Aufgeschreckt durch die aktuelle Berichterstattung über die Bankenkrise in den USA sorgt sich das Rentnerehepaar August und Hannelore Schäfer um die Sicherheit ihrer Guthaben bei der örtlichen Bank. Darüber hinaus fällt dem Ehepaar auf, dass beim Vergleich der Konditionen per Internetrecherche oder von Zinsübersichten in Fachzeitschriften teilweise recht große Zinsdifferenzen zwischen den einzelnen Anbietern herrschen. Die Eheleute fragen sich, worauf das zurückzuführen ist.

Für die Geldanleger besteht innerhalb der Europäischen Union ein Mindestschutz. Dieser wurde in Deutschland mit dem **Einlagensicherungs- und Anlegerschutzgesetz** eingeführt. Kann das Kreditinstitut die Einlagen nicht mehr zurückzahlen, erhält der Sparer eine Entschädigung von maximal 50.000 Euro.[1] In Deutschland sind die meisten Banken zusätzlich freiwilligen Sicherungseinrichtungen angeschlossen, sodass in diesen Fällen die Spareinlagen der Kunden in voller Höhe abgesichert sind. Bei privaten Banken ist der Höchstbetrag für die Einlagensicherung je Einleger auf 30 % des haftenden Eigenkapitals der Bank begrenzt.

1 Erhöhung ab 01.01.2011 auf 100.000 EUR.

Beispiel

Ein Anleger hat 100.000 EUR bei einer Privatbank in Deutschland (haftendes Eigenkapital 5 Mio. EUR), 80.000 EUR bei einer holländischen Bank und 50.000 EUR über Internet bei einer isländischen Bank angelegt.
Mit welchem Ausfall müsste er im Jahr 2010 rechnen, wenn es bei den drei Banken zu Zahlungsschwierigkeiten käme?
Privatbank in Deutschland: Voller Ersatz, da der angelegte Betrag unter 1,5 Mio. EUR ist.
Holländische Bank: Da in EU ansässig, gilt Einlagensicherung von 50.000 EUR, 30.000 EUR wären ungedeckt.
Isländische Bank: Allenfalls nationale Einlagensicherung, sonst Totalausfall.

Der Umfang der Sicherung der Geldanlage ergibt sich aus dem Sparvertrag selbst oder aus den allgemeinen Geschäftsbedingungen der Kreditinstitute. Sollte die Formulierung „Mitglied in der Entschädigungseinrichtung der deutschen Banken GmbH" gewählt sein, sind die Einlagen nur bis max. 50.000 EUR (ab 2011 100.000 EUR) gedeckt.

Bei Sparkassen, Landesbanken und Genossenschaftsbanken besteht durch einen Haftungsverbund die Sicherung des Kreditinstituts, sodass alle Ansprüche an diese gesichert sind. Bei privaten Banken in Deutschland sind die Einlagen durch einen Verbund bis zu einer Höchstgrenze geschützt.

Einlagensicherung in Deutschland
Einlagen = Buchung auf dem Konto des Anlegers

Einlagensicherungs- und Anlegerschutzgesetz	Einlagensicherungsfonds der privaten Banken	Institutssicherung
maximale Entschädigung 50.000 EUR/ 100.000 EUR ab 2011	Absicherung je Bankkunde in voller Höhe, aber maximal bis 30 % des haftenden Eigenkapitals der Bank	Gesichert sind alle Verbindlichkeiten des Kreditinstituts, auch Inhaberschuldverschreibungen
alle Banken in Deutschland bzw. der EU nach jeweils nationalem Recht	Banken, die Mitglied im Bundesverband privater Banken sind	Sparkassen, Landesbanken und Genossenschaftsbanken

Geschützt sind grundsätzlich nur auf Konten gebuchte Einlagen. Schuldverschreibungen[1], die private Banken selbst herausgeben, sind nicht von der Einlagensicherung gedeckt. Anlagen in Bundeswertpapieren sind durch den Staat garantiert.

Zusammenfassung zu Kapitel 6: Einlagensicherung

Einlagensicherung	
Erfasste Anlagen	Einlagen mit Kontoführung auf den Namen des Anlegers
Einlagensicherung in der EU	Einlagensicherungs- und Anlegerschutzgesetz sichert alle Bankeinlagen; Entschädigungsgrenze maximal 50.000 EUR (ab 2011: 100.000 EUR)
Einlagensicherungsfonds der privaten Banken in Deutschland	Wenn Bank der Sicherungseinrichtung angeschlossen (ersichtlich aus AGB) ist, volle Einlagensicherung je Person bis zu 30 % des haftenden Eigenkapitals der Bank
Institutssicherung bei Sparkassen/Genossenschaftsbanken	Institutssicherung durch Verbundeinrichtungen

1 vgl. Kap. E

Aufgaben und Probleme

Kapitel 6 Einlagensicherung

1. Führen Sie im Internet zunächst einen Vergleich der aktuellen Konditionen für Tagesgeld- und für Termingeldkonten durch. Recherchieren Sie dann jeweils die Sicherheit für den Anleger bei dem zinsniedrigsten und beim zinshöchsten Angebot.

2. Geben Sie für die folgenden Fälle jeweils die Höhe der Entschädigungsleistung für die Anleger im Fall einer Bankeninsolvenz an:
   a) 94.000 EUR Sparguthaben bei der Sparkasse Karlsruhe
   b) 162.000 EUR Tagesgeldkonto bei einer isländischen Bank; der Geschäftsabschluss erfolgt in der Frankfurter Niederlassung der Bank.
   c) 450.000 EUR Festgeldkonto bei der Deutschen Bank AG
   d) 120.000 EUR Sparbrief bei einer ausländischen Bank, die der Entschädigungseinrichtung der deutschen Banken GmbH angeschlossen ist.

7 Entscheidung nach Vergleichskriterien

Beispiel

Die 35-jährige Krankenschwester Sabine Schneider reflektiert ihre bisher getätigten Geldanlagen. Dazu stellt sie eine Übersicht ihrer aktuellen Vermögenssituation auf:
Guthaben auf dem Girokonto: 1.678 EUR
Tagesgeldkonto: 5.000 EUR
Sparkonto, dreimonatige Kündigungsfrist: 2.400 EUR
Normalverzinslicher Sparbrief, Nennwert: 10.000 EUR
Zweijähriger Finanzierungsschatz, fällig in einem Jahr, Nennwert: 10.000 EUR
Bausparvertrag, Bausparsumme 30.000 EUR, Guthaben: 7.400 EUR

Bei einem Vergleich der getätigten Geldanlagen wird untersucht, inwieweit diese die Kriterien des Magischen Dreiecks der Geldanlage erfüllen. Das Problem besteht darin, dass keine Anlage alle Ziele zugleich erfüllt.

Bei den Zielen der Geldanlage handelt es sich um miteinander konkurrierende Ziele (daher der Begriff des „Magischen Dreiecks“ der Geldanlage).

Beispiele für Zielkonflikte sind insbesondere die Zusammenhänge von

- Sicherheit und Rentabilität sowie
- Möglichkeit der (vorzeitigen) Verfügung (Liquidität) und Rentabilität.

Eine hohe Rendite kann nur erzielt werden, wenn eine riskantere Geldanlage getätigt wird.

Beispiel

Der Sparbrief weist einen Zinssatz auf, der unter Geldanlagemöglichkeiten in riskanteren festverzinslichen Wertpapieren liegt. In diesem Fall setzt Sabine Schneider Priorität auf eine sichere Geldanlage zulasten einer höheren möglichen Verzinsung.

Wenn ein Anleger jederzeit flexibel über sein angelegtes Geld verfügen möchte, muss er sich mit einer geringeren Rendite im Vergleich zu einer festen, längerfristigen Geldanlage zufrieden geben.

Beispiel

Sabine Schneider hat beispielsweise 5.000 EUR auf dem Tagesgeldkonto angelegt. Sie möchte jederzeit spontan über das Geld verfügen können, um damit mögliche kurzfristige Urlaubsreisen finanzieren zu können. Ihr Bankberater meint, dass sie einen um 0,5 % höheren Zinssatz erzielen könnte, wenn sie auf die jederzeitige Verfügungsmöglichkeit verzichten würde.

Überblick über die Sparformen

Ziele / Sparform	Sicherheit	Liquidität	Rentabilität
Sparkonto	Hoch	Ist gegeben	Niedrig; abhängig von der Sparform
Termingeldkonto	Hoch	Hoch	I. d. R. höher als beim Sparkonto
Sparbriefe	Hoch	Nicht gegeben	Für eine sichere Anlage: zufriedenstellend
Bundesschatzbriefe	Sehr hoch	Gering	Für eine sichere Anlage: zufriedenstellend
Finanzierungsschätze	Sehr hoch	Nicht gegeben	Für eine sichere Anlage: zufriedenstellend
Bausparguthaben	Hoch	Eher gering	Ohne staatliche Sparförderung: sehr niedrig Mit staatlicher Sparförderung: attraktive Rendite

Aufgaben und Probleme

Kapitel 7 Entscheidung nach Vergleichskriterien

1. Warum werden die Ziele der Geldanlage auch als „Magisches Dreieck" der Geldanlage bezeichnet?

2. Beurteilen Sie die aktuelle Vermögenssituation von Sabine Schneider (vgl. Eingangsfall S. 183).

3. Vergleichen Sie die Zinssätze für gleiche Anlagen bei unterschiedlichen Anbietern. Erläutern Sie, worauf die Unterschiede der Zinssätze zurückgeführt werden können.

4. Holen Sie durch Anfrage bei den örtlichen Banken und Sparkassen, durch Internetrecherche sowie durch Auswertung der Tageszeitung die aktuellen Konditionen ein für:
   - Zinssätze bei Sparkonten
   - Zinssätze für Sondersparformen wie Zuwachssparen, Renditesparen
   - Konditionen für Tages- und Termingeldkonten
   - Zinssätze für die unterschiedlichen Arten der Sparbriefe
   - Zinssätze für die Bundesschatzbriefe sowie die
   - Verkaufszinssätze und die Rendite bei den Finanzierungsschätzen der Deutschen Finanzagentur.

5. Informieren Sie sich bei den örtlichen Anbietern oder über das Internet über die Bauspartarife von vier Anbietern und vergleichen Sie diese hinsichtlich
   - Abschlussgebühr
   - Guthabenverzinsung
   - Mindestsparguthaben
   - Wechselmöglichkeit in einen anderen Tarif

6. Felix Mieser, 55 Jahre, verheiratet, erhält demnächst aus einer fälligen Versicherung 200.000 EUR. Sein Sohn hat soeben ein Studium begonnen, dessen Dauer auf mindestens 12 Semester angelegt ist. Herr Mieser hat ein jährliches Bruttoeinkommen von rund 90.000 EUR. Mit 60 Jahren beabsichtigt er, in den Ruhestand zu treten. Von dem Anlagebetrag möchte er mit 65.000 EUR die Ausbildung seines Sohnes sicherstellen, mit dem Rest möchte er einen später geplanten Immobilienerwerb seiner Tochter und deren Familie unterstützen.
   a) Nennen Sie drei Ziele, die Felix Mieser bei seiner Geldanlage verfolgen kann.
   b) Für die Anlage der Mittel zur Sicherung des Studiums seines Sohnes wurden bereits die folgenden Papiere zur Auswahl zusammengestellt: Bundesschatzbrief, abgezinster Sparbrief. Um eine Auswahl treffen zu können, vergleicht Felix Mieser diese Anlageformen.
   Erstellen Sie eine vergleichende Tabelle mit den Merkmalen Verzinsung, Zinszufluss, Risiko, Liquidierbarkeit.
   c) Erstellen Sie einen Vorschlag für die Geldanlage zum Zweck des späteren Immobilienerwerbs.
   d) Beschreiben Sie, unter welchen Bedingungen die Familie staatliche Sparförderung erhalten könnte.
   e) Prüfen Sie allgemein, unter welchen Bedingungen sich Unterschiede zwischen den Bundesschatzbriefformen bezüglich der steuerlichen Wirksamkeit ergeben könnten.

D Finanzierung von Konsumgütern

? Warum ist dieses Kapitel wichtig?

Wie sich im Lebensphasenmodell zeigt, sind die finanziellen Ziele und Wünsche abhängig vom Alter und damit von der Lebensphase, in der sich die Personen befinden. Insbesondere in der Phase „Junge Erwachsene", bei der es um die Finanzierung eines Autos oder von Wohnungseinrichtungsgegenständen geht, reichen die vorhandenen finanziellen Mittel häufig nicht aus. In diesen Fällen wird zur Realisierung der Wünsche die Aufnahme von Krediten erforderlich.

Bei der Kreditaufnahme hat ein Schuldner zahlreiche Aspekte zu bedenken:
- Verfügt der Haushalt über die wirtschaftlichen Mittel, um sich den Kredit überhaupt leisten zu können?
- Welche formalen Voraussetzungen müssen beachtet werden?
- Wie teuer ist die Kreditaufnahme tatsächlich?

Für diese Fragen werden Lösungen behandelt. Weiterhin wird Leasing als Alternative bei der Fahrzeugbeschaffung untersucht. Schließlich werden Ursachen und Folgen der privaten Überschuldung reflektiert.

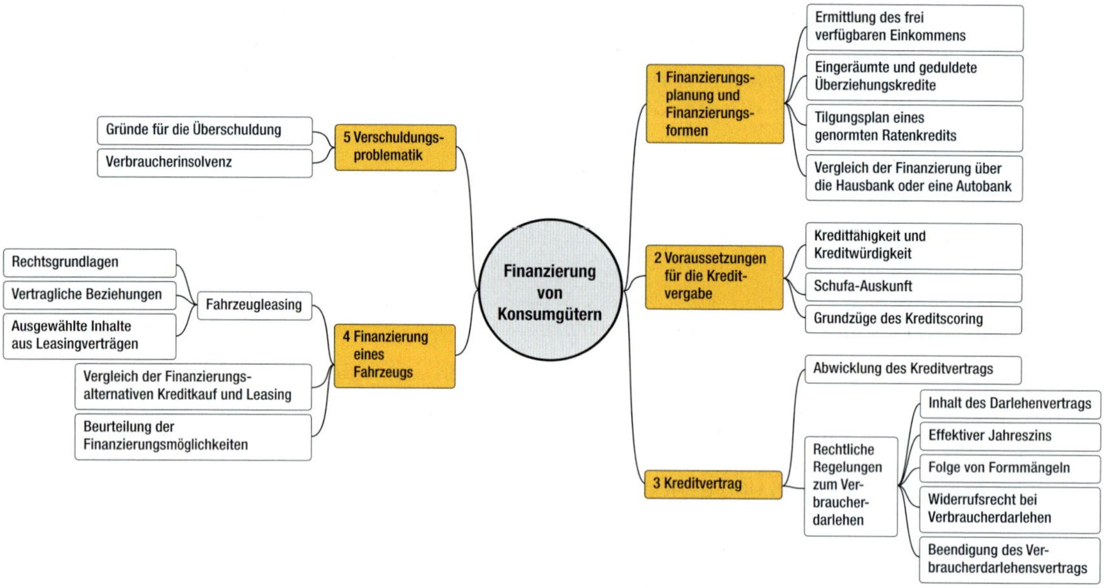

1 Finanzierungsplanung und Finanzierungsformen

1.1 Ermittlung des frei verfügbaren Einkommens

Beispiel

Jana und Eberhard Haberstroh möchten eine neue Einbauküche für 14.000 EUR kaufen. Da das Guthaben auf ihrem Sparkonto mit dreimonatiger Kündigungsfrist nur 5.000 EUR beträgt, von denen 1.000 EUR als „eiserne Reserve" verbleiben sollen, wenden sie sich an ihre Hausbank. Dort beantragen sie einen Kredit über 10.000 EUR.

Zur Finanzierung von Konsumwünschen hat ein Haushalt häufig nicht genügend finanzielle Mittel zur Verfügung. Dies zeigt sich insbesondere in der Lebensphase „Junge Erwachsene", bei der es um die Anschaffung einer neuen Wohnungseinrichtung oder eines neuen Kraftfahrzeugs geht. Junge Menschen stehen noch nicht so lange im Erwerbsleben, um größere Ersparnisse angesammelt zu haben.

In der Regel stehen diese Personen aber bereits im Erwerbsleben und sind dabei, sich beruflich zu etablieren, und erzielen ein regelmäßiges Gehalt. Beim Zusammenziehen mit einem Lebenspartner sind i. d. R. beide Partner berufstätig, sodass nach Abzug der laufenden Kosten monatlich ein finanzieller Überschuss verbleibt. Wie hoch dieser Betrag ist, kann aus einer Haushaltsrechnung[1] entnommen werden.

Die Ergebnisse der Haushaltsrechnung können genutzt werden, um die Grenze der monatlichen Belastung angeben zu können.

1.2 Eingeräumte und geduldete Überziehungskredite[2]

Zur Deckung eines kurzfristigen Finanzierungsbedarfs ist der Überziehungskredit geeignet. Kreditinstitute bieten diesen ihren privaten Kunden, die ein Girokonto haben und regelmäßige Gehaltseingänge nachweisen, an. Der Kreditrahmen beträgt üblicherweise das Dreifache des Nettomonatsgehalts. Die Einräumung eines solchen Kredits erfährt der Bankkunde durch Mitteilung auf dem Kontoauszug. Die Kreditaufnahme kommt zustande, indem beim Girokonto über das vorhandene Guthaben hinaus verfügt wird.

Bei der eingeräumten Überziehung wird über ein Girokonto im Rahmen einer pauschal vereinbarten Kreditlinie verfügt. Eine geduldete Überziehung liegt vor, wenn eine Verfügung über die vereinbarte Kreditlinie hinaus vorgenommen und von der Bank zugelassen wird.

Überziehungskredite (vgl. § 504 BGB) können jederzeit zurückgezahlt werden. Bei den Überziehungskrediten wird ein relativ hoher Zinssatz in Rechnung gestellt. Für geduldete Überziehungen (vgl. § 505 BGB) wird ein noch höherer Zinssatz verlangt. Für die Finanzierung der Anschaffung von Konsumgütern wird daher üblicherweise ein Kredit über einen bestimmten Betrag, eine bestimmte, fest vereinbarte Kreditlaufzeit und einen festen Kreditzinssatz aufgenommen.

1.3 Tilgungsplan eines genormten Ratenkredits

Von der Kreditwirtschaft wird der genormte Ratenkredit unter zahlreichen Bezeichnungen angeboten, z. B. persönlicher Kleinkredit, Anschaffungsdarlehen, persönlicher Kreditrahmen usw. Ein genormter Ratenkredit weist meistens folgende „normierende" Kennzeichen auf:

- Die Auszahlung erfolgt zu 100 %.
- Die **Laufzeit** wird fest vereinbart und beträgt maximal 72 Monate.
- Die Zinsen werden als **Jahres-Sollzinssatz** und mit Angabe der Gesamtzinsbelastung für die Laufzeit oder mithilfe eines für die Laufzeit festen Zinssatzes **pro Monat** (p. M.) aus dem **ursprünglichen** Darlehen gerechnet.
- Als Ausgleich für den Bearbeitungsaufwand des Kreditinstituts kann eine einmalige Bearbeitungsgebühr berechnet werden, häufig 2 % aus dem ausgezahlten Betrag.
- Die Rückzahlung erfolgt in **monatlich gleichbleibenden** Raten. Diese enthalten:
  - Zinsanteil
  - Tilgung des Darlehens
  - Tilgung der Bearbeitungsgebühr

1 Vgl. Kap. A 2
2 Dieser Inhalt wird im Fach Wirtschaft in der Eingangsklasse ausführlicher behandelt.

Beispiel

Der Kundenberater der Bank unterbreitet der Familie Haberstroh folgendes Kreditangebot: Anschaffungsdarlehen über 10.000 EUR, Zinssatz 0,3 % p. M., einmalige Bearbeitungsgebühr 2 %, Laufzeit 48 Monate.

Die Höhe der monatlichen Rate soll auf volle Euro aufgerundet werden, die erste Rate soll als Ausgleichsrate dienen.

Darlehensbetrag:	10.000 EUR
+ 48 · 0,3 % Zinsen (aus 10.000 EUR):	1.440 EUR
+ 2 % Bearbeitungsgebühr:	200 EUR
Gesamtbetrag:	11.640 EUR

Tilgungsplan:

Rate 1:	219 EUR
Rate 2–48:	243 EUR

Erläuterung:

- Die Forderung des Kreditinstituts richtet sich immer auf die Summe von ausgezahltem Darlehen, dem Zinsanspruch für die gesamte Laufzeit und der (einmaligen) Bearbeitungsgebühr.
- Der rechnerische monatliche Rückzahlungsbetrag lautet auf 242,50 EUR. In der Praxis wird der monatlich zu zahlende Betrag häufig auf glatte Euro-Beträge aufgerundet, sodass der Ausgleichsbetrag mit der ersten geringeren Rate verrechnet wird.

! Beim genormten Ratenkredit können die Zinsen für die gesamte Laufzeit mithilfe eines Monatszinssatzes aus dem ursprünglichen Darlehen oder mit dem Jahres-Sollzinssatz berechnet werden.

Ist nur der Jahres-Sollzinssatz angegeben, werden die Zinsen mithilfe einer Zinsstaffelrechnung unter Verrechnung der Tilgungen und Berücksichtigung der Raten berechnet und als Gesamtsumme im Kreditangebot angegeben.

Ein Kreditnehmer hat aufgrund der Ergebnisse seiner Haushaltsrechnung üblicherweise den Wunsch, einen bestimmten Betrag monatlich zurückzuzahlen, der damit zugleich die Obergrenze für die Höhe der monatlichen Rate ist. Unter Berücksichtigung ihrer Konditionen bestimmt dann die Bank die passende Laufzeit des Kredits. In der Praxis erfolgt dies mithilfe des Einsatzes von Computerprogrammen.

Beispiel

Die Haberstrohs möchten monatlich 300 EUR an die Bank zurückzahlen. Aus den oben genannten Kreditkonditionen ergeben sich die Laufzeit des Kredits und der Tilgungsplan wie folgt:

1. Berechnung der Laufzeit:

Gewünschte Ratenhöhe:	300 EUR
– Zinsanteil pro Monat:	30 EUR
Restanteil für Tilgung:	270 EUR
Forderung des Kreditinstituts aus dem Darlehen:	10.000 EUR
Forderung des Kreditinstituts aus der Bearbeitungsgebühr:	200 EUR
Gesamtforderung des Kreditinstituts ohne Zins:	10.200 EUR

Laufzeitberechnung: 10.200 : 270 = 37,77 Monate
Hieraus ergibt sich eine Laufzeit von 38 Monaten.

2. Tilgungsplan:

Die Ausgleichszahlung soll mit der letzten Rate verrechnet werden.

Darlehensbetrag:	10.000 EUR
+ 38 · 0,3 % Zinsen (aus 10.000 EUR):	1.140 EUR
+ 2 % Bearbeitungsgebühr:	200 EUR
Gesamtbetrag:	11.340 EUR

Rate 1–37:	300 EUR
Rate 38:	240 EUR

1.4 Vergleich der Finanzierung über die Hausbank oder eine Autobank

Bei der Autofinanzierung kann ein fehlender Geldbetrag über unterschiedliche Kreditgeber beschafft werden. In erster Linie kommen hierfür sowohl die Hausbank als auch ein anderes Kreditinstitut, mit dem bisher keine Kontoverbindung besteht, infrage. Außerdem unterhalten die großen Autohersteller eigene Kreditinstitute, die als Tochtergesellschaft gegründet wurden. Der Kredit wird in diesem Fall durch den Autohändler vermittelt.

In der Regel ist die **Hausbank** erster Ansprechpartner für die Kreditfinanzierung. Diese kann die Kreditwürdigkeit des Kunden gut abschätzen und wird, teilweise auch ohne die Bestellung von Sicherheiten, nach einer schnellen Kreditentscheidung den Kreditbetrag kurzfristig zur Verfügung stellen. Für diesen Finanzierungsweg sprechen die schnelle Kreditentscheidung sowie der persönliche Ansprechpartner vor Ort. Auch wenn diese Finanzierungsvariante z. T. teurer als die anderen ist, bietet sie deshalb auch Vorteile. Eine eventuell gewünschte Änderung der Vertragslaufzeit oder der Rückzahlungshöhe kann mit einem Ansprechpartner vor Ort einfacher vereinbart werden.

Bei einer Finanzierung über ein **anderes Kreditinstitut** wird der Kreditantrag in der zuvor beschriebenen Weise abgewickelt. Hierbei ist zu beachten, dass diese Bank den Kreditkunden noch nicht kennt und daher die Bonität des Antragstellers genau prüfen muss. Hierzu muss dieser zunächst Unterlagen einreichen, beispielsweise Gehaltsbescheinigungen, und detaillierte Angaben über seine finanziellen Verhältnisse machen. Üblicherweise wird das zu finanzierende Fahrzug als Sicherheit hereingenommen, eventuell sind sogar weitere Sicherheiten zu stellen.[1]

Bei der Finanzierung über das **Kreditinstitut des Autoherstellers** vermittelt der Autoverkäufer. Üblicherweise werden die Unterlagen über den Mitarbeiter im Autohaus eingereicht, der diese dann an die Autobank zur Kreditentscheidung weiterleitet. Nach Vertragsabschluss ist dann nur noch diese Ansprechpartner in den Finanzierungsangelegenheiten. Auf Änderungen in der persönlichen Situation kann nur schwieriger eingegangen werden. Die Konditionen der Autobanken sind meistens besser als die anderer Kreditinstitute. Um den Absatz ihrer Fahrzeuge anzukurbeln, werden die Zinssätze der Autobanken von den Herstellern i. d. R. recht hoch subventioniert.

Zusammenfassung zu Kapitel 1: Finanzierungsplanung und Finanzierungsformen

Eingeräumter Überziehungskredit	▪ Kreditrahmen wird pauschal auf Kontoauszug mitgeteilt ▪ jederzeitige Inanspruchnahme und Rückzahlung möglich ▪ hoher Zinssatz
Geduldete Überziehung	▪ Kreditrahmen wird überschritten ▪ von Kreditinstitut nur kurzfristig zugelassen ▪ höchster Zinssatz
Ratenkredit	▪ Laufzeit bis zu 6 Jahren (72 Monaten) ▪ fester Zinssatz für gesamte Laufzeit ▪ monatlich gleichbleibende Raten ▪ Zinsberechnung pauschal mit Monatszinssatz möglich
Autofinanzierung	▪ über die Hausbank ▪ über die andere Bank ▪ über die Autobank

1 Kreditsicherheiten werden im Fach Wirtschaft in der Eingangsklasse behandelt.

Aufgaben und Probleme

Kapitel 1 Finanzierungsplanung und Finanzierungsformen

1. Erika Brewer erhält ein Ratendarlehen über 15.000 EUR, rückzahlbar in 36 Monaten. Das Kreditinstitut berechnet einen Zinssatz von 0,36 % p.M. und eine Bearbeitungsgebühr von 2 %. Wie hoch ist die monatliche Rate, wenn die Raten 1–35 auf volle Euro aufgerundet werden?

2. Peter Lohr beantragt wegen seiner bevorstehenden Heirat ein Anschaffungsdarlehen für die Wohnungseinrichtung. Er wünscht einen Kreditbetrag von 20.000 EUR. Die Konditionen der Bank betragen 0,4 % Zinsen pro Monat und 2 % Bearbeitungsgebühr.
Wie sind die Rückzahlungsbedingungen, wenn die Rückzahlung des Darlehens aus dem frei verfügbaren Einkommen erfolgen soll und die monatliche Haushaltsrechnung folgenden Inhalt hat?

Bruttoeinkommen	2.980 EUR	Lebensmittel	400 EUR
Abzüge	860 EUR	Kleidung	200 EUR
Miete	600 EUR	Versicherungen	80 EUR
Auto	300 EUR	Sonstiges	120 EUR

3. Berechnen Sie den Höchstbetrag eines Darlehens, wenn die monatlichen Raten maximal 350 EUR betragen sollen und die Bank bei einer Laufzeit von 30 Monaten folgende Konditionen anbietet: Zinssatz: 0,35 % p.M., Bearbeitungsgebühr: 2 %.

4. Bei sofortiger Barzahlung erhält Jana Winter beim Autokauf einen Rabatt von 10 % auf den Listenpreis von 24.000 EUR. Den ermäßigten Preis kann sie zu 30 % aus eigenen Mitteln bezahlen, der Rest soll über einen Ratenkredit finanziert werden. Für diesen kann sie monatlich bis zu 340 EUR aufbringen.
   a) Ermitteln Sie die Laufzeit des Kredits, wenn ein Zinssatz von 0,3 % p.M. und 2 % Bearbeitungsgebühr in Rechnung gestellt werden.
   b) Erstellen Sie den Tilgungsplan, in dem die ersten Raten auf volle Euro aufgerundet werden und die letzte Rate als Ausgleichsrate dient.

5. Verschaffen Sie sich einen Überblick über die Finanzierungsangebote der Automobilhersteller über das Internet.

2 Voraussetzungen für die Kreditvergabe

2.1 Kreditfähigkeit und Kreditwürdigkeit

Beispiel

Jana und Eberhard Haberstroh möchten eine neue Einbauküche für 14.000 EUR kaufen. Da das Guthaben auf ihrem Sparkonto mit dreimonatiger Kündigungsfrist nur 5.000 EUR beträgt, von denen 1.000 EUR als „eiserne Reserve" verbleiben sollen, wenden sie sich an ihre Hausbank. Dort beantragen sie einen Kredit über 10.000 EUR. Wird die Bank dem Kreditwunsch entsprechen?

Vor einer eventuellen Zusage des Kredits überprüft die Bank den Kreditantrag, dabei insbesondere die Kreditfähigkeit und die Kreditwürdigkeit ihrer Kunden.

Die **Kreditfähigkeit** bezieht sich auf die Fragestellung, ob der Kreditanfragende in rechtlicher Hinsicht fähig ist, Kreditverpflichtungen rechtswirksam eingehen zu können. Voraussetzung hierzu ist die volle Geschäftsfähigkeit.

> **Privatpersonen sind kreditfähig, wenn sie voll geschäftsfähig sind.**
> **Bei der Prüfung der Kreditwürdigkeit wird untersucht, ob der Kreditanfragende wirtschaftlich in der Lage ist, die Kreditverpflichtungen ordnungsgemäß zu erfüllen.**

Bei Privatpersonen wird hierzu regelmäßig u. a. eine Schufa-Auskunft eingeholt und die Ergebnisse des Schufa-Scoring ausgewertet. Außerdem werden die Einkommens- und Vermögensverhältnisse geprüft.

2.2 Schufa-Auskunft

Die Schufa ist ein privatrechtliches Unternehmen in Form einer nicht börsennotierten Aktiengesellschaft. Die Abkürzung Schufa steht für „Schutzgemeinschaft für allgemeine Kreditsicherung".

> **Die Schufa sammelt von ihren Vertragspartnern Daten aus der Vertragserfüllung und stellt diese Informationen dann ausschließlich ihren Vertragspartnern zur Verfügung.**

Die Speicherung von Daten eines Bankkunden bei der Schufa muss von diesem bei der Kontoeröffnung genehmigt werden.

Die meisten Informationen der Schufa stammen von den rund 5.000 Vertragspartnern wie beispielsweise Kreditinstituten, Leasingunternehmen, Telekommunikationsunternehmen, Versand- und Handelshäusern sowie Energieversorgern. Darüber hinaus werden Informationen aus öffentlichen Verzeichnissen wie z. B. denen der Amtsgerichte eingearbeitet. Über das Portal www.meineSchufa.de können Verbraucher einmal jährlich kostenlos selbst Einsicht in ihre hier gespeicherten Daten nehmen.

2.3 Grundzüge des Kreditscoring

> **Beim Scoring handelt es sich um mathematisch-statistische Verfahren, mit deren Hilfe eine große Anzahl von Daten ausgewertet wird. Ziel der Auswertung ist die Erstellung einer Prognose. Bei der Ermittlung des Schufa-Scorewertes[1] wird die Wahrscheinlichkeit eines Kreditausfalls ermittelt.**

Informationen (Auszug) der Schufa zum Scoring:

> Der SCHUFA-Basisscore sagt etwas über die generelle Wahrscheinlichkeit aus, mit der eine Person Leistungen vertragsgemäß bezahlt. Den Basisscore erhalten Sie in Form eines Prozentwertes. Der höchste und gleichzeitig beste Wert ist 100 Prozent. Den Basisscore aktualisieren wir grundsätzlich alle drei Monate, etwa eine Woche nach Quartalsbeginn.
>
> … Scoring-Systeme (berechnen) die Wahrscheinlichkeit, mit der z. B. ein Kredit termingerecht zurückgezahlt oder eine Rechnung vertragsgemäß beglichen wird.
>
> Was sind die Vorteile von Scoring-Systemen?
>
> Scoring-Systeme unterstützen Unternehmen dabei,
> - schnelle und dennoch sichere Entscheidungen treffen zu können,
> - kostengünstig zu arbeiten und
> - Leistungen zu wettbewerbsfähigen Preisen anbieten zu können.

1 Ausführliche Informationen unter www.schufa.de

Für Sie als Kunde bedeutet dies:

- Vertragsabschlüsse sind einfach, schnell und unkompliziert möglich.
- Sie erhalten ein individuelles Angebot und zahlen damit mögliche Ausfallrisiken anderer Kunden nicht pauschal mit.
- Der Sympathiefaktor spielt keine Rolle. Ob Sie einem Sachbearbeiter sympathisch sind oder nicht – auf die Entscheidung oder den Preis hat dies keinen Einfluss. Scores sind objektiv und fair.

Anhand welcher Daten berechnet die SCHUFA Wahrscheinlichkeiten?

Scorewerte, die wir zu Verbrauchern berechnen, basieren auf den zu Ihrer Person bei der SCHUFA gespeicherten Daten, die Sie in Ihrer Eigenauskunft sehen. Zu den gespeicherten Informationen zählen z. B. die Anzahl und Art der Kreditaktivitäten, etwaige Zahlungsausfälle oder Informationen darüber, seit wann Sie schon Erfahrungen im Umgang mit Kreditgeschäften gesammelt haben.

Eine Person – viele Scorewerte

Die Frage, mit welcher Wahrscheinlichkeit jemand einen Kredit zur Finanzierung eines Hauses zurückzahlen wird, kann zu einem anderen Scoreergebnis führen als die Frage, mit welcher Wahrscheinlichkeit eine Rechnung nach einer Bestellung im Versandhandel termingerecht bezahlt wird.

Aus diesem Grund haben wir mehrere branchenspezifische Scoremodelle entwickelt. Außerdem setzen immer mehr Unternehmen eigene Scoring-Systeme ein, die zu unternehmens- und geschäftsspezifischen Scoreergebnissen führen können. Da zu einer Person unterschiedliche Scorewerte berechnet werden können, stellen wir jedem Verbraucher einen zentralen Orientierungswert zur Verfügung – den SCHUFA-Basisscore.

SCHUFA-Score für Banken:		
A	662–1.000	0,85 %
B	564–661	1,69 %
C	517–563	2,46 %
D	467–516	3,13 %
E	410–466	4,16 %
F	341–409	5,51 %
G	247–340	8,03 %
H	177–246	12,17 %
I	137–176	16,21 %
K	111–136	19,76 %
L	77–110	23,96 %
M	0–76	34,75 %

- Scorewert: Der Scorewert wird in Punkten von 1 bis 1.000 angegeben. Der maximal erreichbare Wert beträgt 1.000 Punkte. Je höher der Scorewert ausfällt, umso geringer ist das Risiko.
- Risikoquote: Die Risikoquote wird in Prozent angegeben. Eine Risikoquote von 0,85 Prozent bedeutet, dass es mit einer Wahrscheinlichkeit von 0,85 Prozent zu einem Zahlungsausfall kommt. Anders gesagt, kommt es statistisch gesehen noch nicht mal bei einer von 100 Personen zu einem nicht vertragsgemäßen Verhalten.
- Ratingstufe: Um das System überschaubarer zu gestalten, gibt es die Klassen A bis M, wobei A für die Klasse mit den höchsten Scorewerten und dem geringsten Risiko steht.

Ist ein Score veränderlich?

Scorewerte können sich verbessern oder verschlechtern, denn die Daten, die über Sie bei der SCHUFA gespeichert sind, können sich verändern: Neue Informationen können hinzukommen, andere Daten aufgrund von Speicherfristen gelöscht werden. Außerdem ändern sich Daten im Zeitverlauf (z. B. bestehen Geschäftsbeziehungen seit immer längerer Zeit).

- Grundsätzlich gilt: Ein Scorewert ist eine Entscheidungshilfe, aber nicht allein ausschlaggebend dafür, ob und zu welchen Bedingungen ein Unternehmen einen Vertrag mit einem Kunden abschließt.
- In die Entscheidung eines Unternehmens fließen neben SCHUFA-Informationen weitere Daten ein. Bei der Vergabe eines Bankkredits sind dies beispielsweise Informationen zum Einkommen, zum Beruf oder zur Vermögenslage.
- Immer mehr Unternehmen setzen heute eigene Scoring-Systeme ein. In diese Systeme können Informationen der SCHUFA oder anderer externer Quellen eingehen, aber auch Angaben, die der Kunde zu seiner Person macht.

- Jedes Unternehmen hat eine individuelle Richtlinie, die festlegt, unter welchen Voraussetzungen und zu welchen Bedingungen ein Vertragsabschluss erfolgt. SCHUFA-Vertragspartner, die einen Scorewert zu Ihrer Person wünschen, erhalten diesen übrigens immer in Verbindung mit einer SCHUFA-Auskunft. Wir liefern unseren Vertragspartnern objektive Informationen, aber keine Werturteile.

Herausgeber: SCHUFA Holding AG, Kormoranweg 5, 65201 Wiesbaden; 8. Auflage, Mai 2007

Auch wenn der Schufa-Scorewert die Wahrscheinlichkeit eines Kreditausfalls angibt und damit z. B. eine Grundlage für die Höhe der Kreditkonditionen darstellt, reicht die Kenntnis des Scorewertes allein für die Kreditentscheidung nicht aus. Für die Kredit gebenden Banken sind insbesondere die Einkommens- und Vermögenssituationen der Kreditnachfrager sowie die bisherigen Erfahrungen aus der Geschäftsbeziehung weitere unverzichtbare Grundlagen für die Kreditentscheidung.

Darüber hinaus wenden Kreditinstitute eigene Scoring-Verfahren an, mit deren Hilfe sie eine schnelle und zuverlässige Kreditentscheidung treffen können.

Zusammenfassung zu Kapitel 2:
Voraussetzungen für die Kreditvergabe

Kreditfähigkeit	▪ rechtliche Grundlage, um rechtswirksam selbstständig eine Kreditverpflichtung einzugehen ▪ Voraussetzung ist volle Geschäftsfähigkeit
Kreditwürdigkeit	▪ wirtschaftliche Fähigkeit, den Kreditverpflichtungen nachzukommen
Schufa	▪ Unternehmen für Auskünfte über Konten und Kredite natürlicher Personen an Banken und andere Vertragspartner ▪ Speicherung der Daten setzt Einwilligung der betroffenen Person voraus ▪ elektronische Abfrage durch Kreditgeber ermöglicht rasche Kreditvergabe
Scoring	▪ mathematisch-statistisches Verfahren zur Berechnung der Wahrscheinlichkeit des Kreditausfalls ▪ ermöglicht pauschale Einordnung in Ratingstufen je nach Scorewert bzw. Risikoquote

Aufgaben und Probleme

Kapitel 2 Voraussetzungen für die Kreditvergabe

1. Begründen Sie, warum Banken Kontoüberziehungen auf Gehaltskonten Minderjähriger nicht zulassen.
2. Ordnen Sie die nachfolgenden Begriffe entsprechend ihrer Zugehörigkeit zu:

niedriger Scorewert	geringe Risikoquote	geringe Ausfallwahrscheinlichkeit
hoher Scorewert	hohe Risikoquote	hohe Ausfallwahrscheinlichkeit

3. Begründen Sie, warum das Ergebnis des Schufascorewertes für eine Kreditentscheidung einer Bank allein nicht ausreicht.

3 Kreditvertrag

3.1 Abwicklung des Kreditvertrags

Ein Verbraucherdarlehensvertrag wird in folgenden Schritten abgewickelt:

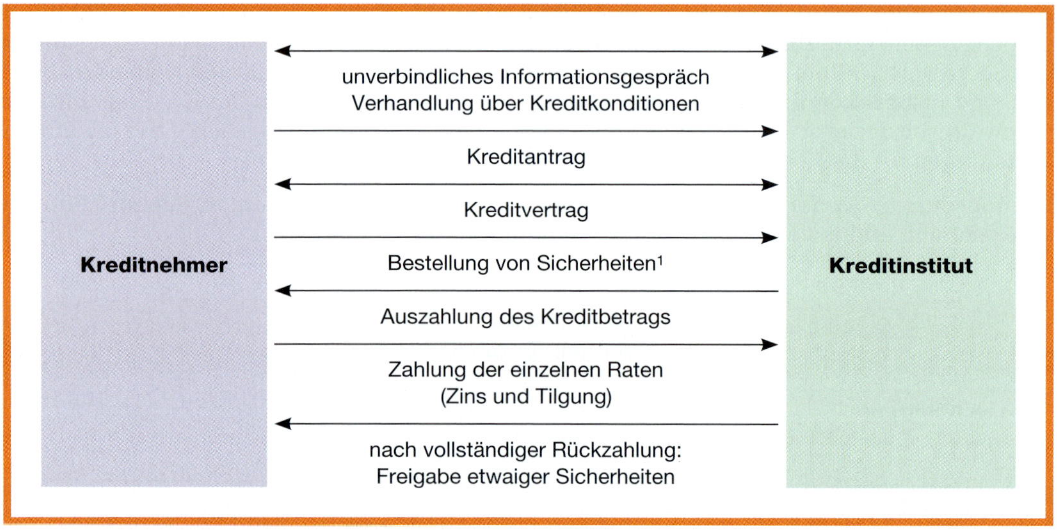

3.2 Rechtliche Regelungen zum Verbraucherdarlehen

3.2.1 Inhalt des Darlehensvertrags

Für den Darlehensvertrag gelten die Regelungen des Bürgerlichen Gesetzbuchs zum Darlehensvertrag und zum Verbraucherdarlehensvertrag. Letzteres soll in erster Linie den Verbraucher als Darlehensnehmer vor Übervorteilung schützen.

§

§ 488 BGB Vertragstypische Pflichten beim Darlehensvertrag

(1) Durch den Darlehensvertrag wird der Darlehensgeber verpflichtet, dem Darlehensnehmer einen Geldbetrag in der vereinbarten Höhe zur Verfügung zu stellen. Der Darlehensnehmer ist verpflichtet, einen geschuldeten Zins zu zahlen und bei Fälligkeit das zur Verfügung gestellte Darlehen zurückzuzahlen.

(2) Die vereinbarten Zinsen sind, soweit nicht ein anderes bestimmt ist, nach dem Ablauf je eines Jahres und, wenn das Darlehen vor dem Ablauf eines Jahres zurückzuzahlen ist, bei der Rückzahlung zu entrichten.

§ 491 BGB Verbraucherdarlehensvertrag

(1) Die Vorschriften dieses Kapitels gelten für entgeltliche Darlehensverträge zwischen einem Unternehmer als Darlehensgeber und einem Verbraucher als Darlehensnehmer (Verbraucherdarlehensvertrag), soweit in den Absätzen 2 oder 3 oder in den §§ 503 bis 505 nichts anderes bestimmt ist.

Verbraucherdarlehensverträge bedürfen der Schriftform.

1 Kreditsicherheiten werden im Profilfach Wirtschaft behandelt.

§

§ 492 Schriftform, Vertragsinhalt

(1) Verbraucherdarlehensverträge sind, soweit nicht eine strengere Form vorgeschrieben ist, schriftlich abzuschließen. Der Schriftform ist genügt, wenn Antrag und Annahme durch die Vertragsparteien jeweils getrennt schriftlich erklärt werden. Die Erklärung des Darlehensgebers bedarf keiner Unterzeichnung, wenn sie mithilfe einer automatischen Einrichtung erstellt wird.

(3) Nach Vertragsschluss stellt der Darlehensgeber dem Darlehensnehmer eine Abschrift des Vertrags zur Verfügung. Ist ein Zeitpunkt für die Rückzahlung des Darlehens bestimmt, kann der Darlehensnehmer vom Darlehensgeber jederzeit einen Tilgungsplan nach Artikel 247 § 14 des Einführungsgesetzes zum Bürgerlichen Gesetzbuche verlangen.

!

Pflichtangaben im Darlehensvertrag sind nach Art. 247 BGB EG:

1. der Namen und die Anschrift des Darlehensgebers,
2. die Art des Darlehens,
3. der effektive Jahreszins,
4. der Nettodarlehensbetrag,
5. der Sollzinssatz,
6. die Vertragslaufzeit,
7. Betrag, Zahl und Fälligkeit der einzelnen Teilzahlungen,
8. der Gesamtbetrag,
9. die Auszahlungsbedingungen,
10. alle sonstigen Kosten, insbesondere in Zusammenhang mit der Auszahlung oder der Verwendung eines Zahlungsauthentifizierungsinstruments, mit dem sowohl Zahlungsvorgänge als auch Abhebungen getätigt werden können, sowie die Bedingungen, unter denen die Kosten angepasst werden können,
11. der Verzugszinssatz und die Art und Weise seiner etwaigen Anpassung sowie gegebenenfalls anfallende Verzugskosten,
12. ein Warnhinweis zu den Folgen ausbleibender Zahlungen,
13. das Bestehen oder Nichtbestehen eines Widerrufsrechts,
14. das Recht des Darlehensnehmers, das Darlehen vorzeitig zurückzuzahlen,
15. der Namen und die Anschrift des Darlehensnehmers,
16. die für den Darlehensgeber zuständige Aufsichtsbehörde,
17. ein Hinweis auf den Anspruch des Darlehensnehmers auf einen Tilgungsplan nach § 492 Abs. 3 Satz 2 des Bürgerlichen Gesetzbuchs,
18. das einzuhaltende Verfahren bei der Kündigung des Vertrags,
19. sämtliche weiteren Vertragsbedingungen,
20. die vom Darlehensgeber verlangten Sicherheiten und Versicherungen …

3.2.2 Effektiver Jahreszins

Rechtliche Grundlagen

Um die Verbraucher vor irreführenden Angaben zu einem Kreditvertrag zu schützen, wurde im BGB und in der Preisangabenverordnung die Angabe eines Kreditzinssatzes in Angeboten und Verträgen verpflichtend. Der anzugebende Zinssatz ist nach einheitlichen Regeln zu ermitteln und ermöglicht dem Verbraucher einen Vergleich der Angebote. Der sogenannte **effektive Jahreszins** soll die tatsächlichen Kreditkosten als Jahresprozentsatz vom ausgezahlten Darlehen zeigen.

!

1. **Effektiver Jahreszins ist die in einem Prozentsatz des Nettodarlehensbetrags anzugebende Gesamtbelastung pro Jahr.**
2. **Die Berechnung des effektiven Jahreszinses richtet sich nach § 6 der Verordnung zur Regelung der Preisangaben.**

§

§ 6 Preisangabenverordnung (PAngV)

(3) In die Berechnung des anzugebenden Vomhundertsatzes sind die Gesamtkosten des Kredits für den Kreditnehmer einschließlich etwaiger Vermittlungskosten… einzubeziehen: …

Für Überziehungskredite gelten vereinfachte Vorschriften:

§

§ 504 BGB Eingeräumte Überziehungsmöglichkeit

(1) Ist ein Verbraucherdarlehen in der Weise gewährt, dass der Darlehensgeber in einem Vertragsverhältnis über ein laufendes Konto dem Darlehensnehmer das Recht einräumt, sein Konto in bestimmter Höhe zu überziehen (Überziehungsmöglichkeit), hat der Darlehensgeber den Darlehensnehmer in regelmäßigen Zeitabständen über die Angaben zu unterrichten, die sich aus Artikel 247 § 16 des Einführungsgesetzes zum Bürgerlichen Gesetzbuche ergeben. …

(2) … § 492 Abs. 1 ist nicht anzuwenden, wenn außer den Sollzinsen keine weiteren laufenden Kosten vereinbart sind, die Sollzinsen nicht in kürzeren Zeiträumen als drei Monaten fällig werden und der Darlehensgeber dem Darlehensnehmer den Vertragsinhalt spätestens unverzüglich nach Vertragsabschluss in Textform mitteilt.

Beispiel

Frank Steiner braucht für die Restfinanzierung eines gebrauchten Pkw einen Kredit über 10.000 EUR. Die Rückzahlung soll nach spätestens drei Jahren beendet sein. Er lässt sich von der Südbank ein Angebot erstellen, das wie folgt aussieht:

Kreditbetrag:	10.000 EUR
Bearbeitungsgebühr:	200 EUR
Laufzeit:	36 Monate.
Rückzahlungsrate:	303,33 EUR (bei 0,2 % Zins p. M. vom Kreditbetrag):
Sollzinssatz:	4,48 %
Effektiver Jahreszinssatz nach PAngV:	5,96 %

Frank Steiner versteht nicht den Unterschied zwischen dem angegebenen Sollzinssatz und effektivem Jahreszinssatz.

▶ Sollzinssatz

!

Sollzinssatz ist der gebundene oder veränderliche periodische Prozentsatz, der pro Jahr auf das in Anspruch genommene Darlehen angewendet wird.

Der Sollzinssatz liegt einer Zinsabrechnung mit jährlich zu berechnenden Zinsen zugrunde. Grundsätzlich ist die jährliche Abrechnung von Zinsen der Regelfall nach BGB.

Berechnungsbeispiele

1. Ein Kredit über 10.000 EUR wird nicht getilgt. Der Jahreszinssatz beträgt 4,48 %. Nach einem Jahr sind dann 448 EUR Zinsen zu bezahlen. Da die Zinszahlung am Ende eines Jahres erfolgt, ist der effektive Jahreszinssatz auch nach finanzmathematischer Rechnung genau 4,48 %.
   Abzinsung: (10.000 + 448) · 1/1,0448 = 10.000 EUR
2. Der Kredit wird in monatlichen Raten von 303,33 EUR mit sofortiger Zinsverrechnung getilgt. Für den ersten Monat ergibt sich aus dem Jahreszinssatz der Zins wie folgt:
   10.000 · 4,48/100/12 = 37,33 EUR. Das Darlehen im zweiten Monat wäre dann nur noch 9.962,67 EUR und der Zins für den zweiten Monat dann 37,19 EUR usw. für alle Monate.

Wenn während des Jahres Zinsen mit der Rate gezahlt werden (unterjährige Zinszahlung), stimmt der Sollzinssatz nicht mehr mit dem effektiven Zins überein. Das während des Jahres beanspruchte Darlehen ist entsprechend geringer. Überschlägig kann man von dem durchschnittlichen Darlehen ausgehen und aus dem Vergleich von gezahltem Zins und durchschnittlichem Darlehen den effektiven Jahreszinssatz annähernd errechnen. Entsprechend könnte man den gezahlten Zins und das ursprüngliche Darlehen auf die durchschnittliche Laufzeit beziehen.

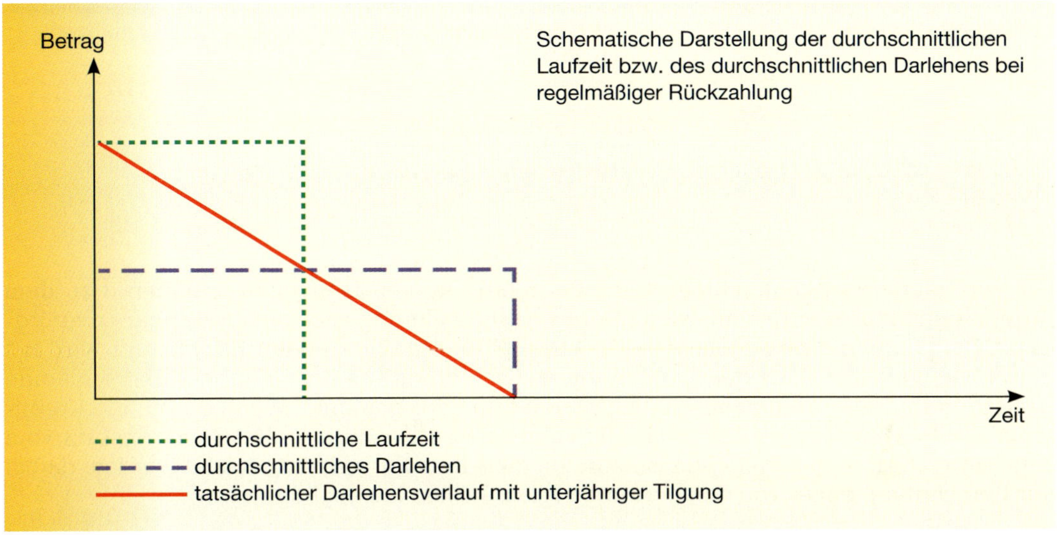

Einfache Pauschalmethode zur Ermittlung des effektiven Jahreszinses

Zur nicht finanzmathematischen Ermittlung eines effektiven Jahreszinssatzes kann folgende Formel verwendet werden:

$$\text{Effektiver Jahreszins (einfache Pauschalmethode)} = \frac{\text{Kreditkosten p. a.}}{\text{durchschnittlicher Kreditbetrag}} \cdot 100$$

Beispiel

Für Frank Steiner (Beispiel oben) ergibt sich nach dieser Formel:

Gesamtkosten des Darlehens:

Bearbeitungsgebühr		200,00 EUR
Zinsen		720,00 EUR
Kreditkosten in drei Jahren		920,00 EUR
Kreditkosten p. a.		306,67 EUR
durchschnittlicher Kredit:	10.000 : 2 =	5.000,00 EUR

Effektiver Jahreszins nach der Pauschalformel: 306,67 · 100/5000 = 6,13 %

Dasselbe Ergebnis würde sich ergeben, wenn von der halben Laufzeit von 18 Monaten und dem ursprünglichen Darlehen ausgegangen würde:

Effektiver Jahreszins nach der einfachen Pauschalformel mit halber Laufzeit:

$$\frac{920 \cdot 12}{18 \cdot 10.000} \cdot 100 = 6{,}13\ \%$$

Verfeinerte Formel zur Ermittlung des effektiven Jahreszinses

Der einfache Durchschnitt des Darlehens in Form der Hälfte ist ungenau, da die Summenformel für den Durchschnitt einer arithmetischen Reihe wie folgt lautet:

$$\frac{\text{erstes Glied} + \text{letztes Glied}}{2}$$

Dies trifft auch auf die durchschnittliche Laufzeit zu. Bei 36 Monaten wäre sie: (36 + 1)/2 = 18,5 Monate.

Dies wird nach Umformung in folgender Formel ausgedrückt:

! $$\text{Effektivzins nach der verfeinerten Pauschalmethode} = \frac{\text{Kreditkosten p.a.} \cdot 24}{(\text{Laufzeit in Monaten} + 1) \cdot \text{Nettodarlehen}} \cdot 100$$

Fortsetzung des Beispiels

Effektiver Jahreszins für Frank Steiner nach der verfeinerten Pauschalmethode:

$$\frac{920 \cdot 24 \cdot 100}{37 \cdot 10.000} = 5{,}97\ \%$$

Die verfeinerte Pauschalmethode führt bei relativ kurzen Laufzeiten annähernd zu dem Ergebnis der finanzmathematischen Effektivzinsberechnung nach der Preisangabenverordnung. Bei längeren Laufzeiten wird die Abweichung größer und der Effektivzins wird bei dieser Methode höher als der finanzmathematisch ermittelte Zins. Für eine überschlägige Rechnung sind aber beide Pauschalmethoden durchaus geeignet. Wenn der für die Kreditabrechnung angegebene Zins nicht als Jahreszinssatz, sondern als Monatszinssatz vom zugesagten Darlehen angegeben ist, können dieselben Formeln verwendet werden, da bei der Berechnung immer von den gesamten Kreditkosten ausgegangen wird.

▶ Finanzmathematische Effektivzinsberechnung nach der Preisangabenverordnung

! Bei der finanzmathematischen Methode der Effektivzinsberechnung werden alle Zahlungen auf den Auszahlungszeitpunkt mit dem Effektivzins abgezinst, sodass der Barwert dieser Zahlungen dem Auszahlungsbetrag entspricht.

Die anzuwendende mathematische Formel steht im Anhang zu § 6 PAngV. Dort ist ein weiteres Rechenbeispiel zu ersehen. Der Effektivzins wird heute mit entsprechend programmierten Rechnern ermittelt. Die Angaben der Kreditinstitute auf den Darlehensverträgen können mit Angeboten aus dem Internet kontrolliert werden.[1]

§ Grundgleichung zur Darstellung der Gleichheit zwischen Kredit-Auszahlungsbeträgen einerseits und Rückzahlungen (Tilgung, Zinsen und Kosten) andererseits.

Die nachstehende Gleichung zur Ermittlung des effektiven Jahreszinses drückt auf jährlicher Basis die rechnerische Gleichheit zwischen der Summe der Gegenwartswerte der in Anspruch genommenen Kredit-Auszahlungsbeträge einerseits und der Summe der Gegenwartswerte der Rückzahlungen (Tilgung, Zinsen und Kosten) andererseits aus:

$$\sum_{k=1}^{m} C_k (1+X)^{-t_k} = \sum_{l=1}^{m'} D_l (1+X)^{-s_l}$$

Hierbei ist

- X der effektive Jahreszins;
- m die laufende Nummer des letzten Kredit-Auszahlungsbetrags;
- k die laufende Nummer eines Kredit-Auszahlungsbetrags, wobei $1 \le k \le m$;
- C_k die Höhe des Kredit-Auszahlungsbetrags mit der Nummer k;
- t_k der in Jahren oder Jahresbruchteilen ausgedrückte Zeitraum zwischen der ersten

1 Z. B. auf der Internetseite www.zinsen-berechnen.de/kreditrechner.php

Darlehensvergabe und dem Zeitpunkt der einzelnen nachfolgenden in Anspruch genommenen Kredit-Auszahlungsbeträge, wobei $t_1 = 0$;

m' die laufende Nummer der letzten Tilgungs-, Zins- oder Kostenzahlung;

l die laufende Nummer einer Tilgungs-, Zins- oder Kostenzahlung;

D_l der Betrag einer Tilgungs-, Zins- oder Kostenzahlung;

s_l der in Jahren oder Jahresbruchteilen ausgedrückte Zeitraum zwischen dem Zeitpunkt der Inanspruchnahme des ersten Kredit-Auszahlungsbetrags und dem Zeitpunkt jeder einzelnen Tilgungs-, Zins- oder Kostenzahlung.

Anmerkungen:

a) Die von beiden Seiten zu unterschiedlichen Zeitpunkten gezahlten Beträge sind nicht notwendigerweise gleich groß und werden nicht notwendigerweise in gleichen Zeitabständen entrichtet.

b) Anfangszeitpunkt ist der Tag der Auszahlung des ersten Kreditbetrags.

c) Der Zeitraum zwischen diesen Zeitpunkten wird in Jahren oder Jahresbruchteilen ausgedrückt. Zugrunde gelegt werden für ein Jahr 365 Tage (bzw. für ein Schaltjahr 366 Tage), 52 Wochen oder zwölf Standardmonate. Ein Standardmonat hat 30,41666 Tage (d.h. 365/12), unabhängig davon, ob es sich um ein Schaltjahr handelt oder nicht.

d) Das Rechenergebnis wird auf zwei Dezimalstellen genau angegeben. Ist die Ziffer der darauf folgenden Dezimalstelle größer als oder gleich 5, so erhöht sich die Ziffer der zweiten Dezimalstelle um den Wert 1.

e) Mathematisch darstellen lässt sich diese Gleichung durch eine einzige Summation unter Verwendung des Faktors „Ströme" (A_k), die entweder positiv oder negativ sind, je nachdem, ob sie für Auszahlungen oder für Rückzahlungen innerhalb der Perioden 1 bis k, ausgedrückt in Jahren, stehen:

$$S = \sum_{k=1}^{n} A_k \left(1 + X\right)^{-t_k}$$

dabei ist S der Saldo der Gegenwartswerte aller Ströme, deren Wert gleich Null sein muss, damit die Gleichheit zwischen den Strömen gewahrt bleibt.

3.2.3 Folge von Formmängeln

Sind bei Verbraucherdarlehensverträgen die zuvor aufgeführte Schriftform oder die vorgeschriebenen Inhalte nicht erfüllt, führt dieses i.d.R. zur Unwirksamkeit des Darlehensvertrags. Aus diesem Grund achten insbesondere Kreditinstitute auf die genaue Einhaltung der gesetzlichen Formvorschriften bei der Kreditvergabe.

§

§ 494 BGB Rechtsfolgen von Formmängeln

(1) Der Verbraucherdarlehensvertrag und die auf Abschluss eines solchen Vertrags vom Verbraucher erteilte Vollmacht sind nichtig, wenn die Schriftform insgesamt nicht eingehalten ist oder wenn eine der in Artikel 247 §§ 6 und 9 bis 13 des Einführungsgesetzes zum Bürgerlichen Gesetzbuche für den Verbraucherdarlehensvertrag vorgeschriebenen Angaben fehlt.

(2) Ungeachtet eines Mangels nach Absatz 1 wird der Verbraucherdarlehensvertrag gültig, soweit der Darlehensnehmer das Darlehen empfängt oder in Anspruch nimmt. Jedoch ermäßigt sich der dem Verbraucherdarlehensvertrag zugrunde gelegte Sollzinssatz auf den gesetzlichen Zinssatz, wenn die Angabe des Sollzinssatzes, des effektiven Jahreszinses oder des Gesamtbetrags fehlt.

(3) Ist der effektive Jahreszins zu niedrig angegeben, so vermindert sich der dem Verbraucherdarlehensvertrag zugrunde gelegte Sollzinssatz um den Prozentsatz, um den der effektive Jahreszins zu niedrig angegeben ist.

(4) Nicht angegebene Kosten werden vom Darlehensnehmer nicht geschuldet. Ist im Vertrag nicht angegeben, unter welchen Voraussetzungen Kosten oder Zinsen angepasst werden können, so entfällt die Möglichkeit, diese zum Nachteil des Darlehensnehmers anzupassen.

Beispiel

Kurt Schuster ist von der Bank aufgefordert worden, die geduldeten Überziehungen auf seinem Gehaltskonto auszugleichen. Er hat über einen privaten Vermittler einen Darlehensvertrag zur Ablösung seiner Kontoüberziehungen aufgenommen. Vor der Auszahlung des Darlehens in Höhe von 5.000 EUR behält der Vermittler 250 EUR „Bearbeitungs- und Vermittlungsgebühr" ein. Kurt Schuster schuldet diese nicht, da sie nicht im Kreditvertrag vereinbart worden ist. Er kann die volle Auszahlung verlangen.

3.2.4 Widerrufsrecht bei Verbraucherdarlehen

Wie bei anderen Verträgen mit Verbrauchern haben diese auch beim Verbraucherdarlehensvertrag ein Widerrufsrecht innerhalb von zwei Wochen.

§

§ 495 BGB Widerrufsrecht

(1) Dem Darlehensnehmer steht bei einem Verbraucherdarlehensvertrag ein Widerrufsrecht nach § 355 zu.

§ 355 BGB Widerrufsrecht bei Verbraucherverträgen

(1) Wird einem Verbraucher durch Gesetz ein Widerrufsrecht nach dieser Vorschrift eingeräumt, so ist er an seine auf den Abschluss des Vertrags gerichtete Willenserklärung nicht mehr gebunden, wenn er sie fristgerecht widerrufen hat. Der Widerruf muss keine Begründung enthalten und ist in Textform … innerhalb der Widerrufsfrist … zu erklären; zur Fristwahrung genügt die rechtzeitige Absendung.

(2) Die Widerrufsfrist beträgt 14 Tage …

Beispiel

Kurt Schuster erhält am Montag, dem 15.10., die Bestätigung über ein Verbraucherdarlehen mit allen gesetzlich vorgeschriebenen Angaben. Am Montag, dem 29.10., stellt er fest, dass er ein wesentlich günstigeres Darlehen bei einer anderen Bank erhalten würde. Er kann an diesem Tag den Darlehensvertrag noch widerrufen.

3.2.5 Beendigung des Verbraucherdarlehensvertrags

Der Darlehensvertrag endet, wenn der Darlehensnehmer den Kredit vollständig zurückgezahlt hat. Unter bestimmten Bedingungen kann der Darlehensvertrag bereits vorher durch Kündigung des Darlehensnehmers oder Darlehensgebers beendet werden.

§

§ 500 BGB Kündigungsrecht des Darlehensnehmers; vorzeitige Rückzahlung

(1) Der Darlehensnehmer kann einen Verbraucherdarlehensvertrag, bei dem eine Zeit für die Rückzahlung nicht bestimmt ist, ganz oder teilweise kündigen, ohne eine Frist einzuhalten. Eine Vereinbarung über eine Kündigungsfrist von mehr als einem Monat ist unwirksam.

(2) Der Darlehensnehmer kann seine Verbindlichkeiten aus einem Verbraucherdarlehensvertrag jederzeit ganz oder teilweise vorzeitig erfüllen.

§ 501 BGB Kostenermäßigung
Soweit der Darlehensnehmer seine Verbindlichkeiten vorzeitig erfüllt oder die Restschuld vor der vereinbarten Zeit durch Kündigung fällig wird, vermindern sich die Gesamtkosten (§ 6 Abs. 3 der Preisangabenverordnung) um die Zinsen und sonstigen laufzeitabhängigen Kosten, die bei gestaffelter Berechnung auf die Zeit nach der Fälligkeit oder Erfüllung entfallen.

§ 502 BGB Vorfälligkeitsentschädigung
(1) Der Darlehensgeber kann im Fall der vorzeitigen Rückzahlung eine angemessene Vorfälligkeitsentschädigung für den unmittelbar mit der vorzeitigen Rückzahlung zusammenhängenden Schaden verlangen, wenn der Darlehensnehmer zum Zeitpunkt der Rückzahlung Zinsen zu einem bei Vertragsabschluss vereinbarten, gebundenen Sollzinssatz schuldet. Die Vorfälligkeitsentschädigung darf folgende Beträge jeweils nicht überschreiten:
1. 1 Prozent beziehungsweise, wenn der Zeitraum zwischen der vorzeitigen und der vereinbarten Rückzahlung ein Jahr nicht übersteigt, 0,5 Prozent des vorzeitig zurückgezahlten Betrags,
2. den Betrag der Sollzinsen, den der Darlehensnehmer in dem Zeitraum zwischen der vorzeitigen und der vereinbarten Rückzahlung entrichtet hätte.

Beispiel

Thorsten Schule hat einen Ratenkredit über 20.000 EUR für die Einrichtung einer Wohnung mit einer vereinbarten Laufzeit von 60 Monaten aufgenommen. Vier Monate nach Auszahlung erbt er überraschend und möchte das Darlehen vorzeitig zurückzahlen. Er kann ohne Kündigungsfrist zurückzahlen. Die Bank kann eine Vorfälligkeitsentschädigung von maximal 200 EUR (gem. § 502 BGB) verlangen.

Zusammenfassung zu Kapitel 3: Kreditvertrag

Formvorschriften beim Verbraucherdarlehensvertrag	■ Schriftform ■ Pflichtangaben: – Angabe des Tilgungsplans und des Gesamtbetrags aller Zahlungen – zusätzliche Kosten und zu bestellende Sicherheiten – effektiver Jahreszins
Effektiver Jahreszins	■ einfache Pauschalmethode aus durchschnittlichem Darlehen ■ verfeinerte Pauschalmethode ■ finanzmathematische Methode nach der Preisangabenverordnung
Widerrufsrecht beim Verbraucherdarlehensvertrag	14 Tage Frist zur Absendung des Widerrufs
Beendigung des Verbraucherdarlehensvertrags	■ Rückzahlung jederzeit möglich ■ Kündigung durch Darlehensgeber bei Zahlungsverzug

Aufgaben und Probleme

Kapitel 3 Kreditvertrag

1. Ein Darlehensvertrag wird am 01.04. (Freitag) bestätigt und die Vertragsurkunde ausgehändigt. Der Darlehensnehmer sendet am 15.04. einen Brief mit seinem Widerruf an den Darlehensgeber. Dieser erhält ihn erst am 18.04. und wendet ein, dass ihn der Widerruf zu spät erreicht habe. Zu Recht?

2. Bei einem Ratenkredit über 10.000 EUR wird der Zins pauschal mit 0,3 % vom Darlehensbetrag für die Laufzeit von 36 Monaten angegeben. Zusätzlich sind 1,5 % Bearbeitungsgebühr zu bezahlen. Weitere Kosten entstehen nicht. Geben Sie an, welche Angaben dazu im Kreditvertrag stehen müssen.

3. Ein Ratenkredit wird wie folgt angeboten:
   Kreditbetrag: 5.000 EUR
   Laufzeit: 12 Monate, in monatlich gleichen Raten zurückzuzahlen.
   Kosten: Bearbeitungsgebühr 2,0 % vom Darlehen
   Zinsen pauschal 0,15 % pro Monat vom ausgezahlten Darlehen
   a) Berechnen Sie die monatliche Rate.
   b) Beurteilen Sie die Angabe der Bank im Kreditvertrag:
      Sollzinssatz: 7,0 %, und kontrollieren Sie das Zinsergebnis mit einer Zinsrechnung.
   c) Als Effektivzins wird von der Bank angegeben: 7,17 % p. a. Begründen Sie die Abweichung vom Nominalzins.
   d) Berechnen Sie den effektiven Jahreszins mit der einfachen und der verfeinerten Pauschalmethode.

4 Finanzierung eines Fahrzeugs

4.1 Fahrzeugleasing

4.1.1 Rechtsgrundlagen

Beispiel

Uwe Weberling ist auf der Suche nach einem neuen Auto. Beim Studium der Anzeigen in der örtlichen Tageszeitung stößt er auf folgendes Inserat:
Opel Astra, Fahrzeugpreis: 22.495 EUR
Leasingangebot:
Anzahlung: 4.500 EUR, Laufzeit: 36 Monate, monatliche Leasingrate: 149 EUR,
kalkulierter Restwert: 15.000 EUR.
Uwe Weberling befasst sich deshalb zunächst mit der Möglichkeit des Leasings für eine Fahrzeugbeschaffung.

! **Leasing ist ein Finanzierungskonzept, bei dem das Leasinggut dem Leasingnehmer gegen Zahlung eines vereinbarten Entgelts zur Nutzung überlassen wird.**

In rechtlicher Hinsicht sind Leasingverträge eine Sonderform des Mietvertrags.[1] Bei Privatpersonen ist das Leasing von Kraftfahrzeugen weit verbreitet. Als Leasinggeber treten sowohl herstellerungebundene Leasinggesellschaften (indirektes Leasing) als auch Tochtergesellschaften der Automobilhersteller (direktes Leasing) auf. Das vereinbarte Entgelt setzt sich bei Privatpersonen üblicherweise aus einer (höheren) Einmalzahlung und regelmäßigen, monatlichen Leasingraten zusammen. Nach Ablauf des Leasingvertrags wird entweder das Fahrzeug an die Leasinggesellschaft zurückgegeben oder von dieser dem Leasingnehmer evtl. zum Kauf angeboten. Nach einem abgelaufenen Vertrag wird häufig ein neuer Leasingvertrag über ein neues Auto abgeschlossen.

4.1.2 Vertragliche Beziehungen

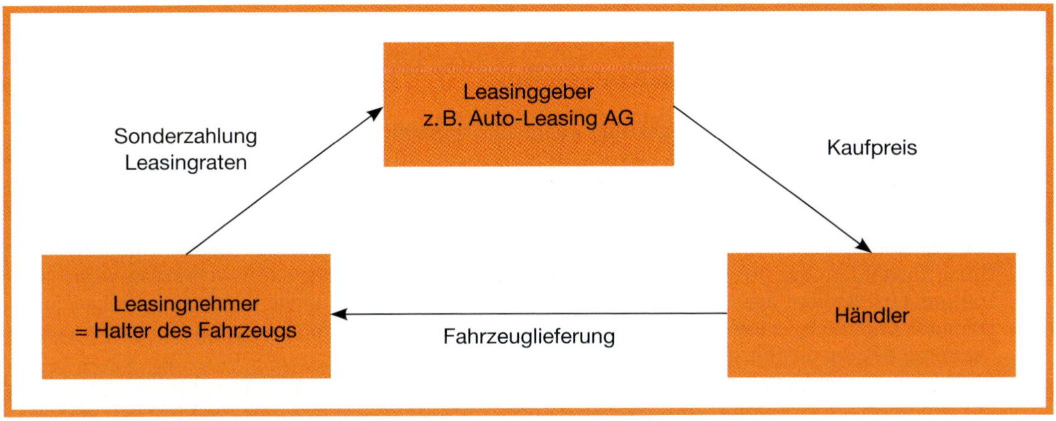

Folgende Vereinbarungen sind für den Leasingvertrag typisch:

- Der Leasingnehmer sucht sich das Leasinggut aus und bezeichnet es genau.
- Der Leasingnehmer trägt das Risiko, dass der ausgesuchte Mietgegenstand objektiv die Gebrauchseigenschaften hat und als Objekt für den vorgesehenen Einsatz geeignet ist.
- Die Leasinggesellschaft trägt das finanzielle Risiko. Sie muss mit der Gefahr rechnen, dass der Leasingnehmer infolge Zahlungsunfähigkeit nicht die vereinbarten Raten in der Vertragslaufzeit zahlen kann.
- Der Leasingnehmer übernimmt die technischen Risiken. Für das Fahrzeug muss meistens eine Fahrzeugvollversicherung abgeschlossen werden.
- Während der Vertragslaufzeit (Mietdauer) zahlt der Leasingnehmer feste Leasingraten. Es wird eine feste Grundmiete ohne Kündigungsmöglichkeit vereinbart.

4.1.3 Ausgewählte Inhalte aus Leasingverträgen

Auszug aus einem Fahrzeugleasingvertrag

2. Beschaffung des Fahrzeugs, Beginn der Leasinglaufzeit

2.1 Der Leasingnehmer bestimmt nach dem von ihm vorgesehenen Verwendungszweck den Fahrzeugtyp, seine Beschaffenheit und Ausstattung sowie den Lieferanten. Er schließt mit dem Lieferanten einen Kaufvertrag, aufgrund dessen die Lieferung des Fahrzeugs erfolgt.

1 Leasingverträge, insbesondere aus Sicht der Finanzierung von Unternehmen, werden im Profilfach Wirtschaft und in Kapitel M dieses Buches vertiefend behandelt.

2.4 Die zwischen Leasingnehmer und Lieferanten vereinbarten Gewährleistungsregelungen gelten auch für den Kauf durch den Leasinggeber.

3. Leasingpreis

3.1 Die Leasingsonderzahlung ist als Einmalzahlung bei Überlassung des Fahrzeugs zu leisten. Sie ist keine Kaution; sie wird nicht auf Leasingraten angerechnet.

3.4 Der Leasingnehmer übernimmt alle Gebühren, Beiträge, Steuern und sonstige Abgaben, die sich auf den Gebrauch oder die Haltung des Fahrzeugs beziehen.

6. Gewährleistung

6.1 Nach der Abnahme des Fahrzeugs leistet der Leasinggeber für Sach- und Rechtsmängel nur in dem Umfange Gewähr, in dem ihm Ansprüche gegen den Lieferanten, Hersteller oder einen anderen Verpflichteten (z. B. Importeur) zustehen. Der Leasinggeber tritt hiermit seine Ansprüche auf Herabsetzung des Kaufpreises (Minderung), Rückgängigmachung des Kaufvertrags (Wandelung) sowie etwaige sonstige vertragliche oder gesetzliche Gewährleistungs- und Garantieansprüche gegen den Lieferanten, Hersteller und andere Verpflichtete an den Leasingnehmer ab.

7. Gebrauch, Instandhaltung und Instandsetzung

7.1 Der Leasingnehmer wird das Fahrzeug pfleglich behandeln, es vor Überbeanspruchung schützen, es unter Beachtung der Rechtsvorschriften sachgemäß gebrauchen und Wartungs-, Pflege- und Gebrauchsanweisungen und -empfehlungen des Lieferanten/Herstellers (Garantiegebers) befolgen.

7.2 Der Leasingnehmer hat das Fahrzeug auf seine Kosten in ordnungsgemäßem und funktionsfähigem Zustand zu erhalten und die hierfür erforderlichen Reparaturen unter Verwendung von Originalersatzteilen des Herstellers durchzuführen. Fällige Wartungsarbeiten hat der Leasingnehmer pünktlich, erforderliche Reparaturen unverzüglich durch einen vom Hersteller anerkannten Betrieb ausführen zu lassen …

7.4 Einschränkung und Wegfall der Gebrauchsfähigkeit berühren die Verpflichtung des Leasingnehmers zur Zahlung der Leasingrate und einer eventuellen Differenz nicht. Der Leasingnehmer haftet für eine schadenbedingte Wertminderung auch ohne Verschulden.

8. Abhandenkommen und Totalschäden

8.1 Der Leasingnehmer trägt ab dem Zeitpunkt der amtlichen Zulassung des Fahrzeugs die Gefahr des Abhandenkommens und des Totalschadens …

12. Rückgabe des Fahrzeugs

12.2 Der Zustand des Fahrzeugs ist nach Rückgabe von einem Beauftragten des Leasinggebers zu überprüfen. Art und Umfang der festgestellten Mängel und Beschädigungen sind dem Leasingnehmer unverzüglich mitzuteilen. Etwa erforderliche Instandsetzungskosten gehen zulasten des Leasingnehmers.

13. Abrechnung für Mehr- oder Minderkilometer

Ist bei Rückgabe des Fahrzeugs nach Ablauf der bei Vertragsabschluss vereinbarten Leasinglaufzeit die festgelegte Gesamtkilometer-Fahrleistung über- bzw. unterschritten, werden die gefahrenen Mehr- bzw. Minderkilometer dem Leasingnehmer zu den umseitig genannten Euro-Sätzen nachberechnet bzw. vergütet. Bei der Berechnung von Mehr- und Minderkilometern werden die ersten 2.500 km nicht berücksichtigt.

- Teilung des Mehrerlöses
  Nach Ablauf des Leasingvertrags ist die Leasinggesellschaft berechtigt, das Fahrzeug am Markt frei zu verkaufen. Üblicherweise wird im Leasingvertrag die Formulierung gewählt, dass der Leasingnehmer zu 75 % des Netto-Mehrerlöses beteiligt wird. Durch die Wahl eines vorsichtig kalkulierten Restwertes begrenzen die Leasinggesellschaften ihrerseits das Verwertungsrisiko.

- Besteht für den Leasingnehmer eine Kaufoption?
  Häufig meinen Leasingnehmer, dass sie am Ende der Vertragslaufzeit das Recht haben, das Fahrzeug nach Vertragsende zum kalkulierten Restwert von der Leasinggesellschaft zu erwerben. Diese Möglichkeit scheint insbesondere bei sehr vorsichtig und damit niedrig kalkulierten Restwerten attraktiv zu sein. Standardmäßig besteht diese Kaufmöglichkeit nicht, das bedeutet, dass der Leasingnehmer das Fahrzeug nur zum tatsächlichen Wert nach Ablauf des Leasingvertrags kaufen könnte.
  Wenn der Leasingnehmer am Ende der Vertragslaufzeit das Fahrzeug zum vorher festgelegten Restwert vom Leasinggeber erwerben möchte, muss zuvor im Leasingvertrag diese Kaufmöglichkeit ausdrücklich vereinbart worden sein.

- Leasingvertrag mit „Andienungsrecht" durch die Leasinggesellschaft
  Bei Leasingverträgen mit Privatpersonen findet sich häufig die Klausel eines sogenannten „Andienungsrechts". Hierbei hat die Leasinggesellschaft das Recht, dem Leasingnehmer das Fahrzeug am Ende der Vertragslaufzeit „anzudienen", d.h., der Leasingnehmer muss dann das Fahrzeug von der Leasinggesellschaft zu diesem Preis erwerben.
  Der Leasinggeber wird dieses Recht immer dann ausüben, wenn der tatsächliche Marktpreis bei Vertragsende geringer ist als der ursprünglich vereinbarte Restwert. Ist der Restwert höher, hat der Leasingnehmer seinerseits kein Kaufrecht; die Leasinggesellschaft wird das Fahrzeug zum Marktpreis veräußern. Auf diese Weise hat die Leasinggesellschaft jegliches Verwertungsrisiko am Ende der Vertragslaufzeit auf den Leasingnehmer überwälzt.

- Rückgabe des Fahrzeugs bei Vertragsende
  Am Ende der Leasinglaufzeit gibt es bei der Rückgabe des Fahrzeugs häufig Streitigkeiten über den Zustand des Kraftfahrzeugs. Die Leasinggesellschaften untersuchen das Fahrzeug sehr genau hinsichtlich des Zustands und bringen eventuell vorhandene Mängel in Abzug. Das bedeutet, dass der Leasingnehmer z.B. jede kleine Beule, die beispielsweise durch Parkrempler anderer Autofahrer entstanden sind, separat bezahlen muss.

4.2 Vergleich der Finanzierungsalternativen Kreditkauf und Leasing

Dem Verbraucher bietet sich neben der Kreditaufnahme bei der Bank, mit der er dem Autohändler gegenüber wie ein Barzahler auftritt, die Alternative einer Kreditfinanzierung über die Autobank und das Leasing an. Um die Angebote vergleichen zu können, wird in einem ersten Schritt die Summe der jeweiligen Zahlungen ermittelt. Hierbei werden jedoch noch nicht die Zeitpunkte der jeweiligen Zahlung berücksichtigt.

Um einen exakten **Vorteilhaftigkeitsvergleich** vornehmen zu können, ist zu ermitteln, wie hoch die Barwerte bei den jeweiligen Zahlungsalternativen sind. Bei der Ermittlung der Barwerte wird gefragt, wie viel die jeweiligen Zahlungen zum heutigen Zeitpunkt wert sind. Finanzmathematisch bedeutet dies, dass alle Zahlungen auf den heutigen Zeitpunkt abgezinst werden. Als Abzinsungssatz kann der Zins gewählt werden, zu dem eine Geldanlage bei einer Bank voraussichtlich verzinst werden würde.

> **Beim Vergleich von verschiedenen Finanzierungsalternativen ist diejenige vorteilhaft, bei der die Summe der Barwerte der jeweiligen Zahlungen am niedrigsten ist.**

Bei der Finanzierungsalternative Leasing ist zu beachten, dass ein eventuell am Ende der Leasinglaufzeit vorhandener Restwert bei der Barwertermittlung berücksichtigt wird, indem unterstellt wird, dass das Fahrzeug zu diesem Restwert erworben werden könnte.

Beispiel

Andrea Bauer möchte einen Pkw zu einem Preis von 21.500 EUR kaufen. Sie möchte das Fahrzeug länger als drei Jahre fahren.
Bei Barzahlung würde sie von dem Autohaus 3 % Rabatt erhalten. Das Autohaus bietet einen Leasingvertrag zu folgenden Bedingungen an:
Einmalzahlung bei Übernahme des Fahrzeugs 3.000 EUR,
36 Leasingraten zu monatlich 150 EUR.
Es besteht eine Kaufoption am Ende der Laufzeit zum Restwert von 14.610 EUR.
Eine Bank bietet die Finanzierung zu 0,25 % Zins pro Monat vom Anfangsdarlehen zuzüglich 1 % Bearbeitungsgebühr für die Laufzeit von 36 Monaten an.
Ein **Vergleich der Zahlungsströme** ergibt:

	Zahlung bei Übernahme	Laufende Raten	Gesamtzahlung
Barzahlungspreis	21.500 EUR abzüglich 645 EUR Rabatt		20.855 EUR
Leasing	3.000 EUR	36 · 150 = 5.400 EUR	8.400 EUR + Kauf zu 14.610 EUR = 23.010 EUR
Kreditkauf	entfällt	Kosten: Zinsen: 36 · 0,25 = 9 % + 1 % Gebühr = 10 % aus 20.855 = 2.085,50 EUR Rückzahlung: 22.940,50 in 36 Raten zu 637,24 EUR	22.940,50 EUR

Andrea Bauer könnte bei einer Geldanlage für 3 Jahre einen Zins von 3 % p.a. erzielen. Auf dieser Basis stellt sie einen **Barwertvergleich** an und unterstellt zur Vereinfachung eine nachträgliche jährliche Zahlung von Kredit- bzw. Leasingraten:
Abzinsungsfaktoren sind:
1 Jahr: 0,97087 (1/1,03)
2 Jahre: 0,94260 ($1/1,03^2$)
3 Jahre: 0,91514 ($1/1,03^3$)

Leasing	Barwert 1. Jahr: 1.747,57 (1.800 · 0,97087) Barwert 2. Jahr: 1.696,68 Barwert 3. Jahr: 1.647,25 Barwert Kauf: 13.370,20 (14.610 · 0,91514) Einmalzahlung: 3.000,00 Summe: 21.461,70 EUR
Kreditkauf	Barwert 1. Jahr: 7.423,92 (7.646,67 · 0,97087) Barwert 2. Jahr: 7.207,75 Barwert 3. Jahr: 6.997,77 Summe: 21.629,44 EUR

Andrea Bauer stellt bei diesem Vergleich fest, dass der Barwert der Leasingzahlungen niedriger ist als bei dem Bankkredit. Welches Finanzierungsmodell sie wählt, macht sie von weiteren Faktoren abhängig.

Bei einem umfassenden Vergleich der Finanzierungsalternativen sind noch weitere, i.d.R. nicht quantifizierbare Kriterien heranzuziehen. Hierbei bietet sich eine **Entscheidungsbewertungstabelle** an.

▶ Entscheidungsbewertungstabelle

Bei der Erstellung einer Entscheidungsbewertungstabelle sind zunächst alle Alternativen, die verglichen werden sollen, zu sammeln. Danach ist zu überlegen, welche **Kriterien** bei der Entscheidungsfindung berücksichtigt werden sollen. Da nicht alle Entscheidungskriterien gleich wichtig sind, ist eine **Gewichtung** vorzunehmen. Das bedeutet, dass wichtige

Kriterien stärker berücksichtigt werden als die Kriterien, denen eine geringere Wichtigkeit zugeordnet wird. Da diese Gewichtung prozentual erfolgt, muss folglich die Addition der Gewichtung 100 ergeben.

Danach erfolgt die **Bewertung** der Alternativen. Üblicherweise erfolgt hierbei eine Bepunktung auf einer Skala von 0 bis 10, wobei 10 die höchste Bewertung darstellt. Durch Multiplikation der zugeordneten Punktzahl mit der Gewichtung ergibt sich die gewichtete Punktzahl. Anschließend sind die gewichteten Punktzahlen einer Alternative zusammenzuzählen. Es wird die Alternative mit der höchsten Punktzahl gewählt.

Beispiel

Eva Schneider ist auf der Suche nach einem neuen Cabriolet. Hierbei zieht sie als Finanzierungsalternativen einen Barkauf, eine kreditfinanzierte Anschaffung über die Hausbank, eine Finanzierung über die Herstellerbank und das Leasing heran.
Bei dem Vergleich der Alternativen sind für sie die Aspekte
- Gesamtkosten
- monatliche Belastung
- Zeitaufwand beim Vertragsabschluss
- Kompliziertheit des Vertrags
- Eigentumsverhältnisse

entscheidungsrelevant.
Eva Schneider stellt die Gewichtung dieser Gesichtspunkte zusammen: Die Gesamtkosten sollen mit 40 %, die monatliche Belastung mit 20 %, der Zeitaufwand beim Vertragsabschluss mit 10 %, die Kompliziertheit des Vertrags mit 10 % und die Eigentumsverhältnisse mit 20 % berücksichtigt werden.
Bei der Punktvergabe wählt Eva Schneider eine Skala von 0 bis 10 Punkten, wobei die Punktzahl 10 die beste Benotung darstellt. Sie ordnet nach Auswertung der Angebote den Kriterien der einzelnen Alternativen die entsprechenden Punktzahlen zu:

Kreditfinanzierung über die Hausbank			
Entscheidungskriterium	Gewichtung %	Bewertungszahl	Gewichtete Bewertungszahl
Gesamtkosten	40	5	200
monatliche Belastung	20	3	60
Zeitaufwand beim Vertragsabschluss	10	4	40
Kompliziertheit des Vertrags	10	5	50
Eigentumsverhältnisse	20	8	160
Summe	100		510
Leasing			
Entscheidungskriterium	Gewichtung %	Bewertungszahl	Gewichtete Bewertungszahl
Gesamtkosten	40	8	320
monatliche Belastung	20	6	120
Zeitaufwand beim Vertragsabschluss	10	4	40
Kompliziertheit des Vertrags	10	4	40
Eigentumsverhältnisse	20	2	40
Summe	100		560
Da das Leasing im Vergleich zur Kreditfinanzierung eine höhere Punktzahl ergibt, entscheidet sich Eva Schneider für das Leasing.			

Bei der Entscheidungsfindung können mithilfe einer Entscheidungsbewertungstabelle auch nicht quantifizierbare Kriterien berücksichtigt werden. Es wird diejenige Alternative gewählt, die die höchste Bewertungszahl aufweist.

4.3 Beurteilung der Finanzierungsmöglichkeiten

Finanzierung eines Fahrzeugs		
Barkauf aus Erspartem	Kreditfinanzierung über ■ die Hausbank ■ ein anderes Kreditinstitut ■ die Herstellerbank	Leasing

Viele Wege zum neuen Auto – Finanzierungsmöglichkeiten im Überblick		
Angebote	**Vorteile**	**Nachteile**
Barkauf mit Erspartem	■ Beim Händler lässt sich ein mitunter hoher Barzahlungsrabatt aushandeln. ■ Der Käufer wird sofort Eigentümer des Autos, kann über das Auto entscheiden, wie es ihm gefällt.	■ Der Käufer verliert Zinsen, die er bei einer Anlage seines Geldes erhalten würde. ■ Wenn Reserven aufgebraucht wurden, können Notfälle zu einer finanziellen Klemme führen.
Kreditfinanzierung allgemein	■ Ist freies Vermögen vorhanden, kann es für andere Zwecke verwendet werden.	■ Ein Kredit kostet Zinsen und Gebühren. Bis zur Tilgung gehört der Wagen in der Regel der Bank.
Finanzierung mit der Hausbank	■ Gegenüber dem Händler tritt der Käufer wie ein Barzahler auf (s. o.). ■ Bei langjähriger guter Geschäftsbeziehung sind Konditionen verhandelbar.	■ Die Kreditzinsen der Hausbanken liegen inklusive Bearbeitungsgebühr regelmäßig deutlich über denen, die von Autobanken offeriert werden.
Finanzierung mit freier Autobank	■ Verhandlungsspielraum sowohl bei Finanzierung als auch beim Kauf.	■ Der Käufer muss meist eine Anzahlung von 20 Prozent auf den Kaufpreis leisten.
Finanzierung mit Herstellerbank	■ Die Kreditzinsen sind meist konkurrenzlos günstig. ■ Kauf und Kreditfinanzierung in einem Schritt beim Händler möglich.	■ In der Regel keine Chance mehr auf Barzahlungsrabatt. ■ Besonders niedrige Kreditzinsen an bestimmte Autotypen gekoppelt.
Sonderform „Ballonkredit“	■ Die monatlichen Kreditraten fallen deutlich geringer aus als bei einer herkömmlichen Kreditfinanzierung durch die Bank.	■ Höhere Restschuld bei Vertragsende, das Zinsniveau zum Zeitpunkt der Anschlussfinanzierung könnte gestiegen sein.
Leasing allgemein	■ Im Vergleich zum Kredit deutlich niedrigere monatliche Raten. ■ Für Selbstständige steuerlich vorteilhaft, da Raten als Betriebsausgaben absetzbar sind und die Mehrwertsteuer voll erstattet wird.	■ Mit Sonderzahlung und Raten erwirbt Kunde kein Eigentum, nur Nutzungsrecht. ■ Eingeschränkte Nutzung des Fahrzeugs, vorzeitiger Ausstieg schwer. ■ Raten fällig trotz etwaiger Mängel.
Leasing mit Restwertabrechnung	■ Wenn niedriger Restwert angesetzt wird, steigen die Raten und der Steuervorteil (nur bei Selbstständigen).	■ Der Kunde garantiert den Restwert, trägt unter anderem das Risiko sinkender Gebrauchtwagenpreise.
Leasing mit Kilometerabrechnung	■ Das Marktwertrisiko bei Fahrzeugrückgabe trägt bei dieser Vertragsgestaltung die Leasinggesellschaft.	■ Nachforderungen, wenn Kilometerzahl überschritten, möglicherweise Streit um Zustand des Wagens.

Leasing mit Andienungsrecht	■ Ebenfalls kein Marktwertrisiko, es wird zudem Anreiz geschaffen, den Wagen zu pflegen.	■ Kunde muss Wagen zum vereinbarten Preis kaufen, wenn die Leasinggesellschaft das verlangt.
Serviceleasing	■ Exaktere Budgetplanung möglich, da typische Zusatzkosten in monatlicher Rate enthalten sind.	■ An Vorgaben der Leasinggesellschaft gebunden, etwa die, wo die Wartung erledigt werden muss.

Quelle: Finanztest 01/98

Welcher Kredit ist günstiger?

Laufzeit	Effektiver Jahreszins beim unabhängigen Anbieter (%)	Effektiver Jahreszins der Autobank (in %)						
		0,9	1,9	2,9	3,9	4,9	5,9	6,9
		So viel Rabatt müssen Sie mindestens raushandeln, damit der Kredit des unabhängigen Anbieters günstiger ist (in %)						
24 Monate	**5,0**	4,03	3,04	2,06	1,08	0,10	–*	–*
	5,5	4,49	3,51	2,53	1,56	0,68	–*	–*
	6,0	4,96	3,98	3,01	2,04	1,07	0,10	–*
	6,5	5,41	4,44	3,47	2,51	1,54	0,58	–*
	7,0	5,87	4,90	3,93	2,97	2,01	1,06	0,10
	7,5	6,31	5,35	4,39	3,43	2,48	1,52	0,57
	8,0	6,75	5,79	4,84	3,89	2,93	1,99	1,04
	8,5	7,19	6,24	5,28	4,34	3,39	2,45	1,50
	9,0	7,62	6,67	5,72	4,78	3,84	2,90	1,96

*) Hier ist der unabhängige Anbieter mit Zinsen zwischen 5,0 und 6,5 Prozent auch ohne Händlerrabatt günstiger. Der Vergleich entfällt somit.

Quelle: ADACmotorwelt 4/2008, S. 82

5 Verschuldungsproblematik

5.1 Gründe für die Überschuldung

In den letzten Jahren hat die Anzahl der überschuldeten Haushalte stark zugenommen. Allgemein gilt ein Haushalt als überschuldet, wenn nach Abzug der laufenden Lebenshaltungskosten die eingegangenen Zahlungsverpflichtungen nicht mehr erfüllt werden können.

Ein Haushalt ist überschuldet, wenn er nach Abzug der laufenden Lebenshaltungskosten nicht mehr in der Lage ist, seine eingegangenen Zahlungsverpflichtungen zu erfüllen.

Die häufigsten Ursachen der Überschuldung sind:
- Arbeitslosigkeit
- Trennung/Scheidung
- Gescheiterte Selbstständigkeit
- Erkrankung, Unfall, Sucht
- Unwirtschaftliche Haushaltsführung
- Gescheiterte Immobilienfinanzierung
- Unzureichende Kreditberatung

Häufige Schuldenfallen:

- Kreditkarten
- Dispositionskredit
- Versandhauskäufe
- Handygebühren
- Auto

Reflektieren Haushalte regelmäßig ihre aktuelle Situation und führen sie ein regelmäßiges Haushaltsbuch, so könnte die Gefahr einer drohenden privaten Überschuldung reduziert werden. Zudem könnte in diesen Fällen deutlich schneller, z. B. durch Änderungen im Ausgabenverhalten, reagiert werden. Allgemein bieten sich folgende Lösungsmöglichkeiten an:

- Senkung der Ausgaben
- Versuchen, die Einnahmen zu erhöhen, z. B. durch Aufnahme einer Vollzeitbeschäftigung statt einer Teilzeitbeschäftigung, Aufnahme eines Nebenjobs
- Senkung der laufenden Schuldenlast durch Verkauf von Vermögensgegenständen und damit Tilgung bzw. Reduzierung der Verbindlichkeiten

In jedem Fall ist der Weg zu einer Schuldnerberatung, am besten von öffentlichen oder caritativen Stellen, zu empfehlen, um sich umfassend beraten zu lassen und rechtzeitig nach Lösungsvorschlägen zu suchen.

Schufa Prognose für 2008: Verschuldungsprobleme bei Privatpersonen nehmen leicht ab

… Wissenschaftler haben festgestellt, dass Haushalte mit Alleinerziehenden, Einpersonenhaushalte, Haushalte mit jungen Haupteinkommensbeziehenden bis 24 Jahre und Haushalte der unteren Einkommensgruppen ein besonders hohes Überschuldungsrisiko haben. Etwa jeder dritte überschuldete Haushalt mit Konsumentenkrediten ist darüber hinaus von Arbeitslosigkeit betroffen. … Neben Arbeitslosigkeit und Scheidung sind mangelnde finanzielle Allgemeinbildung, Unerfahrenheit und Informationslücken in Geldangelegenheiten die Hauptauslöser für Überschuldung. An dieser Stelle ist das Handeln von allen gefragt, die in unserer Gesellschaft zu einer besseren Finanzbildung beitragen können.

Pressemitteilung der Schufa vom 27.11.2007

Kritische Anzeichen privater Verschuldung nach Privatverschuldungsindex (PVI), 1. Halbjahr 2007, Kreise

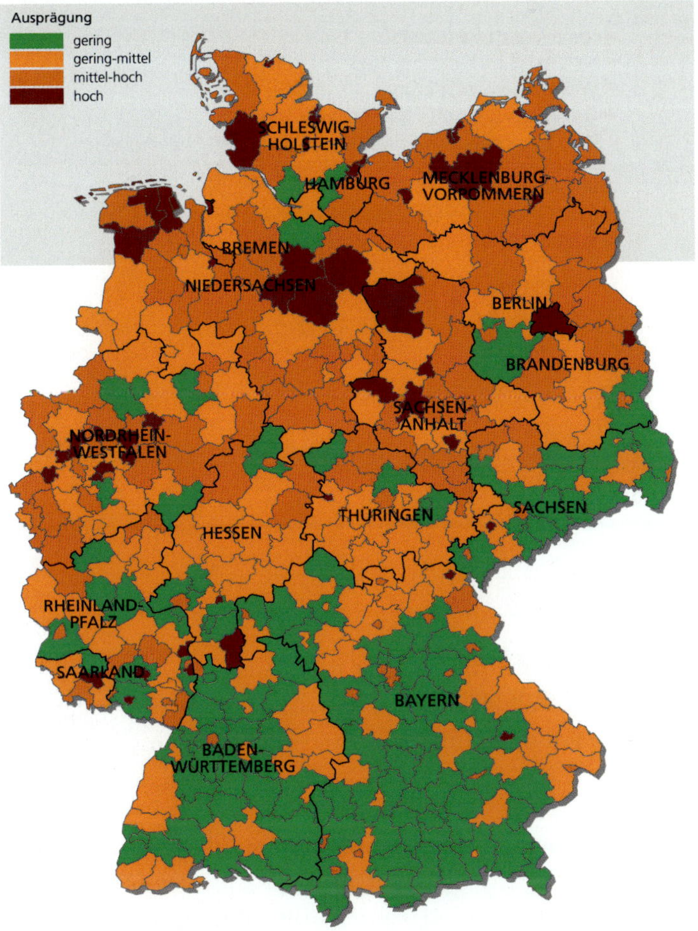

© 2007 SCHUFA Holding AG, Alle Rechte vorbehalten

5.2 Verbraucherinsolvenz

Für Personen, die ihre Schulden mit den freien Geldmitteln ihres Haushaltseinkommens nicht zurückzahlen können, bietet sich das vereinfachte Insolvenzverfahren an.

§

§ 1 InsO Ziele des Insolvenzverfahrens
[1]Das Insolvenzverfahren dient dazu, die Gläubiger eines Schuldners gemeinschaftlich zu befriedigen, indem das Vermögen des Schuldners verwertet und der Erlös verteilt ... wird. [2]Dem redlichen Schuldner wird Gelegenheit gegeben, sich von seinen restlichen Verbindlichkeiten zu befreien.

Nach Ablauf einer Wohlverhaltensperiode von sechs Jahren und dem Abschluss des Insolvenzverfahrens[1] wird der Schuldner von den restlichen Schulden befreit. Auf diese Weise wird ihm ein wirtschaftlicher Neuanfang ermöglicht.

1 Einzelheiten zur Verbraucherinsolvenz werden im Fach Wirtschaft in der Eingangsklasse behandelt.

Zusammenfassung zu Kapitel 4: Fahrzeugleasing und Kapitel 5: Verschuldungsproblematik

Leasing	■ feste Vertragslaufzeit ■ regelmäßige Leasingraten ■ Wartungsverpflichtung ■ Gefahrenübernahme in voller Höhe ■ kein Eigentum am Ende der Laufzeit aus Leasingvertrag
Kreditkauf über Bank	■ volles Eigentum ■ evtl. Rabatt wie Barzahler beim Händler ■ höhere monatliche Belastung als bei Leasing
Verschuldung	finanzielle Verpflichtungen höher als laufende Bezüge und fehlende Mittel zum Ausgleich

Aufgaben und Probleme

Kapitel 4 Fahrzeugleasing
Kapitel 5 Verschuldungsproblematik

1. Nennen Sie je zwei Vor- und Nachteile, die sich für den Leasingnehmer im Vergleich zum Kauf des Fahrzeugs auf Kredit ergeben.

2. Erklären Sie die Bedeutung der folgenden Inhalte in Leasingverträgen:
   a) Andienungsrecht
   b) Kaufoption

3. Welche Probleme können bei der Rückgabe des Fahrzeugs am Ende der Leasinglaufzeit auftreten?

4. Warum ist bei der Finanzierungsentscheidung zwischen Kreditkauf und Leasing trotz eines eindeutigen Rechenergebnisses eine Entscheidungsbewertungstabelle sinnvoll?

5. Beschreiben Sie das Vorgehen bei der Erstellung einer Entscheidungsbewertungstabelle.

6. Das Ehepaar Lohr hat ein monatliches Nettoeinkommen von 2.650 EUR. Die laufenden Belastungen für Lebensunterhalt usw. belaufen sich auf 2.300 EUR. Lohrs wollen einen neuen Pkw für 32.000 EUR anschaffen. Sie können ihren alten Pkw für 6.000 EUR in Zahlung geben.
   a) Berechnen Sie den Barwert des Barkaufpreises mit einem Rabatt von 4 % auf den Preis nach Abzug des Gebrauchtwagenerlöses und einem nach 3 Jahren unterstellten Veräußerungserlös von 15.000 EUR bei einem Vergleichszins von 3 %.
   b) Gehen Sie davon aus, dass Lohrs bis auf den Gebrauchtwagen keine freien Barmittel zur Verfügung haben. Sie handeln den in a) genannten Barzahlungspreis aus und möchten den Pkw in 5 Jahren durch Kreditaufnahme bei der Hausbank abbezahlen. Die Hausbank verlangt 0,20 % Zinsen pro Monat vom ursprünglichen Kreditbetrag und einmalig 2 % Bearbeitungsprovision auf den Kreditbetrag.
   Berechnen Sie die sich daraus ergebende monatliche Belastung und vergleichen Sie diese mit den oben gemachten Angaben zum Haushaltsbudget.
   c) Erläutern Sie die Bedeutung von „Schufa“ und „Scoring“ bei der Aufnahme eines Verbraucherdarlehens.

d) Lohrs haben den effektiven Zinssatz auf rund 2,8 % geschätzt und wundern sich, dass im Kreditvertrag ein „effektiver Zinssatz nach Preisangabenverordnung" von 5,41 % steht. Klären Sie Lohrs auf.

7 Lohrs (siehe Sachverhalt in Aufgabe 6) erwägen, einen wie folgt angebotenen Leasingvertrag abzuschließen: Sonderzahlung 6.000 EUR, 36 Monate Laufzeit, Leasingrate 350 EUR (zur Info vereinbarter Restwert 15.000 EUR).

a) Ermitteln Sie die Summe aller Nettozahlungen.
b) Ermitteln Sie den Barwert aller Zahlungen bei einer angenommenen Verzinsung von 3 % und jährlicher Entrichtung der Leasingraten und vergleichen Sie das Ergebnis mit der Lösung zu a).
c) Geben Sie drei Faktoren an, die bei einer Entscheidungsbewertungstabelle Barkauf/Kredit/Leasing verwendet werden können.
d) Zeigen Sie die Besitz- und Eigentumsverhältnisse beim Leasing eines Fahrzeugs auf.
e) Stellen Sie die Vor- und Nachteile des Leasings im Vergleich zum Kredit bei der Hausbank dar.

8 Beschreiben Sie, unter welchen Bedingungen ein Haushalt als überschuldet gilt.

E Geldanlage in Rentenpapieren

Warum ist dieses Kapitel wichtig?

Bei jeder Geldanlage verfolgt ein Anleger bestimmte Zielsetzungen. Mit Rentenpapieren kann das Ziel der sicheren Anlage mit dem Ziel einer angemessenen Rentabilität erreicht werden. Das Risiko kann je nach Wahl der Anlage gering gehalten werden. Die Liquidität ist jederzeit gegeben, sofern die Papiere börsenmäßig gehandelt werden. Wegen der Erwerbs- und Verwaltungskosten sind Rentenpapiere in erster Linie für größere Anlagesummen und längere Anlagefristen empfehlenswert. Sie sind also durchaus als Bestandteil eines systematischen Vermögensaufbaus geeignet.

Die Aufgabe des Kapitels „Geldanlage in Rentenpapieren" liegt darin, entsprechende Anlageformen und Abwicklungsmodalitäten aufzuzeigen. Weiterhin werden die Methoden der Renditeberechnung gezeigt.

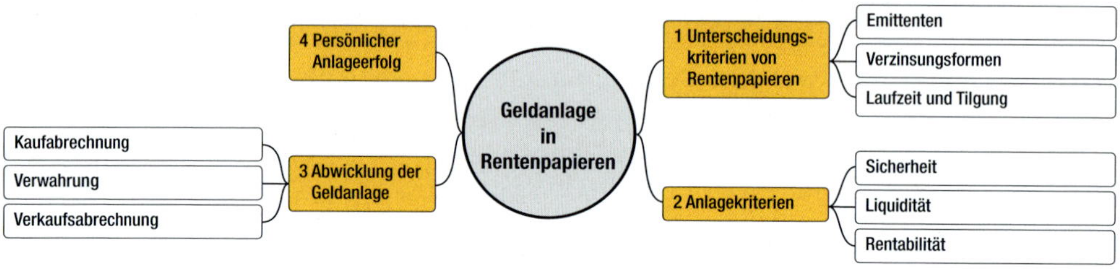

1 Unterscheidungskriterien von Rentenpapieren

1.1 Emittenten

Rentenpapiere sind Wertpapiere, die ein Forderungsrecht verbriefen, das der Inhaber des Wertpapiers gegenüber dem Emittenten geltend machen kann. Sie werden auch als verzinsliche Wertpapiere, Gläubigerpapiere, Schuldverschreibungen, Obligationen oder Anleihen bezeichnet.

Der Emittent (Herausgeber) beschafft sich durch die Emission (Ausgabe von Rentenpapieren) Fremdkapital. Die Rechtsstellung des Emittenten ist hierbei die des Schuldners, während der Anleger Gläubiger ist.

Der Inhaber des Rentenpapiers hat einen Rückzahlungsanspruch und einen Anspruch auf Zinszahlung.

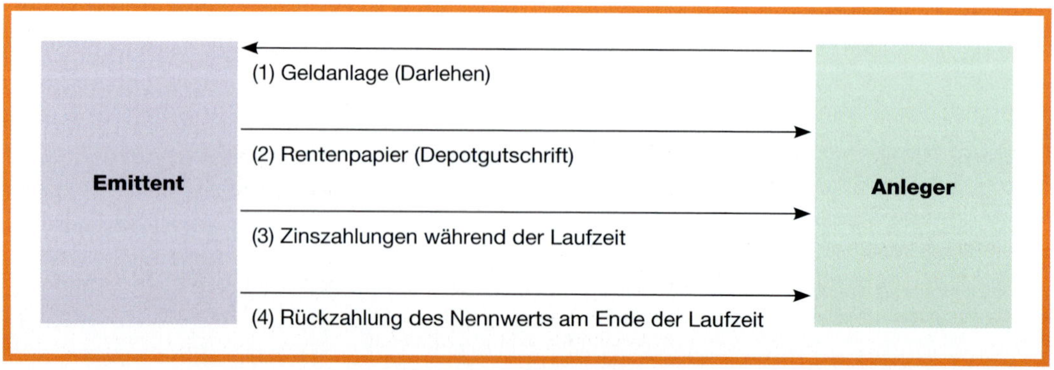

Emittenten	Emissionsmotive	Bezeichnungen
Öffentlich-rechtliche Emittenten	Finanzierung von öffentlichen Investitionen, z. B. Bau von Straßen und öffentlichen Gebäuden	■ Bundesanleihen ■ Bundesobligationen
Kreditinstitute	Beschaffung von langfristigen Mitteln für das Kreditgeschäft, z. B. Darlehen für Wohnungsbau	■ Bankinhaberschuldverschreibungen ■ Pfandbriefe
Sonstige Unternehmen	Finanzierung von Gütern des Anlagevermögens, z. B. Gebäude, Maschinen, Fuhrpark	■ Industrieobligationen

Öffentlich-rechtliche Emittenten

Die öffentlichen Anleihen werden nicht in Urkundenform (effektiv) ausgegeben. Dafür sind sie als Schuldbuchforderung (Wertrecht) bei der Deutschen Finanzagentur eingetragen. Sie werden dort kostenlos verwahrt.

Bundesanleihen und Bundesobligationen gehören zu den Kapitalmarktwertpapieren. Sie werden während der Laufzeit an der Börse gehandelt.

Öffentliche Anleihen sind durch staatliche Stellen garantiert und haben die höchste Bonität, allerdings deshalb auch im Vergleich zu anderen Anleihen die jeweils geringste Verzinsung. Diese Zinsen sind bei den meisten Emissionen über die gesamte Laufzeit fest.

Wertpapiere des Bundes auf einen Blick		
Merkmale	**Bundesobligationen**	**Bundesanleihen**
Emissionsverfahren	Tenderverfahren (nur Mitglieder der Bietergruppe Bundesemissionen)	Tenderverfahren (nur Mitglieder der Bietergruppe Bundesemissionen)
Stückelung	0,01 Euro	0,01 Euro
Mindestauftrag	Börse: kein Mindestauftrag 110 Euro Direkterwerb Deutsche Finanzagentur[1,2] (Tenderverfahren: Mindestgebot 1 Mio. Euro)	Börse: kein Mindestauftrag (Tenderverfahren: Mindestgebot 1 Mio. Euro)
Anlagehöchstbetrag	unbeschränkt; bei Direkterwerb Deutsche Finanzagentur[1,2] 250.000 Euro je Person und Geschäftstag ohne Wiederanlage und Umtausch	unbeschränkt
Zinszahlung	jährlich	jährlich
Zinsberechnungsmethode	actual/actual	actual/actual
Laufzeit	5 Jahre	ca. 10 Jahre bzw. ca. 30 Jahre
Rückzahlung	zum Nennwert	zum Nennwert
Erwerber	jedermann Direkterwerb Deutsche Finanzagentur[1] zu bestimmten Bedingungen[2]	jedermann

Verkauf bzw. vorzeitige Rückgabe	nach Börseneinführung täglicher Verkauf zum aktuellen Kurs möglich bei Verkauf über Deutsche Finanzagentur[1,3]: zum Einheitspreis der Frankfurter Wertpapierbörse als Festpreis	
Übertragbarkeit auf Dritte	jederzeit[4]	jederzeit[4]
Verkaufsstellen	Deutsche Finanzagentur[1,2] und Kreditinstitute	Kreditinstitute
Lieferung	Wertrechte (= Anteile an einer Sammelschuldbuchforderung oder Einzelschuldbuchforderung); keine effektiven Stücke	
Verwahrung/Verwaltung	Banken, Sparkassen, Kreditgenossenschaften sowie Deutsche Finanzagentur	
Kosten und Gebühren	übliche Bankprovision gebührenfrei bei Direkterwerb Deutsche Finanzagentur[1,2]	übliche Bankprovision
Einlösung bei Fälligkeit	gebührenfrei bei Deutsche Finanzagentur[1] übliche Bankprovision	gebührenfrei bei Deutsche Finanzagentur[1] übliche Bankprovision
Verwaltung durch ■ Kreditinstitute ■ Deutsche Finanzagentur[1]	 Depotgebühren gebührenfrei	 Depotgebühren gebührenfrei

1 Bundesrepublik Deutschland – Finanzagentur GmbH
2 der jeweils zuletzt börseneingeführten Bundesobligation durch natürliche Personen sowie gebietsansässige, gemeinnützige, mildtätige und kirchliche Einrichtungen
3 Einmalige Gebühr von 0,4 % des Kurswertes
4 Von einem Schuldbuchkonto auf ein anderes Schuldbuchkonto gebührenfrei

▶ Kreditinstitute

Kreditinstitute geben Bankschuldverschreibungen aus. Die so erlangten Gelder werden als langfristige Kredite, z. B. zur Investitionsfinanzierung von Unternehmen, vergeben. Als Sonderform werden Pfandbriefe ausgegeben.

! Pfandbriefe sind von Pfandbriefbanken ausgegebene Schuldverschreibungen. Sie dienen zur Finanzierung von Bau- oder Kommunaldarlehen.

Pfandbriefe sind eine besonders sichere Anlageform, da sie entweder durch Grundpfandrechte oder durch die Steuerkraft der Bürger gedeckt sind. Ausgabeberechtigt sind alle Kreditinstitute, wenn sie die erforderlichen Voraussetzungen (z. B. Mindestkapital, Risikomanagement) erfüllen. Das Pfandbriefgesetz bezeichnet diese Kreditinstitute als Pfandbriefbanken. Die Rendite von Pfandbriefen liegt etwas über derjenigen von Bundesanleihen.

Folgende Arten von Pfandbriefen werden unterschieden:

Arten	Merkmale
Pfandbriefe	Verwendungszweck: Immobilienfinanzierung Sicherheit: Vollständige Deckung durch Hypotheken oder Grundschulden (Grundpfandrechte) auf Immobilien. Diese werden maximal bis 60 % ihres Wertes beliehen.
Öffentliche Pfandbriefe	Verwendungszweck: Kredite an staatliche Stellen Sicherheit: Deckung durch Steuereinnahmen des Staates

Industrie- und Handelsunternehmen

Industrie- und Handelsunternehmen können sich durch Ausgabe von Schuldverschreibungen Fremdkapital beschaffen. Man spricht von Industrieobligationen, wenn sie von Industrieunternehmen ausgegeben werden. Das so beschaffte Kapital dient diesen Unternehmen zur Finanzierung von Investitionen.

Industrieobligationen haben im Vergleich zu öffentlichen Anleihen und Bankschuldverschreibungen ein höheres Risiko, weshalb sie mit höheren Zinssätzen ausgestattet sind. Die Sicherheit von Industrieobligationen hängt von der Bonität des Emittenten ab.

Zur Bonitätsbeurteilung können Anleger Ratings[1] heranziehen.

1.2 Verzinsungsformen

Formen	Merkmale
Rentenpapier mit fester Verzinsung (laufend gezahlte Zinsen, straight bond)	■ Gleichbleibender Nominalzins über die gesamte Laufzeit ■ Die Nominalverzinsung ist der verbriefte Zinsanspruch bezogen auf den Nennwert (Nominalwert) **Beispiel:** Festzinsanleihe 5 % Bundesanleihe, jährliche Zinszahlung
Rentenpapier mit variabler Verzinsung (Floating Rate Note, FRN, Floater)	■ Variabler Nominalzins über die gesamte Laufzeit ■ Nominalzinsanpassung an die Kapitalmarktzinsentwicklung in Form eines Referenzzinssatzes, deshalb geringe Kursschwankungen vor Fälligkeit **Beispiel:** Floating Rate Note Zinsanpassung alle drei Monate 3-Monats-EURIBOR plus 0,2 % Aufschlag (Spread) EURIBOR = European Interbank Offered Rate
Rentenpapiere ohne laufende Verzinsung (Zerobond)	■ Keine Nominalzinszahlung über die gesamte Laufzeit ■ Der Ertrag ergibt sich aus der Differenz zwischen Ausgabe- und Rückzahlungspreis. ■ Kursschwankungen bei sich veränderndem Kapitalmarktzins sind stärker als bei laufend gezahlter Verzinsung. **Beispiel:** Zerobond Rückzahlungspreis: zum Nennwert (100 %) Ausgabepreis: unter Nennwert (88 %) Differenz: Ertrag = 12 EUR auf 100 EUR Nennwert.

1 Vgl. hierzu Kapitel E 2.1

1.3 Laufzeit und Tilgung

Formen	Merkmale
Planmäßige Tilgung	Rückzahlung in einer Summe am Ende der Laufzeit (Regelfall)
Außerplanmäßige Tilgung	Rückzahlung nach Kündigung: Voraussetzung hierfür ist, dass ein Kündigungsrecht in den Emissionsbedingungen vereinbart worden ist. Die Kündigung für den Emittenten ist sinnvoll, wenn der Nominalzins der Anleihe höher ist als der aktuelle Kapitalmarktzins (Umschuldung). Dies ist für den Anleger nachteilig, da er den Rückzahlungsbetrag dann nur mit geringerer Verzinsung wieder anlegen kann.

2 Anlagekriterien

2.1 Sicherheit

Bei einer Geldanlage in Rentenpapieren setzt der Anleger bewusst auf Sicherheit, d.h. vor allem auf weitgehenden Schutz vor Rückzahlungsverlusten. Sicherheit der Geldanlage bedeutet deshalb Risikominimierung.

Die Risiken bei Rentenpapieren sind:
- Bonität des Emittenten
- Zinsänderungsrisiko (Kursrisiko)

Bonität des Emittenten

Das Bonitätsrisiko bedeutet, dass sich die Zahlungsfähigkeit des Emittenten in der Zukunft negativ entwickeln kann. Zins- und Tilgungsleistungen können dann nicht vollständig erbracht werden. Der Anleger muss eventuell Vermögensverluste bei seiner Geldanlage hinnehmen.

Internationale Ratingagenturen (z.B. Moody's und Standard & Poors) führen laufend unabhängige Bonitätsbeurteilungen der Emittenten durch. Die Ergebnisse werden in Ratingsymbolen zusammengefasst und veröffentlicht. Diese Einstufungen spielen auch bei der Beratung durch professionelle Finanzdienstleister eine Rolle.[1]

Ratingsymbole der Firmen Standard & Poors (S & P) und Moody's		
S & P	**Moody's**	**Bonitätsbewertung**
		Sehr gute Anleihen
AAA	Aaa	Beste Qualität, geringstes Ausfallrisiko
AA+ AA AA–	Aa1 Aa2 Aa3	Hohe Qualität, aber etwas größeres Risiko als die Spitzengruppe

1 Vgl. Kap. J 2

A+ A A– BBB+ BBB BBB–	A1 A2 A3 Baa1 Baa2 Baa3	**Gute Anleihen** Gute Qualität, viele gute Investmentattribute, aber auch Elemente, die sich bei veränderter Wirtschaftsentwicklung negativ auswirken können Mittlere Qualität, aber mangelnder Schutz gegen die Einflüsse sich verändernder Wirtschaftsentwicklung
BB+ BB BB– B+ B B–	Ba1 Ba2 Ba3 B1 B2 B3	**Spekulative Anleihen** Spekulative Anlage, nur mäßige Deckung für Zins- und Tilgungsleistungen Sehr spekulativ, generell fehlende Charakteristika eines wünschenswerten Investments, langfristige Zinszahlungserwartung gering
CCC CC C	Caa Ca C	**Junk Bonds** (hochverzinslich, hochspekulativ) Niedrigste Qualität, geringster Anlegerschutz, in Zahlungsverzug oder in direkter Gefahr des Verzugs

AAA-Anleihen haben ein sehr geringes Ausfallrisiko und damit einhergehend eine relativ niedrige Verzinsung. CCC-Anleihen haben ein sehr hohes Ausfallrisiko und damit einhergehend eine relativ hohe Verzinsung. Ein Anleger, der auf hohe Sicherheit Wert legt, wird nur sehr gute Anleihen auswählen.

Der Zusammenhang zwischen Anleiherendite und Rating lässt sich aus folgendem Schaubild ablesen.

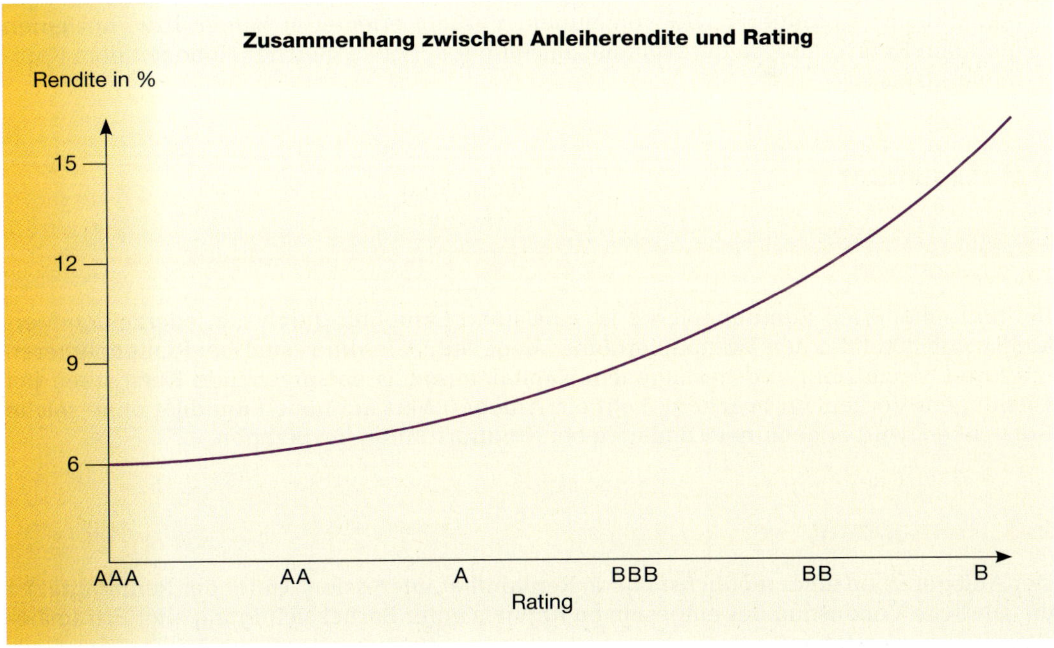

▶ Zinsänderungsrisiko (Kursrisiko)

Bei einem Verkauf eines Rentenpapiers vor dessen Fälligkeit ergibt sich ein Kursrisiko aufgrund einer Veränderung der Kapitalmarktzinsen.

Beispiele

Beispiel 1: Die Kapitalmarktzinsen sind gestiegen und höher als der Nominalzins des vom Anleger gekauften Rentenpapiers.
4 %-Industrieobligation, Nominalwert 10.000 EUR, derzeitiger Kapitalmarktzins 6 %

Bei Verkauf der 4 %-Industrieobligation wird der Kurs (Verkaufspreis) unter pari (< 100 %) sein, z. B. 95 %. Für den angelegten Betrag von 10.000 EUR erhält der Verkäufer jetzt nur noch einen Kurswert von 9.500 EUR. Der Kursverlust zum Nennwert beträgt somit 500 EUR.

Beispiel 2: Die Kapitalmarktzinsen sind gesunken und niedriger als der Nominalzins des vom Anleger gekauften Rentenpapiers.
4 %-Industrieobligation, Nominalwert 10.000 EUR, derzeitiger Kapitalmarktzins 3 %

Bei Verkauf der 4 %-Industrieobligation wird der Kurs (Verkaufspreis) über pari (> 100 %) sein, z.B 102 %. Für den angelegten Betrag von 10.000 EUR erhält der Verkäufer jetzt einen höheren Kurswert von 10.200 EUR. Der Kursgewinn zum Nennwert beträgt somit 200 EUR. Risiko im weitesten Sinne schließt also auch die Chance auf Gewinne ein.
Der Anleger kann zwar einen Kursgewinn „mitnehmen", jedoch kann er den Erlös nur zu geringeren Zinsen wieder anlegen (Zinsänderungsrisiko).

!
Nominalzins des Rentenpapiers < Kapitalmarktzins → Verkaufspreis unter pari = Kursverlust
Nominalzins des Rentenpapiers > Kapitalmarktzins → Verkaufspreis über pari = Kursgewinn

Folgende **Anlagestrategie** ergibt sich:

- In Erwartung **sinkender Kapitalmarktzinsen** sichert sich der Anleger bei Kauf eines Rentenpapiers mit fester Verzinsung einen hohen Nominalzins für die gesamte Laufzeit. Bei vorzeitigem Verkauf kann er mit einem Kursgewinn rechnen.
- In Erwartung **steigender Kapitalmarktzinsen** wird ein Anleger ein Rentenpapier mit variabler Verzinsung (Floater) bevorzugen. Dadurch kann er von den steigenden Kapitalmarktzinsen profitieren. Bei vorzeitigem Verkauf erleidet er keinen bzw. nur einen geringen Kursverlust, da der Nominalzins immer auf etwa gleicher Höhe mit dem Kapitalmarktzins ist.

2.2 Liquidität

!
Die Liquidität einer Geldanlage richtet sich nach der Möglichkeit, die Anlage in Bargeld umzuwandeln.

Bei börsennotierten Rentenpapieren ist eine hohe Liquidität durch die jederzeitige Verkaufsmöglichkeit an den Wertpapierbörsen gegeben. Allerdings sind bei Rentenpapieren mit fester Verzinsung und gestiegenem Kapitalmarktzins entsprechende Kursrisiken bei vorzeitigem Verkauf zu beachten. Legt ein Anleger Wert auf hohe Liquidität ohne solche Kursrisiken, wird er geeignete Einlagen bei Kreditinstituten bevorzugen.

2.3 Rentabilität

Der Anleger ist an einer möglichst hohen Rentabilität interessiert. Unter der Rentabilität ist die jährliche Verzinsung des eingesetzten Kapitals unter Berücksichtigung aller Ertragsbestandteile zu verstehen.

▶ Nominalverzinsung

$$\text{Nominalverzinsung} = \frac{\text{Nominalzins in \%} \cdot \text{Nennwert}}{100}$$

Beispiel

4-prozentige Industrieobligation zum Nennwert von 10.000 EUR und 4 % Zins p. a.

$$\text{Nominalverzinsung} = \frac{4\ \% \cdot 10.000}{100} = 400\ \text{EUR p. a.}$$

Ergebnis: Das 4 %-Rentenpapier ergibt für den Anleger Zinsen in Höhe von 400 EUR pro Jahr (p. a.).

Laufende Rendite (Current Yield, Flat Yield, Income Yield)

Die laufende Rendite bezieht die Zinsen auf das vom Anleger beim Erwerb eingesetzte Kapital. Um die Zinsen bei der Ausgabe an die aktuelle Kapitalmarktlage anzupassen, können die Emittenten die Anleihe mit einem Agio (Aufschlag) oder Disagio (Abschlag) auf den Nennwert ausgeben. Ein Agio oder Disagio wirkt sich zunächst auf das Verhältnis von Zins und Kapital während der Laufzeit aus. Man spricht deshalb von laufender Rendite.

$$\text{Laufende Rendite} = \frac{\text{Nominalzins in \%} \cdot \text{Nennwert}}{\text{Kurswert}}$$

Beispiel

Fall 1:
4-prozentige Industrieobligation zum Nennwert von 10.000 EUR und 4 % Zins p. a., ausgegeben mit Disagio von 1,5 %.

Kapitaleinsatz bezogen auf den Nennwert 98,5 %, beim Nennwert von 10.000 EUR also 9.850 EUR.

$$\text{Laufende Rendite} = \frac{4\ \% \cdot 10.000}{9.850} = 4{,}06\ \%$$

Fall 2:
4-prozentige Industrieobligation zum Nennwert von 10.000 EUR und 4 % Zins p. a., ausgegeben mit Agio von 3 %.
Kapitaleinsatz bezogen auf den Nennwert 103 %, beim Nennwert von 10.000 EUR = 10.300 EUR.

$$\text{Laufende Rendite} = \frac{4\ \% \cdot 10.000}{10.300} = 3{,}88\ \%$$

Liegt der Kurswert unter dem Nennwert (Disagio), so ergibt sich eine gegenüber dem Nominalzins höhere laufende Rendite.
Liegt der Kurswert über dem Nennwert (Agio), so ergibt sich eine gegenüber dem Nominalzins geringere laufende Rendite.

Rendite bei Ausgabe (Emission) unter Berücksichtigung von Agio und Disagio

Die laufende Rendite berücksichtigt nicht, dass ein beim Erwerb als Abschlag (Disagio) vom Nennwert ersparter Betrag wieder angelegt und somit die Effektivverzinsung verbessert werden könnte. Damit erhöht sich die zu berechnende Rendite. Umgekehrt führt ein Aufschlag (Agio) auf den Nennwert beim Erwerb zur Verminderung der Rendite. Diese Art der Renditeberechnungen kann mit folgenden Formeln dargestellt werden.

$$\text{Effektivverzinsung} = \frac{\left(\text{Nominalzins in \%} + \frac{\text{Disagio in \% zum Nennwert}}{\text{Restlaufzeit}}\right) \cdot \text{Nennwert}}{\text{Kurswert}}$$

$$\text{Effektivverzinsung} = \frac{\left(\text{Nominalzins in \%} - \frac{\text{Agio in \% zum Nennwert}}{\text{Restlaufzeit}}\right) \cdot \text{Nennwert}}{\text{Kurswert}}$$

Beispiel

Fall 1:
4-prozentige Industrieobligation zum Nennwert von 10.000 EUR und 4 % Zins p. a., ausgegeben mit Disagio von 1,5 %.

Anlagebetrag 98,5 % vom Nennwert, also 10.000 · 0,985 = 9.850 EUR.
Die Laufzeit beträgt 5 Jahre.
Disagio: 10.000 EUR – 9.850 EUR = 150 EUR.

$$\text{Effektivverzinsung} = \frac{(4\ \% + \frac{1{,}5\ \%}{5}) \cdot 10.000}{9.850} = 4{,}37\ \%$$

Fall 2:
4-prozentige Industrieobligation zum Nennwert von 10.000 EUR und 4 % Zins p. a., ausgegeben mit Agio von 3 %.
Anlagebetrag 103 % vom Nennwert, also 10.000 · 1,03 = 10.300 EUR.
Die Laufzeit beträgt 5 Jahre.

$$\text{Effektivverzinsung} = \frac{(4\ \% - \frac{3\ \%}{5}) \cdot 10.000}{10.300} = 3{,}30\ \%$$

Yield to Maturity (YtM)

Die YtM ist eine im angelsächsischen Raum verwendete Bezeichnung für die für den Erwerb einer Anleihe sich ergebende Rendite, wenn diese bis zum Rückzahlungstermin im Bestand bleibt.

Wenn die Berechnung zum Zeitpunkt der Emission erfolgt, spricht man von **Emissionsrendite.** Die YtM wird für die Zukunft berechnet. Bei der professionellen Anlage größerer Vermögen können geringe Abweichungen in der Berechnung bereits eine entscheidende Rolle spielen. Deshalb wird dabei die YtM regelmäßig finanzmathematisch berechnet.

Bei der finanzmathematischen Berechnung der YtM werden alle Zahlungen während der Laufzeit auf den Erwerbs-/Emissionszeitpunkt mit dem Effektivzins abgezinst.

In der nachfolgend gezeigten vereinfachten Formel zur Ermittlung der Effektivverzinsung wird beispielsweise unterstellt, dass ein Rückzahlungsgewinn bzw. -verlust gleichmäßig ausgezahlt würde und nicht am Ende der Laufzeit. Damit wird die Effektivverzinsung rechnerisch zu niedrig oder zu hoch angegeben. Eine verzinsliche Wiederanlage der Rückzahlungsdifferenz ist vor der Rückzahlung nicht möglich, weshalb diese in der finanzmathematischen Formel abgezinst werden muss. Von der Börse veröffentlichte Renditen sind immer finanzmathematisch ermittelt. Weiterhin werden bei der finanzmathematischen Berechnung die Zahlungszeitpunkte der Zinsen, auch unterjährig, berücksichtigt und damit die Werte international vergleichbar gemacht.

Bei der YtM wird die Rendite bei einem Disagio geringer und bei einem Agio höher ausgewiesen als bei der Effektivverzinsung, da hier ein Mittelwert aus Kurswert und Nennwert im Nenner der Berechnungsformel verwendet wird. Der Kurswert stellt den Wert zu Beginn der Laufzeit dar, und der Nennwert ist der Wert am Ende der Laufzeit.

In den folgenden Formeln wird als **Näherungswert** zum finanzmathematischen Ergebnis der durchschnittliche Kapitaleinsatz aus Anlage- (Kurswert) und Rückzahlungswert (Nennwert) zugrunde gelegt.

$$\text{YtM} = \frac{\left(\text{Nominalzins in \%} + \dfrac{\text{Disagio in \% zum Nennwert}}{\text{Restlaufzeit}}\right) \cdot \text{Nennwert}}{\dfrac{(\text{Kurswert} + \text{Nennwert})}{2}}$$

$$\text{YtM} = \frac{\left(\text{Nominalzins in \%} - \dfrac{\text{Agio in \% zum Nennwert}}{\text{Restlaufzeit}}\right) \cdot \text{Nennwert}}{\dfrac{(\text{Kurswert} + \text{Nennwert})}{2}}$$

Beispiel

Anlage von 10.000 EUR Nennwert in 4 %-Industrieobligation. Die Restlaufzeit beträgt 5 Jahre.

Fall 1:
Anschaffungskurs 98,5 %, Disagio 1,5 %. Dies ergibt einen Anlagebetrag von 10.000 · 0,985 % = 9.850 EUR.

$$\text{YtM} = \frac{(4\ \% + \frac{1{,}5\ \%}{5}) \cdot 10.000}{\frac{9.850 + 10.000}{2}} = 4{,}33\ \%$$

Fall 2:
Anschaffungskurs 103 %, Agio 3 %. Dies ergibt einen Anlagebetrag von 10.000 · 1,03 = 10.300 EUR.

$$\text{YtM} = \frac{(4\ \% - \frac{3\ \%}{5}) \cdot 10.000}{\frac{10.300 + 10.000}{2}} = 3{,}35\ \%$$

Ein Vergleich der bisherigen Berechnungen ergibt:

Renditeberechnung	Fall 1 (mit Disagio)	Fall 2 (mit Agio)
Laufende Rendite	4,06 %	3,88 %
Effektivverzinsung	4,37 %	3,30 %
YtM	4,33 %	3,35 %

Rendite von Zerobonds

Bei Zerobonds oder Null-Kupon-Anleihen werden während des Anlagezeitraums keine Zinsen ausgezahlt. Aus der Differenz von Anlagebetrag und Rückzahlungsbetrag kann dann unter Berücksichtigung der Laufzeit mit der finanzmathematischen Auf- bzw. Abzinsungsformel die Rendite leicht berechnet werden.

K_0 entspricht dem Kurs zum Zeitpunkt der Anlage.
K_n entspricht der Rückzahlung, dem Nennwert.
n = Anzahl der Anlagejahre
p = Zinssatz p. a. unter Berücksichtigung einer fiktiven Wiederanlage (Zinseszins)

Die Formel für p ergibt sich aus der Umformung wie folgt:

$$p = \left(\sqrt[n]{\frac{K_n}{K_0}} - 1\right) \cdot 100$$

Beispiel

Ein Zerobond wird zum Kurs von 40 % des Nennwertes ausgegeben und zu 100 % nach 10 Jahren zurückgezahlt.

$$p = \left(\sqrt[10]{\frac{100}{40}} - 1\right) \cdot 100 = (1{,}09595 - 1) \cdot 100 = 9{,}95\ \%\ \text{Rendite}$$

Berechnung der nachträglichen Effektivverzinsung als Anlageerfolg

Die Effektivverzinsung zeigt alle Erträge aus einer Anlage, bezogen auf den tatsächlichen Kapitaleinsatz beim Erwerb, als jährlichen Prozentsatz. Die Grundformel lautet deshalb:

$$\text{Effektivverzinsung} = \frac{\text{Jahresertrag} \cdot 100}{\text{Kapitaleinsatz}}$$

Vorstehend verwendete Formel entspricht einer vereinfachten Berechnung, die aber für Anlageentscheidungen und Kontrollrechnungen privater Anleger ausreicht.

Bei einer nachträglichen Effektivzinsberechnung sind zu berücksichtigen:
- Kapitaleinsatz einschließlich Erwerbskosten
- Summe der laufend gezahlten Zinsen
- zuzüglich Kursgewinn aus Rückzahlung/abzüglich Kursverlust auf Rückzahlung
- Erwerbs- und Veräußerungs-/Rückzahlungskosten
- Laufzeit
- steuerliche Situation für die Ermittlung der „Effektivverzinsung nach Steuern"

Die Berechnung kann mit der vereinfachten Effektivzinsformel oder auf finanzmathematischer Basis erfolgen. Für eine Anlageentscheidung ist sie unwichtig, da es sich um Vergangenheitswerte handelt. Beispiele hierzu sind in Kapitel E 4 zu finden.

3 Abwicklung der Geldanlage

3.1 Kaufabrechnung

Rentenpapiere können bei der Erstausgabe direkt vom Emittenten erworben werden, z. B. bei Pfandbriefen. In den meisten Fällen werden die Papiere über die Börse gekauft. Dazu muss eine Bank beauftragt werden. Ein Anleger sollte die Grundprinzipien dieser Abwicklung kennen.

Auftragserteilung

Auftragserteilung	Erläuterungen
Art des Auftrags	Kaufauftrag unter Angabe der Wertpapierbezeichnung
Umfang des Auftrags	Bei Rentenpapieren Angabe des Nominalwertes
Angaben zum Kurs	Prozentnotiz der Börse: Kurswert = Nennwert · Prozentsatz/100 Preislich unlimitierter Auftrag = „billigst" Preislich limitierter Auftrag = Limit darf nicht überschritten werden
Ausführungsplatz	I. d. R. inländische Börse, z. B. Frankfurt/M., Stuttgart
Handelsart	Präsenzhandel (Parkett) oder elektronischer Handel (XETRA)
Gültigkeitsdauer des Auftrags	Preislich unlimitierter Auftrag = ein Börsentag Preislich limitierter Auftrag = bis zum letzten Börsentag des laufenden Monats gültig

Auftragsausführung

Auftragsausführung	Erläuterungen
Kommissionsgeschäft	■ Das Kreditinstitut (KI) führt Aufträge seiner Kunden zum Kauf von Rentenpapieren als Kommissionär aus, d. h., das KI handelt im eigenen Namen, aber im Auftrag und für Rechnung des Kunden (Kommittent). ■ Das KI rechnet den Preis für die Auftragsausführung ab. Provision des KI, Courtage des Skontroführers an der Börse und Spesen werden dem Kunden in Rechnung gestellt.
Festpreisgeschäft	■ KI und Kunden vereinbaren für das einzelne Geschäft einen festen Preis (Kaufvertrag). ■ KI liefert die Wertpapiere als Verkäufer an den Kunden. ■ KI berechnet dem Kunden den vereinbarten Preis, bei Rentenpapieren zuzüglich Stückzinsen.

Auftragsabrechnung

Abrechnungsarten	Erläuterungen
Bruttoabrechnung	**Kommissionsgeschäfte** werden **brutto** abgerechnet. Die Abrechnung umfasst folgende Positionen: Kauf: Ausmachender Betrag (Kurswert + Stückzinsen) + Courtage Skontroführer + Provision KI + Spesen KI
Nettoabrechnung	**Festpreisgeschäfte** werden **netto** abgerechnet. Ausmachender Betrag (Kurswert + Stückzinsen) Das KI rechnet seine Entgelte in den Kurswert mit ein.

Auftragserfüllung

Auftragserfüllung	Erläuterungen
Auftragserfüllung	Der Kauf von Rentenpapieren ist als Börsengeschäft am **zweiten Börsentag** nach dem Tag des Geschäftsabschlusses zu erfüllen. Am Erfüllungstag wird das Konto belastet. Der Käufer des Rentenpapiers zahlt den Kaufpreis an den Verkäufer. Der Verkäufer überträgt das Eigentum an den Rentenpapieren an den Käufer.

Berücksichtigung von Stückzinsen

Die Zinsen bei Rentenpapieren werden gegen Vorlage des zum nächsten Termin fälligen Zinsscheins nachträglich ausbezahlt. Werden Rentenpapiere gekauft, so hat der Verkäufer dem Käufer den nächstfälligen Zinsschein mitzuliefern. Der Käufer erhält also gegen Vorlage des Zinsscheins rückwirkend den gesamten Zins für ein Jahr. Ein Teil dieser Zinsen, die Stückzinsen, steht aber dem Verkäufer zu. Dieser Zinsanspruch wird gleich beim Verkauf geltend gemacht. Dem Käufer stehen die Stückzinsen erst ab dem Tag der Valutierung (Wertstellung zum Abrechnungs- bzw. Liefertag) zu. Dem Verkäufer stehen die Stückzinsen bis zum Tag vor der Valutierung zu (Stückzinsvaluta).

Für Bundeswertpapiere gilt die Zinsabrechnungsmethode actual/actual. Sowohl die Zinstage (Monate) als auch die Zinsperiode (Kalenderjahr) werden taggenau ermittelt. Diese Methode wird von den meisten anderen Emittenten übernommen und gilt im Folgenden generell.

Ermittlung der Stückzinsvaluta:
Formel: Kauftag (Schlusstag) + 2 Börsentage – 1 Kalendertag

Beispiele

Beispiele für die Ermittlung der Stückzinsvaluta		
Kauftag (Handelstag)	Erfüllungsvaluta	Stückzinsvaluta
Dienstag, 11.03.	Donnerstag, 13.03.	12.03.
Donnerstag, 17.07.	Montag, 21.07.	20.07.
Dienstag, 23.12.	Dienstag, 30.12.	29.12.

Beispiel für die Ermittlung der Stückzinsen

Kaufabrechnung

Kauf einer Industrieobligation (01.07. gzj.) im Nennwert von 10.000 EUR am Dienstag, dem 11. März. Der Kurs der Papiere liegt bei 98,50 %. Sie verzinsen sich mit 4 % (actual/actual).
An Kosten entstehen 0,50 % Provision vom Kurswert, mindestens vom Nennwert (mindestens 5,00 EUR) und 0,075 % Courtage vom Nennwert (mindestens 1,00 EUR).

Letzter Zinstermin: 01.07. des Vorjahres (Wert 30.06.)
Stückzinsvaluta: 12. März (Wechsel des Zinsanspruchs)
Tage/Verkäufer: 256 Tage

01.07. des Vorjahres (Wert 30.06.) — 12.03. — 01.07. (Wert 30.06.)

Verkäufer 256 Tage

Käufer 110 Tage = 366 Tage (Schaltjahr)

Abrechnung Käufer (Kaufabrechnung)

Kurswert (10.000 EUR · 98,50 %)	9.850,00 EUR
+ Zinsen (4 %; 256/366 Tage)	279,78 EUR
ausmachender Betrag	10.129,78 EUR
+ 0,50 % Provision	50,00 EUR
+ 0,75 ‰ Courtage	7,50 EUR
Belastung: Wert 13.03.	10.187,28 EUR

3.2 Verwahrung

Rentenpapiere werden von Kreditinstituten regelmäßig im offenen Depot verwahrt. Dazu ist vom Anleger ein Depotkonto zu eröffnen. Der Kunde beauftragt seine Hausbank (Depotbank) mit der Aufbewahrung seiner Rentenpapiere.

Rentenpapiere können als Einzelurkunden (effektive Stücke) oder als Globalurkunden (Miteigentum an einem Wertpapiersammelbestand) geliefert werden. Effektive Stücke werden heutzutage aus Kostengründen kaum noch ausgegeben. Verfügt ein Anleger über eine solche Urkunde, kann er diese zu Hause aufbewahren. Aus Sicherheitsgründen ist es jedoch üblich, die Wertpapiere in ein Schließfach zu geben, das der Kunde bei seiner Bank anmietet (geschlossenes Depot). Im Regelfall gibt es nur noch eine Globalurkunde für die gesamte Anleihe, die von einer auf die Verwahrung von Wertpapieren spezialisierten Bank verwahrt wird.

Verwahrarten im offenen Depot	Erläuterungen
Girosammelverwahrung	■ Globalurkunden werden i. d. R. bei der Clearstream Banking AG Frankfurt/M. verwahrt. ■ Der Kunde hat Miteigentum zu Bruchteilen am gebildeten Sammelbestand. ■ Die Benachrichtigung des Kunden über die Einräumung des Miteigentums erfolgt mit der Kaufabrechnung.
Sonderverwahrung (Streifbandverwahrung)	Die effektiven Stücke werden mit einem Streifband versehen und mit dem Namen des Kunden gekennzeichnet.

3.3 Verkaufsabrechnung

▶ Verkaufsabwicklung

Die Bearbeitungsschritte beim Verkauf von Rentenpapieren entsprechen denen beim Kauf.

Verkaufsabwicklung	Erläuterungen
Art des Auftrags	Verkaufsauftrag unter Angabe der Wertpapierbezeichnung
Umfang des Auftrags	Bei Rentenpapieren Angabe des Nominalwertes
Angaben zum Kurs	■ Prozentnotiz ■ Preislich unlimitierter Auftrag = „bestens“ ■ Preislich limitierter Auftrag = Limit darf nicht unterschritten werden
Ausführungsplatz	i. d. R. inländische Börse, z. B. Frankfurt/M., Stuttgart
Handelsart	Präsenzhandel (Parkett) oder elektronischer Handel (XETRA)
Gültigkeitsdauer des Auftrags	Preislich unlimitierter Auftrag = ein Börsentag Preislich unlimitierter Auftrag = bis zum letzten Börsentag des laufenden Monats gültig
Auftragsausführung	Kommissionsgeschäft oder Festpreisgeschäft
Abrechnungsart	Bruttoabrechnung oder Nettoabrechnung
Auftragserfüllung	■ Der Verkauf von Rentenpapieren ist als Börsengeschäft am **zweiten Börsentag** nach dem Tag des Geschäftsabschlusses zu erfüllen. ■ Der Verkäufer des Rentenpapiers erhält den Kaufpreis vom Käufer. ■ Der Käufer erhält das Eigentum an den Rentenpapieren vom Verkäufer.

Beispiel einer Verkaufsabrechnung unter Einbezug von Stückzinsen

Verkauf der Industrieobligation (01.07. gzj.) im Nennwert von 10.000 EUR am Mittwoch, dem 26. November. Der Kurs der Papiere liegt bei 103 %. Sie verzinsen sich mit 4 % (act/act).
An Kosten entstehen 0,50 % Provision vom Kurswert, mindestens vom Nennwert (mindestens 5 EUR) und 0,075 % Courtage vom Nennwert (mindestens 1,00 EUR).

Letzter Zinstermin:	01.07. (Wert 30.06., kein Schaltjahr)
Stückzinsvaluta:	27. November (Wechsel des Zinsanspruchs)
Tage/Verkäufer:	150 Tage

01.07. des Vorjahres (Wert 30.06.)	01.07. Folgejahr (Wert 30.06.)
27.11.	
Verkäufer 150 Tage	Käufer 215 Tage = 365 Tage

Abrechnung Verkäufer (Verkaufsabrechnung)

Kurswert (10.000 EUR · 103 %)	10.300,00 EUR
+ Stückzinsen (4 %/150 Tage)	164,38 EUR
ausmachender Betrag	10.464,38 EUR
– 0,50 % Provision	51,50 EUR
– 0,75 ‰ Courtage	7,50 EUR
Gutschrift: Wert 28.11	10.405,38 EUR

Verlustverrechnungstopf (Stückzinstopf)

Gezahlte Stückzinsen beim Kauf von Rentenpapieren werden mit erhaltenen Stückzinsen beim Verkauf steuerrechtlich in einem Verlustverrechnungstopf verrechnet. Die gezahlten Stückzinsen können mit erhaltenen Zinsen aus anderen Anlagen verrechnet werden. Steuerlich werden dabei Kursverluste und -gewinne aus allen Rentenpapieren verrechnet.

Beispiel

Aus dem Beispiel der 4 %-Industrieobligation ergibt sich daher für den Anleger folgender Stückzinstopf.

Gezahlte Stückzinsen beim Kauf (–)	– 279,78 EUR
Erhaltene Stückzinsen beim Verkauf (+)	+ 164,38 EUR
Differenz (negative Einkünfte aus Kapitalvermögen)	– 115,40 EUR

Der Anleger hat mehr Stückzinsen gezahlt als erhalten. Diese negativen Einkünfte aus Kapitalvermögen können mit anderen Kapitalerträgen, ausgenommen aus Aktien, verrechnet werden.

Sind die erhaltenen Stückzinsen höher als die gezahlten Stückzinsen, weist der Anleger positive Einkünfte aus Kapitalvermögen aus. Dadurch steigen seine Gesamteinkünfte und damit einhergehend auch seine Einkommensteuerbelastung bzw. die von der Bank abzuführende Abgeltungsteuer[1].

4 Persönlicher Anlageerfolg

Der Erfolg einer Anlageentscheidung und deren Voraussetzungen werden anhand einer **Fallstudie** gezeigt.

Ausgangssituation:
Bernd Klose, 58 Jahre, verheiratet, 2 Kinder im Alter von 18 und 23 Jahren, hat durch den Tod seiner Eltern 100.000 EUR geerbt. Familie Klose hat ihre eigengenutzte Doppelhaushälfte vor Kurzem abbezahlt, ein Geldmarktkonto in Höhe von 10.000 EUR ist vorhanden und dient der Liquiditätssicherung. Er möchte die Mittel aus der Erbschaft zur Absicherung der Ausbildung seiner Kinder und zur eigenen Altersvorsorge anlegen.

1 Vgl. zur Berechnung der Abgeltungsteuer Kapitel C 5

Er hat mit seinem Kundenberater bei seiner Hausbank, der Südbank AG, einen Beratungstermin vereinbart. Der Kundenberater hat eine Vorauswahl von Rentenpapieren getroffen, die speziell auf die finanziellen Bedürfnisse der Familie Klose abgestimmt sind.

Der Kundenberater legt im April 20.1 (Schaltjahr)[1] Herrn Klose folgende Übersicht vor:

Lfd. Nr.	Bezeichnung des Rentenpapiers	Laufzeit	Aktueller Kurs	Zinstermin	Rating Moody's
1	4,0 % Bundesobligation	13.04.20.5	102,08 %	01.04. gzj.	Aaa
2	4,5 % Deutsche Telekom	15.10.20.6	96,63 %	01.10. gzj	Baa2
3	Zerobond Deutsche Bank AG	20.04.20.8	77,00 %	–	Aa2
4	Floating Rate Note, Unionbank AG, Zinssatz: 3-Monats-EURIBOR + 0,4 % (Spread)	10.06.20.7	100,00 %	10.03./10.06./ 10.09./10.12.	Aa3

Da Bernd Klose noch keine großen Erfahrungen bei der Geldanlage in Rentenpapieren hat, muss der Kundenberater der Südbank AG Herrn Klose die aufgeführten Wertpapiere erläutern.

1. Bernd Klose wünscht Aufklärung über die Besonderheiten der in der Übersicht aufgeführten Rentenpapierarten.
2. Bernd Klose möchte bei der Anlage eine möglichst hohe Rendite erzielen. Daher interessiert er sich für die Verzinsung der einzelnen Rentenpapiere, insbesondere je die
   - laufende Rendite,
   - Effektivverzinsung,
   - Yield to Maturity (YtM).
3. Bernd Klose möchte Informationen über die steuerliche Behandlung der Zinserträge bei den einzelnen Rentenpapierarten.
4. Bernd Klose spricht mit seinem Kundenberater eine konkrete Anlageempfehlung durch.
5. Bernd Klose beauftragt die Südbank AG, die Anlageempfehlung auszuführen und die Rentenpapiere zu kaufen. Der Auftrag wurde am Dienstag, dem 8. April 20.1 (Schaltjahr), erteilt (Kurs 96,63 %). Der Kundenberater erklärt Bernd Klose den Aufbau einer Kaufabrechnung am Beispiel der 4,5 % Deutsche Telekom Industrieobligation.
6. Die Effektivverzinsung der abgerechneten Anlage von Bernd Klose vom Kauf bis zur spesenfreien Rückzahlung der Telekom-Anleihe am Fälligkeitstag ohne und mit Berücksichtigung der Abgeltungsteuer ist zu ermitteln.

▶ Lösungsvorschlag zur Fallstudie Klose

1. Nr. 1 der Übersicht
   - Nominalverzinsung der Bundesobligation beträgt 4 %
   - Emittent: Bundesrepublik Deutschland
   - Laufzeit: 5 Jahre, 20.0 bis 20.5
   - Aktueller Kurs 102,08 %, d.h. über pari
   - Zinstermin 01.04. gzj., d.h. Zinszahlung jährlich zum 01.04. nachträglich, z.B. für das Jahr vom 01.04..0 bis 31.03..1
   - Rating Moody's: Aaa: Beste Qualität, geringstes Ausfallrisiko

1 fiktive Jahresangaben

1. Nr. 2
   - Nominalverzinsung der Industrieobligation beträgt 4,5 %
   - Emittent: Deutsche Telekom AG
   - Laufzeit: 7 Jahre, bis 20.6
   - Aktueller Kurs 96,63 %, d.h. unter pari
   - Zinstermin 01.10. gzj., d.h. Zinszahlung jährlich zum 01.10. nachträglich, z.B. für das Jahr vom 01.10..0 bis 30.09..1
   - Rating Moody's: Baa: Mittlere Qualität, aber mangelnder Schutz gegen die Einflüsse sich verändernder Wirtschaftsentwicklung

1. Nr. 3
   - Nominalverzinsung: Keine
   - Emittent: Deutsche Bank AG
   - Laufzeit: 7 Jahre, 20.1 bis 20.8
   - Aktueller Kurs 77 %, d.h. unter pari
   - Zinstermin: Keine laufenden Zinszahlungen
   - Rating Moody's: Aa2: Hohe Qualität, aber etwas größeres Risiko als die Spitzengruppe

1. Nr. 4
   - Nominalverzinsung: 3-Monats-EURIBOR von 4,39000 % + Aufschlag von 0,4 % ergibt einen aktuellen Zinssatz von 4,79 %
   - Emittent: Unionbank AG
   - Laufzeit: 6 Jahre, 20.1 bis 20.7
   - Aktueller Kurs 100 %, d.h. zu pari
   - Zinstermin: vierteljährliche Zinszahlungen zu den Terminen 10.03./10.06./10.09./10.12.
   - Rating Moody's: Aa3: Hohe Qualität, aber etwas größeres Risiko als die Spitzengruppe

2. Nr. 1 der Übersicht

   Für je 100.000 EUR Anlagebetrag

   Laufende Rendite

   $$\text{Laufende Rendite} = \frac{4 \cdot 100.000}{102.080} = 3{,}92\ \%$$

   Effektivverzinsung
   Annahme: Restlaufzeit 4 Jahre, von April 20.1 bis April 20.5

   $$\text{Effektivverzinsung} = \frac{\left(4 - \frac{2{,}08}{4}\right) \cdot 100.000}{102.080} = 3{,}41\ \%$$

   YtM

   $$\text{YtM} = \frac{\left(4 - \frac{2{,}08}{4}\right) \cdot 100.000}{\frac{102.080 + 100.000}{2}} = 3{,}44\ \%$$

2. Nr. 2

   Laufende Rendite

   $$\text{Laufende Rendite} = \frac{4{,}5 \cdot 100.000}{96.630} = 4{,}66\ \%$$

   Effektivverzinsung
   Annahme: Restlaufzeit 5,5 Jahre, von April 20.1 bis Oktober 20.6

   $$\text{Effektivverzinsung} = \frac{\left(4{,}5 + \frac{3{,}37}{5{,}5}\right) \cdot 100.000}{96.630} = 5{,}29\ \%$$

YtM

$$\text{YtM} = \frac{(4{,}5 + \frac{3{,}37}{5{,}5}) \cdot 100.000}{\frac{96.630 + 100.000}{2}} = 5{,}20\ \%$$

2. Nr. 3
Die Rendite ergibt sich aus der Differenz von Kaufwert und Nennwert des Zerobonds.

Annahme: Der Zerobond wird bis Ende der Laufzeit gehalten,
Restlaufzeit 7 Jahre, von April 20.1 bis 20.8

Nennwert:	100.000 EUR
Kaufkurs:	77.000 EUR
Gesamtzinsertrag:	23.000 EUR

Finanzmathematische Berechnung:

$$p = (\sqrt[7]{\frac{100}{77}} - 1) \cdot 100 = 3{,}80\ \%$$

2. Nr. 4
Zeitnahe Rendite: aktueller 3-Monats-EURIBOR + 0,4 % Spread.
Für die Berechnung der Rendite ist die Kapitalmarktzinsentwicklung entscheidend.
Bei steigendem Kapitalmarktzins → steigende Rendite
Bei sinkendem Kapitalmarktzins → sinkende Rendite

3. Nr. 1
Jährliche Zinserträge in Höhe des Nominalzinses. Die Anlage von 100.000 EUR in die Bundesobligation führt bei 4 % Nominalzins zu 4.000 EUR Zinsertrag im Jahr. Es fällt eine Besteuerung von Einkünften aus Kapitalvermögen an.

3. Nr. 2
Überlegungen vgl. 3.1. Hier sind 4.500 EUR Zinsertrag zu versteuern.

3. Nr. 3
Keine jährlichen Zinserträge. Zu versteuern ist der Gesamtertrag am Ende der Laufzeit in Höhe von 23.000 EUR in einer Summe.

3. Nr. 4
Jährlich schwankender Zinsertrag. Steuerzahlung je nach Höhe des Zinsertrags.

4. Vorschlag:

50.000 EUR	Bundesobligation sehr sichere Anlage, konservativ, für Altersvorsorge geeignet.
20.000 EUR	Deutsche Telekom Industrieobligation gute Anlage, aber spekulativ, höheres Risiko und damit einhergehend eine höhere Rendite.
15.000 EUR	Zerobond, Deutsche Bank AG Rückzahlung erfolgt wahrscheinlich zu Rentenbeginn und daher eine geringere Besteuerungsgrundlage.
15.000 EUR	Floating Rate Note, Unionbank AG Es werden am Kapitalmarkt steigende Zinsen erwartet.

5. Letzter Zinstermin: 01.10.20.0 (Wert 30.09.20.0)

Letzter Zinstermin:	01.10.20.0 (Wert 30.09.20.0)
Stückzinsvaluta:	9. April 20.1 (Wechsel des Zinsanspruchs)
Tage/Verkäufer:	192 Tage

An Kosten entstehen 0,50 % Provision vom Nennwert (mindestens 5,00 EUR) und 0,075 % Courtage vom Nennwert (mindestens 1,00 EUR).

01.10.20.0 (Wert 30.09.20.0)			01.10.20.1 (Wert 30.09.20.1)
	09.04.20.1		
Zinsanspruch	Verkäufer 192 Tage	Käufer 174 Tage	= 366 Tage (Schaltjahr)

Abrechnung für Bernd Klose (Kaufabrechnung)

Kurswert (20.000 EUR · 96,63 %)	19.326,00 EUR
+ Stückzinsen (4,5 %; 192/366 Tage)	472,13 EUR
ausmachender Betrag	19.798,13 EUR
+ 0,50 % Provision	100,00 EUR
+ 0,075 % Courtage	15,00 EUR
Belastung: Wert 10.04..1	19.913,13 EUR

Ähnliche Kaufabrechnungen erfolgen für die Bundesobligation und für die Floating Rate Note, wenn diese Papiere von Herrn Klose zwischen den Zinsterminen gekauft werden. Beim Zerobond ist nur der aktuelle Kurs maßgebend, Stückzinsen entfallen.

6. Effektivverzinsung:
   Als Kapitaleinsatz wird bei Anwendung der vereinfachten Renditeformel der Nennwert zuzüglich der Spesen ohne Stückzinsen angesetzt, also 19.326 + 115 = 19.441 EUR.
   Die Laufzeit für die Berechnung der Rendite (Methode 30/360) beträgt vom 10.04..1 bis 01.10.20.6 = 1.971 Tage.

Der Kursgewinn durch Rückzahlung insgesamt beträgt 20.000 – 19.441 = 559 EUR,	p. a. 102,10 EUR
Der Zinsertrag p. a. aus dem Nennwert beträgt	900,00 EUR
Jahresertrag	1.002,10 EUR

$$\text{Effektivverzinsung} = \frac{1.002{,}10 \cdot 100}{19.441} = $$ 5,15 % vor Steuern, nach Steuern bei 26,375 % Abgeltungsteuer (einschl. SolZ, ohne KiSt) = 3,79 %

Zusammenfassung zu Kapitel E: Geldanlage in Rentenpapieren

Unterscheidungskriterien von Rentenpapieren	
Emittenten	
Öffentlich-rechtliche Emittenten	Bundesanleihen, Bundesobligationen
Kreditinstitute	Bankinhaberschuldverschreibung, Pfandbriefe
Unternehmen	Industrieobligationen

Verzinsungsformen	
Festzins	Gleichbleibender Nominalzins über die gesamte Laufzeit
Floater	Variabler Nominalzins über die gesamte Laufzeit
Zerobond	Keine Zinszahlung über die gesamte Laufzeit
Tilgungsformen	
Tilgung in einer Summe	Planmäßige Tilgung
Kündigungsvereinbarung	Außerplanmäßige Tilgung
Anlagekriterien	
Sicherheit	■ Schutz vor Rückzahlungsverlusten ■ Bonitätsrisiko je nach Rating (Moody's, S & P) ■ Zinsänderungsrisiko für Wiederanlage
Liquidität	Jederzeitige Verfügbarkeit, d. h. Umwandlung der Anlage in Bargeld
Rentabilität	Verzinsung des eingesetzten Kapitals: ■ Nominalverzinsung = laufende Zahlung als Prozentsatz aus dem Nennwert p. a. ■ Effektivverzinsung als Rendite unter Berücksichtigung aller Faktoren ■ Yield to Maturity (YtM) = Rendite vom Erwerb bis zur Rückzahlung
Abwicklung der Geldanlage	
Abrechnung	■ Auftragserteilung (genaue Angaben, Limitierung, Gültigkeit) ■ Auftragsausführung (Kommissionsgeschäft – Festpreisgeschäft) ■ Auftragsabrechnung (Brutto-/Nettoabrechnung) ■ Auftragserfüllung (zwei Börsentage später)
Verwahrung	■ Girosammelverwahrung (Regelfall) ■ Streifbandverwahrung (Sonderfall)

Aufgaben und Probleme

Kapitel E Geldanlagen in Rentenpapieren

1 Annette Holz, 40 Jahre, ledig, Abteilungsleiterin in einem Modehaus, möchte 40.000 EUR in Rentenpapieren anlegen. Ihre Hausbank unterbreitet ihr folgende Anlagemöglichkeiten:

	Bundesobligation	**Bankschuldverschreibung**
Emittent	Bundesrepublik Deutschland	Nordbank AG
Nominalzins	5,0 %	5,4 %
Laufzeit	2009 bis 2014	2009 bis 2013
Zinstermin	10.03. gzj.	15.04. gzj.
Aktueller Kurs	99,50 %	101,00 %
Rating (Moody's)	Aaa	A2

a) Annette Holz wünscht Informationen zu den vorgeschlagenen Rentenpapieren.
   - Erklären Sie die Unterschiede bei der Nominalverzinsung.
   - Erläutern Sie, welche Erkenntnisse Annette Holz aus den Ratingsymbolen für ihre Anlageentscheidung ableiten kann.

b) Frau Holz möchte den Anlagebetrag je zur Hälfte aufteilen und beide Wertpapiere kaufen.
   - Berechnen Sie bei beiden Rentenpapieren jeweils die Effektivverzinsung und die Yield to Maturity (YtM).
   - Nehmen Sie zu den unterschiedlichen Ergebnissen Stellung.

c) Am Freitag, dem 19. Juni 2009, erteilt Annette Holz ihrer Hausbank die Kaufaufträge.
   - Nennen Sie die für die Auftragserteilung notwendigen Daten.
   - Erstellen Sie die beiden Kaufabrechnungen. An Kosten entstehen 0,50 % Provision vom Kurswert, mindestens vom Nennwert (mindestens 5 EUR), und 0,075 % Courtage vom Nennwert (mindestens 1 EUR).
   - Charakterisieren Sie die Verwahrart der gekauften Wertpapiere.

d) Frau Holz versteht nicht, warum ihr beim Kauf der Rentenpapiere Stückzinsen in Rechnung gestellt werden.
   - Begründen Sie die Notwendigkeit der Berechnung von Stückzinsen.
   - Beschreiben Sie, welche steuerlichen Auswirkungen sich für Annette Holz in den Jahren 2009 und 2010 ergeben.

2 Tim Feldmann, verheiratet, 60 Jahre, ist als kaufmännischer Angestellter in einer Spedition tätig. Er hat eine Schenkung in Höhe von 60.000 EUR erhalten.
In seinem Wertpapierdepot befinden sich Bundesobligationen im Wert von 30.000 EUR. Auf seinem Sparbuch hat er 10.000 EUR.
Für seine Altersvorsorge möchte er den Schenkungsbetrag anlegen. Der Anlageberater seiner Hausbank stellt ihm die folgenden Anlagemöglichkeiten vor:

	Zerobond	**Floating Rate Note**	**Unternehmensanleihe**
Emittent	Rabobank	Siemens AG	Heidelberg Cement
Nominalzins	–	5,25 %	6,375 %
Laufzeit	2005 bis 2015	2006 bis 2016	2004 bis 2014
Zinstermin	–	30.03./30.06./30.09./30.12.	25.01. gzj.
Aktueller Kurs	39,00 %	94,45 %	109,90 %
Rating (Moody's)	Aaa	A3	Baa3

a) Herr Feldmann benötigt noch weitere Informationen.
   - Erläutern Sie drei Besonderheiten des Zerobonds im Vergleich zur Unternehmensanleihe.
   - Kennzeichnen Sie drei Merkmale der Floating Rate Note im Vergleich zur Unternehmensanleihe.

b) Tim Feldmann möchte seinen Anlagebetrag aufteilen, ist sich aber noch nicht schlüssig, in welche Papiere er investieren soll.
   - Erläutern Sie die Risikoeinschätzung der vorliegenden Wertpapiere.
   - Beschreiben Sie zwei Einflussfaktoren zur Kursentwicklung der Floating Rate Note.
   - Empfehlen Sie Herrn Feldmann eine Anlageform aus steuerlichen Gründen als Daueranlage.

c) Herr Feldmann möchte von seinem Anlageberater wissen, welches Risiko er hat, wenn er die Wertpapiere wider Erwarten vorzeitig verkaufen muss.
   - Erklären Sie die Auswirkungen auf die Kursentwicklung der angegebenen Rentenpapiere, wenn zukünftig mit einer steigenden Zinsentwicklung gerechnet wird.
   - Der Anlageberater empfiehlt ihm den Floater. Begründen Sie diesen Vorschlag.

d) Tim Feldmann möchte den Anlagebetrag je zur Hälfte in Zerobond und Floating Rate Note investieren.

   Berechnen Sie die Zinsgutschrift beim Floater unter Berücksichtigung der Abgeltungsteuer zum nächsten Zinstermin.

   Folgende Daten sind zu berücksichtigen:
   - 3-Monats-EURIBOR 4,85700 %, Aufschlag 0,5 %
   - Zinsberechnung lt. Emissionsbedingungen act/act
   - Abrechnung des Floaters zum 20.03.09 (Stückzinsvaluta)

F Geldanlage in Aktien

? **Warum ist dieses Kapitel wichtig?**

Jeder Privatanleger strebt einen systematischen Vermögensaufbau an. Die Zielsetzungen Liquidität und Sicherheit werden durch die Geldanlage in Rentenpapieren eher erreicht. Die Zielsetzung langfristig nachhaltiger Rentabilität kann in erster Linie durch die Anlage in Aktien ermöglicht werden. Durch hohe Gewinnausschüttungen der AG in Form von Dividendenzahlungen und durch starke Kurssteigerungen gelangt der Privatanleger zur maximalen Rentabilität. Die Erwirtschaftung einer hohen Rentabilität geht einher mit hoher Risikobereitschaft des Anlegers. Die richtige Auswahl ist die zentrale Fragestellung.

„Habe ich die Kursrakete ausgewählt oder die totale Kursniete?“

Um den Privatanlegern Hilfestellungen bei der richtigen Auswahl der geeigneten Aktien zu geben, gibt es zahlreiche Informationsquellen und Analyseinstrumente. Die Aufgaben des Kapitels „Geldanlage in Aktien“ liegen darin, die Chancen und Risiken, die Grundlagen der Aktienanalyse und die Renditeberechnung bei Aktienanlagen aufzuzeigen.

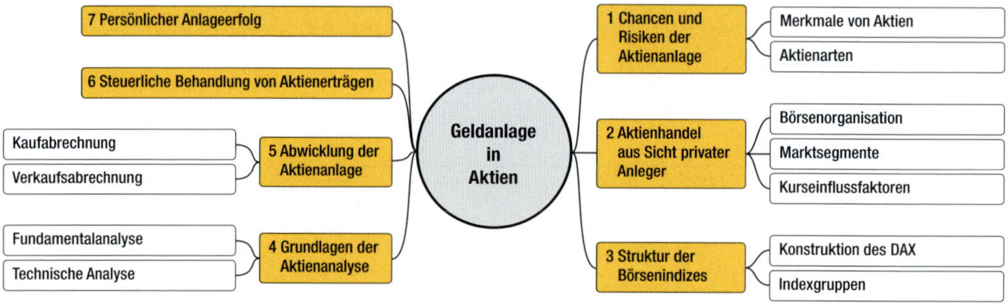

1 Chancen und Risiken der Aktienanlage

1.1 Merkmale von Aktien

▶ Wesen der Aktie

Der Aktionär ist am Grundkapital der AG beteiligt. Aktien verbriefen Teilhaberrechte an einer Aktiengesellschaft (AG).

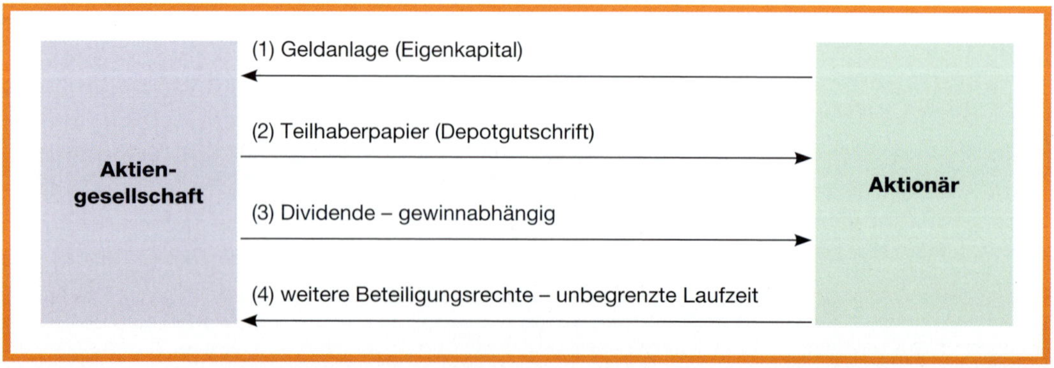

Rechte des Aktionärs[1]

Dividendenrecht	Anspruch auf Anteil am Bilanzgewinn. Über die Höhe der Dividende entscheidet die Hauptversammlung (HV) der AG.
Stimmrecht	Der Aktionär hat das Recht, an der Hauptversammlung teilzunehmen. Er kann über die dort gefassten Beschlüsse abstimmen. Pro Aktie hat er eine Stimme.
Bezugsrecht	Der Aktionär hat Anspruch auf Bezug von Aktien aus Kapitalerhöhungen.
Recht auf Liquidationserlös	Wenn die Gesellschaft aufgelöst wird, erhält der Aktionär einen Anteil am Reinvermögen (Vermögen – Schulden), der dem Verhältnis seiner Aktien zum Grundkapital entspricht.

Pflichten des Aktionärs

Leistung der Einlage	Der Aktionär hat die Einlage in Höhe des Nennwertes (Nennbetragsaktie) oder eines anteiligen Betrages (Stückaktie) zu leisten. In der Regel muss noch ein Aufgeld erbracht werden.
Verlustbeteiligung	Der Aktionär trägt das unternehmerische Risiko mit. Er haftet Gläubigern gegenüber aber nicht. Sein Risiko ist auf den Wertverlust seiner Beteiligung begrenzt.

1.2 Aktienarten

Aktien nach der Beteiligung am Grundkapital

Nennbetragsaktien	▪ Der Aktionär ist mit dem Nennbetrag der Aktie am Grundkapital der AG beteiligt. ▪ Der Mindestnennbetrag je Aktie beträgt 1 EUR. ▪ Die Summe der Nennbeträge aller ausgegebenen Aktien entspricht dem Grundkapital der AG.
Stückaktien	▪ Der Aktionär ist zu einem Bruchteil am Grundkapital der AG beteiligt. ▪ Die Stückaktien besitzen keinen Nennbetrag. ▪ Die Gesamtanzahl der ausgegebenen Aktien ist in der Satzung angegeben. ▪ Rechnerischer Nennbetrag einer Aktie ergibt sich: $\frac{\text{Grundkapital}}{\text{Anzahl der ausgegebenen Aktien}} = \text{mindestens 1 EUR}$

Aktien nach dem Umfang der Rechte

Stammaktien	Sie verbriefen die gewöhnlichen, gesetzlichen und satzungsmäßigen Rechte des Aktionärs.
Vorzugsaktien	Sie gewähren Vorrechte gegenüber den Stammaktien. Es handelt sich hierbei im Regelfall um Dividendenvorzüge. Der Aktionär erhält eine erhöhte Dividendenzahlung im Vergleich zu Stammaktien oder eine fest vereinbarte Dividende vor Bedienung der Stammaktionäre. Der Vorzugsaktionär muss regelmäßig im Gegenzug auf das Stimmrecht in der Hauptversammlung verzichten. Das Stimmrecht lebt aber wieder auf, wenn die Vorzugsdividende mindestens zwei Jahre ausgefallen ist.

1 Vgl. Fach Wirtschaft

Aktien nach der Art der Übertragung des Eigentums

Inhaberaktien	Sie lauten nicht auf einen bestimmten Namen. Die Übertragung des Eigentums erfolgt durch **Einigung** und **Umbuchung im Depot.**
Namensaktien	Sie lauten auf den Namen einer bestimmten Person. Die Übertragung des Eigentums erfolgt durch ■ **Einigung** ■ **Umbuchung im Depot** ■ **Abtretungserklärung = Zession (Aktionär A tritt seine Rechte an neuen Aktionär B ab)** ■ **Umschreibung** im Aktienregister.

Aktien nach dem Ausgabezeitpunkt

Alte Aktien	Sie sind vor einer Kapitalerhöhung im Umlauf.
Junge Aktien	Es sind Aktien aus einer Kapitalerhöhung, die für das laufende Jahr noch nicht oder nur teilweise dividendenberechtigt sind. Nach dem nächsten Dividendentermin werden sie zu alten Aktien.

2 Aktienhandel aus Sicht privater Anleger

2.1 Börsenorganisation

!

Wertpapierbörsen sind organisierte Märkte für den Handel in Wertpapieren.
Die Merkmale der Wertpapierbörsen sind:
- **Die gehandelten Wertpapiere liegen nicht körperlich vor.**
- **Der Handel ist standardisiert.**
- **Es werden nur Verpflichtungsgeschäfte abgeschlossen. Die Erfüllungsgeschäfte erfolgen außerhalb des Börsenhandels.**

Die Deutsche Börse AG in Frankfurt/M. ist der zentrale Anbieter von Börsendienstleistungen (Handel, Abwicklung und Information). Sie ist Eigentümerin der **Clearstream Banking AG**, die als Wertpapiergesellschaft die Verwahrung und Verwaltung von Wertpapieren sowie die Abwicklung von Börsengeschäften anbietet.

Über das **Finanzportal** der Deutschen Börse AG erhalten Anleger Informationen zu inländischen und ausländischen Kapitalmärkten sowie Informationen zur Unterstützung von Anlageentscheidungen. Die Kursdaten zum deutschen Markt erhält der Anleger in Echtzeit.

Der Börsenhandel in Wertpapieren findet als **Computerhandel**, z. B. **XETRA** der Deutsche Börse AG, oder als **Präsenzhandel** in den Börsensälen an folgenden Börsenplätzen statt: Frankfurt, Stuttgart, Berlin, Düsseldorf, Hamburg, Hannover und München. Der Präsenzhandel bei den sogenannten Parkettbörsen wird wie im reinen Computerhandel mit entsprechenden Programmen unterstützt. Die Präsenzbörsen haben eigene Handelsplattformen mit Spezialangeboten[1] insbesondere für private Anleger geschaffen.

1 An der Stuttgarter Wertpapierbörse z. B. mit dem „Best-Price-System"

2.2 Marktsegmente

Marktsegmente nach dem Börsengesetz

Wertpapiere, die an einer Börse gehandelt werden, benötigen nach den Vorschriften des Börsengesetzes eine Zulassung zum regulierten Markt oder zum Freiverkehr (Open Market).

Kriterien für die Zulassung	Regulierter Markt (§§ 32 ff. BörsG)	Freiverkehr (§ 48 BörsG) (In Frankfurt/M. Open Market genannt)
Zulassungsvoraussetzungen	▪ Antrag durch Emittenten und Finanzdienstleistungsunternehmen ▪ Emissionsprospekt mit Unternehmens- und Emissionsbeschreibung ▪ Prospekthaftung des Emittenten und des Finanzdienstleistungsunternehmens für die Richtigkeit der Angaben	▪ Antrag auf Zulassung von Finanzdienstleistungsunternehmen ▪ Keine weiteren gesetzlichen Zulassungsvoraussetzungen
Handel	Reglementierung des Handels durch die Bestimmungen des Börsengesetzes	Nur Handelsrichtlinien (Börsenusancen), erlassen durch die Börsengeschäftsführung
Publizitätsvorschriften	Die Börsengeschäftsführung kann verlangen, dass der Emittent Auskünfte veröffentlicht, die dem Interesse des Anlegers dienen.	Keine gesetzlichen Publizitätsvorschriften

Beim regulierten Markt werden die Emittenten, deren Aktien gehandelt werden sollen, strenger geprüft.

Bei der Zulassung zum regulierten Markt ist auch eine größere Marktbreite Voraussetzung, sodass große Posten von Aktien problemlos gehandelt werden können. Dies spielt aber für private Anleger nur eine geringe Rolle. Für diese ist es wichtig, dass die Aktie überhaupt an einer Börse handelbar ist.

Transparenzstandards für Unternehmen und Investoren an der Frankfurter Wertpapierbörse

Prime Standard (Regulierter Markt)	▪ Testierter Jahresabschluss, Zwischenberichte und Quartalsberichte nach internationaler Rechnungslegung (deutsch/englisch) ▪ Veröffentlichung eines aktuellen Unternehmenskalenders im Internet (deutsch/englisch) ▪ Durchführung einer Analystenveranstaltung (deutsch/englisch) ▪ Ad-hoc-Publizitätspflicht (deutsch/englisch)
General Standard (Regulierter Markt)	▪ Testierter Jahresabschluss, Zwischenberichte nach internationaler Rechnungslegung ▪ Ad-hoc-Publizitätspflicht
Entry Standard (Open Market)	▪ Testierter Jahresabschluss, Zwischenbericht ▪ Veröffentlichung von Unternehmensnachrichten ▪ Unternehmenskurzporträt ▪ Unternehmenskalender

Quelle: Deutsche Börse AG

Die Zuordnung von Aktien zu einem Marktsegment an der Frankfurter Wertpapierbörse hat für private Anleger beim Direkterwerb eine ähnlich begrenzte Bedeutung wie bei der Zuordnung nach dem Börsengesetz.

2.3 Kurseinflussfaktoren

Gesamtwirtschaftliche Faktoren[1]	■ Konjunkturentwicklung ■ Wirtschaftswachstum ■ Entwicklung der Inflationsrate ■ Zinsentwicklung ■ Entwicklung der Devisenkurse
Wirtschaftspolitische Faktoren	■ Steuerpolitik ■ Entwicklung der Staatsverschuldung ■ Außenwirtschaftspolitische Entwicklungen
Kapitalmarktfaktoren	■ Liquidität der Anleger ■ Rendite alternativer Anlagen ■ Besteuerung der Anlagen
Psychologische Faktoren	■ Grundstimmung der Anleger (optimistisch/pessimistisch) ■ Zyklisches Verhalten bei Privatanlegern (Herdentrieb) ■ Irrationale Verhaltensweisen (Gerüchte)
Markttechnische Faktoren	■ Kursrückgänge aufgrund von Gewinnmitnahmen ■ Kurserholungen nach starken Kursrückgängen ■ Interessentenkäufe aufgrund beteiligungspolitischer Vorstellungen
Shareholder-Value	■ Steigerung des Unternehmenswertes in Form von hohen Dividendenzahlungen für Aktionäre (Shareholder) und in der Folge starke Kurssteigerungen der Aktie des Unternehmens
Stakeholder-Value	■ Positive Positionierung des Unternehmens bei Mitarbeitern, Kunden und der Öffentlichkeit zur Steigerung des Aktienkurses des Unternehmens

Alle diese Faktoren wirken sich auf die Entwicklung der Aktienkurse und damit auf den privaten Investor aus. Sie für eine Entscheidung umzusetzen, erfordert aber hohe Erfahrung oder professionelle Hilfe. Dazu gehört die Anwendung von abgestimmten Anlagestrategien.[2]

3 Struktur der Börsenindizes

3.1 Konstruktion des DAX

! **Der DAX ist ein Aktienindex, der die Wertentwicklung der 30 nach Marktkapitalisierung größten und umsatzstärksten deutschen Aktien im Prime Standard der Frankfurter Wertpapierbörse abbildet.**

1 Vgl. hierzu auch Kap. A 3

2 Vgl. Kap. J

Der deutsche Leitindex DAX wird seit dem 1. Juli 1988 von der Deutschen Börse AG berechnet. Er repräsentiert rund 75 Prozent des gesamten Grundkapitals inländischer börsennotierter Aktiengesellschaften und etwa 85 Prozent der in deutschen Beteiligungspapieren getätigten Börsenumsätze. Die DAX-Werte notieren im Prime Standard. Kriterien für die Gewichtung der Aktien im DAX sind der Börsenumsatz und die Marktkapitalisierung des Streubesitzes. Der DAX wird als Kurs- und Performance-Index aus Xetra-Kursen sekündlich berechnet und aktualisiert. Über die Veränderung der Indexzusammensetzung entscheidet die Deutsche Börse mehrmals jährlich.

Kursindex

Ein Kursindex ist ein Index, der die reine Kursentwicklung eines bestimmten Portfolios von Wertpapieren wiedergibt.

In Aktienkursindizes sind Dividendenzahlungen und Kapitalveränderungen nicht enthalten. Diese Indizes bilden also auch die bei Dividendenzahlung üblichen Kursabschläge ab.

Performance-Index

Bei einem Performance-Index wird die Wertentwicklung eines Wertpapierkorbes einschließlich der wieder investierten Erträge gemessen.

Beispiel

Ein DAX von 6.000 bedeutet, dass sich der ursprüngliche Aktienkorb von 1.000 auf 6.000 seit 1988 einschließlich aller wieder angelegten Erträge entwickelt hat.

Alle Aktien- und Rentenindizes werden von der Deutschen Börse als Kurs- und als Performance-Index berechnet.

Beispiele für DAX-Unternehmen:

Unternehmen	Indexgewicht
Siemens	10,00 %
E.ON	10,00 %
Allianz	8,46 %
BASF	6,83 %
Daimler	6,36 %
Bayer	6,22 %
RWE ST	5,24 %
Deutsche Bank	5,00 %

Quelle: Börse Online Nr. 27 vom 26.06. bis 03.07.08, S. 28

Beispiel für DAX-Entwicklung:

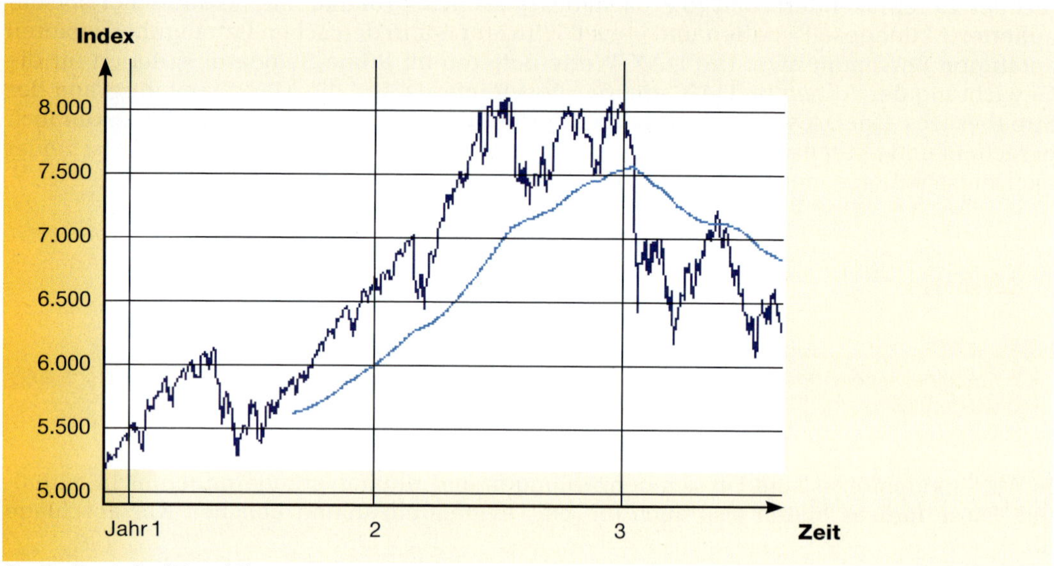

Quelle: Deutsche Börse AG

▶ Mathematische Grundlagen des Aktienindex

Die allgemeine vereinfachte Formel für einen Preisindex nach Laspeyres[1] lautet:

$$\text{Index in Periode } n = \frac{\Sigma p_n \cdot q_0}{\Sigma p_0 \cdot q_0} \cdot 100$$

Dabei bedeutet:
p_n = Wert/Kurs der erfassten Aktie im Berichtszeitpunkt
p_0 = Wert/Kurs der erfassten Aktie im Ausgangszeitpunkt
q_0 = Anzahl/Gewichtung der erfassten Aktie im Ausgangszeitpunkt

Dies bedeutet: Wie hätte sich der Wert des Basket (= Korb der 30 Aktien zum Zeitpunkt der Indexfestlegung) entwickelt, wenn die Gewichtung der darin enthaltenen 30 Aktien gleich geblieben wäre und nur die aktuellen Kurse zugrunde gelegt würden?

Vereinfachtes Beispiel

Ein Wertpapierdepot besteht aus folgenden Aktien zum Zeitpunkt 0:

Aktie der Gesellschaft	Zahl der enthaltenen Aktien	Kurs zum Zeitpunkt 0 in EUR	Kurswert in EUR	Rechnerischer Anteil in %
A	20	30	600	14,1
B	10	70	700	16,5
C	40	25	1.000	23,5
D	15	40	600	14,1
E	70	5	350	8,3
F	50	20	1.000	23,5
Summe			4.250	100,0

Nach einem Jahr haben sich die Kurse wie angegeben verändert:

1 Ernst Louis **Étienne Laspeyres**, Nachfahre einer Hugenottenfamilie (* 28. November 1834 in Halle/Saale; † 4. August 1913 in Gießen), war ein deutscher Nationalökonom und Statistiker.

Aktie der Gesellschaft	Zahl der enthaltenen Aktien	Kurs zum Zeitpunkt 1 in EUR	Kurswert in EUR	Rechnerischer Anteil in %
A	20	20	400	8,5
B	10	100	1.000	21,2
C	40	30	1.200	25,5
D	15	20	300	6,4
E	70	8	560	11,9
F	50	25	1.250	26,5
Summe			4.710	100,0

Der Aktienindex als reiner Kursindex im Jahr 1 wäre dann: 4.710/4.250 · 100 = 110,8 %, d.h., im Durchschnitt hat sich der Kurswert um 10,8 % erhöht.

Der DAX beruht nicht auf der Basis 100, sondern auf der Basis 1.000. Bei der tatsächlichen Ermittlung des Performance-Index müssen die ausgeschütteten Erträge mit einbezogen werden. Im Lauf der Zeit werden Aktien aus dem Index genommen und andere hinzugenommen, damit die Gewichtungsvorgaben erhalten bleiben. Dies erfordert komplexe mathematisch-statistische Berechnungen. Die für den DAX verwendete Formel lautet tatsächlich:

Die Berechnung des DAX erfolgt für alle Index-Gruppen über die Laspeyres-Formel

$$\text{DAX} = K^1 \cdot \frac{\sum_{i=1}^{\pi} P_i \cdot q_i^1 \cdot c_i}{\sum_{i=1}^{\pi} P_i^0 \cdot q_i^0} \cdot F$$

mit

K^1 = Verkettungsfaktor vom letzten Verkettungstermin t_l
n = Anzahl der Aktien im Index
p_i = Kurs der Aktie i zum Zeitpunkt der Berechnung
q_i^l = Kapital der Aktie i zum Zeitpunkt t_l (letzter Verkettungstermin)
c_i = Korrekturfaktor der Aktie i zum Zeitpunkt der Berechnung
p_i^0 = Kurs der Aktie i zum Basiszeitpunkt t_0 (30.12.1987)
q_i^0 = Kapital der Aktie i zum Basiszeitpunkt t_0
F = Basiswert des DAX zum Basiszeitpunkt t_0 (= 1.000 Punkte)

Die Summen im Quotienten der DAX-Formel werden als Marktkapitalisierung des Index bezeichnet.

Ein sogenannter Mengenindex kann nach der ähnlich aufgebauten Formel von dem Statistiker Paasche berechnet werden. Dabei wird von einem aktuellen Aktiendepot ausgegangen und untersucht, was dieses in der heutigen Gewichtung früher gekostet hätte. So wird z.B. beim Kursindex der Frankfurter Allgemeinen Zeitung vorgegangen.

3.2 Indexgruppen

Aktienindizes der Deutschen Börse AG

Für die Aufnahme in einen Index qualifizieren sich solche Unternehmen, die im Prime Standard notieren und ihren juristischen oder operativen Sitz in Deutschland haben oder die einen Schwerpunkt des Handelsumsatzes an der Frankfurter Wertpapierbörse und ihren Hauptsitz in einem EU-Staat haben.

Aktienindizes verschiedener Zusammenstellungen spiegeln insgesamt die jeweilige Marktrichtung für die zusammengefassten Werte wider.

Weiterhin sind sie Grundlage für eine Vielzahl von sogenannten Zertifikaten, für deren Wertentwicklung die Entwicklung des zugrunde liegenden Index maßgeblich ist.

DAX	Der DAX bildet das Segment der Bluechips ab. Er enthält die 30 größten und umsatzstärksten Unternehmen an der Frankfurter Wertpapierbörse.
MDAX	Der MDAX enthält die 50 Unternehmen des Prime Standard aus klassischen Sektoren, die in der Größe den DAX-Werten folgen. Er umfasst mittelständische Werte aus den Branchen Pharma, Chemie, Maschinenbau und Finanzen.
TecDAX	Der TecDAX beinhaltet die 30 größten und liquidesten Werte aus den Technologiebranchen unterhalb vom DAX.
SDAX	Der SDAX besteht aus 50 Unternehmen der klassischen Sektoren unterhalb vom MDAX.

▶ Internationale Aktienindizes

Euro Stoxx 50	Der Euro Stoxx 50 umfasst die 50 größten und umsatzstärksten Aktien der Währungsunion (Bluechips des Eurolandes).
Dow Jones	Der Dow Jones[1] ist der Index der New York Stock Exchange (Wall Street). Er umfasst die 30 größten US-Unternehmen und besteht schon über 100 Jahre.
Nasdaq	Sie ist die Computer-Börse der US-amerikanischen Freiverkehrshändler in New York. An ihr werden besonders wachstumsträchtige, aber auch spekulative Werte gehandelt.
Nikkei	Der Nikkei ist der Index der Wertpapierbörse in Tokio – Japan. Er basiert auf 225 Aktienwerten.

Aktuelle Informationen zur Kursentwicklung von Aktien und Kursindizes sind zu erhalten unter www.boerse-online.de und www.deutsche-boerse.com.

4 Grundlagen der Aktienanalyse

4.1 Fundamentalanalyse

Die Aktienanalyse ist die systematische Untersuchung und Bewertung von Aktien. Man unterscheidet zwischen der Fundamentalanalyse und der technischen Analyse (Chartanalyse).

Die Fundamentalanalyse untersucht die Ertragskraft eines Unternehmens und versucht auf dieser Basis die richtige Einzelaktie auszuwählen.

1 Die Herren Dow und Jones waren Herausgeber des heute noch bestehenden Wall Street Journal und sind die ersten Theoretiker der Chartanalyse (vgl. F 4.2).

Die technische Analyse nimmt vergangene Kursdaten als Grundlage für die Prognose über die künftige Entwicklung einer Aktie. Ziel hierbei ist es, einen geeigneten Kauf- oder Verkaufszeitpunkt zu bestimmen.

Fundamentalanalyse	
Untersuchungsbereiche	**Beispiele**
Gesamtwirtschaftliche Analyse	■ Konjunktur und Wachstum (reales Bruttoinlandsprodukt) ■ Inflation (Verbraucherpreisindex) ■ Beschäftigung (Arbeitslosenquote) ■ Zinsentwicklung ■ Außenhandel
Branchenanalyse	■ Umsatzentwicklung (Auftragseingänge) ■ Kostenentwicklung (Sach-, Personalkosten) ■ Gewinnentwicklung ■ Entwicklung der Branche ■ Innovationen
Einzelwirtschaftliche Analyse	■ Bewertung der Aktien eines Unternehmens ■ Wichtige Kennzahlen der Fundamentalanalyse: – Kurs-Gewinn-Verhältnis (KGV) – Kurs-Cashflow-Verhältnis (KCV) – Dividendenrendite

Kennzahlen der Fundamentalanalyse – Definitionen

Kurs-Gewinn-Verhältnis (KGV):
Der aktuelle Börsenkurs der Aktie wird zum erwarteten Gewinn pro Aktie in Beziehung gesetzt.

$$\text{KGV} = \frac{\text{aktueller Börsenkurs der Aktie}}{\text{erwarteter Gewinn pro Aktie}}$$

Kurs-Cashflow[1]-Verhältnis (KCV):
Der aktuelle Börsenkurs der Aktie wird zum erwarteten Cashflow pro Aktie in Beziehung gesetzt.

$$\text{KCV} = \frac{\text{aktueller Börsenkurs der Aktie}}{\text{erwarteter Cashflow pro Aktie}}$$

Dividendenrendite:
Die Dividendenrendite setzt die letzte Gewinnausschüttung (= veröffentlichte Dividende) der AG an ihre Aktionäre in das Verhältnis zum Anschaffungskurs der Aktie.

$$\text{Dividendenrendite} = \frac{\text{Dividende} \cdot 100}{\text{aktueller Börsenkurs der Aktie}}$$

1 Der Cashflow wird unterschiedlich definiert. Eine Möglichkeit ist:
Betriebsergebnis + Abschreibungen + Zuführung zu langfristigen Rückstellungen.

Kennzahlen der Fundamentalanalyse – Bewertung

Beispiel

Ein autobegeisterter Kunde einer Bank hat beschlossen Automobilaktien zu kaufen. Welche Aktien sind aufgrund der Kennzahlen der Fundamentalanalyse zu empfehlen?

Aktie	Kurs	Dividende je Aktie	Gewinn je Aktie	Cashflow je Aktie
BMW	26,95 EUR	1,10 EUR	4,70 EUR	18,03 EUR
Daimler	36,35 EUR	2,20 EUR	5,80 EUR	12,40 EUR
Porsche	84,17 EUR	1,10 EUR	12,00 EUR	10,83 EUR
VW	169,82 EUR	2,00 EUR	12,50 EUR	39,49 EUR

KGV der entsprechenden Automobilaktie

$$\text{KGV BMW} = \frac{26{,}95\ \text{EUR}}{4{,}70\ \text{EUR}} = 5{,}73 \qquad \text{KGV Porsche} = \frac{84{,}17\ \text{EUR}}{12\ \text{EUR}} = 7{,}01$$

$$\text{KGV Daimler} = \frac{36{,}35\ \text{EUR}}{5{,}80\ \text{EUR}} = 6{,}27 \qquad \text{KGV VW} = \frac{169{,}82\ \text{EUR}}{12{,}50\ \text{EUR}} = 13{,}59$$

Das KGV gibt an, wie viele Jahre es dauert, bis die AG dem Anleger seinen Anschaffungskurs durch Gewinne verdient hat.

Das KGV ist eine Kennzahl zur Beurteilung der Preiswürdigkeit einer Aktie. Dabei gilt:

! Je niedriger das KGV, desto preiswürdiger ist die Aktie.

Aus dem vorigen Beispiel ist zu sehen, dass bei BMW das KGV mit 5,73 am niedrigsten ist, der Anleger also nur 5,73 Jahre warten muss, um seinen Anschaffungskurs zu verdienen. Dagegen ist bei VW das KGV 13,59. Der Anleger muss also 13,59 Jahre warten.

Beispiel

KCV der entsprechenden Automobilaktie

$$\text{KCV/BMW} = \frac{26{,}95\ \text{EUR}}{18{,}03\ \text{EUR}} = 1{,}49 \qquad \text{KCV/Porsche} = \frac{84{,}17\ \text{EUR}}{10{,}83\ \text{EUR}} = 7{,}77$$

$$\text{KCV/Daimler} = \frac{36{,}35\ \text{EUR}}{12{,}40\ \text{EUR}} = 2{,}93 \qquad \text{KCV/VW} = \frac{169{,}82\ \text{EUR}}{39{,}49\ \text{EUR}} = 4{,}30$$

Das KCV zeigt, wie viele Jahre es dauert, bis der Börsenkurs der Aktie in Form von Erlösen in das Unternehmen zurückgeflossen ist. Auch hier gilt: je kürzer, desto besser. Es gibt kein absolut gutes oder schlechtes Verhältnis. Der Vergleich mit Unternehmen der gleichen Branche ist entscheidend.

Aus dem obigen Beispiel ist zu sehen, dass bei BMW das KCV mit 1,49 am niedrigsten ist, der Anleger also nur 1,49 Jahre warten muss, bis sein Anschaffungskurs in das Unternehmen zurückfließt. Dagegen ist bei Porsche das KCV 7,77. Der Anleger muss also 7,7 Jahre warten.

Beispiel

Dividendenrendite der entsprechenden Automobilaktie

$$\text{Dividendenrendite/BMW} = \frac{1{,}10 \text{ EUR} \cdot 100}{26{,}95 \text{ EUR}} = 4{,}08\ \%$$

$$\text{Dividendenrendite/Daimler} = \frac{2{,}20 \text{ EUR} \cdot 100}{36{,}35 \text{ EUR}} = 6{,}05\ \%$$

$$\text{Dividendenrendite/Porsche} = \frac{1{,}10 \text{ EUR} \cdot 100}{84{,}17 \text{ EUR}} = 1{,}31\ \%$$

$$\text{Dividendenrendite/VW} = \frac{2{,}00 \text{ EUR} \cdot 100}{169{,}82 \text{ EUR}} = 1{,}18\ \%$$

Neben dem Kursanstieg profitiert der Aktionär von den jährlichen Zahlungen einer AG, der Dividende. Um zu erkennen, ob die Dividendenrendite besser oder schlechter als bei anderen Aktien ist, und um sie mit anderen Anlageformen, z. B. Rentenpapieren, vergleichbar zu machen, muss sie jeweils ermittelt werden.

In dem obigen Beispiel weist VW mit 1,18 % die niedrigste Dividendenrendite und Daimler mit 6,05 % die beste Dividendenrendite aus.

Fazit: Beim KGV und KCV nimmt BMW den ersten Rang ein, Daimler den zweiten Rang. Bei der Dividendenrendite hat Daimler den ersten Rang und BMW den zweiten Rang. Aufgrund der Kennzahlenberechnung der Fundamentalanalyse ist die Aktie BMW empfehlenswert.

Kennzahlen der Fundamentalanalyse – Kritik

- Bei der Berechnung der Kennzahlen wird die „gesamtwirtschaftliche Analyse" oft unterschiedlich berücksichtigt. Die Interpretation der Zukunftsentwicklung von Konjunktur und Wachstum, Inflation und Außenhandel ist mit hoher Unsicherheit behaftet.
- Die Branchenanalyse ist eng verknüpft mit der gesamtwirtschaftlichen Entwicklung. Im Beispiel der Automobilaktien ist der Absatz von Automobilen sehr stark abhängig von der Entwicklung des Ölpreises und der Innovationskraft der Unternehmen hinsichtlich Motoren mit sparsamem Benzinverbrauch.
- Die vielfältigen Daten und Informationen führen bei Kreditinstituten zu unterschiedlichen Einschätzungen über das Kurspotenzial einer Aktie. Daher gibt es keine allgemeingültigen Standards bei der Aktienanalyse.
- Bei der Berechnung von Kennzahlen der „einzelwirtschaftlichen Analyse" wird auf Bilanzahlen der Unternehmen zurückgegriffen. Diese Bilanzzahlen sind vergangenheitsorientiert und nach der individuellen Unternehmenszielsetzung bewertet.

4.2 Technische Analyse

Die technische Analyse ist eine weitere Methode der Aktienkursprognose. Sie stützt sich nicht auf gesamtwirtschaftliche und unternehmensspezifische Daten.

Die technische Analyse betrachtet die Aktienkurse und die Handelsumsätze. Hauptziel ist, den geeigneten Kauf- oder Verkaufszeitpunkt für eine Aktie zu bestimmen.

Die technische Aktienanalyse beruht auf drei Grundannahmen:

- Alle Faktoren, die die Kurse beeinflussen könnten, sind in den Kursen bereits abgebildet. Kurscharts reflektieren demnach die Marktentwicklung.

- Die Kurse bewegen sich in Trends, die sich so lange fortsetzen, bis ein Signal zur Trendumkehr vorliegt.
- Es gibt Kursverlaufsmuster, die sich wiederholen.

Bei der technischen Analyse sind Charts[1] die Grundlage. Charts stellen Aktienkurse über einen bestimmten Zeitraum in optisch leicht überschaubaren Diagrammen dar. Die Chartanalyse versucht, anhand vergangener Kursverläufe die zukünftige Kursentwicklung von Aktien zu prognostizieren. Zur Herleitung kurzfristiger Trendbewegungen bedient sich die Chartanalyse wiederkehrender grafischer Formationen. Besondere Bedeutung haben Unterstützungs- und Widerstandslinien. Ein Durchbrechen dieser Linien signalisiert eine neue Trendbewegung.

Zur Analyse der Charts verwendet man geometrische Darstellungen wie Rechtecke oder Dreiecke und andere grafische Abbildungen wie Wimpel, Keile oder Kopf-Schulter-Formationen.

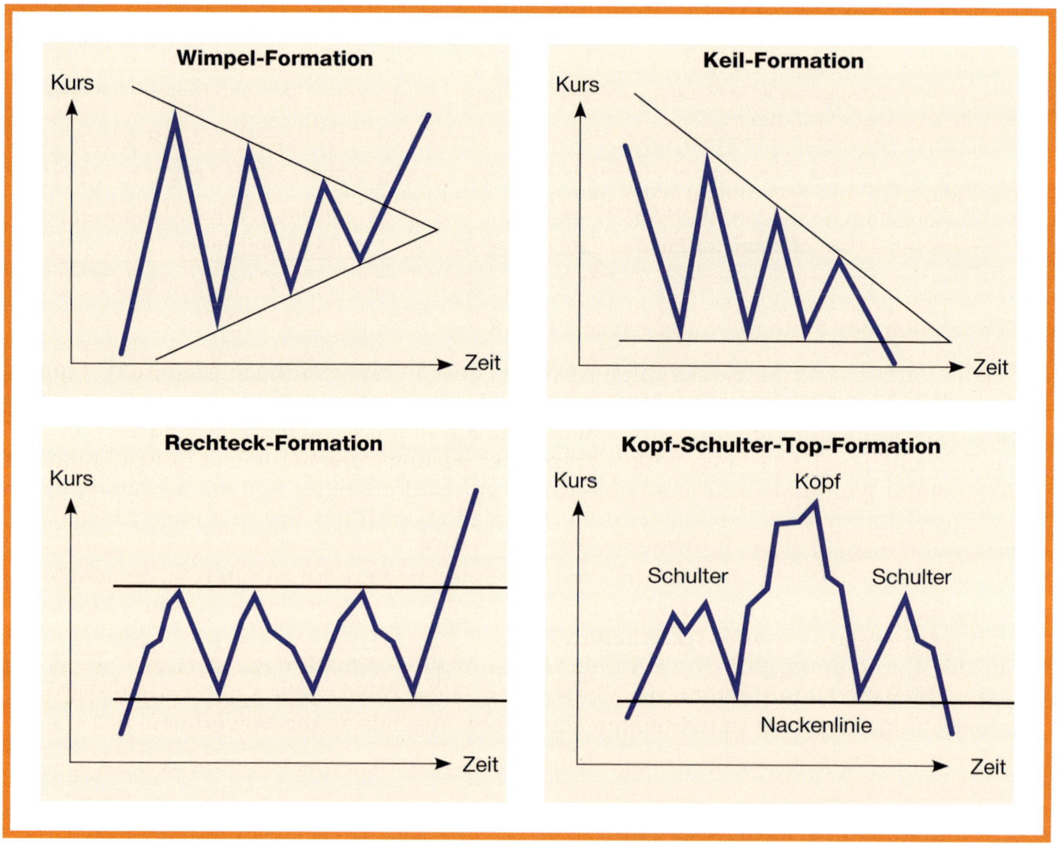

Beim **Rechteck** stellt die untere Gerade eine Unterstützungslinie, die obere Gerade eine Widerstandslinie dar. Mit Ausbrechen des Aktienkurses nach oben oder nach unten lässt sich eine Trendumkehrung bzw. Trendbestätigung ableiten.

Die **Wimpel-** oder **Keil-Formationen** sind Charts, die die Aktienkursentwicklung vom Trend bestätigen. Solche Formationen zeigen sich oft nach einem starken Kursanstieg oder Kursrückgang bei hohen Börsenumsätzen.

Die **Kopf-Schulter-Formation** zeigt eindeutig eine Trendwende an. Fällt der Aktienkurs unter die sogenannte Nackenlinie, ist dies für den Anleger ein Verkaufssignal.

1 Volatilität ist ein Maß für die Schwankungen des Kurses.

5 Abwicklung der Aktienanlage

5.1 Kaufabrechnung

Auftragserteilung

Auftragserteilung	Erläuterungen
Art des Auftrags	Kaufauftrag unter Angabe der Aktie und der Wertpapierkennnummer (ISIN = International Security Identification Number)
Umfang des Auftrags	Bei Aktien: Angabe der Stückzahl
Angaben zum Kurs	Stücknotiz ■ Preislich unlimitierter Auftrag = „billigst" ■ Preislich limitierter Auftrag = Limit darf nicht überschritten werden ■ **Stop-buy-Order** = Kauforder, die erst beim Überschreiten einer bestimmten Kursschwelle, dann „billigst", ausgeführt wird. Der Anleger hofft, dass durch die Nachfrage weiterer Investoren der Kurs deutlich ansteigt. **Beispiel:** Aktueller Kurs der Aktie 32 EUR; Stop-buy: 35 EUR; Kurs erreicht am Börsentag 36 EUR; anschließend Ausführung zum dann folgenden Tageskurs, der über oder unter 35 EUR liegen kann.
Ausführungsplatz	i. d. R. inländische Börse, z. B. Frankfurt/M., Stuttgart
Handelsart	Präsenzhandel (Parkett) oder elektronischer Handel (XETRA)
Gültigkeitsdauer des Auftrags	■ Preislich unlimitierter Auftrag = ein Börsentag ■ Preislich limitierter Auftrag = bis zum letzten Börsentag des laufenden Monats; preislich limitierte Aufträge in Aktien erlöschen bei Dividendenzahlungen und bei Einräumung von Bezugsrechten.

Auftragsausführung

Auftragsausführung	Erläuterungen
Kommissionsgeschäft	■ Das Kreditinstitut führt Aufträge seiner Kunden zum Kauf von Aktien als Kommissionär aus. ■ Das Kreditinstitut handelt im eigenen Namen, aber im Auftrag und für Rechnung des Kunden (Kommittent). ■ Das Kreditinstitut rechnet den Preis für die Auftragsausführung ab. Provision des Kreditinstituts, Courtage des Skontroführers an der Börse und Spesen werden dem Kunden in Rechnung gestellt.

Auftragsabrechnung

Abrechnungsarten	Erläuterungen
Bruttoabrechnung	Kommissionsgeschäfte werden brutto abgerechnet. Die Abrechnung umfasst: Kurswert = Anzahl der Aktien · Stückkurs + Courtage Skontroführer + Provision Kreditinstitut + Spesen Kreditinstitut

Auftragserfüllung

Auftragserfüllung	■ Der Kauf von Aktien ist als Börsengeschäft am **zweiten Börsentag** nach dem Tag des Geschäftsabschlusses zu erfüllen. ■ Der Käufer der Aktien zahlt den Kaufpreis am Erfüllungstag an den Verkäufer. ■ Der Verkäufer überträgt das Eigentum an den Aktien an den Käufer.

Beispiel für eine Kaufabrechnung von Aktien

Kauf von 100 Stück	BMW-Aktien	am Mittwoch, 04.03.20..
ISIN:	DE 000 519 000 3	
Kurs:	26,95 EUR	
Provision für das KI:	1 %	
Courtage für den Skontroführer	0,4 ‰	

Kaufabrechnung vom 04.03.20..

100 Stück	BMW-Aktien zu 26,95 EUR =	2.695,00 EUR
+ 1 %	Provision	26,95 EUR
+ 0,4 ‰	Courtage	1,08 EUR
Belastung 06.03.20..		2.723,03 EUR

5.2 Verkaufsabrechnung

Verkaufsabwicklung

Die Bearbeitungsschritte beim Verkauf von Aktien sind die gleichen wie beim Kauf.

Verkaufsabwicklung	Erläuterungen
Art des Auftrags	Verkaufsauftrag unter Angabe der Aktie und der ISIN
Umfang des Auftrags	Bei Aktien: Angabe der Stückzahl
Angaben zum Kurs	Stücknotiz ■ Preislich unlimitierter Auftrag = „bestens" ■ Preislich limitierter Auftrag = Limit darf nicht unterschritten werden ■ **Stop-loss-Order** = Verkaufsorder, die erst beim Unterschreiten eines bestimmten Kurses ausgeführt wird. Damit kann ein Aktionär seine Verluste bei einem Kursrutsch begrenzen.
	Beispiel: Aktueller Kurs der Aktie 32 EUR; Stop-loss: 30 EUR; Kurs erreicht am Börsentag 29 EUR; anschließend Ausführung bestens zum dann folgenden Tageskurs, der über oder unter 30 EUR liegen kann.
Ausführungsplatz	i. d. R. inländische Börse, z. B. Frankfurt/M., Stuttgart
Handelsart	Präsenzhandel (Parkett) oder elektronischer Handel (XETRA)
Gültigkeitsdauer des Auftrags	■ Preislich unlimitierter Auftrag = ein Börsentag ■ Preislich limitierter Auftrag = bis zum letzten Börsentag des laufenden Monats ■ Preislich limitierte Aufträge in Aktien erlöschen bei Dividendenzahlungen und bei Einräumung von Bezugsrechten.
Auftragsausführung	Kommissionsgeschäft

Abrechnungsart	Bruttoabrechnung
Auftragserfüllung	Der Verkauf von Aktien ist als Börsengeschäft am **zweiten Börsentag** nach dem Tag des Geschäftsabschlusses zu erfüllen. Der Verkäufer der Aktien erhält den Kaufpreis vom Käufer. Der Käufer erhält das Eigentum an den Aktien vom Verkäufer.

Beispiel einer Verkaufsabrechnung von Aktien

Verkauf von 150 Stück	Daimler-Aktien	am Dienstag, 21.04.20..
ISIN:	DE 000 710 000 0	
Kurs:	42,85 EUR	
Provision für das Kreditinstitut:	1 %	
Courtage für den Skontroführer:	0,4 ‰	
Verkaufsabrechnung vom 21.04.20..		
150 Stück	Daimler-Aktien zu 42,85 EUR =	6.427,50 EUR
– 1 %	Provision	64,28 EUR
– 0,4 ‰	Courtage	2,57 EUR
Gutschrift 23.04.20..		6.360,65 EUR

6 Steuerliche Behandlung von Aktienerträgen

Die Abgeltungsteuer von 25 % (+ Solidaritätszuschlag und evtl. Kirchensteuer) gilt auf alle Erträge aus Aktien einschließlich Veräußerungsgewinnen.

Beispiel

Gesamtsteuerbelastung	mit KiSt.	ohne KiSt.
Abgeltungsteuer	24,51 % *	25,00 %
Solidaritätszuschlag	1,35 %	1,38 %
Kirchensteuer (KiSt.) (8 % in Baden-Württemberg)	1,96 %	–
Gesamtbelastung	27,82 %	26,38 %

*1,96 % · 25 % = 0,49 %; 25 % – 0,49 % = 24,51 %

Die steuerpflichtigen Einkünfte aus Kapitalvermögen werden durch den Sparer-Pauschbetrag von 801 EUR bei Einzelveranlagung und 1.602 EUR bei Zusammenveranlagung vermindert.

Beispiel

Steuerermittlung bei Dividendenzahlung

Ein Kapitalanleger erzielt Dividenden von 1.000 EUR. Sein Sparer-Pauschbetrag ist bereits ausgeschöpft.

Gesamtbelastung mit Kirchensteuer:	1.000 EUR · 27,82 % = 278,20 EUR
Gesamtbelastung ohne Kirchensteuer:	1.000 EUR · 26,38 % = 263,80 EUR

Kursverluste aus Aktien, die aus Käufen ab 2009 entstanden sind, dürfen nicht mit anderen Kapitalerträgen verrechnet werden, sondern ausschließlich mit Gewinnen aus dem Verkauf von Aktien. Dividendenzahlungen und Aktienkursgewinne, die im Ausland anfallen, müssen in der Steuererklärung angegeben werden, weil Auslandsbanken keine Abgeltungsteuer einbehalten. Das Finanzamt berechnet dann im Steuerbescheid den Pauschalsatz von 25 %.

Für Veräußerungsgewinne gilt die Regelung nur für Erwerbe ab 2009.

Beispiel

Steuerermittlung bei Aktienkursgewinnen
Ein Kapitalanleger kauft im Mai 20.1 Aktien im Wert von 8.000 EUR. Im September 20.2 verkauft er diese Aktien für 12.000 EUR. Hierbei erzielt er einen Kursgewinn von 4.000 EUR.

Gesamtbelastung mit Kirchensteuer:	4.000 EUR · 27,82 % = 1.112,80 EUR
Gesamtbelastung ohne Kirchensteuer:	4.000 EUR · 26,38 % = 1.055,20 EUR

7 Persönlicher Anlageerfolg

Der Anlageerfolg und die Bedingungen zu seiner Erlangung werden im Rahmen einer Fallstudie gezeigt:

Fallsituation:
Kai Bauer kaufte am 26.03.20.1 480 Aktien der Bayer AG zu 58 EUR pro Stück. Er verkaufte die Aktien am 26.01.20.3 zu 66 EUR pro Stück.

Kaufkosten 1,08 %, Verkaufskosten 1,08 %, anteilige Depotgebühren 200 EUR.

Dividenden laut Hauptversammlung für 2009 pro Stück 2,00 EUR und für 2010 pro Stück 2,40 EUR.

Persönlicher Anlageerfolg von Kai Bauer als Rendite ohne Berücksichtigung von Steuern:

1. Kapitaleinsatz

480 Bayer-Aktien zu 58 EUR =	27.840,00 EUR
+ 1,08 % Kaufspesen =	300,67 EUR
= Kapitaleinsatz	28.140,67 EUR

2. Durchschnittlicher Jahresertrag

+ Dividenden	480 Aktien · 2,00 EUR =	960,00 EUR
	480 Aktien · 2,40 EUR =	1.152,00 EUR
+ Verkaufserlös	480 Bayer-Aktien zu 66 EUR =	31.680,00 EUR
– Verkaufsspesen	31.680 EUR · 1,08 % =	342,14 EUR
– Kapitaleinsatz		28.140,67 EUR
– anteilige Depotgebühren		200,00 EUR
Ertrag (28.03.20.1 bis 28.01.20.3)		5.109,19 EUR

Berechnung der Zinstage zur Ermittlung der Rendite:
Abrechnung Kauf und Verkauf 2 Börsentage später: 28.03.20.1 bis 28.01.20.3 = 660 Tage (Kaufmännische Zinsrechnung)

$$\text{Ertrag p. a.} = \frac{5.109,19 \cdot 360}{660} = 2.786,83 \text{ EUR}$$

3. Aktienrendite

$$\text{Rendite} = \frac{2.786,83 \cdot 100}{28.140,67} = 9,90\ \%$$

Persönlicher Anlageerfolg von Kai Bauer als Rendite mit Berücksichtigung der Abgeltungsteuer:

Annahmen:
- Der Sparer-Pauschbetrag ist ausgeschöpft.
- Kirchensteuer ist nicht zu berücksichtigen.

Erhaltene Dividenden	2.112,00 EUR
Kursgewinn brutto (31.680 EUR – 27.840 EUR)	3.840,00 EUR
– Kaufspesen (= Anschaffungskosten)	300,67 EUR
– Verkaufspesen (Erlösminderung)	342,17 EUR
Steuerliche Einnahmen (Kapitaleinkünfte)	5.309,16 EUR
daraus 25 % Kapitalertragsteuer (Abgeltungsteuer)	1.327,29 EUR
daraus 5,5 % SolZ	73,00 EUR
Steuerabzug	1.400,29 EUR
Steuerpflichtiger Gesamtertrag vom 28.03.20.1 bis 28.01.20.3	5.309,16 EUR
– anteilige Depotgebühr	200,00 EUR
– Steuerabzug	1.400,29 EUR
Ertrag nach Steuern	3.708,87 EUR

$$\text{Ertrag p. a.} = \frac{3.708{,}87 \cdot 360}{660} = 2.023{,}02 \text{ EUR}$$

3. Aktienrendite nach Steuern

$$\text{Rendite} = \frac{2.023{,}02 \cdot 100}{28.140{,}67} = 7{,}19~\%$$

Zusammenfassung zu Kapitel F: Geldanlage in Aktien

Chancen und Risiken der Aktienanlage	
Chancen des Aktionärs	Risiken des Aktionärs
Dividendenrecht	Leistung der Einlage
Stimmrecht Bezugsrecht Recht auf Liquidationserlös	Verlustrisiko – Kursrisiko – Dividendenrisiko
Arten der Aktien	
Aktien nach der Beteiligung am Grundkapital	■ Nennbetragsaktien ■ Stückaktien
Aktien nach dem Umfang der Rechte	■ Stammaktien ■ Vorzugsaktien
Aktien nach der Art der Übertragung des Eigentums	■ Inhaberaktien ■ Namensaktien
Aktien nach dem Ausgabezeitpunkt	■ Alte Aktien ■ Junge Aktien
Aktienhandel aus Sicht privater Anleger	
Marktsegmente nach dem Börsengesetz	■ Regulierter Markt ■ Freiverkehr (Open Market)
Transparenzstandards für Unternehmen und Investoren	■ Prime Standard ■ General Standard ■ Entry Standard

Kurseinflussfaktoren	■ Gesamtwirtschaftliche Faktoren ■ Wirtschaftspolitische Faktoren ■ Kapitalmarktfaktoren ■ Psychologische Faktoren ■ Markttechnische Faktoren ■ Shareholder-Value ■ Stakeholder-Value
Struktur der Börsenindizes	
Nationale Indizes	Internationale Indizes
DAX	Euro Stoxx 50
MDAX	Dow Jones
TecDAX	Nasdaq
SADX	Nikkei
Grundlagen der Aktienanalyse	
Fundamentalanalyse	■ Gesamtwirtschaftliche Analyse ■ Branchenanalyse ■ Einzelwirtschaftliche Analyse (KGV, KCV, Dividendenrendite)
Technische Analyse	Darstellung mit Charts
Abwicklung der Aktienanlage	
Kaufabrechnung/Verkaufsabrechnung	■ Auftragserteilung ■ Auftragsausführung ■ Auftragsabrechnung ■ Auftragserfüllung
Steuerliche Behandlung von Aktienerträgen	
Abgeltungsteuer	auf Kapitalerträge (Dividendenzahlungen und Aktienkursgewinne) in Höhe von 25 % zuzüglich 5,5 % Solidaritätszuschlag und 8 % bzw. 9 % Kirchensteuer

Aufgaben und Probleme

Kapitel F Geldanlage in Aktien

1 Situation:
Melanie Schwarz, leitende Angestellte, hat in einem Anlegermagazin einen Artikel über Aktien der Automobilbranche gelesen. Sie hat vor Kurzem aus einer Erbschaft 100.000 EUR erhalten. Als vermögende Privatkundin der Südbank AG hat sie bisher 200.000 EUR in Rentenpapieren ihrer Hausbank investiert. Aufgrund der relativ geringen Erträge ihrer bisherigen Anlagen beabsichtigt Melanie Schwarz, ihre Erbschaft in Aktien anzulegen.

Sie hat mit ihrem Kundenberater einen Gesprächstermin vereinbart. Für dieses Gespräch hat ihr Kundenberater die nachstehend abgedruckte Aufstellung vorbereitet:

Unternehmen	Aktienart	ISIN	Aktueller Kurs in EUR	Gewinn je Aktie in EUR	KGV aktuell	Dividende aktuell in EUR
BMW	Stammaktie	DE 000 519 000 3	31,37	3,50	9,0	1,00
Daimler	Namensaktie	DE 000 710 000 0	43,57	5,20	8,4	2,00
VW	Stammaktie	DE 000 766 400 5	207,39	12,50	16,6	2,00
BASF	Namensaktie	DE 000 515 100 5	40,37	4,00	10,1	1,95
Henkel	Vorzugsaktie	DE 000 604 843 2	27,52	2,30	12,0	0,53
Carl Zeiss Meditec	Stammaktie	DE 000 531 370 4	10,31	0,72	14,3	0,20
SolarWorld	Stammaktie	DE 000 510 840 1	28,94	1,45	20,0	0,15

a) Melanie Schwarz will wissen, welche Risiken sie bei einer Aktienanlage eingeht und welche Rechte und Pflichten sie als Aktionärin hat.
b) Der Kundenberater erläutert Frau Schwarz die Aktienarten Stammaktien, Namensaktien und Vorzugsaktien. Worin liegen die Unterschiede?
c) In Deutschland nimmt die Bedeutung der Namensaktie zu. Beschreiben Sie, welche Ursachen diese Entwicklung haben könnte.

2 Die in Aufgabe 1 aufgeführten Aktien werden alle an der Frankfurter Wertpapierbörse gehandelt.
a) Welche Marktsegmente sind nach dem Börsengesetz zu unterscheiden?
b) Der Kundenberater informiert Frau Schwarz über Transparenzstandards an der Frankfurter Wertpapierbörse. Erklären Sie die Unterschiede.

3 Die ersten fünf der in der Aufstellung in Aufgabe 1 genannten Aktien sind im DAX notiert, die letzten beiden Aktien im TecDAX.
a) Worin liegt die Bedeutung von Aktienindizes für den Anleger?
b) DAX und TecDAX gehören zur DAX-Familie. Melanie Schwarz interessiert sich für die unterschiedlichen Familienmitglieder. Erklären Sie die Zusammenhänge.
c) Der Kundenberater beschreibt Frau Schwarz Faktoren, die die Entwicklung des DAX positiv bzw. negativ beeinflussen. Erläutern Sie diese Kurseinflussfaktoren.

4 Zur Auswahl der geeigneten Aktien aus der Aufstellung in Aufgabe 1 gibt es verschiedene Analyseinstrumente.
a) Erläutern Sie Melanie Schwarz die Analysebereiche, die im Rahmen der Fundamentalanalyse zu unterscheiden sind.
b) Zur Aktienauswahl werden verschiedene Kennziffern berechnet. In der Tabelle ist die Kennziffer KGV für die sieben Unternehmen berechnet. Erläutern Sie Frau Schwarz die Berechnung des KGV bei den jeweiligen Unternehmen.
c) Können alle KGV miteinander verglichen werden?
d) Frau Schwarz möchte Aktien aus der Automobilbranche kaufen. Als Auswahlkriterien sollen das KGV und die Dividendenrendite herangezogen werden. Empfehlen Sie Frau Schwarz eine Aktie.

5 Melanie Schwarz entscheidet sich, 100.000 EUR für den Erwerb der von Ihnen empfohlenen Aktien einzusetzen.
Auszug aus dem Preisaushang der Südbank AG:

Provision:	1 % vom Kurswert, mindestens 25 EUR	
Courtage:	DAX-Werte:	0,4 ‰ vom Kurswert, mindestens 0,75 EUR
	Andere:	0,8 ‰ vom Kurswert, mindestens 0,75 EUR

a) Ermitteln Sie die maximal mögliche Anzahl von Aktien, die sie unter Berücksichtigung der Kosten über die Südwestbank AG erwerben kann.
b) Erstellen Sie die Kaufabrechnung für Melanie Schwarz (Kaufkurs aus Tabelle in 1).

6 Frau Melanie Schwarz fragt nach der steuerlichen Behandlung von Aktienerträgen. Stellen Sie ihr die Besteuerung dar.

7 Der Anleger Schulz interessiert sich für den Kauf von deutschen Standardaktien. Mit Hilfe einer Aktienanalyse will er die Erfolgschancen abschätzen.
a) Ermitteln Sie jeweils für folgende Werte die Dividendenrendite vor Steuern und das Kurs-Gewinn-Verhältnis.

Aktie EUR	**Kurs je Aktie EUR**	**Grundkapital Mio. EUR**	**Gewinn je Aktie EUR**	**Bardividende je Aktie EUR**
Maschinen-AG-Aktien	61,65	1.387,5	3,10	1,15
Solar-AG-Aktien	59,20	2.939,7	3,20	2,15

b) Empfehlen Sie Herrn Schulz anhand dieser Analyse einen der beiden Werte. Begründen Sie Ihre Entscheidung.
c) Nennen und erklären Sie vier wichtige Faktoren, die einen Einfluss auf die Aktienkurse haben.

8 Geben Sie vereinfacht den Wert eines Index für den Berichtszeitraum an, wenn folgende Werte enthalten sind:

Aktie	**Gewichtung**	**Kurs bei Indexbeginn**	**Kurs im Berichtszeitpunkt**
A	1	20	25
B	1,5	40	38
C	2	28	30
D	1	50	49

9 Evi Wetter überlegt, ob sie in die Aktien der Sauber AG weiter investieren soll. Dazu versucht sie, aus dem ihr vor der letzten Hauptversammlung zugegangenen Jahresabschluss erst einmal die fundamentale Wertentwicklung zu verfolgen.
Ihren Berechnungen legt Evi Wetter folgende (vereinfachte und verkürzte) Bilanzwerte zugrunde:

	vorletzter Abschluss	letzter Abschluss
Aktiva	Mio. EUR	
Anlagevermögen	48	52
Umlaufvermögen	72	92
Summe	120	144
Passiva	Mio. EUR	
Gezeichnetes Kapital	12	12 (2,4 Mio. St. Aktien)
Rücklagen	24	32
Fremdkapital	84	100
Summe	120	144
Zusätzliche Angaben:		
– Kurswert einer Aktie	26,00 EUR	30,00 EUR
– Dividende je Aktie	1,00 EUR	1,00 EUR
– Geschätzter Jahresüberschuss	2,8 Mio. EUR	2,6 Mio. EUR
– Abschreibungen	2,0 Mio. EUR	2,2 Mio. EUR
– Zuführung zu Pensionsrückstellungen	1,0 Mio. EUR	0,5 Mio. EUR
– Außerordentliche Aufwendungen	0,2 Mio. EUR	0,0

Berechnen Sie
- Dividendenrendite,
- Börsenwert des Unternehmens,
- Substanzwert einer Aktie aufgrund der Bilanzwerte,
- Ergebnis je Aktie,
- Kurs-Gewinn-Verhältnis,
- Cashflow je Aktie

für die beiden Jahre.

10 Ein Anleger kaufte am 02.03.20.1 100 Aktien der Super AG zum Kurs von 45 EUR, die Aktien wurden am 17.08.20.5 zum Kurs von 62 EUR verkauft. In der Zwischenzeit wurden insgesamt 3,70 EUR Bardividende je Aktie ausgeschüttet. Beim Kauf und Verkauf sind jeweils 0,84 % Spesen angefallen.
Wie haben sich die Aktien nach der vereinfachten Formel ohne Berücksichtigung von Steuern rentiert?

G Geldanlage in Investmentfonds

? Warum ist dieses Kapitel wichtig?

Bei der Geldanlage in Investmentfonds können Konflikte bei der Verfolgung der Ziele des Magischen Dreiecks der Geldanlage durch eine entsprechende Fondsauswahl vermindert werden. Die angebotenen unterschiedlichen Fondsarten, seien es beispielsweise Renten-, Aktien- oder Mischfonds, tragen zu einer optimalen Zielerreichung bei. Der Anleger kann sich entscheiden, ob er eher konservative Fonds für die Altersvorsorge oder Ausbildung der Kinder wählt oder risikoreichere Fonds wie Aktienfonds zur Rentabilitätssteigerung seiner Anlage.

Die Aufgaben des Kapitels „Geldanlage in Investmentfonds" liegen darin, die Grundidee der Investmentanlage und deren Abwicklung zu zeigen. Ferner werden Beurteilungsmöglichkeiten der Investmentfonds für den Anleger und die staatlichen Maßnahmen zur Förderung sowie die Besteuerung dargestellt.

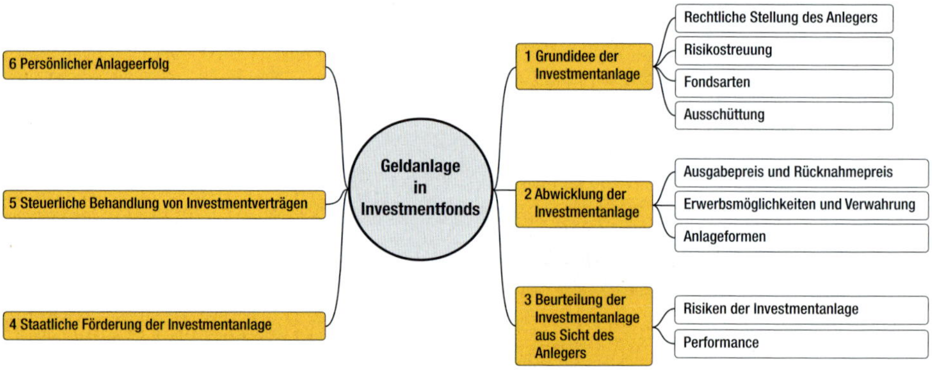

1 Grundidee der Investmentanlage

1.1 Rechtliche Stellung des Anlegers

! Investmentzertifikate verbriefen einen Anteil am Sondervermögen (Investmentfonds) einer Kapitalanlagegesellschaft (Investmentgesellschaft).

Kapitalanlagegesellschaften sind meistens Tochtergesellschaften von Kreditinstituten oder Versicherungen.

Beispiele für Kapitalanlagegesellschaften:

DEKA	Sparkassenorganisation
UNION-INVESTMENT	Genossenschaftsbanken
ALLIANZ Global Investors	Allianz Versicherungen
DWS	Deutsche Bank

Rechte der Anleger in Investmentfondsanteilen:
- Miteigentumsrecht nach Bruchteilen an allen Vermögenswerten im Sondervermögen
- Recht auf Beteiligung an den Erträgen des Sondervermögens
- Recht auf ordnungsgemäße Verwaltung des Sondervermögens durch die Depotbank
- Recht auf Rückgabe der Anteile zulasten des Sondervermögens bei offenen Fonds

1.2 Risikostreuung

Das Sondervermögen besteht aus einer Vielzahl verschiedener Wertpapiere. Der Anleger ist somit mit dem Erwerb der Investmentanteile an einem breit gestreuten (diversifizierten) Wertpapierdepot beteiligt.

Der Erwerb von Vermögensgegenständen für das Sondervermögen erfolgt nach dem Grundsatz der Risikostreuung (§ 60 ff. InvG).

Da sich die Kurse der verschiedenen Wertpapiere unterschiedlich entwickeln, kann der Kursverlust eines Wertpapiers eventuell durch Kursgewinne anderer Wertpapiere ausgeglichen werden. Durch eine optimale Zusammensetzung des Wertpapierdepots kann das Risiko der Anlage begrenzt werden.

Im Investmentgesetz ist das Ausmaß der Diversifikation für Investmentfonds festgelegt, da maximal 10 % eines Sondervermögens in Wertpapieren desselben Emittenten angelegt werden dürfen. Der Gesamtwert der Wertpapiere, deren Anteil am Sondervermögen 5 % übersteigt, darf jedoch nicht mehr als 40 % des Sondervermögens betragen. Maximal 10 % des Grundkapitals einer AG dürfen für alle von der Kapitalanlagegesellschaft verwalteten Wertpapier-Sondervermögen erworben werden.

1.3 Fondsarten

Die Investmentfonds können nach folgenden Kriterien unterschieden werden:
- geografischer Anlagehorizont (verschiedene Länder – verschiedene Währungen)
- zeitlicher Anlagehorizont (kurze – lange Laufzeiten)
- Zusammensetzung des Sondervermögens (Aktien – Renten – Immobilien)
- mit oder ohne Ausgabeaufschlag bzw. Verwaltungsgebühren
- Art der Ausschüttung (Ertragsausschüttung oder -einbehaltung)

Nach der Zusammensetzung des Sondervermögens lassen sich folgende Investmentfonds unterscheiden:

Fondsarten nach der Zusammensetzung des Fondsvermögens	
Rentenfonds	■ Laufzeit der Anleihen (Geldmarktfonds mit kurzen Restlaufzeiten unter einem Jahr, Rentenfonds mit langfristigen Papieren) ■ Bonität der Emittenten (z. B. nach Länderrating)
Aktienfonds	■ Branchenfonds (z. B. Automobilwerte, Chemiewerte) ■ Länderfonds (z. B. europäische Aktien, amerikanische Aktien)
Gemischte Fonds	enthalten Rentenpapiere und Aktien (z. B. Gewichtung: Rentenpapiere: 75 % – 50 % – 25 % Aktien: 25 % – 50 % – 75 % Fondswert: 100 % – 100 % – 100 % Wertung: konservativ ausgewogen spekulativ)
Immobilienfonds	■ Region der Immobilieninvestitionen (z. B. europäische, amerikanische Ausrichtung) ■ Nutzung der Immobilien (z. B. Wohnimmobilien, gewerbliche Immobilien)

Dachfonds	Dachfonds investieren in andere Investmentfonds (Zielfonds). Bei Dachfonds gilt auch das Prinzip der Risikostreuung, z. B. darf ein Dachfonds maximal 20 % seines Vermögens in einen einzelnen Zielfonds anlegen.
Hedgefonds	Für den vermögenden Privatanleger sind diese als Dach-Hedgefonds zu erwerben. Hedgefonds betreiben insbesondere das Geschäft mit Leerverkäufen. Dabei kann von Kursänderungen einer Aktie profitiert werden, wenn z. B. geliehene Aktien teuer auf Termin verkauft (hoher Kurs) und später billig zurückgekauft (niedriger Kurs) werden.

1.4 Ausschüttung

Die Kapitalanlagegesellschaft legt in den Vertragsbedingungen fest, in welchem Umfang die Erträge des Sondervermögens ausgeschüttet werden.

Ertragsentstehung	Art der Erträge
Ordentliche Erträge	■ Rentenfonds: Zinsen ■ Aktienfonds: Dividenden ■ Immobilienfonds: Mieterträge, Zinsen
Außerordentliche Erträge	■ Rentenfonds: realisierte Kursgewinne ■ Aktienfonds: realisierte Kursgewinne, Bezugsrechtserlöse ■ Immobilienfonds: Gewinne aus der Veräußerung von Grundstücken

Ertragsverwendung	
Ausschüttung	Der Anleger kann über die Mittel frei verfügen: ■ für Konsumzwecke oder ■ zur Wiederanlage (i. d. R. erhält der Anleger einen Wiederanlagerabatt von ca. 1,5–3 %)
Thesaurierung	Der Investmentfonds schüttet die Erträge nicht aus, sondern legt sie zum Inventarwert wieder an.

2 Abwicklung der Investmentanlage

2.1 Ausgabepreis und Rücknahmepreis

Die Investmentanteile werden über die Kapitalanlagegesellschaft und Depotbank zum Ausgabepreis ausgegeben und zum Rücknahmepreis zurückgekauft.

Der Preis von Investmentzertifikaten wird wie folgt ermittelt:

Summe aller Wertpapiere bewertet mit ihrem aktuellen Kurs
+ sonstiges Vermögen
+ Bankguthaben
– Verbindlichkeiten
= Inventarwert

Der Inventarwert bildet die Berechnungsgrundlage für die Ermittlung des Ausgabepreises und des Rücknahmepreises.

$$\text{Ausgabepreis} = \frac{\text{Inventarwert}}{\text{Anzahl der Fondsanteile}} + \text{Ausgabeaufschlag}$$

$$\text{Rücknahmepreis} = \frac{\text{Inventarwert}}{\text{Anzahl der Fondsanteile}}$$

Beispiel zur Berechnung eines Inventarwertes, Ausgabe- und Rücknahmepreises

Inventar	Stückzahl	Kurs (in EUR)	Wert (in EUR)
Wertpapiere			
■ Allianz	30.000	106,48	3.194.400
■ Bayer	40.000	53,05	2.122.000
■ BMW	50.000	28,75	1.437.500
■ E.ON	80.000	39,22	3.137.600
■ MAN	50.000	64,84	3.242.000
+ sonstiges Vermögen			+ 50.000
+ Bankguthaben			+ 30.000
Inventarwert			13.213.500 EUR

Ausgegebene Zertifikate: 500.000 Stück

Inventarwert eines Zertifikates: $\frac{\text{13.213.500 EUR}}{\text{500.000 Stück}}$ = 26,43 EUR/Stück

Ausgabeaufschlag: z. B. 5 %

Ausgabepreis = 26,43 EUR + 5 % = 27,75 EUR/Stück

Rücknahmepreis = $\frac{\text{13.213.500 EUR}}{\text{500.000 Stück}}$ = 26,43 EUR/Stück

2.2 Erwerbsmöglichkeiten und Verwahrung

Erwerb und Rückgabe über die Kapitalanlagegesellschaft

Der traditionelle Weg für den Kauf oder Verkauf von Fondsanteilen führt über die Kapitalanlagegesellschaft. Von der Depotbank werden Ausgabe- und Rücknahmepreis einmal börsentäglich ermittelt. Beim Ausgabepreis wird in der Regel ein Ausgabeaufschlag berechnet, z. B. bei Rentenfonds ca. 3 % und bei Aktienfonds ca. 5 %.

Erwerb und Verkauf über die Börse

Fonds, die an der Börse gehandelt werden (Exchange Traded Funds/ETF), haben folgende Merkmale:

- Bei den meisten ETFs wird der größte Teil des Fondsvermögens „passiv gemanagt", d. h., es wird lediglich ein Markt-, Regionen- oder Branchenindex „nachgebaut".
- Börsenpreise dieser Fonds richten sich ausschließlich nach Angebot und Nachfrage an der Börse.
- Zusätzlich ermittelt die Depotbank außerbörslich den Tagespreis. Dieser dient als Orientierungswert, von dem die Börsenkurse nicht weit abweichen.
- Börsengehandelte Fonds haben im Regelfall keinen Ausgabeaufschlag.
- Der Anleger hat jederzeit Informationen über die Wertentwicklung der Anteile.
- Der Anleger kann Aufträge zum Kauf oder Verkauf über jedes Kreditinstitut erteilen.

Verwahrung

Mit der Verwahrung des Sondervermögens, der Ausgabe und Rücknahme von Anteilscheinen, der Wertberechnung und der Durchführung der Ertragsausschüttungen hat die Kapitalanlagegesellschaft ein anderes Kreditinstitut als Depotbank zu beauftragen. Die Depotbank erhält für ihre Tätigkeit eine Verwaltungsvergütung, die aus dem Sondervermögen erhoben wird.

2.3 Anlageformen

Einmalanlage

Bei einer Einmalanlage beabsichtigt der Anleger, einmalig einen größeren Geldbetrag in Investmentzertifikaten anzulegen. Hierbei kann er Fonds mit Ausgabeaufschlag oder Fonds ohne Ausgabeaufschlag (No-Load-Fonds oder Tradingfonds) auswählen.

Bei einer kurz- bis mittelfristigen Anlagedauer (bis ca. 5 Jahre) sind die No-Load-Fonds kostengünstiger als die Fonds mit Ausgabeaufschlag. Bei langfristiger Anlagedauer (über ca. 5 Jahre) sind für den Anleger Fonds mit Ausgabeaufschlag die günstigere Variante.

Beispiel

No-Load-Fonds	Ausgabeaufschlag: 0 % Verwaltungsgebühr p. a.: 1,35 %
Fonds mit Ausgabeaufschlag	Ausgabeaufschlag: 5 % Verwaltungsgebühr p. a.: 0,05 %

Anlageplan mit Cost-Average-Effekt

Investmentsparpläne bieten den Anlegern eine regelmäßige Anlage in Fondsanteilen an. Als besonderer Vorteil von Investmentsparplänen gilt der „Cost-Average-Effekt".

Beispielrechnung zur Darstellung des „Cost-Average-Effekts"

Ausgabepreis	1. Anlagemöglichkeit: Kauf von 15 Anteilen pro Monat	2. Anlagemöglichkeit: Anlage von 1.200 EUR pro Monat
1. Monat: 80 EUR	15 St. · 80 EUR = 1.200 EUR	1.200 EUR/80 EUR = 15,000 St.
2. Monat: 86 EUR	15 St. · 86 EUR = 1.290 EUR	1.200 EUR/86 EUR = 13,953 St.
3. Monat: 72 EUR	15 St. · 72 EUR = 1.080 EUR	1.200 EUR/72 EUR = 16,666 St.
Gesamter Anlagebetrag in drei Monaten	3.570 EUR	3.600 EUR
Anzahl der erworbenen Anteile	45 St.	45,619 St.
Durchschnittlicher Erwerbspreis je Anteil	3.570 EUR/45 St. = 79,33 EUR pro St.	3.600 EUR/45,619 St. = 78,91 EUR pro St.

Bei Anlage eines monatlich gleichbleibenden Betrages ergibt sich ein Kostenvorteil von 0,42 EUR je Anteil.

! **Die Anlage eines konstanten Betrages pro Monat ermöglicht den „Cost-Average-Effekt": Bei niedrigem Ausgabepreis werden mehr Anteile, bei höherem Ausgabepreis werden weniger Anteile gekauft. Dies führt zu einem günstigeren durchschnittlichen Erwerbspreis je Anteil.**

Entnahmeplan

Ein Investmentsparplan kann später in einen Entnahmeplan umgewandelt werden. Ein Anleger kann damit im Alter sein monatliches Einkommen aufbessern.

Im Gegensatz zu dem vorstehend genannten positiven Cost-Average-Effekt ist in der Auszahlungsphase ein negativer Effekt denkbar. Dies ist immer dann der Fall, wenn bei einem Entnahmeplan dem Kapitalanleger eine monatlich gleichbleibende Rente ausgezahlt wird. Ist hier das zugrunde liegende Kapital z. B. in einem Aktienfonds angelegt, ergibt sich bei schwankenden Kursen ein **negativer Cost-Average-Effekt**. Denn bei niedrigeren Kursen müssen mehr Anteile veräußert werden, um auf den vereinbarten Entnahmebetrag zu kommen. Damit tritt dann der Kapitalverzehr entsprechend früher ein.

In diesen Fällen kann es sinnvoll sein, eine Anlage in Aktienfonds ab dem Entnahmezeitpunkt in einen Renten- oder Immobilienfonds umzuschichten. Denn bei diesen Anlageformen kommt es erfahrungsgemäß zu deutlich niedrigeren Kursschwankungen.

Eine weitere Strategie zur Vermeidung des negativen Cost-Average-Effekts ist es, nicht einen festen monatlichen Rentenbetrag zu vereinbaren, sondern den Verkauf einer bestimmten Anzahl von Anteilen zu bestimmen. Dann kommt es aber zu monatlich schwankenden Entnahmebeträgen.

3 Beurteilung der Investmentanlage aus Sicht des Anlegers

3.1 Risiken der Investmentanlage

Bei Investmentanlagen hat der Anleger die Möglichkeit, auf bequeme Weise Geld nach dem Grundsatz der Risikomischung anzulegen. Das Fondsmanagement wählt Wertpapiere unter Berücksichtigung bestimmter Anlagegrundsätze aus. Aber auch bei der Geldanlage in Investmentanteilen treten Risiken auf, die den Wert der Vermögensanlage beeinträchtigen können:

- **Allgemeines Marktrisiko**
  Eine rückläufige Entwicklung des Gesamtmarktes schlägt sich in Rückgängen bei den Anteilspreisen nieder. Das Risikopotenzial ist bei Aktienfonds grundsätzlich höher als bei Rentenfonds.
- **Managementrisiko**
  Der Anleger kann keinen Einfluss auf die Zusammensetzung des Fondsvermögens nehmen. Die konkreten Anlageentscheidungen trifft das Management der Fondsgesellschaft. Der Anleger trägt das Risiko von Fehleinschätzungen des Fondsmanagements.
- **Risikokonzentration durch spezielle Anlageschwerpunkte**
  Investmentfonds mit spezieller Ausrichtung, z. B. Branchen und Länder, haben ein stärker ausgeprägtes Ertragsprofil und damit einhergehend ein höheres Risikoprofil.
- **Fehlinterpretation von Performance-Ranglisten**
  Der Anleger erhält Informationen über die Entwicklung von Fondsrenditen nur über Vergangenheitsbetrachtung. Für eine auf die Zukunft gerichtete Anlageentscheidung sind diese Informationen nur begrenzt einsetzbar.

3.2 Performance

- Die Performance ist im weitesten Sinne eine **Messgröße zur Erfolgsbeurteilung von Kapitalanlagen**.
- Komponenten hierbei sind Rendite und Risiko der Anlage (Asset).

Für die Berechnung der Performance gibt es unterschiedliche Ansätze.

BVI-Methode

Der **B**undes**v**erband **I**nvestment und Asset Management e. V. , kurz BVI genannt, berechnet die Wertentwicklung von Investmentfonds zum jeweiligen Ultimo für eine Vielzahl von Anlagezeiträumen. Die Wertentwicklungsberechnung nach der BVI-Methode beruht auf der „time-weighted rate of return"-Methode. Diese international anerkannte Standard-Methode ermöglicht eine einfache, nachvollziehbare und exakte Berechnung.

Die Performance oder Wertentwicklung der Anlage ist die prozentuale Veränderung zwischen dem angelegten Vermögen am Anfang des Anlagezeitraums und seinem Wert am Ende des Anlagezeitraums. Ausschüttungen werden rechnerisch in neue Fondsanteile investiert.

Auf diese Weise werden die Wertentwicklungen ausschüttender und thesaurierender Fonds untereinander vergleichbar. Die Berechnung der Wertentwicklung einer Einmalanlage erfolgt auf Basis der Anteilwerte.

Der Anteilwert eines Fonds errechnet sich aus allen Vermögensgegenständen (Inventarwert/„Net Asset Value") – einschließlich sämtlicher Erträge (z.B. Zinsen, Dividenden) und unter Berücksichtigung von Kosten (z.B. Verwaltungsvergütung) des Fonds –, dividiert durch die Anzahl der ausgegebenen Anteile. Der Anteilwert wird börsentäglich ermittelt.

Beispiel

Das folgende Beispiel mit einem ausschüttenden Fonds erläutert die Wertentwicklungsberechnung (BVI-Methode) einer Einmalanlage in Höhe von 5.000 EUR.

	Datum	**Anteilwert (in EUR)** (a)	**Anteilbestand (in Stück)** (b)	**Ausschüttungsbetrag (pro Anteil; in EUR)**	**Depotwert (in EUR)** (c) = (a) · (b)
Ein Anleger investiert am 31.12.20.1 insgesamt 5.000 EUR in einen Fonds mit einem Anteilwert von 100 EUR.	31.12.20.1	100	50		5.000
Angenommen, der Anteilwert steigt bis zum Tag der Ausschüttung auf 110 EUR. Der Fonds schüttet am 23.10.20.2 einen Betrag von 3 EUR pro Anteil aus.	23.10.20.2	110	50	3	5.500
Der Anteilwert verringert sich um die Ausschüttung und betägt nach der Ausschüttung 107 EUR.	23.10.20.2	107			

Die Ausschüttung in Höhe von 3,00 EUR pro Anteil wird am 23.10.20.1 (Ausschüttungstag) umgehend zum Anteilwert nach Ausschüttung (107 EUR) wieder angelegt. Bei einem Anteilbestand von 50 und einer Ausschüttung von 3,00 EUR pro Anteil steht ein Betrag von 150 EUR zur Wiederanlage zur Verfügung.

Damit werden bei einem Anteilwert nach Ausschüttung in Höhe von 107 EUR zusätzlich 1,402 Anteile erworben (150 EUR/107 EUR pro Anteil = 1,402 Anteile). Insgesamt hat sich der Anteilbestand auf 51,402 Anteile erhöht. Dies entspricht einer Steigerung des Anteilbestands um 2,8 %. Zuvor hatte sich der Anteilwert um den gleichen Prozentsatz reduziert (von 110 EUR auf 107 EUR).

	Datum	Anteil-wert (in EUR) (a)	Anteil-bestand (in Stück) (b)	Ausschüt-tungsbetrag (pro Anteil; in EUR)	Depot-wert (in EUR) (c) = (a) · (b)
Vor und nach Ausschüttung beträgt der Depotwert (Anteilwert multipliziert mit Zahl der Anteile) also 5.500 EUR.	23.10.20.2	107	51,402		5.500
Angenommen, nach der Ausschüttung steigt der Anteilwert von 107 EUR am 23.10.2008 um 5 EUR auf 112 EUR am 31.12.2008.	31.12.20.2	112	51,402		5.757,02

Die Wertentwicklung vom 31.12.20.1 bis zum 31.12.20.2 ergibt sich aus der prozentualen Veränderung zwischen dem ursprünglich angelegten Vermögen (5.000 EUR) und dem aktuellen Wert (Depotwert = 5.757,02 EUR).

$$\frac{(5.757{,}02\ \text{EUR} - 5.000\ \text{EUR})}{5.000\ \text{EUR}} = 15{,}14\ \%\ \text{Wertzuwachs}$$

Die Wertentwicklung beträgt in diesem Beispiel also 15,14 %.

Nur dieser Vergleich ist für den Anlageerfolg von Interesse. Würde man dagegen nur den Anteilwert vom 31.12.20.2 mit dem Anteilwert vom 31.12.20.1 vergleichen, hätte man lediglich einen für den Anlageerfolg nicht aussagefähigen Vergleich zweier Preise. Quelle: nach BVI

Sharpe-Ratio

Die Sharpe-Ratio bezeichnet den Überschuss der erzielten Anlagerendite über eine vergleichbare, adäquate Benchmarkrendite. Die Renditedifferenz wird dabei durch die Division eines geeigneten Risikomaßes standardisiert.

Die Sharpe-Ratio, auch Reward-to-Variability-Ratio genannt, ist eine Kennzahl und betrachtet die Rendite einer Geldanlage in Abhängigkeit vom Risiko bzw. der Volatilität bei unterstelltem festem Zinssatz. Mit der Sharpe-Ratio kann im Nachhinein (ex post) ein Vergleich zwischen verschiedenen Geldanlagen in Investmentfonds vorgenommen werden.

Ziel der Sharpe-Ratio-Ermittlung ist es, die Überrendite pro Einheit des übernommenen Risikos zu messen. Als Maß für das Risiko gilt das Ausmaß der Schwankung (Volatilität[1]) der Rendite.

Je höher der Wert der Sharpe-Ratio, desto besser war in der Vergangenheit die Wertentwicklung der untersuchten Geldanlage in Bezug auf das eingegangene Risiko. Es gilt dann, dass das Eingehen des Risikos belohnt wurde.

Die Sharpe-Ratio kann auch negative Werte annehmen. Das bedeutet, dass die Wertentwicklung der untersuchten Geldanlage schlechter war als die Benchmark, z. B. der Kapital- oder Geldmarktzins für vergleichbare Laufzeiten. Das Eingehen des Risikos wurde dann nicht belohnt.

$$\text{Sharpe-Ratio} = \frac{\text{Überschussrendite in \%}}{\text{Volatilität in \%}}$$

Überschussrendite = Erzielte Rendite der Anlage – risikofreier Zinssatz

1 Vgl. zur Volatilität auch Kap. J

Beispiele

Beispiel 1:
Risikofreier Zins: 3 %
(z. B. Geldmarktzins)

Fondsanlage A: Rendite: 4 %
Volatilität 1 %

$$\text{Sharpe-Ratio} = \frac{4\,\% - 3\,\%}{1\,\%} = \frac{1}{1} = 1$$

Fondsanlage B: Rendite: 5 %
Volatilität: 2 %

$$\text{Sharpe-Ratio} = \frac{5\,\% - 3\,\%}{2\,\%} = \frac{2}{2} = 1$$

Ergebnis: Die Sharpe-Ratio für beide Fälle ist 1. Die Fondsanlage B weist eine höhere Rendite, aber auch ein höheres Risiko auf. Das Eingehen des Risikos bei Fondsanlage B wurde gegenüber der Fondsanlage A nicht belohnt.

Beispiel 2:
Risikofreier Zins: 3 %
(z. B. Geldmarktzins EONIA)

Fondsanlage C: Rendite: 2 %
Volatilität 1 %

$$\text{Sharpe-Ratio} = \frac{2\,\% - 3\,\%}{1\,\%} = \frac{-1}{1} = -1$$

Fondsanlage D: Rendite: 1 %
Volatilität: 2 %

$$\text{Sharpe-Ratio} = \frac{1\,\% - 3\,\%}{2\,\%} = \frac{-2}{2} = -1$$

Ergebnis: Die Sharpe-Ratio für beide Fälle ist – 1. Die Fondsanlage D weist eine geringere Rendite bei höherem Risiko auf. Das Eingehen des Risikos bei Fondsanlage D wurde gegenüber der Fondsanlage C nicht belohnt.

Beispiel 3:
Risikofreier Zins: 3 %
(z. B. Geldmarktzins)

Fondsanlage E: Rendite: 4 %
Volatilität 0,1 %

$$\text{Sharpe-Ratio} = \frac{4\,\% - 3\,\%}{0{,}1\,\%} = \frac{1}{0{,}1} = 10$$

Fondsanlage F: Rendite: 13 %
Volatilität: 5 %

$$\text{Sharpe-Ratio} = \frac{13\,\% - 3\,\%}{5\,\%} = \frac{10}{5} = 2$$

Ergebnis: Die Sharpe-Ratio für die Fondsanlage E beträgt 10, die von Fondsanlage F hingegen nur 2, obwohl die Rendite von Fondsanlage F 9 % über der von Fondsanlage E liegt. Das Eingehen des Risikos bei Fondsanlage F wurde gegenüber der Fondsanlage E nicht belohnt.

Kosten der Investmentanlage (Total Expense Ratio)

Die Gesamtkostenquote (TER) drückt die Summe der Kosten und Gebühren als Prozentsatz des durchschnittlichen Fondsvolumens innerhalb eines Geschäftsjahres aus.

Die Total Expense Ratio ist nach folgender Formel zu berechnen:

$$TER = \frac{GK \cdot 100}{FV}$$

TER: Gesamtkostenquote in Prozent nach BVI-Methode
GK: Tatsächlich belastete Kosten (ohne Transaktionskosten) in Fondswährung
FV: Durchschnittliches Fondsvolumen im Berichtszeitraum in Fondswährung

In die TER finden grundsätzlich sämtliche Kostenpositionen Eingang, die zulasten des Fondsvermögens entnommen wurden. In der TER sind alle Aufwendungen für die Fondsgeschäftsführung, das Portfoliomanagement (Managementgebühren), Wirtschaftsprüfer, Depotgebühren und weitere Betriebskosten erfasst.

Die individuellen Kosten des einzelnen Anlegers (Transaktionskosten) fließen nicht in die Berechnung ein, da sie sich von Anleger zu Anleger unterscheiden. Unter Transaktionskosten fallen u. a. der Ausgabeaufschlag und die Depotgebühren. Es gilt der Grundsatz:

Je niedriger die TER, desto günstiger für den Anleger.

4 Staatliche Förderung der Investmentanlage

Gesetzliche Grundlage	■ 5. Vermögensbildungsgesetz (VermBG) ■ Anlage in Beteiligungstiteln, also Aktienfonds, Mischfonds oder Dachfonds mit mindestens 60 % Aktienanteil
Voraussetzungen	■ nur für Arbeitnehmer im Sinne des § 1 Abs. 2 VermBG ■ zu versteuerndes Einkommen darf 20.000 EUR (Eheleute 40.000 EUR) nicht übersteigen
Förderung pro Person	20 % Arbeitnehmer-Sparzulage auf maximal 400 EUR jährliche Sparleistung = 80 EUR zusätzlich zur vermögensbildenden Anlage auf einem Bausparvertrag
Sparzulagenunschädliche Verfügung	7 Jahre Sperrfrist (6 Jahre ansparen), beginnend mit 1. Januar des Jahres, in dem die erste Sparleistung erfolgte.

5 Steuerliche Behandlung von Investmenterträgen

Die einem Investmentanteil zuzurechnenden Erträge des Fondsvermögens werden auf der Fondsebene ermittelt, sind dort aber steuerbefreit. Tatsächlich besteuert werden die ausgeschütteten oder thesaurierten Kapitalerträge beim Anleger. Es gilt der Zeitpunkt des Zuflusses. Das ist bei ausschüttenden Fonds der Zeitpunkt der Gutschrift der Ausschüttung, bei thesaurierenden Fonds der Ablauf des Geschäftsjahres. Abgeltungsteuer wird auch auf solche Ausschüttungen erhoben, die aus Veräußerungsgewinnen infolge von Vermögensumschichtungen des Fondsmanagements resultieren. Bei Anteilen an einem thesaurierenden Fonds bleiben mangels Ausschüttung die Veräußerungsgewinne auf Fondsebene steuerfrei. Beim Verkauf der Anteile fällt aber Abgeltungsteuer auf einen Veräußerungsgewinn aus dem Wert der Anteile an.

Bei Verkauf oder Rückgabe der im Privatvermögen befindlichen Investmentfondsanteile muss der Anleger unabhängig von der Besitzdauer Abgeltungsteuer auf den Gewinn zahlen, wenn die Anteile nach dem 31.12.2008 erworben wurden.

6 Persönlicher Anlageerfolg

Nachfolgende Tabelle des BVI zeigt einen Überblick über die Performance ausgewählter Investmentfonds (Aktien- und Rentenfonds). Ermittelt ist die Wertentwicklung nach den Standards des Bundesverbands Investment und Asset Management (BVI). Die frühere Wertentwicklung ist kein verlässlicher Indikator für die künftige Wertentwicklung.

BVI - SPARPLANZAHLEN (Auszug) Monatliche Einzahlung von 100 Euro
BVI-Publikumsfonds, Luxemburger und sonstige ausländische Fonds deutscher Provenienz
(Angaben in EURO) Berechnungsbasis AP/AW
+ Wertentwicklung für diese(n) Zeitraum/Anlageklasse aufgrund geänderter Anlagepolitik/unterschiedlicher Anlagespektren nicht vergleichbar.
Die jeweils so gekennzeichneten Fonds finden keinen Eingang in die Berechnung der Durchschnittswerte des betreffenden Anlageschwerpunktes.

Investmentfonds	Investmentgesellschaft	10 Jahre	15 Jahre	20 Jahre	25 Jahre	30 Jahre	35 Jahre	ISIN
I. Wertpapierfonds Aktienfonds internationaler Anlageschwerpunkt (AIG)								
ACATIS AKTIEN GLOBAL FONDS UI Ant.Kl. A	Universal-Investment	12.881						DE0009781740
Allianz-dit Interglobal – A – EUR	Allianz Global Investors	10.129	19.213	31.990	47.044	77.864	122.404	DE0008475070
AXA Welt	AXA Investment Managers	9.332	16.233					DE0008471376
BHF Trust Portfolio FT	FRANKFURT-TRUST	9.420	15.722	25.492	39.239	68.731	106.081	DE0008478025
cominvest CONVEST 21 VL	cominvest	7.758						DE0009769638
cominvest Fondis	cominvest	8.162	14.284	22.258	33.906	63.232	102.676	DE0008471020
cominvest WeltVision	cominvest	7.948						DE0009786921
DekaSpezial	DEKA	9.301	18.490	29.316	39.839	57.018		DE0008474669
Delbrück Bethmann Maffei International OP	OPPENHEIM	10.163						DE0009778472
DWS Akkumula	DWS	12.724	25.644	45.190	83.352	165.457	278.820	DE0008474024
DWS Intervest	DWS	11.565	25.358	45.643	74.183	132.984	214.945	DE0008474016
DWS Top 50 Welt	DWS	9.952						DE0009769794
DWS Vermögensbildungsfonds A	DWS	9.691	20.931	37.985	63.244	118.479	191.340	DE0008476508
DWS Vermögensbildungsfonds I	DWS	12.022	30.430	59.454	98.247	188.995	322.246	DE0008476524
DWS Zürich Invest Aktien Welt	DWS	8.425						DE0008490236
DWS Zürich Invest TOP Aktien Welt CHF	DWS	10.023						DE0008490327
FMM-Fonds	FRANKFURT-TRUST	16.707	35.393	66.973				DE0008478116
FT Global Dynamik Fonds	FRANKFURT-TRUST	7.690						DE0009772988
FT Interspezial	FRANKFURT-TRUST	8.856	15.734	26.833	44.883	83.482	131.875	DE0008478009
Gerling Dynamik Fonds	AmpegaGerling	8.961	15.807	26.604	42.364	75.953	119.272	DE0008481045
H&A Aktien Global-UI	Universal-Investment	8.448	14.711	23.764				DE0008483371
ISP International Stock Picking Fund	Warburg Lux	10.030	14.995					LU0046899927
IVERA FONDS	AmpegaGerling	11.131	20.294	34.833	55.350	96.705	147.978	DE0008481011
JOHANNES FÜHR-UI-AKTIEN-GLOBAL	Universal-Investment	10.871						DE0009781906
WM Aktien Global USS UI-Fonds Anteilklasse B	Universal-Investment	14.269						DE0009781898
...								
Durchschnitt		**11.496**	**22.438**	**41.161**	**63.159**	**115.512**	**186.791**	
durchschnittliche jährliche Wertentwicklung in %		**– 0,85**	**2,86**	**5,09**	**5,49**	**6,90**	**7,36**	

BVI - SPARPLANZAHLEN
Monatliche Einzahlung von 100 Euro
BVI-Publikumsfonds, Luxemburger und sonstige ausländische Fonds deutscher Provenienz
(Angaben in EURO)
Berechnungsbasis AP/AW
+ Wertentwicklung für diese(n) Zeitraum/Anlageklasse aufgrund geänderter Anlagepolitik/unterschiedlicher Anlagespektren nicht vergleichbar.
Die jeweils so gekennzeichneten Fonds finden keinen Eingang in die Berechnung der Durchschnittswerte des betreffenden Anlageschwerpunktes.

Investmentfonds	Investmentgesellschaft	10 Jahre	15 Jahre	20 Jahre	25 Jahre	30 Jahre	35 Jahre	ISIN
Rentenfonds internationaler Anlageschwerpunkt (AIG)								
Allianz-dit Bondspezial - A - EUR	Allianz GI Lux	12.329	22.360	36.526				DE0009781740
Allianz-dit Internation. Rentenfonds - A - EUR	Allianz Global Investors	12.407	22.367	36.387	55.824	93.798	149.118	DE0008481839
Allianz-dit Inter-Rent Fonds - A - EUR	Allianz Global Investors	12.029	21.463					DE0008471715
AXA Renten Global	AXA Invest. Managers	11.547	20.011	32.246				DE0008471376
cominvest Adiglobal	cominvest	12.077	21.656					DE0008478025
cominvest Adirewa	cominvest	11.554	20.606	32.412				DE0009769638
Deka-Renten: USD TF	DEKA	12.137	258					DE0008471020
DekaRent-international	DEKA	12.343	22.008	35.942	55.159	84.947	127.134	DE0009786921
Delbrück Bethmann Maffei Interrent OP	OPPENHEIM	13.363	24.112					DE0008474669
DWS Global-Renten	DWS	12.467	22.060					DE0009778472
DWS Internationale Renten Typ 0	DWS	12.092	20.162					DE0008474024
DWS Inter-Renta	DWS	11.524	23.583	32.434	50.391	81.121	124.813	DE0008474016
DWS Re-Inrenta	DWS	12.823	23.280	39.822	61.726	97.811	149.994	DE0009769794
DWS Rendite Spezial	DWS	13.069	22.871					DE0008476508
FT Accuzins	FRANKFURT-TRUST	12.865	22.444	38.595				DE0008476524
Gerling Global Rentenfonds	AmpegaGerling	12.444	22.111					DE0008490236
LBBW-International-Rentenfonds Deka	DEKA	12.377						DE0008490327
MAT Euro Plus	MAINTRUST	11.615						DE0008478116
WM Aktien Global USS UI-Fonds Anteilklasse B	Universal-Investment	14.269						DE0009781898
…								
Durchschnitt		**12.013**	**21.561**	**34.064**	**52.719**	**84.797**	**130.618**	
durchschnittliche jährliche Wertentwicklung in %		**0,02**	**2,35**	**3,36**	**4,23**	**5,20**	**5,74**	

Zusammenfassung zu Kapitel G: Geldanlage in Investmentfonds

Grundidee der Investmentanlage	
Rechtliche Stellung des Anlegers	■ Miteigentumsrecht nach Bruchteilen ■ Recht auf Beteiligung an den Erträgen ■ Recht auf ordnungsgemäße Verwaltung ■ Recht auf Rückgabe der Anteile
Risikostreuung	Der Anleger ist mit dem Erwerb der Investmentanteile an einem breit gestreuten Wertpapierdepot beteiligt.
Fondsarten	Rentenfonds, Aktienfonds, gemischte Fonds, Immobilienfonds, Dachfonds, Hedgefonds, …
Ausschüttung	Ertragsentstehung: ordentliche/außerordentliche Erträge Ertragsverwendung: Ausschüttung/Thesaurierung

Abwicklung der Investmentanlage	
Kauf/Verkauf	Ausgabepreis = Inventarwert + Ausgabeaufschlag Rücknahmepreis = Inventarwert
Bezugsmöglichkeiten Verwahrung	Kreditinstitute, Kapitalanlagegesellschaften, Börse Depotbank der Kapitalanlagegesellschaft
Anlageformen	■ Einmalanlage ■ Anlageplan (Cost-Average-Effekt) ■ Entnahmeplan (negativer Cost-Average-Effekt)

Beurteilung der Investmentanlage aus Sicht des Anlegers	
Risiko	■ allgemeines Marktrisiko ■ Managementrisiko ■ Risikokonzentration durch spezielle Anlageschwerpunkte ■ Fehlinterpretationen von Performance-Ranglisten
Performance	Messgröße zur Erfolgsbeurteilung von Investmentanlagen ■ BVI-Methode ■ Sharpe-Ratio
Kosten	Total Expense Ratio (TER) = Gesamtkostenquote

Staatliche Förderung der Investmentanlage	
Förderungsmaßnahmen	■ Anlage in Beteiligungstiteln (Aktienanteil mind. 60 %) ■ 20 % Arbeitnehmer-Sparzulage auf max. 400 EUR jährliche Sparleistung pro Person (Einkommensgrenze 20.000 EUR) ■ 7 Jahre Sperrfrist (6 Jahre ansparen)

Steuerliche Behandlung von Investmenterträgen	
Abgeltungsteuer	auf ausgeschüttete und thesaurierte Fondserträge sowie Gewinne aus Verkauf von Fondsanteilen

Aufgaben und Probleme

Kapitel G Geldanlage in Investmentfonds

Sachverhalt zu Aufgaben 1–5

Timo Braun, Handwerksmeister, 44 Jahre, verheiratet, zwei minderjährige Kinder, beabsichtigt monatlich 250 EUR anzulegen. Er ist weniger am schnellen Gewinn interessiert, sondern mehr an mittel- bis langfristigem Vermögensaufbau. In 10 Jahren möchte Timo Braun Vermögensteile für das Studium der Kinder flüssigmachen, das restliche Kapital soll für den Ruhestand weiter angelegt werden.

Er hat mit dem Kundenberater seiner Hausbank einen Gesprächstermin vereinbart. Für dieses Gespräch hat sein Kundenberater die nachstehend abgebildete Aufstellung vorbereitet:

Fondsname	Fondsart	Fondstyp	Ausgabepreis	Rücknahmepreis	Verwaltungskosten	Sharpe-Ratio
DKX-RENT	Rentenfonds national	ausschüttend	36,50 EUR	35,10 EUR	0,70 % p.a.	–
DKX-AKT	Aktienfonds national	thesaurierend	32,51 EUR	32,51 EUR	2,50 % p.a.	3
DKX-SPEZIAL	Aktienfonds international	ausschüttend	40,57 EUR	38,60 EUR	1,20 % p.a.	5
DKX-MIX	Mischfonds national	thesaurierend	52,60 EUR	51,30 EUR	0,80 % p.a.	–

1. Herr Braun möchte zunächst von seinem Kundenberater allgemeine Informationen zur Investmentanlage.
   a) Erklären Sie ihm das Grundprinzip eines Investmentfonds.
   b) Wodurch unterscheiden sich die in der Aufstellung angegebenen Fondsarten?
   c) Erläutern Sie die aufgeführten Fondstypen.
   d) Durch welche Faktoren wird jeweils der Ertrag der Investmentfonds beeinflusst?

2. Timo Braun ist von der Grundidee der Investmentanlage überzeugt. Er möchte monatlich 250 EUR in Investmentfonds anlegen.
   a) Herr Braun stellt fest, dass Ausgabe- und Rücknahmepreise unterschiedlich hoch sind. Er wünscht eine Erklärung von seinem Kundenberater.
   b) In der Aufstellung sind zwei Aktienfonds benannt. Welchen dieser beiden Aktienfonds empfehlen Sie Herrn Braun unter Berücksichtigung seines Anlagehorizontes?
   c) Der Kundenberater empfiehlt Herrn Braun eine Mischung bei der Geldanlage aus Renten-, Aktien- und Mischfonds. Warum ist das monatliche Sparen eines konstanten Betrages im Vergleich zum Kauf von konstanten Anteilen von Vorteil?
   d) Im Ruhestand wünscht Herr Braun eine monatliche Zusatzrente von 400 EUR aus seinem Investmentfonds. Ist eine konstante monatliche Entnahme sinnvoll?

3. Timo Braun benötigt vor dem Vertragsabschluss noch Informationen über die Risiken einer Investmentanlage.
   a) Wodurch unterscheiden sich Renten- und Aktienfonds hinsichtlich der Risiken?
   b) Bei der Auflegung von Investmentfonds haben die Fondsmanager spezielle Risiken zu berücksichtigen. Erklären Sie drei Risikobereiche.
   c) Der DKX-AKT hat eine Sharpe-Ratio von 3, der DKX-SPEZIAL eine Sharpe-Ratio von 5. Welcher der beiden Aktienfonds weist eine bessere Performance aus?

4 Herr Braun erzielt ein Jahresbruttoeinkommen von 37.000 EUR. Der Anlagebetrag von 250 EUR monatlich wird wie folgt aufgeteilt: 100 EUR in Rentenfonds, 100 EUR in Aktienfonds und 50 EUR in Mischfonds.

a) Beurteilen Sie, ob Herr Braun eine staatliche Förderung seiner Investmentanlage erhält.

b) Ermitteln Sie den Betrag, den Herr Braun maximal als Förderung erhält.

5 Herr Timo Braun fragt nach der steuerlichen Behandlung von Investmentfondserträgen. Stellen Sie ihm die Besteuerung dar.

6 Beschreiben Sie die Rechtsstellung eines Inhabers von Investmentanteilen, die in Deutschland von einer Fondsgesellschaft ausgegeben werden.

7 Geben Sie an, welche Kosten bei der Anlage in Investmentanteilen zu berücksichtigen und wie diese ersichtlich sind.

8 Zwei Kunden vereinbaren eine Anlage in Investmentzertifikaten. Hans Schulz kauft vierteljährlich 25 Stück Investmentzertifikate. Tim Holzer legt im Rahmen eines Einzahlplans der Investmentgesellschaft vierteljährlich 2.000 EUR in Investmentzertifikaten desselben Fonds an. Die Ausgabepreise dieser Investmentzertifikate betragen:

am 2. Januar	71,50 EUR
am 1. April	77,10 EUR
am 1. Juli	85,10 EUR
am 1. Oktober	90,90 EUR

a) Stellen Sie fest, wie viel EUR Hans Schulz im laufenden Jahr für den Erwerb seiner Investmentzertifikate aufgebracht hat,
wie viel EUR der Durchschnittserwerbspreis für Hans Schulz betrug,
wie viele Investmentzertifikate Tim Holzer im laufenden Jahr erworben hat,
wie viel EUR der Durchschnittserwerbspreis für Tim Holzer betrug.

b) Begründen Sie den ermittelten Unterschied.

H Immobilien

Warum ist dieses Kapitel wichtig?

Die Entscheidung über den Erwerb von Wohneigentum will gut durchdacht sein. Sie stellt die Weiche für den weiteren Verlauf des Lebens eines Menschen oder einer Familie oft für viele Jahre. Auch der Kapitalanleger, der eine Wohnung vermietet, entscheidet sich für eine langfristige Anlage seines Vermögens. Beim Erwerb von Wohneigentum zur eigenen Nutzung spielen verschiedene Motive und Wünsche eine Rolle. Im Idealfall lassen sich Eigennutzung und Kapitalanlage als Motive eines Immobilienerwerbs verbinden. Dies setzt voraus, dass sich der Kaufinteressent intensiv mit seinen eigenen Motiven auseinandersetzt, indem er zunächst eine mittel- und längerfristige Bedarfsanalyse anstellt und sich mit den Finanzierungsmöglichkeiten und den steuerlichen Auswirkungen befasst. Vor jeder Entscheidung über Immobilienerwerb und -veräußerung ist ein Überblick über den entsprechenden Immobilienmarkt sinnvoll. Dazu gehören Kenntnisse über die rechtlichen Grundlagen. Beides wird in diesem Kapitel ausgeführt.

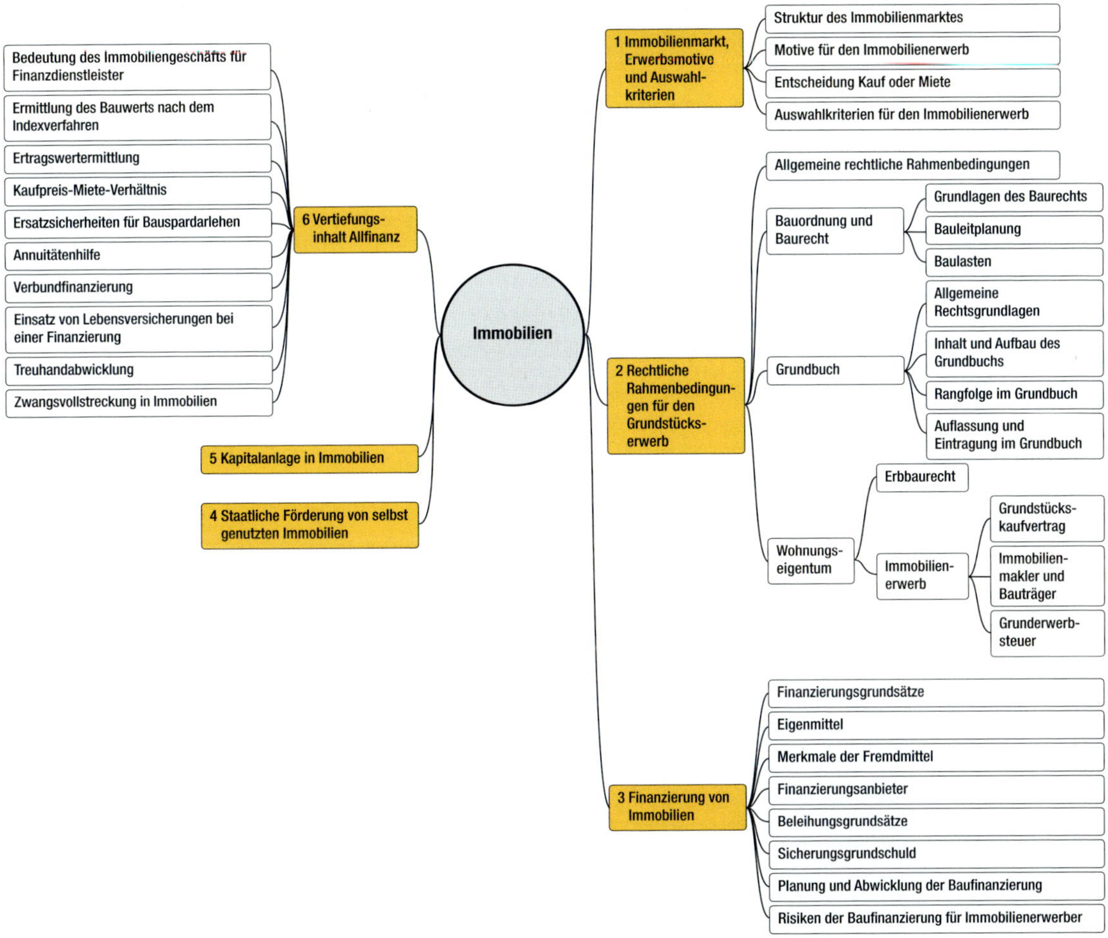

1 Immobilienmarkt, Erwerbsmotive und Auswahlkriterien

1.1 Struktur des Immobilienmarktes

Der **Immobilienmarkt** in Deutschland ist nicht einheitlich, sondern nach regionalen Marktsegmenten gegliedert. Diese werden in der Regel von Wirtschafts- und Handelszentren und Strukturelementen wie Arbeitsplätzen, Infrastruktur, Freizeitwert bestimmt. Als Sonderfaktoren gelten auch natürliche Voraussetzungen wie die Schönheit der Landschaft und die gesunde Umwelt.

Die **Südregion** in Deutschland mit Stuttgart und München hat sich in den letzten Jahrzehnten wirtschaftlich stetig entwickelt und stellt heute einen äußerst stabilen Markt- und Wirtschaftsfaktor dar. Vorherrschend sind hier die Automobil-, Elektro-, Elektronik- und Dienstleistungsbranchen. Die teilweise noch bestehenden Infrastrukturnachteile werden aufgefangen durch hohe Wohn- und Freizeitwerte, durch die Nähe zu Seen wie Ammersee, Starnberger See und Bodensee und zu den Alpen. Das Immobilieneigentum hat hier einen besonderen Stellenwert. Diese Südregion liegt im Herzen Europas und konnte durch die Erweiterung Europas und die Öffnung der Grenzen in besonderer Weise profitieren.

In Deutschland gibt es im Immobilienmarkt seit Jahren ein Nord-Süd-Gefälle. Die auch in Baden-Württemberg unterschiedliche Marktstruktur zeigt eine Übersicht über die Immobilienpreise in nachstehender Tabelle:

Preisspiegel 2009 Neubaumarkt Baden-Württemberg (Auszug)

Standort	Reiheneigenheime in 1.000 EUR von bis	Eigentumswohnungen (EUR/m² Wohnfläche) von bis
Großstädte über 500.000 Einwohner		
Stuttgart	250–600	2.300–5.000
Großstädte mit 100.000 bis unter 500.000 Einwohner		
Freiburg/Breisgau	250–420	2.300–4.100
Heidelberg	250–430	2.000–4.000
Karlsruhe	230–350	2.300–2.800
Mannheim	230–340	1.800–3.500
Pforzheim	190–310	1.800–2.500
Ulm	240–320	2.000–2.800
Klein- und Mittelstädte mit 20.000 bis unter 100.000 Einwohner		
Albstadt	160–200	1.700–2.100
Bad Mergentheim	220–250	1.800–2.000
Baden-Baden	200–340	1.800–3.200
Biberach/Riß	190–280	1.800–2.900
Esslingen/Neckar	230–380	2.000–2.700
Freudenstadt	250–300	1.900–2.600
Friedrichshafen	250–290	2.300–3.000
Göppingen	220–290	1.800–2.300
Heidenheim	220–260	1.800–2.200
Ravensburg	230–310	1.900–2.900
Schwäbisch Hall	190–280	1.800–2.400
Tübingen	260–370	2.000–3.400
Villingen/Schwenningen	180–240	1.400–2.200

Quelle: LBS

Die Gliederungsmerkmale nach Wohnlage und Wohnwert sollen eine gewisse Vergleichbarkeit des Immobilienbestands am Markt ermöglichen.

Der Wohnwert setzt sich aus der Lagekomponente und der Qualitätskomponente zusammen.

Die Lagekomponente berücksichtigt die Struktur der Bebauung, die verkehrsmäßige Erschließung, Lärm, Industrieemissionen usw. Hinzu kommen Faktoren, die sich aus der historischen Entwicklung der Städte ergeben, wie beispielsweise am Ort besonders geschätzte Wohnlagen. Die Qualitätskomponente bezieht sich auf die architektonische Gestaltung, Ausstattung und Modernisierungszustand von Gebäude oder Wohnung.

Bei Eigenheimen (einschließlich Garage und ortsüblicher Grundstücksgröße) wird beispielsweise folgende Einteilung[1] vorgenommen:

- **Einfacher Wohnwert:** einfache Ausstattung, z. B. Siedlungshaus, Wohnfläche ca. 100 m². Vergleichbar mit Mietwohnungen: WC in der Wohnung, mit einfachem Bad, beheizbar, jedoch keine zentrale Beheizungsanlage, Fenster mit Einfachverglasung; in wenig bevorzugter Wohnlage, z. B. Industrievorort.
- **Mittlerer Wohnwert:** Einfamilienhaus in mittlerer Wohnlage mit ausgeglichener Bevölkerungsstruktur, Wohnfläche ca. 125 m², Zentralheizung, Bad, WC, Verbundglasfenster, gute Bausubstanz, normale verkehrsfähige Erschließung.
- **Guter Wohnwert:** Einfamilienhaus in guter Wohnlage, aber keine ausgesprochene Prestigewohngegend, gute Ausstattung und Bausubstanz, Bad, WC, Gäste-WC, Zentralheizung, Wohnfläche ca. 150 m², Isolierverglasung; bei Wohnungen Balkon und evtl. Fahrstuhl.
- **Sehr guter Wohnwert:** erstklassige Wohnlage, ausgesprochene Prestigewohngegend, erstklassige Ausstattung und Bausubstanz, ca. 200 m² Wohnfläche.
- Bei **Reihenhäusern** und **Eigentumswohnungen** ist im Prinzip von den gleichen Lage- und Ausstattungsmerkmalen auszugehen.

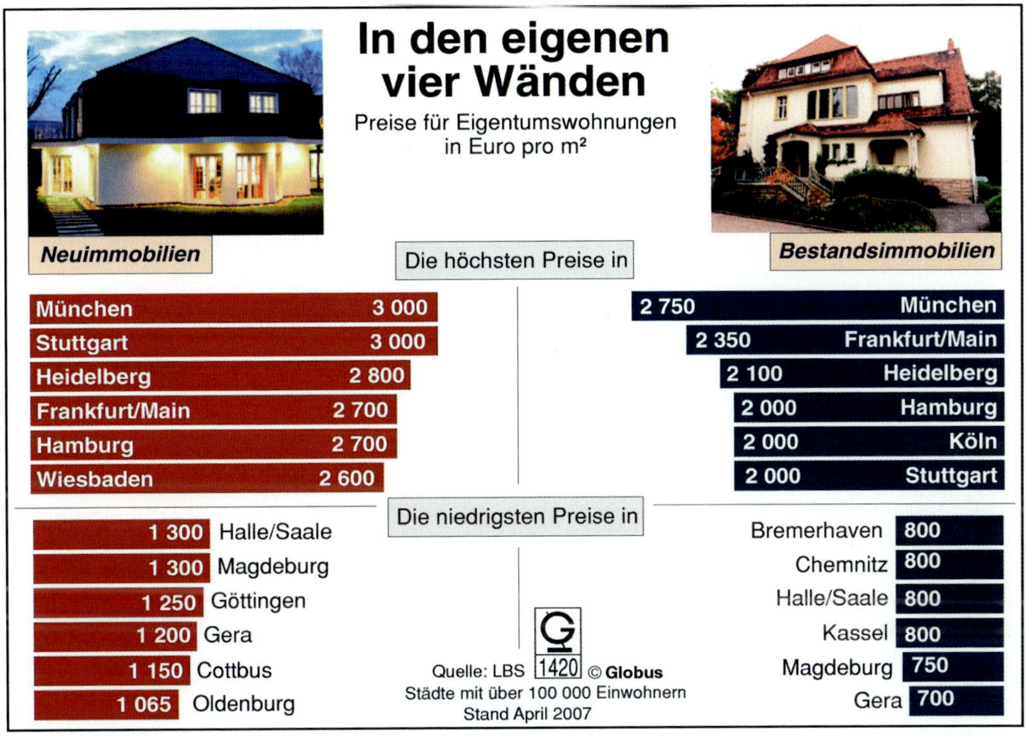

Größere Städte haben in jüngster Zeit wieder an Attraktivität gewonnen. Der Mangel an kleinen und preisgünstigen Wohnungen, zum Beispiel für Alleinstehende, ist besonders groß.

Einflussfaktoren auf die Wohnungsnachfrage:

- Anhaltend hohe Vorliebe für selbst genutztes Wohneigentum
- Weiterhin, wenn auch abgeschwächt, steigende Haushaltszahlen
- Umfangreiche Vermögensübertragungen durch Vererbung bzw. Schenkung
- Zunehmende Notwendigkeit zusätzlicher Altersvorsorge
- Mietsteigerung
- Verschiebungen in der regionalen Wirtschaftsstruktur, Entstehung neuer wirtschaftsstarker Zentren mit Arbeitskräftenachfrage
- Anstieg der Umzugsquote wegen Arbeitsplatzwechsel und im Alter

1 Nach Preisspiegel des Immobilienverbands Deutschland (IVD)

Außerdem sind zu berücksichtigen:
- die Zahlungsbereitschaft und Zahlungsfähigkeit der Haushalte,
- das Zinsniveau,
- die Anlagealternativen,
- die Inflationsrate,
- die geforderten Preise bzw. die Preisrelationen

1.2 Motive für den Immobilienerwerb

Beim Erwerb von Wohneigentum zur **eigenen Nutzung** spielen verschiedene Motive und Wünsche eine Rolle, z. B.:

Motive für den Erwerb einer eigengenutzten Immobilie

- Schaffung eines eigenen Hausstandes
- Familiengründung
- Familienzuwachs durch Kinder oder Aufnahme von pflegebedürftigen Eltern (größerer Wohnraumbedarf)
- Umzug aus beruflichen Gründen
- Schaffung eines Altersruhesitzes nach Auszug der Kinder (verminderter Wohnraumbedarf)
- Wunsch nach Ferienwohnraum

Wenn Wohneigentum als **Kapitalanlage** erworben wird, sind folgende Anlagemotive maßgebend:
- steuerliche Gründe,
- Streuung des Vermögens,
- Wunsch nach Anlage in Sachwerten und Erhaltung des Vermögens (inflationsgeschützte Anlage),
- Übertragungsmöglichkeit, z. B. durch Vererbung an Angehörige,
- Altersvorsorge.

Beispiel

Der junge Ingenieur Fabian Neu hat in einer mittelgroßen Stadt eine attraktive Arbeitsstelle angenommen, auf die er schon lange gewartet hat. Damit ist für den Familienvater mit zwei Kindern ein Wohnungswechsel verbunden. An seinem neuen Arbeitsort erkundet er folgende Angebote:
- Miete einer 4-Zimmer-Wohnung mit 100 m² pro Monat 600 EUR kalt,
- Kauf einer vergleichbaren Wohnung als Neubau für 200.000 EUR einschl. Nebenkosten.

Familie Neu hat aus Erspartem und einer kleinen Erbschaft etwa 60.000 EUR Geldvermögen. Freunde raten Familie Neu zum Kauf der Wohnung. Fabian Neu „erschrickt" zunächst über die hohen Schulden, die ein Erwerb mit sich brächte, lässt sich aber von seinen Freunden folgende überschlägige Rechnung aufstellen:

Kauf einer Neubauwohnung:	Zins und Tilgung pro Jahr
Eigenmittel 60.000 EUR	0,00 EUR
Fremdmittel 140.000 EUR (5 % Zins, 1,5 % Tilgung)	9.100,00 EUR
Ausgaben pro Monat	758,33 EUR

Auf eine „Verzinsung" des Eigenkapitals wird in der Überschlagsrechnung verzichtet, da ihr Fehlen durch einen Wertzuwachs der gesamten Investition ausgeglichen wird. Wenn diese Rechnung auch nur die ungefähre Belastung in den ersten drei Jahren zeigt, erkennt Familie Neu, dass die zusätzliche Nettobelastung gegenüber der Miete einer vergleichbaren Mietwohnung tragbar ist.

Langfristig gilt die Immobilie noch immer als krisenfeste Wertanlage. Der Erwerb einer Zweitimmobilie als finanzielle Zukunftssicherung wird häufig in Erwägung gezogen. Eine bestehende und lastenfreie Wohnimmobilie ist eine ausgezeichnete Grundlage für den Erwerb eines weiteren Objekts.

Die Lebensphase der Immobilienerwerber bestimmt in hohem Maße deren Motive und wohnwirtschaftliche Bedürfnisse. Dies zeigt sich in nachfolgenden Beispielen:

Erwerbertypen am Wohnungsmarkt[1]			
Klassische Erwerbertypen	**Lebenssituation**	**Lebensphase zum Erwerbszeitpunkt**	**Bevorzugte Objekte/Standorte**
Nestbauer	Familien mit Kindern in eher ländlicher/kleinstädtischer Umgebung	Wenn erstes/zweites Kind unterwegs oder geboren ist	Familienfreundliche, gewachsene Wohngebiete in Stadtrandzonen oder ländlichen Gemeinden
Rationaler Erwerber	Alleinstehende oder kinderlose Doppelverdienerhaushalte	Ersterwerb zu Beginn der Berufstätigkeit als Alternative zur Miete	Zentrale Standorte mit guter Erreichbarkeit des Arbeitsplatzes – beliebt Geschosswohnungsbau und Bestandsobjekte mit guter Infrastruktur
Pragmatischer Erwerber	Gut verdienende Doppelverdienerhaushalte mit starkem Wunsch nach Mobilität und Ungebundenheit	Stabilisierte Karriere beider Partner	Attraktives Bestandsobjekt in zentraler Lage. Spätere Verkaufsmöglichkeit ohne größeren Wertverlust wird in Entscheidung einbezogen.
Selbstverwirklicher	Ältere Haushalte – häufig schon zweite Immobilie	Kinder sind schon aus dem Haus – Standortwechsel im Rentenalter	Individueller Neubau oder umzubauendes Bestandsobjekt
Altersvorsorger	Ein- oder Zweipersonenhaushalte, meistens kinderlos, aber gut verdienend	Berufliche Sicherheit ist erreicht bzw. Kinder sind aus dem Haus	Zentrale Lage mit vielseitiger Infrastruktur in fußläufiger Entfernung und überschaubarer Nachbarschaft. Altersgerechtes Bauen bevorzugt.
Neue Erwerbertypen			
Lebensabschnittserwerber	Leben vor der Entscheidung für einen Immobilienerwerb z. B. als Akademiker in der Stadt, evtl. gemeinsam mit Partner	Berufstätigkeit vor der Geburt des ersten Kindes oder Wiederaufnahme der Erwerbstätigkeit kurz nach der Geburt – Phase der Familienerweiterung – Mitte bis Ende 30 Jahre alt	Größere Wohnung in innerstädtischer Lage mit familiengerechtem Grundriss, kinderfreundlicher Umgebung und günstiger Lage zum Arbeitsplatz – späterer Wiederverkauf wird von Anfang an erwogen.
Weichensteller	Hoch qualifizierte Akademiker, in Großstadt lebend. Frühe Karriere und hohes Einkommen. Überwiegend allein lebend oder mit Partner	Beruflich etabliert – noch keine Kinder	Gute Lage mit Aussicht auf Wertsteigerung und späterer leichter Veräußerbarkeit, z. B. in zentraler städtischer Lage und Umfeld mit Flair

1 Nach „Neue Erwerbertypen am Wohnungsmarkt – Motive, Potenziale, Konsequenzen", Bundesgeschäftsstelle Landesbausparkassen, empirica ag, Berlin 2005

1.3 Entscheidung Kauf oder Miete

Gesichtspunkte für eine Entscheidung für Kauf oder Miete sind:

Entscheidungsargumente	
Miete	**Kauf**
▪ Der Mieter hat keine Kostensicherheit. Er muss vielmehr mit Mietpreissteigerungen rechnen. ▪ Der Mieter muss grundsätzlich mit einer Kündigung rechnen. ▪ Der Mieter kann sein Eigenkapital bei einer Bank anlegen, damit ihm Zinserträge zufließen, die er aber grundsätzlich versteuern müsste. Das Kapital ist leichter liquidierbar als bei Wohneigentum. ▪ Mieter sind an einen Wohnraum nicht langfristig gebunden und können bei einem notwendigen Umzug leichter wechseln. Er ist diesbezüglich frei und bindet sich lediglich durch die Pflicht zur laufenden Mietpreiszahlung. ▪ Die Aufwendungen für Instandhaltung und Erhaltung erbringt der Mieter für fremdes Eigentum.	▪ Der Käufer erwirbt langfristige Sicherheit bezüglich der Finanzierungskosten bei einer Finanzierung mit langfristiger Zinsbindung. ▪ Der Käufer bindet sein eingesetztes Kapital langfristig. Die aufgenommenen Fremdmittel binden ihn ebenfalls auf längere Zeit. ▪ Durch Erwerb steht der Wohnraum dauerhaft zur Verfügung. ▪ Ein indirekter Steuervorteil ergibt sich für Eigentümer einer selbst genutzten Wohnung dadurch, dass Wertsteigerung steuerfrei ist. Dies wirkt sich insbesondere aus, wenn andere Kapitalerträge den Sparer-Pauschbetrag bereits überschreiten. ▪ Der Käufer von Wohneigentum investiert bei Instandhaltungsmaßnahmen in sein eigenes Vermögen.

Die Vorteile durch den Erwerb einer Immobilie stellen sich nur mittel- bis langfristig ein, werden dann aber umso größer. Nachteilig bei der direkten Geldanlage in Immobilien ist die geringe Verfügbarkeit. Wer in den eigenen vier Wänden wohnen bleiben will, kann eine Wertsteigerung nicht in liquide Mittel umleiten.

Absolute Miete bei jährlicher prozentualer Mieterhöhung			
Jährliche Mieterhöhung	**Miete von ursprünglich 750 EUR steigt auf den angegebenen EUR-Betrag in**		
	10 Jahren	**20 Jahren**	**30 Jahren**
1,0 %	829	915	1.011
1,5 %	871	1.010	1.173
2,0 %	914	1.115	1.359
2,5 %	960	1.229	1.573
3,0 %	1.008	1.355	1.821
Bei 600 EUR Monatsmiete und durchschnittlich 3 % jährlicher Mieterhöhung zahlt ein Mieter in 30 Jahren 348.110 EUR an den Vermieter (eigene Berechnung).			

1.4 Auswahlkriterien für den Immobilienerwerb

▶ Wohnraumbedarf

Vor einer Auswahlentscheidung sollte der unmittelbare, mittelfristige und möglichst auch langfristige Wohnraumbedarf festgestellt werden. Dazu kann ein Raumprogramm mit Anzahl der Wohn- und Nebenräume sowie der erforderlichen Wohnfläche erstellt werden.

Beispiel

Familie Neu möchte Wohneigentum im Umkreis des Arbeitsplatzes von Fabian Neu erwerben. Verschiedene Angebote liegen schon vor. Für eine optimale Entscheidung wollen sie noch einmal alle Gesichtspunkte und Wünsche miteinander durchsprechen.

Familie Neu ermittelt folgenden Bedarf:
Unmittelbarer Bedarf:

Art der Räume	gewünschte Wohnfläche in m^2
1 Wohnzimmer	26
1 Schlafzimmer	15
2 Kinderzimmer zu je 13 m^2	26
1 Küche	8
2 Bäder/WC	12
Nebenräume	10
1 Gastzimmer/Hausarbeitsraum	10
Mittelfristiger Bedarf:	In wenigen Jahren wird eventuell das erste Kind ausziehen.
Langfristiger Bedarf:	Ein Elternteil soll langfristig aufgenommen werden können.

Wegen der evtl. später frei werdenden Kinderzimmer verzichtet Familie Neu zunächst auf ein Gastzimmer, sodass 100 m^2 Wohnraum als ausreichend angesehen werden.

Standort und Wohnlage

Orientierungspunkte für den Standort sind:

- Arbeitsplatz,
- Kindergarten,
- Schulen (auch weiterführend),
- Einkaufsmöglichkeiten sowie die weitere Infrastruktur am Ort.

Beispiel

Familie Neu entscheidet sich grundsätzlich dafür, den Lebensmittelpunkt für die Kinder und die Mutter als maßgeblich für die Standortwahl zu betrachten. Allerdings sollte der Arbeitsplatz von Fabian Neu mindestens mit öffentlichen Verkehrsmitteln erreicht werden können, sodass sich die Anschaffung eines Zweitwagens erübrigt.

Vermietbarkeit

Auch wenn der Kaufgegenstand ausschließlich zur Eigennutzung vorgesehen ist, ist die Vermietbarkeit, z.B. anhand des örtlichen Mietpreisspiegels, bei der Beurteilung mit heranzuziehen.

Wiederverkauf

Die Prüfung der Wiederverkäuflichkeit anhand des Miet- und allgemeinen Marktwertes ist heranzuziehen, damit bei einem möglichen Verkauf keine unerwarteten Vermögenseinbußen hinzunehmen sind.

Kaufpreisrahmen/Finanzierbarkeit

Eine passende Finanzierung ist an die spezifischen Bedürfnisse des Käufers (finanzielle Belastbarkeit, Vermögenslage und steuerliche Situation) anzupassen.

Folgekosten

Die Verwaltungs-, Bewirtschaftungs-, Unterhaltungs- und Erhaltungsaufwendungen sind zu berücksichtigen.

Wohnformen

Wohnformen		
Stockwerkswohnung	**Frei stehendes Haus** (Einfamilienhaus ohne/mit Einliegerwohnung)	**Doppelhaushälfte (DHH) Reihenhaus (RH)**
Hier wohnt man überwiegend auf einer Wohnebene. Entscheidend für eine solche Wahl sind die bisherigen Wohngewohnheiten und -ansprüche. Eigentumswohnungen unterscheiden sich von der Wohnform her äußerlich wenig vom Wohnen in einer Mietwohnung. Der Eigentümer ist vor Kündigung geschützt und kann in seiner Wohnung grundsätzlich schalten und walten, wie er will.	Bei dieser Wohnform kommt es wesentlich auf die Konzeption, wie eingeschossig (Bungalow) oder mehrgeschossig, sowie auf die äußere und die technische Gestaltung und Ausführung an. Hier gilt, dass konventionelle Massivbauweisen eine höhere Lebensdauer und somit eine Höherwertigkeit im Vergleich zur Fertigbau- oder Fertigteilbauweise aufweisen. Innerhalb des Hauses ist jede individuelle Nutzung möglich.	Dabei handelt es sich um aneinandergebaute Einfamilienhäuser, die auch eine Einliegerwohnung aufweisen können. Je individueller die Planungskonzeption ausgestaltet ist, desto höher ist der Wohnwert. Hier muss man sich mit den angrenzenden Nachbarn in bestimmten Bereichen wie beispielsweise gemeinsamen Regenabläufen der Häuser oder gemeinsamen Zugängen einigen können.

Ein **Wohn- und Geschäftshaus** kann besonders für Gewerbetreibende und Freiberufler wirtschaftlich sinnvoll sein, da im eigenen Wohnhaus auch gearbeitet werden kann und man sich viele Wege erspart und zusätzlich steuerliche Vorteile erzielt.

Nach dem Wohnungsbaugesetz werden Wohnungen nach der beabsichtigten Nutzung und der rechtlichen Grundlage unterschieden:

- Ein **Eigenheim** ist ein im Eigentum einer natürlichen Person stehendes Grundstück mit einem Wohngebäude, das nicht mehr als zwei Wohnungen enthält. Mindestens eine Wohnung ist zum Bewohnen durch den Eigentümer oder seine Angehörigen bestimmt. Die zweite Wohnung kann eine gleichwertige Wohnung oder eine Einliegerwohnung sein. Von einem Kaufeigenheim spricht man, wenn das Gebäude von einem Bauherrn errichtet wurde, um es einem Erwerber als Eigenheim zu übertragen.
- Eine **Einliegerwohnung** ist eine in einem Eigenheim oder Kaufeigenheim enthaltene abgeschlossene oder nicht abgeschlossene Wohnung, die gegenüber der Hauptwohnung von untergeordneter Bedeutung ist.
- Eine **Eigentumswohnung** ist eine Wohnung, an der Wohnungseigentum nach den Vorschriften des Wohnungseigentumsgesetzes begründet ist. Wird die Eigentumswohnung vom Eigentümer oder seinen Angehörigen bewohnt, spricht man von eigengenutzter Eigentumswohnung.
- Eine **Genossenschaftswohnung** ist eine Wohnung, die von einem Wohnungsunternehmen in der Rechtsform der Genossenschaft errichtet wurde und an deren Mitglieder aufgrund eines Nutzungsvertrags zum Bewohnen überlassen wird.
- Nach dem Wohnraumförderungsgesetz werden Eigenheime als **Familienheime** besonders gefördert, wenn sie nach Grundriss und Größe ganz oder teilweise dazu bestimmt sind, dem Eigentümer und seiner Familie als Heim zu dienen.

Beurteilungskatalog für Wohnformen		
Stockwerkswohnung/ Eigentumswohnung (ETW)	**Reihenhaus/Doppelhaus (DHH, RH)**	**Frei stehendes Haus (FH)**
Unterhaltskosten günstig, z. B. Energieeinsparung bei Heizung	Mittlere Unterhaltskosten	Höchste Unterhaltskosten
Anbindung an Infrastruktur meist günstig	Evtl. zentralere Lage als beim FH	Häufig nur Randlage möglich

Ohne eigenen Garten, häufig Balkon	Kleiner Garten	Garten
Keine Hauspflegearbeiten, z. B. Schneeräumen	Eigene Hauspflege notwendig	Eigene Hauspflege notwendig
Instandhaltungsrücklage zwingend	Instandhaltung freiwillig	Instandhaltung freiwillig
Anonymes Wohnen möglich	Engere Anbindung an Nachbarn	Wohnen mit Abstand
Geräuschbelästigung möglich	Geräuschbelästigung durch Wandnachbarn möglich	Geringe Geräuschbelästigung
Nutzungsbeschränkungen vorhanden	Nutzung erfordert evtl. Abstimmung mit Nachbarn	Freie Gestaltungs- und Nutzungsmöglichkeit

Arten von Stockwerks-/Eigentumswohnungen	
Übliche Bezeichnung	**Beschreibung**
Einzimmerappartement	Ein Wohnraum, Abtrennung durch Möbel möglich; evtl. Balkon
Einzimmerwohnung	Bad und Küche abgetrennt, mehr Stellplatz für Möbel
Maisonettewohnung	Zwei Stockwerke, oberste Wohnung, Treppen, höhere Heizkosten durch hohe Wohnräume, Prestigewert
Penthousewohnung	Ungestört, da oberste Wohnung, i. d. R. teuerste Wohnung, höhere Heizkosten, Prestigewert, Aussicht
Dachgeschosswohnung	Z. T. Dachschrägen, beschränkte Stellmöglichkeiten für Möbel
Etagenwohnung	Wohnen auf einer Etage mit zwei und mehr Zimmern

Hausformen	
Übliche Bezeichnung	**Beschreibung**
Reihenmittelhaus (RMH)	Kleines Grundstück, Fenster nur nach zwei Seiten, höhere Geräuschbelästigung möglich
Reiheneckhaus (REH)	Größeres Grundstück, mehr Fenster, höhere Heizkosten, weniger Trennwandanteil als bei Reihenmittelhaus (RMH)
Doppelhaus	Kostenersparnis bei Bau und Heizung; gemeinsame Wand; evtl. Störungen durch Wandnachbarn, gute Grundstücksausnutzung
Bungalow	Wohnen auf einer Etage wie in einer Eigentumswohnung; altengerecht, da ohne Treppen; hoher Grundstücksverbrauch, hohe Heizkosten durch viele Außenwände und -decken
Villa	Meist mehrstöckiges Haus in gehobener Ausstattung; Gartenanlage mit hohem Pflegeaufwand
Öko- bzw. Energiesparhaus	Umweltgerecht, aber hohe Baukosten; in allen Hausformen möglich
Bauernhaus	Meist alte Bausubstanz, renovierungsanfällig; meist großes Grundstück; evtl. Nebenrechte (z. B. Brennrecht), Platz für Tiere, Unterstellmöglichkeit für Wohnwagen, Boote u. Ä. meist vorhanden
Zwei- und Mehrfamilienhaus	Häufig nur zur Vermietung

Zusammenfassung zu Kapitel 1: Immobilienmarkt, Erwerbsmotive und Auswahlkriterien	
Immobilienmarkt	Keine einheitliche Struktur ■ Nord-Süd-Gefälle ■ West-Ost-Gefälle ■ Regionale Bewertung: Lage- und Qualitätskomponente (Wohnwert) maßgeblich Künftige Entwicklung demografieabhängig ■ Altersstruktur ■ Haushaltsgröße
Erwerbsmotive	■ Familiengerechte bzw. individuelle Gestaltung bei Eigentum möglich ■ Gesellschaftliches Ansehen ■ Kapitalanlage ■ Altersvorsorge
Argumente für Kauf	■ Investition in eigenes Vermögen ■ Kostensicherheit bei langfristigen Zinsbindungsverträgen ■ Keine Kündigung des Wohnraums ■ Steuerfreier Wertzuwachs möglich
Argumente für Miete	■ Keine langfristige Bindung an Standort ■ Kapital anderweitig einsetzbar
Auswahlkriterien für den Erwerb	■ Gewünschte Wohnform – Etagenwohnung – Doppelhaushälfte – Reihenhaus – Frei stehendes Haus ■ Wohnraumbedarf ■ Standort ■ Vermietbarkeit und Verkäuflichkeit ■ Finanzierungsrahmen ■ Unterhaltskosten des Objekts

Aufgaben und Probleme

Kapitel 1 Immobilienmarkt, Erwerbsmotive und Auswahlkriterien

Struktur des Immobilienmarktes

1. Geben Sie drei Faktoren an, welche die Immobiliennachfrage insgesamt oder in einer Region tendenziell steigen lassen können.

2. Offene handlungsorientierte Aufgabe:
   a) Erkunden Sie den Immobilienmarkt in Ihrer näheren Wohnumgebung und erstellen Sie eine Übersicht. Trennen Sie dabei nach Art der Objekte, Verkehrsanbindung, Arbeitsmarkt, Landschaft.
   b) Tragen Sie alle erreichbaren Informationen für Ihren regionalen Markt ein, die Sie erhalten können. Gehen Sie von der Wohnung aus, in der Sie derzeit wohnen. Solche Informationen können z. B. sein:
   – Mietspiegel
   – Einblick in Grundstückspreise beim Gutachterausschuss der Gemeinde
   – Sammlung von Immobilienanzeigen aus der näheren Wohnumgebung (Ausbaufähig als gleichwertige Leistungsfeststellung)

Motive für den Immobilienerwerb, Kauf oder Miete

3 Geben Sie je zwei Motive zum Erwerb einer selbst bewohnten und einer vermieteten Immobilie an und erläutern Sie diese.

4 Der Verwaltungsangestellte Starke hat ein Immobilienangebot in der von ihm gewünschten Gegend erhalten. Der Kaufpreis einer 15 Jahre alten 4-Zimmer-Eigentumswohnung mit 80 m^2 würde 160.000 EUR betragen. Er hat verfügbare Eigenmittel von 40.000 EUR. Die Fremdfinanzierung würde ihn derzeit 5,5 % Zinsen und 1,5 % anfängliche Tilgung p. a. kosten. Bisher wohnt er zur Miete in einer 70 m^2 großen Wohnung und bezahlt eine Kaltmiete von 7,50 EUR/m^2.
Vergleichen Sie mit diesen Angaben Miete und Kauf insbesondere in finanzieller Hinsicht.

Auswahlkriterien

5 Jens Schulz ist 30 Jahre alt, verheiratet und seit einiger Zeit als Umweltberater bei der Stadt angestellt. Mit seiner Frau wohnt er in einem Vorort der Großstadt, bei der er beschäftigt ist. Er und seine Ehefrau pendeln mit der S-Bahn zu ihrer jeweiligen Arbeitsstelle.
Das bisher kinderlose Ehepaar Schulz denkt über eine Immobilie als ersten Baustein ihrer Altersvorsorge nach. Schulzens sind unschlüssig, wie und wo sie wohnen wollen, und prüfen die einschlägigen Zeitungsinserate.
Entscheiden Sie sich für zwei denkbare Wohnformen für Schulzens und kennzeichnen Sie diese durch jeweils drei Merkmale.

6 Kennzeichnen Sie ein Wohnobjekt mit „gutem Wohnwert" nach vier Merkmalen.

7 Beschreiben Sie fünf Kriterien, mit denen eine Wohnlage beurteilt werden kann.

8 Ein Kaufinteressent wägt verschiedene Gestaltungsformen für einen angestrebten Hauskauf ab. Geben Sie je zwei positive und zwei negative Argumente für ein Einzelhaus an.

9 Geben Sie je einen Vor- und einen Nachteil an für die Planung des Erwerbs eines Hauses durch einen Architekten und den Kauf eines Fertighauses.

10 Geben Sie zwei Kriterien an, die für die Differenzierung eines Preisspiegels für Immobilien verwendet werden.

11 Starkes vergleichen zwei Angebote über Immobilienobjekte:
- Einfamilien-Reiheneckhaus, Neubau, Grundstücksgröße 320 m^2, 25 km außerhalb der Stadt gelegen, Kaufpreis 315.000 EUR.
- 4-Zimmer-Maisonette-Eigentumswohnung, 96 m^2, Innenstadt, acht Jahre alt, Kaufpreis 205.000 EUR.

Beschreiben Sie beide Gebäudearten nach vier Merkmalen.

12 Beurteilen Sie nachstehende Wohnungsalternativen:
a) Wohnanlage mit zwei Häusern zu je acht Wohneinheiten bzw. Wohnungen in einem Hochhaus mit 50 Wohneinheiten.
b) Zwei Wohnanlagen mit je 14 Wohneinheiten: Eine Wohnanlage wird zu 80 % von Eigentümern selbst genutzt, die andere Wohnanlage wurde zu 60 % von Kapitalanlegern an Dritte vermietet.
c) Eigentumswohnungen in einem „Dreifamilienhaus" mit vollständig durchgeführten Instandhaltungsarbeiten, aber ohne nennenswerte Instandhaltungsrücklagen bzw. solche in einem anderen „Dreifamilienhaus" mit hoher Instandhaltungsrücklage, aber vielen unterlassenen Instandhaltungen an dem gemeinschaftlichen Eigentum.

2 Rechtliche Rahmenbedingungen für den Grundstückserwerb

2.1 Allgemeine rechtliche Rahmenbedingungen

Der Staat regelt Erwerb und Nutzung von Immobilien durch zahlreiche Bestimmungen:

▶ Steuern und Subventionen

Immobilienbesitz beeinflusst hauptsächlich folgende Steuerarten:
- Einkommensteuer,
- Grundsteuer,
- Grunderwerbsteuer,
- Schenkung- und Erbschaftsteuer.

Subventionen haben meistens den Zweck, die Kosten des Vermieters und damit die Miete zu senken oder den Mietern für hohe Miete einen Ausgleich zu geben. Hierzu gehören:
- Wohngeld,
- Fördermittel und Zinssubventionen im Rahmen der staatlichen Wohnbauförderung,
- Entschädigungsleistungen an Aus- und Übersiedler.

▶ Bauvorschriften und Gebühren

Die Vorschriften, ob und wie ein Gebäude errichtet und genutzt werden kann, beeinflussen die Wirtschaftlichkeit ebenso wie zusätzliche nicht vermeidbare Gebühren, wie z. B.
- Vorkaufsrechte der Gemeinden,
- Baugenehmigungsverfahren,
- Umweltschutz und Altlastenbeseitigung,
- Auflagen gemäß der Schall-, Emissions- und Wärmeschutzverordnung,
- Notar- und Grundbuchgebühren,
- Gebühren für Baugenehmigungen,
- Gebühren im Vermessungswesen.

2.2 Bauordnung und Baurecht

2.2.1 Grundlagen des Baurechts

! Eigentum bedeutet grundsätzlich freies Verfügungs- und Gestaltungsrecht über eine Sache.

Bei Grundstücken ist dieses Recht stark eingeschränkt. Der Staat möchte eine geordnete Besiedelung des Landes und lässt deshalb die Errichtung von Gebäuden nur unter bestimmten Voraussetzungen zu.

! Das Bauplanungsrecht enthält die wesentlichen Bestimmungen darüber, ob ein Grundstück überhaupt bebaut werden kann.

Das **Baugesetzbuch (BauGB)** gibt den rechtlichen Rahmen für die staatlichen Eingriffe in das Bauwesen vor. Es regelt zunächst, ob und unter welchen Voraussetzungen überhaupt Grundstücke bebaut werden dürfen, und gibt dann den Ländern und Städten weitere Bedingungen vor, unter denen sie Bauvorhaben genehmigen können.

Öffentliches Baurecht		
Bauplanungsrecht	**Bauordnungsrecht**	**Sondervorschriften**
■ Baugesetzbuch ■ Baunutzungsverordnung	■ Bauordnungen der Bundesländer, z. B. Landesbauordnung Baden-Württemberg	Sondervorschriften wie ■ Denkmalschutzgesetz ■ Immissionsschutzgesetze ■ Energieeinsparungsgesetz

Bei Einzelvorhaben sind zu unterscheiden:
- Bebauungsplangebiete (§ 30 BauGB),
- unbeplanter Innenbereich (§ 34 BauGB),
- Außenbereich (§ 35 BauGB): Im Außenbereich zulässige Vorhaben wie z. B. landwirtschaftliche Betriebe werden auch privilegierte Vorhaben genannt.

In den einzelnen Bundesländern gilt jeweils die dort erlassene **Landesbauordnung (LBO)**. Darin sind beispielsweise folgende Vorschriften enthalten:
- Bebauung des Grundstücks: Abstandsflächen, Anordnung der baulichen Anlagen,
- bauliche Anlagen: Gestaltung, Standsicherheit, Wärme-, Schallschutz, Brandschutz, Verkehrssicherheit, haustechnische Anlagen, Stellplätze und Garagen,
- die am Bau Beteiligten (Bauherr, Bauleiter, Baurechtsbehörden) und die Verwaltungsverfahren (Baugenehmigungsverfahren, Bauvoranfrage).

2.2.2 Bauleitplanung

Die Nutzung und Verwertbarkeit eines Grundstücks ist abhängig von dem Willen einer Gemeinde, wie die in ihrem Bereich liegenden Grundstücke genutzt werden sollen.

Grundstücke können zur rein landwirtschaftlichen oder gewerblichen Nutzung, nur für den Wohnungsbau oder für eine gemischte Bebauung freigegeben werden. Für Baumaßnahmen ist die Bauleitplanung der Gemeinde maßgebend.

§ 1 BauGB Aufgabe, Begriff und Grundsätze der Bauleitplanung
(1) Aufgabe der Bauleitplanung ist es, die bauliche und sonstige Nutzung der Grundstücke in der Gemeinde nach Maßgabe dieses Gesetzbuchs vorzubereiten und zu leiten.
(2) Bauleitpläne sind der Flächennutzungsplan (vorbereitender Bauleitplan) und der Bebauungsplan (verbindlicher Bebauungsplan).

Bauleitplanung einer Gemeinde		
Flächennutzungsplan (rechtlich unverbindlich)	**Bebauungsplan** bzw. vorhabenbezogener Bebauungsplan (rechtlich verbindlich)	Städtebauliche **Sanierungssatzung,** Entwicklungssatzung oder Erhaltungssatzung

Flächennutzungsplan

Als erste Stufe einer Bauleitplanung wird ein Flächennutzungsplan als vorbereitender Bauleitplan erstellt.

In ihm werden das Gemeindegebiet und die beabsichtigte städtebauliche Entwicklung oder Bodennutzung festgelegt. Die Grundstücke werden in landwirtschaftliche und gewerbliche

Flächen, Flächen für Wohnungsnutzung, für öffentliche Anlagen und für Verkehr gekennzeichnet. Ein Flächennutzungsplan gibt Bürgern keine Rechte und Pflichten, er kann deshalb nicht mit Rechtsmitteln angegriffen werden.

§

§ 5 BauGB Inhalt des Flächennutzungsplans

(1) Im Flächennutzungsplan ist für das ganze Gemeindegebiet die sich aus der beabsichtigten städtebaulichen Entwicklung ergebende Art der Bodennutzung nach den voraussehbaren Bedürfnissen der Gemeinde in den Grundzügen darzustellen …

▶ Zweck und Inhalt des Bebauungsplans

Beispiel

Fabian Neu ersieht aus dem Flächennutzungsplan der Gemeinde, dass sein „Traumgrundstück" als Wohnbaufläche (= Bauerwartungsland) vorgesehen ist. Eine Anbindungsstraße ist in der Nähe vorgesehen. Wenn Fabian Neu dieses Grundstück in der Hoffnung kauft, dort später bauen zu können, kann er aus dem Nutzungsplan kein Recht ableiten. Im Bebauungsplan kann die Straße auch über sein Grundstück geplant werden.

!

Der Bebauungsplan in einer Gemeinde konkretisiert im beplanten Bereich die Darstellungen eines Flächennutzungsplanes, der für das gesamte Gemeindegebiet gilt, nach Art, Maß der baulichen Nutzung, Verkehrsfläche und überbaubarer Grundstücksfläche.

Der Bebauungsplan ist auf kleinere Gebiete der Gemeinde beschränkt und legt die Flächenaufteilung im Einzelnen fest. Er ist eine verbindliche Rechtsnorm und als solche die Basis, auf der Grundstücksgeschäfte abgeschlossen und Einzelbauvorhaben abgewickelt werden.

§

§ 8 BauGB Zweck des Bebauungsplans

(1) Der Bebauungsplan enthält die rechtsverbindlichen Festsetzungen für die städtebauliche Ordnung. Er bildet die Grundlage für weitere, zum Vollzug dieses Gesetzbuchs erforderliche Maßnahmen.

(2) Bebauungspläne sind aus dem Flächennutzungsplan zu entwickeln. Ein Flächennutzungsplan ist nicht erforderlich, wenn der Bebauungsplan ausreicht, um die städtebauliche Entwicklung zu ordnen.

§ 9 BauGB Inhalt des Bebauungsplans

(1) Im Bebauungsplan können aus städtebaulichen Gründen festgesetzt werden:

1. die Art und das Maß der baulichen Nutzung;
2. die Bauweise, die überbaubaren und die nicht überbaubaren Grundstücksflächen sowie die Stellung der baulichen Anlagen;

2a. vom Bauordnungsrecht abweichende Maße der Tiefe der Abstandsflächen;

3. für die Größe, Breite und Tiefe der Baugrundstücke Mindestmaße und aus Gründen des sparsamen und schonenden Umgangs mit Grund und Boden für Wohnbaugrundstücke auch Höchstmaße;
4. die Flächen für Nebenanlagen ...
5. die Flächen für den Gemeinbedarf sowie für Sport- und Spielanlagen;
6. die höchstzulässige Zahl der Wohnungen in Wohngebäuden;

…

Qualifizierter Bebauungsplan (§ 30 Abs. 1 BauGB)

Ein qualifizierter Bebauungsplan muss mindestens enthalten:
- **Art und Maß der baulichen Nutzung,**
- **überbaubare Grundstücksflächen,**
- **örtliche Verkehrsflächen.**

Ein Bauvorhaben ist dann zulässig, wenn es den Festsetzungen des Bebauungsplans nicht widerspricht oder aber einzelne Abweichungen im Wege einer Ausnahme oder Befreiung zugelassen werden können. Bebauungspläne sind bei der Gemeinde für jedermann einsehbar.

Beispiel

Im Bebauungsplan für das von Fabian Neu erworbene Grundstück wird die Geschosszahl auf ein Vollgeschoss beschränkt. Der geplante zweigeschossige Ausbau wird sicher nicht genehmigt werden.

Stufen der Bebaubarkeit von Grundstücken		
Bauerwartungsland	**Rohbauland**	**Baureifes Land**
Land, mit dessen Bebaubarkeit in naher Zukunft mit großer Wahrscheinlichkeit zu rechnen ist. Es gilt als objektives Bauerwartungsland, wenn die Fläche bereits im gemeindlichen Flächennutzungsplan als Baufläche dargestellt ist.	Bebaubare, aber noch nicht erschlossene Flächen. Die Erschließung des Baulandes kann nach Lage, Form und Größe für eine bauliche Nutzung noch unzureichend gestaltet sein. Der Begriff Rohbauland ist in § 4 Abs. 3 der Wertermittlungsverordnung des Bundes gesetzlich definiert. Im Unterschied zum Bauerwartungsland steht der eigentlichen Baureife aber nicht mehr viel entgegen. Beim Bruttorohbauland ist lediglich der Bebauungsplan rechtsverbindlich, während beim Nettorohbauland die Flächen für die Erschließungsanlagen bereits übereignet worden sind.	Dies sind ausreichend erschlossene bebaubare Flächen. Man spricht auch von Bauland oder Bauplatz. **Erschließung** bedeutet, dass ein Grundstück durch Anschluss an das Straßennetz, Energieversorgung, Wasser und Entwässerung baureif gemacht wird. Auf die Anlieger können bis zu 90 % der Erschließungskosten übertragen werden.

Wegen eines teilweise enteignungsgleichen Eingriffs ist für die Aufstellung eines Bebauungsplans ein Verfahren festgelegt, das die Anhörung und Klage durch Bürger zulässt.

Kennzeichnungen von Baugebieten im Bebauungsplan[1]		
Kürzel	**Begriff**	**Beschreibung**
WA	Allgemeine Wohngebiete	zur Versorgung notwendige Läden und Handwerksbetriebe, auch nicht störende sonstige Gewerbebetriebe erlaubt
WB	Besondere Wohngebiete	z. B. Mischgebiete in Altstadtbereichen
WR	Reine Wohngebiete	Zulässig sind Wohngebäude, nur ausnahmsweise auch Läden und Versorgungseinrichtungen sowie Anlagen für soziale Zwecke.
GE	Gewerbegebiete	

1 Grundlage sind Baunutzungs- und Planzeichenverordnung.

Nutzungsschablone

Die **Nutzungsschablone** gibt folgende Aussagen:

- **Art der baulichen Nutzung:** Hier wird vorgeschrieben, ob in dem Baugebiet ausschließlich Bauflächen für den Wohnungsbau (W) erstellt werden dürfen, ob die ausgewiesenen Flächen gewerbliche Bauflächen (G) darstellen oder ob dort ein Mischgebiet mit Wohn- und Gewerbeflächen (M) entstehen soll.
- **Anzahl der Vollgeschosse:** Die Anzahl der Vollgeschosse beziehungsweise die Gebäudehöhe wird festgelegt.
- **Grundflächenzahl (GRZ):** Diese Zahl legt das prozentuale Verhältnis zwischen Grundstücksgröße und der maximalen Bebauung fest. Eine Grundflächenzahl von 0,3 bedeutet zum Beispiel, dass maximal 30 % der Grundstücksfläche überbaut werden dürfen.
- **Geschossflächenzahl (GFZ):** Diese Zahl legt das prozentuale Verhältnis zwischen Grundstücksgröße und der maximalen Quadratmeterzahl der Vollgeschosse fest. Bei einer GFZ von 0,5 darf die Fläche aller Vollgeschosse zum Beispiel maximal 50 % der Grundstücksfläche betragen.

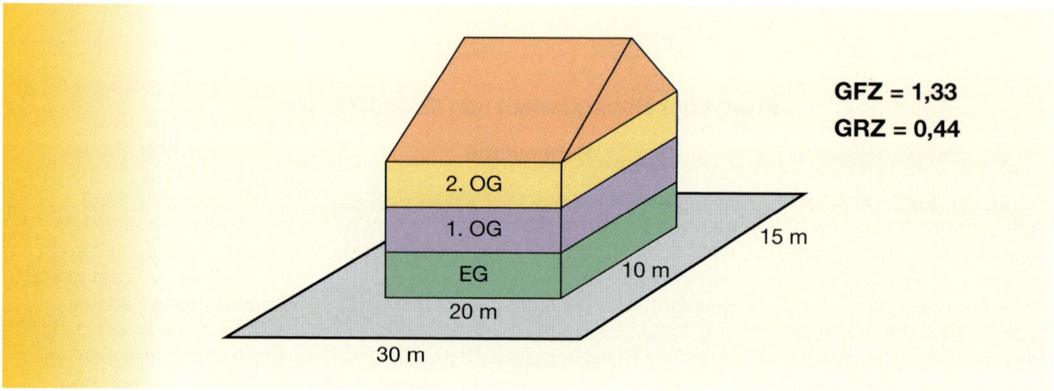

Beispiel

Die Grundstücksfläche im schematisch abgebildeten Gebäude beträgt 450 m². Die durch das Gebäude bebaute Grundstücksfläche beträgt 200 m². Dies ergibt eine GRZ von 0,44. Bei drei Vollgeschossen sind 600 m² Geschossfläche vorhanden. Die GFZ ist dann 1,33.

- **Bauweise:** Bei offener Bauweise (o) dürfen Einfamilienhäuser, Doppelhäuser oder Reihenhäuser eine Gesamtlänge von 50 m nicht überschreiten. Bei geschlossener Bauweise (g) müssen sich die seitlichen Außenwände auf der Grundstücksgrenze berühren.
- **Dachneigung:** Die vorgeschriebene Dachneigung (DN) kann aus der Planzeichnung oder den textlichen Festsetzungen ersehen werden.
- **Grenze des Bebauungsplans:** Bis zu diesen Linien beziehungsweise innerhalb dieser Linie gelten die Vorschriften des jeweiligen Bauplans.
- **Grundstücksgrenze:** Diese Linie zeigt die Aufteilung der Grundstücke und gegebenenfalls die Lage der Grenzsteine.
- **Baugrenze:** Das zu erstellende Gebäude darf die Baugrenze nicht überschreiten. Die Baugrenze braucht aber nicht berührt zu werden.
- **Baulinien:** Eine Gebäudeseite muss auf der Baulinie errichtet werden.
- **Flurstücksnummer:** Sie ist die katasteramtliche Bezeichnung des Grundstücks.

Die textlichen Festsetzungen im Bebauungsplan enthalten weitere, aus der Planzeichnung nicht ersichtliche baurechtliche Vorschriften. Hier können unter anderem die Bepflanzungsvorschriften, die Gestaltung von Gebäude und Dach (auch farblicher Art), Traufhöhe, Hauptfirstrichtung und Einfriedung festgesetzt werden.

Eine Umkreisung eines Symbols bedeutet, dass dies zwingend so eingehalten werden muss.

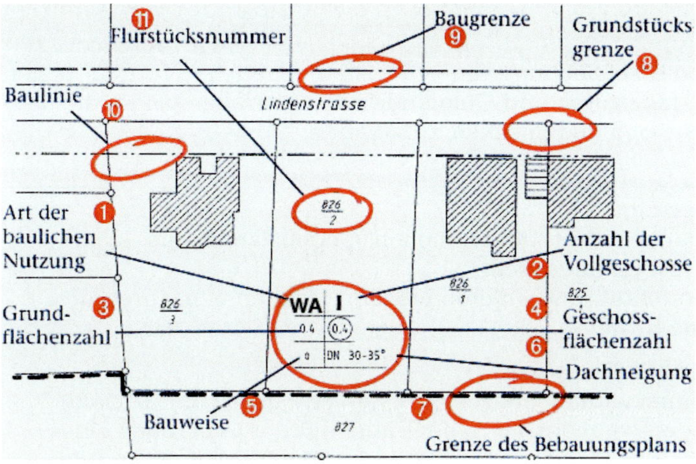

Quelle: Mosaik, Bausparkasse Schwäbisch Hall

Baufenster für:

- Allgemeines Wohngebiet
- Eingeschossige Bebauung
- GRZ von maximal 0,4
- GFZ von zwingend 0,4
- offene Bauweise
- Satteldach 30°–35° Dachneigung

Beispiel

Das von Fabian Neu gekaufte Grundstück liegt in einem Gebiet mit Kennzeichnung „WA". Er muss damit rechnen, dass auf dem Nachbargrundstück ein Ladengeschäft mit entsprechendem Verkehrsaufkommen und Andienungslärm eröffnet wird.

Auszug aus der textlichen Festlegung in einem Bebauungsplan

§ 1 Art der baulichen Nutzung

Das Bauland im räumlichen Geltungsbereich des Bebauungsplans wird als reines Wohngebiet gemäß § 3 Baunutzungsverordnung festgesetzt.

§ 2 Maß der baulichen Nutzung

1. Für die Gebäude innerhalb der Erschließungsstraße werden zwei Vollgeschosse zwingend vorgeschrieben. Die zulässige Geschossflächenzahl wird hier auf 0,6 festgesetzt.
2. Die Gebäude außerhalb der Erschließungsstraße dürfen nur mit einem Vollgeschoss errichtet werden. Die zulässige Grundflächenzahl wird auf 0,3 festgesetzt.

§ 3 Garagen, Stellplätze

Garagen und Stellplätze dürfen nur innerhalb der überbaubaren Flächen errichtet werden.

§ 4 Einfriedungen

1. Die Grundstücke sind mit Holzzäunen einzufrieden.
2. Die Zäune dürfen nicht höher als 1 m sein.

§ 5 Anpflanzungen von Bäumen

Die festgesetzten Anpflanzungen sind spätestens ein Jahr nach Fertigstellung des Wohngebäudes vorzunehmen.

§ 6 Äußere Gestaltung der Gebäude

1. Zulässig sind Satteldächer mit einer Dachneigung von 30°– 45° ohne Kniestock.
2. Grelle Farben sind unzulässig.
3. Die Dächer von Garagen und Nebengebäuden sind entweder in das Dach des Hauptgebäudes einzubeziehen oder als Satteldächer auszubilden. Dachdeckung in gedeckten Rottönen.
4. Kniestöcke sind nicht erlaubt.

Vorhabenbezogener Bebauungsplan

Der Vorhaben- und Erschließungsplan ist ein auf ein konkretes Vorhaben bezogener Bebauungsplan.

Die Instrumente „Vorhaben- und Erschließungsplan" und „städtebaulicher Vertrag" sollen durch die Zusammenarbeit von Investoren und Gemeinde dazu beitragen, zügig die baurechtliche Grundlage für Investitionen im Bausektor zu schaffen.

§ 11 BauGB Städtebaulicher Vertrag

(1) Die Gemeinde kann städtebauliche Verträge schließen. Gegenstände eines städtebaulichen Vertrags können insbesondere sein:
1. die Vorbereitung oder Durchführung städtebaulicher Maßnahmen durch den Vertragspartner auf eigene Kosten …

§ 12 BauGB Vorhaben- und Erschließungsplan

(1) Die Gemeinde kann durch einen vorhabenbezogenen Bebauungsplan die Zulässigkeit von Vorhaben bestimmen, wenn der Vorhabenträger auf der Grundlage eines mit der Gemeinde abgestimmten Plans zur Durchführung der Vorhaben und der Erschließungsmaßnahmen (Vorhaben- und Erschließungsplan) bereit und in der Lage ist und sich zur Durchführung innerhalb einer bestimmten Frist und zur Tragung der Planungs- und Erschließungskosten ganz oder teilweise vor dem Beschluss nach § 10 Abs. 1 verpflichtet (Durchführungsvertrag). …

Gegenstand des vorhabenbezogenen Bebauungsplans können sowohl Wohnbauvorhaben als auch gewerbliche Vorhaben sein. Im Unterschied zum Bebauungsplan ist dieser Plan immer auf ein konkret vorgestelltes Bauvorhaben gerichtet. Zur Durchführung des Vorhabens müssen drei Voraussetzungen erfüllt werden:

- Ein Vorhabenträger erstellt einen Vorhaben- und Erschließungsplan. Beispielsweise plant ein Bauträger, ein nicht mehr genutztes Kasernengebäude mit Nebengebäuden in ein Objekt mit Eigentumswohnungen umzuwandeln. Er erstellt dazu mit einem Architekten eine konkrete, das gesamte Gebiet umfassende Planung.
- Zwischen der Gemeinde und dem Vorhabenträger wird ein Durchführungsvertrag abgeschlossen, in dem sich dieser verpflichtet, das Vorhaben innerhalb bestimmter Fristen durchzuführen sowie die Planungs- und Erschließungskosten ganz oder teilweise zu übernehmen.
- Die Gemeinde beschließt das Vorhaben mit einer baurechtsbegründenden Satzung und ermöglicht dadurch dessen Zulässigkeit.

Der vorhabenbezogene Bebauungsplan schafft anstelle eines Bebauungsplans Baurecht. Zu ihm gehören der vorhabenbezogene Bebauungsplan, der Vorhaben- und Erschließungsplan und der Durchführungsvertrag.

2.2.3 Baulasten

Die Bundesländer können in ihrer Landesbauordnung sogenannte Baulasten festlegen.

Baulasten sind Einschränkungen in der Nutzung von Grundstücken, die sich aus einem öffentlich-rechtlichen Verhältnis heraus ergeben und deshalb nicht im Grundbuch eingetragen werden.

Beispiele für Baulasten

- Pflicht, ein Grundstück oder einen Teil eines Grundstücks als Stellplatz auszuweisen.
- Bebauungsverbot auf einem Teil des Grundstücks wird als Baulast eingetragen werden, wenn mit dem Nachbargebäude sonst nicht der erforderliche Gebäudeabstand eingehalten werden würde.

Während bei einer Grundbucheintragung diese durch Vereinbarung wieder geändert werden kann, ist dies nach einer Eintragung der Baulast in das sogenannte **Baulastenbuch**, in manchen Bundesländern auch Baulastenverzeichnis genannt, nur über die untere Baurechtsbehörde möglich, ohne dass seitens der Grundstückseigentümer ein Rechtsanspruch darauf besteht. Eine Baulast wird insbesondere als Einschränkung der Nutzung eines Grundstücks eingetragen, wenn damit die Einhaltung von baurechtlichen Vorschriften bei einem Nachbargrundstück erleichtert wird. Ein Bauwilliger sollte sich bei der Gemeinde erkundigen, ob auf dem vorgesehenen Baugrundstück eine Baulast ruht.

2.3 Grundbuch

2.3.1 Allgemeine Rechtsgrundlagen

Ein Gebäude oder Gebäudeanteil kann rechtlich grundsätzlich nur in Zusammenhang mit einem Grundstück erworben werden. Ein Gebäude ist wesentlicher Bestandteil eines Grundstücks.

Wer ein Grundstück erwirbt, erwirbt damit auch zwangsläufig das darauf errichtete Gebäude. Gegenstand eines Kaufvertrags für ein Gebäude ist also das Grundstück, auf dem das Gebäude steht. Nur beim Erbbaurecht kann man ein Gebäude als solches ohne das Grundstück übertragen.

Zu den weiteren **wesentlichen Bestandteilen** eines Grundstücks gehören auch die gewachsenen Pflanzen. Fest eingebaute Teile des Gebäudes sind ebenfalls Bestandteil, so zum Beispiel raumtrennende Wandschränke. **Zubehör** sind Sachen, die zwar nicht eingebaut sind, aber selbstverständlich zur sinnvollen Nutzung notwendig sind, beispielsweise Schlüssel, Teppichböden oder Markisen. Wesentliche Bestandteile und Zubehör sind beim Kauf einer Immobilie ohne besondere Vereinbarung einbezogen.

Beispiel

Fabian Neu vereinbart mit dem bisherigen Eigentümer eines Reihenhauses eine Kaufsumme von 300.000 EUR. Als sie sich privat scheinbar einig sind, sagt der Verkäufer: „Die drei schönen Edeltannen im Vorgarten haben einen Wert von je 500 EUR; der die Kinderzimmer trennende Einbauschrank ist vom Schreiner eingebaut und mindestens nochmals 3.500 EUR wert; ich bekomme also noch zusätzlich 5.000 EUR!" Wenn Fabian Neu dazu schweigt und der Kaufpreis bei der notariellen Einigung nicht um 5.000 EUR höher angesetzt wird, kann der bisherige Eigentümer diesen Betrag nicht verlangen. Er darf den Einbauschrank nicht ausbauen. Sollten aber zusätzliche nicht fest eingebaute Küchenschränke oder Vorhänge mit verkauft werden, müssen diese besonders im Kaufvertrag aufgeführt werden.

Kataster

In Deutschland ist das ganze Land vermessen.

Das Kataster ist das amtliche Verzeichnis des vermessenen Landes, gegliedert nach durchnummerierten Flurstücken.

Die Flurstücke, früher Parzellen genannt, sind durch die Grenzmarkierungen voneinander abgegrenzt. Das staatliche Vermessungsamt als Katasteramt zeichnet Flurkarten und führt ein Liegenschaftsbuch. Beide geben über die tatsächlichen Verhältnisse wie Wirtschaftsart, Lage und Größe von Flurstücken Auskunft. Jeder, der ein berechtigtes Interesse hat, kann Einsicht nehmen und sich Auszüge geben lassen.

Grundstück

Für den bürgerlich-rechtlichen Umgang mit Grund und Boden ist in erster Linie das Bürgerliche Gesetzbuch als privates Recht maßgebend.

Ein Grundstück ist im Sprachgebrauch ein „räumlich abgegrenzter Teil der Erdoberfläche“.

§ 905 BGB Begrenzung des Eigentums
Das Recht des Eigentümers eines Grundstücks erstreckt sich auf den Raum über der Oberfläche und auf den Erdkörper unter der Oberfläche. Der Eigentümer kann jedoch Einwirkungen nicht verbieten, die in solcher Höhe oder Tiefe vorgenommen werden, dass er an der Ausschließung kein Interesse hat.

Während dieser Begriff mit dem Flurstück identisch ist, wird im Rechtsverkehr nur vom Grundstück gesprochen. Zum Grundstück, an dem Rechte bestehen, kann ein Flurstück erst durch die Eintragung im Grundbuch werden. Erst dann ist eine Eigentumsübertragung möglich.

Beispiel

Im Grundbuch ersieht Fabian Neu, dass Benno Schäfer Eigentümer der gesamten Wiese ist, für die ein Grundbuch geführt wird. Er könnte also ohne Teilungsgenehmigung gemäß Grundstücksverkehrsgesetz nur die gesamte Wiese kaufen und nicht einen Teil davon.

Grundbuchordnung

Rechtsgrundlage für die Führung des Grundbuchs ist die **Grundbuchordnung** als öffentlich-rechtliche Vorschrift. Darin wird die Tätigkeit der Amtsgerichte[1] in Grundbuchangelegenheiten geregelt.

Das Grundbuch ist ein öffentliches Register über die Grundstücke eines Amtsgerichtsbezirks. Es wird beim Amtsgericht (Grundbuchamt) geführt und zeigt die Rechtsverhältnisse der Grundstücke.

Es gibt hauptsächlich auf folgende Fragen Auskunft:
- Wer ist Eigentümer eines Grundstücks?
- Welche Lasten und Beschränkungen ruhen auf dem Grundstück?

Alle Grundstücke in privatem Eigentum sind im Grundbuch verzeichnet. Jeder, der ein berechtigtes Interesse darlegen kann, darf in das Grundbuch Einsicht nehmen. Gegen Kostenerstattung kann auch eine Abschrift gefordert werden.

1 In Baden-Württemberg sind damit die Notariate beauftragt.

Beispiel

- Fabian Neu kann in das Grundbuch des Eigentümers Schäfer Einsicht nehmen, da er mit diesem in Vertragsverhandlungen steht. Entweder genehmigt Schäfer dem Grundbuchamt gegenüber die Einsicht, oder Neu weist Schriftstücke über den geplanten Kauf vor. Das Interesse muss „glaubhaft" dargelegt werden. Kommt es zu einer späteren Finanzierung, kann auch ein Kreditgeber Einsicht nehmen.
- Ein Nachbar kann Einsicht nehmen, wenn er wissen will, ob ein seit Generationen ausgeübtes Wegerecht an einem Grundstück auch im Grundbuch eingetragen ist

Die Eintragungen im Grundbuch müssen nicht in jedem Fall mit den tatsächlichen Verhältnissen und der Rechtslage übereinstimmen, was u. U. zu Problemen führen kann.

Beispiel

Die Wiese von Schäfer ist zu Ackerland umgepflügt worden. Benno Schäfer ist gestorben, Eigentümer ist dessen Erbe, der erst später, nach Vorlage des Erbscheins, als solcher eingetragen wird.

Auf die Richtigkeit einer Grundbucheintragung kann jeder vertrauen, der gutgläubig ist. !

Damit wird das Grundbuch zu einer zweifelsfreien Grundlage für alle Rechtsgeschäfte mit Grundstücken.

Beispiel

Nach dem Tod des Benno Schäfer wird dessen Neffe Guido Schäfer aufgrund eines Erbscheins als Alleineigentümer eingetragen. Fabian Neu erwirbt das Grundstück von diesem und wird als neuer Eigentümer eingetragen.
Später stellt sich heraus, dass Benno Schäfer einen weiteren erbberechtigten Sohn hatte und der Erbschein unrichtig war. Fabian Neu bleibt Eigentümer des Grundstücks, da er aufgrund der bisherigen Eintragung nicht wissen konnte, dass Guido Schäfer nicht Alleineigentümer war.

2.3.2 Inhalt und Aufbau des Grundbuchs

Jedes Grundstück erhält im Grundbuch ein eigenes Grundbuchblatt (in Baden-Württemberg z. T. noch Grundbuchheft genannt). Das Grundbuch ist wie folgt gegliedert:

Gliederung des Grundbuchs		
Aufschrift Das Titelblatt enthält die Angabe des zugehörigen Amtsgerichts, Grundbuchbezirks, Band- und Blattnummer.		
Bestandsverzeichnis Beschreibung des Grundstücks nach Lage, Art und Größe. Dies ergibt sich als Auszug aus dem Kataster; die Angaben an dieser Stelle genießen keinen guten Glauben, z. B. was die Grundstücksgröße angeht.		
Erste Abteilung	**Zweite Abteilung**	**Dritte Abteilung**
Verzeichnis der Eigentümer sowie des Erwerbsgrundes (Auflassung, Erbfolge, Zuschlag in der Zwangsversteigerung)	Lasten und Beschränkungen des Grundstücks	Grundpfandrechte, also in erster Linie Grundschulden im Zusammenhang mit einer Finanzierung

Lasten und Beschränkungen des Grundstücks (Zweite Abteilung)	
Beschränkungen als Verfügungsbeschränkungen	**Lasten, die nicht Grundpfandrechte sind**
■ Auflassungsvormerkung ■ Verfügungsverbot (z. B. bei Zwangsvollstreckung oder Insolvenz) ■ Widersprüche (z. B. gegen eingetragene Rechte)	■ Erbbaurecht ■ Vorkaufsrecht (Recht, in einen Kaufvertrag einzutreten) ■ Reallast (Recht, bestimmte Leistungen, z. B. Geld oder Ernteanteile, aus dem Grundstück zu erhalten) ■ Dienstbarkeit als Nutzungsrecht

Zu den Dienstbarkeiten gehören:

- **Grunddienstbarkeiten** sind z. B. Wegerechte für den jeweiligen Eigentümer eines benachbarten Grundstücks.
- Eine **beschränkte persönliche Dienstbarkeit:**
  - ein Wohnrecht, das nur einer bestimmten Person zusteht,
  - das Recht einer Elektrizitätsgesellschaft, eine Leitung über dem Grundstück zu ziehen (Leitungsrecht).
- Der **Nießbrauch** stellt das unveräußerliche und unvererbliche absolute Recht dar, die Nutzungen einer Sache oder eines Rechtes zu ziehen. Er gibt dem Berechtigten nicht nur einzelne Nutzungsrechte, sondern das Recht zur umfassenden Nutzung des belasteten Grundstücks, z. B. auf die Ernte bei einem landwirtschaftlichen Grundstück oder auf die abgebauten Steine eines Steinbruches ebenso wie auf Miet- und Pachtzinsforderungen. Der Berechtigte hat nicht nur einen Anspruch auf Nutzungsziehung gegen seinen Vertragspartner, sondern ein Recht auf Nutzungsziehung an dem belasteten Grundstück, das gegenüber jedermann wirkt. Der Nießbraucher wird daher häufig auch als „wirtschaftlicher Eigentümer" bezeichnet.

Inhalt des Grundbuchblattes

- **Aufschrift**

  Im Titelblatt werden das Amtsgericht, der Grundbuchbezirk sowie die Nummer des Grundbuchbandes und -blattes angegeben:

AMTSGERICHT NEUSTADT
Grundbuch von Neustadt
Band 150   Blatt 973

- **Bestandsverzeichnis**

  Vorderseite:

Laufende Nummer der Grundstücke	Bisherige lfd. Nummer der Grundstücke	Bezeichnung der Grundstücke und der mit dem Eigentum verbundenen Rechte			Wirtschaftsart und Lage	Größe		
		Gemarkung a	Karte Plan. Nr. b	Steuerbücher cd	e	ha	a	qm
1	2	3				4		
1	–	Neustadt	1485a	Grund-Gebst. 18 MR.	Hof- und Gebäudefläche Karlstr. 13		23	4

Erste Abteilung

Lfd. Nr. der Eintragungen	Eigentümer	Lfd. Nr. der Grundstücke im Bestandsverzeichnis	Grundlage der Eintragung
1	2	3	4
1	Hans Muster	1	Aufgelassen am 13. Mai 1949 und eingetragen am 13. Mai 1949

Zweite Abteilung

Lfd. Nr. der Eintragungen	Lfd. Nr. der betroffenen Grundstücke im Bestandsverzeichnis	Lasten und Beschränkungen	Lfd. Nr. der Sp. 1	Veränderungen	Lfd. Nr. der Sp. 1	Löschungen
1	2	3	4	5	6	7
1	1	Geh- und Fahrrecht für den jeweiligen Eigentümer des Grundstückes Band 4, Blatt 7 des Bestandsverzeichnisses unter Bezugnahme auf die Bewilligung vom 17. März 1954, eingetragen am 25. April 1954				

Dritte Abteilung

Lfd. Nr. der Eintragungen	Lfd. Nr. der belasteten Grundstücke im Bestandsverzeichnis	Betrag	Hypotheken, Grundschulden, Rentenschulden	Veränderungen			Lösungen		
				Lfd. Nr. der Sp. 1	Betrag		Lfd. Nr. der Sp. 1	Betrag	
1	2	3	4	5	6	7	8	9	10
1	1	600.000 EUR	Sechshunderttausend Euro Grundschuld mit fünfzehn vom Hundert jährlich verzinslich für die Kreditbank AG in Neustadt. Sofort vollstreckbar gegen den jeweiligen Eigentümer. Unter Bezugnahme auf die Eintragungsbewilligung vom 23.11.2002 eingetragen am 28.11.2002.						
2	1	50.000 EUR	Fünfzigtausend Euro Sicherungshypothek für das Finanzamt Neustadt. Unter Bezugnahme auf die Eintragungsbewilligung vom 03.12.2003.						

Eintragungen im Grundbuch können nur auf Antrag und Bewilligung erfolgen. !

Der **Antrag** kann durch den Begünstigten und die betroffenen Beteiligten, also z.B. den Veräußerer oder Erwerber eines Grundstücks, gestellt werden. Der Antrag unterliegt keinen Formvorschriften.

Die **Bewilligung** muss derjenige erteilen, dessen Recht betroffen wird, z.B. bei Grundschuldeintragung der Eigentümer, bei Grundschuldlöschung der Gläubiger. Die Bewilligung unterliegt der Formvorschrift. Sie muss beim Grundbuchamt zu Protokoll gegeben oder durch grundbuchfähige Urkunden oder notariell beglaubigte Erklärungen belegt werden. Der von dem Recht Betroffene muss im Grundbuch eingetragen sein (sogenannte **Voreintragungspflicht**). Ein Erbe kann beispielsweise ein Grundstück sofort nach Antritt der Erbschaft verkaufen, vor der Übereignung an den Käufer muss er aber selbst erst im Grundbuch aufgrund des Erbscheins eingetragen werden. Der „Lebenslauf" eines Grundstücks soll jederzeit vollständig aus dem Grundbuch ersichtlich sein.

Die **Löschung** hebt Eintragungen im Grundbuch auf. Die Löschung wird in einer besonderen Spalte der betreffenden Abteilung eingetragen. Außerdem wird die zu löschende Eintragung gerötet (rot unterstrichen).

2.3.3 Rangfolge im Grundbuch

Die eingetragenen Rechte in Abteilung II und III des Grundbuchs erhalten durch das Datum ihrer jeweiligen Eintragung eine Rangfolge (§ 879 BGB). Diese Rangfolge hat Bedeutung im Falle der Zwangsvollstreckung.

! Im Grundbuch zuerst eingetragene Rechte sind vorrangig vor später eingetragenen Rechten, werden also zuerst voll befriedigt.

Das Grundbuchamt führt für jedes Grundstück neben dem Grundbuchblatt eine Grundakte, in der sämtliche Urkunden und gerichtlichen Protokolle, die zu Grundbucheintragungen geführt haben, sowie das dazugehörige Handblatt enthalten sind.

Beispiel

Auszug aus einem Grundbuch:
Zweite Abteilung:
Nr. 1 Wohnungsrecht auf Lebenszeit für ..., eingetragen am 3. Mai 2007
Dritte Abteilung:
Nr. 1 Grundschuld mit 50.000 EUR für die Immobank ..., eingetragen am 12. April 2006
Nr. 2 Grundschuld mit 30.000 EUR für die Finanzbank ..., eingetragen am 25. Juli 2008

Aus diesen Eintragungen ergibt sich folgende Rangordnung:
Dritte Abteilung: Grundschuld Nr. 1 wird vor der Grundschuld Nr. 2 in voller Höhe befriedigt, da sie räumlich und zeitlich der Nummer 2 vorangeht. Grundschuld Nr. 1 hat auch Vorrang vor dem in der zweiten Abteilung eingetragenen Wohnrecht. Grundschuld Nr. 2 folgt aber erst auf das zeitlich früher eingetragene Wohnrecht.

Die Rangfolge kann, insbesondere bei Grundpfandrechten, durch Eintragung eines Rangvorbehalts und Rangrücktritts abgeändert werden.

Bei einer Wohneigentumsanlage gibt es ein Grundbuch für das Gemeinschaftseigentum und für jede abgeschlossene Einheit ein **Wohnungs- bzw. Teileigentumsgrundbuch**. Die Einheiten werden dadurch rechtlich selbstständig behandelt.

Bei einem Erbbaurecht wird das Recht, ein Gebäude auf dem fremden Grundstück errichten zu dürfen, im Grundbuch des Grundstücks als Belastung eingetragen. Für das Erbbaurecht selbst wird ein besonderes **Erbbaugrundbuch** geführt, damit es rechtlich verkehrsfähig wird.

In den meisten Bundesländern wurde das **elektronisch** geführte Grundbuch eingeführt. Auf diese Eintragungen kann von den Berechtigten online zugegriffen werden. Der Ausdruck ist mit der Aufschrift „Ausdruck" und dem Hinweis auf das Datum des Abrufs der Grundbuchdaten versehen. Die Einsicht kann auch durch Wiedergabe des Grundbuchblattes auf einem Bildschirm erfolgen.

2.3.4 Auflassung und Eintragung im Grundbuch

Die Auflassung ist die Einigung zwischen Veräußerer und Erwerber über den Eigentumsübergang an dem Grundstück gem. § 925 BGB.

Die Auflassung wird bei gleichzeitiger Anwesenheit beider Vertragsteile vor dem Grundbuchamt oder dem Notar erklärt. Persönliche Anwesenheit der Vertragsparteien ist nicht erforderlich, da eine Stellvertretung durch Erteilung einer Vollzugsvollmacht möglich ist. Die Auflassungserklärung soll vom Notar nur dann entgegengenommen werden, wenn der zur Grundstücksübereignung verpflichtende notarielle Vertrag, z. B. der Kaufvertrag, vorgelegt oder gleichzeitig errichtet wird.

Zum Eigentumserwerb ist die Eintragung des Rechtsüberganges im Grundbuch erforderlich. Erst nach erfolgter **Eintragung** im Grundbuch ist der Eigentumsübergang abgeschlossen.

Das Grundbuchamt erteilt gem. § 55 GBO an die Betroffenen eine schriftliche Nachricht über jede Eintragung im Grundbuch. Damit ist gewährleistet, dass die Betroffenen stets über den aktuellen Grundbuchstand informiert sind.

Vor der Eintragung eines neuen Eigentümers müssen noch eventuell vorhandene Hindernisse beseitigt werden:

Bei landwirtschaftlichen Grundstücken ist die Übertragung nach dem Grundstücksverkehrsgesetz grundsätzlich nur wieder an Landwirte zulässig und genehmigungspflichtig. Das Bürgermeisteramt muss die Zulässigkeit dem Grundbuchamt vor der Umschreibung bestätigen.

Beispiel

Fabian Neu könnte die Wiese oder einen Teil davon von dem Landwirt Benno Schäfer nur erwerben, wenn er selbst als Landwirt gälte, auch wenn er die Wiese nur als „Wochenendgrundstück" zur Erholung erwerben wollte. Ansonsten müsste die Wiese zu Bauland umgewidmet werden.

Steht das veräußerte Grundstück im Alleineigentum von Verheirateten, für die die gesetzliche Gütergemeinschaft (Zugewinngemeinschaft) gilt, muss entweder die Zustimmung des Ehegatten vorliegen, der nicht selbst Eigentümer ist, oder es muss nachgewiesen werden, dass der veräußernde Ehegatte nicht über sein gesamtes Vermögen verfügt. Dabei genügt, wenn ihm noch etwa 15 % des bisherigen Vermögens verbleiben.

Beispiel

Hans Rau veräußert eine Eigentumswohnung, die ihm allein gehört, im Wert von 150.000 EUR. Da er lediglich noch ein Barvermögen im Wert von 5.000 EUR durch Kontoauszug nachweisen kann, muss seine Ehefrau dem Verkauf zustimmen.

Soweit der Gemeinde ein **Vorkaufsrecht** nach § 24 Baugesetzbuch zusteht, muss diese auf dieses Recht durch eine Erklärung (Negativattest) verzichten.

2.4 Wohnungseigentum

Wohnungseigentum ist das Eigentum an einer einzelnen Wohnung, der Eigentumswohnung. Diese stellt ein Sondereigentum an einem Grundstück in der Form einer Wohnung innerhalb eines Gebäudes mit mehreren Wohnungen (Mehrfamilienwohnhaus) oder in einem Reihenhaus, von dem mehrere auf einem gemeinsamen Grundstück stehen, dar.

Mehrere Eigentümer an einem Grundstück teilen sich dessen Eigentum, wobei jede Wohnung eigentumsrechtlich einem anderen Eigentümer zugeordnet wird. Rechtliche Grundlage für das Wohnungseigentum ist das **Wohnungseigentumsgesetz** (WoEigG).

Beispiel

Fabian Neu interessiert sich für eine Eigentumswohnung. Die Wohnanlage besteht aus 40 Wohnungen. Die Familie Neu musiziert und hält einen Hund. Im Gespräch mit dem Bauträger äußert Fabian Neu die Befürchtung, hier womöglich starke Einschränkungen in Kauf nehmen zu müssen. Der Verkäufer der Bauträgergesellschaft bietet an, mit der Familie Neu die sogenannte Teilungserklärung durchzusprechen, um darin enthaltene Beschränkungen feststellen zu können. Allerdings können bei Eigentumswohnungen Tierhaltung und Musizieren nie ganz untersagt, allenfalls eingeschränkt werden.

Wohnungseigentum ist nur möglich an einer bestimmten, in sich abgeschlossenen Wohnung, die durch den Aufteilungsplan belegt wird.

Die Teilungserklärung des Grundstückseigentümers, also des Errichters der Wohnanlage, häufig ein Bauträger, ist die „Verfassung" einer Wohnungseigentümergemeinschaft und kann nur durch Zustimmung aller Wohnungseigentümer geändert werden.

Die Teilungserklärung regelt im Besonderen:

- die Teilung einer Wohnanlage in Miteigentumsanteile, die mit dem jeweiligen Sondereigentum (Wohn- und/oder Teileigentum) fest verbunden sind,
- Gebrauchsregelungen, z. B. Sondernutzungsrecht als ausschließliches Nutzungsrecht an Gemeinschaftseigentum, wie z. B. Kfz-Stellplätze (die nicht als Sondereigentum begründet sind), Nutzung eines Gartenanteils und dgl.,
- die Gemeinschaftsordnung,
- die Hausverwaltung,
- die Kostenaufteilung.

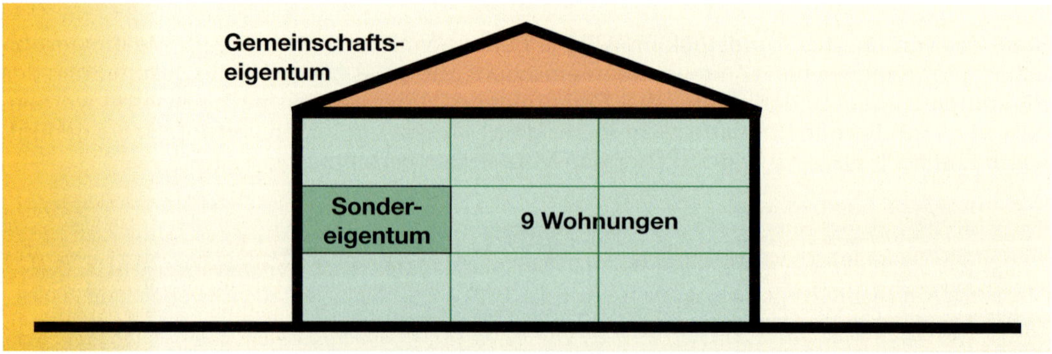

Nicht zu Wohnzwecken dienende Flächen, wie Ladengeschäfte, Büros, Garagen und dgl., können als entsprechendes **Teileigentum** bestellt werden. Wohnungs- und Teileigentum sind Sondereigentum, aber insofern unselbstständig, als sie untrennbar mit dem Miteigentumsanteil am gemeinschaftlichen Eigentum (Grundstück) sowie Anlagen und Einrichtungen verbunden sind.

Gegenstand des **Sondereigentums** sind die Räume, an denen es begründet wird, und die zu diesen Räumen gehörenden Bestandteile des Gebäudes. Es kommen dabei nur solche Bestandteile in Betracht, die baustatisch unwesentlich sind, also verändert, beseitigt oder eingefügt werden können. Der Wohnungseigentümer darf die im Sondereigentum stehenden Gebäudeteile nach Belieben nutzen und muss sie instand halten. Der Eigentümer ist zum Mitgebrauch der gemeinschaftlichen Einrichtungen, wie z. B. des Treppenhauses und der gemeinschaftlichen Keller- oder Dachbodenräume, berechtigt.

Über die notwendigen Verwaltungsmaßnahmen entscheidet die **Wohnungseigentümerversammlung**, für deren Durchführung das Gesetz eingehende Vorschriften enthält. Die Kosten für das gemeinsame Eigentum werden anteilig verteilt. Für die Durchführung der Verwaltung ist durch Mehrheitsbeschluss ein Verwalter zu bestellen. Dieser ist zu allen üblichen mit dem gemeinschaftlichen Eigentum zusammenhängenden Verwaltungshandlungen berechtigt und verpflichtet.

Das Wohnungs- und Teileigentum wird im Grundbuch eingetragen. Für jeden Miteigentumsanteil in Verbindung mit dem jeweiligen Sondereigentum wird ein besonderes Grundbuchblatt als **Wohnungsgrundbuch** angelegt. Daneben besteht ein Grundbuchblatt für das Grundstück. Die Übertragung des Wohnungseigentums ist nur in Verbindung mit dem Miteigentumsanteil möglich.

Gemeinschaftseigentum ist alles außerhalb der „eigenen vier Wände", wie z. B. Außenfassaden, Dächer, Treppenhäuser, Nebenräume wie z. B. Trockenraum, Zentralheizung usw. !

Der Unterhalt und Erhalt des Gemeinschaftseigentums wird von der Eigentümergemeinschaft getragen. An diesen gemeinschaftlichen Kosten hat sich der jeweilige Miteigentümer entsprechend der Größe seines Miteigentumsanteils zu beteiligen.

Beispiel

Fabian Neu hat eine Eigentumswohnung im Parterre einer Wohnanlage mit Aufzug erworben. Obwohl er selbst den Aufzug nicht benutzt, muss er anteilig für dessen Betriebskosten aufkommen.

Auszug aus einer Teilungserklärung

A. Teilungserklärung
Die Baukonstrukt GmbH ist Alleineigentümerin des im Grundbuch des Amtsgerichts ... eingetragenen Grundstücks. Die Eigentümerin lässt auf diesem Grundstück ein Gebäude mit insgesamt 40 Eigentumswohnungen und einer Tiefgarage mit 40 Garagenstellplätzen im eigenen Namen und auf eigene Rechnung errichten. Die Unterfertigte teilt hiermit das Grundstück gemäß § 8 WoEigG in Miteigentumsanteile in der Weise, dass mit einem jeden Miteigentumsanteil das Sondereigentum an einer bestimmten Wohnung bzw. das Teileigentum an den nicht zu Wohnzwecken dienenden Räumen nach Maßgabe der nachstehenden Bestimmungen verbunden ist. Dem Aufteilungsplan entsprechend, der den Erfordernissen des § 7 Abs. 4 Ziff. 1 WoEigG entspricht, werden im Einzelnen folgende Anteile gebildet:
1. Ein Miteigentumsanteil von 23,415/1000stel, verbunden mit dem Sondereigentum an der im Aufteilungsplan mit Nr. 1 bezeichneten Wohnung im Erdgeschoss rechts und dem dazugehörigen mit der gleichen Nummer versehenen Kellerabteil, verbunden mit dem Sondereigentum an dem im Aufteilungsplan mit Nr. 1 bezeichneten „nicht zu Wohnzwecken dienenden Räumen" (Teileigentum) im Kellergeschoss rechts ... (usw. bis zu Nr. 40), weiter verbunden mit dem Alleinnutzungsrecht am oberen Stellplatz Boxe Nr. 1. ...

B. Begründung dinglicher Sondernutzungsrechte
Hinsichtlich der vor den EG-Wohnungen angelegten Terrassen- und Gartenflächen wird gem. § 15 WoEigG folgende Gebrauchsregelung getroffen, wonach dem jeweiligen Eigentümer der nachfolgenden Wohnungen der ausschließliche Gebrauch, die Pflege und Instandhaltung der jeweils unmittelbar vor seiner Wohnung liegenden, im Aufteilungsplan durch eine mit der Farbe der jeweiligen Wohnung schraffierten Linie kenntlich gemachten Terrassen- und Gartenfläche zusteht …
Die Benutzung des im Kellergeschoss links hinten gelegenen Raumes – im Aufteilungsplan als Hobbyraum bezeichnet – wird in der Weise geregelt, dass dem jeweiligen Eigentümer der im Aufteilungsplan mit Nr … bezeichneten Wohnung das alleinige und ausschließliche Sondernutzungsrecht an diesem Raum zusteht.

2.5 Erbbaurecht

Ein Grundstück kann vom Eigentümer ohne Verkauf gegen Entgeltzahlung zur Bebauung freigegeben werden. Die Eigentümer sind z. B. Gemeinden, die günstiges Wohnen ermöglichen wollen, Kirchen oder Grundstückseigentümer, denen es auf Werterhaltung über Generationen hinweg ankommt. Rechtsgrundlage ist die Verordnung über das Erbbaurecht.

Bei der Bestellung des Erbbaurechts wird das Grundstück in der Weise belastet, dass dem Berechtigten das Recht zusteht, auf oder unter der Oberfläche des Grundstücks ein Bauwerk zu errichten. Dieses Erbbaurecht ist veräußerlich und vererblich.

Bei dem betroffenen Grundstück wird das Erbbaurecht in der zweiten Abteilung des Grundbuchs als Belastung an erster Rangstelle eingetragen. Mit der Eintragung des Erbbaurechts wird gleichzeitig ein besonderes Grundbuchblatt, das **Erbbaugrundbuch**, angelegt, in dem der Erbbauberechtigte und der Eigentümer des Grundstücks vermerkt werden.

Der Erbbauberechtigte ist Eigentümer des auf dem Grundstück errichteten Gebäudes. Das Gebäude wird wesentlicher Bestandteil des Erbbaurechts. Das Erbbaurecht wird auf eine bestimmte Zeit, bei Wohnungsbauten meistens auf 99 Jahre, vereinbart.

Das Bauwerk geht ohne Verlängerung nach Ablauf der Frist in das Eigentum des Grundstückseigentümers über, der an den Erbbauberechtigten eine Entschädigung zu leisten hat. Vor Ablauf des Erbbaurechts kann der Grundstückseigentümer die Entschädigungspflicht durch Verlängerung des Erbbaurechts abwenden; lehnt der Erbbauberechtigte die Verlängerung ab, erlischt sein Anspruch auf Entschädigung.

Für die Bestellung des Erbbaurechts wird als Entgelt ein regelmäßig zu zahlender **Erbbauzins** vereinbart, der nach Zeit und Höhe für die ganze Erbbauzeit im Voraus bestimmt sein muss. Das Erbbaurecht erspart dem Bauherrn die Beschaffung der Finanzierungsmittel für den Grundstückserwerb.

Auszug aus einem Erbbaurechtsvertrag

Allgemeines
In diesem Vertrag wird der Besteller des Erbbaurechts als Grundstückseigentümer, der Erbbauberechtigte als der Berechtigte bezeichnet.

Inhalt des Erbbaurechts
Der Berechtigte ist berechtigt und verpflichtet, auf dem vorbezeichneten Grundstück auf oder unter der Oberfläche Bauwerke und Anlagen jeglicher Art für Wohnzwecke einschließlich hierzu benötig-

ter Garagen und Stellplätze zu errichten und zu haben. Das Erbbaurecht erstreckt sich auch auf den für die Bauwerke selbst nicht erforderlichen Teil des Grundstücks, von welchem beliebig große Flächen als Hofraum, Garten, Vorgarten und Weg der zur Erstellung kommenden Gebäude benutzt werden dürfen, soweit die Vorschriften des Bebauungsplans, des Baugesetzbuchs oder andere rechtliche Bestimmungen nicht entgegenstehen.

Zahlung des Erbbauzinses
Der Berechtigte hat an den Grundstückseigentümer für die Dauer des Erbbaurechts einen Erbbauzins zu bezahlen. Dieser beträgt EUR 2,90/m² und Jahr des mit dem Erbbaurecht belasteten Grundstücks …

Der Berechtigte bestellt dem jeweiligen Eigentümer des Grundstücks zur Sicherung des Erbbauzinses eine Reallast an dem Erbbaurecht, welches an erster Rangstelle gleichzeitig mit dem Erbbaurecht einzutragen ist. Der Berechtigte bewilligt die Eintragung dieser Reallast.

Der Erbbauzins wird üblicherweise nach dem Bodenwert zu dem Zeitpunkt bestimmt, in dem ein Angebot zum Vertragsabschluss abgegeben wird.

Fortsetzung: Auszug aus einem Erbbaurechtsvertrag

Neufestsetzung des Erbbauzinses
Ändert sich der vom statistischen Landesamt amtlich festgestellte Preisindex für die Lebenshaltung der Arbeitnehmerhaushalte mit mittlerem Einkommen künftig um mehr als 10 Punkte nach oben oder unten, so ändert sich der zu zahlende Erbbauzins in dem gleichen prozentualen Verhältnis.
Die Änderung tritt ohne Weiteres mit Beginn des Kalendermonats in Kraft, in welchem die Änderung des Preisindex erstmals die 10-Punkte-Grenze überschritten hat. Für das Ausmaß der Änderung ist gegebenenfalls die bis zu diesem Zeitpunkt eintretende Veränderung des Preisindex maßgebend. Die Klausel ist mehrfach anwendbar, und zwar jeweils dann, wenn sich der Preisindex gegenüber dem Stand bei der vorangegangenen Anpassung wiederum um mehr als 10 Punkte nach oben oder unten verändert; der angepasste Erbbauzins verändert sich in diesen Fällen jeweils im gleichen prozentualen Verhältnis wie der Index gegenüber dem Stand bei der letzten Anpassung, frühestens jedoch nach Ablauf von 4 Jahren seit der jeweils letzten Anpassung.

Vorkaufsrecht
Der Grundstückseigentümer räumt dem jeweiligen Berechtigten für die Dauer des Erbbaurechts ein Vorkaufsrecht für alle Verkaufsfälle an dem Erbbaugrundstück ein. Das Vorkaufsrecht erhält Rang nach dem Erbbaurecht.

Beurteilung des Erbbaurechts	
Vorteile	**Nachteile**
Kapitalaufwand für Grundstücksbeschaffung entfällt	Kein Anteil an der Wertsteigerung des Bodens
Kapitaldienst der Baufinanzierung geringer	Entrichtung des Erbbauzinses, meistens mit Preisgleitklausel
Baurecht grundbuchlich gesichert, veräußerbar und vererbbar	Evtl. Zustimmung des Grundstückseigentümers bei Belastung und Veräußerung notwendig (Verweigerung nur bei wichtigem Grund möglich)
Beleihung des Gebäudes möglich	Evtl. Fristenbegrenzung für Beleihung bis Ablauf des Erbbaurechts beachten
Verlängerung des Rechtes möglich	Nutzungsrecht zeitlich begrenzt
Späterer Erwerb häufig durch Vorkaufsrecht möglich	Bei späterem Erwerb meistens höherer Grundstückspreis
Bei Ablauf des Erbbaurechts teilweise Wertersatz des Bauwerts	Bei Nichtzahlung des Erbbauzinses Heimfall des Rechtes an Grundstückseigentümer

2.6 Immobilienerwerb

2.6.1 Grundstückskaufvertrag

Durch den Kaufvertrag über ein Grundstück verpflichtet sich der Käufer zur Zahlung des Kaufpreises und der Verkäufer zur Übertragung des Eigentums. Der Vertrag muss notariell beurkundet werden.

Mit dem Kaufvertrag werden die Vertragsparteien nur verpflichtet. Das Eigentum an Geld und Grundstück geht mit dem Abschluss noch nicht über. Die Erfüllung dieser Verpflichtungen erfordert besondere rechtliche Vorkehrungen, insbesondere wenn das Eigentum trotz Anzahlung noch nicht sofort übertragen werden soll.

Beispiel

Fabian Neu möchte eine Eigentumswohnung erwerben, die vom bisherigen Eigentümer noch bewohnt wird. Dieser möchte erst ausziehen, wenn sein neu erstelltes Wohnhaus fertig ist. Beide möchten aber sofort die Sicherheit des bindenden Vertrags. Der dann abgeschlossene Kaufvertrag verpflichtet den Verkäufer beispielsweise, nach Auszug oder bis zu einem bestimmten Termin das Eigentum an Fabian Neu zu übertragen. Das wird er nur dann tun, wenn Neu seinerseits den vereinbarten Kaufpreis bezahlt.

Auflassung

Die Auflassung ist die formelle Einigung über den Eigentumswechsel.

Die Auflassung kann gleichzeitig mit einem Kaufvertrag oder erst später erklärt werden. Im letzteren Falle können sich die Vertragsparteien durch eine Auflassungsvormerkung im Grundbuch absichern.

Die Auflassungsvormerkung wird nach Bewilligung durch den Verkäufer unverzüglich im Grundbuch eingetragen. Sie ermöglicht damit eine zumindest vorläufige Vertragserfüllung wie bei einer „Zug-um-Zug“-Abwicklung und wirkt wie folgt:

- Der Grundstückseigentümer kann das Grundstück nach Eintragung der Vormerkung nicht mehr rechtswirksam an einen Dritten übereignen oder es mit Rechten Dritter belasten. Andererseits hat er sein Eigentum noch nicht ganz aus der Hand gegeben, bis der Käufer seine Verpflichtungen erfüllt hat.
- Der Käufer hat dadurch insbesondere bei einer geleisteten Vorauszahlung die Sicherheit, dass er bei vollständiger Erfüllung seiner Verbindlichkeiten seinen Eigentumsanspruch letztlich durchsetzen kann.

Die Auflassungsvormerkung wird Zug um Zug mit Erklärung der Auflassung und Eintragung des Eigentumsüberganges wieder gelöscht.

Beispiel

Fabian Neu hat mit dem Verkäufer vereinbart, sofort 100.000 EUR als Anzahlung gegen Eintragung einer Auflassungsvormerkung zu leisten, der Rest soll bei Auszug des Verkäufers gezahlt werden. Bis zur endgültigen Übertragung kann der Verkäufer das Eigentum an keinen anderen verkaufen. Auf der anderen Seite kann Neu noch nicht über das Eigentum verfügen; sollte er den gesamten Kaufpreis nicht bezahlen, würde der Verkäufer die Übereignung ablehnen. Beide Seiten sichern sich damit die Einhaltung des Vertrags.

Der Kaufvertrag über ein Grundstück muss von einem Notar **beurkundet** werden. Nur Vereinbarungen, die beurkundet worden sind, sind gültig. Der Preis des mitverkauften Inventars und Zubehörs wird im Kaufvertrag i.d.R. gesondert aufgeführt, damit dafür keine Grunderwerbsteuer anfällt.

> **Beispiel**
>
> Der Verkäufer des Reihenhauses möchte, dass Fabian Neu für die „Bäume" und die Kücheneinrichtung 10.000 EUR extra „auf die Hand" bezahlt. Diese Abmachung könnte ohne notarielle Beurkundung zur Nichtigkeit des ganzen Vertrags führen. Hätte Fabian Neu schon einen Teil des Kaufpreises vorausbezahlt, riskiert er diesen. Noch extremer ist die Lage, wenn die Vertragsparteien „intern" einen ganz anderen Kaufpreis vereinbaren, als sie dem Notar mitteilen („Schwarzkauf").

Ein sogenannter Vorvertrag ist kein bindender Vertrag, sondern lediglich ein „Arbeitspapier", das zur Prüfung des Inhaltes des späteren notariell beurkundeten Kaufvertrags dient. Aus dem Vorvertrag entsteht keine Verpflichtung zum Erwerb eines Grundeigentums, auch lassen sich daraus keine Rechte ableiten.

Aufgaben des Notars

Notare sollen für Rechtssicherheit bei wichtigen Angelegenheiten der Bürger sorgen. Der Notar muss bei seiner Amtsausübung unparteiischer Betreuer der Beteiligten sein. Er hat Prüfungs- und Belehrungspflichten und ist zur Verschwiegenheit verpflichtet. Neben den Nur-Notaren (hauptberufliche Notare) gibt es nebenberuflich tätige Notare, die im Hauptberuf Anwälte sind (Anwaltsnotar). In Baden-Württemberg gibt es beamtete Notare (Bezirksnotare). Da sie in diesem Land auch das Grundbuch für die Amtsgerichte führen, sind sie Notar und Grundbuchbeamter in einer Person, was eine relativ einfache Abwicklung „aus einer Hand" ermöglicht.

Abwicklung eines Grundstückskaufs

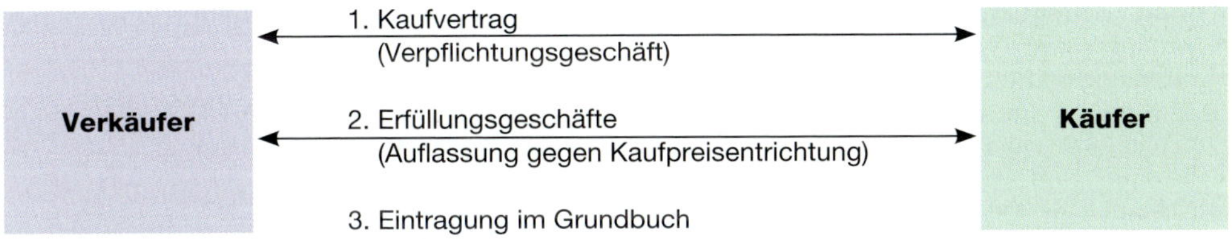

1. Kaufvertrag
   - notarielle (oder gerichtliche) Beurkundung nach § 313 BGB erforderlich
   - enthält Verpflichtung zur Übertragung des Grundstückseigentums und Verpflichtung zur Entrichtung des Kaufpreises
2. Erfüllungsgeschäfte
   Auflassung: Einigung zwischen Veräußerer und Erwerber über den Eigentumsübergang
   - gleichzeitige Anwesenheit beider Vertragsparteien erforderlich (Stellvertretung ist zulässig)
   - Erklärung vor einem Notar

   Bezahlung des Kaufpreises zum vereinbarten Termin nach Erfüllung der genannten Voraussetzungen und Auflagen
3. Eintragung im Grundbuch, Voraussetzungen:
   - Antrag gemäß § 13 Grundbuchordnung durch einen Beteiligten
   - Bewilligung des im Grundbuch als Eigentümer eingetragenen Verkäufers (§ 19 Grundbuchordnung)
   - Nachweis der Auflassung

Als weitere Voraussetzung für die Eintragung kann die Vorlage behördlicher Bescheinigungen hinzutreten:

- **Unbedenklichkeitsbescheinigung** des Finanzamtes nach der Entrichtung der Grunderwerbsteuer
- **Negativattest** der Gemeinde über den Verzicht auf ihr Vorkaufsrecht nach §§ 24 ff. BauGB

Gebühren bei Notar und Grundbuchamt

Die Gebühren des Notars werden nach dem Geschäftswert berechnet, den der Gegenstand des Geschäfts zum Zeitpunkt der Fälligkeit hat. Sie sind sofort nach Entstehung fällig. Kostenschuldner ist stets derjenige, der die Tätigkeit veranlasst bzw. dessen Erklärung beurkundet wird.

! Verkäufer und Käufer haften unabhängig von einer vertraglich getroffenen Vereinbarung gesamtschuldnerisch für die Kosten des Vertrags, seiner Erfüllung und der anfallenden Grunderwerbsteuer.

Beispiel

Der Erwerb einer Eigentumswohnung zum Kaufpreis in Höhe von 300.000 EUR verursacht einschließlich Vollzug im Grundbuch folgende Kosten:

a) Beurkundungskosten:

Beurkundung des Kaufvertrags, Geschäftswert 300.000 EUR, doppelte Gebühr	=	1.014,00 EUR
Bestellung einer vollstreckbaren Grundschuld ohne Brief in Höhe von 240.000 EUR, volle Gebühr	=	417,00 EUR
Auflassung, Geschäftswert 300.000 EUR, halbe Gebühr	=	253,50 EUR
Schreibauslagen ca.		65,00 EUR
zzgl. 19 % Umsatzsteuer		332,41 EUR
Gesamtbetrag		2.081,91 EUR

b) Gebühren des Grundbuchamtes:

Für die Eintragung im Grundbuch werden im vorliegenden Falle folgende Gebühren berechnet:

Eintragung Auflassungsvormerkung, Geschäftswert 300.000 EUR, halbe Gebühr	=	253,50 EUR
Eintragung Grundschuld ohne Brief über 240.000 EUR, volle Gebühr	=	417,00 EUR
Löschung, Auflassungsvormerkung, Geschäftswert 300.000 EUR, viertel Gebühr	=	126,75 EUR
Eigentumsumschreibung, Geschäftswert 300.000 EUR, volle Gebühr	=	507,00 EUR
Schreibauslagen ca.		50,00 EUR
		1.354,25 EUR

2.6.2 Immobilienmakler und Bauträger

Beispiele

Fabian Neu will in A-Stadt, in der sich sein neuer Arbeitsplatz befindet, eine Eigentumswohnung oder ein Reihenhaus erwerben. Sein bisheriger Wohnort ist mehr als vier Autostunden von A-Stadt entfernt; auch hat er keine Zeit, tagelang in A-Stadt auf gut Glück auf die Suche nach einem geeigneten Objekt zu gehen. Er beauftragt deshalb ein Maklerbüro, das ihm ein geeignetes Angebot unterbreiten soll.

Die Witwe Clara Clausen in A-Stadt möchte aus ihrem Reihenhaus ausziehen und sucht eine kleinere Wohnung. Sie ist berufstätig und möchte nicht zu viel Zeit in den Verkauf und Kauf investieren. Frau Clausen ist sich auch unsicher, ob ihre Preisvorstellungen realistisch sind. Daher beauftragt sie einen örtlichen Makler, für sie tätig zu werden.

Aufgaben des Immobilienmaklers sind die gewerbliche Vermittlung von Verträgen oder der Nachweis von Vertragsangelegenheiten über Grundstücke, grundstücksgleiche Rechte (z. B. Erbbaurecht, Wohnungseigentum), gewerbliche Räume und Wohnräume.

Der Immobilienmakler wird durch Eintragung im Handelsregister nach § 2 HGB Kaufmann. Für seine Tätigkeit gelten die Gewerbeordnung und die Makler- und Bauträgerverordnung. Der Anspruch auf Maklerlohn ergibt sich aus den §§ 652–656 BGB.

Funktionen des Maklers

Der Immobilienmakler bietet Immobilienobjekte zum Kauf an. Er weist die Objekte den Kaufinteressenten nach und ist beim Abschluss eines Kaufvertrags häufig vermittelnd tätig.

Die Nachweistätigkeit ist erfüllt, wenn der Auftraggeber durch den Makler konkret Kenntnis von einer bis dahin für ihn unbekannten Vertragsmöglichkeit erhält.

Die **Vermittlung** geschieht durch Kontaktaufnahme mit beiden Parteien mit dem Ziel, diese vertragsbereit zu machen, dazu gehört beispielsweise auch die Prüfung, ob der mögliche Vertragspartner hierfür wirtschaftlich infrage kommen könnte.

Häufig ist ein Makler auch als Schätzer und Sachverständiger tätig. Kreditinstitute betätigen sich im Zusammenhang mit ihren Allfinanzdienstleistungen auch im Immobilienvermittlungsgeschäft.

Der Makler kann für beide Seiten, d. h. sowohl für den Verkäufer als auch für den Käufer, tätig werden. In diesem Falle kann er von beiden Seiten Maklerhonorar beanspruchen.

Sofern ein Kaufvertrag vermittelt wird, vermittelt der Makler als Unterhändler zwischen beiden Seiten und nimmt die vereinbarten Konditionen auf. In aller Regel vereinbart er auch mit dem Notar den Beurkundungstermin und legt im Einvernehmen mit den Vertragsparteien (Verkäufer und Käufer) die wesentlichen Inhalte des Kaufvertrags fest. Auf Wunsch der Vertragsparteien nimmt er meist auch am Beurkundungstermin teil. Der Makler beschafft meistens auch Objektunterlagen und organisiert Objektbesichtigungen.

Maklervertrag

Der Maklervertrag wird meistens schriftlich oder mündlich vereinbart. Er kann aber auch durch „schlüssige Handlung“ zustande kommen, wenn der Makler einem Kaufinteressenten ein Objekt nachweist, der Kaufinteressent von diesem Angebot Gebrauch macht und schließlich das Objekt erwirbt. In diesem Falle war das Angebot des Maklers ursächlich für den erlangten Kaufvertragsabschluss. Sofern der Makler im Rahmen seines Angebots den Kaufinteressenten auf seinen Provisionsanspruch hingewiesen hat, schuldet der Käufer dem Makler nach Zustandekommen des Kaufvertrags die ortsübliche Maklerprovision.

Die Provision des Maklers beträgt zwischen 2 und 4 %, in Baden-Württemberg üblicherweise 3 %, aus dem vereinbarten Kaufpreis zzgl. Umsatzsteuer aus der Provision.

Beispiel

3 % Nachweis-/Vermittlungsprovision aus Kaufpreis	
in Höhe von 300.000 EUR	= 9.000 EUR
zzgl. 19 % Umsatzsteuer	= 1.710 EUR
Gesamtbetrag	= 10.710 EUR

Die vereinbarte Provision wird mit Abschluss des Kaufvertrags fällig. Diese Provisionsrechnung kann der Makler – sofern vereinbart – gegenüber dem Verkäufer und gegenüber dem Käufer stellen, wenn er von beiden beauftragt worden ist.

Damit der Provisionsanspruch des Maklers wirksam wird, müssen folgende Voraussetzungen erfüllt werden:
- **Ein Maklervertrag ist zustande gekommen.**
- **Der Makler muss eine Nachweis- oder Vermittlungsleistung erbracht haben. Die Tätigkeit des Maklers muss ursächlich für das Zustandekommen des Vertrags gewesen sein.**
- **Ein Kaufvertrag über die Immobilie muss rechtswirksam abgeschlossen worden sein.**

Alleinauftrag und Allgemeinauftrag[1]

In der Praxis kommen zwei Arten des Maklervertrags vor.

Beim Allgemeinauftrag besteht keine Verpflichtung des Maklers, tätig zu werden. Allerdings steht ihm im Erfolgsfall Provision zu. Der Auftraggeber kann gleichzeitig mehreren Maklern einen Allgemeinauftrag erteilen.

Der Alleinauftrag schließt aus, dass der Auftraggeber parallel andere Makler einschalten und selbst tätig werden kann.

Der Alleinauftrag ist stets befristet und nach spätestens sechs Monaten kündbar. Zu seiner Gültigkeit muss er schriftlich abgeschlossen sein.

Auszug aus einem Makler-Alleinauftragsvertrag

Pflichten des Maklers
a) Der Makler hat den Auftrag mit der Sorgfalt eines ordentlichen Kaufmanns wahrzunehmen. Er hat den Auftraggeber über den Stand seiner Bemühungen laufend zu unterrichten.
b) Alle Tatsachen, die dem Makler im Zusammenhang mit dem Auftrag zur Kenntnis gelangen, hat er vertraulich zu behandeln.
c) Der Makler hat insbesondere
(Unerwünschtes bitte streichen)
- eine Wertschätzung zu fertigen
- ein Angebotsexposé auszuarbeiten
- im Rahmen der Werbung dieses Angebots zu inserieren
- bei den zuständigen Bausparkassen das Angebot anzuzeigen
- beim Bildschirmfernsehen das Angebot anzuzeigen
- mit den Interessenten eine Reservierung abzuschließen
- ggf. das Grundbuch und die Bauakte einzusehen

1 Zusatzinformation für das Fach Allfinanz

Rechte und Pflichten des Auftraggebers

a) Der Auftraggeber ist berechtigt, jederzeit an einen eigenen Interessenten zu verkaufen; die Dienste anderer Makler zur Förderung der Verkaufsbestrebungen darf er nicht in Anspruch nehmen.
b) Der Auftraggeber wird dem Makler unverzüglich alle erforderlichen Unterlagen, die zur Bearbeitung des Auftrags benötigt werden, übergeben, ihm alle notwendigen Informationen erteilen und ihn bei seinen Verkaufsbemühungen in jeder Weise unterstützen.
c) Falls dem Auftraggeber ein ihm durch den Makler nachgewiesener Interessent bereits bekannt ist, hat er dies dem Makler unverzüglich mitzuteilen, widrigenfalls er sich auf eine solche Kenntnis nicht berufen kann.
d) Vom Abschluss des Kaufvertrags zwischen dem Auftraggeber und einem Interessenten ist der Makler unter Übermittlung einer beglaubigten Abschrift des Vertrags unverzüglich zu benachrichtigen. Diese Verpflichtung besteht für den Auftraggeber auch dann, wenn der Abschluss nicht auf die Tätigkeit des Maklers zurückzuführen ist.
e) Der Auftraggeber verpflichtet sich, alle Mitteilungen des Maklers an ihn vertraulich zu behandeln und sie nicht an Dritte weiterzugeben.

Erwerb vom Bauträger[1]

Ein Bauträger konzipiert Bauvorhaben und führt diese im eigenen Namen und auf eigene Rechnung durch.

Die Objekte, z. B. Eigentumswohnungen oder Reihenhauseigenheime, veräußert er meist „schlüsselfertig" zu einem Festpreis an die Käufer. Häufig treten Makler auch als Bauträger auf. Der Bauträger möchte zu einem möglichst frühen Zeitpunkt Käufer finden und Zahlungen auf den Kaufpreis erhalten, um seine Finanzierungskosten möglichst gering zu halten. Auf der anderen Seite möchte der Käufer zu seiner Sicherheit erst nach lastenfreier Übereignung und vertragsgemäßer Fertigstellung des Objekts zahlen.

Beispiel

Fabian Neu hat in A-Stadt im Angebot der Bauträger-GmbH eine neu erstellte Eigentumswohnung gefunden, die ihm zusagen würde. Allerdings ist das Gebäude erst fundamentiert. Es wird sicher noch einige Monate bis zum Einzug dauern. Die Bauträger-GmbH bietet einen Sonderpreis an, wenn noch vor Abschluss der Rohbauarbeiten gekauft wird. Fabian Neu hat mit dem Einzug noch etwas Zeit und will das günstige Angebot wahrnehmen, andererseits aber auch sicher sein, dass der Vertrag später nicht auf irgendeine Weise „platzt" und er finanziell geschädigt würde.

Zum Schutz der Käufer wurde entsprechend der Gewerbeordnung eine Verordnung über die Pflichten der Makler, Darlehens- und Anlagevermittler, Bauträger und Baubetreuer, die **Makler- und Bauträgerverordnung**, erlassen. Die Vorschriften dieser Verordnung können – ausgenommen sind Kreditinstitute – nicht durch Vertrag oder allgemeine Geschäftsbedingungen zuungunsten des Käufers abgeändert werden. Zur Sicherung der Käufer darf der Bauträger Gelder des Käufers erst annehmen, wenn folgende Voraussetzungen erfüllt sind:

Voraussetzungen für Abschlagszahlungen

- Für das Objekt muss eine Baugenehmigung vorliegen.
- Ein gültiger und nicht widerrufbarer Kaufvertrag muss abgeschlossen worden sein.
- Für den Käufer muss eine Auflassungsvormerkung im Grundbuch eingetragen werden bzw. beantragt sein. Ist der Bauträger noch nicht Eigentümer, hat er entsprechende Ansprüche abzutreten.

1 Zusatzinformation für das Fach Allfinanz

- Wenn der verkaufte Grundbesitz noch mit Grundpfandrechten belastet ist, muss der Käufer mit der Zahlung davon freigestellt werden.
- Der Bauträger wird ermächtigt, Abschlagszahlungen entsprechend dem Baufortschritt entgegenzunehmen.

Die Höhe der Abschlagszahlungen nach dem Baufortschritt ist in der Makler- und Bauträgerverordnung festgelegt. Der gesamte Kaufpreis darf vor diesen Ereignissen nur entgegengenommen werden, wenn eine Bürgschaft einer Bank zur Sicherung der etwaigen Rückzahlungsansprüche vorliegt.

Beispiel

Fabian Neu schließt mit der Bauträger-GmbH einen Kaufvertrag ab. Gegen eine Bankbürgschaft zahlt er den Kaufpreis sofort in voller Höhe, weil er die Finanzierungsmittel bereits abrufen kann. Er erhält so einen günstigen Kaufpreis.

2.6.3 Grunderwerbsteuer

Beim Erwerb inländischer bebauter und unbebauter Grundstücke ist die von den Bundesländern festgesetzte Grunderwerbsteuer (zzt. 3,5 % vom Kaufpreis in Baden-Württemberg) zu entrichten.

Beim Erwerb eines Grundstücks durch Erbschaft fällt die Grunderwerbsteuer nicht an, da hier eventuell Erbschaftsteuer zum Zuge kommt. Der Grundstücksbegriff im Grunderwerbsteuerrecht entspricht dem Begriff des Grundstücks im Sinne des Bürgerlichen Rechts, das heißt, zum Grund und Boden gehören noch die wesentlichen Bestandteile, nicht dagegen das Zubehör. Wie Grundstücke werden auch Wohnungseigentum, Erbbaurechte und Gebäude auf fremdem Grund und Boden behandelt.

Zum steuerpflichtigen Kaufpreis gehören auch im Kaufpreis enthaltene sonstige Leistungen, wie Kosten der Vermessung oder mitverkauftes Inventar. Um dafür die Grunderwerbsteuer zu vermeiden, müssen diese Leistungen im Kaufvertrag gesondert aufgeführt werden. Wer ein neues Gebäude auf einem erworbenen Grundstück errichtet, braucht die Grunderwerbsteuer nur auf den Kaufpreis des Grundstücks zu entrichten. Wer aber vom Bauträger das fertige Haus oder die Eigentumswohnung kauft, muss die Steuer vom Gesamtpreis zahlen.

Beispiel

Der Kaufpreis für eine gebrauchte 4-Zimmer-Eigentumswohnung ist mit 280.000 EUR festgelegt worden. Im notariellen Kaufvertrag ist festgehalten: „Im Kaufpreis enthalten sind eine Einbauküche im Wert von 4.000 EUR sowie eine anteilige Instandhaltungsrücklage von 6.000 EUR."
Die Grunderwerbsteuer beträgt dann 3,5 % aus 270.000 EUR = 9.450 EUR.

Entrichtung der Grunderwerbsteuer
Käufer und Verkäufer sind für die Entrichtung der Grunderwerbsteuer gesamtschuldnerisch verantwortlich. Im notariellen Kaufvertrag wird meistens vereinbart, dass der Käufer die Grunderwerbsteuer zu bezahlen hat. Das Grundbuchamt trägt die Eigentumsänderung erst dann in das Grundbuch ein, wenn das Finanzamt eine **Unbedenklichkeitsbescheinigung** nach Bezahlung der Grunderwerbsteuer oder Sicherung des Steueranspruchs vorgelegt hat. Die Grunderwerbsteuerpflicht entsteht mit der Rechtswirksamkeit des Abschlusses des Kaufvertrags. Alle Gerichte, Behörden und Notare haben dem zuständigen Finanzamt die von ihnen beurkundeten Rechtsvorgänge über ein im Inland gelegenes Grundstück anzuzeigen.

Zusammenfassung zu Kapitel 2: Rechtliche Rahmenbedingungen für den Grundstückserwerb

Bauordnungsrecht	
Rechtsgrundlagen	■ Baugesetzbuch ■ Landesbauordnung ■ Gemeindesatzungen
Bauleitplanung	■ Flächennutzungsplan rechtlich unverbindlich ■ Bebauungsplan der Gemeinde verbindlich, evtl. qualifiziert mit genauen Vorgaben ■ Vorhaben- und Erschließungsplan für Einzelprojekte ■ Sanierungssatzung der Gemeinde
Nutzungsschablone	■ Nutzungsart, z. B. WA = Wohngebiete ■ Geschossanzahl ■ Bauweise: offen oder geschlossen ■ Dachneigung ■ GRZ = Grundflächenzahl ■ GFZ = Geschossflächenzahl ■ Baugrenze: darf nicht überschritten werden ■ Baulinie: eine Gebäudeseite muss auf ihr errichtet werden
Baulast	Im Baulastenverzeichnis der Gemeinde eingetragen. Dient meistens der Nutzungseinschränkung.

Grundbuch	
Grundbegriffe	■ Grundstück: zivilrechtliche Einheit nach BGB mit Grundbuchordnung ■ Wesentliche Bestandteile: Gebäude, Pflanzen, feste Einbauten ■ Flurstück/Kataster: Ergebnis der amtlichen Vermessung
Aufbau und Sonderformen	■ Aufschrift ■ Bestandsverzeichnis ■ Erste Abteilung: Eigentümer ■ Zweite Abteilung: Lasten und Beschränkungen, z. B. Dienstbarkeit, Nießbrauch ■ Dritte Abteilung: Grundpfandrechte, z. B. Grundschuld ■ Sonderformen: – Wohnungsgrundbuch – Erbbaugrundbuch
Rangfolge	Gleiche Abteilung: Reihenfolge der Eintragung Verschiedene Abteilungen: zeitliche Reihenfolge Ausgenommen Rangvorbehalt und Rangrücktritt
Eintragung	■ Auflassung für Eigentumsübertragung ■ Antrag eines Beteiligten ■ Bewilligung des Betroffenen ■ Eintragung im Grundbuch durch Behörde

Wohnungseigentum	
Grundlage	■ Wohnungseigentumsgesetz ■ Teilungserklärung des Grundstückseigentümers für errichtetes Gebäude ■ Wohnungsgrundbuch/Teileigentumsgrundbuch und Grundbuch für Grundstück
Eigentumsformen	■ Sondereigentum an der Wohnung ■ Teileigentum an Gebäudeflächen ohne Wohnungsnutzung ■ Gemeinschaftseigentum am Grundstück und tragenden Bestandteilen des Gebäudes ■ Sondernutzungsrechte an Grundstücks- oder Gebäudeflächen möglich

Erbbaurecht	
Rechtsgrundlage	Erbbaurechtsvertrag mit Grundstückseigentümer
Eigentumsformen	■ Grundstück bleibt im Eigentum des Bestellers des Erbbaurechts. ■ Gebäude geht in Eigentum des Erbbauberechtigten über.
Merkmale	■ Bei Wohngebäuden meistens 99 Jahre Laufzeit ■ Bei Ablauf Heimfall = Grundstückseigentümer wird Gebäudeeigentümer gegen Entschädigungszahlung.
Kaufvertrag	
Abwicklung	■ Kaufvertrag = zweiseitige Willenserklärung (Verpflichtungsgeschäft), notariell beurkundet ■ Auflassung = Einigung über Eigentumsübergang des Grundstücks, notariell beurkundet ■ Auflassungsvormerkung: sofortiger Eintrag sichert Beteiligte bis zur endgültigen Abwicklung. ■ Bezahlung des Kaufpreises und der Grunderwerbsteuer (3,5 % in Baden-Württemberg) ■ Eintragung im Grundbuch nach Antrag und Bewilligung (beglaubigt)
Makler	
Tätigkeit	Vermittlung und Nachweis von Immobilien nach Makler- und Bauträgerverordnung für Käufer und Verkäufer
Vertragstypen	■ Allgemeinauftrag: keine Verpflichtung zur Tätigkeit für den Makler ■ Alleinauftrag: Makler ist zur Tätigkeit verpflichtet
Provisionsanspruch (meistens 3,57 %) bei Einhaltung folgender Bedingungen:	■ Maklervertrag ■ Leistung durch Nachweis oder Vermittlung ■ Kaufvertrag besteht notariell.

Aufgaben und Probleme

Kapitel 2 Rechtliche Rahmenbedingungen für den Grundstückserwerb

Bauordnung

1. Erklären Sie den Unterschied zwischen Baulinie und Baugrenze.
2. Geben Sie drei Gegenstände an, die Zubehör einer Wohnungseigentumsanlage sein können.
3. Einem Immobilienerwerber wird vom Makler mitgeteilt, dass die von ihm gewünschte Lage als Bauerwartungsland gelte.
   a) Geben Sie an, aus welcher Unterlage dies ersichtlich ist.
   b) Beschreiben Sie, wie aus Bauerwartungsland Bauland wird.
   c) Erklären Sie den Begriff Erschließung.

4 Dem Bebauungsplan ist folgende Nutzungsschablone zu entnehmen.

WR	II
GRZ 0,5	GFZ 1,0
o	DN 40°

a) Erläutern Sie die Bedeutung dieser Eintragungen bei einer Bauplatzgröße von 19 m auf 25 m.
b) Erläutern Sie, ob bzw. unter welchen Bedingungen sich die folgenden Überlegungen realisieren lassen:
- Einrichtung einer Lottoannahmestelle mit Zeitschriftenverkauf in dem Haus
- Bebauung mit einem eingeschossigen Bungalow

5 Die Eigentümer eines Hauses wollen durch einen Anbau erweitern oder alternativ das Dach aufstocken. Das Grundstück befindet sich in einem Dorfrandgebiet ohne förmlichen Bebauungsplan. Beschreiben Sie, unter welchen Umständen das Vorhaben baurechtlich zulässig sein kann.

6 Erklären Sie die Bedeutung von Baulasten und nennen Sie zwei Beispiele. Geben Sie an, wie man sich hierüber informieren kann.

Grundbuch

7 Machen Sie drei Angaben aus dem Bestandsverzeichnis des Grundbuchs.

8 Ein Grundstückserwerber stellt später beim Nachmessen fest, dass sein Grundstück 8 m^2 kleiner ist als im Grundbuch ausgewiesen. Welche Bedeutung hat dies für ihn?

9 Beschreiben Sie zwei Eintragungen in Abteilung II des Grundbuchs, die den wirtschaftlichen Wert einer Immobilie erheblich beeinträchtigen können.

10 Geben Sie an, welche Grundbucheintragung mit folgender Definition gemeint ist: „Dingliche Belastung im Grundbuch, die dem Berechtigten erlaubt, die Nutzungen aus dem Grundstück zu ziehen."

11 Geben Sie an, um welche Art der Belastungen beziehungsweise Beschränkungen es sich bei den folgenden Grundbucheintragungen handelt:
a) Zahlung von monatlich 500 EUR an Frau Eva Herbst.
b) Frau Eva Herbst hat das lebenslängliche Recht, die Nutzungen aus dem Grundstück ... zu ziehen.
c) Für die Rast AG wird auf dem Grundstück ... das Recht zur Betreibung einer Tankstelle eingeräumt.
d) Die Zwangsversteigerung ist angeordnet ...

Wohnungseigentum

12 Jens Starke ist Eigentümer einer Eigentumswohnung. Er möchte wissen, wie nachgewiesen werden kann, welcher Stellplatz ihm zusteht und welcher Kellerraum. Auch weiß er nicht genau, wie es um die im Gebäude befindliche Garage eigentumsrechtlich steht. Kann er als Radfahrer diese beliebig vermieten oder gar veräußern?
Geben Sie entsprechende Antworten.

13 Beschreiben Sie, in welchen Gebäudeteilen gemeinschaftliches Eigentum bei einer Wohnung nach dem Wohnungseigentumsgesetz besteht.

14 Geben Sie an, wonach sich der Eigentumsanteil an der Wohnanlage bestimmt.

15 Beschreiben Sie die Bedeutung von Teileigentum bei einer Eigentumswohnungsanlage.

16 Geben Sie eine Regelung an, die die Nutzung des Wohneigentums beschränkt.

Erbbaurecht

17 In einem Erbbaurechtsvertrag ist folgende Klausel enthalten:
„Ändert sich der Lebenshaltungskostenindex um mehr als 10 Punkte, so ändert sich der zu zahlende Erbbauzins in dem gleichen prozentualen Verhältnis, Prozentsatz nur als ganzer Prozentsatz abgerundet ... Die Anpassung kann frühestens nach Ablauf von 4 Jahren seit der letzten Anpassung erfolgen ..."
Der Erbbauzins war anfangs im Jahr 1 auf jährlich 1.800 EUR festgelegt worden. Der Lebenshaltungskostenindex entwickelte sich in den Folgejahren wie folgt:

Jahr	Indexstand
1	100
2	103
3	104
4	109
5	114
6	119
7	125
8	130
9	140
10	144

Berechnen Sie, wie sich der Erbbauzins bis zum Jahr 10 unter den gegebenen Voraussetzungen entwickelt.

18 Geben Sie an, wo die Verpflichtung zur Zahlung des Erbbauzinses festgehalten wird.

19 Beschreiben Sie, welche Folgen der Auslauf eines Erbbaurechtsvertrags für die Beteiligten hat.

20 Marcus und Esther Bauer möchten ein Reihenhaus in „Erbpacht" erwerben. Dabei suchen sie noch Antworten auf einige offene Fragen. Beantworten Sie deren Fragen.
a) Welche wirtschaftlichen Vor- und Nachteile sind mit dem Erwerb als „Erbpacht" verbunden?
b) Welche rechtliche Sicherheit können sie erhalten?
c) Können sie ihr Haus verkaufen oder nur durch Erbfolge übertragen?

21 Erläutern Sie die notwendigen Eintragungen in den Grundbüchern, die im Zusammenhang mit der Bestellung eines Erbbaurechts notwendig sind.

Immobilienerwerb

22 Geben Sie drei Vorteile an, die der Einsatz von Maklern beim Immobilienerwerb bringen kann.

23 Beschreiben Sie die Verpflichtung, die ein Makler bei einem Alleinauftrag des Verkäufers einer Immobilie diesem gegenüber übernimmt.

24 In einem Inserat eines Maklers wurde eine Doppelhaushälfte angeboten. Die Interessenten fragen bei dem Makler nach und vereinbaren mit ihm eine Hausbesichtigung. Das Objekt würde ihnen von der Lage her zusagen. Das von dem Makler genannte Honorar wollen sie aber vermeiden, indem sie durch geschicktes Fragen bei Nachbarn den Eigentümer ausfindig machen und mit diesem direkt den notariellen Vertrag abschließen.
a) Begründen Sie, ob dem Makler das Honorar zusteht.
b) Berechnen Sie, welches Honorar der Makler insgesamt bei einem Verkaufspreis von 250.000 EUR erhalten könnte, wenn die in Baden-Württemberg übliche Honorarregelung zugrunde gelegt wird.

(25) In einem Grundstückskaufvertrag steht folgende Regelung:
„Die Auflassung erfolgt nach Bezugsfertigstellung, wenn die Erwerber ihre finanziellen Verpflichtungen aus diesem Vertrag erfüllt haben. … Die Baugesellschaft bewilligt und beantragt die Eintragung einer entsprechenden Auflassungsvormerkung für die Erwerber."
Begründen Sie Inhalt und Zweck dieser Regelung.

(26) In einem Grundstückskaufvertrag ist folgende Klausel zu finden:
„Die Unbedenklichkeitsbescheinigung soll dem amtierenden Notar erteilt werden."
Beschreiben Sie die Bedeutung dieser Klausel.

3 Finanzierung von Immobilien

3.1 Finanzierungsgrundsätze

Für eine optimale Finanzierung müssen die Elemente der Finanzierung aufeinander abgestimmt werden:

Elemente der Baufinanzierung:
- **Anschaffungskosten**
- **Einkommen**
- **Monatliche Belastung**
- **Beleihungsgrundsätze der Fremdmittelgeber**

Regelmäßig werden für Bauzwecke Fremdmittel aufgenommen. Wird die Wohnungseinheit nicht vermietet, sondern selbst bewohnt, kann die Rückzahlung nur aus dem laufenden Einkommen der Eigentümer stammen. Die Sicherheit des Einkommens und dessen voraussichtliche Entwicklung spielen daher bei der Baufinanzierung eine maßgebliche Rolle. Die errechnete monatliche Belastung ist auf das Einkommen abzustimmen. Dabei gibt es Erfahrungswerte, die auch von den Geldgebern, seien es Banken oder der Staat bei Zuschüssen, beachtet werden:

- **Für den notwendigen Lebensunterhalt sollten möglichst je erwachsene Person 500 EUR und je Kind 200 EUR zur freien Verfügung bleiben.**
- **Die Belastung aus einem Bauvorhaben sollte höchstens ca. 40 % des monatlichen Familiennettoeinkommens ausmachen.**
- **Der Anteil der Eigenmittel sollte mindestens 20 %, besser ein Drittel, betragen.**

Beispiel

In der Familie Neu erhält Fabian Neu ein Nettoeinkommen von monatlich 1.600 EUR, seine in Teilzeit beschäftigte Ehefrau eines von 800 EUR. Das Ehepaar hat zwei schulpflichtige Kinder. Beim Nettoeinkommen von 2.400 EUR könnten bei der Belastungsgrenze von 40 % rund 960 EUR für die Wohnbelastung abgezweigt werden. Als Minimum sollten 2 × 500 und 2 × 200, also 1.400 EUR, übrig bleiben, was bei einer 40 %-Belastung noch der Fall wäre (2.400 – 960).

Je höher die Eigenmittel sind, umso geringer sind die Belastung und die sich aus dem Bauvorhaben ergebenden Risiken. Die Geldgeber ihrerseits verlassen sich zur Sicherung in erster Linie auf den Wert des Wohneigentums. Letztlich müsste dieses verwertet werden, wenn der Kapitaldienst vom Schuldner nicht mehr geleistet wird. Um ihre Forderungen zu sichern, werden bestimmte Beleihungsgrenzen festgelegt. Wegen dieser Beleihungsgrenzen kann eine Finanzierung nicht vollständig mit Fremdmitteln erfolgen. Regelmäßig wird also Eigenkapital in irgendeiner Form für die Verwirklichung eines Bauvorhabens vorausgesetzt. Je näher der Bauherr mit seinen Finanzierungswünschen an die Obergrenze der Beleihung gelangt, desto teurer können die Fremdmittel werden.

Etwa 15 % der Baukosten werden aus Vorsichtsgründen gar nicht beliehen. Von dem dann verbleibenden Beleihungswert gelten 60 % als erstrangig, die restlichen 20 % als nachrangig. Auch wenn eine 100 %ige Beleihung versprochen wird, ist damit nur gemeint, dass der Beleihungswert von ca. 85 % des Neuwertes zu 100 % beliehen wird. Für den Rest muss der Eigentümer selbst sorgen oder in besonderen Fällen Ersatzsicherheiten stellen.

Beispiel

Wenn Familie Neu ein Objekt zum Kaufpreis von 200.000 EUR erwirbt, ergibt sich ein Beleihungswert von etwa 170.000 EUR. Eine Beleihung ist dann normalerweise bis zu 136.000 EUR üblich. Es sollten also eigene Mittel mindestens in Höhe von 64.000 EUR zur Verfügung stehen.

Eine Finanzierung sollte immer langfristig ausgelegt sein und, soweit möglich, den gesamten Lebensplan des Erwerbers berücksichtigen. Als Grundregel gilt, dass das Wohneigentum rechtzeitig vor Erreichen des Rentenalters schuldenfrei sein sollte.

3.2 Eigenmittel

Eigenmittel sind Grundlage jeder Baufinanzierung. Für sie müssen keine Zinsen entrichtet werden und es gibt keine Rückzahlungsverpflichtung. Als Eigenkapital[1] im Rahmen einer Baufinanzierung kann man die Differenz zwischen dem Wert der Immobilie und den dafür aufgenommenen Fremdmitteln ansehen.

Direkte Eigenmittel sind das dem Erwerber zustehende und für Bauzwecke direkt verwendbare Eigenkapital.

Indirekte Eigenmittel gelten aus der Sicht der beleihenden Kreditinstitute als Eigenmittel, obwohl sie rechtlich Verbindlichkeiten sind. Sie sind also noch zu den wünschenswerten 20 bis 30 % Eigenmitteln zu rechnen, wenn und soweit sie in der Besicherung nicht den Kreditinstituten vorgehen. Man nennt sie auch „nachrangige Fremdmittel".

Eigenleistungen, auch als „Muskelhypothek" bezeichnet, sind ein beliebtes Mittel, um Eigenmittel zu ersetzen. Grenzen hierfür sind durch mangelnde Erfahrung sowie körperliche und zeitliche Belastbarkeit gesetzt. Die beliebtesten Arbeiten sind Maler-, Tapezier- und Fliesenarbeiten. Als Abgrenzung zur Schwarzarbeit definiert das Wohnungsbaugesetz die Selbsthilfe wie folgt:

§

§ 36 Wohnungsbaugesetz

Zur Selbsthilfe gehören die Arbeitsleistungen, die zur Durchführung eines Bauvorhabens erbracht werden
(a) vom Bauherrn selbst,
(b) von seinen Angehörigen,
(c) von anderen unentgeltlich und auf Gegenseitigkeit.
Der Wert der Selbsthilfe ist mit dem Betrage als Eigenleistung anzuerkennen, der gegenüber den üblichen Kosten der Unternehmerleistung erspart wird.

1 Als Eigenkapital eines Unternehmens gilt die Differenz zwischen Vermögen und Verbindlichkeiten.

Die Selbsthilfe muss vorsichtig bewertet werden, denn oft brauchen Fachhandwerker mit ihren geeigneten Maschinen weniger Arbeitsstunden. Erspart wird auch nur die reine Arbeitszeit, jedoch nicht das Material und die Kosten der notwendigen Gerätschaften.

Ein Erbbaurecht erspart die Beschaffung des ansonsten für den Erwerb eines Grundstücks erforderlichen Kapitals.

Der Rückkaufswert einer Lebensversicherung sollte nicht eingesetzt werden müssen, weil durch Kündigung der Versicherungsschutz oder die Schlussprämie verloren geht. Die Versicherung ist aber beleihbar, meistens sogar von der Versicherungsgesellschaft selbst.

Eigenmittel der Baufinanzierung		
Direkte Eigenmittel	**Indirekte Eigenmittel**	**Eigenmittelersatz**
■ Bargeld, ■ auf Bankkonten angelegtes Geld, ■ Aktien, festverzinsliche Wertpapiere und solche Vermögenswerte, die sich in Bargeld umwandeln lassen oder die in voller Höhe beliehen werden können, ■ Guthaben auf Bausparverträgen einschließlich gutgeschriebener Bausparprämien und Zinsen, ■ der Wert des Grundstücks, wenn es bereits im Eigentum ist und dafür keine Fremdmittel aufgenommen worden sind.	■ Verwandtendarlehen, die häufig ohne Besicherung und teilweise zinslos gewährt werden, ■ Arbeitgeberdarlehen, ■ Mittel aus öffentlicher Wohnbauförderung.	■ Eigenleistungen („Muskelhypothek")

3.3 Merkmale der Fremdmittel

Die Fremdmittel können dem Schuldner in verschiedenen Formen und Bezeichnungen angeboten werden. Rechtlich handelt es sich immer um **Darlehen** im Sinne des § 488 BGB.

Zu den Rechtsgrundlagen gehören die Vorschriften des BGB über Verbraucherdarlehen[1] und die allgemeinen Geschäftsbedingungen, die Preisangabenverordnung und, sofern es sich um gestaltungsfähiges Recht handelt, die von den Finanzierungsinstituten verwendeten Formularverträge.

Darlehensvereinbarungen enthalten regelmäßig Regelungen zu folgenden Bereichen:

- **Laufzeit**

Die Laufzeit ist die Zeit zwischen der Auszahlung eines Darlehens und seiner restlosen Tilgung. Bei Baudarlehen kann die Laufzeit bis zu 35 Jahre betragen. Nur Überbrückungs- oder Zwischenkredite haben eine Laufzeit von bis zu etwa fünf Jahren. Je höher die vereinbarte Tilgung ist, umso kürzer ist die Laufzeit eines Darlehens. Kürzere Laufzeiten haben zwingend eine höhere monatliche Belastung für den Schuldner zur Folge.

- **Tilgung**

Als **Festdarlehen** bezeichnet man ein Darlehen, das in einer Summe am Ende der vereinbarten Laufzeit getilgt wird. Solche Darlehen kommen in Zusammenhang mit der Baufinanzierung bei Versicherungsdarlehen sowie Vor- und Zwischenfinanzierungen vor. Während der Darlehenslaufzeit werden nur die Zinsen gezahlt. Die Zinshöhe kann variabel oder aber für die gesamte Laufzeit fest vereinbart sein.

1 Vgl. hierzu Kapitel D

Bei einem **Annuitätendarlehen**, der Regelform in der Baufinanzierung, ist die Annuität, nämlich die jährlich zu zahlende Summe aus Zins und Tilgung bis zum Ende der Laufzeit, gleich hoch. Dies ermöglicht eine übersichtliche Finanzierungsplanung. Die Tilgung wird im ersten Jahr als ein Prozentsatz aus dem Darlehen bei Auszahlung angegeben; sie erhöht sich dann jedes Jahr um die „ersparten Zinsen". Als anfängliche Tilgung wird in der Regel mindestens 1 % der Darlehenssumme pro Jahr verlangt.

Beispiel

Ein Darlehen von 100.000 EUR soll mit 6,5 % verzinst und im ersten Jahr mit 1 % getilgt werden.
Annuität: 6.500 + 1.000 = 7.500 EUR
Bei Verrechnung der Zinsen und Tilgung am Ende des Jahres beträgt der Darlehensstand nach einem Jahr noch 99.000 EUR. Die Zinsen im zweiten Jahr belaufen sich dann nur noch auf 6.435 statt 6.500 EUR. Entsprechend ist die Tilgung im zweiten Jahr 1.065 EUR. Im letzten Jahr wird die Annuität fast ausschließlich zur Tilgung verwendet. Die Gesamtlaufzeit des Darlehens liegt dann bei etwa 31 Jahren.

Die Annuitätenzahlung wird meistens monatlich in gleichen Beträgen erbracht werden. Insbesondere bei einem niedrigen Zinsniveau ist die Vereinbarung eines höheren Tilgungssatzes, z. B. 2 % oder 3 %, sowie die Vereinbarung einer Sondertilgungsmöglichkeit sinnvoll.

- **Zinsvereinbarung**

Der vereinbarte Zinssatz kann ein **Festzinssatz** sein. Der Festzins gibt Sicherheit in der Planung. Steigt das Zinsniveau, hat der Darlehensnehmer den Vorteil des sicheren niedrigeren Zinses. Fällt das Zinsniveau, vergibt der Darlehensnehmer aber mögliche Einsparungen in seiner monatlichen Belastung.

Ist ein **veränderlicher (variabler) Zinssatz** vereinbart, so kann ihn der Darlehensgeber einseitig unter den im Vertrag angegebenen Bedingungen, z. B. einer Veränderung des Geld- und Kapitalmarktzinses, ändern, das heißt herauf- oder herabsetzen. Bei „normalem" Verlauf der Zinsstruktur[1] ist der Zinssatz für 10 Jahre höher als für die kürzeren Fristen. Ein normales Bank- oder Versicherungsdarlehen ist nach Ablauf der Zinsbindungsfrist meist noch nicht abgezahlt, weshalb eine Anschlussfinanzierung zu neuen Konditionen notwendig wird. Bei einem Wechsel des Geldgebers ist eine Neubestellung der Sicherheiten notwendig.

- **Kündigung**

Der Darlehensnehmer kann Baufinanzierungsdarlehen regelmäßig erst kündigen, wenn eine Festzinsvereinbarung abgelaufen ist, in jedem Fall aber nach zehn Jahren Laufzeit. Ein Darlehen mit variablem Zinssatz kann jederzeit gekündigt werden. Eine außerordentliche Kündigung des gesamten Darlehens kann vom Darlehensgeber ausgesprochen werden, wenn der Schuldner im Rückstand oder die Sicherheit des Kredits gefährdet ist. Durch diese Kündigung wird das Darlehen in Höhe der Restschuld fällig gestellt.

- **Damnum (Disagio)**

Ein Damnum (auch Disagio genannt) ist ein vom Kreditgeber nicht ausgezahlter Darlehensbestandteil. Das Damnum ist zurückzuzahlen und zu verzinsen.

Beispiel

Vereinbartes Darlehen 100.000 EUR; bei Auszahlung zu 96 % bzw. 4 % Damnum werden 96.000 EUR ausgezahlt. Zu verzinsen und zu tilgen sind jedoch 100.000 EUR. Dafür wird als Ausgleich ein niedrigerer nominaler Darlehenszinssatz vereinbart.

Ursprünglich war das Damnum eine pauschale Bearbeitungsgebühr, die sofort erhoben wurde. Heute hat das Damnum in erster Linie den Zweck, die monatliche Belastung niedriger zu halten, weil der berechnete Zinssatz bei Einbeziehung eines Damnums geringer

1 Vgl. Kap. A 3

wird; selbstverständlich wird dadurch die Laufzeit des Darlehens länger. Ein Damnum entspricht wirtschaftlich nichts anderem als einem gestundeten Zins. Ein Damnum für Eigenheimerwerber zur Selbstnutzung ist im Unterschied zu einem Kapitalanleger unter steuerlichen Gesichtspunkten nicht interessant.

- **Effektiver Jahreszins**

Bei privaten Kreditnehmern muss im Darlehensvertrag und in einem Darlehensangebot nach der Preisangabenverordnung und den BGB-Vorschriften über Verbraucherdarlehen der effektive Jahreszins angegeben werden[1]. In ihm sind die sich aus dem Kreditvertrag ergebenden Kostenbestandteile enthalten.

Der Effektivzins wird vorwiegend von folgenden Konditionsvereinbarungen beeinflusst:
- jährlicher Sollzinssatz
- Bereitstellungszins
- Damnum
- Tilgungsrhythmus: Bei Tilgung in Monatsraten ergibt sich ein höherer Effektivzins als bei Tilgung in Vierteljahres- oder Jahresraten, da mit der Rate immer auch ein Teil des Zinses gezahlt wird, der Berechnung aber Zahlung der Zinsen nachträglich am Jahresende unterstellt wird.
- Bearbeitungsentgelt; nicht an den Darlehensgeber gezahlte Entgelte werden jedoch nicht einbezogen, z.B. Notar- und Grundbuchgebühren für die Eintragung der Grundschuld.
- Beiträge zu verpflichtenden Versicherungen

Der effektive Jahreszins wird finanzmathematisch wie bei Ratenkrediten ermittelt. Wenn – wie bei Baudarlehen von Banken üblich – die Zinsbindung nicht während der gesamten Laufzeit bestehen bleibt, muss bei der Berechnung des effektiven Zinssatz davon ausgegangen werden, dass der Sollzinssatz und die sonstigen Kosten gemessen an der ursprünglichen Höhe fest bleiben und bis zum Ende des Kreditvertrages gelten.

3.4 Finanzierungsanbieter

Geschäftsbanken und Sparkassen, Bausparkassen und Versicherungsgesellschaften bieten Finanzierungsmittel für selbst genutzte Immobilien an.

Welcher Anbieter vom Immobilienerwerber ausgewählt wird, hängt teilweise bereits von früheren Vorentscheidungen ab: Wenn ein Bausparvertrag zuteilungsreif ist, wird regelmäßig das Bauspardarlehen beansprucht; wenn schon eine entsprechende Lebensversicherung besteht, kann es durchaus sinnvoll sein, ein Darlehen von der Versicherung aufzunehmen. Häufig werden auch bestimmte Standardregeln über eine sinnvolle Kombination der Darlehensformen gegeben – letztlich können sie sich als Finanzierungsbausteine sinnvoll ergänzen.

Bankdarlehen

Ein **langfristiges Bankdarlehen** stellt üblicherweise den Schwerpunkt einer Baufinanzierung dar. Manche Geschäftsbanken geben langfristige Baudarlehen nicht aus eigenen Mitteln, sondern vermitteln diese über Hypothekenbanken, insbesondere dann, wenn eine zehnjährige Festzinsvereinbarung gewünscht wird. Da die Hypothekenbanken regelmäßig zu dem entsprechenden Bankenverbund gehören, kann der Kredit auch hier im Rahmen einer **Verbundfinanzierung**[2] abgewickelt werden. Der Kreditnehmer spart sich dann die mehrfache Einreichung von Unterlagen.

1 Vgl. Kapitel D 3.2.2

2 Verbundfinanzierung bedeutet, dass eine Geschäftsbank den Kredit gemeinsam mit einer Hypothekenbank oder Bausparkasse vergibt. Kreditunterlagen sind dabei nur einmal einzureichen.

Vorschaltdarlehen werden aufgenommen, um
- eine Zwischenfinanzierung zu bieten, z. B. bis zur Zuteilung eines Bauspardarlehens, auch als **Vorausdarlehen** bezeichnet, oder um
- eine Hochzinsphase in Erwartung später fallender langfristiger Zinsen zu überbrücken.

Ein Vorschaltdarlehen wird nicht getilgt. Es wird grundbuchlich gesichert und die Sicherheit dann auf das Anschlussdarlehen übertragen.

Bauspardarlehen

Mit dem Abschluss des Bausparvertrags erwirbt der Bausparer einen Rechtsanspruch auf ein unkündbares, nachrangig abgesichertes Bauspardarlehen, das nach Zuteilung des Bausparvertrags ausgezahlt wird.[1]

Ist ein Bausparvertrag einmal zugeteilt, sind die zu zahlenden Darlehenszinsen meistens auch beim effektiven Jahreszins gegenüber allen anderen Kreditformen günstiger als bei Bankdarlehen. Für die gesamte Laufzeit sind die **Zinsen** grundsätzlich **fest**, ihre anfängliche Höhe ist tarifabhängig. Bauspardarlehen werden regelmäßig als Annuitätendarlehen mit festen monatlichen Raten für Zins- und Tilgungsdienst gegeben. Die Tilgungsleistung ist so bemessen, dass bei einem Standardtarif das Bauspardarlehen in etwa zwölf Jahren abgezahlt ist. Bei 6 ‰ von der Bausparsumme als monatliche Zahlung entspricht die Tilgungsleistung auf das Darlehen bei 40 % Mindestsparguthaben und 5 % Zins einer Quote von 7 % pro Jahr. Die hohe Annuität macht den Bausparer zwar schnell schuldenfrei, erhöht aber die monatliche Belastung. Nach Abzahlung der Bauspardarlehen beginnen aber häufig die Renovierungsarbeiten, wofür dann Mittel frei werden. Bauspar- und Bankdarlehen können sich so in der Gesamtplanung gut ergänzen.

Vonseiten der Bausparkasse ist das Darlehen **unkündbar**, der Sparer seinerseits kann jederzeit kündigen oder Sonderzahlungen leisten.

Bausparkassen begnügen sich mit **nachrangiger Sicherung** im Rahmen einer Beleihungsgrenze von meistens insgesamt 80 % für Bank- und Bauspardarlehen. Bei Bauspardarlehen bis zu 30.000 EUR kann die Bausparkasse auf Sicherheiten verzichten und ein solches Kleindarlehen als Blankodarlehen geben. Insbesondere bei Modernisierungsmaßnahmen sind diese Darlehen sehr beliebt.

Über ein Bausparguthaben kann grundsätzlich beliebig verfügt werden. Die Verwendung von Bauspardarlehen ist durch das Bausparkassengesetz vorgegeben. Bauspardarlehen dürfen von den Bausparkassen nur zu wohnungswirtschaftlichen Zwecken vergeben werden. Dies sind im Wesentlichen folgende Baumaßnahmen:

Wohnungswirtschaftliche Verwendung von Bauspardarlehen

- Neubau, Ausbau, Anbau, Erweiterungsbau, Umbau und Wiederaufbau von Häusern mit Wohnungen, gemischt genutzte Gebäude bis zu 50 % gewerbliche Nutzung, Garagen, Wochenend- und Ferienhaus
- Modernisierung und Instandsetzung von Wohnungen durch Eigentümer oder Mieter
- Kauf, Erbauseinandersetzung und Erwerb in der Zwangsversteigerung; auch Erwerb von Bruchteilseigentum geschlossener Immobilienfonds, Altenheimwohnung, Baukostenzuschuss des Mieters
- Bauplatzerwerb
- Erschließungs- und Infrastrukturmaßnahmen in Zusammenhang mit Wohngebäuden, z. B. Kindergärten, Sportplätze usw.
- Entschuldung und Umschuldung früherer Baumaßnahmen

1 Vgl. Kap. C 3

Ein **Zwischenkredit** bis zur Höhe der Bausparsumme wird von einer Bank oder einer Bausparkasse dann gegeben, wenn ein Bausparvertrag grundsätzlich die allgemeinen Zuteilungsbedingungen erfüllt hat. Der Bausparer zahlt lediglich Zinsen in fester oder variabler Höhe, der Bausparvertrag wird nicht weiter bespart. Der Bausparer erhält auf das Guthaben die tarifmäßige Verzinsung.

Beispiel

Ein Bausparvertrag in Höhe von 100.000 EUR ist mit 50 %, also 50.000 EUR, angespart. Die Tarifbedingungen sehen 3 % Guthabenzins, 5 % Darlehenszins und 6 ‰ monatliche Annuität vor. Ein Zwischenkredit wird mit 7 % gegeben. Der Bausparer zahlt pro Jahr 7.000 EUR Zins, das Bausparguthaben wächst um 3 % aus 50.000 EUR, also um 1.500 EUR; die Nettobelastung ist also 5.500 EUR. Wird dieser Betrag aber auf das zusätzliche Darlehen von 50.000 EUR bezogen, so ist die jährliche Belastung dafür 11 %.

Vorfinanzierung von Bausparverträgen bis zur Zuteilung:

- als Zwischenkredit der Bausparkasse: Das Mindestsparguthaben ist erbracht, Sparraten entfallen deshalb. Zinsen werden auf die ausgezahlte Bausparsumme, also auch auf das darin enthaltende Guthaben, gezahlt.
- als Vorausdarlehen: Das Mindestsparguthaben ist noch nicht erbracht. Der Bausparer zahlt laufend weiter den Regelsparbeitrag und die Zinsen auf die vorfinanzierte Bausparsumme.

Vorfinanzierung von Bausparverträgen	
Zwischenkredit der Bausparkasse	■ Mindestsparguthaben ist eingezahlt. ■ Sparbeiträge entfallen.
Vorausdarlehen einer Geschäftsbank oder der Bausparkasse	■ Mindestsparguthaben noch nicht aufgefüllt. ■ Regelsparbeiträge müssen geleistet werden.
Bei beiden Formen ist der vereinbarte Vorfinanzierungszins auf die gesamte Bausparsumme zu entrichten.	

▶ Versicherungsdarlehen

Versicherungsdarlehen sind Darlehen gegen erstrangige Grundschulden innerhalb der Beleihungsgrenze von 40–50 % des Beleihungswertes. Diese werden auch als „Hypothekendarlehen mit Tilgungsaussetzung gegen Lebensversicherung" bezeichnet.

Der Darlehensnehmer schließt eine Versicherung auf den „Todes- oder Erlebensfall" in Höhe des Darlehens ab oder es besteht bereits eine entsprechende Versicherung. Das Darlehen wird **tilgungsfrei** gestellt, der Darlehensnehmer bezahlt laufend die Zinsen und die Versicherungsprämie. Er zahlt also nur indirekt ab, indem er innerhalb seiner Lebensversicherung Kapital aufbaut. Wenn der Darlehensnehmer verstirbt, ist in jedem Fall das Versicherungsdarlehen gesichert. Erlebt der Darlehensnehmer den vereinbarten Zeitpunkt, beispielsweise nach 25 Jahren, wird mit der dann fälligen Lebensversicherung das Darlehen getilgt. Durch die Überschüsse im Rahmen der Lebensversicherung wird meistens noch ein Betrag zusätzlich ausgezahlt. Die Höhe der Überschüsse ist langfristig ungewiss. Der Zinssatz des Versicherungsdarlehens wird meist auf 10 Jahre, selten auf 20 Jahre festgeschrieben; bei Abschluss einer neuen Lebensversicherung liegt er regelmäßig günstiger als entsprechende Bankdarlehen. Für private Darlehensnehmer ist aber in der Regel die gesamte Zahlung aus Zinsen und Versicherungsprämie höher als eine Tilgungsrate bei einem Bankdarlehen.

Das Darlehen wird erst am Ende der Laufzeit bei Fälligkeit der Lebensversicherung in einer Summe getilgt. Daher werden die Zinsen während der gesamten Laufzeit immer vom Ursprungsdarlehen berechnet. Nach Ablauf der ersten Festzinsperiode ist vom Darlehen selbst nichts getilgt, eine neue Zinsvereinbarung birgt also auch ein größeres Zinsrisiko in sich. Eine Kündigung der Lebensversicherung bereits nach zehn Jahren, um diese Art der Finanzierung aufzugeben, ist mit ganz erheblichen Nachteilen verbunden, beispielsweise müssten die Ertragsbestandteile voll versteuert werden.

▶ Gleichzeitiger Einsatz mehrerer Finanzierungsangebote

Beispiel

Einsatz von Finanzierungsbausteinen
10 %: direkte und indirekte Eigenmittel (ohne Bausparguthaben)
40 %: Bausparsumme
vom Rest je 50 %: Bankdarlehen/Versicherungsdarlehen
= 100 %: Gesamtgestehungskosten
Wenn der Bausparvertrag zur Hälfte angespart worden ist, bedeutet dies, dass die Eigenmittel 30 % ausmachen würden.

Etwa 20 % bis ein Drittel sollten Eigenmittel sein, der Rest sollte mit Bank-/Versicherungsdarlehen und Bauspardarlehen finanziert werden. Oder von der Beleihung aus gesehen: bis 50 % der Erwerbskosten erstrangige Bankdarlehen, bis 75 % Bausparkassendarlehen (einschließlich Bankdarlehen).

Beispiel

Gesamtgestehungskosten	230.000 EUR
Eigenmittel (ohne Bausparguthaben)	30.000 EUR
Bankdarlehen	100.000 EUR
Bausparmittel	100.000 EUR
(darunter Guthaben	40.000 EUR)
(darunter Darlehen	60.000 EUR)
Eigenmittel 30.000 + 40.000 =	70.000 EUR = ca. 30 %
Fremdmittel (60.000 + 100.000)	160.000 EUR = ca. 70 %

Als weitere Faustregel für eine „solide" Finanzierung gilt, dass die Belastung aus den aufzunehmenden Fremdmitteln grundsätzlich nicht mehr als 40 % des längerfristig erzielbaren Nettoeinkommens betragen sollte. Dem so ermittelten Fremdmittelhöchstbetrag werden die Eigenmittel in allen Formen zugerechnet, woraus sich die Höchstgrenze für das Finanzierungsvolumen ergibt.

3.5 Beleihungsgrundsätze

▶ Beleihungswertermittlung

Jedes Grundstücksobjekt ist ein individuelles Gut, das nur bedingt mit anderen vergleichbar ist. Einen Marktpreis wie bei Massengütern kann es bei Grund und Boden nicht geben. In erster Linie möchten die Geldgeber für die Beleihung im Rahmen einer Baufinanzierung einen Maßstab haben.

! Der Verkehrswert soll stichtagsbezogen die Marktverhältnisse wiedergeben.

§

§ 194 BauGB
Der Verkehrswert wird durch den Preis bestimmt, der in dem Zeitpunkt, auf den sich die Ermittlung bezieht, im gewöhnlichen Geschäftsverkehr nach den rechtlichen Gegebenheiten und tatsächlichen Eigenschaften, der sonstigen Beschaffenheit und der Lage des Grundstücks oder des sonstigen Gegenstands der Wertermittlung ohne Rücksicht auf ungewöhnliche oder persönliche Verhältnisse zu erzielen wäre.

Die Regeln, um diesen Wert feststellen zu können, sind in der „Immobilienwertermittlungsverordnung" festgelegt, ergänzt durch die „Wertermittlungs-Richtlinien". Sie werden von den bei den Gemeinden bestellten „Gutachterausschüssen" zur Feststellung des Verkehrswertes angewendet.

Bei der Beleihung von Grundstücken ist nicht allein der Stichtagswert maßgeblich, sondern die etwaige Verwertbarkeit in der Zukunft. Deshalb wird hier zwar ähnlich, grundsätzlich aber vorsichtiger bewertet.

!

Der Beleihungswert ist der vom Kreditgeber für die Beleihung auf der Grundlage aller vorliegenden Angaben festgesetzte Wert. Der Beleihungswert soll den Verkehrswert nicht übersteigen.

Beleihungswertermittlung		
Sachwertverfahren		**Ertragswertverfahren**
Bodenwert	**Bauwert**	Nettomietertrag · Kapitalisierungsfaktor
ermittelt nach dem Verkehrswert, z. B. durch Gutachterausschuss	ermittelt nach dem ■ Abschlagsverfahren ■ Indexverfahren	
Mittelwertverfahren z. B. bei Mehrfamilienhäusern als arithmetisches Mittel aus Sach- und Ertragswert		

Insbesondere Ein- und Zweifamilienhäuser werden nicht als Renditeobjekte erstellt oder erworben, weshalb sich meist ein recht geringer Ertragswert ergibt. Um den Eigentümer hier nicht zu benachteiligen, geht man bei diesen Objekten vom Sachwert aus.

Die „angemessenen Herstellungskosten" werden bei Neubauten nach dem Abschlagsverfahren, bei Altbauten meistens nach dem sogenannten Indexverfahren ermittelt.

Grundlage bei beiden Verfahren ist zunächst der Wert des Grundstücks. Der **Bodenwert** umfasst den Wert der gesamten bebauten und unbebauten Grundstücksfläche. Er ist in erster Linie abhängig von der Lage des Grundstücks und den Nutzungsmöglichkeiten nach der jeweils geltenden Bauordnung. Der Wert wird nach Quadratmetern festgelegt. Wenn ein Grundstück gekauft worden ist, gehen die Kreditinstitute in der Regel vom Kaufpreis aus. Die Gutachterausschüsse der Gemeinden sammeln alle Kaufverträge und ermitteln daraus Richtwertzahlen als Vergleichsgrößen.

Beispiel für Bodenrichtwerte

Bekanntmachung der Bodenrichtwerte zum 31. Dezember 2006
Der Gutachterausschuss für die Ermittlung von Grundstückswerten hat gem. § 193 Abs. 3 des Baugesetzbuchs (BauGB) die Bodenrichtwerte für Ravensburg zum 31.12.2006 ermittelt. Die Quadratmeterpreise für baureifes, unbebautes und bebautes Land einschließlich Erschließungskosten betragen

Stadtteil 1 Gebiet	Nutzung	Richtwerte EUR/m
Ravensburg		
Kernstadt	MK	Dieser Bodenrichtwert kann nur nach Lage und Bebauung ermittelt werden.
Südliche Innenstadt	M	560
Westlich der Altstadt	M	415
Knollengraben	M	130
Schornreute-West	W	230
Bannegg-Nord	W	460
Gewerbegebiet Südstadt Westlich der Bahn	G	160

Nutzungsarten:
W = Wohnbauflächen, M = Gemischte Bauflächen, G = Gewerbliche Bauflächen, MK = Kerngebiet
Die Richtwerte beziehen sich auf eine mittlere Geschossflächenzahl (GFZ) gem. § 20 BauNVO der jeweiligen Richtwertzone.

Abschlagsverfahren

Der Bauwert umfasst den Wert aller auf dem Beleihungsgrundstück bestehenden und noch zu errichtenden Aufbauten. Er orientiert sich an den angemessenen Herstellungskosten. Dabei werden die Preise zugrunde gelegt, die für Objekte gleicher Art üblich sind. Persönlich bedingte Mehraufwendungen für ungewöhnliche Arbeiten sind gar nicht oder nur in geringem Umfang zu berücksichtigen. Bei vorhandenen Gebäuden werden für Alterung und Abnutzung Abschläge vorgenommen. Das Abschlagsverfahren wird zur Ermittlung des Beleihungswertes bei Neubauten angewendet.

Die Baukosten einschließlich der Baunebenkosten und des Wertes der Außenanlagen werden um einen Risikoabschlag von 10–25 % vermindert.

Bei Neubauten geht man von den nachgewiesenen Herstellungskosten oder vom Kubikmeterpreis des umbauten Raumes für derartige Gebäude aus.

Beispiel

Neubau eines Einfamilienhauses	EUR
tatsächliche und angemessene Bauwerkskosten	378.000
+ Baunebenkosten (Planung, Gebühren usw.)	35.000
+ Außenanlagen	17.000
Summe	430.000
– 15 % Sicherheitsabschlag	64.500
Bauwert	365.500
+ Grundstück 430 m² zu 94 EUR	40.420
Sachwert	405.920
gerundet	405.000
(Vergleichsgröße Verkehrswert	470.000)

Indexverfahren[1]

Das Indexverfahren wird insbesondere bei der Beleihung älterer Häuser angewendet. Auf der Grundlage der Baupreise vor dem Ersten Weltkrieg werden vom Statistischen Bundesamt Baupreisindizes mit den Basisjahren 1913 und 1914 berechnet. Hypothekenbanken und Feuerversicherungen gehen vom Index 1914 aus. Zu diesem Basisjahr wird ein Index vierteljährlich veröffentlicht. Häufig wird auch ein Index auf der Basis des Jahres 2000 verwendet, so immer von den Gutachterausschüssen. Kreditinstitute machen zur Vorsicht einen Abschlag, z. B. 20 % auf den Index. Die Baukosten werden für den Kubikmeter umbauten Raumes für verschiedene Wohnqualitäten festgelegt. Für die Alterung des Gebäudes werden Abschläge gemacht, die sich nach der voraussichtlichen Nutzungsdauer des Gebäudes richten. So wird für ein massiv gebautes Einfamilienhaus eine Nutzungsdauer von 80–100 Jahren angenommen.

Beleihungsgrenze

Die Beleihungsgrenze ist die Obergrenze für die Gewährung eines Darlehens nach den jeweiligen Vorschriften des Darlehensgebers. Sie wird als Prozentsatz des Beleihungswertes festgelegt.

Nach dem Pfandbriefgesetz darf die Beleihung 60 % des Beleihungswertes nicht übersteigen. Ähnliche Vorschriften gelten für die Sparkassen. Bei Bausparkassen darf die Beleihung 80 % des Beleihungswertes nicht übersteigen. Überschreitungen der Beleihungsgrenzen sind unter bestimmten Voraussetzungen dennoch möglich. Die Konditionen sind innerhalb der üblichen Beleihungsgrenze immer günstiger als bei einer Überschreitung.

Beleihungsgrenze = Beleihungswert · Beleihungssatz

Beispiel

Beleihungswert einer Immobilie	540.000 EUR
Beleihungsgrenze 60 %	324.000 EUR
Beleihungsgrenze 80 %	432.000 EUR

Wird beispielsweise ein erstrangiges Bankdarlehen in Höhe von 300.000 EUR in Anspruch genommen, so könnte die Bausparkasse im Rahmen ihrer Beleihungsgrenzen noch ein zweitrangiges Darlehen bis zu 132.000 EUR geben.

3.6 Sicherungsgrundschuld

Grundpfandrechte		
Hypothek	Grundschuld	
	Abstrakte Grundschuld	Sicherungsgrundschuld
Pfandrecht an einem Grundstück wegen einer Forderung	Belastung eines Grundstücks ohne Verbindung zu einer Forderung. „Schuld ohne Schuldgrund“	Grundschuld mit schuldrechtlicher Vereinbarung (Zweckerklärung) der Beanspruchung ausschließlich für die Sicherung von Darlehen

1 Beispielrechnung hierzu im Kap. H 6.2

Allgemein gibt ein Grundpfandrecht dem Berechtigten das Recht, sich aus dem Pfandobjekt zu befriedigen; dies geschieht durch Zwangsversteigerung oder -verwaltung.

Als dingliches Recht gilt ein Grundpfandrecht gegen jeden Eigentümer. Wird ein Grundstück durch Kaufvertrag, Schenkung oder im Erbfall auf einen anderen übertragen, bleiben die Grundpfandrechte erhalten. Ein Grundstück kann mit mehreren Grundpfandrechten belastet werden.

Die Hypothek[1] ist ein Pfandrecht an einem Grundstück wegen einer Forderung.

Sie ist die vom BGB allgemein vorgesehene Form einer Kreditsicherung und kann nur zur Sicherung einer ganz bestimmten Forderung eingetragen werden. Mit der Rückzahlung dieser Forderung erlischt auch das Pfandrecht. Die Hypothek schützt damit den Schuldner vor Missbrauch. Bei Kreditaufnahme von privater Seite ist sie durchaus zu empfehlen. Rechtlich gelten die allgemeinen Bestimmungen der Hypothek grundsätzlich auch für eine Grundschuld als einer Spezialform der Grundstücksbelastung.

Bei der Finanzierung durch ein Kreditinstitut oder eine Versicherung ist ein Missbrauch durch diese als Gläubiger so gut wie ausgeschlossen. Diese Geldgeber bevorzugen die Grundschuld, weil hier weniger Formvorschriften durch das Gesetz gelten; die Vertragsgestaltung kann besser an die Bedürfnisse einer modernen Baufinanzierung angepasst werden und somit auch Vorteile für den Kreditnehmer bringen. Im Sprachgebrauch wird zwar noch von Hypothekenkredit, Hypothekenbanken u. Ä. gesprochen, jedoch werden bei den damit bezeichneten Geschäften Grundschulden verwendet.

Die Grundschuld ist eine Belastung des Grundstücks, die einen Zahlungsanspruch an den jeweiligen Eigentümer des Grundstücks verbrieft.

Die Grundschuld kann als solche bestehen, ohne dass der Bestellung bereits eine bestimmte Forderung zugrunde liegt („Grundschuld ist eine Schuld ohne Schuldgrund"); Beispiele für eine solche Bestellung: Sicherung eines künftigen Erbanspruchs, Schenkung eines Geldbetrages, der erst später gezahlt werden soll, u. Ä.

Selbstverständlich werden den Finanzinstituten vom Eigentümer eines Grundstücks nur Grundschulden gegeben, wenn sie dafür einen entsprechenden Kredit erhalten. In diesem Zusammenhang wird dann auch von einer Sicherungsgrundschuld gesprochen.

Bei einer Sicherungsgrundschuld ist der Gläubiger schuldrechtlich verpflichtet, von der Grundschuld nur insoweit Gebrauch zu machen, als es das Kreditverhältnis erlaubt.

Daraus ergibt sich bereits ein für die Eigentümer wichtiger Grundsatz: Die Ansprüche der Gläubiger einer Sicherungsgrundschuld gegenüber dem Kreditnehmer richten sich ausschließlich nach dem Darlehensvertrag und nicht nach dem Inhalt der Grundschuld.

Vorteile im Umgang mit der Grundschuld sind:

- Durch eine Grundschuld können mehrere selbstständige Forderungen gegen denselben oder verschiedene Schuldner gesichert werden.
- Durch formlose Vereinbarung kann die Grundschuld zur Sicherung einer neuen Forderung verwendet werden, da die Grundschuld bei Tilgung der gesicherten Forderung weiter dem Grundschuldgläubiger zusteht.

1 Hypotheke, griech. = Unterlage, Unterpfand; vgl. § 1113 BGB

Bestellung der Grundschuld

Der Gläubiger und der Eigentümer des Grundstücks einigen sich über die Bestellung der Grundschuld. Dies geschieht regelmäßig im Rahmen des Darlehensvertrags. Die Vereinbarung über die Bestellung einer Grundschuld im Rahmen des Kreditvertrags ist lediglich eine Absichtserklärung und eine Erklärung über den Verwendungszweck der Grundschuld. Formell entsteht die Grundschuld erst mit ihrer Eintragung im Grundbuch.

Die Eintragung im Grundbuch setzt einen Antrag und die Bewilligung des Grundstückseigentümers voraus.

Die **Eintragungsbewilligung** ist als eine öffentliche oder öffentlich beglaubigte Urkunde vorzulegen. Diese muss der Eigentümer des Grundstücks erteilen. Wenn – wie bei Kreditinstituten üblich – auf die Ausstellung eines Grundschuldbriefs oder auf dessen Aushändigung an den Eigentümer verzichtet wird, entsteht die Grundschuld mit der Eintragung, eine sogenannte **Buchgrundschuld**. Ein **Grundschuldbrief** ist ein Wertpapier. Er ermöglicht die einfache Übertragung einer Grundschuld. Er wird heute bei der Beleihung durch Versicherungen noch ausgestellt. Banken verzichten häufig auf die Ausstellung eines Grundschuldbriefs, auch bei der „Finanzierung aus einer Hand", und ersparen damit dem Kreditnehmer die zusätzliche Gebühr.

Auszug aus einer Grundschuldbestellungsurkunde

1. Der Eigentümer des im Grundbuch von ... eingetragenen Grundstücks ... Band ... – in dieser Urkunde „Grundeigentum" genannt – bestellt auf dem genannten Grundeigentum eine Grundschuld in Höhe von EUR 100.000 (in Worten Euro einhunderttausend) zugunsten der ... Bank in ... – in dieser Urkunde „Gläubigerin" genannt – nebst 15 Prozent Jahreszinsen vom heutigen Tag an sowie einer einmaligen Nebenleistung von 5 % des Grundschuldbetrages. Die Zinsen sind am 1. Werktag eines jeden Jahres für das vorausgegangene Kalenderjahr zahlbar. Grundschuld und Nebenleistung sind fällig. Wird aus der Grundschuld Zahlung verlangt oder geleistet, so werden die Zinsen zu diesem Zeitpunkt fällig.

Obwohl in der Grundschuldbestellung vereinbart ist, dass die Grundschuld „sofort fällig" ist, darf die Bank nur dann den Betrag durch Grundstücksverwertung anfordern, wenn der Kreditnehmer aus dem Kreditverhältnis in Verzug ist. Wenn im Kreditvertrag ein Disagio von 2 % und 8 % Jahreszinsen vereinbart sind, darf und wird die Bank nur diesen Zins verlangen.

Die Eintragung eines höheren Zinses und eines Betrages für die Nebenleistung dienen der Absicherung der Bank gegen nachrangige Gläubiger für den Fall, dass durch eine neue Zinsvereinbarung ein höherer Zins als der ursprünglich vereinbarte berechnet werden kann und etwaige Vollstreckungskosten und Verzugszinsen fällig werden.

Diese Eintragung eines höheren Zinses von Anfang an erleichtert auch den Abschluss neuer Zinsvereinbarungen, da dann bei einer unumgänglichen Zinserhöhung keine zusätzliche Grundbuchsicherung erforderlich ist.

Auszug aus einer Grundschuldbestellungsurkunde – Fortsetzung

2. Ein Grundschuldbrief soll gebildet werden. Auf Vorlage des Grundschuldbriefs und der sonstigen in § 1160 BGB genannten Urkunden im Fall der Mahnung oder Geltendmachung der Grundschuld wird auch namens des Rechtsnachfolgers verzichtet. Die Gläubigerin ist gemäß § 1117 Abs. 2 BGB berechtigt, sich den Grundschuldbrief vom Grundbuchamt aushändigen zu lassen.

Durch diese Klausel verliert der Brief seine ursprüngliche Bedeutung und dient nur noch der einfacheren Übertragung der Grundschuld.

Auszug aus einer Grundschuldbestellungsurkunde – Fortsetzung

II. Dingliche Zwangsvollstreckungsunterwerfung. Der Eigentümer unterwirft sich wegen aller Ansprüche an Kapital, Zinsen, Nebenleistung und Kosten, welche der Gläubigerin aus der Grundschuld zustehen, der sofortigen Zwangsvollstreckung in das mit der Grundschuld belastete Grundeigentum, und zwar in der Weise, dass die Zwangsvollstreckung gegen den jeweiligen Eigentümer des Grundeigentums zulässig sein soll.

Diese immer übliche Klausel erleichtert dem Gläubiger die Zwangsvollstreckung; sie erspart eine Duldungsklage vor Einleitung des Zwangsverfahrens. Eine Grundschuld mit dieser Klausel muss notariell beurkundet werden. Eine persönliche Unterwerfungsklausel besagt, dass sich der Schuldner in Höhe des Grundschuldbetrages zuzüglich Zinsen und Nebenleistungen der sofortigen Zwangsvollstreckung in sein gesamtes sonstiges Vermögen unterwirft.

Auszug aus einer Grundschuldbestellungsurkunde – Fortsetzung

IV. 2. Der andere Ehegatte stimmt durch seine Unterschrift vorstehenden Erklärungen zu, soweit dies im Hinblick auf den Güterstand der Ehegatten erforderlich sein sollte.

Beim Güterstand der Zugewinngemeinschaft, der ohne besondere Vereinbarung zwischen Eheleuten gilt, kann ein Ehegatte Verfügungen über sein gesamtes Vermögen nur mit Zustimmung des anderen Ehegatten vornehmen. Ist ein Ehegatte also Alleineigentümer des Pfandobjektes und macht dieses den größten Teil seines Vermögens aus, muss der andere Ehegatte der Beleihung zustimmen.

Im Grundbuch wird die Grundschuld in der dritten Abteilung des Grundbuchs beispielsweise wie folgt eingetragen:

Beispiel

Hunderttausend Euro Grundschuld mit fünfzehn vom Hundert jährlich verzinslich für die ... Bank. Sofort vollstreckbar gegen den jeweiligen Eigentümer. Unter Bezugnahme auf die Eintragungsbewilligung vom ... eingetragen am ...

Die zusätzlich vereinbarte Zweckerklärung regelt mit schuldrechtlicher Wirkung die Rechte und Pflichten zwischen Gläubiger und Grundstückseigentümer hinsichtlich der Grundschuld.

! In der Zweckerklärung wird der Kreis der durch die Grundschuld zu sichernden Forderungen bezeichnet. Der Gläubiger lässt sich das Recht einräumen, wie er bei Störungen des Kreditverhältnisses die Grundschuld verwerten will.

Sicherungsgrundschulden, die nach dem 19.08.2008 bestellt worden sind, können erst nach vorheriger Kündigungsfrist mit einer Frist von sechs Monaten fällig gestellt werden (§ 1193 Abs. 2 BGB).

Verkauf von Krediten mit Sicherungsgrundschulden

Durch die Hypothekenkrise in den USA im Jahr 2007 wurde bekannt, dass auch in Deutschland Baukredite und die dazugehörenden Grundschulden von Kreditinstituten „verkauft", d.h. durch Abtretung übertragen wurden. Dies hat Unruhe bei den Kreditnehmern ausgelöst. Durch die Änderung des BGB sind hier für Immobiliarkredite gegen Grundpfandrechte entsprechende Schutzrechte für die Schuldner in Deutschland geschaffen worden. Die Weitergabe von Forderungen durch Abtretung der Rechte ist schon immer im BGB vorgesehen gewesen. Der Schuldner braucht nicht gefragt zu werden, da er gegenüber dem neuen Gläubiger die gleichen Rechte und Verpflichtungen hat wie gegenüber seinem ursprünglichen Gläubiger. Die Abtretung einer Grundschuld ohne Hinweis auf die Bindung zum Kreditvertrag wäre Betrug. Grundsätzlich können selbst dem gutgläubigen neuen Gläubiger der Grundschuld gegenüber die Einwendungen aus dem Kreditvertrag entgegengehalten werden. Zu den **vorvertraglichen Informationspflichten** des Gläubigers bei Immobiliarkrediten an Verbraucher gehört auch die Information über mögliche Abtretungen. Auch während der Darlehensdauer kann der neue Gläubiger nicht von den ursprünglichen Vertragspflichten abweichen. Durch den in § 498 i. V. m. § 503 BGB verankerten Kündigungsschutz können Immobiliardarlehensverträge von Gläubigern, die diese Forderungen erworben haben, nicht schon bei kleineren Verstößen gegen die Zahlungspflichten aus dem Darlehensvertrag gekündigt und nach § 1193 die Grundschuld nicht so rasch vollstreckt werden.

Kosten

Bei der Bestellung einer Grundschuld mit Zwangsvollstreckungsunterwerfung entstehen in der Regel beim Notar und beim Grundbuchamt vom Nennbetrag des Grundpfandrechts abhängige Gebühren. Weitere Gebühren können entstehen, wenn außer der Eintragung des Grundpfandrechts sonstige Eintragungen (z. B. Löschung von Vorlasten oder Vorrangseinräumung) vorzunehmen sind.

Beispiel

Bestellung einer Briefgrundschuld über 100.000 EUR mit Zwangsvollstreckungsklausel

1. Notar	
Volle Gebühr	260,00 EUR
Auslagen	5,00 EUR
19 % Umsatzsteuer	50,35 EUR
Summe	315,35 EUR
2. Grundbuchamt	
Volle Gebühr	260,00 EUR
Grundschuldbrief	65,00 EUR
Auslagen	6,00 EUR
Summe	331,00 EUR
Gesamte Kosten	646,35 EUR

3.7 Planung und Abwicklung der Baufinanzierung

Abwicklung einer Baufinanzierung

Phasen der Abwicklung einer Baufinanzierung mit Darlehen sind:
(1) Erste Vorgespräche
(2) Aufstellung eines Finanzierungsplanes
(3) Kreditantrag mit erforderlichen Unterlagen
(4) Feststellung der Kreditfähigkeit und der Bonität durch das Kreditinstitut
(5) Kreditzusage und Vertragsabschluss
(6) Einreichung weiterer erforderlicher Unterlagen und Bestellung der Sicherheiten
(7) Auszahlung des Darlehens in einer Summe oder nach Baufortschritt

Notwendige Unterlagen für die Durchführung einer Darlehensfinanzierung:
- Finanzierungsplan
- Grundbuchauszug
- Einkommensnachweis
- Nachweis der Eigenmittel
- Baupläne mit Wohnflächenberechnung bzw. umbautem Raum und amtlichem Lageplan
- Kostenvoranschlag bei Neubau und Modernisierung
- Lichtbild des Objekts
- Kaufvertrag

Vor der endgültigen Auszahlung (Valutierung) werden häufig noch verlangt:
- Grenzbescheinigung
- Feuerversicherungsnachweis
- Rohbau- und Schlussabnahmeschein
- Grundpfandrechtsbestellung

Zusätzlich bei Eigentumswohnungen:
- Teilungserklärung

Bei der Berechnung der erforderlichen Mittel sind alle zu erwartenden Kosten einbeziehen.

- Zu den **Kosten eines Neubauprojektes** gehören:
  (1) Grundstückskosten nebst Grunderwerbsteuer, Notarkosten und Erschließungskosten
  (2) Baukosten, geschätzt nach Bauunterlagen vom Architekten
  (3) Außenanlagen, wozu sämtliche Anschlüsse für Wasser, Gas, Strom, im Boden verlegte Kabel für Telefon und Fernsehen, Entwässerung, Einfriedungen, Wege, Gartenpflanzen, Mülltonne usw. gehören.
  (4) Baunebenkosten setzen sich zusammen aus Architektenhonorar, Honorar für erforderliche Prüfung der Statik, Behördengebühren für Baugenehmigung, sonstigen Nebenkosten.
  (5) Finanzierungskosten: siehe unten
- Zu den **Kosten beim Erwerb eines fertigen Objekts** gehören:
  (1) Kaufpreis nach Kaufvertrag und im Kaufvertrag festgelegte andere Zahlungen
  (2) Grunderwerbsteuer
  (3) Notarkosten und Grundbuchgebühren für die Kaufabwicklung
  (4) Evtl. Maklergebühren
- Die **Finanzierungskosten** sind bis zur Bezugsfertigkeit ebenfalls in die Kostenplanung aufzunehmen:
  (1) Zinsen während der Bauzeit; Faustregel: die Hälfte der geplanten Fremdmittel als Durchschnittskapitalbedarf ansetzen; evtl. zusätzliche Bereitstellungszinsen für ein Darlehen.
  (2) Notar- und Grundbuchkosten für die Sicherheitenbestellung
  (3) Schätzungskosten
  (4) Vereinbartes Damnum (Disagio)
  (5) Sonstiges

Zur Ermittlung des Finanzmittelbedarfs werden alle verfügbaren direkten und indirekten **Eigenmittel** und die angebotenen **Fremdmittel** zusammengestellt. Soll ein Bausparvertrag mit vorhandenen Mitteln aufgefüllt werden, ist der Betrag beim Darlehen und beim verfügbaren Eigenkapital abzuziehen.

Vorausdarlehen und Zwischenfinanzierung: Das Guthaben wird wie bei Auffüllung von den verfügbaren Eigenmitteln abgezogen. Als Darlehensbetrag gilt das ganze Vorausdarlehen.

Ermittlung der maximalen monatlichen **Belastung:**

Das Jahreseinkommen einschließlich aller Sonderzuwendungen, Urlaubsgeld, Kindergeld und sonstiger Einkünfte wird auf den Monat bezogen[1]. Alle unumgänglichen laufenden Belastungen werden zusammengestellt. Es wird geprüft, welche Belastungen durch den Erwerb geringer werden, beispielsweise Ansparbeträge, Fahrtkosten und Wegfall bisheriger Wohnkosten, und welche größer werden, zum Beispiel Hausnebenkosten. Die für den Lebensunterhalt unabdingbare Summe wird festgelegt.

Ein **Finanzierungsplan** kann wie in folgendem Beispiel erstellt werden:

Beispiel

Finanzierungsbedarf	**320.000 EUR**	
Frei verfügbare Eigenmittel	20.000 EUR	
Zuteilungsreife Bausparverträge:		
■ Bausparsumme	100.000 EUR	
■ Guthabenstand	50.500 EUR	
■ Darlehensanspruch	49.500 EUR	
■ Zins (4 %)	1.980 EUR	
■ Zins und Tilgung p.a.	7.200 EUR	(6 ‰ p.M. aus der Bausparsumme)
Bankdarlehen:		
■ Darlehensbetrag	200.000 EUR	
■ Tilgung (1 %)	2.000 EUR	
■ Zinsen (5 %)	10.000 EUR	
■ Annuität	12.000 EUR	

Verfügbares Eigenkapital: frei verfügbare Eigenmittel und Guthaben in Bausparverträgen (Letztere sind in den Auszahlungsbeträgen enthalten).

Kontrollrechnungen:

I.

	Frei verfügbare Eigenmittel	20.000 EUR
+	Auszahlungsbeträge Bausparverträge	100.000 EUR
+	Auszahlungsbeträge andere Darlehen	200.000 EUR
=	Finanzierungsmittel insgesamt	320.000 EUR

II.

	Auszahlungsbeträge Bausparverträge	100.000 EUR
+	Auszahlungsbetrag Bankdarlehen	200.000 EUR
–	Guthaben Bausparverträge	50.500 EUR
=	Summe Nennbeträge Darlehen	249.500 EUR

III.

	Guthaben auf Bausparverträgen	50.500 EUR
+	Verfügbare Eigenmittel	20.000 EUR
=	Eigenkapital	70.500 EUR
+	Darlehen	249.500 EUR
=	Gestehungskosten	320.000 EUR

Mit dieser Rechnung kann die Eigenkapitalquote ermittelt werden. Für das Zahlenbeispiel: 22,03 %.

IV. Belastungsrechnung 1. Jahr

	Zinsen	Tilgung	Gesamt
Bankdarlehen	10.000 EUR	2.000 EUR	12.000 EUR
Bauspardarlehen	1.980 EUR	5.220 EUR	7.200 EUR
Summe p.a.	11.980 EUR	7.220 EUR	19.200 EUR
pro Monat			1.600 EUR

1 Vgl. hierzu auch Kap. A 2.2

3.8 Risiken der Baufinanzierung für Immobilienerwerber

Jeder Erwerber einer Immobilie, der den Erwerb mit Fremdmitteln finanziert, hat die Erwartung, dass er den daraus erwachsenden Kapitaldienst für Zins und Tilgung störungsfrei in der gesamten Dauer erbringen kann. Eine Finanzierungsentscheidung für die Zukunft ist eine Entscheidung unter Unsicherheit. Es bleiben Risiken, die nur teilweise von Anfang an abgedeckt oder eingeschränkt werden können. In den meisten Fällen ist die planmäßige Abdeckung von Risiken, z. B. durch Versicherungen, mit Kosten verbunden. Diese können auch in Form von entgangenen Erlösen, z. B. für entgangene Zinsen in der Sparphase oder für entgangene Zinsverbilligungen in einer Festzinsphase, bestehen. Entgangene Erlöse bringen aber ein geplantes Finanzierungsmodell nicht in Gefahr.

Zinsänderungsrisiko

Eine Belastungsrechnung für die Finanzierung gilt nur, solange die vereinbarten Zinsen gleich bleiben. Es wird in der Regel nicht gelingen, für die gesamte Finanzierungszeit eine Festzinsvereinbarung zu erhalten. Das Risiko für den Darlehensnehmer besteht dann darin, dass der Anschlusszinssatz nach Ablauf der ursprünglichen Zinsbindungsfrist höher als erwartet ist. Für ein Bauspardarlehen ist der Zinssatz während der gesamten Laufzeit festgeschrieben.

Beispiel

Bei Kosten einer fünfjährigen Zinsbindung von 6,0 % und einem Angebot für zehnjährige Bindung von 7,2 % lohnt sich die fünfjährige Frist dann, wenn die Anschlussfinanzierung nach fünf Jahren unter rund 9 % (7,2 % + 1,2 % + finanzmathematischer Aufschlag) gelingt. Ob dies aber so eintritt, ist unsicher.

Letztlich muss sich der Darlehensnehmer zwischen längerfristiger kontinuierlicher Belastung auf eventuell höherem Niveau und günstigeren kurzfristigen Konditionen mit einem höheren Anschlusszinsrisiko entscheiden. Zu beachten ist dabei auch, dass nach längerer Frist das Zinsrisiko umso geringer wird, je mehr bereits getilgt worden ist. Nicht ungefährlich ist dabei die Vereinbarung eines relativ hohen Damnums, da dann häufig der ausbezahlte Kreditbetrag nach Ablauf der Zinsbindung noch wenig getilgt ist und das volle Zinsrisiko besteht.

Persönliche Risiken

Risiken im persönlichen Bereich können nur begrenzt abgesichert werden. Dazu gehören:

- Einkommengefährdung z. B. durch Wegfall von Überstunden, Elternphasen, Arbeitslosigkeit. Letztere kann evtl. durch eine Restschuldversicherung abgemildert werden.
- Krankheit, Tod eines Partners, Scheidung: Diese allgemeinen Lebensrisiken können in einer Finanzplanung kaum berücksichtigt werden. Die Geldgeber möchten deshalb die Immobilie zur Verwertung verwenden.

Zusammenfassung zu Kapitel 3: Finanzierung von Immobilien

Grundregel der Baufinanzierung	■ Minimum für Lebensunterhalt beachten ■ Belastungsgrenze des Nettoeinkommens, etwa 40 %, einhalten ■ 20–33 % Eigenmittel als Grundlage

Eigenmittel	direkte Eigenmittel: ▪ Bargeld und fällige Bankguthaben ▪ verwertbare Wertpapiere ▪ Bausparguthaben ▪ vorhandenes Grundstück indirekte Eigenmittel: ▪ Arbeitgeberdarlehen ▪ Verwandtendarlehen ▪ öffentliche Wohnbauförderungsmittel Eigenmittelersatz: ▪ Eigenleistungen ▪ Erbbaurecht statt Grundstückserwerb

Fremdmittel	
Unterscheidungsmerkmale	▪ Laufzeit: kündbar oder feste Fälligkeit ▪ Tilgung: Raten, Annuität oder am Ende ▪ Zinsbindung: Festzinssatz oder variabler Zinssatz ▪ Damnum: Stundung zur Verringerung der laufenden Belastung ▪ effektiver Jahreszins: enthält alle verpflichtenden Kostenfaktoren; Angabepflicht gegenüber Verbrauchern
Finanzierungsanbieter	▪ Geschäftsbanken ▪ Bausparkassen ▪ Spezialbanken (Hypothekenbanken) ▪ Versicherungen
Bauspardarlehen	▪ Zins- und Tilgungsbeitrag nach Tarif ▪ von Bausparkasse unkündbar ▪ Sondertilgungen jederzeit möglich ▪ Beleihung bis zu 80 % des Beleihungswertes ▪ nachrangige Sicherung möglich
Zwischenkredit	▪ Finanzierung durch Bausparkasse für Bausparsumme bis zur Zuteilung nach Erreichen der Mindestsparsumme ▪ Sparrate entfällt
Vorausdarlehen	▪ Mindestsparguthaben nicht erbracht, deshalb Regelsparbeitrag weiterhin zu erbringen ▪ Finanzierung der Bausparsumme durch Bausparkasse oder Bank bis zur Zuteilung
Versicherungsdarlehen	tilgungsfrei bis zur Fälligkeit der Kapitallebensversicherung

Beleihung von Immobilien	
Sachwertverfahren	Bodenwert = Verkehrswert + Bauwert ▪ nach Abschlagsverfahren ▪ nach Indexverfahren bei Altbauten
Beleihungsgrenzen	▪ erstrangig: 60 % Beleihungswert bei Banken, 50 % Versicherungsdarlehen ▪ nachrangig: bis 80 % Beleihungswert bei Bausparkassen ▪ individuelle Überschreitungen bei Banken und Versicherungen möglich

Sicherungsgrundschuld	
Begriff	Belastung des Grundstücks mit Verwertungsrecht des Grundschuldgläubigers entsprechend der vertraglichen Zweckbestimmung (Darlehensrückzahlung)
Bestellung	■ formloser Vertrag ■ beglaubigte Eintragungsbewilligung ■ Eintragungsantrag beim Grundbuchamt ■ Eintragung im Grundbuch, dritte Abteilung ■ bei Briefgrundschuld Übergabe des Grundschuldbriefs an Gläubiger
Erlöschen	grundsätzlich kein Erlöschen mit Darlehensrückzahlung, sondern erst: ■ Löschungsbewilligung des Gläubigers ■ Antrag beim Grundbuchamt ■ bei Briefgrundschuld Vorlage des Briefs

Finanzierungsplanung	■ Ermittlung des Finanzierungsbedarfs – Kaufpreis – Nebenkosten des Erwerbs – Vorfinanzierungskosten ■ Zusammenstellung der Finanzmittel – Eigenmittel, direkt und indirekt – Fremdmittelbedarf ■ Berechnung der monatlichen Belastung ■ Prüfung der Beleihungsgrenzen ■ Prüfung der Belastbarkeit (Haushaltsrechnung)
Risiken	■ Zinsänderungsrisiko bei Anschlussfinanzierung oder variablem Zins ■ persönliche Risiken

Aufgaben und Probleme

Kapitel 3 Finanzierung von Immobilien

Finanzierungsgrundsätze, Eigenmittel, Merkmale der Fremdmittel, Finanzierungsanbieter

1 Florian Starke hat ein kleines Vermögen, teils noch von den Eltern, teils aus einer kleinen Erbschaft:
Sparguthaben von rund 25.000 EUR
Bundesschatzbriefe im Wert von rund 10.000 EUR
Bausparvertrag mit Vertragssumme 50.000 EUR, Mindestsparsumme von 20.000 EUR bereits eingezahlt, demnächst zuteilungsreif.
Sein Nettoeinkommen beträgt derzeit monatlich rund 2.000 EUR.
Der Kaufpreis der von Starke zum Kauf geplanten Eigentumswohnung beträgt einschließlich Kaufnebenkosten 180.000 EUR.

Von Verwandten könnte Starke ein zinsloses Darlehen von 20.000 EUR erhalten.
Die Zins- und Tilgungsrate für den Bausparvertrag beträgt 6 ‰ der Bausparsumme, Kredite werden mit 5,5 % Zins und 1,5 % Tilgung angeboten, wobei die üblichen Beleihungsgrenzen gelten.

a) Erstellen Sie eine erste Einschätzung der Tragbarkeit der Finanzierung für Florian Starke.
b) Suchen Sie aus den Rahmenbedingungen für Starke die entscheidenden Daten heraus:
   - direkte Eigenmittel,
   - indirekte Eigenmittel.

❷ Erläutern Sie die Besonderheiten des „Eigenmittelersatzes" in Zusammenhang mit einer Baufinanzierung.

❸ Ein Bausparer hat folgende Bausparverträge ohne größere Zielsetzung abgeschlossen:
1. Bei Bausparkasse S Vertrag über 20.000 EUR, Guthaben 12.000 EUR (Mindestguthaben 50 %), abgeschlossen seinerzeit für Vermögenswirksame Leistungen, Einzahlung derzeit ausgesetzt, da keine VL-Leistung mehr tariflich gewährt wird.
2. Bei Bausparkasse V Vertrag über 20.000 EUR, Guthaben 7.000 EUR (Mindestguthaben 50 %), monatliche Sparrate 4 ‰ der Bausparsumme.
3. Bei Bausparkasse S Vertrag über 15.000 EUR auf Ehefrau Lisa, einbezahlt 5.000 EUR, monatlicher Sparbeitrag 60 EUR.
4. Für Tochter Sabine (16 Jahre alt) gibt es derzeit noch keinen Vertrag.

Beschreiben Sie eine Lösung, die deren Bausparverhältnisse etwas vereinfachen und bereinigen könnte.

❹ Ein Bausparer plant, in etwa zwei Jahren einen Umbau seines Hauses durchzuführen. Dafür will er vorhandene Bausparverträge einsetzen.
Er will sicher sein, dass er die Bausparsumme genau zum geplanten Zeitpunkt ausgezahlt bekommt, und verlangt von seiner Bausparkasse die Angabe eines konkreten Zeitpunkts für die Zuteilung der Bauspармittel.
Nehmen Sie zu diesem Verlangen Stellung.

❺ Der Bausparvertrag weist eine Bewertungszahl von 500 Punkten auf. Die aktuelle Zielbewertungszahl beträgt 700 Punkte. Der Bausparer kann mit diesen Begriffen nicht viel anfangen. Erläutern Sie die Bedeutung.

❻ Unterscheiden Sie die Abwicklung und Belastung aus Sicht des Bausparers bei
- einer Zwischenfinanzierung durch die Bausparkasse,
- einem Bankvorausdarlehen auf den Bausparvertrag.

❼ Ein Interessent für eine Wohnung zum Kaufpreis von insgesamt 160.000 EUR bittet um eine Finanzierungsberatung. Er verfügt über 30.000 EUR Barmittel und über einen Bausparvertrag über 40.000 EUR (50 % Tarif), auf dem bereits 15.000 EUR angespart sind. Die Regelsparrate ist 4 ‰ der Bausparsumme. Für die Zwischenfinanzierung werden 4 % p.a. berechnet. Zins- und Tilgungsbeitrag der Bausparkasse 6 ‰.

a) Berechnen Sie die erforderliche Restfinanzierung durch Bankdarlehen unter Berücksichtigung der Zwischenfinanzierung des Bausparvertrags durch die Bausparkasse.
b) Berechnen Sie die Finanzierungskosten, wenn die Bank 5,5 % Zins und 1,5 % anfängliche Tilgung verlangt.
c) Ermitteln Sie die Belastung nach Zuteilung des Bausparvertrags.

❽ Beschreiben Sie Merkmale der endfälligen Tilgung über eine Kapitallebensversicherung.

Sicherungsgrundschuld

❾ Beschreiben Sie die Merkmale einer Buchgrundschuld.

Beleihungsgrundsätze, Planung, Abwicklung, Risiken der Baufinanzierung

10 Nennen Sie zwei Arten von Erwerbsnebenkosten und begründen Sie, warum diese von Banken nicht in die Berechnung des Beleihungswertes einer Immobilie einbezogen werden.

11 Unterscheiden Sie Verkehrswert, Beleihungswert und Beleihungsgrenze an einem Beispiel.

12 Nach einer Kaufentscheidung für eine Eigentumswohnung bittet ein Ehepaar um eine Finanzierungsberatung. Für das Objekt fallen folgende Kosten an:
Kaufpreis: 200.000 EUR,
Notar- und Grundbuchkosten: 3.000 EUR.
Das Ehepaar hat folgende Vermögenswerte zur Verfügung: zuteilungsreifer Bausparvertrag, Bausparsumme 40.000 EUR mit 40 % (= Mindestsparbeitrag) angespart. Monatlicher Zins- und Tilgungsbeitrag 6 ‰ der Bausparsumme. Erlös aus dem Verkauf von Wertpapieren 43.000 EUR. An Fremdmitteln stehen zur Verfügung: erstrangiges Darlehen der Hausbank in Höhe von 90.000 EUR zu 5,7 % Nominalzins und 2 % anfänglicher Tilgung. Die Finanzierungslücke wird mit einem weiteren vorzufinanzierenden Bausparvertrag geschlossen. Vorausdarlehen der Bausparkasse zu 5,8 % Nominalzins, monatlicher Sparbeitrag für den Bausparvertrag 4 ‰ der Bausparsumme.
Stellen Sie für das Ehepaar eine Finanzierungsplanung und Belastungsrechnung auf.

13 Die Gesamtkosten einer Eigentumswohnung zum Gesamtkaufpreis von 300.000 EUR werden wie folgt finanziert: Als Eigenmittel sind Wertpapieranlagen über 50.000 EUR und ein Bausparvertrag über 90.000 EUR mit dem Mindestguthaben von 50 % der Bausparsumme vorhanden. Als Fremdmittel wird ein erstrangiges Bankdarlehen aufgenommen, dessen Beleihungsgrenze bei 60 % des Beleihungswertes liegt. Die Beleihungsgrenze für das Bauspardarlehen liegt bei 80 % des Beleihungswertes, der nach dem Sachwertverfahren mit einem Abschlag von 10 % zu berechnen ist.
a) Berechnen Sie das erstrangige Bankdarlehen.
b) Errechnen Sie die Summe der Eigen- und Fremdmittel.
c) Prüfen Sie, ob die Beleihungsgrenzen eingehalten werden.

14 Das junge Ehepaar Schmid hat ein Nettoeinkommen von 2.900 EUR. Mit Unterstützung und auf Anregung ihrer Eltern wollen die Eheleute eine Doppelhaushälfte errichten. Die Kosten für das Objekt sehen wie folgt aus:

Festpreis für das Wohnhaus:	190.000 EUR
Grundstück:	40.000 EUR
Erschließungskosten:	25.000 EUR
Garage:	10.000 EUR
Sonderwünsche (u. a. Einbauküche):	12.000 EUR
Erwerbsnebenkosten:	3.000 EUR

Das Ehepaar hat folgende Finanzierungsvorstellung:
- 60.000 EUR Bausparvertrag (25.000 EUR sind angespart, 50 % Mindestansparung, 4 ‰ Sparbeitrag, 6 ‰ Tilgungsbeitrag einschließlich Zinsen, Vorausdarlehen der Bausparkasse angeboten zu 4,8 % Nominalzins)
- 50.000 EUR frei verfügbares Kapital auf Sparkonto
- 10.000 EUR Arbeitgeberdarlehen (Laufzeit 10 Jahre, zinsfrei)
- Wert der Eigenleistung 5.000 EUR
- Restfinanzierung über Bankdarlehen (abgesichert durch Grundpfandrecht zugunsten der Bank, 5,5 % Zins, 2 % anfängliche Tilgung)

Für Lebenshaltungskosten werden monatlich vorgesehen:

– Heizung/Strom/Wasser	200 EUR
– Kfz	200 EUR
– Telefon, Zeitung	50 EUR

- Lebensmittel 500 EUR
- Rücklage für Unvorhergesehenes, Urlaub usw. 200 EUR

a) Ermitteln Sie
   - die Gesamtkosten,
   - die Höhe und den Anteil der Eigenmittel,
   - die Aufteilung der benötigten Fremdmittel.

b) Erstellen Sie einen Finanzierungsplan, berechnen Sie die anfängliche monatliche Belastung aus dieser Finanzierung und beurteilen Sie diese.

c) Ermitteln Sie aus der Sicht der Hausbank die Beleihungsgrenze nach dem Sachwertverfahren unter Berücksichtigung eines Risikoabschlags von 20 % vom Bauwert und prüfen Sie, ob die Finanzierungsvorstellungen der Eheleute durchführbar sind. Das Darlehen soll im Realkreditbereich liegen.

d) Prüfen Sie, ob im Hinblick auf die Finanzierung mit dem Bauspardarlehen der Beleihungswert ausreicht.

e) Geben Sie an, unter welcher Zukunftsprognose sich die Eheleute für ein Darlehen mit veränderlichem Zinssatz entscheiden sollten.

15 Beurteilen Sie, wie hoch die als Grundlage einer Finanzierungsplanung zur Verfügung stehenden Mittel sind als
- Eigenmittel,
- Fremdmittel.

Mittel:
- Eigenleistungen nach steuerrechtlicher Bewertung 10.000 EUR
- Bundeswertpapiere im Depot, Restlaufzeit 4 Jahre, Kurswert 45.000 EUR
- Zuteilungsreifer Bausparvertrag, Vertragssumme 50.000 EUR, davon 40 % bespart
- Rückkaufswert einer Lebensversicherung über 50.000 EUR
- Darlehen des Vaters von Anna Frick 40.000 EUR
- Vorausdarlehen auf Bausparvertrag über 30.000 EUR mit 10 % bespart
- Bankdarlehen 100.000 EUR

16 Geben Sie drei Unterlagen an, die für einen Baufinanzierungsantrag bereitzustellen sind.

4 Staatliche Förderung von selbst genutzten Immobilien

Der Erwerb von Immobilien wurde in den Aufbaujahren nach Gründung der Bundesrepublik Deutschland noch stark vom Staat auf verschiedenen Wegen gefördert. Eine solche Förderung gibt es heute nur noch ansatzweise, auch wenn ihr Ausbau politisch manchmal gefordert wird.

Staatliche Förderung von selbst genutzten Immobilien			
Sparphase		Darlehensphase	
■ Wohnungsbauprämie ■ Vermögenswirksame Leistungen	■ Riester-Rente ■ Eigenheim-rente	Eigenheimrente (Wohn-Riester)	Finanzierungshilfen über Staatsbanken ■ KfW Förderbank ■ L-Bank

Indirekte staatliche Förderung

Den Kapitalaufbau für Wohnzwecke fördert der Staat in erster Linie über die **Wohnungsbauprämie** und die Möglichkeit, **Arbeitnehmer-Sparzulage** in Zusammenhang mit vermögenswirksamen Leistungen auf Bausparverträge zu erhalten.[1]

Weiterhin können Ansparmittel aufgrund des **Altersvermögensgesetzes** („Riester-Rente") für die Finanzierung von Immobilien eingesetzt werden. Zum Erwerb von selbst genutztem Wohneigentum zur Altersvorsorge können bis zu 75 % oder der gesamte Betrag aus den Einlagen eines Riester-Vertrags entnommen werden. Der Betrag kann unmittelbar für die Anschaffung oder Herstellung einer Wohnung oder zu Beginn der Auszahlungsphase zur Entschuldung einer Wohnung verwendet werden (Altersvorsorge-Eigenheimbeitrag)

„Wohn-Riester"

2008 wurde das **Eigenheimrentengesetz** (EigRentG) verabschiedet, um die eigenen vier Wände, sofern sie selbst genutzt werden, in die Altersvorsorge besser einzubinden. Danach gelten die Regelungen der Riester-Förderung auch für den Erwerb, den Bau, den Kauf von Genossenschaftsanteilen und die Entschuldung selbst genutzter Wohnimmobilien. Es gibt dafür die üblichen Zulagen. Mit den Riester-Zulagen wird also auch der Kauf, der Bau oder die Entschuldung einer Wohnung oder eines Hauses belohnt. Die Beträge auf einen Altersvorsorge-Bausparvertrag sind in der Sparphase wie bei allen Riester-Produkten steuerfrei. Erst in der Auszahlungsphase werden die Leistungen besteuert.[2]

Bei der Versteuerung gibt es zwei Möglichkeiten: Wer die Steuerschuld auf einen Schlag begleicht, versteuert nur noch 70 statt 100 Prozent des geförderten Kapitals. Förderberechtigte können sich aber auch für die nachgelagerte Besteuerung entscheiden. Dann wird das geförderte Kapital über einen längeren Zeitraum (bis zu 25 Jahren) verteilt besteuert. Von der persönlichen Situation des Steuerpflichtigen hängt ab, ob in diesem Fall überhaupt eine Steuer zu zahlen ist.

Das Eigenheim-Rentenmodell sieht also zwei Förderansätze vor:
1. Wer „riestert" und sich eine Immobilie anschaffen möchte, kann sein bis dahin angespartes Vermögen vollständig dafür verwenden. Eine solche „Entnahme" von 75 % oder 100 % ist auch möglich, um damit eine selbst genutzte Wohnimmobilie zu entschulden.
2. Der staatliche Riester-Bonus kann auch zur Tilgung eines Baudarlehens verwendet werden.

Die nachgelagerte Besteuerung in der Auszahlungsphase wird in beiden Fällen durch die Bildung eines „Wohnförderkontos" gewährleistet. Auf diesem „Konto" werden die in der Immobilie gebundenen geförderten Beiträge erfasst. Sie bilden die Grundlage für die spätere Versteuerung, die mit der vertraglich festgelegten Auszahlungsphase im Alter beginnt.

Mit Riester-Rentenpolicen, -Fonds und -Banksparplänen gibt es damit vier Riester-Produkte.

Finanzierungshilfen über Staatsbanken

Unter bestimmten Voraussetzungen fördert der Staat in Zusammenarbeit mit seinen eigenen Kreditinstituten Darlehen zum Erwerb von Wohneigentum, so z. B. für
- einkommensschwache Familien,
- energiesparende Baumaßnahmen.

1 Vgl. Kap. C 4

2 Vgl. Kap. C 3.5.5 und I

Dafür sind in Baden-Württemberg die L-Bank und bundesweit die KfW Förderbank zuständig. Für viele Bauwillige ist eine Finanzierung nur mit Hilfe dieser Förderungen darstellbar.

L-BANK
Staatsbank für Baden-Württemberg

Wohnen mit Kind
Familien finden mit den Förderdarlehen „Wohnen mit Kind" die ideale Ergänzung für die Finanzierung ihrer eigenen vier Wände. Die L-Bank bietet diese Förderung in Kooperation mit der KfW Förderbank an. „Wohnen mit Kind" entspricht in den Grundzügen dem KfW-Wohneigentumsprogramm. Die Familien in Baden-Württemberg erhalten jedoch besonders günstige Zinsen. Denn die L-Bank verbilligt die ohnehin günstigen Darlehen der KfW zusätzlich.
Gefördert wird der **Neubau** und **Kauf** von Eigenheimen bzw. Eigentumswohnungen in Baden-Württemberg durch Finanzierungshilfen. ...

Die aktuellen Förderbedingungen können jeweils im Internet abgerufen werden.[1]

5 Kapitalanlage in Immobilien

Der Erwerb von Wohneigentum kann sich auch als Kapitalanlage zur Erzielung von Mieteinnahmen lohnen. Bei einer solchen Kapitalanlage können in erster Linie folgende Anlegerziele erreicht werden:

- Sicherheit,
- „inflationsgeschützte" Wertbeständigkeit und Aussicht auf Wertzuwachs,
- laufende Erträge durch Miete,
- Steuervorteile.

Beispiel

Kaufpreis der Wohnung	200.000 EUR
Eigenmittel	60.000 EUR
Fremdmittel	140.000 EUR
Tilgung pro Jahr ca.	1.400 EUR
Zinsen pro Jahr ca.	8.000 EUR
Steuervorteile:	
Abschreibung 2 % auf	175.000 EUR
(Gebäudeanteil) bei Neubau	3.500 EUR
+ Zinsaufwand	8.000 EUR
– Miete	– 7.200 EUR
= Minderung des zu versteuernden Einkommens	4.300 EUR
Steuervorteil bei 50 % Steuerbelastung	2.150 EUR
Ausgabendifferenz pro Jahr (8000 + 1.400 – 2.150 – 7.200)	– 50 EUR

Als Beurteilungskriterien für eine Kapitalanlage in einer Eigentumswohnung spielen für Kapitalanleger neben den allgemeinen Lagekriterien und der Bauausstattung folgende Kriterien eine Rolle:

- Höhe der Instandhaltungsrückstellungen,
- Höhe des Hausgeldes bzw. der Nebenkosten,
- Reparaturbedürftigkeit der Wohnanlage,

1 www.l-bank.de und www.kfw.de

- Qualifikation des Verwalters,
- rechtliche Grundlagen wie Gemeinschafts-, Hausordnung und Beschlüsse der Wohnungseigentümergemeinschaft,
- Quote von selbst nutzenden Eigentümern.

Steuervorteile bei Vermietung

Wenn eine Immobilie vermietet wird, kann der Eigentümer zeitlich unbegrenzt für beliebig viele Objekte Steuervorteile beanspruchen. Die Vermietung einer Wohnung führt zu Einkünften aus Vermietung und Verpachtung im Sinne des § 21 EStG. Als Überschusseinkünfte werden diese grundsätzlich wie folgt festgestellt:

Einnahmen (Miete und evtl. verrechnete Nebenkosten)
./. Werbungskosten
= Einkünfte aus Vermietung und Verpachtung

Die Einkünfte können positiv („Gewinn") oder negativ („Verlust") sein. Wegen der Möglichkeit der Verlustverrechnung mit anderen positiven Einkünften ist es oft ein Ziel, über den Erwerb einer Immobilie zunächst zu negativen Einkünften zu kommen und diese mit anderen positiven Einkünften zum Zwecke der Steuerersparnis zu verrechnen. Je höher die Werbungskosten im Verhältnis zu den Einnahmen sind, umso größer sind die Möglichkeiten der Reduzierung der Steuerlast.

Beispiele für Werbungskosten bei Vermietung

- Abschreibung 2 % auf das Gebäude
- Kosten der laufenden Instandhaltung und Renovierung
- Finanzierungskosten: Schuldzinsen, Damnum, Geldbeschaffungskosten
- Pflege und Reinigung der Gartenanlagen
- Erhaltungsaufwand: Das sind alle Reparaturkosten einschließlich Schönheitsreparaturen, aber auch gewisse Erneuerungen und Verbesserungen
- Hausversicherungen
- Heizungskosten
- Hausverwaltung einschließlich Telefon- und Portoaufwendungen
- Grundbesitzervereinsbeiträge, Hausmeister, Grundbesitzabgaben wie Grundsteuern, Entwässerungs- und Kanalbenutzungsgebühren, Straßenreinigungs- und Müllabfuhrgebühren

Die Werbungskosten können nicht geltend gemacht werden, wenn sie vom Vermieter auf die Mieter umgelegt werden.

Der **Abschreibungsbetrag** richtet sich nach den Herstellungs- oder Anschaffungskosten.

Anschaffungskosten sind alle Aufwendungen, die im Falle des Erwerbs von einem Dritten anfallen. Sie setzen sich zusammen aus dem Kaufpreis und den Nebenkosten wie Besichtigungskosten, Maklergebühren, Notar- und Grundbuchgebühren (für den Kaufvertrag und die Auflassung, nicht für die Finanzierung) und der Grunderwerbsteuer.

Wenn ein bebautes Grundstück oder eine Eigentumswohnung angeschafft wird, ist der Kaufpreis nach dem Verhältnis der Verkehrswerte auf den nicht abschreibbaren Grund und Boden und das abschreibbare Gebäude aufzuteilen.

Herstellungskosten hat derjenige, der ein Bauvorhaben selbstständig durchführt. Dazu gehören sämtliche Aufwendungen, die zur gebrauchsfähigen Errichtung eines Gebäudes aufgewandt werden.

Nicht zu den Herstellungskosten des Gebäudes, sondern zu den Anschaffungskosten von Grund und Boden gehören:
- Straßenanliegerbeiträge und Erschließungsbeiträge,
- Kanalanschlussgebühren.

Als Abschreibungssätze gelten für die Gebäude:
2,5 % bei Fertigstellung vor dem 01.01.1925,
2,0 % bei Fertigstellung nach dem 31.12.1924.

Beispiel

Kurt Altmann erwirbt ein gebrauchtes Zweifamilienhaus (Baujahr 1932) in einem Stadtrandgebiet zum Kaufpreis von 200.000 EUR am 15.10. mit eigenen Mitteln. Die Gebühren betragen insgesamt 2.000 EUR. Der Wert des Grund und Bodens wird mit 30.000 EUR angesetzt. Renovierungsmaßnahmen sind im ersten Jahr mit 15.000 EUR durchgeführt worden. Das Gebäude konnte in dieser Zeit noch nicht vermietet werden. Die Einkünfte aus Vermietung und Verpachtung ergeben sich im ersten Jahr wie folgt:

Wert des Gebäudes	170.000,00 EUR
anteilige Gebühren	1.700,00 EUR
Anschaffungskosten	171.700,00 EUR
2 % AfA linear für 3 Monate	858,50 EUR
Erhaltungsaufwand (unter 15 %)	15.000,00 EUR
Sonstige Werbungskosten	200,00 EUR
Einkünfte (Verlust)	16.058,50 EUR

Bei einem Spitzensteuersatz von 35 % ergibt das eine Steuerersparnis durch Verrechnung mit anderen Einkünften von über 5.620 EUR.

6 Vertiefungsinhalte Allfinanz[1]

6.1 Bedeutung des Immobiliengeschäfts für Finanzdienstleister

Das Immobiliengeschäft gehört zum klassischen Geschäftsbereich der Finanzdienstleister, seien es herkömmliche Geschäftsbanken oder reine Vermittlungs- und Beratungsunternehmen.

Die Motive seitens der Finanzdienstleister, insbesondere der Geschäftsbanken, sind in erster Linie:

- **Ertragsquellen** außerhalb des Zinsgeschäfts erschließen: Da die Zinsspanne aus dem klassischen Bankgeschäft durch Wettbewerb und zunehmende Transparenz der Kunden sich schon seit Langem vermindert, sind Banken zunehmend auf Ertragsquellen angewiesen, die nicht dem klassischen Geschäft Einlagen/Kredite entstammen. Dazu können Vermittlungsprovisionen aus dem Immobiliengeschäft beitragen.
- **Cross-Selling:** Das Immobiliengeschäft bietet zahlreiche Ansätze für die Förderung des Absatzes weiterer Bankprodukte. Dazu gehören beispielsweise
  - Finanzierungsangebote für die langfristige Immobilienfinanzierung durch eigene Kredite oder Kredite von Spezialbanken,
  - Finanzierungsangebote für kurz- und mittelfristige Kredite als Zwischenkredite und Vorausdarlehen,
  - Geldanlagen in der Ansparphase von Immobilienerwerbern über Festgelder, Tagesgelder oder Sparpläne,
  - Vermittlung von Bausparverträgen und Mitwirkung bei der Finanzierung über Bauspardarlehen „aus einer Hand“,

1 Insbesondere für das Fach Allfinanz

- Vermittlung von Versicherungen in Zusammenhang mit dem Immobilienerwerb. Dazu gehören: Kapitallebensversicherungen in der Ansparphase und zur Absicherung in der Finanzierungsphase, Risikolebensversicherungen in der Finanzierungsphase, Gebäudeversicherung, Haftpflichtversicherungen in Zusammenhang mit Immobilienbesitz, Hausratversicherung.

- **Kundenakquisition:** Durch die Tätigkeit als Immobilienmakler können Kontakte zu neuen Kunden geknüpft werden.

Geschäftsbanken mit einer Kontoverbindung zum Immobilienerwerber haben den Vorteil, das aus der langfristigen Geschäftsbeziehung gewachsene Vertrauen der Kunden einsetzen zu können. Bankkunden möchten häufig von ihrer Hausbank „rundum" in allen Finanz- und Vermögensfragen beraten werden.

Unabhängige Finanzdienstleister argumentieren den Immobilienerwerbern gegenüber gerade damit, dass sie die besten Konditionen unabhängig von bestehenden Geschäftsbeziehungen finden könnten. Sie erhalten dann entsprechende Provisionen von den Anbietern bei einer erfolgreichen Vermittlung oder sie vereinbaren mit ihren Kunden Beratungsprovisionen und können sich dann als ganz unabhängig bezeichnen.

6.2 Ermittlung des Bauwerts nach dem Indexverfahren

Das Indexverfahren wird insbesondere bei der Beleihung bereits bestehender und meist mehr als 30 Jahre alter Häuser angewendet. Auf der Grundlage der Baupreise vor dem Ersten Weltkrieg werden vom Statistischen Bundesamt Baupreisindizes mit den Basisjahren 1913 und 1914 berechnet. Hypothekenbanken und Feuerversicherungen gehen vom Index 1914 aus. Zu diesem Basisjahr wird ein Index vierteljährlich veröffentlicht. Für Beleihungszwecke werden von den Kreditinstituten Sicherheitsabschläge von mindestens 20 % auf den Index vorgenommen. Die Baukosten werden für den Kubikmeter umbauten Raumes für verschiedene Wohnqualitäten festgelegt. Für die Alterung des Gebäudes werden Abschläge gemacht, die sich nach der voraussichtlichen Nutzungsdauer des Gebäudes richten. So wird für ein massiv gebautes Einfamilienhaus eine Nutzungsdauer von 80–100 Jahren angenommen. Dabei sind folgende Alterungsabschläge üblich:

Technische Wertminderung von Gebäuden in % des Herstellungswertes nach „Ross"

Lebensalter des Gebäudes	Wertminderung bei einer Lebensdauer von	
	80 Jahren	100 Jahren
5	3,3	2,6
10	7,0	5,5
20	15,6	12,0
30	25,8	19,5
40	37,5	28,0
50	50,8	37,5
60	65,6	48,0
70	82,0	59,5
80	100,0	72,0
90		85,5
100		100,0

Raummeterpreise Basis 1913			
	Ausführung und Bauart		
	mittelmäßig	gut	sehr gut
Einfache Einfamilienhäuser massive Bauart mit ca. 2,70 m hohen Geschossen, $1^1/_2$- bis 2-geschossig, teilunterkellert, Holzgeschossdecken, Nutzungsdauer ca. 80 Jahre	12–14	14–17	18–22
Bessere Einfamilienhäuser, Bungalows sehr gute massive Bauart mit ca. 2,85 m hohen Geschossen, 1- bis $1^1/_2$-geschossig, voll unterkellert, massive Geschossdecken, Verblendungen, Einbauschränke, Nutzungsdauer 80–100 Jahre	20–24	24–28	28–32
Ältere Mehrfamilienhäuser massive Bauweise, mehrgeschossig, Geschosshöhen 3,00 bis 3,50 m, voll unterkellert, Holzbalkendecken, einfache Ausführung und Bauart, Sanitäranlagen, Nutzungsdauer ca. 100 Jahre	14–16	16–18	18–22
Neuere Mehrfamilienhäuser massive Bauweise, mehrgeschossig, Geschosshöhe ca. 2,75 m, voll unterkellert, massive Decken, moderne Sanitäranlagen, Nutzungsdauer ca. 100 Jahre	16–18	18–20	20–24

Beispiel

Mietwohngebäude mit guter Ausstattung, umbauter Raum 2.100 Kubikmeter, Basispreis 1913 ohne Nebenkosten 18 Mark je Kubikmeter; Nebenkosten 15 %, Lebensdauer 100 Jahre, Lebensalter des Gebäudes 60 Jahre:

Baupreis 1913	18,00 M
+ Nebenkosten 15 %	2,70 M
Basiswert 1913	20,70 M
Umbauter Raum 2.100 m³ · 20,70 M	
= Baupreis 1913	43.470,00 M
– technische Wertminderung (48 %)	20.865,60 M
	22.604,40 M

Index 1913 = 12,704 M je m³
– 20 % 2,541
10,163

Bauwert nach Beleihungsgrundsätzen	
22.604,40 · 10,163 =	229.728,52 EUR
+ Bodenwert 1.230 m² zu 60 EUR	73.800,00 EUR
Sachwert (gerundet)	303.528,00 EUR

Zulässig ist auch der Index „Normalherstellungskosten 2000", der insbesondere von Gutachterausschüssen verwendet wird.

Beispiel

Frei stehendes Einfamilienhaus, Bruttogrundfläche 300 m², Baujahr 1978, gehobene Ausstattung, Gesamtnutzungsdauer 100 Jahre, Baunebenkosten 16 %, Indexstand 700 EUR/m²:

	EUR
Bruttogrundfläche 300 m² · 700	210.000
+ Baunebenkosten 16 %	33.600
	243.600
– Altersabschlag 30 Jahre, 19,5 %	47.500
= Bauwert	196.100
+ Bodenwert 430 m² zu 94 EUR	40.420
Sachwert	236.520

6.3 Ertragswertermittlung

Der Ertragswert ist grundsätzlich bei Mietobjekten und weniger bei selbst bewohnten Familienheimen anzusetzen. Grundlage ist der voraussichtlich nachhaltig erzielbare Dauermietertrag. Aus ihm wird der Jahresrohertrag errechnet; dieser setzt sich aus sämtlichen Mieten des zu bewertenden Objekts zusammen. Der Jahresrohertrag wird um die laufenden Kosten vermindert. Der Rohertrag wird i. d. R. pauschal um etwa 20 % vermindert. Der sich nach Abzug der Kosten ergebende Mietreinertrag wird „kapitalisiert". Man unterstellt einen Kapitalwert, der bei der zugrunde gelegten Verzinsung den Mietreinertrag erbringen würde. Bei Wohngrundstücken geht man von einer Mindestverzinsung von 3 bis 4 % aus. Je nach der Restnutzungsdauer müssen noch Abschläge gemacht werden, die aus einer Tabelle zur Wertermittlungsverordnung entnommen werden können.

Beispiel

Der Ertragswert eines Wohngebäudes mit 6 Wohnungen und insgesamt 544 m² Wohnfläche ist zu ermitteln. Als monatliche Miete werden 7,50 EUR je m² erzielt. Zusätzlich werden 6 Garagen zu 60 EUR je Monat vermietet. Als Bewirtschaftungskosten werden 20 % des Rohertrags angesetzt. Der Kapitalisierungszinsfuß ist 4 %, Restnutzungsdauer 100 Jahre (kein Abschlag erforderlich).
Dies ergibt:

Jahresrohertrag 544 · 7,50 · 12 + 60 · 6 · 12 =	53.280 EUR
– Bewirtschaftungskosten 20 %	10.656 EUR
= Mietreinertrag (4 % des Ertragswertes)	42.624 EUR
Ertragswert	1.065.600 EUR

Die Bewirtschaftungskosten beim Ertragswertverfahren setzen sich aus folgenden Positionen zusammen:

- Verwaltungskosten (2–3 % der Miete),
- Instandhaltungskosten (5–10 % der Miete),
- Mietausfallkosten (1–2 % der Miete),
- Abschreibungen (i. d. R. 2 % des Gebäudewertes).

In erster Linie soll der Beleihungswert bei vermieteten Objekten aus dem **Ertragswert** abgeleitet werden. Dies ist im § 4 der Beleihungswertermittlungsverordnung für die Ermittlung des Beleihungswertes durch Pfandbriefbanken (vgl. § 16 Pfandbriefgesetz – Beleihungswertermittlung) als Grundsatz festgelegt.

Zu Vergleichszwecken kann auch ein Mittelwert aus Sachwert und Ertragswert berechnet werden.

6.4 Kaufpreis-Miete-Verhältnis

Der Kaufpreis für Mietobjekte kann auch als Vielfaches der Jahresnettomiete (KMV = Kaufpreis-Miete-Verhältnis, Kaufpreisfaktor) ermittelt werden: Für die Bewertung von Anlageobjekten wird regelmäßig das Verhältnis der Jahresnettokaltmiete zum Kaufpreis gesehen, dies entspricht einer Rendite, allerdings nicht in Prozent, sondern in einem Faktor. Ein KMV von 17 entspricht auf der Basis 100 einer Rendite von 5,88 %. Die Mietrendite entspricht also dem Kehrwert des KMV. Nicht berücksichtigt sind dabei Kaufnebenkosten, Betriebskosten, künftige Miet- und Wertsteigerungen sowie steuerliche Aspekte.

6.5 Ersatzsicherheiten für Bauspardarlehen

Bei einem Bauspardarlehen können statt einer Grundschuld auch Ersatzsicherheiten eingesetzt werden. Dies sind
- Bankbürgschaft,
- Abtretung von Bankguthaben,
- Abtretung des Rückkaufswertes einer Lebensversicherung.

6.6 Annuitätenhilfe

Wegen der hohen Tilgung der Bauspardarlehen kann die Annuität verringert werden, indem ein Teil der monatlichen Rate als Zuschuss gegeben wird. Dieser Zuschuss wird als neues Darlehen gebucht und verzinst. Dieses während der Zuschusszeit aufgelaufene Darlehen ist nach Rückzahlung des Bauspardarlehens zu tilgen. Man spricht daher auch von einem Annuitätszuschussdarlehen.

6.7 Verbundfinanzierung

Die Finanzierung „aus einer Hand“ über miteinander geschäftlich verbundene Finanzdienstleister kann Vorteile haben. Solche Finanzgruppen können beispielsweise sein:
- Sparkassen mit der jeweiligen Landesbausparkasse und der DekaBank,
- Genossenschaftsbanken mit einer genossenschaftlichen Hypothekenbank und der Bausparkasse Schwäbisch-Hall.

Regelmäßig hat es der Darlehensnehmer bei einer solchen Finanzierung nur mit der Geschäftsbank zu tun, die alle Formalitäten auch für die Bausparkasse bzw. die Hypothekenbank erledigt. Die Banken einigen sich untereinander über die Rangfolge der einmalig gestellten Sicherheit. Zunächst hat dieses Verfahren für den Kreditnehmer folgende Vorteile:

Der Kreditnehmer spart Wege und Zeit, denn er hat nur
- eine Abwicklungsstelle,
- einen Verhandlungspartner

und braucht nur
- einmal die Unterlagen zur Verfügung zu stellen und nur
- eine Grundbucheintragung.

Beispiel

Ein Wohnobjekt wird mit insgesamt 200.000 EUR durch Vermittlung einer Volksbank finanziert. Die Volksbank wird davon 160.000 EUR finanzieren, 40.000 EUR sind als Bauspardarlehen auf einen Bausparvertrag mit dem Verbundunternehmen Bausparkasse Schwäbisch-Hall vorgesehen. Die Grundschuld wird mit 200.000 EUR zugunsten der Volksbank eingetragen, da das Bankdarlehen erst lange Zeit nach dem Bauspardarlehen getilgt sein wird. Die Volksbank tritt an die Bausparkasse 40.000 EUR aus der Grundschuld in einem zweiseitigen Vertrag ohne Einschaltung des Grundbuchamtes ab.

6.8 Einsatz von Lebensversicherungen bei einer Finanzierung

Die Zinsen auf das Darlehen können bei vermieteten Objekten als Werbungskosten geltend gemacht werden, während die Erträge aus dem Sparvorgang bei der Versicherung evtl. nur zur Hälfte steuerpflichtig sind; hier wird bei entsprechenden Steuersätzen die Gesamtbelastung nach Steuern geringer. Der Sonderausgabenabzug von Beiträgen zu Lebensversicherungen, die Vorsorgezwecken dienen sollen, und die Steuerermäßigung ihrer Erträge ist von weiteren Voraussetzungen abhängig: Die Ansprüche aus diesen Versicherungsverträgen dürfen grundsätzlich nicht zur Sicherung oder Tilgung von Darlehen eingesetzt werden, deren Finanzierungskosten Betriebsausgaben oder Werbungskosten sind. Ausgenommen von diesen Einschränkungen ist die Verwendung solcher Lebensversicherungsansprüche zur Investitionsfinanzierung insbesondere im Eigenheim- und Mietwohnungsbau. Dabei sind folgende Regeln zu beachten:

Bei selbst genutztem Wohneigentum sind die Finanzierungskosten weder Werbungskosten noch Betriebsausgaben. Dem Einsatz eines Versicherungsdarlehens steht nichts entgegen.

Wenn in der selbst genutzten Wohnung ein Arbeitszimmer besteht, eine Garage mit einem für berufliche Zwecke verwendeten Fahrzeug oder eine Einliegerwohnung finanziert werden, gelten dieselben Grenzen wie bei vermieteten Objekten.

Steuerunschädlich ist die Abtretung der Lebensversicherung nur bei Einhaltung folgender Bedingungen:

- Das Darlehen darf nur zur Finanzierung von Anschaffungs- bzw. Herstellungskosten verwendet werden. Bei erstmaliger Finanzierung kann es auch bankübliche einmalige Finanzierungskosten wie ein Disagio enthalten. Keinesfalls dürfen mit Darlehen aber Erhaltungsaufwendungen oder laufende Zinsen finanziert werden.
- Die Lebensversicherung darf höchstens bis in Höhe der Anschaffungs- bzw. Herstellungskosten ohne Einbezug einmaliger Finanzierungskosten abgetreten werden.

6.9 Treuhandabwicklung

Wenn der Zahlungspflichtige erst zahlen will, wenn bestimmte Bedingungen eines Vertrags erfüllt sind, der Vertragspartner aber seinerseits eine Sicherheit haben will, dass das Geld zur Verfügung steht, wenn er seine Pflichten erfüllt hat, kann ein Treuhänder eingeschaltet werden. Einem Notar oder einem Kreditinstitut wird das Geld mit der Auflage übergeben, nur unter den genannten Voraussetzungen, zum Beispiel Nachweis der Fertigstellung eines bestimmten Bauabschnittes, dem Empfänger zu übertragen. Der Treuhänder kann für seine Tätigkeit Gebühren, zum Beispiel 0,5 % des Wertes, verlangen.

6.10 Zwangsvollstreckung in Immobilien

Den Ablauf des Verfahrens einer Zwangsvollstreckung in Immobilien zu kennen, kann wichtig sein für den Eigentümer der Immobilie ebenso wie für den Grundpfandrechtsgläubiger. Eine Immobilie kann auch im Rahmen eines Zwangsversteigerungsverfahrens statt über einen Kaufvertrag erworben werden.

Die wesentlichen Rechtsgrundlagen zur Zwangsvollstreckung in Immobilien finden sich in der Zivilprozessordnung (ZPO), im Zwangsversteigerungsgesetz (ZVG) und in der Zwangsverwalterverordnung (ZwVwV). Die Zwangsvollstreckung in ein Grundstück kann durch Zwangsversteigerung, Zwangsverwaltung oder Eintragung einer Zwangshypothek erfolgen. Zum unbeweglichen Vermögen, in das Zwangsvollstreckung betrieben werden kann, gehören unter anderem bebaute und unbebaute Grundstücke, Erbbaurechte und mit Sondereigentum verbundene Miteigentumsanteile beim Wohnungseigentum.

Zwangsversteigerung

Die Zwangsvollstreckung wegen einer Forderung wird durch den Gläubiger des Grundstückeigentümers beim Amtsgericht als dem Vollstreckungsgericht, in dessen Bezirk die Immobilie liegt, beantragt. Dem Antrag sind beizufügen:
- Schuldtitel mit Vollstreckungsklausel (z. B. aus rechtskräftigem Urteil oder Grundschuldeintragung mit Zwangsvollstreckungsklausel)
- Grundbuchauszug mit Eintragung des Schuldners als Eigentümer

Verfahren der Zwangsversteigerung

Die vollstreckbare Ausfertigung der notariellen Schuldurkunde muss dem Schuldner mindestens zwei Wochen vor Beginn der Zwangsvollstreckung durch einen Gerichtsvollzieher zugestellt werden. Nach Erfüllung der Voraussetzungen ordnet das Gericht die Zwangsversteigerung an und beschlagnahmt das Grundstück zugunsten des Gläubigers. Dieser **Anordnungsbeschluss** wird den am Zwangsversteigerungsverfahren Beteiligten zugestellt.

Dies sind:
- der das Verfahren betreibende Gläubiger,
- der Schuldner, i. d. R. auch zugleich Grundstückseigentümer,
- nicht am Verfahren beteiligte Gläubiger, für die ein Recht im Grundbuch eingetragen ist, z. B. den das Verfahren betreibende vorrangige Gläubiger und sonstige Grundstücksberechtigte,
- Berechtigte aus öffentlichen Lasten.

Der Anordnungsbeschluss wird im Grundbuch in der zweiten Abteilung eingetragen. Dies verhindert den öffentlichen Glauben an die Richtigkeit des Grundbuchs hinsichtlich der Eigentümerstellung.

Vor dem Versteigerungstermin lässt das Gericht den **Verkehrswert** des Objekts, z. B. durch den Gutachterausschuss, feststellen. Der ermittelte Wert der Immobilie wird den Verfahrensbeteiligten bekannt gegeben. Diese und Bieterinteressenten können Einsicht in das Gutachten verlangen.

Danach bestimmt das Gericht den Versteigerungstermin und macht ihn durch Aushang im Amtsgericht und Veröffentlichung im Amtsblatt, meistens die örtliche Tageszeitung, und im Internet bekannt. Zwischen Antrag und Versteigerungstermin können mehrere Monate liegen. Die Frist zwischen Bekanntgabe und Termin darf den Zeitraum von sechs Monaten nicht überschreiten.

0001 K 0061/ 20..	(letzte Aktualisierung: 07-07-20.. 15:59)
Art der Versteigerung:	Versteigerung im Wege der Zwangsvollstreckung
Grundbuch:	Altstadt, Blatt 10874, BV Nr. 1
Objekt/Lage:	**Wohngebäude:** Marktstraße 36, 12345 Altstadt
Beschreibung:	Objektbeschreibung lt. Gutachten:
	2-geschossiges, massives freistehendes Wohngebäude, ca. 367 m² Wohnfläche, mit Teilunterkellerung, teilweise ausgebautem Dachgeschoss, sowie 1-geschossige massives PKW-Garage, Grundstücksgröße: 11a 93 m²
Verkehrswert in EUR:	451.000,00
Termin:	**Freitag, 27. August 20.., 09:00 Uhr**
Ort der Versteigerung:	Amtsgericht Altstadt, Sitzungssaal I. OG
Informationen zum Gläubiger:	Hypobank AG vertr. d. RA Dr. Bauer, Frankfurt
Gericht:	Internetseite des Gerichtes
GeoServer:	Karten, Luftbilder

Muster einer Veröffentlichung im Internet

Ablauf der Versteigerung

Der Versteigerungstermin besteht aus drei Abschnitten:

- Aufruf zur Sache und Bekanntmachungen
- Versteigerungszeit
- Gerichtsentscheidung

Jeder Bieter muss geschäftsfähig sein und sich durch einen amtlichen Lichtbildausweis legitimieren bzw. seine Vertretungsbefugnis nachweisen.

Zu Beginn verliest der Rechtspfleger die Grundbucheintragungen und bezeichnet den die Zwangsvollstreckung betreibenden Gläubiger, die Versteigerungsbedingungen und in diesem Zusammenhang das geringste Gebot.

Das **geringste Gebot** setzt sich wie folgt zusammen:

- bestehen bleibende Rechte, also vorrangige Grundbucheintragungen,
- Verfahrenskosten,
- offene öffentlich-rechtliche Belastungen wie Grundsteuern und noch abzurechnende Erschließungskosten,
- Nebenleistungen der bestehen bleibenden Rechte,
- etwaige Rechtsverfolgungskosten des Gläubigers,
- laufende und aus den letzten zwei Jahren rückständige Zinsen für vorrangige Rechte (laufende Zinsen sind die vor der Beschlagnahme fälligen Zinsen, meistens zum 1.1. des Jahres und die Zinsen bis zur Versteigerung; durch die Zeit von der Beschlagnahme bis zur Versteigerung können sich die Zinsen erheblich erhöhen, zumal für die Besicherung die im Grundbuch meistens recht hoch eingetragenen Zinsen maßgeblich sind).

Beispiel

Für eine Grundschuld über 1.200.000 EUR nebst 18 % Zinsen (je fällig am ersten Tag des folgenden Kalenderjahres) wurde Ende 2008 das Zwangsversteigerungsverfahren eingeleitet. Zinsen waren schon einige Jahre rückständig. Der Versteigerungstermin war erst am 01.07.2010. Zu diesem Termin gehören zum Rang der Grundschuld folgende Zinsansprüche:

Zinsen je 18 % aus 1.200.000 EUR:

- laufende Zinsen: 1.1.2007 (fällig am 1.1.2008!) bis 01.07.2010: 756.000 EUR
- rückständige Zinsen für 2 Jahre:
  vom 1.1.2005 bis 31.12.2006 (= 2 Jahre): 432.000 EUR

Zinsansprüche insgesamt: 1.188.000 EUR

Die Grundschuld geht mit insgesamt 2.388.000 EUR in die Rangfolge der zu befriedigenden Forderungen ein.

Die eigentliche **Bieterstunde** beträgt mindestens 30 Minuten. In dieser Zeit können nach Aufforderung Gebote mündlich abgegeben werden. Der Bieter nennt ein bestimmtes Gebot. Dieses bezeichnet nur das **Bargebot**, das ist der das geringste Gebot übersteigende Betrag. Der Bieter muss zu diesem Bargebot also immer noch das geringste Gebot hinzurechnen, um den Preis, den er zahlen will, zu ermitteln. Durch jedes höhere, wirksame Gebot erlischt das vorherige Gebot. Das **Meistgebot** oder höchste Gebot wird am Ende der Bietzeit, frühestens also nach 30 Minuten, durch dreimaligen Aufruf verkündigt.

Das Gericht berücksichtigt sowohl Gläubiger- als auch Schuldnerinteressen. Eine Verschleuderung des Grundstücks soll vermieden werden. Liegt das Meistgebot unterhalb **7/10** des Verkehrswertes, muss der Zuschlag auf Antrag eines Berechtigten, dessen Anspruch innerhalb dieser Grenze liegt, zunächst versagt werden. Liegt das Meistgebot unterhalb der Hälfte des Verkehrswertes **(5/10)**, wird von Amts wegen der Zuschlag verweigert. In beiden Fällen wird ein neuer Termin angesetzt, bei dem diese Grenzen dann nicht mehr gelten.

Beispiel

Verkehrswert 451.000 EUR
Verfahrenskosten 25.000 EUR
Vorhergehende Rechte 100.000 EUR.

Daraus ergibt sich:
Geringstes Gebot: 100.000 EUR + 25.000 EUR = 125.000 EUR
Mindestgebot 7/10-Grenze: 315.700 EUR
Mindestgebot 5/10-Grenze: 225.500 EUR
Wenn das Meistgebot bei 330.000 EUR liegt, beträgt das Bargebot 330.000 EUR – 125.000 EUR = 205.000 EUR.
Betrag der Sicherheitsleistung: 10 % aus 451.000 EUR = 45.100 EUR

Eine **Sicherheitsleistung** in Höhe von 10 % des Verkehrswertes, mindestens in Höhe der Verfahrenskosten, kann von jedem Bieter unmittelbar nach Abgabe des Gebots durch den Gläubiger verlangt werden. Diese Sicherheitsleistung ist möglich durch Vorabüberweisung an die Gerichtskasse, einen von einer Bank ausgestellten Scheck, einen bestätigten Bundesbankscheck oder durch eine Bankbürgschaft.

Wenn keine Einsprüche vorliegen, verkündet das Gericht seine Entscheidung über den **Zuschlag** an den Meistbietenden, den Ersteher. Mit dem Zuschlag gehen Gefahren und Lasten aus dem Grundstück auf den Ersteher über. Dieser wird mit dem Zuschlag Eigentümer, auch wenn die Eigentumsänderung erst später im Grundbuch eingetragen wird. Er kann, wenn das Gericht den Zuschlagsbeschluss für vollstreckbar erklärt hat, gegen den Besitzer Zwangsvollstreckung auf Räumung und Herausgabe betreiben. Bei Wohnungen bestehen für die Besitzer besondere Schutzrechte. Vom Zuschlag bis zur Zahlung im Verteilungstermin ist das Bargebot mit 4 % p. a. zu verzinsen.

Nach dem Zuschlagsbeschluss bestimmt das Gericht einen **Verteilungstermin**, meistens sechs bis acht Wochen nach dem Zuschlag. Der Ersteher hat bis zu diesem Termin sein Meistgebot zu entrichten. Für die Entrichtung der Grunderwerbsteuer ist eine Unbedenklichkeitsbescheinigung des Finanzamts vorzulegen. Das Gericht verteilt den Gegenwert des Meistgebots in der gesetzlichen Reihenfolge an die Berechtigten. Nach Abschluss der Verteilung wird der Ersteher im Grundbuch als Eigentümer eingetragen. Die nicht im geringsten Gebot übernommenen Belastungen im Grundbuch werden gelöscht.

Zwangsverwaltung

Wirft ein Grundstück laufende Erträge, z. B. durch Mieten, ab und ist ein angemessener Versteigerungserlös nicht zu erwarten, wird der Gläubiger das Zwangsverwaltungsverfahren beantragen. Letztlich stehen ihm dann wenigstens die laufenden Erträge nach Abzug der Kosten zu. Grundsätzlich gelten die Rahmenbedingungen für die Zwangsversteigerung auch für die Beschlagnahme durch Zwangsverwaltung. Vom Gericht wird als **Zwangsverwalter** eine geschäftskundige natürliche Person bestellt, die nach Qualifikation und vorhandener Büroausstattung die Gewähr für die ordnungsgemäße Gestaltung und Durchführung der Zwangsverwaltung bietet. Er erhält als Ausweis eine Bestallungsurkunde, die Nutzung des Grundstücks erfolgt durch bestehende oder neu abzuschließende Miet- und Pachtverträge. Der Zwangsverwalter hat für die notwendigen Versicherungen für das Grundstück zu sorgen. Er selbst hat Anspruch auf eine angemessene Vergütung, i. d. R. 10 % des für den Zeitraum der Verwaltung an Mieten und Pachten eingezogenen Bruttobetrages. Damit sind seine allgemeinen Geschäftskosten abgegolten.

Die nach Bestreiten der Ausgaben der Verwaltung sowie der Verfahrenskosten verbleibenden Überschüsse werden nach dem durch das Gericht im Teilungsplan getroffenen Anordnungen verteilt. Diese dienen der Rückführung der Forderung. Das Eigentum des Schuldners bleibt erhalten. Ein Gläubiger kann jederzeit auch während der Zwangsverwaltung Zwangsversteigerung beantragen.

Zusammenfassung zu
Kapitel 4: Staatliche Förderung von selbst genutzten Immobilien
Kapitel 5: Kapitalanlage in Immobilien
Kapitel 6: Vertiefungsinhalte

Förderung von selbst genutzten Immobilien	
Förderung in der Sparphase	■ Wohnungsbauprämie ■ Arbeitnehmer-Sparzulage bei VL-Anlage auf einen Bausparvertrag ■ Anlage nach Altersvermögensgesetz
Förderung in der Tilgungsphase	■ Arbeitnehmer-Sparzulage auf Entschuldung ■ Entnahme nach Altersvermögensgesetz ■ Eigenheimrente (Wohn-Riester): Verwendung zur endgültigen Finanzierung ■ Finanzierungshilfen durch staatliche Banken, z. B. KfW Förderbank, L-Bank

Kapitalanlage in Immobilien	
Anlagemotive	■ Schutz vor Inflation durch Sachwertanlage ■ Erträge durch Vermietung ■ Steuervorteile gegenüber Anlage auf Konten oder in Wertpapieren
Steuerliche Grundlagen	Einkünfte aus Vermietung und Verpachtung: Laufende Einnahmen = Mieterträge Abziehbare Werbungskosten: ■ Schuldzinsen ■ laufende Kosten der Immobilie ■ Abschreibung, i. d. R. 2 % auf Gebäude Eventuelle negative Einkünfte können bis zur Obergrenze mit anderen positiven Einkünften verrechnet werden (vertikaler Verlustausgleich) Veräußerungsgewinn: nach 10 Jahren im Bestand steuerfrei

Vertiefungsinhalte Allfinanz	
Bedeutung des Immobiliengeschäfts für Finanzdienstleister	■ zusätzliche Ertragsquelle ■ Möglichkeit zum Cross-Selling ■ Kundenakquisition
Ermittlung des Bauwerts nach dem Indexverfahren	Baupreis bei Indexstand + Nebenkosten = Basiswert mal Anzahl m³ = Baupreis zum Indexstand – Alterungsabschlag mal Indexstand je m³ – Sicherheitsabschlag + Bodenwert
Ertragswertermittlung	Jahresrohertrag – Bewirtschaftungskosten, z. B. 20 % = Mietreinertrag mal Kapitalisierungsfaktor = Ertragswert
Kaufpreis-Miete-Verhältnis	Kaufpreis im Verhältnis zur Jahresnettokaltmiete

Ersatzsicherheiten für Bauspardarlehen	Bankbürgschaft Abtretung von Bankguthaben und Abtretung des Rückkaufswertes einer Lebensvers.
Annuitätenhilfe	Durch Damnum oder Sonderdarlehen kann Tilgungszeitraum verlängert werden.
Verbundfinanzierung	Bauspardarlehen und Bankdarlehen mit einem einheitlichen Antrag und einheitlicher Sicherheitenbestellung
Einsatz von Lebensversicherungen	Beleihung der LV-Summe ohne Tilgung; Rückzahlung bei Auszahlung der Versicherungssumme
Treuhandabwicklung	Kaufpreis an Treuhänder, z. B. Notar, sichert Käufer und Verkäufer; ermöglicht „Zug-um-Zug"-Abwicklung

Aufgaben und Probleme

Kapitel 4 Staatliche Förderung von selbst genutzten Immobilien

Kapitel 5 Kapitalanlage in Immobilien

Kapitel 6 Vertiefungsinhalte Allfinanz

Staatliche Förderung, Kapitalanlage in Immobilien, Vertiefungsinhalte

1. Der Käufer eines selbst genutzten Reihenhauses möchte wissen, ob er gleichzeitig mit der Baufinanzierung weiterhin von der Wohnungsbauprämie profitieren kann. Geben Sie an, unter welchen Voraussetzungen dies infrage kommt.

2. Geben Sie an, welche Regelung bezüglich der Versteuerung von Wertgewinnen an Grundstücken gilt.

3. Für die notwendig werdende steuerliche Einordnung eines neu errichteten Hauses müssen die Aufwendungen zum Erwerb des Grundstücks, die Bau- und die Finanzierungskosten richtig aufgeteilt und zugeordnet werden. Geben Sie die richtige Zuordnung an.
   Zuordnungsmerkmale:
   - Grundstückskosten
   - Baukosten
   - Finanzierungskosten

   Aufwendungen:
   - Erschließungskosten
   - Grundbuchkosten
   - Wintergarten
   - Disagio
   - Außenanlagen
   - Hausanschluss für Entwässerung
   - Bürgschaftsgebühren
   - Statikerkosten
   - Kaufpreis für Grundstück
   - Schätzkosten

4 Nennen Sie drei Gründe, die für den Erwerb von Eigentumswohnungen als Kapitalanlage sprechen.

5 Sven Neu möchte für seine Ersparnisse eine 2-Zimmer-Eigentumswohnung in Wohnstadt erwerben, die er vermieten wird.
Berechnen Sie den maximalen Kaufpreis für eine Wohnung mit ca. 75 m² Wohnfläche, der Neus Renditeerwartung von 4 % erfüllt. Die durchschnittliche Miete in Wohnstadt beträgt 6 EUR/m² Wohnfläche. Setzen Sie die Bewirtschaftungskosten mit 20 % an. Steuerliche Rahmenbedingungen bleiben unberücksichtigt.

6 Ein Kapitalanleger möchte Barmittel in Höhe von 50.000 EUR und einen Bausparvertrag über 30.000 EUR in eine Eigentumswohnung als Kapitalanlage investieren.
Er hat zwei Angebote zur Auswahl:

Angebot A:
3-Zimmer-Eigentumswohnung, 75 m², Erdgeschoss, Neubau, 8 km von der nächsten größeren Stadt entfernt, Kaufpreis 150.000 EUR, einschließlich Tiefgaragen- und Außenstellplatz, provisionsfreier Erwerb direkt vom Bauträger, fünf Jahre Mietgarantie, voraussichtliche Miete pro m² 7 EUR ohne Nebenkosten.

Angebot B:
2-Zimmer-Wohnung, 55 m², 10 Jahre alt, zurzeit vermietet, monatliche Miete ohne Nebenkosten 590 EUR, Kaufpreis 160.000 EUR einschließlich Tiefgaragenplatz, sehr gute Wohnlage, wenige Gehminuten von der Altstadt einer Großstadt entfernt.

a) In der Angebotsanalyse spielen Kriterien zur Wohnlage und Kriterien zur Bauweise eine wesentliche Rolle. Nennen und erläutern Sie je drei Kriterien.
b) Berechnen und beurteilen Sie jeweils für beide Objekte das Kaufpreis-Miete-Verhältnis und die Bruttorendite der Mietobjekte. Das Kaufpreis-Miete-Verhältnis in vergleichbaren Städten beträgt 19–22.

7 Für eine Beleihungswertermittlung liegen folgende Angaben vor:
4-Zimmer-ETW, 120 m² Wohnfläche, 2 Kfz-Stellplätze, Kaufpreis 210.000 EUR zuzüglich der ortsüblichen Maklerprovision.

- Risikoabschlag 10 % vom Kaufpreis
- fiktive Miete 8,00 EUR/m²
- Bewirtschaftungskosten 25 %
- Kapitalisierungszinsfuß 5 %

a) Berechnen Sie den Beleihungswert nach dem Sachwertverfahren.
b) Berechnen Sie den Beleihungswert nach dem Ertragswertverfahren, wenn die Wohnung vermietet werden würde.

8 Erläutern Sie das Verfahren der Sicherheitenbestellung bei der „Finanzierung aus einer Hand".

9 Im Rahmen der Baufinanzierung wird dem Bauherrn zur notariellen Beurkundung folgender Grundschuldbestellungstext auszugsweise vorgelegt:
„Hunderttausend Euro Grundschuld mit 15 vom Hundert Jahreszinsen und 6 vom Hundert einmaliger Nebenleistung für die Immobank AG.
Vollstreckbar gemäß Paragraf 800 ZPO.
Vorbehalten bleibt der Vorrang für noch einzutragende Grundpfandrechte von bis zu achtzigtausend Euro mit bis zu 15 vom Hundert Jahreszinsen und einer einmaligen Nebenleistung von 5 vom Hundert."
Erläutern Sie aus dieser Vorlage aus Sicht des Bauherrn Zinssatzangaben, Vollstreckungsklausel und Vorrangseinräumung.

I Altersvorsorge

Warum ist dieses Kapitel wichtig?

Wegen der aus verschiedenen Gründen eingetretenen Finanzierungsschwierigkeiten der gesetzlichen Rentenversicherung wird die Altersrente aus dieser Versicherung in Zukunft nicht mehr ausreichen, um den gewohnten Lebensstandard im Alter aufrechterhalten zu können. Damit das Einkommen im Alter nicht auf das Sozialhilfeniveau absinkt, ist daher zusätzlich zur gesetzlichen Rentenversicherung eine möglichst früh beginnende private Altersvorsorge unerlässlich. Dazu muss zunächst festgestellt werden, bezüglich welcher Risiken in privaten Haushalten ein künftiger Versorgungsbedarf besteht und wie groß die zu erwartende Versorgungslücke ist. Zur Schließung dieser Versorgungslücke bieten sich verschiedene Formen privater Lebensversicherungen und anderer Kapitalanlageformen an, die teilweise in erheblichem Umfang staatlich gefördert werden. Die Eignung der einzelnen Altersvorsorgeprodukte hängt in vielen Fällen maßgeblich davon ab, in welchem Alter mit der Vorsorge begonnen wird. Je früher der Einzelne mit dem systematischen Aufbau einer privaten Altersvorsorge beginnt, desto geringer ist die monatliche finanzielle Belastung.

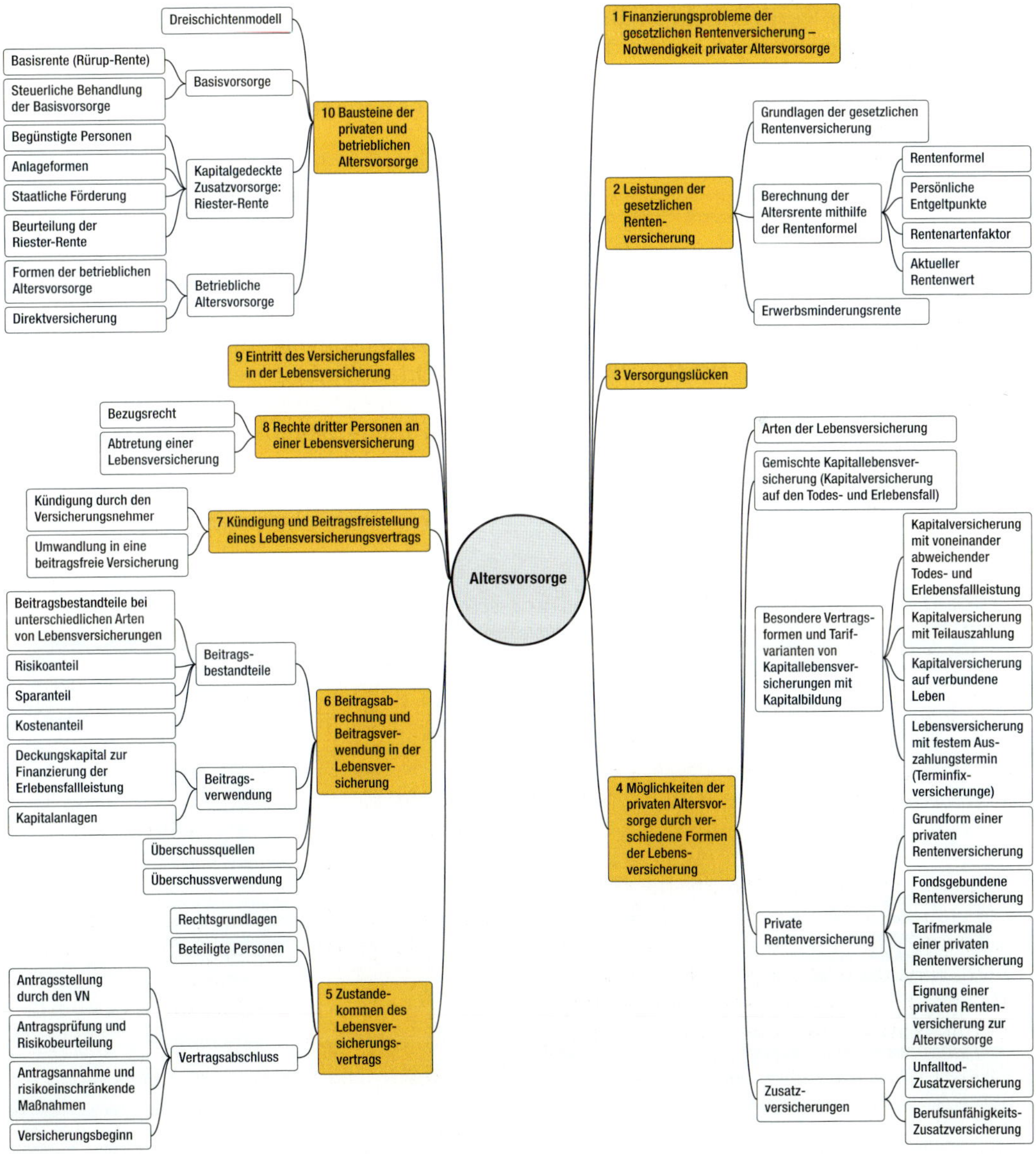

1 Finanzierungsprobleme der gesetzlichen Rentenversicherung – Notwendigkeit privater Altersvorsorge

Bevölkerungsentwicklung als Problem der gesetzlichen Rentenversicherung

Für die große Mehrheit der Bevölkerung ist die gesetzliche Altersrente das wichtigste Standbein der Altersversorgung. In früheren Jahren konnte durch diese Rente im Alter der bisherige Lebensstandard zum größten Teil gesichert werden. Aufgrund erheblicher Finanzierungsprobleme der gesetzlichen Rentenversicherung müssen aber künftige Rentenbezieher damit rechnen, dass die Höhe der Altersrente nicht mehr zur Aufrechterhaltung des bisherigen Lebensstandards ausreicht, sondern auf das Niveau einer Grundversorgung sinkt.

Für die langfristigen Finanzierungsprobleme in der gesetzlichen Rentenversicherung ist die Bevölkerungsentwicklung von besonderer Bedeutung. Die Finanzierung der gesetzlichen Rente erfolgt im **Umlageverfahren**, d. h., die Rentenversicherungsbeiträge der derzeit aktiven Arbeitnehmer werden nicht zu deren Gunsten angespart, sondern sofort wieder für die laufenden Rentenzahlungen an die derzeitige Rentnergeneration ausgegeben. Die heutigen Beitragszahler erwerben mit ihren Beiträgen wiederum einen Anspruch an die nächste Generation, im Alter selbst in gleicher Weise von dieser unterstützt zu werden (**Generationenvertrag**).

! **Bei dem in der gesetzlichen Rentenversicherung (GRV) angewandten Umlageverfahren finanzieren die derzeit Erwerbstätigen die Rente der derzeitigen Rentner, indem die Rentenversicherungsbeiträge der Erwerbstätigen sofort als Renten ausgezahlt werden. Es erfolgt keine Kapitalbildung.**

Dieses System kann aber bei der derzeitigen ungünstigen Bevölkerungsentwicklung auf Dauer nicht funktionieren. Die Bevölkerung in Deutschland sinkt in den kommenden Jahrzehnten. Gleichzeitig nimmt aufgrund der steigenden Lebenserwartung und der niedrigen Geburtenrate der Anteil der Alten im Vergleich zu den Jungen ständig zu. Der Altersaufbau der Bevölkerung lässt sich entsprechend der folgenden Abbildung als die Entwicklung von einer„Pyramide“ (um 1910) über verschiedene Stufen einer „zerzausten Tanne“ hin zu einer „Urne“ (2050) beschreiben. Für die gesetzliche Rentenversicherung bedeutet das, dass

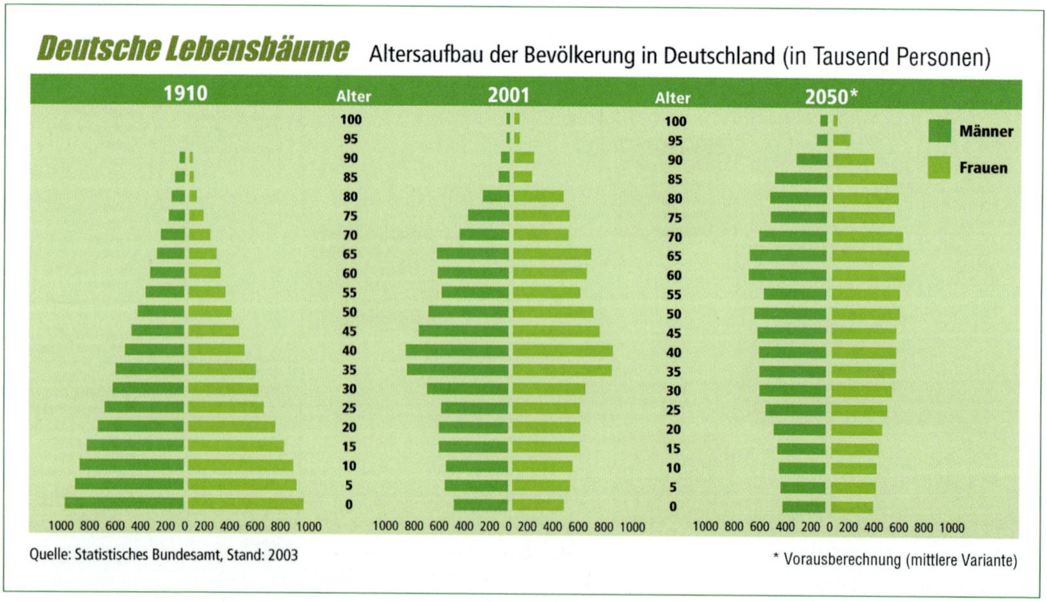

das Verhältnis zwischen der Zahl der Beitragszahler und der Zahl der Rentenempfänger immer ungünstiger wird. Zusätzlich nimmt die Rentenbezugsdauer wegen der steigenden Lebenserwartung ständig zu.

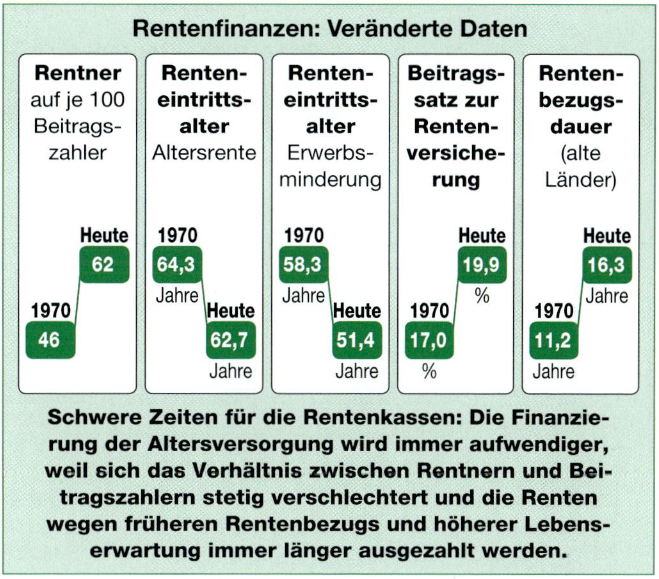

Quelle: BMA

Weitere Ursachen der Finanzierungsprobleme der gesetzlichen Rentenversicherung

Die krisenhafte Situation der Rentenversicherung ist jedoch nicht zwingend auf einen Konstruktionsfehler des **Umlageverfahrens**, das durch die Bevölkerungsentwicklung ins Wanken gerät, zurückzuführen. Wesentliche weitere Verursachungsfaktoren sind vielmehr:

- die hohe Arbeitslosigkeit in Deutschland mit der Folge sinkender Rentenversicherungsbeiträge,
- die Tendenz zur Frühverrentung mit der Folge sinkender Rentenversicherungsbeiträge und gleichzeitig zunehmender Rentenleistungen,
- die lange Ausbildungsdauer in Deutschland mit der Folge, dass die Zeit zwischen Eintritt ins Erwerbsleben und Eintritt ins Rentenalter in Deutschland vergleichsweise kurz ist („alte Studenten und junge Rentner"),
- die umfangreichen versicherungsfremden Leistungen.

Versicherungsfremde Leistungen liegen beispielsweise dann vor, wenn

- bei der Rentenberechnung Zeiten als Anrechnungszeiten berücksichtigt werden, für die in Wirklichkeit keine Beiträge gezahlt worden sind,
- höhere Rentenleistungen gewährt werden, als es aufgrund der gezahlten Beiträge gerechtfertigt wäre,
- Renten gezahlt werden, für die keine Beiträge erhoben wurden.

Versicherungsfremde Leistungen liegen beispielsweise beim Bestandsschutz für die ehemaligen DDR-Renten, bei Renten für Aussiedler, bei der Rentenzahlung zur Vermeidung von Arbeitslosigkeit und bei den Anrechnungszeiten für Ausbildung, Kindererziehung und Arbeitslosigkeit vor. Bei einer verursachungsgerechten Zuordnung von Beitragszahlung und Rentenleistung müssten diese Leistungen eigentlich aus der gesetzlichen Rentenversicherung ausgegliedert und aus Steuermitteln finanziert werden.

Gesetzliche Rentenversicherung

Umlageverfahren/Generationenvertrag

- Versicherungspflicht besteht für alle abhängig Beschäftigten.
- Beiträge werden vom Arbeitsentgelt berechnet.
- Die derzeit Erwerbstätigen finanzieren die Rente der derzeitigen Rentner, indem die Beitragseinnahmen sofort als Renten ausgezahlt werden (keine Kapitalbildung).

Finanzierungsprobleme

Einnahmenseite
- demografische Entwicklung: Geburtenrückgang, weniger Beitragszahler
- hohe Arbeitslosigkeit: weniger Beitragszahler
- lange Ausbildungszeiten: später Eintritt ins Erwerbsleben und später Beginn der Beitragszahlungen

Ausgabenseite
- demografische Entwicklung: längere Lebenserwartung, längere Rentenzahlung
- Frühverrentung: früher Beginn der Rentenzahlung
- versicherungsfremde Leistungen: Leistungen, für die keine Beiträge geleistet wurden

Problem:
Immer weniger Beitragszahler müssen die Rente von immer mehr Rentnern bezahlen.

Reformmaßnahmen – Reformvorschläge

Inzwischen sind verschiedene Reformen zur Sanierung der gesetzlichen Rentenversicherung beabsichtigt oder teilweise bereits umgesetzt. Dazu gehören u. a. die:
- Senkung der Rentenansprüche (Absenkung des Versorgungsniveaus),
- Erhöhung der Lebensarbeitszeit: Rente mit 67 (bzw. höhere Abschläge bei vorzeitigem Ausscheiden aus dem Erwerbsleben),
- Verringerung der Anrechnung von Ausbildungszeiten,
- Einschränkung der Möglichkeiten zur Frühverrentung,
- Einbau eines demografischen Faktors in die Rentenformel (Nachhaltigkeitsfaktor).

Lösungsansatz: private Altersvorsorge

Trotz dieser Maßnahmen ist offensichtlich, dass bei der derzeitigen Bevölkerungsentwicklung das Niveau der Renten aus der gesetzlichen Rentenversicherung nur dann zur Deckung des Lebensunterhalts im Alter ausreicht, wenn das Beitragsaufkommen aufgrund höherer Beiträge erheblich steigt. Das würde aber wegen der lohnbezogenen Arbeitgeberbeiträge zur Rentenversicherung die Arbeitskosten weiter in die Höhe treiben und noch mehr Arbeitsplätze gefährden. Die einzige Alternative zur Sicherung des Alterseinkommens liegt daher in einer erheblich verstärkten **privaten Altersvorsorge**.

! Die Ergänzung der Leistungen aus der gesetzlichen Rentenversicherung durch eine private Altersvorsorge ist unumgänglich, um den während des Erwerbslebens gewohnten Lebensstandard im Alter aufrechterhalten zu können.

Zusammenfassung zu Kapitel 1: Finanzierungsprobleme der gesetzlichen Rentenversicherung – Notwendigkeit privater Altersvorsorge

Gesetzliche Rentenversicherung

↓

Finanzierung durch Umlageverfahren/Generationenvertrag

↓

Finanzierungsprobleme

Einnahmeseite	Ausgabenseite
Bevölkerungsentwicklung: Geburtenrückgang → weniger Beitragszahler hohe Arbeitslosigkeit: weniger Beitragszahler lange Ausbildungszeiten: später Beginn der Beitragszahlung	Bevölkerungsentwicklung: längere Lebenserwartung → längere Rentenzahlungsdauer Frühverrentung versicherungsfremde Leistungen

Problem: Immer weniger Beitragszahler müssen die Renten von immer mehr Rentnern bezahlen.

Lösungsversuche: Reformmaßnahmen
Absenkung des Rentenniveaus, Erhöhung der Lebensarbeitszeit

Notwendigkeit

↓

Private Altersvorsorge

Aufgaben und Probleme

Kapitel 1 Finanzierungsprobleme der gesetzlichen Rentenversicherung – Notwendigkeit privater Altersvorsorge

1. Beschreiben Sie den Zusammenhang zwischen der Bevölkerungsentwicklung und den Finanzierungsproblemen der gesetzlichen Rentenversicherung. Benutzen Sie für Ihre Antwort die Abb. auf S. 356 und 357.

2. **Vernetzungsdiagramm: Finanzierungsprobleme der gesetzlichen Rentenversicherung**
Stellen Sie anhand eines Vernetzungsdiagramms fest, welche Einflüsse, Zusammenhänge und Abhängigkeiten zwischen den Faktoren, die auf die Finanzierung der gesetzlichen Rentenversicherung einwirken, bestehen. Verbinden Sie dazu Elemente, die sich direkt beeinflussen, mit einem Pfeil. Kennzeichnen Sie gleich gerichtete Wirkungen (je mehr – desto mehr) mit einem Pluszeichen und entgegengesetzte Wirkungen (je mehr – desto weniger) mit einem Minuszeichen. Erläutern Sie alle durch Pfeile dargestellten Abhängigkeiten.
Folgende Elemente können berücksichtigt werden: Finanzierungsdefizit, Beitragseinnahmen, Ausgaben der Rentenversicherung, Beitragssatz, Personalkosten, Arbeitslosigkeit, künftige Rentenzahlungen, Altersarmut, Tendenz zur Teil- statt Vollzeitarbeit, Geburtenzahl, Lebenserwartung, Verhältnis zwischen Zahl der Beitragszahler und Zahl der Rentner, Dauer der Ausbildung, versicherungsfremde Leistungen (z. B. Krankenversicherung der Rentner, Folgekosten aus der Wiedervereinigung mit der ehemaligen DDR), vorzeitiges Ausscheiden aus dem Erwerbsleben (Frühverrentung) …

2 Leistungen der gesetzlichen Rentenversicherung

2.1 Grundlagen der gesetzlichen Rentenversicherung

Rechts-grundlagen	Sozialgesetzbuch (SGB) VI
Träger	Deutsche Rentenversicherung Bund
Versicherte SGB VI §§ 1 ff.	**Versicherungspflichtige** ■ Arbeiter, Angestellte, Auszubildende (keine Beamten) ■ Wehr- und Zivildienstleistende ■ Selbstständige in bestimmten Fällen (z. B. Handwerker …) **Freiwillig Versicherte** Wer nicht versicherungspflichtig ist, kann in der Regel freiwillig Beiträge zur gesetzlichen Rentenversicherung leisten. Das gilt vor allem für Selbstständige und Hausfrauen.
Leistungen	■ **Rehabilitation (Maßnahmen zur Erhaltung, Besserung und Wiederherstellung der Erwerbsfähigkeit)**: Heilbehandlung, Umschulung und sonstige berufsfördernde Maßnahmen mit dem Ziel, ein Ausscheiden von Kranken oder Erwerbsgeminderten aus dem Berufsleben zu verhindern bzw. sie wieder in das Berufsleben einzugliedern (Grundsatz: Rehabilitation geht vor Rente).
SGB VI §§ 43	■ **Rente wegen Erwerbsminderung** für Versicherte, die außerstande sind, täglich mindestens 6 Stunden (= teilweise Erwerbsminderung) bzw. mindestens 3 Stunden (= volle Erwerbsminderung) tätig zu sein. Voraussetzungen für Rente wegen Erwerbsminderung: – Mindestversicherungszeit (allgemeine Wartezeit) 5 Jahre – Es wurden in den letzten 5 Jahren vor Eintritt der Erwerbsminderung mindestens 3 Jahre Pflichtbeiträge für eine versicherte Tätigkeit gezahlt.
§§ 35 ff.	■ **Altersrente** – Regelaltersrente ab 65. Lebensjahr bei einer Mindestversicherungszeit (Wartezeit) von 5 Jahren – Altersrente für langjährig Versicherte ab 63. Lebensjahr bei einer Mindestversicherungszeit (Wartezeit) von 35 Jahren – Altersrente für Schwerbehinderte
§ 46	■ **Witwen- und Witwerrente** (Hinterbliebenenrente)
§ 48	■ **Waisenrente**
§§ 70, 67, 68	Die Berechnung der Altersrente erfolgt mithilfe der **Rentenformel** (vgl. Kap. I 2.2). Die Rentenhöhe wird u. a. bestimmt durch: – den Verdienst des Versicherten während des Versicherungslebens (= persönliche Bemessungsgrundlage) – den Durchschnittsverdienst aller Versicherten (= allgemeine Bemessungsgrundlage) – die Rentenart (Altersrente, Rente wegen Erwerbsminderung, Witwenrente)
§ 65 **§ 42**	Die Renten werden seit 1957 jährlich zum 1. Juli durch ein Bundesgesetz der allgemeinen Einkommensentwicklung angepasst (**Dynamische Rente**). Seit 1992 können Altersrenten auch als **Teilrente** in Anspruch genommen werden. Dadurch ist es möglich, bereits einige Jahre vor dem 65. Lebensjahr die Arbeitszeit zu reduzieren und auf eine Teilzeitbeschäftigung überzugehen. Indem in die **Rentenanpassungsformel** ein **Altersvorsorgefaktor** und ein **Nachhaltigkeitsfaktor** aufgenommen wurden, sollen künftig u. a. auch die steigende Lebenserwartung, die rückläufigen Geburtenzahlen, Veränderungen auf dem Arbeitsmarkt und andere wirtschaftliche Entwicklungen berücksichtigt werden. Wenn die Finanzierung der Rentenversicherung dadurch gefährdet ist, bewirken diese Faktoren eine Minderung der jährlichen Rentenerhöhung. Obwohl die Renten künftig langsamer steigen als die Einkommen, soll das **Rentenniveau** (das ist das Verhältnis zwischen

	der verfügbaren Rente eines Durchschnittsverdieners nach 45 Versicherungsjahren und durchschnittlichem Verdienst aller Beschäftigten im selben Jahr) aber bis zum Jahr 2030 nicht unter 43 % der durchschnittlichen Bruttoeinkommen sinken.
Beiträge §§ 157 ff.	Der Beitragssatz betrug im Jahr 2010 19,9 %. Die Beiträge werden vom Bruttoarbeitsverdienst berechnet, höchstens aber von der **Beitragsbemessungsgrenze.**
§ 159	<table><tr><th></th><th>alte Bundesländer</th><th>neue Bundesländer</th></tr><tr><td>Beitragsbemessungsgrenze in der GRV (und AlV) im Jahr 2010</td><td>66.000 EUR jährlich bzw. 5.500 EUR monatlich</td><td>55.800 EUR jährlich bzw. 4.650 EUR monatlich</td></tr></table>
§ 168 (1) Nr. 1b	Eine geringfügige Beschäftigung (sog. Minijob mit maximal 400 EUR Monatsentgelt) ist für den Arbeitnehmer beitragsfrei. Der Arbeitgeber zahlt in diesem Fall pauschal 15 % Rentenversicherungsbeiträge.
Finanzierung der Beiträge und Leistungen §§ 168, 173 § 153	Arbeitgeber und Arbeitnehmer tragen – außer bei Geringverdienern und Minijobs (s. o.) – je die Hälfte der Beiträge. Für Empfänger von Arbeitslosenhilfe erfolgt die Beitragszahlung durch die Bundesagentur für Arbeit. Wenn die Beitragseinnahmen nicht ausreichen, um die Leistungen aus der Rentenversicherung zu bezahlen, ist der Staat verpflichtet, Zuschüsse aus Steuermitteln zu gewähren (Bundeszuschuss 2009: ca. 80 Mrd. EUR). Die Finanzierungsform, bei der die Leistungen aus den aktuellen Einnahmen (Beiträge und Zuschüsse) finanziert werden, wird als **Umlageverfahren** (im Gegensatz zum Kapitaldeckungsverfahren in der privaten Rentenversicherung) bezeichnet. Die Renten an die heutige Rentnergeneration werden somit aus den Beiträgen der heute Erwerbstätigen finanziert. Diese junge Generation erwirbt dadurch wiederum einen Anspruch auf ihre spätere Rente, die aus den Beiträgen der nächsten Erwerbstätigengeneration bezahlt wird (**Generationenvertrag**).

2.2 Berechnung der Altersrente mit Hilfe der Rentenformel

2.2.1 Rentenformel

Die **Rentenformel**, mit deren Hilfe die Höhe der verschiedenen Renten aus der gesetzlichen Rentenversicherung (Altersrente, Rente wegen teilweiser oder vollständiger Erwerbsunfähigkeit, Witwenrente, Waisenrente) berechnet wird, lautet wie folgt (SGB VI § 64):

!

Monatsrente = Persönliche Entgeltpunkte · Rentenartfaktor · Aktueller Rentenwert
MR PEP RAF AR

Beispiel

Herr Abetz ist am 22. Dez. 2010 65 Jahre alt geworden und bezieht ab dem 01. Jan. 2011 Altersrente. Wie hoch ist seine monatliche Rente?

2.2.2 Persönliche Entgeltpunkte

Die persönlichen Entgeltpunkte (PEP) werden ermittelt, indem die Summe aller Entgeltpunkte während der Versicherungszeit mit dem Rentenzugangsfaktor multipliziert wird.

Entgeltpunkte (EP)

$$\text{EP eines Jahres} = \frac{\text{persönlicher Bruttoverdienst des jeweiligen Jahres}}{\text{Bruttodurchschnittsverdienst aller Versicherten des jeweiligen Jahres}}$$

EP insgesamt = Summe aller Entgeltpunkte während der Versicherungsjahre

Anmerkung:
Zeiten der Berufsausbildung werden höchstens mit dem Durchschnittsverdienst aller Versicherten bewertet. Auch für Kindererziehungszeiten und andere beitragsfreie Zeiten (Arbeitslosigkeit, Krankheit, Frühinvalidität) werden EP unter Berücksichtigung der übrigen Gesamtbeitragsleistung angerechnet.

Durchschnittsentgelte (in EUR) aller Versicherten seit 2003

Jahr	Einkommen
2003	28.938 EUR
2004	29.060 EUR
2005	29.202 EUR
2006	29.494 EUR
2007	29.951 EUR
2008	30.652 EUR
2009	30.506 EUR
2010	32.003 EUR (vorl.)
2011	30.268 EUR (vorl.)

Beispiel

Bis zum Ende des Jahres 2005 hat Herr Abetz nach einer Renteninformation seines Rentenversicherungsträgers insgesamt 35,17 Entgeltpunkte auf seinem Rentenversicherungskonto angesammelt.

In den Jahren 2006 bis 2010 hat er folgende anrechenbare Bruttojahresverdienste erzielt:

Jahr	Bruttojahresverdienst
2006	25.904 EUR
2007	27.743 EUR
2008	30.261 EUR
2009	31.350 EUR
2010	32.106 EUR

Die Berechnung der Entgeltpunkte für diesen Zeitraum stellt sich wie folgt dar:

Jahr	persönlicher jährlicher Bruttoverdienst	jährlicher Durchschnittsverdienst aller Versicherten lt. Tabelle	Entgeltpunkte
2006	25.904 EUR	29.494 EUR	$\frac{25.904}{29.494} = 0{,}88$
2007	27.743 EUR	29.951 EUR	$\frac{27.743}{29.951} = 0{,}93$

2008	30.261 EUR	30.652 EUR	$\frac{30.261}{30.652} = 0{,}99$
2009	31.350 EUR	30.506 EUR	$\frac{31.350}{30.506} = 1{,}03$
2010	32.106 EUR	32.003 EUR	$\frac{32.106}{32.003} = 1{,}00$

Addiert man diese Entgeltpunkte zu den bis Ende 2005 erreichten 35,17 Entgeltpunkten, ergibt sich als **Summe aller Entgeltpunkte 40**.

Rentenzugangsfaktor (ZF)

Beginn der Altersrente	Zugangsfaktor
ab dem 65. Lebensjahr	1,0
nach dem 65. Lebensjahr	Zuschlag von 0,005 je Monat
vor dem 65. Lebensjahr	Abschlag von 0,003 je Monat

Im Falle von Herrn Abetz ist der **Zugangsfaktor 1,0** (Altersrente ab 65. Lebensjahr).

Berechnung der persönlichen Entgeltpunkte (PEP)

PEP = Summe aller EP · ZF

Bei 40 Entgeltpunkten während der Versicherungsdauer und einem Zugangsfaktor von 1,0 ergeben sich für Herrn Abetz **40 persönliche Entgeltpunkte**.

2.2.3 Rentenartenfaktor

Je nach Rentenart werden folgende Rentenartfaktoren (RAF) verwendet:

Rentenart	Rentenartfaktor
Altersrente, Rente wegen voller Erwerbsminderung	1,00
Rente wegen teilweiser Erwerbsminderung	0,50
„große" Witwer-/Witwenrente	0,55
„kleine" Witwer-/Witwenrente	0,25
Vollwaisenrente	0,20
Halbwaisenrente	0,10

Für Herrn Abetz gilt der Rentenartfaktor 1,0 (Altersrente).

2.2.4 Aktueller Rentenwert

Der aktuelle Rentenwert (AR) wird jährlich zum 01. Juli angepasst. Er wurde am 01. Juli 2010 mit 27,20 EUR (West) und 24,13 EUR (Ost) festgelegt. Diese Beträge geben die Höhe der monatlichen Altersrente an, die ein Durchschnittsverdiener für ein Jahr Beitragsentrichtung mit einem Rentenzugangsfaktor 1 erhält.

Maßgebliche Veränderungsfaktoren für den aktuellen Rentenwert sind:

- Veränderung der Bruttolohn- und -gehaltssumme je durchschnittlich beschäftigtem Arbeitnehmer
- Veränderung des Beitragssatzes zur Rentenversicherung
- Veränderung des Verhältnisses der Aktiven zu den Rentenbeziehern (ausgedrückt im sog. Nachhaltigkeitsfaktor)

Der für Herrn Abetz maßgebende aktuelle Rentenwert vom 01. Juli 2010 beträgt 27,20 EUR (West) und 24,13 EUR (Ost).

Beispiel

Unter Anwendung der Rentenformel ergibt sich für Herrn Abetz folgende monatliche Altersrente (MR) ab dem 01. Jan. 2011:

MR		PEP		RAF		AR
	=	40	·	1	·	27,20

Die monatliche **Altersrente** beträgt 1.088,00 EUR.

2.3 Erwerbsminderungsrente[1]

Renten wegen verminderter Erwerbsfähigkeit sollen Einkommen ersetzen, wenn die Erwerbsfähigkeit eingeschränkt oder ganz weggefallen ist.

Für diese Rente müssen bestimmte Anspruchsvoraussetzungen erfüllt sein. So müssen z. B. in den letzten fünf Jahren vor Eintritt der Erwerbsminderung mindestens drei Jahre Pflichtbeiträge für eine versicherte Beschäftigung oder Tätigkeit geleistet worden sein.

Rente wegen teilweiser Erwerbsminderung

Sie wird gewährt, wenn der Versicherte

- wegen einer gesundheitsbedingten Minderung der Erwerbsfähigkeit außerstande ist, mindestens 6 Stunden täglich erwerbstätig zu sein und
- die versicherungsrechtlichen Voraussetzungen erfüllt sind.

Rente wegen voller Erwerbsminderung

Sie wird gewährt, wenn der Versicherte

- wegen einer gesundheitsbedingten Minderung der Erwerbsfähigkeit außerstande ist, mindestens 3 Stunden täglich erwerbstätig zu sein und
- die versicherungsrechtlichen Voraussetzungen erfüllt sind.

Kann ein Versicherter noch mindestens 3, aber nicht mehr als 6 Stunden arbeiten, hat er Anspruch auf die Rente wegen voller Erwerbsminderung, solange ihm kein entsprechender Arbeitsplatz vermittelt werden kann.

1 Zur Abgrenzung zwischen Berufsunfähigkeit und vollständiger bzw. teilweiser Erwerbsminderung siehe Kap. B 6.2.

Zusammenfassung zu Kapitel 2:
Leistungen der gesetzlichen Rentenversicherung

Gesetzliche Rentenversicherung

↓

Versicherungspflicht für Arbeitnehmer
(freiwillige Versicherung für andere Personengruppen möglich)

↓

Rentenarten

Altersrente	**Erwerbsminderungsrente**	**Witwen- und Waisenrente**

Höhe der Rente

↓

Faktoren der Rentenformel

Persönliche Entgeltpunkte (PEP)	**Rentenartfaktor (RAF)**	**Aktueller Rentenwert (AR)**
Verhältnis von Bruttoverdienst des Versicherten zum Bruttodurchschnittsverdienst aller Versicherten	abhängig von der Art der Rente	wird jährlich angepasst

Rentenformel

Monatsrente = Persönliche Entgeltpunkte · Rentenartfaktor · aktueller Rentenwert

Aufgaben und Probleme

Kapitel 2 Leistungen der gesetzlichen Rentenversicherung

1. Erläutern Sie die für Arbeitnehmer geltende Versicherungspflicht in der gesetzlichen Rentenversicherung.
2. Nennen Sie drei Personenkreise, die von der gesetzlichen Rentenversicherung befreit sind.
3. Welche Rentenarten lassen sich im Rahmen der gesetzlichen Rentenversicherung unterscheiden?
4. Erläutern Sie die Berechnungsweise für die Altersrente in der gesetzlichen Rentenversicherung (Rentenformel).
5. Herr Brunner ist am 20. Sept. 2010 65 Jahre alt geworden. Er beantragt zum 01. Okt. 2010 Altersrente. Einer Rentenauskunft der Deutschen Rentenversicherung aus dem Jahre

2005 ist zu entnehmen, dass seine persönlichen Entgeltpunkte 50,5 bis Ende 2004 betragen haben. Danach hat er noch folgende Bruttoverdienste:

2005	2006	2007	2008	2009	2010
24.092 EUR	25.102 EUR	25.820 EUR	26.408 EUR	26.945 EUR	20.002 EUR

a) Wie hoch ist seine anfängliche Monatsrente ab 01. Okt. 2010, wenn der aktuelle Rentenwert zum 01. Juli 2010 27,20 EUR beträgt?

b) Wie hoch wäre seine anfängliche Monatsrente gewesen, wenn er bereits ab seinem 63. Lebensjahr (01. Oktober 2008) Altersrente bezogen hätte und der maßgebliche aktuelle Rentenwert damals 26,56 EUR betrug (Bruttoverdienst von Januar bis September 2008: 19.806 EUR)?

6 Erläutern Sie die Voraussetzungen für den Anspruch auf eine Erwerbsminderungsrente im Rahmen der gesetzlichen Rentenversicherung.

3 Versorgungslücken

Lücken in der Altersversorgung

Da im Ruhestand bestimmte Aufwendungen (z. B. Fahrten zur Arbeitsstätte, Ansparen für die Altersvorsorge) fortfallen, kann der bisherige Lebensstandard auch mit einer Rente, die unterhalb des letzten Nettoeinkommens liegt, gewährleistet werden. Für eine angemessene Altersversorgung wird daher üblicherweise ein Bedarf in Höhe von 90 % des bisherigen Nettoeinkommens unterstellt. Der Versorgungsbedarf, der nicht durch die gesetzliche Rente und andere Vorsorgemaßnahmen (z. B. die betriebliche Altersversorgung) gedeckt ist, stellt die Versorgungslücke dar, die durch private Vorsorge geschlossen werden sollte. Für eine überschlägige Berechnung der Versorgungslücke empfiehlt sich das nebenstehende Schema:

Bruttogehalt
– Steuern
– Sozialabgaben
= Nettogehalt
– fortfallende Arbeitsaufwendungen
+ evtl. altersbedingte Mehrausgaben
= Versorgungsbedarf im Alter
– gesetzliche Rente
– zusätzliche Einkünfte (z. B. Betriebsrente)
+ Steuern und Sozialabgaben im Alter
= Versorgungslücke

! Unter der Versorgungslücke wird bei der Altersvorsorge die Differenz zwischen der zu erwartenden Altersrente aus der gesetzlichen Rentenversicherung und dem Versorgungsbedarf im Alter (= ca. 90 % des bisherigen Nettogehalts) verstanden.

Beispiel

Axel Schubert (30 Jahre) arbeitet als kaufmännischer Angestellter in einer Großhandlung. Er ist verheiratet und hat zwei Kinder. Sein monatliches Bruttogehalt beträgt 2.500 EUR (netto ca. 1.880 EUR). Bei einem lückenlosen Versicherungsverlauf würde sich näherungsweise folgende Versorgungslücke im Alter von 65 Jahren ergeben, wenn 90 % des Nettoeinkommens als Ruhestandseinkommen angestrebt werden:

Derzeitiges Nettoeinkommen	Angestrebtes Einkommen im Ruhestand	Altersrente nach Abzug von Steuern und Sozialabgaben	Versorgungslücke
1.880 EUR mtl.	1.700 EUR mtl.	900 EUR mtl.	800 EUR mtl.

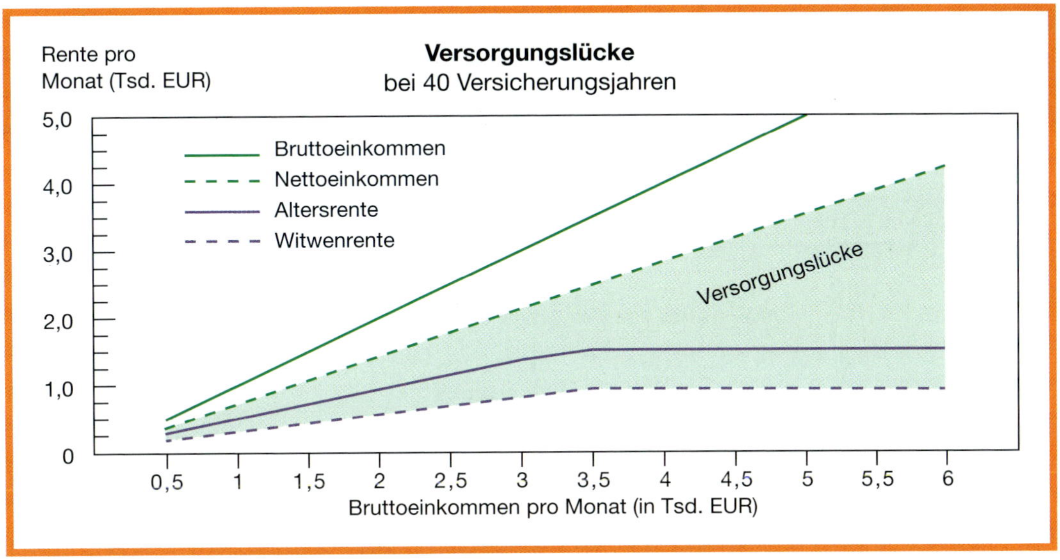

Bei Besserverdienenden ist die Differenz zwischen gesetzlicher Rente und letztem Nettoarbeitseinkommen besonders groß, da für das Einkommen oberhalb der Beitragsbemessungsgrenze keine Rentenversicherungsbeiträge gezahlt und somit keine Rentenansprüche aufgebaut wurden.

Lücken bei vorzeitiger Erwerbsunfähigkeit

Voraussetzungen für den Erhalt einer Erwerbsunfähigkeitsrente aus der gesetzlichen Rentenversicherung sind:

1. Volle oder teilweise Erwerbsminderung
2. In den letzten fünf Jahren vor Eintritt der Erwerbsminderung Entrichtung von Pflichtbeiträgen für mindestens drei Jahre für eine versicherungspflichtige Tätigkeit
3. Erfüllung einer Mindestversicherungsdauer (Wartezeit) von fünf Jahren

Einerseits erfüllen sozialversicherungspflichtig Beschäftigte, die noch nicht lange erwerbstätig sind, häufig die Anspruchsvoraussetzungen für eine Erwerbsminderungsrente noch nicht. Andererseits stellt die Erwerbsminderungsrente für die Anspruchsberechtigten lediglich eine Grundversorgung dar (Rentenartenfaktor bei Rente wegen teilweiser Erwerbsminderung: 0,5, vgl. 2.2). Bei Eintritt der Erwerbsunfähigkeit ist also eine erhebliche Versorgungslücke sehr wahrscheinlich.

Beispiele

Fall 1: Mirko Albertz (25 Jahre) arbeitet nach Beendigung der Ausbildung seit 5 Jahren als Anlagenbauer mit einem Durchschnittsverdienst von 2.329,96 EUR. Bei einem Autounfall wird er schwer verletzt, und es wird Jahre dauern, ehe er wieder arbeiten kann. Für die Zeit der vollen Erwerbsminderung bekommt er eine Rente von 953,70 EUR.

Fall 2: Hans Falk (55 Jahre) hat als Werkmeister 35 Jahre mit dem 1,3-fachen des Durchschnittsverdienstes gearbeitet und zuletzt 3.028,89 EUR brutto verdient. Infolge eines Herzinfarkts ist er derzeit arbeitsunfähig und erhält für die Zeit der vollen Erwerbsminderung eine Rente von 1.224,93 EUR.

Da viele Versicherte Arbeitseinkommen erzielen, die erheblich unter den Beträgen in den beiden Beispielen liegen, beläuft sich eine volle Erwerbsminderungsrente im Schnitt lediglich auf 700 EUR im Monat.

**Zusammenfassung zu Kapitel 3:
Versorgungslücke**

Versorgungslücke

↓

Versorgungsbedarf im Alter
(ca. 90 % des bisherigen Nettogehalts)

↓

Altersrente aus der GRV < Versorgungsbedarf

↓

Versorgungslücke

↓

Notwendigkeit privater Altersvorsorge

Aufgaben und Probleme

Kapitel 3 Versorgungslücken

1. Herr Krause ist seit 10 Jahren berufstätig und rentenversicherungspflichtig. Sein derzeitiges Bruttogehalt beträgt 2.300 EUR und sein Nettogehalt 1.540 EUR. Das Bruttogehalt entspricht etwa dem monatlichen Durchschnittsverdienst aller Rentenversicherten. Es kann unterstellt werden, dass Herr Krauses Bruttogehalt während der gesamten Versicherungsdauer annähernd dem Durchschnittsverdienst aller Versicherten entspricht. Ermitteln Sie mithilfe der Rentenformel die voraussichtliche Altersrente von Herrn Krause bei lückenlosem Versicherungsverlauf und berechnen Sie den notwendigen Rentenbetrag zur Deckung der Versorgungslücke.

Hinweis: *Die Besteuerung von Renten, die bei der exakten Ermittlung der Versorgungslücke zu beachten wäre, wird hier aus Vereinfachungsgründen außer Acht gelassen.*

4 Möglichkeiten der privaten Altersvorsorge durch verschiedene Formen der Lebensversicherung

4.1 Arten der Lebensversicherung

Lebensversicherungen: Abgrenzung zwischen Kapitalleistung und Kapitalbildung	
Kapitallebensversicherungen	**Kapitalbildende Lebensversicherungen**
Die Versicherungsleistung wird durch einmalige Zahlung eines Kapitalbetrages und nicht durch eine Rentenzahlung erbracht.	**Ein Teil des Beitrags dient als sog. Sparbeitrag zur Kapitalansammlung. Aus diesem angesparten Kapital wird die Versicherungsleistung in Form einer Kapital- oder Rentenzahlung erbracht.**
■ **abgekürzte Todesfallversicherung (Risikolebensversicherung)** (vgl. B 6.1)	■ **private Rentenversicherung**
■ **Kapitallebensversicherung mit Kapitalbildung** (= häufigste Form der Lebensversicherung)	

Lebensversicherungen: Unterscheidung nach der Fälligkeit der Versicherungsleistung	
Todesfallversicherungen	**Erlebensfallversicherungen**
Versicherungsfall tritt beim Tod der versicherten Person ein.	**Versicherungsfall tritt ein, wenn die versicherte Person einen vereinbarten Zeitpunkt erlebt.**
■ **Todesfallversicherung** **Bsp.: Risikolebensversicherung** (vgl. B 6.1)	■ **Erlebensfallversicherung** **Bsp.: private Renten- oder Kapitalversicherung ohne Todesfallleistung**
Kombinierte Lebensversicherung auf den Todes- und Erlebensfall = gemischte Lebensversicherung **Bsp.: gemischte Kapitallebensversicherung** (= häufigste Form der Lebensversicherung)	

Die meisten Lebensversicherungen sind mit einem **Sparvorgang** verbunden, d.h., ein Teil des Beitrags wird vom VR als sog. **Sparbeitrag zur Kapitalansammlung** verwendet. In einem solchen Fall handelt es sich um eine **kapitalbildende Lebensversicherung**. Sowohl bei der privaten Rentenversicherung als auch bei der gemischten Kapitallebensversicherung ist dabei auch eine Variante wählbar, bei der der VR die Sparanteile nicht in die herkömmlichen Anlagearten (vgl. Kap. I 6.2.2), sondern in Anteile eines Wertpapierfonds wie z.B. eines Aktien- oder Immobilienfonds (vgl. Kap. G) investiert. In diesem Fall handelt es sich um eine **fondsgebundene Kapital- bzw. Rentenversicherung** (vgl. I 4.4). Bei der **Risikoversicherung** (vgl. B 6.1) wird dagegen **kein Kapital** angespart. Diese Versicherung ist daher keine kapitalbildende Lebensversicherung, wohl aber eine **Kapitalversicherung**, da als Versicherungsleistung eine einmalige Kapitalleistung und keine Rente vorgesehen ist. Die am weitesten verbreitete Art der Lebensversicherung ist die **gemischte Kapitallebensversicherung** (= Kapitallebensversicherung auf den Todes- und Erlebensfall).

4.2 Gemischte Kapitallebensversicherung (Kapitalversicherung auf den Todes- und Erlebensfall)

Beispiel

Herr Breitner möchte ein Kapital von 100.000 EUR zur Ergänzung seiner Altersversorgung ansparen. Bei seinem vorzeitigen Tod soll dieses Kapital seinen Hinterbliebenen (Ehefrau, 2 Kinder) zur Verfügung stehen.

Tarifmerkmale

Bei der gemischten Lebensversicherung ist die im Voraus vereinbarte VS bei **vorzeitigem Tod** der versicherten Person (**= Todesfall**), spätestens jedoch am **Ende der Vertragslaufzeit** (**= Erlebensfall**) fällig. Der VR wird also auf jeden Fall leistungspflichtig (= unbedingte Leistungspflicht). Der Beitrag ist i. d. R. bis zum Eintritt des Versicherungsfalles (Todes- oder Erlebensfall) zu zahlen. Er umfasst u. a. einen **Spar- und einen Risikoanteil**. Der **Sparanteil** wird vom VR verzinslich angesammelt und wächst bis zum Ende der Vertragslaufzeit zusammen mit den darauf entfallenden Zinsen und Zinseszinsen auf die vereinbarte **Versicherungssumme** an (= kapitalbildende Lebensversicherung). Bei vorzeitigem Tod finanziert der VR aus dem Risikoanteil die Differenz zwischen dem bis dahin angesparten Kapital und der fälligen Versicherungssumme.

! **Unter einer gemischten Lebensversicherung ist eine Kapitallebensversicherung auf den Todes- und Erlebensfall zu verstehen. Es handelt sich dabei um eine kapitalbildende Lebensversicherung.**

Anwendungsbereiche

Die gemischte Lebensversicherung deckt somit einerseits durch eine **Risikoversicherung** (vgl. B 6.1) das Todesfallrisiko für den Zeitraum der vereinbarten Vertragsdauer ab. Andererseits erfolgt eine **Sparkapitalbildung**, wobei dem VN für das Ende der Vertragsdauer ein Mindestkapital in Höhe der VS garantiert wird. Diese Lebensversicherungsart, bei der Hinterbliebenenversorgung und eigene Altersvorsorge miteinander verbunden werden, ist in Deutschland am weitesten verbreitet. Mit ihr lassen sich nicht nur bestehende Versorgungslücken decken, sondern beispielsweise auch Darlehen absichern und tilgen (vgl. Kap. I 8.2).

4.3 Besondere Vertragsformen und Tarifmerkmale von Kapitallebensversicherungen mit Kapitalbildung[1]

4.3.1 Dynamische Lebensversicherung

Bei der **dynamischen Lebensversicherung** (**Zuwachsversicherung** bzw. **Wachstumsversicherung**) steht dem VN das Recht zu, den Beitrag und damit indirekt auch die spätere Versicherungsleistung jährlich **ohne erneute Gesundheitsprüfung** (vgl. Kap. I 5.2.2) in bestimmtem Umfang zu erhöhen. Das Risiko einer Verschlechterung des Gesundheitszustands während der Vertragsdauer wird also vom VR übernommen. Aus dem erhöhten Beitrag wird jeweils die entsprechende Steigerung der VS unter Zugrundelegung des erreichten Alters

1 Die Besonderheiten der fondsgebundenen Lebensversicherung werden am Beispiel der fondsgebundenen privaten Rentenversicherung in Kap. I 4.4 behandelt.

und der Restlaufzeit ermittelt. Nahezu alle Lebensversicherungen können mit einer solchen Dynamik ausgestattet werden, die vom VN jederzeit widerrufen werden kann.

4.3.2 Kapitalversicherung auf den Todes-, Erlebens- und Krankheitsfall (Dread-Disease-Deckung)

Bei dieser Art der gemischten Lebensversicherung wird die VS nicht nur im Todes- oder Erlebensfall, sondern auch bei **schwerer Erkrankung** (Dread Disease) fällig. Dem Versicherten soll dadurch ermöglicht werden, den bei schweren Erkrankungen auftretenden Kapitalbedarf zu decken, der z.B. für die Finanzierung einer besonders guten medizinischen Versorgung, für Umbau an Haus oder Auto, für die Beschäftigung von Pflegepersonal oder für Erholungsreisen entsteht. Als schwere Erkrankung gelten bei dieser Versicherung u.a. schwere Herzinfarkte, bestimmte Krebsarten, Bypassoperation, chronisches Nierenversagen, Schlaganfall und multiple Sklerose. Hinsichtlich der Gesundheitsprüfung (vgl. I 5.2.2) legt diese Versicherung strengere Maßstäbe als gewöhnlich an. Die Beiträge liegen ca. 10 % bis 20 % über denen herkömmlicher Kapitalversicherungen auf den Todes- und Erlebensfall. Für einige der gedeckten Krankheiten gilt eine Wartezeit von 3 Monaten.

4.3.3 Kapitalversicherung mit voneinander abweichenden Todes- und Erlebensfallsummen

Wird den Zielen Altersvorsorge und Hinterbliebenenversorgung unterschiedliche Priorität eingeräumt, können bei dieser Tarifvariante der gemischten Lebensversicherung voneinander abweichende Todes- und Erlebensfallsummen gewählt werden. Steht die Hinterbliebenenversorgung im Vordergrund (z.B. Familien mit kleinen Kindern), wird man die anfängliche Todesfallsumme gegenüber der Erlebensfallsumme vervielfachen. Ab einem vom VN festzulegenden Zeitpunkt (z.B. wenn der Absicherungsbedarf der Kinder sinkt) kann dann die Todesfallleistung (schrittweise) der Erlebensfallleistung angeglichen werden. Spielt dagegen der Hinterbliebenenschutz gegenüber der Altersversorgung eine untergeordnete Rolle (z.B. bei Ledigen), ist eine Vervielfachung der Erlebensfallsumme gegenüber der Todesfallsumme möglich. Bei Änderung der Lebenssituation (z.B. Heirat) kann der VN auf Wunsch auch nachträglich Todesfallschutz in Höhe der Erlebensfallsumme erhalten.

4.3.4 Kapitalversicherung mit Teilauszahlung

Anstelle der Versicherungsleistung in **einer** Summe ist bei dieser Tarifvariante der gemischten Lebensversicherung für den Erlebensfall auch eine **Auszahlung in Teilbeträgen** mög-

> **Beispiel**
>
> Herr Breitner überlegt, ob er anstelle einer Einmalzahlung bei Ablauf der beabsichtigten gemischten Lebensversicherung die Variante mit Teilauszahlungen während der Vertragsdauer wählen soll. Er könnte dann vorzeitig Teile des für die Baufinanzierung seines Eigenheims aufgenommenen Darlehens tilgen, ohne den beabsichtigten Schutz für seine Hinterbliebenen zu verlieren.

lich. Die Todesfallsumme kann dabei während der gesamten Laufzeit gleich bleiben oder wahlweise um die bereits ausgezahlten Teilbeträge gekürzt werden. Diese Versicherungsform eignet sich beispielsweise für Bauherren und jüngere Personen, die bei gleichbleibend hohem Todesfallschutz die periodischen Teilauszahlungen zur Darlehenstilgung bzw. für anderweitige Anschaffungen verwenden wollen.

4.3.5 Kapitalversicherung auf verbundene Leben

Bei einer **Versicherung auf verbundene Leben** wird das Todesfallrisiko zweier oder mehrerer Personen in einem Vertrag zusammengefasst. Dies ist sowohl bei **Kapital-** als auch bei **Rentenversicherungen** möglich. Am häufigsten ist die verbundene Lebensversicherung in Form einer **gemischten Kapitalversicherung auf zwei Leben** anzutreffen. Die vereinbarte Leistung wird i. d. R. beim Tod des zuerst Sterbenden, spätestens am Ende der Laufzeit fällig. Mit dem Tod eines der Versicherten vor Laufzeitende wird die vereinbarte VS fällig und die Versicherung erlischt. Bei gleichzeitigem Tod beider Versicherten (z. B. bei Unfall) wird die Leistung jedoch nur einmal fällig. Da das Todesfallrisiko von zwei Personen in **einem** Vertrag zusammengefasst ist, muss der Beitrag höher sein als bei einer entsprechenden gemischten Lebensversicherung auf ein Leben.

4.3.6 Lebensversicherung mit festem Auszahlungstermin (Termfixversicherung)

Beispiel

Für die spätere Ausbildung seines zwei Jahre alten Sohnes Sven möchte Herr Breitner ein Kapital von 15.000 EUR ansparen. Das Kapital soll auch dann zur Verfügung stehen, wenn Herr Breitner vorzeitig stirbt.

Normalerweise wird eine Lebensversicherung beim Tod des Versicherten fällig. Die **Versicherung mit festem Auszahlungstermin** (**Termfixversicherung**) sieht dagegen die Auszahlung der VS **nicht im Todesfall**, sondern **nur nach Ablauf der Versicherungsdauer** vor. Die Beiträge sind längstens bis zum Ende der Versicherungsdauer zu entrichten. Stirbt der Versicherte jedoch vorher, wird die Versicherung beitragsfrei und mit unveränderter VS bis zum Ende der vereinbarten Laufzeit fortgeführt. Die Ablaufleistung ist dabei genauso hoch, wie sie ohne Tod des Versicherten bei fortlaufender Beitragszahlung gewesen wäre. Allerdings lässt sich für den Todesfall auch eine sofortige Kapitalabfindung in Höhe der auf den Todestag abgezinsten VS vereinbaren.

Eine Termfixversicherung eignet sich für die Fälle, in denen ein vereinbarter Kapitalbetrag zu einem bestimmten Termin unabhängig vom Tod des Versicherten ausgezahlt werden soll. Diese Versicherungsform wird daher insbesondere von Eltern und Angehörigen als sog. **Ausbildungsversicherung** genutzt, um für Kinder bei Beginn der Berufsausbildung oder bei Existenzgründung einen bestimmten Geldbetrag zur Verfügung zu stellen.

Eine Ausbildungsversicherung wird zweckmäßigerweise auf das Leben des Versorgers abgeschlossen, der die Kinderversorgung mit seinen Beiträgen finanziert und daher gleichzeitig auch VN ist. Versicherter und VN können aber auch unterschiedliche Personen sein. Will beispielsweise ein Großvater für die Ausbildung seines Enkelkindes vorsorgen, wird er VN und Beitragszahler. Der Vater sollte in diesem Fall Versicherter werden, da er jünger ist und die Beiträge somit geringer sind. Das Kind selbst wird nicht versichert. Ihm wird jedoch häufig ein Bezugsrecht (vgl. 8.1) eingeräumt, wodurch es Anspruch auf Auszahlung der Versicherungsleistung zum vereinbarten Termin erwirbt.

4.4 Private Rentenversicherung

4.4.1 Grundform einer privaten Rentenversicherung

Die private Rentenversicherung ist eine Form der Lebensversicherung. Es handelt sich dabei um eine **kapitalbildende Lebensversicherung**, da die Rentenzahlungen aus einem zuvor vom VN angesparten Kapital erfolgen (= **kapitalgedeckte Rentenversicherung** im Gegensatz zum Umlageverfahren der gesetzlichen Rentenversicherung). Der Versicherungsfall tritt dann ein, wenn der VN ein vorher vereinbartes Alter (z.B. 65 Jahre) erreicht hat (= **Erlebensfallversicherung**). Ab diesem Zeitpunkt zahlt der VR dem VN i.d.R. eine lebenslängliche Monatsrente. Die häufigste Form der privaten Rentenversicherung ist die **Leibrentenversicherung[1] mit aufgeschobener Rentenzahlung**. Bei dieser Form der Rentenversicherung wird das erforderliche Kapital durch Beitragszahlung während einer mehrjährigen **Aufschubzeit** angesammelt. Üblicherweise wird die Aufschubzeit so gewählt, dass sie mit dem voraussichtlichen Wechsel in den Ruhestand endet. In den meisten Fällen stimmt die Beitragszahlungsdauer mit der Aufschubzeit überein. Die **regelmäßige Beitragszahlung** des Versicherungsnehmers ist finanzmathematisch ebenfalls als Rente aufzufassen, sodass in diesem Fall die Renteneinzahlung des Versicherungsnehmers während der Aufschubzeit durch die nachfolgende Rentenauszahlung des Versicherers abgelöst wird.

Von der Rentenversicherung mit aufgeschobener Rentenzahlung ist die Rentenversicherung mit sofort beginnender Rentenzahlung (**Sofort-Rentenversicherung**) zu unterscheiden. In diesem Fall zahlt der VN den Beitrag in Form eines größeren Geldbetrags auf einmal (Einmalzahlung) und erhält dafür sofort Anspruch auf eine bis ans Lebensende zu zahlende Rente (lebenslängliche Leibrente). Die Rentenzahlung wird auch dann noch fortgesetzt, wenn die gezahlten Renten den entrichteten Einmalbeitrag wertmäßig übersteigen. Das ist bei keiner anderen Form der Kapitalanlage der Fall. Diese Versicherungsart kommt für Personen im Rentenalter infrage, die bereits über ein entsprechendes Geldvermögen für die Altersversorgung verfügen und dieses Kapital verrenten lassen wollen.

Bei einer privaten Rentenversicherung wird aus den Beiträgen des VN ein Kapital gebildet (= kapitalgedeckte Rentenversicherung), aus dem ab einem bestimmten Zeitpunkt die Versicherungsleistung in Form einer Rente erbracht wird.

4.4.2 Fondsgebundene Rentenversicherung

Bei dieser Form der Rentenversicherung baut der Versicherte (=VN), wie bei der aufgeschobenen Rentenversicherung, langfristig durch die Sparanteile des Beitrags ein Kapital auf. Allerdings fließen diese Sparanteile in ein Sondervermögen (**Anlagestock**). Der Anlagestock wird, je nach Vertrag, in unterschiedliche Wertpapiere und Anlageformen (z.B. Aktien, Immobilienfonds, festverzinsliche Wertpapiere) investiert und in Anteileinheiten aufgeteilt. Der Wert einer Anteileinheit richtet sich nach der Wertentwicklung des Anlagestocks. Bei guter Wertentwicklung sind hohe **Gewinnchancen** möglich. Allerdings muss der Versicherte auch mögliche **Verluste** einkalkulieren. Nach Ablauf der Aufschubzeit wird aus dem vorhandenen Kapital eine lebenslange Rente in Geld an den Versicherten gezahlt.

Für die Risikominimierung bieten manche VR mehrere Fonds an. Dem Versicherten wird die Möglichkeit eingeräumt, die Verteilung der zukünftigen Sparanteile auf die verschiedenen Fonds zu ändern (**„shiften“**) oder die bereits angelegten Sparanteile neu auf die Fonds zu verteilen (**„switchen“**). Beispielsweise bietet sich drei bis fünf Jahre vor Beginn der Rentenzahlung eine Umschichtung in risikoärmere Geldanlagen (z.B. Rentenfonds) an.

1 Leibrente bedeutet, dass die Rentenzahlung an die Person, auf deren Leben die Versicherung abgeschlossen wurde, gebunden ist.

4.4.3 Tarifmerkmale einer privaten Rentenversicherung

▶ Reine Erlebensfallversicherung

Beschränkt sich die Leistungspflicht des Versicherers auf die Zahlung einer **lebenslänglichen Leibrente** (reine Erlebensfallversicherung), besteht für den VN bei frühem Tod die Gefahr, dass nur ein geringer Teil des eingesetzten Kapitals in Rentenform an ihn zurückfließt und der Rest dem VR zufällt. Meistens wird daher die private Rentenversicherung um eine **Todesfallleistung** ergänzt. Das ist entweder in Form einer **Rentengarantiezeit** oder als **einmalige Kapitalzahlung bei Tod des Versicherten** möglich.

▶ Todesfallleistung

Da dem VR bei frühem Tod des Versicherten u. U. hohe Beitragssummen ohne Gegenleistung zufallen, ist anstelle der reinen Erlebensfallversicherung auch die Vereinbarung einer zusätzlichen **Todesfallleistung** als Hinterbliebenenschutz möglich. Stirbt der Versicherte während der Aufschubzeit (also vor Rentenbeginn), kann die Rückzahlung der Beiträge zuzüglich der darauf entfallenden Überschussbeteiligung vereinbart werden.

▶ Rentengarantiezeit

Die aufgeschobene Rentenversicherung kann mit einer Rentengarantiezeit (i. d. R. 5 Jahre) ausgestattet werden. Stirbt der Versicherte nach Rentenbeginn, aber vor Ablauf der Garantiezeit, erhalten die Hinterbliebenen die Rente noch bis zum Ende der Garantiezeit bzw. einmalig den Barwert der noch ausstehenden Renten.

▶ Kapitalwahlrecht

Üblicherweise hat der Versicherte vor Ende der Aufschubzeit ein Wahlrecht, ob er statt der Rente eine einmalige **Kapitalabfindung** vorzieht. Die Höhe der Kapitalabfindung entspricht dem Einmalbeitrag, der für eine Sofortrente in gleicher Höhe wie die ursprünglich vereinbarte aufgeschobene Rente zu leisten wäre. Bei Ausübung des Kapitalwahlrechts kommt die Rentenversicherung einem langfristigen Sparvertrag gleich.

4.4.4 Eignung einer aufgeschobenen Leibrentenversicherung zur Altersvorsorge

Die Beiträge zur Rentenversicherung sind im Vergleich zur gemischten Kapitalversicherung (vgl. Kap. I 4.2) geringer, da im letzteren Fall auch bei Tod des Versicherten die volle VS fällig wird. Trotz der möglichen Vereinbarung einer Todesfallleistung in Form von Beitragsrückgewährung, Rentengarantiezeit oder Hinterbliebenenrente ist die Rentenversicherung nicht vorrangig zur Hinterbliebenenversorgung gedacht. Sie kommt vielmehr in erster Linie als **Altersversorgung für Alleinstehende** oder – bei bereits vorliegender Hinterbliebenenversorgung – als **Zusatzeinkommen im Rentenalter** in Betracht. Da bei einer reinen Altersrentenversicherung eine Risikoprüfung entfällt, kann ein Abschluss auch dann ratsam sein, wenn eine gemischte Kapitalversicherung aus gesundheitlichen Gründen nicht mehr infrage kommt.

! Eine private Rentenversicherung eignet sich nicht zur Hinterbliebenenversorgung. Sie ist insbesondere als Altersvorsorge für Alleinstehende sinnvoll.

Eine **fondsgebundene Rentenversicherung** ist wegen der unbestimmten Höhe des angesammelten Kapitals am Ende der Aufschubzeit als **alleinige Altersvorsorge nicht geeignet**. Bei den Renditeüberlegungen zu dieser Art der Rentenversicherung ist zu bedenken, dass aus den Beiträgen sowohl die Kosten des Versicherers als auch die der Fondsgesellschaft gedeckt werden müssen. Nach Berechnungen der Stiftung Warentest verringern diese Kosten die Rendite um 1,5 bis 2,5 %. Eine zufrieden stellende Rendite wird bei fondsgebundenen Versicherungen am ehesten bei einer Kombination mit Aktienfonds erzielt. Dies setzt allerdings eine gewisse Risikobereitschaft voraus (chancenorientierter Anleger). Für sicherheitsorientierte Anleger gibt es aber auch fondsgebundene Rentenversicherungen, die zum Ende der Aufschubzeit 100 % der Sparanteile garantieren. Solche Garantien haben allerdings ihren Preis zu Lasten der Rendite.

4.5 Zusatzversicherungen

4.5.1 Unfalltod-Zusatzversicherung

Bei den meisten Kapital- und Rentenversicherungen mit Todesfallleistung kann eine **Unfalltod-Zusatzversicherung** (**UZV**) eingeschlossen werden. Wenn der Versicherte während der Versicherungsdauer einen Unfall erleidet und innerhalb eines Jahres an den Folgen stirbt, wird neben der Todesfallleistung aus der Hauptversicherung zusätzlich die vereinbarte UZV-Leistung fällig. Wie alle Zusatzversicherungen bildet auch die UZV mit der Versicherung, zu der sie abgeschlossen ist (Hauptversicherung), eine Einheit. Ohne die Hauptversicherung kann die Zusatzversicherung nicht fortgesetzt werden. Die Leistungshöhe der UZV ist an diejenige der Hauptversicherung gekoppelt. Wird die Leistung der Hauptversicherung herabgesetzt, vermindert sich auch der Versicherungsschutz aus der UZV.

4.5.2 Berufsunfähigkeits-Zusatzversicherung[1]

Das Risiko der Berufsunfähigkeit kann zu fast allen Kapital- und Rentenversicherungen mit Todesfallleistung auch durch eine **Berufsunfähigkeits-Zusatzversicherung** (**BUZ**) abgedeckt werden. Bei Eintritt der Berufsunfähigkeit[2] ist – je nach Vereinbarung – eine der folgenden Leistungen fällig:

- **Beitragsbefreiung**
  BUZ und Hauptversicherung werden für die Dauer der Berufsunfähigkeit, längstens jedoch bis zum Ende der Laufzeit, bei gleich bleibender VS beitragsfrei gestellt. Beide Versicherungen bleiben weiterhin bestehen.
- **Beitragsbefreiung und Rentenzahlung**
  Neben der Beitragsfreistellung wird eine Berufsunfähigkeitsrente gezahlt. Ist die Hauptversicherung eine Altersrentenversicherung, kann die Berufsunfähigkeitsrente höchstens so hoch sein wie die vereinbarte Altersrente. In einigen Fällen besteht auch die Möglichkeit, dass nach langjähriger, ununterbrochener Berufsunfähigkeit anstelle der weiteren Rentenzahlung eine Kapitalleistung gewählt werden kann.

1 Vgl. dazu auch Kap. B 6.2: Selbstständige Berufsunfähigkeitsversicherung

2 Zur Abgrenzung der Begriffe Berufs- und Erwerbsunfähigkeit vgl. Kap. B 6.2

Zusammenfassung zu Kapitel 4: Möglichkeiten der privaten Altersvorsorge durch verschiedene Formen der Lebensversicherung

Kapitallebensversicherung

Todesfallversicherung | **Erlebensfallversicherung**

Kombination

↓

gemischte Kapitallebensversicherung (Kapitallebensversicherung auf den Todes- und Erlebensfall)

↓

Vertragsformen

dynamische LV	**LV auf den Todes-, Erlebens- und Krankheitsfall (Dread Disease)**	**voneinander abweichende Todes- und Erlebensfallsummen**	**LV mit Teilauszahlung**	**LV auf verbundene Leben (2 oder mehr Personen)**	**LV mit festem Auszahlungstermin (Ausbildungsversicherung)**

Private Rentenversicherung

Erlebensfallversicherung	**Leibrentenversicherung mit Aufschubzeit**
Eintritt des Versicherungsfalles bei Erreichung eines vereinbarten Alters, z. B. 65. Lebensjahr →	Beitragszahlung während der Aufschubzeit, bei Eintritt des Versicherungsfalles i. d. R. monatliche lebenslängliche Rente an VP

Tarifmerkmale/Vertragsformen

Todesfallleistung	**Rentengarantiezeit**	**Kapitalwahlrecht**	**Sonderform: Fondsgebundene Rentenversicherung**
Stirbt der Versicherte während der Aufschubzeit (= vor Rentenbeginn), Todesfallleistung an die Hinterbliebenen	Stirbt der Versicherte nach Rentenbeginn, aber vor Ablauf der Garantiezeit (i. d. R. 5 Jahre), Zahlung der noch ausstehenden Renten an die Hinterbliebenen	Wahlrecht vor Ende der Aufschubzeit (= Beitragszahlungszeitraum), ob statt der Rente eine einmalige Kapitalabfindung erfolgen soll.	Sparanteile des Beitrags werden vom VR in Wertpapierfonds investiert. Gewinne und Verluste möglich

Private Rentenversicherung eignet sich als Altersvorsorge für Alleinstehende

Zusatzversicherungen zu privaten Kapital- und Rentenversicherungen

Unfalltod-Zusatzversicherung	**Berufsunfähigkeits-Zusatzversicherung**
Bei Unfalltod wird eine zusätzliche Leistung fällig.	Bei Berufsunfähigkeit erfolgt Beitragsbefreiung für die Hauptversicherung und ggf. eine BU-Rentenzahlung.

Aufgaben und Probleme

Kapitel 4 Möglichkeiten der privaten Altersvorsorge durch verschiedene Formen der Lebensversicherung

Arten der Lebensversicherung – gemischte Kapitallebensversicherung – besondere Vertragsformen

1. Erläutern Sie den Unterschied zwischen einer gemischten Lebensversicherung und einer Risikoversicherung.

2. Herr Schmitz möchte einen Lebensversicherungsvertrag abschließen, um seine Ehefrau, die kein eigenes Einkommen erzielt, und die vierjährige Tochter finanziell abzusichern.
   Empfehlen Sie Herrn Schmitz drei bedarfsgerechte Lebensversicherungsprodukte.

3. Erläutern Sie
   a) die Besonderheiten einer Kapitalversicherung mit festem Auszahlungstermin (Termfixversicherung) gegenüber einer herkömmlichen gemischten Lebensversicherung,
   b) mögliche Ziele, die mit einer Termfixversicherung verfolgt werden können.

4. Erläutern Sie
   a) die Besonderheiten einer Versicherung auf verbundene Leben,
   b) für welchen Personenkreis und für welche Zielsetzung sich eine gemischte Kapitalversicherung auf verbundene Leben eignet.

5. Erläutern Sie
   a) den Zweck einer dynamischen Lebensversicherung,
   b) Vorteile, die eine Dynamisierung für den VN bietet.

6. Stellen Sie die wesentlichen Unterschiede zwischen einer
   a) Kapitallebensversicherung auf den Todes- und Erlebensfall mit Berufsunfähigkeits-Zusatzversicherung und einer
   b) Kapitallebensversicherung auf den Todes-, Erlebens- und Krankheitsfall vergleichend dar.

7. Welche Lebensversicherungsarten kommen für die folgenden Lebensstationen infrage? Begründen Sie Ihre Zuordnung.

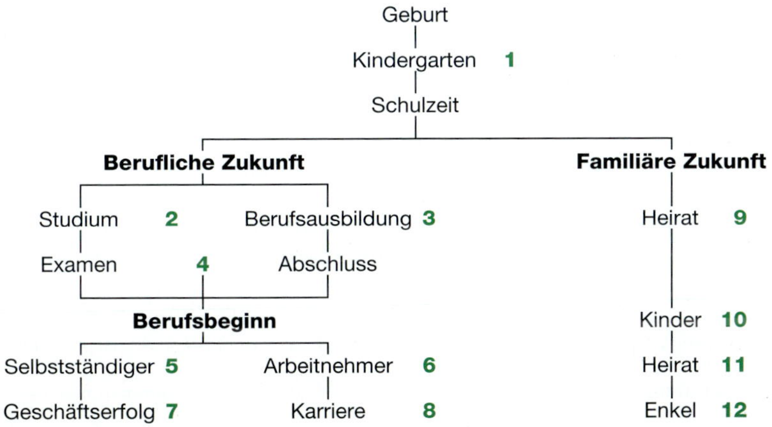

Private Rentenversicherung

8 Private Rentenversicherung
a) Was ist unter einer Sofortrente und unter einer aufgeschobenen Rente zu verstehen?
b) Beschreiben Sie die Vertragsgestaltung bei einer sog. aufgeschobenen Rentenversicherung.
c) Begründen Sie, warum bei der privaten Altersrentenversicherung i.d.R. neben der Erlebensfallleistung auch eine Todesfallleistung vereinbart wird.

9 Frau Müller möchte für ihre eigene Altersversorgung eine private Rentenversicherung abschließen.
a) Erläutern Sie Frau Müller diese Tarifform und erklären Sie ihr auch den Unterschied zwischen einer Leibrente und einer Zeitrente.
b) Welche Leistung erbringt der Versicherer, wenn Frau Müller während der Aufschubzeit stirbt?

Zusatzversicherungen

10 Erläutern Sie die Voraussetzungen für den Eintritt des Versicherungsfalles in der Unfalltod-Zusatzversicherung und die Art der dann fälligen Leistung.

5 Zustandekommen des Lebensversicherungsvertrags[1]

5.1 Beteiligte Personen

Versicherer und Versicherungsvermittler

Der überwiegende Teil der Lebensversicherungsverträge zwischen VR und VN kommt durch die Mitwirkung von **Versicherungsvermittlern** zustande. Aufgrund des erheblichen Beratungsbedarfs beim Abschluss einer Lebensversicherung spielen andere Absatzwege (Direktvertrieb, Vertriebskooperation mit Versandhandel u.Ä.) eine untergeordnete Rolle.

Versicherungsnehmer und Beitragszahler

Der VN ist der Vertragspartner des VR. Er schuldet die fälligen Beiträge. Andererseits stehen dem VN alle Ansprüche und sonstigen Rechte aus dem Versicherungsvertrag zu. Dazu gehören neben dem Recht auf Gefahrtragung durch den VR auch die sog. **Gestaltungsrechte** wie Vertragsänderungen, Kündigung, Benennung eines Bezugsberechtigten, Abtretung und Verpfändung (vgl. Kap. I 7 und I 8).

Besonderheit: Minderjährige als Versicherungsnehmer
Minderjährige sind nur mit Zustimmung des **Familiengerichts** zum Abschluss von Versicherungsverträgen berechtigt, sofern das Vertragsverhältnis länger als ein Jahr nach Vollendung des 18. Lebensjahres fortdauern soll (§ 1822 Nr. 5 BGB). Wird diese Vorschrift nicht beachtet, sind die mit beschränkt Geschäftsfähigen geschlossenen Lebensversicherungsverträge auch dann **schwebend unwirksam**, wenn die Einwilligung des gesetzlichen Vertreters vorliegt. (§§ 1829 [1], 108 [3] BGB). Sie werden erst nach der Genehmigung durch das Familiengericht rechtswirksam. In der Praxis bleibt bei Lebensversicherungsverträgen

1 Zusatzinformation für das Fach Allfinanz. Zu den allgemeinen Regeln für das Zustandekommen von Versicherungsverträgen vgl. Kap. B 8.

mit Minderjährigen die Zustimmungsbedürftigkeit durch das Familiengericht oft unberücksichtigt. Solche Verträge sind zunächst schwebend unwirksam. **Nach Eintritt der Volljährigkeit** wird die fehlende Genehmigung des Familiengerichts und die u.U. ebenfalls fehlende Zustimmung des gesetzlichen Vertreters durch die **eigene Genehmigung** des Versicherungsnehmers ersetzt. Die Fortsetzung der Beitragszahlung nach Eintritt der Volljährigkeit reicht als Genehmigung durch schlüssiges Handeln aber nur dann aus, wenn dies in dem – für den VR nicht erkennbaren – Bewusstsein geschieht, dass der Vertrag andernfalls rechtsunwirksam ist. Wird ein schwebend unwirksamer Vertrag nicht genehmigt, kann sich der VN bis zum Ende der Vertragslaufzeit auf die Unwirksamkeit der beantragten Versicherung berufen. Bei versagter Genehmigung wird der bis dahin schwebend unwirksame Vertrag nichtig. In diesem Fall kann die Erstattung aller eingezahlten Beiträge einschließlich der Zinsen verlangt werden. Im Todesfall könnte der Bezugsberechtigte demgegenüber vom VR trotzdem die vereinbarte Leistung mit dem Hinweis verlangen, die fortgesetzte Beitragszahlung sei im Bewusstsein der ursprünglichen Unwirksamkeit erfolgt, sodass der Vertrag vom VN durch schlüssiges Handeln genehmigt wurde (§§ 812 ff. BGB) Aus diesen Gründen muss der volljährig Gewordene vom VR über die schwebende Unwirksamkeit unterrichtet und ausdrücklich darauf aufmerksam gemacht werden, dass die Zahlung des fälligen Beitrags innerhalb einer Frist von vier Wochen als Genehmigung des Vertrags angesehen wird.

Versicherte Person (Versicherter)

Versicherte Person (Versicherter) ist diejenige natürliche Person, auf deren Leben die Versicherung abgeschlossen wird. Die vereinbarte Leistung ist fällig, wenn während der Versicherungsdauer bei der versicherten Person das versicherte Ereignis (z.B. Tod, Erleben, Berufsunfähigkeit) eintritt. Bei der Lebensversicherung auf verbundene Leben ist ausnahmsweise mehr als eine Person versichert. In den meisten Fällen ist der VN zugleich auch die versicherte Person. Es ist dem VN aber auch möglich, die Versicherung auf das Leben einer anderen Person (= **Fremdversicherung**) abzuschließen. Die versicherte Person erwirbt aber in diesem Fall keinerlei Einwilligungs- oder Gestaltungsrechte.

Beim Versicherungsnehmer und der versicherten Person kann es sich um unterschiedliche Personen handeln.
Wird eine Lebensversicherung nicht auf das Leben des VN, sondern auf eine andere Person abgeschlossen, liegt eine Fremdversicherung vor.

Wenn die vereinbarte Leistung die gewöhnlichen Beerdigungskosten (zzt. ca. 8.000 EUR) übersteigt, ist eine solche Fremdversicherung jedoch nur dann gültig, wenn die versicherte Person vor Vertragsabschluss ihre schriftliche Einwilligung gegeben hat. Dadurch soll die Spekulation mit fremden Leben eingeschränkt werden. Die Einwilligung kann bis zum Vertragsabschluss widerrufen werden.

Besonderheit: Fremdversicherung bei Minderjährigen
Für die Fremdversicherung von Minderjährigen gelten Sondervorschriften des VVG, dass bei Abschluss von Versicherungen mit Todesfallcharakter auf das Leben von Personen unter 7 Jahren (**Kinderversicherungen**) die Todesfallleistung ca. 8.000 EUR (Beerdigungskosten) betragen darf (§ 150 [3] VVG). Die Einwilligung des Kindes als versicherter Person ist in diesem Fall entbehrlich. Soll eine über die Beerdigungskosten hinausgehende Todesfallversicherung für ein Kind, das das 7. Lebensjahr noch nicht vollendet hat (= **geschäftsunfähiges Kind**), abgeschlossen werden, dürfen die Eltern ihr Kind bei dessen erforderlicher Einwilligung nicht vertreten. Zur Vertretung des Kindes müsste daher vom Vormundschaftsgericht ein Ergänzungspfleger bestellt werden (§ 150 [2] S. 2 VVG) Auch ein **beschränkt geschäftsfähiges Kind** (vollendetes 7. Lebensjahr bis vollendetes 18. Lebensjahr) kann bei Abschluss einer über die Beerdigungskosten hinausgehenden Todesfallversiche-

rung für die Einwilligung, die es als versicherte Person erteilen muss, nicht von seinen Eltern vertreten werden. Dies ist in diesem Fall aber ebenso wenig nötig wie die Bestellung eines Ergänzungspflegers, da beschränkt Geschäftsfähige ohne Zustimmung des gesetzlichen Vertreters Willenserklärungen abgeben können, durch die sie lediglich einen rechtlichen Vorteil erlangen (§ 107 BGB). Nach herrschender Meinung gilt diese BGB-Vorschrift auch für solche Rechtsgeschäfte, durch die der beschränkt Geschäftsfähige weder einen Vor- noch einen Nachteil erlangt (neutrale Rechtsgeschäfte). Das trifft für die Fremdversicherung auf das Leben eines beschränkt Geschäftsfähigen zu.

5.2 Vertragsabschluss[1]

5.2.1 Antragstellung durch den VN

Inhalte des Antrags

Der VR macht den Vertragsabschluss von der Prüfung des zu übernehmenden Risikos, insbesondere von den Gesundheitsverhältnissen der versicherten Person, abhängig.

Angaben im Antrag zur Risikobeurteilung des Versicherten	
Fragengruppe	**Beispiele**
■ Besondere Gefahren und Versicherungsanträge bei anderen Gesellschaften	■ Gefahren im Beruf, in der Freizeit ■ Ablehnung oder Annahme unter Erschwerung bei anderen Versicherern
■ Fragen bei einer beantragten BU-Rente von mehr als 25.200 EUR	■ Besteht Anspruch auf Berufs- oder Dienstunfähigkeitsrente? ■ Wie hoch ist die Rente?
Erklärungen zum Gesundheitszustand	
■ Zeitlich befristete Fragen (Beschwerden usw. in den letzten 5 Jahren; Operationen, Strahlen- oder Chemotherapien, Alkohol- und Drogenabhängigkeit in den letzten 15 Jahren)	■ Herz- und Kreislauferkrankungen ■ Infektionskrankheiten ■ Tumore (auch gutartige) ■ Einnahme von Schlaf-, Schmerz-, Beruhigungsmitteln
■ Zeitlich unbefristete Fragen	■ HIV-Infektion ■ Selbsttötungsversuch
■ Weitere Fragen	■ Größe und Gewicht

Beim Antragsmodell wird der Antrag vom VN gestellt und vom VR nach Prüfung angenommen oder abgelehnt (vgl. Kap. B 8.3 und B 8.4.2). Die Annahme kann zu normalen oder zu erschwerten Bedingungen erfolgen. Trotz der Formfreiheit beim Abschluss des Versicherungsvertrags ist es üblich, die Antragstellung auf Vordrucken des Versicherers vorzunehmen. Der **personenbezogene** Antragsteil umfasst u. a. Name und Anschrift des Versicherungsnehmers sowie Alter, Geschlecht, Beruf und Gesundheitsverhältnisse der versicherten Person. Der **sachbezogene** Teil beinhaltet u. a. Tarif- und Leistungsbeschreibung, Beitragshöhe und -dauer sowie den Versicherungsbeginn.

Bei einer **Fremdversicherung** wird durch die zusätzliche Unterschrift der versicherten Person die **wahrheitsgemäße Beantwortung der Gesundheitsfragen** bestätigt und das **Einverständnis zum Abschluss der Versicherung** auf ihr Leben gegeben.

1 Im Folgenden wird nur das Zustandekommen des Lebensversicherungsvertrags nach dem Antragsmodell behandelt (vgl. Kap. B 8.3 und 8.4.2). Das Zustandekommen nach dem Invitatiomodell erfolgt wie in Kap. B 8.3 und 8.4.2 beschrieben.

Widerrufs- und Bindefrist

> **Bei Abschluss einer Lebensversicherung gilt für den Versicherungsnehmer ein Widerrufsrecht von 30 Tagen.**

Der VN kann seine Willenserklärung zum Abschluss eines Lebensversicherungsvertrags innerhalb von 30 Tagen (bei anderen Versicherungen innerhalb von zwei Wochen) widerrufen (vgl. Kap. B 8.4.3). Der Widerruf ist in Textform zu erklären. Die Widerrufsfrist beginnt zu dem Zeitpunkt, zu dem der VN folgende Unterlagen erhalten hat (Zugang):

- **Versicherungsschein** und Vertragsbestimmungen sowie die weiteren Informationen (sog. **Verbraucherinformationen**)
- **Belehrung** über das Widerrufsrecht und die Rechtsfolgen des Widerrufs

Zur Fristwahrung genügt die rechtzeitige Absendung des Widerrufs durch den VN.

Trotz der Widerrufsmöglichkeit besteht aber auch eine **Annahme-** und **Bindefrist**, bis zu deren Ablauf der VN an seinen Antrag gebunden ist. Die Bindefrist wird üblicherweise im **Antragsvordruck** bestimmt. Sie beträgt in der Lebensversicherung normalerweise sechs Wochen und beginnt mit der Aushändigung des unterschriebenen Antragsformulars an den Versicherungsvermittler oder dem Posteingang beim VR. Wenn ärztliche Untersuchungen im Rahmen der Risikoprüfung verlangt werden, beginnt die Bindefrist erst an dem Tag, an dem die Untersuchung stattfindet bzw. an dem der Untersuchungsbericht dem VR zugeht. Der VR nutzt den Zeitraum der Annahme- und Bindefrist für die Risikoüberprüfung und die Tariffestsetzung.

Die rechtliche Bedeutung dieser Bindefrist ist allerdings durch das nachträglich aus Verbraucherschutzgründen gewährte Widerrufsrecht weitgehend bedeutungslos, da der VN seine Willenserklärung innerhalb von 30 Tagen ab Zugang des Versicherungsscheins, der Verbraucherinformationen und der Belehrung über das Widerrufsrecht widerrufen kann. Es liegt allerdings im Interesse des VN, zu erfahren, wann er spätestens mit einer Erklärung des Versicherers über Annahme oder Ablehnung des Vertrags rechnen kann. In diesem Sinne kann die Annahme- und Bindefrist trotzdem nach wie vor bedeutsam sein. Nach erfolglosem Ablauf der Frist ist der Antrag des VN erloschen. Er kann dann anderweitig einen Versicherungsvertrag abschließen, ohne Gefahr zu laufen, doppelt versichert zu sein und doppelte Beiträge zahlen zu müssen.

5.2.2 Antragsprüfung und Risikobeurteilung

Der Antrag wird dem VR entweder vom Versicherungsvermittler oder vom Antragsteller selbst (Direktvertrieb) zugeleitet. Neben der formellen Prüfung (vollständige und richtige Daten) erfolgt dann insbesondere eine Prüfung der Gesundheitsverhältnisse. Zu den **objektiven Risikomerkmalen**, die die Eintrittswahrscheinlichkeit des Versicherungsfalles (Tod, Unfall, Berufsunfähigkeit, Pflegebedürftigkeit) beeinflussen, gehören u.a. Lebensalter, Geschlecht, Gesundheitsverhältnisse, Vorerkrankungen und Beruf. Dieses **objektive Risiko** kann kalkuliert und bei der Risikobeurteilung durch eine entsprechende Beitragsgestaltung berücksichtigt werden. Nur schwer erfassbar sind dagegen die **subjektiven Risikomerkmale**, die in der Person des Versicherten selbst liegen. Dazu gehören u.a. Lebenswandel, Gesundheitsbewusstsein, Selbstmordneigung und Betrugsabsichten („moralisches Risiko").

Die **Tarifbeiträge** beziehen sich auf versicherte Personen, die hinsichtlich Gesundheitszustand, beruflicher Tätigkeit, sportlicher Betätigung usw. versicherungsmedizinisch **normale Risiken** darstellen. Abgesehen von einigen wenigen Versicherungsformen (z.B. Dread-Disease-Deckung, vgl. Kap. I 4.3.2, selbstständige Berufsunfähigkeitsversicherung, vgl. B 6.2) wird in der Lebensversicherung eine Gefahrenerhöhung während der Laufzeit nicht berücksichtigt. Der bei Vertragsabschluss vereinbarte Beitrag kann deshalb auch dann nicht erhöht werden, wenn sich der Gesundheitszustand der versicherten Person verschlechtert. Die **Risikoprüfung** dient daher der Ermittlung der von der Norm abweichenden Risiken.

Das **Ausmaß der Gesundheitsprüfung** hängt im Allgemeinen von der Höhe der VS ab. Die mit der Gesundheitsprüfung einhergehenden **Kosten** trägt der VR. Mögliche Risikoprüfungsmittel sind u. a.:

- **Selbstauskünfte** des Antragstellers,
- **Berichte** der behandelnden **Ärzte**,
- **Rückfragen** über die sog. **Mitteilungsstelle für Sonderwagnisse** bei anderen Versicherern bezüglich solcher Verträge, die mit Risikozuschlag angenommen, abgelehnt, zurückgestellt oder durch Anfechtung bzw. Rücktritt aufgehoben wurden,
- **ärztliche Untersuchungen** (einschließlich Spezialuntersuchungen).

Ist die Eintrittswahrscheinlichkeit für das zu versichernde Risiko (z. B. Tod, Berufsunfähigkeit) nach Einschätzung des Versicherers zum Zeitpunkt der Antragstellung zu groß (z. B. HIV-Infizierte, Alkoholiker, Krebskranke im fortgeschrittenen Stadium), gilt das Risiko als nicht versicherbar. Der Antrag wird abgelehnt oder vorläufig zurückgestellt, wenn die Möglichkeit besteht, dass der Antrag nach einiger Zeit mit Erschwernissen angenommen werden kann.

5.2.3 Antragsannahme und risikoeinschränkende Maßnahmen

Wenn gegen die Antragsannahme keine Bedenken bestehen, wird dem Antragsteller der Versicherungsschein oder eine gesonderte Annahmeerklärung zugesandt. Ergibt die Risikoprüfung hingegen Anzeichen für ein von der Norm abweichendes erhöhtes Risiko (z. B. Vorerkrankungen, gegenwärtiger Gesundheitszustand, Beruf), ist – soweit das Risiko überhaupt versicherbar ist – ein spezieller Risikoausgleich nötig. Die Art dieses Risikoausgleichs hängt vom erschwerenden Umstand, dem Eintrittsalter der versicherten Person sowie von Art und Dauer der Versicherung ab. Der VR unterbreitet dem Antragsteller ein neues Angebot (**Erschwerungsangebot**), das dann angenommen oder abgelehnt werden kann.

▶ Risikozuschlag

Wenn die Risikoprüfung zu dem Ergebnis führt, dass der Antrag nicht zu normalen Bedingungen angenommen werden kann, kommt in vielen Fällen ein Beitragszuschlag infrage, durch den das überdurchschnittliche Risiko ausgeglichen wird. Der Risikozuschlag kann auch auf einen bestimmten Zeitraum beschränkt werden (z. B. nach einer Operation). Eine ähnliche Wirkung wird mit der Staffelung erzielt.

▶ Staffelung

Bei einem vorübergehenden Risiko (z. B. nach einer kurz vor Vertragsabschluss erfolgten Operation) kann eine Verminderung der Versicherungsleistung in den ersten Jahren bei voller Beitragszahlung vereinbart werden.

▶ Sonstige Erschwernisse

Als weitere risikoeinschränkende Maßnahmen kommen in Betracht:

- Abkürzung der Versicherungsdauer (z. B. wenn mit späterem Ausbruch einer Krankheit gerechnet wird)
- Vereinbarung von verminderten Todesfallsummen

- Alterserhöhung (z. B. 30-Jähriger wird wie ein 35-jähriger Mann eingestuft)
- Leistungsausschlüsse in der BUZ

5.2.4 Versicherungsbeginn

In den Antragsformularen ist ein Leerfeld vorgesehen, in das der Versicherungsbeginn einzutragen ist. Gemeint ist damit der sogenannte **technische Versicherungsbeginn**. Insgesamt werden im Zusammenhang mit Versicherungsverträgen drei Arten von Versicherungsbeginnen unterschieden.

Beispiel

Herr Kraus stellt am 10. Jan. d. J. den Antrag auf Abschluss einer Lebensversicherung, die am 01. Febr. d. J. beginnen soll. Der VR erklärt am 03. Febr. d. J. die Annahme der Versicherung durch Zusendung des Versicherungsscheins (Police). Am 05. Febr. d. J. zahlt der VN den Erstbeitrag.

Technischer Beginn

Der technische Beginn ist der Beginn des **beitragsbelasteten Zeitraumes**. Ab diesem Zeitpunkt muss der VN den Beitrag zahlen (01. Febr. d. J.). Er bestimmt auch den Beginn der Versicherungsperiode. Falls nicht der Beitrag nach kürzeren Zeitabschnitten bemessen ist, dauert die Versicherungsperiode ein Jahr. Der technische Beginn bestimmt damit **indirekt** auch den Fälligkeitstermin des Jahresbeitrags und den Beginn einer weiteren Versicherungsperiode, sofern der Vertrag nicht zum Ablauf der vorausgegangenen Versicherungsperiode gekündigt wurde. Der technische Beginn ist auch maßgebend für die Ermittlung des Eintrittsalters.

Zuweilen kann eine **Rückdatierung** des technischen Beginns günstig sein, wenn dadurch das Eintrittsalter der zu versichernden Person um ein Jahr geringer ist. Durch das niedrigere Eintrittsalter wird für die gesamte Laufzeit eine Beitragsminderung erzielt, sodass der Beitragsaufwand für den zurückliegenden Zeitraum, für den durch die Rückdatierung kein Versicherungsschutz bestand, dadurch u. U. aufgewogen wird.

Formeller Beginn

Formeller Beginn ist der Zeitpunkt des **Vertragsabschlusses**. In der Regel ist dies die Annahme des Antrages durch den VR (hier: 03. Febr. d. J.).

Materieller Beginn

Der materielle Beginn ist der Zeitpunkt, ab dem der VR das vereinbarte Risiko übernimmt (**Gefahrtragungsbeginn**). Aus der Sicht des VN sollte dieser mit dem beantragten Beginn (= technischer Beginn) übereinstimmen. Für den Fall, dass der Versicherungsbeginn nicht ausdrücklich anders festgelegt wurde, beginnt der Versicherungsschutz um 0 Uhr des im Versicherungsschein ausgewiesenen Tages (= policierter Beginn = technischer Beginn). Allerdings kann sich der tatsächliche Haftungsbeginn (= materieller Beginn) erheblich verzögern. Das ist dann der Fall, wenn – wie in der Lebensversicherung – das **strenge Einlösungsprinzip** gilt (§ 37[2] VVG, § 3 ALV). Das strenge Einlösungsprinzip macht den Beginn des Versicherungsschutzes grundsätzlich davon abhängig, dass der VN zum Zeitpunkt des im Versicherungsschein angegebenen Beginns (= technischer Beginn) den Erstbeitrag schon bezahlt hat. Ist dies nicht der Fall, beginnt der Versicherungsschutz erst mit Zahlung des Erstbeitrags. Der VR muss den VN allerdings auf die Rechtsfolge der Nichtzahlung des Erstbeitrags durch gesonderte Mitteilung in Textform oder in auffälliger Weise im Versicherungsschein hinweisen.

Es sind drei Arten von Versicherungsbeginnen zu unterscheiden:
(1) Technischer Beginn: Im Antrag genannter Beginn, ab dem die Beiträge zu zahlen sind.
(2) Formeller Beginn: Zeitpunkt, zu dem der Vertrag zustande kommt.
(3) Materieller Beginn: Zeitpunkt, ab dem der Versicherungsschutz beginnt.

Beispiel

Herr Krause zahlt am 05. Febr. d.J. um 16.30 Uhr den Erstbeitrag am Bankschalter bar ein. Die Haftung beginnt dann auch erst am 05. Febr. d.J. Wäre dagegen die Policenzustellung und die Beitragszahlung vor dem 01. Febr. d.J. erfolgt, so bestünde Versicherungsschutz antragsgemäß schon ab 01. Febr. d.J.

Für die Beitragszahlung genügt es, wenn der VN seine Bank mit der Überweisung beauftragt oder den Betrag dort bar eingezahlt hat. Der Zeitpunkt des Zahlungseingangs beim VR ist für den Beginn des Versicherungsschutzes unerheblich. Hat der VN dem VR eine Einzugsermächtigung erteilt, gilt der Einlösungsbeitrag auch schon vor Einzug durch den VR als gezahlt, wenn das Konto am Fälligkeitstag eine entsprechende Deckung aufweist.

Für die Lebensversicherung gilt das strenge Einlösungsprinzip, d.h., der Versicherungsschutz beginnt frühestens, nachdem der Erstbeitrag bezahlt wurde.

Besonderheit: Vorläufiger Versicherungsschutz in der Lebensversicherung ab Antragstellung

Der VR kann mit der Antragstellung einen vorläufigen Versicherungsschutz anbieten, der an dem Tag beginnt, an dem der Antrag beim VR eingeht, spätestens jedoch am dritten Tag nach der Antragsunterzeichnung. Voraussetzung ist u.a., dass der Erstbeitrag (Einlösungsbeitrag) für die beantragte Versicherung bereits gezahlt ist oder eine Einzugsermächtigung erteilt wurde. Der vorläufige Versicherungsschutz erstreckt sich auf die für den Todesfall beantragten Leistungen. Ist eine UZV beantragt, wird die beantragte Unfallversicherungssumme zusätzlich gezahlt, wenn während der vorläufigen Deckung ein tödlicher Unfall bzw. innerhalb eines Jahres der unfallbedingte Tod eintritt. Die Gesamtleistung (einschließlich UZV) beträgt jedoch höchstens 100.000 EUR.

Zusammenfassung zu Kapitel 5: Zustandekommen des Lebensversicherungsvertrages

Lebensversicherungsvertrag

Versicherer (VR)	←→ **Lebensversicherungsvertrag**	**Versicherungsnehmer (VN)**
	↓	weitere beteiligte Personen, die u.U. nicht mit dem VN identisch sind: Beitragszahler, versicherte Person (VP)
	Besonderheiten bei	

↙ **Fremdversicherung** **VN und VP sind verschiedene Personen**	↘ **VN ist minderjährig**

Antragsmodell
= Antrag auf Abschluss des Versicherungsvertrags geht vom VN aus

↓

Widerrufs- und Bindefristen

↓

Antragsprüfung und Risikobeurteilung durch VR

↓

Antragsannahme durch VR
(evtl. mit risikoeinschränkenden Maßnahmen)

↓

Versicherungsschein (Police)

↓

Versicherungsbeginn

technischer Beginn	formeller Beginn	materieller Beginn
Beginn des beitragsbelasteten Zeitraumes	Zeitpunkt des Vertragsabschlusses	Zeitpunkt, ab dem der VR das vereinbarte Risiko übernimmt (Gefahrtragungsbeginn)

Aufgaben und Probleme

Kapitel 5 Zustandekommen des Lebensversicherungsvertrags

Beteiligte Personen

1. In welchem Fall ist bei einer Fremdversicherung die schriftliche Einwilligung der versicherten Person nötig? Begründen Sie diese Regelung.

2. Erläutern Sie die Besonderheiten, wenn
   a) der VN minderjährig ist,
   b) die versicherte Person
      – jünger als 7 Jahre ist,
      – minderjährig, aber älter als 7 Jahre ist.

3. Der 15-jährige Kevin möchte einen LV-Vertrag abschließen. Die Laufzeit soll 12 Jahre und die Versicherungssumme 15.000 EUR betragen. Kevin und seine alleinerziehende Mutter unterschreiben den Vertrag und schicken ihn an den VR.
   a) Erläutern Sie, unter welchen Voraussetzungen der Vertrag im vorliegenden Fall rechtswirksam zustande kommt.
   b) Angenommen, im vorliegenden Fall wurden nicht alle Voraussetzungen für das rechtswirksame Zustandekommen des Vertrags berücksichtigt. Erläutern Sie die Rechtslage, wenn Kevin mit Vollendung des 18. Lebensjahres vom VR über die Genehmigungsbedürftigkeit seiner damaligen Willenserklärung informiert wird und er
      – die bisher gezahlten Beiträge weiter entrichtet,
      – auf die Mitteilung des VR nicht reagiert, dieser aber aufgrund einer vorliegenden Einzugsermächtigung die Beträge weiterhin einzieht,
      – den Vertrag auflösen und die bisher bezahlten Beiträge für den Kauf eines Autos verwenden möchte.

4 Ein Ehemann schließt auf das Leben seiner Ehefrau eine Lebensversicherung ab. Die Beiträge werden von seinem Konto abgebucht.
a) Klären Sie an diesem Beispiel die Begriffe Versicherungsnehmer, Beitragszahler und versicherte Person.
b) Erläutern Sie die Zustimmungsbedürftigkeit der Ehefrau für das Wirksamwerden des Vertrags, wenn die Versicherungssumme
4.000 EUR 40.000 EUR
beträgt.
c) Prüfen Sie, ob die Ehefrau Rechte in Zusammenhang mit dem Vertragsabschluss erwirbt.

5 Die Eltern eines 6-jährigen Mädchens wollen einen Lebensversicherungsvertrag mit einer Versicherungssumme von 20.000 EUR auf das Leben ihrer Tochter abschließen. Prüfen Sie, ob und unter welchen Voraussetzungen ein solcher Vertrag rechtswirksam zustande kommen kann.

Vertragsabschluss

6 Warum werden Versicherungsverträge normalerweise schriftlich abgeschlossen, obwohl es keine gesetzlichen Formvorschriften gibt?

7 Nennen Sie Beispiele für objektive und subjektive Risiken in der Lebensversicherung.

8 Nach Aufforderung durch den VR muss der Antragsteller dem VR vor Vertragsabschluss nach VVG alle noch eingetretenen risikoerhöhenden Veränderungen mitteilen. Nennen Sie Beispiele für solche Risikoveränderungen.

9 Herr Bauer möchte einen Lebensversicherungsvertrag in Form einer privaten Rentenversicherung (Leibrente) abschließen. Er leidet jedoch unter einer Herzerkrankung und fürchtet, dass sein Antrag – wenn überhaupt – nur mit erheblichen Risikozuschlägen angenommen wird.
Erläutern Sie die Bedeutung des Gesundheitszustands von Herrn Bauer für die Risikoprüfung im vorliegenden Fall.

10 Erläutern Sie Widerrufs- und Bindefrist beim Abschluss eines Lebensversicherungsvertrags.

11 Herr Mayer unterschreibt am 25.04. einen Antrag auf Abschluss einer kapitalbildenden Lebensversicherung (Laufzeit 20 Jahre). Als Versicherungsbeginn wird im Antrag der 01.06. angegeben. Ein vorläufiger Versicherungsschutz wird nicht vereinbart. Der Antrag geht einen Tag später beim VR ein. Nach der Risikoprüfung und einer ärztlichen Untersuchung am 14.05. wird der Versicherungsschein am 20.05. ausgefertigt. Herr Mayer erhält diesen am 22.05. Die notwendigen Unterlagen (Verbraucherinformationen, Rechtsbelehrung usw.) hat Herr Mayer vor der Antragstellung vollständig erhalten. Der Erstbeitrag wurde am 11.06. durch Banküberweisung gezahlt.
Geben Sie die Daten, wann die Versicherung technisch, formell und materiell beginnt, sowie den letztmöglichen Zeitpunkt des Widerrufs durch den VN an.

12 Erläutern Sie, ab welchem Zeitpunkt voller Versicherungsschutz im Rahmen der Lebensversicherung besteht.

13 Nach Antragstellung bietet der VR einen vorläufigen Versicherungsschutz. Erläutern Sie dazu
- die Höchstsummen (einschließlich UZV),
- die Voraussetzungen,
- den Beginn,
- die Beendigungsmöglichkeiten.

6 Beitragsberechnung und Beitragsverwendung in der Lebensversicherung

6.1 Beitragsbestandteile

6.1.1 Beitragsbestandteile bei unterschiedlichen Arten von Lebensversicherungen

Die Höhe des Beitrags hängt in der Lebensversicherung insbesondere vom Alter der versicherten Person, der Versicherungsform (Tarif) und der Versicherungsdauer ab. Bei allen Lebensversicherungen ergibt sich der **Bruttobeitrag** aus der Summe von **Nettobeitrag** und **Kostenanteil**. Je nach Art der vereinbarten Leistung besteht der **Nettobeitrag** seinerseits

- nur aus einem **Risikoanteil** (z. B. abgekürzte Todesfallversicherung, vgl. B 6.1),
- aus einem **Risiko- und einem zusätzlichen Sparanteil** (z. B. Kapitalversicherungen auf den Todes- und Erlebensfall, vgl. I 4.2),
- nur aus einem **Sparanteil** (z. B. reine Erlebensfallversicherung in Form einer Leibrentenversicherung ohne Todesfallleistung, vgl. I 4.4).

Der Versicherungsbeitrag für eine gemischte Kapitalversicherung (= Kapitalversicherung auf den Todes- und Erlebensfall) besteht aus Risikoanteil, Sparanteil und Kostenanteil.

6.1.2 Risikoanteil

Der **Risikoanteil** dient zur Finanzierung der Versicherungsleistung, wenn **während der Vertragslaufzeit** der **Versicherungsfall** eintritt. Bei allen Risikoarten (z. B. Tod, Erleben, Krankheit, Berufsunfähigkeit) ist die **Wahrscheinlichkeit** für den Eintritt des Versicherungsfalles (= 1. Rechnungsgrundlage für die Beitragskalkulation) von ausschlaggebender Bedeutung für die Beitragskalkulation (vgl. Kap. B 2.2). Je höher die Eintrittswahrscheinlichkeit, desto höher muss der **Risikobeitrag** und damit der Gesamtbeitrag sein. Die statistischen Erfahrungswerte können, je nach Risikoart, aus entsprechenden **Wahrscheinlichkeitstafeln** (Ausscheideordnungen) entnommen werden, von denen die **Sterbetafel** (Absterbeordnung) für die Lebensversicherung besonders bedeutsam ist.

Bei einer gemischten Lebensversicherung (= Kapitalversicherung auf den Todes- und Erlebensfall) dient der Risikoanteil zur Finanzierung der Todesfallleistung (= fällige Versicherungsleistung, wenn die versicherte Person vor Ende der Versicherungslaufzeit stirbt).

▶ Berechnung des Risikobeitrags

Die Sterbetafel gibt an, wie viele Personen eines großen Anfangsbestandes gleichaltriger Personen (z. B. 100.000 Neugeborene) innerhalb des nächsten Jahres voraussichtlich sterben werden (**Sterbewahrscheinlichkeit**).

Beispiel: (vgl. Auszug aus der Sterbetafel) (S. 362)

Von 100 000 männlichen Neugeborenen erleben 98 059 (DAV: 96 243) das Alter 30 (l_{30}). Die Wahrscheinlichkeit, zwischen dem Alter 30 und 31 zu sterben, beträgt für einen 30-jährigen Mann 0,86 ‰ (DAV: 1,476 ‰). Er hat noch eine durchschnittliche Lebenserwartung von 46 Jahren (e_{30} = 45,96).

Angenommen, 100.000 Männer im Alter von 30 Jahren schließen gleichzeitig eine einjährige Risikoversicherung über jeweils 1.000 EUR ab. Nach der amtlichen Sterbetafel ist dabei mit 86 Todesfällen zu rechnen, für die der VR 86.000 EUR an Todesfallleistung aufbringen muss. Es wird davon ausgegangen, dass die Versicherungsleistungen erst am Ende des Jahres ausgezahlt werden müssen. Wird ein Rechnungszinsfuß von 2,25 % unterstellt, beträgt der Barwert der künftigen Versicherungsleistung zum Zeitpunkt des Vertragsabschlusses 86.000 EUR/1,0225 = 84.107,58 EUR (Zinseszinsrechnung)[1]. Jeder Versicherte muss demzufolge zu Beginn einen Risikobeitrag von 84.107,58/100.000 = 0,84 EUR entrichten. Da bei weiblichen Versicherten unter sonst gleichen Bedingungen nur mit 36 Todesfällen und einer Versicherungsleistung von 36.000 EUR gerechnet werden muss, würde der Risikobeitrag für Frauen nur 0,36 EUR pro versicherte Person betragen. Wegen der erheblichen Sicherheits- und Kostenzuschläge sind die tatsächlichen Tarifbeiträge jeweils 50 % bis 70 % höher als die hier berechneten.

! Der Berechnung des Risikobeitrags liegt die sich aus der Sterbetafel ergebende Sterbewahrscheinlichkeit der versicherten Person zugrunde. Die Wahrscheinlichkeit ist die erste Rechnungsgrundlage für die Kalkulation des Gesamtbeitrags.

Sterbetafel

Auszug aus der Sterbetafel für Deutschland 1998/2000 und der Richttafel DAV 94

Vollendetes Alter	Anzahl der Lebenden im Alter x bzw. y				Wahrscheinlichkeit, im nächsten Jahr zu sterben, in ‰ (= Sterbewahrscheinlichkeit)				Mittlere Lebenserwartung im Alter x bzw. y in Jahren	
x = Männer y = Frauen	l_x Männer		l_y Frauen		$q_x \cdot 1.000$ Männer		$q_y \cdot 1.000$ Frauen		e_x Männer	e_y Frauen
	Sterbetafel 98/00	DAV 94	Sterbetafel 98/00	DAV 94	Sterbetafel 98/00	DAV 94	Sterbetafel 98/00	DAV 94	Sterbetafel 98/00	
0	100.000	100.000	100.000	100.000	5,00	11,687	4,00	9,00	74,78	80,82
10	99.321	98.360	99.459	98.732	0,12	0,334	0,09	0,26	65,28	71,25
20	98.921	97.675	99.260	98.366	0,98	1,476	0,34	0,56	55,52	61,38
30	98.059	96.243	98.944	97.801	0,86	1,476	0,36	0,69	45,96	51,56
40	96.861	94.545	98.352	96.848	2,06	2,569	1,01	1,52	36,46	41,84
50	93.754	90.757	96.701	94.681	5,02	6,751	2,66	3,43	27,48	32,45
60	86.733	81.252	93.066	89.841	12,31	17,625	5,78	8,24	19,25	23,50
70	70.840	61.824	84.712	78.777	32,79	43,127	16,05	21,86	13,30	15,25
80	42.155	30.113	63.295	52.748	81,14	112,476	52,57	72,10	7,01	8,47
90	10.453	4.673	23.093	13.873	206,96	253,681	169,79	206,37	3,95	4,13

Hinweis:
DAV: Deutscher Aktuarverein
Zur besseren Vergleichbarkeit mit der allgemeinen Sterbetafel wurde bei den DAV-Werten abweichend vom Original von 100 000 statt von 1 Mio. Lebendgeborenen ausgegangen.

1 Der Barwert (K_0) gibt an, welcher Betrag heute zu einem bestimmten Zinssatz (p) mit Zins- und Zinseszins angelegt werden muss, um bis zum Ende der Laufzeit (n) auf den benötigten Endbetrag (K_n) angewachsen zu sein. Die Barwertformel (Abzinsungsformel) ergibt sich aus der nach K_0 aufgelösten Zinseszinsformel und lautet: $K_0 = K_n / (1 + p/100)^n$ (vgl. auch Kap. C).

Die Lebenserwartung ist in Deutschland in den letzten Jahrzehnten ständig gestiegen. Diese Entwicklung wird sich in Zukunft noch beschleunigen. Bei Kapitallebens- und Risikoversicherungen wirkt sich dies positiv auf die Risikoüberschüsse (vgl. Kap. I 6.3.1) der Versicherer aus. Bei privaten Rentenversicherungen und der betrieblichen Altersvorsorge im Rahmen von Leibrentenversicherungen führt diese Entwicklung bei unveränderter Beitragskalkulation hingegen zu längeren Rentenzeiten und damit einer Verringerung der Überschussbeteiligung.

6.1.3 Sparanteil

Bei der gemischten Lebensversicherung ist die VS spätestens am Ende der Laufzeit fällig (= kapitalbildende Versicherung mit unbedingter Leistungspflicht). Wegen des kombinierten Versicherungs- und Sparvorgangs setzt sich in diesem Fall der Nettobeitrag aus einem Risiko- und einem zusätzlichen **Sparanteil** zusammen.

Der **Sparanteil** umfasst diejenigen Teile des Nettobeitrags, die nicht für die Deckung der Todesfallleistungen (Risikotragung) benötigt werden. Er dient zur Finanzierung der vertraglich zugesicherten Erlebensfallleistung (Versicherungssumme), indem dieser Beitragsbestandteil mit einer garantierten jährlichen Verzinsung in Höhe des **Rechnungszinsfußes** (= 2. Rechnungsgrundlage der Beitragskalkulation) angespart wird. Der Rechnungszinsfuß beträgt seit 1. Januar 2007 höchstens 2,25 Prozent. Er wird von der Bundesanstalt für Finanzdienstleistungsaufsicht (BaFin) in Anlehnung an den Zinssatz von Staatsanleihen und unter Einhaltung bestimmter Obergrenzen einheitlich festgelegt und angepasst.

Bei einer kapitalbildenden Lebensversicherung umfasst der Gesamtbeitrag auch einen Sparanteil. Der Sparanteil wird vom VR verzinslich angelegt und dient zur Finanzierung der Erlebensfallleistung (= fällige Versicherungsleistung, wenn die versicherte Person das vereinbarte Ende der Versicherungslaufzeit erlebt).

Die Sparanteile werden mit dem für alle VR einheitlichen Rechnungszinsfuß (= 2. Rechnungsgrundlage der Kalkulation des Gesamtbeitrags) verzinst. Die Summe aus Sparanteilen und Zinsen entspricht am Ende der Laufzeit der für den Erlebensfall vereinbarten Versicherungssumme.

Außer vom Rechnungszinsfuß hängt die Höhe des Spar- und damit des Gesamtbeitrags entscheidend von der Laufzeit ab: Je kürzer die Laufzeit ist, desto höher muss der Sparbeitrag sein, um bei gegebenem Rechnungszinsfuß das Kapital in Höhe der Versicherungssumme zu bilden.

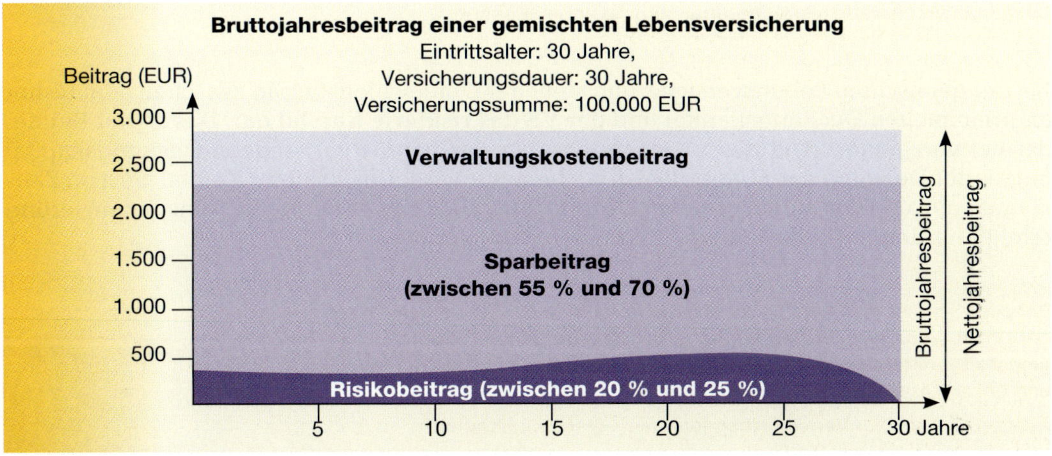

6.1.4 Kostenanteil

Bei der Beitragskalkulation wird üblicherweise zwischen den **Abschlusskosten** und den **laufenden Verwaltungskosten** unterschieden. Beide Kostenarten werden bei der Beitragskalkulation durch **Kostenzuschläge** berücksichtigt. Die Zuschläge gehen in den Bruttobeitrag ein und können während der Vertragslaufzeit nicht erhöht werden. Darin liegt ein wesentlicher Unterschied zu anderen Finanzdienstleistungsunternehmen wie Banken und Bausparkassen, die ihre Gebühren der jeweiligen Kostensituation flexibel anpassen können.

Abschlusskosten

Die Abschlusskosten umfassen neben der an den Vermittler zu zahlenden Abschlussprovision u. a. auch die sonstigen Aufwendungen für den Außendienst sowie die Aufwendungen für Werbung, Antragsbearbeitung und Risikoprüfung (ärztliche Untersuchung).

Laufende Verwaltungskosten

Zu den laufenden Verwaltungskosten gehören neben den **Inkassokosten** sämtliche **mit der Verwaltung entstehenden Aufwendungen** (Bestandsführung, Korrespondenz, Vertragsänderungen, Ablauf der Versicherung).

6.2 Beitragsverwendung

6.2.1 Deckungskapital zur Finanzierung der Erlebensfallleistung

Bei kapitalbildenden Lebensversicherungen (z. B. gemischte Lebensversicherung, aufgeschobene Rentenversicherung) wird aus den mit dem Rechnungszins verzinsten Sparbeiträgen ein **Deckungskapital** gebildet. Die Höhe der Sparanteile ist so kalkuliert, dass das Deckungskapital bei gegebenem Rechnungszinsfuß

- bei der aufgeschobenen Rentenversicherung am Ende der Aufschubzeit die erforderliche Höhe erreicht, um die garantierte Rente daraus finanzieren zu können,
- bei der gemischten Lebensversicherung und den verwandten Formen (z. B. Termfixversicherung) am Ende der Vertragslaufzeit die vereinbarte Versicherungssumme erreicht.

> **!** **Das sich aus den Sparanteilen der Beiträge und den darauf entfallenden Zinsen und Zinseszinsen ergebende Kapital wird als Deckungskapital bezeichnet. Am Ende der Laufzeit ist das Deckungskapital auf die vereinbarte Versicherungssumme angewachsen.**

Bei der gemischten Lebensversicherung stellt der Unterschiedsbetrag zwischen dem bisher angesammelten Deckungskapital und der VS das **riskierte Kapital** dar. Das ist der Betrag, der bei vorzeitigem Tod des Versicherten über das bereits vorhandene Deckungskapital hinaus zur Deckung der Todesfallleistung benötigt wird. Das riskierte Kapital wird im Zeitablauf aufgrund des anwachsenden Deckungskapitals immer geringer. Seine Finanzierung erfolgt aus den im Nettobeitrag enthaltenen Risikoanteilen.

> **!** **Bei einer gemischten Lebensversicherung ergibt sich das riskierte Kapital aus der Differenz zwischen der bei vorzeitigem Tod der versicherten Person fälligen Versicherungsleistung und dem bis zu diesem Zeitpunkt angesparten Deckungskapital. Das riskierte Kapital nimmt im Zeitablauf ständig ab und beträgt zum Ende der Laufzeit null.**
>
> **Riskiertes Kapital = Versicherungssumme – Deckungskapital**

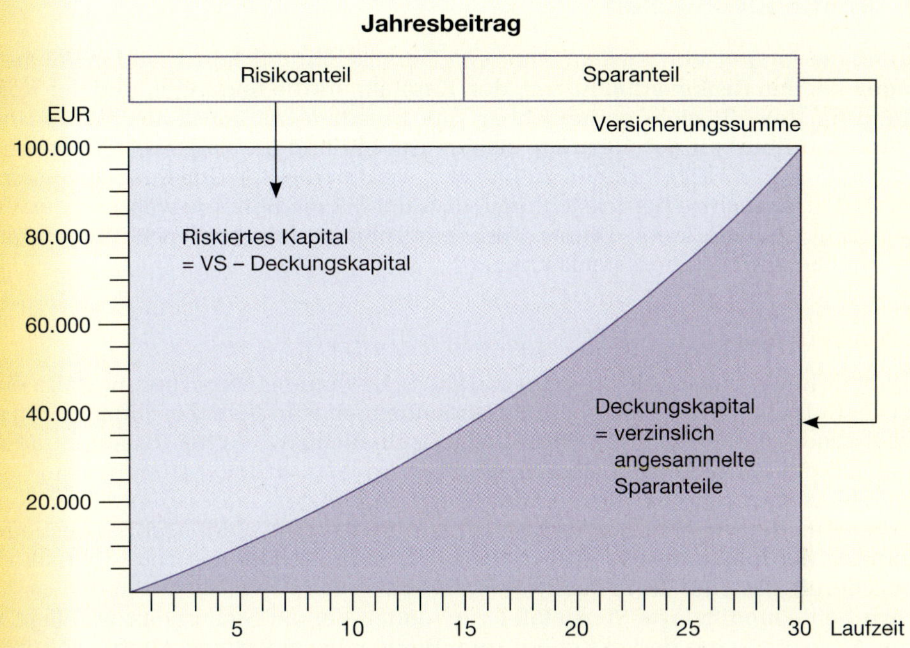

6.2.2 Kapitalanlagen

Die Deckungskapitalsummen aus allen Verträgen eines Lebensversicherers werden zum Bilanzstichtag (i. d. R. 31. Dez.) berechnet und als **Deckungsrückstellung** auf der Passivseite der Bilanz des VR ausgewiesen. Die Deckungsrückstellung bildet als Teil des Fremdkapitals üblicherweise den größten Passivposten in der Bilanz eines Lebensversicherers. Die entsprechenden Vermögenswerte, in die das Deckungskapital investiert (angelegt) wird, stellen einen Teil des auf der Aktivseite auszuweisenden **Sicherungsvermögens** dar. Für die Anlage dieses Vermögens gelten strenge Anlagevorschriften.

Der VR muss das Vermögen so anlegen, dass möglichst hohe **Sicherheit** und **Rentabilität** bei jederzeitiger Liquidität unter Wahrung einer angemessenen **Mischung** und **Streuung** erreicht wird.

Zu den erlaubten **Anlageformen** für das Vermögen gehören u. a.:
- Forderungen, für die Grundpfandrechte eingeräumt wurden,
- festverzinsliche Wertpapiere,
- Darlehen an Bund, Länder und Gemeinden,
- Grundstücke und Gebäude,
- Aktien, Investmentfonds und ähnliche Beteiligungen (zusammen bis höchstens 35 % des Sicherungsvermögens und des sonstigen gebundenen Vermögens),
- Festgelder, Termingelder und Spareinlagen.

Bis zu 5 % des Sicherungsvermögens und des sonstigen gebundenen Vermögens können auch in andere als die nach dem Anlagekatalog zulässigen Formen bzw. über die im Anlagekatalog genannten Grenzen hinaus investiert werden. Die Vergabe von Konsumenten- und Betriebsmittelkrediten sowie die Anlage in beweglichen Sachen und immateriellen Vermögensgegenständen sind aber ausgeschlossen.

Die Formen der Kapitalanlage, in denen Lebensversicherer das aus den Sparanteilen der VN entstehende Deckungskapital anlegen dürfen, sind gesetzlich geregelt.

6.3 Überschussquellen

Aufgrund der langen Vertragslaufzeiten (im Durchschnitt 28 Jahre) sind mögliche Veränderungen bei den Risikoverhältnissen, den Kapitalmarktbedingungen und der Kostenentwicklung für den VR nicht vorhersehbar. Um trotzdem bei konstanter Beitragshöhe die **dauernde Erfüllbarkeit der Verträge** sicherzustellen und die zugesagten Versicherungsleistungen in jedem Fall erbringen zu können, werden die Beiträge äußerst vorsichtig kalkuliert. Dabei ist auch zu berücksichtigen, dass der VR die Beiträge während der Vertragslaufzeit nicht erhöhen kann. Dieses Vorgehen führt zu überhöhten Beiträgen, aufgrund deren erhebliche Überschüsse entstehen.

Risikoüberschüsse

Risikoüberschüsse entstehen, wenn in Wirklichkeit weniger Versicherungsfälle eintreten, als bei der Kalkulation des Risikobeitrags angenommen wurde. Im Zusammenhang mit dem Todesfallrisiko ergeben sich sog. **Sterblichkeitsüberschüsse**, da der Risikobeitrag u. a. aus folgenden Gründen zu hoch bemessen ist:

- Die **Lebenserwartung** der Bevölkerung ist in den letzten Jahren gegenüber den in den Sterbetafeln der Versicherungswirtschaft ausgewiesenen Werten weiter gestiegen.
- Aufgrund der **Risikoauslese** (Gesundheitsprüfung u. a.) fällt das Todesfallrisiko bei den Versicherten geringer als in der Sterbetafel aus.
- Es wird eine **modifizierte Sterbetafel** verwendet, bei der Sicherheitszuschläge in Form einer Alterserhöhung berücksichtigt sind. Wegen dieser fiktiven Alterserhöhung ist das tatsächliche Todesfallrisiko geringer als das angenommene.

Die Risikoüberschüsse tragen im Durchschnitt mit 20 % zur Überschusssumme bei.

! Wegen der vorsichtigen Beitragskalkulation sind die im Gesamtbeitrag enthaltenen Risikoanteile meistens höher, als dies zur Deckung der Todesfallleistungen nötig wäre. Daraus ergeben sich sog. Risikoüberschüsse.

Zinsüberschüsse

Bei der Beitragskalkulation zur kapitalbildenden Lebensversicherung wird die Höhe des Sparanteils so hoch angesetzt, dass eine Verzinsung zum Rechnungszinsfuß (z. B. 2,25 %) ausreicht, um bis zum Laufzeitende das Deckungskapital auf die Höhe der VS anwachsen zu lassen. Die tatsächliche Verzinsung der vom Versicherer zinsbringend angelegten Sparanteile ist in der Regel deutlich höher. Die Differenz zwischen tatsächlicher und kalkulierter Verzinsung hat als sog. **Zinsüberschuss** den größten Anteil (ca. 80 %) an der Summe der Überschüsse.

! Wenn es dem VR gelingt, die Sparanteile zu einem höheren Zinssatz als dem Rechnungszinsfuß anzulegen, entstehen Zinsüberschüsse.

Kostenüberschüsse

Sind beispielsweise die tatsächlichen Verwaltungskosten geringer als die kalkulierten (z. B. durch Rationalisierung), entstehen sog. **Verwaltungskostenüberschüsse**. Diese werden allerdings – insbesondere bei Versicherern mit Außendienst – großenteils zur Deckung der außerrechnungsmäßigen Abschlusskosten benötigt, da i. d. R. höhere Abschlusskosten anfallen, als rechnungsmäßig durch den einmaligen Abschlusskostensatz berücksichtigt sind. Der Beitrag der Kostenüberschüsse zu den Gesamtüberschüssen ist daher gering.

6.4 Überschussverwendung

Die vom VR erzielten Überschüsse stehen dem VN zu. Bei der Art und Weise, wie diese Überschüsse dem VN gutgeschrieben werden, lassen sich insbesondere die folgenden beiden Formen unterscheiden.[1]

Erhöhung der garantierten Leistung (Bonussystem)

Die Erhöhung der garantierten Leistung ist eine weitverbreitete Verwendungsart der Überschüsse. Die dem VN jährlich zugeteilten Überschussanteile werden dabei jedes Mal als Einmalbeitrag für eine Erhöhung der VS (= **Bonussumme**) bzw. der versicherten Rente nach Rentenbeginn (= **dynamische Rente**) verwendet. Für den Rest der Vertragslaufzeit ist das so gebildete Kapital für die Summenerhöhung bzw. Rentenerhöhung wiederum überschussberechtigt, sodass ein Zinseszinseffekt entsteht. Bei der gemischten Lebensversicherung wird in den meisten Fällen ein zusätzlicher **Todesfallbonus** vereinbart, der die Todesfallleistung um mindestens 10 % gegenüber der ursprünglichen VS erhöht.

Verzinsliche Ansammlung

Die Überschussverwendung kann auch in der Weise erfolgen, dass die zugeteilten Überschussanteile Jahr für Jahr einem Ansammlungskonto gutgeschrieben werden. Bei dieser **verzinslichen Ansammlung** handelt es sich um einen reinen Sparprozess. Der sog. Ansammlungszinssatz entspricht der durchschnittlichen Verzinsung der Kapitalanlage des Versicherers. Die Zinsen werden wiederum am Ende eines jeden Versicherungsjahres gutgeschrieben. Bei Beendigung des Vertrags wird das Sparguthaben zusammen mit der vertraglich zugesicherten Leistung (Versicherungssumme) ausgezahlt. Diese Form der Überschussverwendung führt in der gemischten Lebensversicherung bei frühzeitigem Eintritt des Todesfalls zu einer niedrigeren Versicherungsleistung als das Bonussystem. Die Ablaufleistung am Ende der Laufzeit ist dagegen bei der verzinslichen Ansammlung höher als beim Bonussystem.

Beispiel

Überschüsse einer gemischten Lebensversicherung bei unterschiedlicher Verwendung der Überschussanteile.
Eintrittsalter: 30 Jahre, Laufzeit: 30 Jahre, VS: 100.000 EUR, Jahresbeitrag: 2.592 EUR.

Erlebensfallleistung beim Bonussystem		**Erlebensfallleistung bei verzinslicher Ansammlung**	
garantierte VS	100.000 EUR	garantierte VS	100.000 EUR
+ möglicher Erlebensfallbonus	115.963 EUR	+ mögliches Guthaben aus verzinslicher Ansammlung	117.828 EUR
= mögliche Ablaufleistung	215.963 EUR	= mögliche Ablaufleistung	217.828 EUR

Die unterschiedlichen Versicherungsleistungen sind dadurch bedingt, dass beim Bonussystem die VS erhöht wird und somit ein Teil des jährlichen Überschussanteils (= Einmalbeitrag) als Risikobeitrag zur Abdeckung der erhöhten Todesfallsumme verwendet wird. Nur der im Einmalbeitrag enthaltene Sparanteil kann verzinslich angesammelt und zur Erhöhung der Ablaufleistung verwendet werden. Bei der verzinslichen Ansammlung erfolgt hingegen eine Gutschrift und Verzinsung der vollen Überschussanteile, da in diesem Fall kein Risikobeitrag zur Abdeckung einer erhöhten Todesfallsumme abgezweigt werden muss.

1 Neben den beiden im Folgenden beschriebenen Möglichkeiten zur Verwendung der Überschüsse sind noch andere Verwendungsmöglichkeiten denkbar (z. B. Abkürzung der Laufzeit, Verrechnung mit Folgebeiträgen), die aber im Rahmen der gemischten Lebensversicherung keine große Bedeutung haben.

! Überschüsse entstehen einerseits durch die äußerst vorsichtig kalkulierten und deswegen überhöhten Risikobeiträge und andererseits durch die tatsächliche Verzinsung der Sparbeiträge zu einem höheren Zinssatz als dem Rechnungszinsfuß.

! Die Überschüsse kommen den Versicherten in Form einer gegenüber der ursprünglich vereinbarten Versicherungssumme erhöhten Versicherungsleistung zugute.

Zusammenfassung zu Kapitel 6: Beitragsberechnung und Beitragsverwendung in der Lebensversicherung

Bestandteile und Verwendung des Beitrags

Risikoanteil	Sparanteil	Kostenanteil	
↓ **Sterbetafel** ↓	↓ **Rechnungszinsfuß** (2010: 2,25 %) ↓	↓ **Abschluss-kosten**	↓ **laufende Verwaltungs-kosten**
Berechnung des Risikobeitrags in Abhängigkeit von der Sterbewahrscheinlichkeit	Summe der zum Rechnungszinsfuß verzinsten Sparanteile ergibt die Versicherungssumme		
↓ **Riskoanteil dient der Abdeckung des Todesfallrisikos**	↓ **Sparanteil dient bis zum Ende der Laufzeit der Bildung eines Deckungskapitals zur Abdeckung des Erlebensfallrisikos** (Versicherungssumme)	↓ **Kostenanteil dient der Deckung der Abschluss- und Verwaltungskosten**	

Versicherungssumme – Deckungskapital = riskiertes Kapital

↓

gesetzlich geregelte Anlageformen unter Berücksichtigung der Anlagegrundsätze
Sicherheit – Rentabilität – Mischung – Streuung

Überschussquellen und Überschussverwendung

Überschussquellen

Risikoüberschüsse	Zinsüberschüsse	Kostenüberschüsse
wenn Risikoanteile höher sind als zur Deckung der Todesfallleistungen benötigt	wenn tatsächliche Zinserträge höher sind als die Verzinsung zum Rechnungszinsfuß	wenn die tatsächlichen Verwaltungskosten niedriger sind als die kalkulierten Verwaltungskosten

Überschüsse

↓

Überschussverwendung

Erhöhung der garantierten Leistung (Bonussystem)	verzinsliche Ansammlung und Auszahlung bei Vertragsende

Aufgaben und Probleme

Kapitel 6 Beitragsberechnung und Beitragsverwendung in der Lebensversicherung

Beitragsbestandteile

1. Was besagt das Äquivalenzprinzip in der Lebensversicherung?

2. Erläutern Sie
   a) die Vorgehensweise zur Kalkulation des Nettobeitrags,
   b) die Bedeutung der dabei verwendeten Rechnungsgrundlagen.

3. Ermitteln Sie mithilfe der Sterbetafel (S. 384) für einen 40-jährigen Mann und für eine gleichaltrige Frau
   a) die einjährige Sterbewahrscheinlichkeit,
   b) die mittleren Lebenserwartungen.
   Erläutern Sie die Zahlen.

4. Wie wirken sich die unterschiedlichen Lebenserwartungen zwischen Männern und Frauen auf die entsprechenden Tarife
   a) in der gemischten Lebensversicherung,
   b) in der aufgeschobenen Rentenversicherung aus?
   Begründen Sie Ihre Aussage.

5. Erläutern Sie die Konsequenzen einer
   a) Erhöhung,
   b) Senkung
   des Rechnungszinsfußes für den Beitrag in der gemischten Lebensversicherung.

6. Welcher Zusammenhang besteht in der gemischten Lebensversicherung zwischen
   a) Sparbeitrag, Rechnungszinsfuß und Deckungskapital,
   b) Versicherungssumme, Deckungskapital und riskiertem Kapital?

7. Erläutern Sie, wie
   a) die Abschlusskosten,
   b) die laufenden Verwaltungskosten
   im Beitrag einer gemischten Lebensversicherung berücksichtigt werden.

8. Erläutern Sie die Faktoren, von denen die Höhe der einzelnen Beitragsbestandteile und damit die Höhe des Bruttobeitrags einer gemischten Lebensversicherung abhängen.

Beitragsverwendung

9. Erläutern Sie Aufgaben und Zusammensetzung des Deckungskapitals in der gemischten Lebensversicherung.

10. Erläutern und begründen Sie die dargestellten Kurvenverläufe einer dynamischen Lebensversicherung. Vergleichen Sie die Entwicklungen mit einer gemischten Lebensversicherung ohne Dynamik.

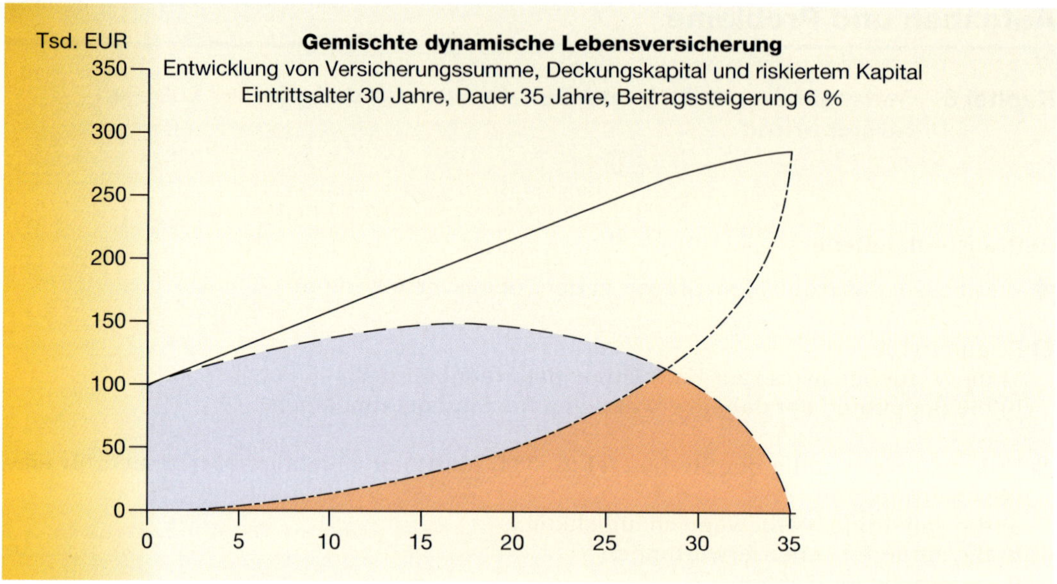

⓫ Vergleichen Sie für die folgenden Fälle die Höhe des Risikos für den VR, wenn Eintrittsalter, VS und Laufzeit bei beiden Versicherungsarten übereinstimmen:

a) Risikoversicherung – gemischte Lebensversicherung
b) gemischte Lebensversicherung mit laufender Beitragszahlung – gemischte Lebensversicherung gegen Einmalbeitrag

Begründen Sie Ihre Aussagen.

⓬ Deckungsrückstellung, Kapitalanlagen

a) Erläutern Sie die Begriffe Deckungskapital, Deckungsrückstellung, Sicherungsvermögen.
b) Erläutern Sie die Möglichkeiten und Grundsätze, die vom VR bei der Anlage des Sicherungsvermögens beachtet werden müssen.

Überschussquellen

⓭ Erläutern Sie Quellen und Ursachen der Überschussentstehung in der gemischten Lebensversicherung.

⓮ Warum kann in der gemischten Lebensversicherung zwar die VS, nicht aber die Ablaufleistung garantiert werden?

⓯ Vergleichende Untersuchungen über die Leistungsfähigkeit verschiedener Lebensversicherer führen immer wieder zu dem Ergebnis, dass die Tarifbeiträge bei gleicher VS in der gemischten Lebensversicherung annähernd gleich hoch sind. Die Ablaufleistungen in Vergangenheit und Zukunft weichen dagegen teilweise erheblich voneinander ab. Erklären Sie diese Untersuchungsergebnisse.

⓰ Nehmen Sie Stellung zu folgender Aussage eines Versicherungskunden: „Die Überschüsse in der Lebensversicherung rühren offensichtlich daher, dass die Versicherer von ihren Kunden zu hohe Beiträge verlangen. Die zu viel gezahlten Beiträge müssen dann rückwirkend erstattet werden. Warum erheben die Versicherer nicht von vornherein den richtigen niedrigeren Beitrag? Dann bräuchte es keine Rückerstattung in Form von Überschussbeteiligungen zu geben.“

Überschussverwendung

17 Ein Lebensversicherer bietet seinen Kunden für kapitalbildende Lebensversicherungen wahlweise die verzinsliche Ansammlung oder das Bonussystem als Formen der Überschussbeteiligung an.
Erläutern Sie diese beiden Formen der Überschussbeteiligung und begründen Sie, welche der beiden Formen für den VN günstiger ist, wenn
a) der Versicherungsfall (Todesfall) am Anfang der Laufzeit eintritt,
b) der Versicherungsfall (Todesfall) erst am Ende der Laufzeit eintritt oder der VN das vereinbarte Endalter erlebt.

7 Kündigung und Beitragsfreistellung eines Lebensversicherungsvertrags

7.1 Kündigung durch den Versicherungsnehmer

Der VN kann den Vertrag jederzeit zum Ende des laufenden Versicherungsjahres ganz oder teilweise schriftlich kündigen. Der VN hat in diesem Fall einen vertraglichen Anspruch auf die Erstattung des **Rückkaufswertes**. Die seit 2008 gültige Fassung des VVG sieht – abweichend von früheren Bestimmungen – vor, dass das **Deckungskapital als Rückkaufswert** anzusetzen ist. Zu einem **Stornoabzug** ist der VR nur berechtigt, wenn dieser vereinbart, beziffert und angemessen ist. Zusätzlich enthält das VVG eine Sonderregelung für Frühstornofälle (§ 169 (3) S. 1 VVG). Dem VN soll ein **Mindestrückkaufswert** zustehen. Maßgeblich ist hierfür der Betrag, der sich errechnet, wenn die Abschluss- und Vertriebskosten rechnerisch auf die ersten 5 Vertragsjahre verteilt werden. Dazu muss der VN bei Abschluss des Vertrags über die Höhe und Verteilung der ihn belastenden Abschluss- und Vertriebskosten informiert werden. Außerdem ist der Rückkaufswert von vornherein für jedes Vertragsjahr anzugeben, damit der VN weiß, mit welchen garantierten Beträgen er in den einzelnen Vertragsjahren rechnen kann.

Ein Lebensversicherungsvertrag kann vom VN jederzeit zum Ende der laufenden Versicherungsperiode gekündigt werden. Dem VN steht in diesem Fall die Auszahlung eines Rückkaufswertes in Höhe des Deckungskapitals zu.

7.2 Umwandlung in eine beitragsfreie Versicherung

Wenn der VN in Zahlungsschwierigkeiten gerät und die laufenden Beiträge nicht mehr bis zum Laufzeitende aufbringen kann oder will, besteht neben der Kündigung auch die Möglichkeit, eine gemischte Lebensversicherung mit laufender Beitragszahlung unter bestimmten Voraussetzungen ganz oder teilweise in eine zukünftig **beitragsfreie Versicherung mit herabgesetzter VS** umzuwandeln. Die neue VS wird nach anerkannten finanzmathematischen Regeln berechnet. Grundlage für die Berechnung ist der vorhandene **Rückkaufswert** (vgl. Kap. I 7.1). Auf der Grundlage dieses Rückkaufswertes kann – ähnlich wie bei einem Einmalbeitrag – die neue VS unter Berücksichtigung der Restlaufzeit und des derzeitigen Eintrittsalters der versicherten Person berechnet werden. Die herabgesetzte VS muss dabei mindestens die entsprechende Garantiesumme, die bei Vertragsabschluss für die einzelnen Laufzeitjahre vereinbart wurde, erreichen. Wenn zwar schon ein Rückkaufswert vorhanden ist, dieser aber noch nicht ausreicht, um eine bestimmte Mindest-VS (z. B. 5.000 EUR) zu bilden, wird der Rückkaufswert ausgezahlt.

Beispiel

Entwicklung der beitragsfreien Versicherungssumme bei einer gemischten Lebensversicherung:
Beispieldaten: Versicherungssumme 100.000 EUR; Eintrittsalter 30 Jahre; Laufzeit 30 Jahre; Jahresbeitrag 2.592 EUR.

Jahr	beitragsfreie Versicherungssumme	Jahr	beitragsfreie Versicherungssumme
1	0 EUR	10	33.092 EUR
2	0 EUR	15	51.620 EUR
3	3.050 EUR	20	67.809 EUR
4	7.503 EUR	25	82.042 EUR
5	12.038 EUR	30	100.000 EUR

Wenn der VN die Umwandlung in eine künftig beitragsfreie Versicherung beantragt, wird der VN von der Pflicht zur weiteren Beitragszahlung befreit, während der VR – in vermindertem Umfang – leistungspflichtig bleibt.

! Der VN kann anstelle der laufenden Beitragszahlung eine Lebensversicherung in eine beitragsfreie Versicherung umwandeln lassen. Die Versicherungssumme wird in diesem Fall herabgesetzt. Sie hängt von der Höhe des bis zum Zeitpunkt der Umwandlung angesammelten Deckungskapitals ab.

Zusammenfassung zu Kapitel 7:
Kündigung und Beitragsfreistellung eines Lebensversicherungsvertrags

Kündigung durch Versicherungsnehmer

↓

jederzeit zum Ende eines Versicherungsjahres möglich

↓

VN erhält einen Rückkaufswert in Höhe des Deckungskapitals

Umwandlung in eine beitragsfreie Versicherung

↓

jederzeit zum Ende eines Versicherungsjahres auf Antrag des VN möglich
(z. B. bei Zahlungsschwierigkeiten des VN)

↓

Versicherungssumme wird herabgesetzt
Beitragszahlung entfällt

Aufgaben und Probleme

Kapitel 7 Kündigung und Beitragsfreistellung eines Lebensversicherungsvertrags

Kündigung

1 Kündigung
a) Wie ist das Kündigungsrecht des Versicherungsnehmers nach ALB geregelt?
b) Erläutern Sie, was unter dem Rückkaufswert zu verstehen ist und wie er ermittelt wird.
c) Welche Gründe sprechen gegen eine Kündigung des Lebensversicherungsvertrags?

Umwandlung in eine beitragsfreie Versicherung

2 Umwandlung
a) Unter welchen Voraussetzungen kann eine gemischte Lebensversicherung in eine künftig beitragsfreie Versicherung umgewandelt werden?
b) Wie wird die Höhe der durch die Umwandlung herabgesetzten VS berechnet?

8 Rechte dritter Personen an einer Lebensversicherung

8.1 Bezugsrecht

Durch die Benennung eines Bezugsberechtigten (Begünstigten) kann der VN bestimmen, wer im Versicherungsfall die vertragsmäßige Leistung erhalten soll.

Die Benennung eines Bezugsberechtigten ist bereits bei der Antragstellung oder später jederzeit möglich. Eine solche Begünstigung wird üblicherweise nur für den Todesfall ausgesprochen. Daneben bestehen für die Einräumung eines Bezugsrechts aber auch folgende Möglichkeiten:

- Begünstigung auch (oder nur) für den Erlebensfall,
- unterschiedliche Begünstigte für den Todes- und Erlebensfall (geteiltes oder gespaltenes Bezugsrecht),
- Begünstigung nur für Teile der Versicherungsleistung (z. B. nur für die Versicherungssumme),
- Begünstigung mehrerer Bezugsberechtigter.

Das Bezugsrecht bezieht sich ausschließlich auf die **Versicherungsleistung**. Der VN behält alle anderen Rechte aus dem Vertrag (s. Schaubild nächste Seite).

Wird ein **Bezugsrecht für den Todesfall** vereinbart, so erhält der Begünstigte die Versicherungsleistung direkt vom VR und nicht aus dem Nachlass des verstorbenen Versicherungsnehmers. Das bewirkt u. a., dass

- die Versicherungsleistung nicht auf das Erbteil des miterbenden Begünstigten angerechnet wird,
- der miterbende Begünstigte die Erbschaft ausschlagen kann, ohne die Versicherungsleistung zu verlieren,

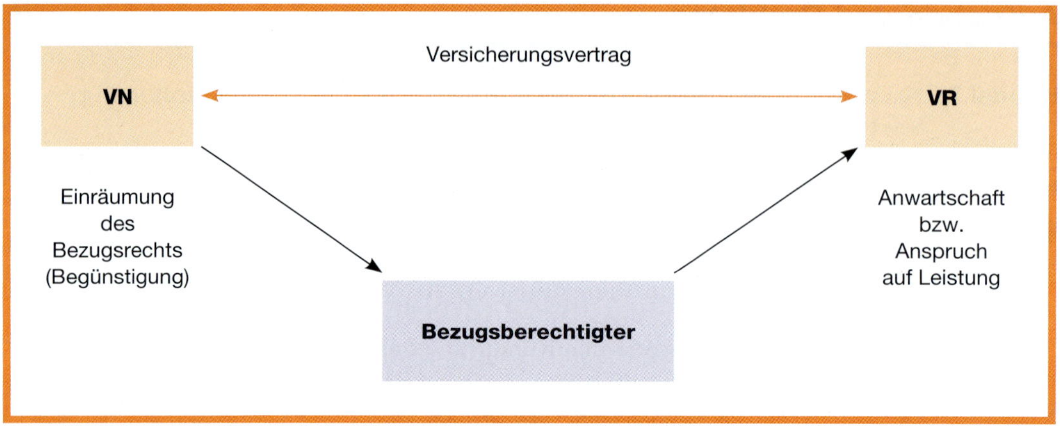

- die im Testament übergangenen gesetzlichen Erben des Versicherungsnehmers keinen Pflichtteilsanspruch gegen den Begünstigten erheben können,
- die Gläubiger des verstorbenen Versicherungsnehmers nicht auf die Versicherungsleistung zugreifen können.

Räumt der VN seinem namentlich genannten oder nur als Ehemann bzw. Ehefrau bezeichneten Ehepartner ein Bezugsrecht ein, so bleibt dieser auch nach einer Scheidung und Wiederheirat des Versicherungsnehmers begünstigt. Die Begünstigung von Geliebten oder Lebensgefährten durch verheiratete VN gilt nach heutiger Rechtsauffassung nicht mehr als sittenwidrig und ist somit rechtswirksam.

Führt der für den Todesfall Begünstigte den Tod der versicherten Person vorsätzlich durch eine widerrechtliche Handlung herbei, so gilt die Begünstigung als nicht erfolgt.

Ein Bezugsrecht kann in **widerruflicher** und in **unwiderruflicher Form** eingeräumt werden. Fehlt eine ausdrückliche anderweitige Bestimmung, so handelt es sich immer um ein **widerrufliches Bezugsrecht**. Der VN kann in diesem Fall die Begünstigung während der Laufzeit jederzeit durch Mitteilung an den VR ändern. Die Änderung wird mit Zugang beim VR wirksam.

Eine Änderung, die nur im **Testament** erfolgt und dem VR nicht bekannt ist, bewirkt keinen Widerruf des Bezugsrechts. Im Versicherungsfall ist an den ursprünglich Bezugsberechtigten zu leisten. Der VR ist in jedem Fall vor einer Doppelauszahlung geschützt. Der testamentarisch Begünstigte kann gegenüber dem Leistungsempfänger keine Ansprüche geltend machen.

Das **widerrufliche Bezugsrecht** beinhaltet lediglich eine **Anwartschaft** auf die Versicherungsleistung. Daraus kann der Bezugsberechtigte aber keinerlei Rechte ableiten. Erst bei Eintritt des Versicherungsfalles geht die Anwartschaft in einen Rechtsanspruch über. Wenn der Begünstigte während der Laufzeit stirbt, geht das Bezugsrecht nicht auf seine Erben über. Der VN kann dann vielmehr das Bezugsrecht neu festlegen oder auf eine erneute Begünstigung verzichten.

Ein **unwiderrufliches Bezugsrecht** kann der VN nur mit Zustimmung des Begünstigten ändern. Insgesamt ist die Rechtsposition des Versicherungsnehmers in diesem Fall gegenüber dem widerruflichen Bezugsrecht erheblich geschwächt, da wesentliche Vertragsänderungen und Verfügungen, die den Begünstigten benachteiligen, nur mit dessen Zustimmung vorgenommen werden können. Stirbt der Begünstigte vor Eintritt des Versicherungsfalles, geht das Bezugsrecht auf die Erben des unwiderruflich Begünstigten über. Ein unwiderrufliches Bezugsrecht ist im Zusammenhang mit der Direktversicherung durch Entgeltumwandlung im Rahmen der betrieblichen Altersversorgung üblich (vgl. Kap. I 10.4.2).

8.2 Abtretung einer Lebensversicherung[1]

Wesen der Abtretung

Die Rechte und Ansprüche aus dem Versicherungsvertrag können vom VN an einen Dritten durch Vertrag abgetreten werden (**Abtretung, Zession**). Das Vorliegen einer Forderung ist keine Voraussetzung für die Abtretung (= **Abstraktheit der Abtretung**).

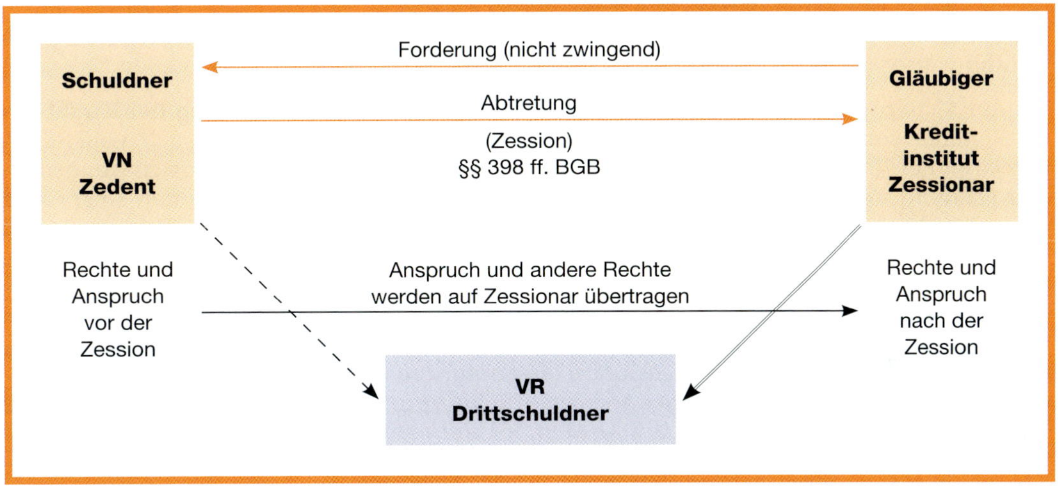

Bei Abtretung einer Lebensversicherung gehen der Anspruch auf die Versicherungsleistung und die anderen Rechte des VN auf den Zessionar über.

Auswirkungen auf den Versicherungsvertrag

Nach den allgemeinen Bedingungen für die kapitalbildende Lebensversicherung ist die Abtretung dem VR gegenüber nur wirksam, wenn sie vom bisherigen Berechtigten (das ist im Regelfall der VN) angezeigt wurde (= **offene Zession**). Erfolgt die Abtretungsanzeige gegenüber dem VR nicht (= **stille Zession**), hat das nach der Rechtsprechung die Unwirksamkeit der Abtretung zur Folge. Der VR kann mit schuldbefreiender Wirkung an den VN leisten. Der Zessionar hat in diesem Fall keinen Herausgabeanspruch an den VN.

Liegt ein **unwiderrufliches** Bezugsrecht vor, muss der Begünstigte der Abtretung zustimmen. Solange der Begünstigte einen Zahlungsanspruch auf die Versicherungsleistung hat, ist es dem VN nicht möglich, seine übrigen Rechte (Gestaltungsrechte) aus dem Versicherungsvertrag an einen anderen Dritten zu übertragen. Ein **widerrufliches** Bezugsrecht wird dagegen durch die Abtretung stillschweigend für die Dauer der Abtretung widerrufen.

Da vor jeder Leistung aus dem Versicherungsvertrag dem VR bedingungsgemäß der Versicherungsschein vorzulegen ist, verlangt der Zessionar die Aushändigung des Versicherungsscheins. Die Abtretung bezieht sich nicht nur – wie das Bezugsrecht – auf den Anspruch auf Auszahlung der Versicherungsleistung. Sie schließt vielmehr – wenn nicht ausdrücklich anders vereinbart – auch die übrigen Rechte ein. Der Zessionar tritt an die Stelle des bisherigen Gläubigers (Zedent) des Drittschuldners (= Gläubigerwechsel).

1 Neben der Abtretung einer Lebensversicherung besteht auch die Möglichkeit der Verpfändung. Auf den Unterschied zwischen Abtretung und Verpfändung wird an dieser Stelle nicht näher eingegangen.

Der Zessionar kann daher
- die Umwandlung in eine beitragsfreie Versicherung vornehmen,
- den Versicherungsvertrag kündigen und die Auszahlung des Rückkaufswertes verlangen,
- Bezugsrechte widerrufen und neue aussprechen,
- die an ihn abgetretenen Ansprüche weiter abtreten oder verpfänden.

Sicherungsabtretung

In der Praxis wird für die Besicherung von Krediten meistens nur eine sog. **Sicherungsabtretung** vorgenommen.

Bei der Sicherungsabtretung erfolgt die Abtretung nicht zwecks **Erfüllung** der Kreditverbindlichkeit, sondern nur zu deren **Sicherung**. Da eine Abtretung abstrakt, d. h. vom Bestehen einer Forderung unabhängig ist, wird im Innenverhältnis zwischen Versicherungsnehmer (Zedent) und Kreditinstitut (Zessionar) vereinbart, dass die abgetretenen Ansprüche nur geltend gemacht werden dürfen, wenn der VN seinem Schuldendienst (Verzinsung und Tilgung) nicht pünktlich nachkommt. Das Kreditinstitut erlangt dadurch im Innenverhältnis keine uneingeschränkte, sondern lediglich eine **fiduziarische** (treuhänderische) Gläubigerstellung. Wegen des abstrakten Charakters der Abtretung erwirbt der VN (Zedent) nach der Kredittilgung nicht automatisch die abgetretenen Ansprüche zurück. Bei einer Sicherungsabtretung ist das Kreditinstitut (Zessionar) aber aufgrund der nur treuhänderischen Gläubigerstellung zur Rückübertragung der Ansprüche verpflichtet. Die Zession wird durch schriftliche Anzeige des Zessionars an den VR aufgehoben, indem der Zessionar seine Rechte aufgibt. Im Außenverhältnis tritt das Kreditinstitut (Zessionar) aber in vollem Umfang die Rechtsnachfolge des Versicherungsnehmers (Zedent) an und muss daher Rücktritt, Anfechtung und Kündigung des Versicherers gegen sich gelten lassen.

! Bei Baufinanzierungsdarlehen kommt die Abtretung einer Lebensversicherung an den Darlehensgeber als Tilgungsersatz häufig vor. Wenn das Ende der Laufzeiten von Versicherung und Darlehen übereinstimmen, kann die Versicherungsleistung zur Tilgung des Darlehens verwendet werden.

**Zusammenfassung zu Kapitel 8:
Rechte dritter Personen an einer Lebensversicherung**

<table>
<tr><th colspan="3">Rechte dritter Personen an einer Lebensversicherung</th></tr>
<tr><th colspan="2">Bezugsrecht</th><th>Abtretung (Zession)</th></tr>
<tr><td colspan="2">VN kann durch Einräumung eines Bezugsrechts bestimmen, wer im Versicherungsfall die Versicherungsleistung erhält</td><td rowspan="3">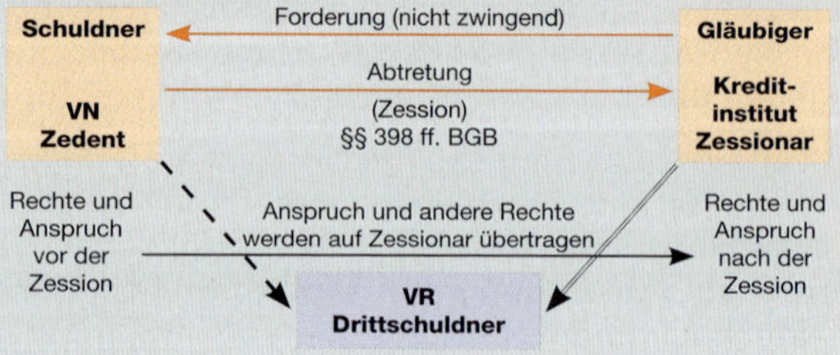

Bei Baudarlehen: häufig Sicherungsabtretung einer LV an Darlehensgeber als Tilgungsersatz</td></tr>
<tr><th>widerrufliches Bezugsrecht</th><th>unwiderrufliches Bezugsrecht</th></tr>
<tr><td>kann vom VN jederzeit geändert werden, beinhaltet **Anwartschaft** auf Versicherungsleistung</td><td>kann vom VN nur mit Zustimmung des Begünstigten geändert werden</td></tr>
</table>

Aufgaben und Probleme

Kapitel 8 Rechte dritter Personen an einer Lebensversicherung

Bezugsrecht

1. Erläutern Sie die erbrechtlichen Konsequenzen bei der Benennung eines Bezugsberechtigten.

2. In welcher Form muss die Einräumung eines Bezugsrechts erfolgen?

3. Erläutern Sie wesentliche Unterschiede zwischen einem widerruflichen und einem unwiderruflichen Bezugsrecht.

4. Angenommen, ein VN hat für die Todesfallleistung aus einer gemischten Lebensversicherung ein widerrufliches Bezugsrecht eingeräumt. In einem später abgefassten Testament wird für den vorzeitigen Todesfall eine andere Person mit der Versicherungsleistung bedacht, ohne dass dem VR darüber Mitteilung gemacht wird. An wen muss der VR leisten? Begründen Sie Ihre Aussage.

5. Herr Schulz benennt seinen Sohn als unwiderruflich Bezugsberechtigten für seine kapitalbildende Lebensversicherung, sofern der Todesfall während der Vertragslaufzeit eintritt.
   a) Unter welchen Voraussetzungen kann Herr Schulz das eingeräumte Bezugsrecht ändern?
   b) Prüfen Sie die Rechtslage für den folgenden Fall: Herr Schulz will aufgrund finanzieller Schwierigkeiten die Beiträge nicht mehr erbringen. Sein Sohn will die Fortführung der Beitragszahlung erzwingen, damit die von ihm erwartete Leistung aus dem Versicherungsvertrag nicht gemindert wird.
   c) Der Sohn möchte die Lebensversicherung zur Absicherung eines Darlehens abtreten. Ist das rechtlich möglich?
   d) Der Sohn möchte die Lebensversicherung kündigen und sich den Rückkaufswert auszahlen lassen. Ist das rechtlich möglich?
   e) Der Sohn stirbt während der Vertragslaufzeit. Wenig später verstirbt auch Herr Schulz. Die Erben des Sohnes verlangen vom VR die Leistung. Ist das rechtlich möglich?

Abtretung

6. Abtretung
   a) Was ist im Zusammenhang mit einer Lebensversicherung unter einer Abtretung zu verstehen?
   b) Welche Voraussetzungen müssen erfüllt sein, damit die Abtretung von Lebensversicherungsansprüchen rechtswirksam ist?
   c) Wenn eine Lebensversicherung gegenüber einer Bank als Kreditsicherungsmittel verwendet wird, wird i. d. R. eine sog. **Sicherungsabtretung** vorgenommen. Erläutern Sie die Besonderheiten dieser Abtretungsform.
   d) Welche Rechte kann die Bank ausüben, wenn der Kredit- und Versicherungsnehmer seinen Zins- und Tilgungsverpflichtungen nicht nachkommt und der Versicherungsfall noch nicht eingetreten ist?

7. Ein VN tritt seine Ansprüche aus seiner Lebensversicherung ab.
   a) Erläutern Sie den rechtlichen Vorgang einer Abtretung.
   b) Nach der Abtretung erfährt der VR, dass der Zessionar keine Forderung mehr gegenüber dem VN hat. Prüfen Sie, ob sich daraus rechtliche Konsequenzen für die Gültigkeit der Abtretung ergeben.

9 Eintritt des Versicherungsfalles in der Lebensversicherung

Anzeigepflicht

Grundsätzlich ist der VN verpflichtet, dem VR den Eintritt des Versicherungsfalles anzuzeigen.

Anzeigepflichtige Versicherungsfälle sind
- der Todesfall, soweit eine Todesfallleistung versichert ist,
- die Berufsunfähigkeit in der selbstständigen Berufsunfähigkeitsversicherung oder Berufsunfähigkeits-Zusatzversicherung,

Sofern keine Fremdversicherung vorliegt, sind anstelle des verstorbenen Versicherungsnehmers der Begünstigte, der Zessionar oder die Erben anzeigepflichtig.

Vorlage des Versicherungsscheins – Nachweis der Berechtigung

Für eine Leistung aus einem Versicherungsvertrag ist grundsätzlich der Versicherungsschein vorzulegen.

Für den Versicherungsschein in der **Lebensversicherung** gilt die **Inhaberklausel**. Das bedeutet, dass der VR – sofern kein Bezugsrecht vereinbart ist – denjenigen, der den Versicherungsschein vorweist, als Berechtigten ansehen **darf**, über die Ansprüche aus dem Versicherungsvertrag zu verfügen und die Versicherungsleistung in Empfang zu nehmen. Der Versicherungsschein in der Lebensversicherung wird auch als „hinkendes Inhaberpapier" bezeichnet (§ 808 BGB), da der VR den Inhaber des Versicherungsscheins **nicht** als Berechtigten ansehen **muss**, sondern von ihm auch den Nachweis der Verfügungs- und Empfangsberechtigung verlangen kann. Aufgrund der **Inhaberklausel** ist der VR aber beispielsweise bei einer Lebensversicherung **ohne Bezugsberechtigung** für die Auszahlung der Todesfallleistung nicht verpflichtet, sich den Erbschein vorlegen zu lassen und den tatsächlichen Erben zu ermitteln. Der Inhaber des Versicherungsscheins kann seinerseits die Leistung nur dann verlangen, wenn er sein Gläubigerrecht ggf. durch Vorlage des Erbscheins nachweist.

> **!** **Der Inhaber des Versicherungsscheins kann in der Lebensversicherung vom VR als berechtigter Leistungsempfänger angesehen werden.**

Zahlt der VR im Leistungsfall gutgläubig an einen scheinbar Berechtigten (z. B. bei nichtiger Begünstigung), kann eine nochmalige Leistung an den wirklich Begünstigten nicht verlangt werden (§§ 407, 409 BGB). Allerdings darf der VR nicht wider besseres Wissen an den Inhaber des Versicherungsscheins leisten.

Versicherungsleistung bei Selbsttötung

Anhand der bei einer Todesfallleistung einzureichenden ärztlichen Unterlagen kann festgestellt werden, ob es sich beim Tod der versicherten Person um Selbstmord gehandelt hat. Wenn nicht nachgewiesen wird, dass die Tat in einem die freie Willensbestimmung ausschließenden Zustand krankhafter Störung der Geistestätigkeit begangen worden ist, sieht die ab 2008 geltende VVG-Fassung bei Selbstmord eine **Ausschlussfrist** von drei Jahren vor, die aber durch Einzelvereinbarung verlängert werden kann. Hiervon wird der VR vermutlich bei sehr hohen Versicherungssummen Gebrauch machen. Begeht die versicherte Person während dieser Zeit ohne die genannten krankhaften Störungen Selbstmord, wird nur der Rückkaufswert ausgezahlt. In allen anderen Fällen wird Selbstmord versicherungsrechtlich wie ein normaler Todesfall behandelt.

Fälligkeit der Versicherungsleistung

Die Versicherungsleistung wird erst fällig, wenn die Erhebungen beendet sind, die sich zur Feststellung des Versicherungsfalles und des Umfangs der Leistungspflicht als nötig erweisen. Ist der Versicherungsfall einen Monat nach der Anzeige noch nicht abgewickelt, wird auf Antrag des Begünstigten eine Abschlagszahlung fällig. Sie ist auf den Betrag begrenzt, den der VR aufgrund der Sachlage mindestens zu zahlen hat. In der **Kapitallebensversicherung** ist nach Auszahlung der Versicherungsleistung der Versicherungsfall endgültig abgeschlossen. Der Versicherungsvertrag erlischt infolge beiderseitiger Erfüllung. Auf Antrag des Verfügungsberechtigten kann eine Kapitalleistung aber auch verrentet werden. Unter bestimmten Voraussetzungen ist andererseits im Rahmen einer **privaten Rentenversicherung** auch die Abgeltung der vereinbarten Rente durch eine einmalige Kapitalleistung möglich (Kapitalwahlrecht).

Zusammenfassung zu Kapitel 9:
Eintritt des Versicherungsfalles in der Lebensversicherung

Eintritt des Versicherungsfalles

Anzeigepflicht

↓

Vorlage des Versicherungsscheins
Nachweis der Berechtigung zum Empfang der Leistung

↓

Fälligkeit der Versicherungsleistung

Aufgaben und Probleme

Kapitel 9 Eintritt des Versicherungsfalles in der Lebensversicherung

1. Welche Unterlagen sind dem Versicherer beim Tod der versicherten Person einzureichen?
2. Welche Bedeutung hat der Versicherungsschein für die Auszahlung der Versicherungsleistung?
3. Wie ist die Rechtslage nach den allgemeinen Versicherungsbedingungen für die kapitalbildende Lebensversicherung (ALB), wenn
   a) die versicherte Person Selbstmord begeht;
   b) die versicherte Person vorsätzlich durch eine widerrechtliche Handlung des VN oder des Bezugsberechtigten getötet wird?

10 Bausteine der privaten und betrieblichen Altersvorsorge

10.1 Dreischichtenmodell

Wegen der dringenden Notwendigkeit, die **Altersversorgung aus der gesetzlichen Rentenversicherung** durch **private und betriebliche Altersvorsorge** zu ergänzen, hat der Staat für diese ergänzenden Maßnahmen erhebliche finanzielle Fördermöglichkeiten geschaffen. Zusammenhang und Bedeutung der einzelnen **Bausteine der Altersversorgung** werden aus dem sog. **Dreischichtenmodell** deutlich.

Schicht 3: Kapitalanlage	**Übrige Vorsorge**				
	Aktien	Kapitallebensversicherung	private Rentenversicherung	Investmentfonds	
	Keine steuerliche Begünstigung der Beiträge. Die Rentenbezüge einer privaten Rentenversicherung sind nur mit dem Ertragsanteil zu versteuern. Zinsen aus einer Kapitallebensversicherung unterliegen unter bestimmten Voraussetzungen nur zur Hälfte der Einkommensteuer. Alle anderen Einkünfte aus Kapitalvermögen unterliegen der Abgeltungsteuer (ab 2009: 25 %).				
Schicht 2: Zusatzversorgung	**Betriebliche Altersvorsorge** (Direktversicherung, Pensionskasse, Pensionsfonds, Unterstützungskasse)		**Riester-Rente**[1]		**Staatlich gefördert**
	Die **Beiträge** zur Riester-Rente können i. d. R. in beschränktem Maße **steuermindernd als Sonderausgaben im Rahmen der Einkommensteuer** abgesetzt werden. Die **Rentenbezüge** müssen (ohne Übergangszeit) in **voller Höhe versteuert** werden (= **nachgelagerte** Besteuerung).				
Schicht 1: Basisversorgung	**Gesetzliche Rentenversicherung**		**Basisrente (Rürup-Rente)**[2]		
	Die **Beiträge** zur Rürup-Rente können in hohem Maße **steuermindernd als Altersvorsorgeaufwendungen im Rahmen der Einkommensteuer** abgesetzt werden (§ 10 (1) Nr. 2 EStG). Die **Rentenbezüge** müssen (nach der Übergangsphase bis 2040) in **voller Höhe versteuert** werden (= **nachgelagerte Besteuerung**).				

Die unterste Schicht (**Basisvorsorge**) besteht aus der Altersversorgung im Rahmen der **gesetzlichen Rentenversicherung** (vgl. Kap I 2). Insbesondere für **Selbstständige und Freiberufler**, die keine Ansprüche auf Altersrente aus der gesetzlichen Rentenversicherung haben, ist die staatliche Förderung im Rahmen der **Basisrente** (**Rürup-Rente**) (vgl. Kap. I 10.2) gedacht. Die zweite Schicht (**Zusatzvorsorge**) umfasst die **betriebliche Altersvorsorge** (vgl. Kap. I 10.4) sowie die zusätzliche private Altersversorgung in Form der staatlich geförderten **Riester-Rente**. Die verbleibende dritte Schicht besteht aus weiteren Kapitalanlagen, die der Altersversorgung dienen. Dabei handelt es sich insbesondere um private Kapital- und Rentenversicherungen, die nicht die „Rürup-Bedingungen" erfüllen. Der Grad der staatlichen Förderung nimmt, ausgehend von der Basisversorgung der ersten Schicht, von Schicht zu Schicht ab.

1 Die Bezeichnung „Riester-Rente" hat sich eingebürgert, da der damalige Arbeits- und Sozialminister **Walter Riester** im Jahr 2001 die entsprechende Rentenreform eingeleitet hat.

2 Die Bezeichnung „Rürup-Rente" hat sich eingebürgert, da der Finanzwissenschaftler Prof. **Bert Rürup** diese Art der Altersvorsorge vorgeschlagen und entwickelt hat.

Altersvorsorgeprodukte werden hinsichtlich ihrer Bedeutung für die Altersvorsorge drei verschiedenen Schichten zugeordnet:
1. **Schicht: Produkte zur Basis-Altersvorsorge (gesetzliche Rente, Basisrente)**
2. **Schicht: Produkte zur ergänzenden Altersvorsorge (Riester-Rente, betriebliche Altersvorsorge)**
3. **Schicht: alle übrigen Produkte (klassische private Rentenversicherung, kapitalbildende LV, Sparpläne)**

10.2 Basisvorsorge

10.2.1 Basisrente (Rürup-Rente)

Die Basisrente (Rürup-Rente) ist eine aufgeschobene lebenslange Leibrente mit frühestens ab dem 60. Lebensjahr beginnender Rentenzahlung.

Die Basisrente (Rürup-Rente) ist der gesetzlichen Rente nachempfunden, allerdings mit dem Unterschied, dass sie von der privaten Versicherungswirtschaft nach dem **Kapitaldeckungsverfahren** organisiert ist.

Vertragsgestaltung

Die Basisrente (Rürup-Rente) ist eine Rentenversicherung mit aufgeschobener Rentenzahlung (vgl. Kap. I 4.4), d.h., bis zum Rentenbeginn wird durch die Beitragszahlungen ein Kapital aufgebaut, das dann für die Rentenzahlungen zur Verfügung steht (**kapitalgedeckte Altersvorsorge**). Es gelten jedoch einige gesetzliche Besonderheiten, die in den **Allgemeinen Bedingungen für die Rentenversicherung mit aufgeschobener Rentenzahlung als Basisvorsorge** (**AVB Rürup-Rente**) ihren Niederschlag gefunden haben:

- Es gelten die gesetzlichen Vorschriften gemäß § 10 (1) Nr. 2 b) EStG. Die Rentenzahlung darf demnach nicht vor Vollendung des 60. Lebensjahres und muss spätestens nach dem 85. Lebensjahr einsetzen. Eine evtl. zusätzlich vereinbarte Hinterbliebenenversorgung darf sich nur auf den Ehegatten und die nach Steuerrecht berücksichtigungsfähigen Kinder beziehen.
- Die Ansprüche aus der Versicherung sind

nicht vererbbar	nicht übertragbar	nicht veräußerbar	nicht kapitalisierbar
Stirbt die versicherte Person vor Rentenbeginn, endet die Versicherung, verfallen die Ansprüche (keine Leistung des VR).	Die Ansprüche können beispielsweise nicht für eine Kreditsicherung abgetreten werden.	Die Ansprüche können nicht verkauft werden.	Es kann keine Kapitalzahlung anstelle der Rentenzahlung vereinbart werden (= kein Kapitalwahlrecht).

Die Rentenversicherung für die Basisvorsorge kann als klassische Rentenversicherung und als fondsgebundene Rentenversicherung abgeschlossen werden (vgl. Kap. I 4.4).

Klassische Rentenversicherung

Bei der klassischen Rentenversicherung wird eine Rente garantiert. Die Beiträge zum Kapitalaufbau werden vom VR zumeist in festverzinslichen Wertpapieren, Immobilien und teilweise in Aktien angelegt. Der VN erhält eine Garantieverzinsung und ist an den Überschüssen beteiligt. Garantierente und Überschüsse ergeben zusammen die monatliche Gesamtrente.

Fondsgebundene Rentenversicherung

In diesem Fall werden die Beiträge für den Kapitalaufbau in Aktien-, Renten- oder Mischfonds angelegt. Bei manchen Versicherern besteht auch die Möglichkeit, den Fonds auszuwählen und auch die Anlagepolitik (z. B. Zeitpunkt der Umschichtung) mitzubestimmen.

Die fondsgebundene Rentenversicherung bietet Chancen, aber auch Risiken. Bei der Aktienanlage kann ein Kurseinbruch kurz vor Rentenbeginn zu erheblichen Renteneinbußen führen. Deshalb empfiehlt es sich, Renditechancen durch Aktienanlage in den ersten Vertragsjahren zu suchen und später in sicherere Rentenfonds umzuschichten.

10.2.2 Steuerliche Behandlung der Basisvorsorge

Übergang zur nachgelagerten Besteuerung

Mit dem zum 1. Januar 2005 in Kraft getretenen **Alterseinkünftegesetz** gingen weitreichende steuerliche Änderungen, die auch die Lebensversicherung betreffen, einher. Die Neuordnung der Besteuerung besteht in einem schrittweisen **Übergang zur nachgelagerten Besteuerung**. Das bedeutet:

(1) Die Beiträge zur Altersvorsorge bleiben bis zu einem jährlichen Höchstbetrag steuerfrei.

(2) Die auf diesen Beiträgen beruhenden späteren Renten werden unter Berücksichtigung bestimmter Freibeträge in vollem Umfang steuerpflichtig.

! Versicherungsprodukte der Basisvorsorge unterliegen der schrittweisen nachgelagerten Besteuerung. Die Altersvorsorgebeiträge in der Aufschubzeit werden von der Einkommensteuer befreit. Die späteren Rentenzahlungen sind dagegen einkommensteuerpflichtig.

Der Übergang zur nachgelagerten Besteuerung und zur Steuerfreistellung der Altersvorsorgeaufwendungen erfolgt aber **schrittweise**, da die bei sofortiger Einführung zunächst eintretenden Steuerausfälle für den Staat nicht verkraftbar wären. Das Prinzip der nachgelagerten Besteuerung trägt nicht nur der Forderung nach Gleichbehandlung aller Versorgungsempfänger Rechnung. Es bringt auch gegenüber anderen Lösungen vielfältige Vorteile mit sich und wird international am häufigsten angewandt.

Steuerbefreiung der Altersvorsorgebeiträge

Sowohl der Arbeitnehmeranteil zur gesetzlichen Rentenversicherung als auch die Beiträge zu einer Basisrente (Rürup-Rente) können im Rahmen der Einkommensteuer als **Altersvorsorgebeiträge** geltend gemacht werden. Dabei handelt es sich um eine besonders begünstigte Art von **Sonderausgaben**, die zu einer steuerlichen Entlastung führen (§ 10 (2) Nr. 2 EStG). Sonderausgaben werden bei der Ermittlung des zu versteuernden Einkommens abgezogen. Somit ist die Höhe der Förderung abhängig vom individuellen **Einkommensteuersatz**, der wiederum von der Höhe des zu versteuernden Einkommens abhängt. Je höher der Steuersatz des VN ist, umso höher ist auch die Steuerersparnis durch den Sonderausgabenabzug.

Vorsorgeaufwendungen als Sonderausgaben

Altersvorsorgebeiträge zur Basisvorsorge

Arbeitnehmeranteil zur GRV, Beiträge zur Basisrente (Rürup-Rente)
Höchstbetrag
12.000 EUR (2005) mit jährlicher Steigerung um 2 % bis 20.000 EUR (2025)

Sonstige Vorsorgeaufwendungen

u. a. Beiträge zur Risikolebens-, Kranken-, Pflege-, Unfall- und Haftpflichtversicherung
Höchstbeträge
Arbeitnehmer: 1.500 EUR pro Jahr
Selbstständige: 2.400 EUR pro Jahr

Der abzugsfähige **Höchstbetrag** für **Altersvorsorgebeiträge** zur **gesetzlichen** Rentenversicherung (einschließlich des Arbeitgeberbeitrags) und zu anderen vergleichbaren Vorsorgemaßnahmen (Basisrente) steigt bis zum Jahr 2025 auf 20.000 EUR pro Kopf. Zusammenveranlagte Eheleute können dann bis zu 40.000 EUR als Sonderausgaben geltend machen. Im Jahr 2005 betrug er zunächst 60 % dieses Höchstbetrages (d. h. 12.000 EUR pro Kopf) und erhöht sich bis 2025 jährlich um 2 %.

Entwicklung der als Sonderausgaben anerkannten Altersvorsorgebeiträge 2005 bis 2025

Jahr	2005	2006	2007	2008	2009	2010	2011	2012
% vom Höchstbetrag	60	62	64	66	68	70	72	74
Betrag in EUR	12.000	12.400	12.800	13.200	13.600	14.000	14.400	14.800

Jahr	2013	2014	2015	2016	2017	2018	2019	2020
% vom Höchstbetrag	76	78	80	82	84	86	88	90
Betrag in EUR	15.200	15.600	16.000	16.400	16.800	17.200	17.600	18.000

Jahr	2021	2022	2023	2024	ab 2025
% vom Höchstbetrag	92	94	96	98	100
Betrag in EUR	18.400	18.800	19.200	19.600	20.000

Vergleich zwischen Arbeitnehmern und Selbstständigen: Ermittlung des Sonderausgabenabzugs für das Jahr 2010

Beispiele

Arbeitnehmer, alleinstehend **Bruttoeinkommen 2010: 50.000 EUR** **Beitragssatz zur GRV: 19,9 %** **Beitrag zu einer** **Rürup-Rentenversicherung: 2.000 EUR**		**Selbstständiger, alleinstehend** **Bruttoeinkommen 2010: 54.975 EUR** **Nicht versicherungspflichtig** **Rürup-Rentenversicherung: 11.950 EUR**	
AN-Anteil zur GRV	4.975 EUR		
+ Beitrag Rürup-Rente	2.000 EUR	Beitrag Rürup-Rente:	11.950 EUR
+ AG-Anteil zur GRV	4.975 EUR		
= Altersvorsorgebeiträge	11.950 EUR	= Altersvorsorgebeiträge	11.950 EUR
davon 66 % im Jahr 2010	7.887 EUR	davon 66 % im Jahr 2010:	7.887 EUR
– AG-Anteil zur GRV	4.975 EUR		
Sonderausgabenabzug 2010	**2.912 EUR**	**Sonderausgabenabzug 2010**	**7.887 EUR**

Hinweis: Bei Einkommen, die über der Beitragsbemessungsgrenze zur GRV liegen, darf der Beitrag maximal nur von der Beitragsbemessungsgrenze berechnet und als Altersvorsorgebeitrag zur GRV angesetzt werden.

Erläuterungen:
Für die Vergleichbarkeit wurde unterstellt, dass das Bruttoeinkommen des Selbstständigen dem Bruttoeinkommen des Arbeitnehmers zuzüglich AG-Anteil zur GRV sowie dem Beitrag zur Rürup-Rentenversicherung entspricht und dass beide Altersvorsorgebeiträge in Höhe von 11.950 EUR leisten.

- Beim Arbeitnehmer werden der Arbeitnehmeranteil und der Arbeitgeberanteil zur GRV sowie der Beitrag zur Rürup-Rentenversicherung bei der Ermittlung der Altersvorsorgebeiträge zunächst berücksichtigt. Steuerlich anerkannt werden im Jahr 2010 66 % der Altersvorsorgebeiträge. Beim Arbeitnehmer ist der so ermittelte Betrag allerdings wieder um den Arbeitgeberanteil zur GRV zu kürzen.
- Selbstständige sind für ihre Altersversorgung eigenverantwortlich. Sie können deshalb im Jahr 2010 von den nachgewiesenen Altersvorsorgebeiträgen der Basisvorsorge 66 % als Sonderausgaben geltend machen.

Ergebnis: Die Basisrentenversicherung (Rürup-Rente) ist für Selbstständige, die keine Beiträge zur gesetzlichen Rentenversicherung oder einem vergleichbaren Versorgungswerk zahlen, besonders interessant, da die als Sonderausgaben abzugsfähigen Altersvorsorgebeiträge in vollem Umfang zur Verfügung stehen.

▶ Ausschöpfung des Höchstbetrages

Möchte der im Beispiel genannte **Selbstständige** die Abzugsmöglichkeit im Jahr 2010 voll ausschöpfen, müsste er 20.000 EUR an **Altersvorsorgebeiträgen** nachweisen, wovon dann 66 % = 13.200 EUR steuermindernd wirksam werden.

Für den **Arbeitnehmer** im Beispiel ergibt sich folgende Berechnung: 20.000 EUR – 9.950 EUR (AG- und AN-Anteil zur GRV) = 10.050 EUR (= erforderlicher Beitrag zur Rürup-Rentenversicherung). Als **Altersvorsorgebeiträge** könnte er dann geltend machen: 9.950 EUR Gesamtbeitrag zur GRV + 10.050 EUR Beitrag Rürup-Rente = 20.000 EUR, davon 66 % = 13.200 EUR – 4.975 EUR AG-Anteil zur GRV = 8.225 EUR (= als Altersvorsorgebeitrag wirksamer Betrag).

Besteuerung der Renten aus der Basisvorsorge

Die später gezahlten Renten aus der Basisvorsorge sind im Rahmen der nachgelagerten Besteuerung steuerpflichtig. Alle 2005 gezahlten Renten aus der Basisvorsorge unterliegen bis zum Ende der Rentenzahlungen zu 50 % der Einkommensteuer. Für jeden neu hinzukommenden Rentnerjahrgang steigt der Besteuerungsanteil schrittweise um 2 % von 50 % im Jahr 2005 bis auf 100 % im Jahr 2040. Der sich bei Renteneintritt entsprechend der folgenden Tabelle ergebende Besteuerungsanteil gilt jeweils für die gesamte Rentenbezugszeit. Der steigende Besteuerungsanteil bei späterem Rentenbeginn wird mit der wachsenden steuerlichen Abzugsmöglichkeit der Beiträge zur Altersvorsorge begründet.

Jahr des Renten-beginns	bis 2005	2006	2007	2008	2009	2010	2011	2012	2013	2014	2015	2016
Besteuerungs-anteil in % der Rente	50	52	54	56	58	60	62	64	66	68	70	72

Jahr des Renten-beginns	2017	2018	2019	2020	2021	2022	2023	2024	2025	2026	2027	2028
Besteuerungs-anteil in % der Rente	74	76	78	80	81	82	83	84	85	86	87	88

Jahr des Renten-beginns	2029	2030	2031	2032	2033	2034	2035	2036	2037	2038	2039	2040
Besteuerungs-anteil in % der Rente	89	90	91	92	93	94	95	96	97	98	99	100

10.3 Kapitalgedeckte Zusatzvorsorge: Riester-Rente[1]

10.3.1 Begünstigte Personen

Die Riester-Rente wurde zum Ausgleich der Absenkung des Rentenniveaus in der gesetzlichen Rentenversicherung geschaffen (vgl. Kap. I 2.1). Begünstigt werden alle Personen, die durch die Rentenabsenkung betroffen sind. Dazu gehören grundsätzlich alle in der gesetzlichen Rentenversicherung Pflichtversicherten. Nachträglich erfolgte eine Erweiterung des begünstigten Personenkreises um Beamte sowie Arbeitnehmer des öffentlichen Dienstes, da diese ebenfalls eine Absenkung ihrer Altersversorgung hinnehmen mussten.

Begünstigte der Riester-Rente sind insbesondere Personen, die durch die Absenkung des Rentenniveaus in der gesetzlichen Rentenversicherung betroffen sind. !

1 Vgl. auch Kap. C 3.5.5 Eigenheimrente

Zu den Begünstigten gehören u. a.

- pflichtversicherte Arbeitnehmer, Auszubildende, Bezieher von Lohnersatzleistungen (Arbeitslosengeld, Krankengeld), Wehr- und Zivildienstleistende, Mütter oder Väter in Elternzeit,
- Pflichtversicherte der Alterssicherung der Landwirte,
- Beamte, Beschäftigte des öffentlichen Dienstes mit einer beamtenähnlichen Zusatzversorgung, Berufssoldaten und Soldaten auf Zeit.

Ehegatten, die selbst nicht rentenversicherungspflichtig sind, können die Förderung erhalten, wenn sie einen auf ihren Namen abgeschlossenen Altersvorsorgevertrag haben und ihr Ehepartner zum förderungsberechtigten Personenkreis zählt. Die Ehegatten dürfen nicht dauernd getrennt leben und müssen unbeschränkt einkommensteuerpflichtig sein. Die nicht pflichtversicherten Ehepartner werden begünstigt, weil sie durch die Minderung der Hinterbliebenenrente von der Rentenreform betroffen sind.

Nicht gefördert werden dagegen Personen, die von der Rentenabsenkung nicht betroffen sind oder der Absenkung aufgrund einer freiwilligen Versicherung entgehen können. Dazu gehören Selbstständige ohne Pflichtversicherung, Personen, die freiwillig in der gesetzlichen Rentenversicherung versichert sind, Rentner und Pensionäre, Sozialhilfeempfänger sowie geringfügig Beschäftigte, die versicherungsfrei sind.

10.3.2 Geförderte Anlageformen

! Im Gegensatz zur umlagefinanzierten gesetzlichen Rente handelt es sich bei der Riester-Rente um eine Altersversorgung, die aus dem Kapital gedeckt wird, das der Arbeitnehmer während seines Arbeitslebens selbst angespart hat (kapitalgedeckte Altersversorgung).

Verträge zur privaten Altersvorsorge entsprechend der Riester-Rente werden von Kreditinstituten, Lebensversicherern, Finanzdienstleistern und Kapitalanlagegesellschaften angeboten. Die Verträge werden nur staatlich gefördert, wenn sie durch die Bundesanstalt für Finanzdienstleistungsaufsicht (BaFin) zertifiziert worden sind. Dabei lassen sich folgende Anlagemöglichkeiten unterscheiden:

private Renten- versicherung	**Sparpläne zu Beteiligung an Investmentfonds (Fondssparpläne)**	**Sparpläne zur Bildung eines Sparguthabens (Banksparpläne)**	**betriebliche Altersvorsorge (vgl. Kap. I 10.4)**

Durch das 2008 in Kraft getretene Eigenheimrentengesetz („Wohn-Riester")[1] besteht inzwischen auch die Möglichkeit, die Riester-Rente förderungsunschädlich für den Erwerb von selbst genutztem Wohneigentum als Altersvorsorge zu verwenden.

Die Zertifizierung bestätigt aber lediglich, dass die geforderten Kriterien eingehalten wurden. Es handelt sich dabei aber nicht um ein Qualitätsmerkmal im Sinne eines Gütesiegels.

10.3.3 Staatliche Förderung

Der Abschluss eines entsprechenden Vertrags zur zusätzlichen Altersvorsorge ist freiwillig. Als Anreiz übernimmt der Staat einen Teil der Beiträge durch Zahlung einer sog. **Altersvor-**

1 Vgl. Kap. C 3.5.5 und Kap. H 4

sorgezulage oder durch Anerkennung der Beiträge als zusätzliche Sonderausgaben im Rahmen der Einkommensteuer (sog. **Günstigerprüfung**).

Zulagenförderung und Mindesteigenbeitrag

Altersvorsorgezulage		
Veranlagungszeitraum	**Grundzulage EUR**	**Kinderzulage EUR**
2006 und 2007	114	138
ab 2008	154	185
Kinderzulage für ab 1. Januar 2008 geborene Kinder		300

Begünstigte Personen, die einen zertifizierten Altersvorsorgevertrag abgeschlossen haben, haben Anspruch auf die Altersvorsorgezulage. Sie setzt sich aus der **Grundzulage** und der **Kinderzulage** zusammen. Die Zulage wird nicht an den Anleger, sondern direkt an den Anbieter des Altersvorsorgevertrags zu Gunsten des Anlegers ausgezahlt. Die volle Zulage wird nur gewährt, wenn der Anleger einen bestimmten Mindesteigenbeitrag leistet. Dessen Höhe hängt vom rentenversicherungspflichtigen Einkommen (= Bruttoarbeitslohn bis zur Bemessungsgrenze) des vorangegangenen Kalenderjahres ab und war für die Veranlagungszeiträume bis zum Jahr 2008 wie folgt gestaffelt:

Notwendige Sparleistung für volle Zulage	
Veranlagungszeitraum	**Mindesteigenleistung einschl. aller Zulagen**
2006 und 2007	3 % der beitragspflichtigen Einnahmen, maximal 1.575 EUR
ab 2008	4 % der beitragspflichtigen Einnahmen, maximal 2.100 EUR

Da die Zulagen immer direkt auf dem jeweiligen Vertragskonto gutgeschrieben werden, zahlt der Anleger aus eigenen Mitteln nur die Differenz zwischen seiner (Mindest-)Eigenleistung und der Altersvorsorgezulage in den Vertrag ein. Wird der Mindesteigenbeitrag nicht aufgewendet, erfolgt eine **Kürzung der Zulagen** im Verhältnis des **„tatsächlichen Eigenbeitrags“** zum **„Mindesteigenbeitrag“**.

Beispiele

1. Ein lediger Anleger hatte im Jahr 2010 einen Bruttoarbeitslohn von 40.000 EUR. Der Mindestbeitrag im Jahr 2010 beträgt somit 1.600 EUR (4 % von 40.000 EUR). Abzüglich der Grundzulage von 154 EUR ergibt sich eine Mindesteigenleistung von 1.446 EUR. Der Anleger muss also mindestens 1.446 EUR aus eigenen Mitteln anlegen, um die **volle** Grundzulage (154 EUR) zu erhalten. Würde er nur 723 EUR (= $^1/_2$ der Mindesteigenleistung) anlegen, würde er auch nur die Hälfte der Grundzulage (= 77 EUR) erhalten.
2. Ein lediger Anleger hatte im Jahr 2011 einen Bruttoarbeitslohn von 80.000 EUR. Der vorläufige Mindestbeitrag im Jahr 2011 beträgt somit 4 % von 80.000 EUR = 3.200 EUR, max. aber nur 2.100 EUR. Abzüglich der Grundzulage von 154 EUR ergibt sich somit eine Mindesteigenleistung von 1.946 EUR. Der Anleger muss also mindestens 1.946 EUR aus eigenen Mitteln anlegen, um die **volle** Grundzulage von 154 EUR zu erhalten.

Sockelbeitrag

Bei besonders niedrigen Einkommen kann unter Umständen allein aufgrund der Zulagen der vorbeschriebene Mindesteigenbeitrag in Prozent erreicht werden. Damit der Mindesteigenbeitrag nicht ausschließlich durch Zulagen finanziert wird, ist ein Mindesteigenbeitrag von 60 EUR (Sockelbeitrag) zu leisten.

Beispiel

Eine alleinerziehende Angestellte mit einem Kind weist für das Jahr 2010 nur 1.500 EUR an rentenversicherungspflichtigem Einkommen nach, da sie überwiegend Elternteilzeit in Anspruch genommen hatte. Der Mindestbeitrag im Jahr 2011 würde demnach nur 4 % von 1.500 EUR = 60 EUR betragen. Sie muss den Sockelbetrag von 60 EUR aufbringen, um die Grundzulage von 154 EUR und die Kinderzulage von 185 EUR zu erhalten. Insgesamt ergibt sich so eine Sparleistung von 399 EUR. Die Förderquote beträgt fast 85 % (154 EUR + 185 EUR Zulagen von 399 EUR Sparleistung).

Förderung durch Sonderausgabenabzug anstelle von Zulagen (Günstigerprüfung)

Anstelle der Altersvorsorgezulage kann der Anleger seine Eigenbeiträge zuzüglich der gewährten Zulagen auch als Sonderausgaben im Rahmen der Einkommensteuer bis zu den nebenstehenden Höchstbeträgen geltend machen. Sonderausgaben werden bei der Ermittlung des zu versteuernden Einkommens abgezogen. Somit ist die Höhe der Förderung abhängig vom **Einkommensteuersatz**, der von der Höhe des zu versteuernden Einkommens abhängt. Je höher der Steuersatz des Anlegers ist, umso höher ist auch die Steuerersparnis durch den Sonderausgabenabzug. Im Rahmen der Einkommensteuerveranlagung prüft das Finanzamt, welche Alternative (**Zulage oder Sonderausgabenabzug**) für den Anleger günstiger ist (**Günstigerprüfung**).

Höchstbeträge für Sonderausgabenabzug	
Veranlagungszeitraum	**Höchstbetrag**
2006 und 2007	1.575 EUR
ab 2008	2.100 EUR

! **Die staatliche Förderung im Rahmen der Riester-Rente kann durch Zulagen oder durch Ermäßigung bei der Einkommensteuer erfolgen. Im Rahmen einer Günstigerprüfung ermittelt das Finanzamt, welche der beiden Möglichkeiten im Einzelfall vorteilhafter ist.**

Ist der Sonderausgabenabzug günstiger, wird die Einkommensteuer um die höchstmögliche dem Steuerpflichtigen zustehende Zulage erhöht, unabhängig davon, ob ein Zulageantrag gestellt wurde oder nicht. Auf diesem Wege holt das Finanzamt eine bereits gewährte Zulage wieder zurück. Stattdessen wird der Sonderausgabenabzug gewährt. Im Gegensatz zur Zulage fließt der Einkommensteuervorteil aber nicht auf den Altersvorsorgevertrag, sondern kommt dem Steuerpflichtigen in Form einer geringeren Einkommensteuer direkt zugute.

10.3.4 Beurteilung der Riester-Rente

Bei Abschluss eines Vertrags zur Riester-Rente sind u. a. folgende Aspekte zur berücksichtigen:

- Nur ein kleiner Teil der Versorgungslücke wird gedeckt.
- Weder Todesfall- noch Berufsunfähigkeitsrisiko sind abgedeckt.
- Bei vorzeitiger Aufhebung des Vertrags oder Wegzug ins Ausland werden die Förderungsbeträge zurückgefordert.
- Die spätere Rente ist entsprechend der nachgelagerten Besteuerung in vollem Umfang steuerpflichtig.

Unter Renditegesichtspunkten sind Produkte der Riester-Rente insbesondere für Bezieher niedriger Einkommen mit Kindern interessant, die mit relativ geringen (vom Einkommen abhängigen) Mindestbeiträgen in den Genuss aller staatlichen Zuwendungen kommen. Aufgrund der ab dem Jahr 2008 gültigen Förderung können sich beachtliche Förderquoten ergeben.

Beispiele

(1) Alleinstehender mit einem Einkommen von 5.000 EUR pro Jahr (auch im Vorjahr)
(2) Alleinstehender mit einem Einkommen von 40.000 EUR pro Jahr (auch im Vorjahr)
(3) Vierköpfige Familie, Alleinverdiener, Einkommen von 40.000 EUR pro Jahr (auch im Vorjahr)

Beispiel	Mindesteigenbeitrag	Grundzulage	Kinderzulage	Sparleistung	Steuerersparnis	Förderquote
(1)	60 EUR	154 EUR	–	214 EUR	–	72 %
(2)	1.446 EUR	154 EUR	–	1.600 EUR	427 EUR	36 %
(3)	922 EUR	308 EUR	370 EUR	1.600 EUR	–	42 %

Erläuterungen:
Die Förderquote errechnet sich wie folgt: (Grundzulage + Kinderzulage) · 100/Sparleistung. Sie drückt den prozentualen Anteil der Zulagen an der Sparleistung aus.

Zu (1): Als Eigenbeitrag ist der Sockelbeitrag zu leisten, da der Mindesteigenbeitrag (4 % vom Einkommen) nicht erreicht wird.
Zu (2): Aufgrund der Günstigerprüfung ergibt sich für diesen Anleger eine höhere Förderung, wenn der Sonderausgabenabzug anstelle der Zulagen angewendet wird. Anmerkung: Die Steuerersparnis wurde anhand einer hier nicht beschriebenen Einkommensteuerberechnung ermittelt.
Zu (3): Für diesen Anleger ist aufgrund der Kinderzulagen die Zulagenförderung günstiger als der Sonderausgabenabzug. Würde die Familie weniger als den Mindesteigenbeitrag, z. B. nur 500 EUR, leisten, würden die Grund- und die Kinderzulage im Verhältnis des tatsächlichen Eigenbeitrags zum Mindesteigenbeitrag gekürzt. Die Berechnung sieht so aus: (308 EUR + 370 EUR) · 500 EUR/922 EUR = 367,68 EUR.

10.4 Betriebliche Altersvorsorge

10.4.1 Formen der betrieblichen Altersvorsorge

Durchführungswege

Wie die Riester-Rente sind die verschiedenen Durchführungswege der betrieblichen Altersvorsorge im Rahmen des Dreischichtenmodells der Zusatzversorgung (= zweite Schicht) zuzuordnen. Entsprechend dem Betriebsrentengesetz (BetrAVG) sind im Rahmen der betrieblichen Altersvorsorge folgende Wege möglich:

Direktzusage	Direktversicherung	Pensionskasse, Pensionsfonds, Unterstützungskasse
Der Arbeitgeber verpflichtet sich, dem Arbeitnehmer oder dessen Angehörigen nach Beendigung des Arbeitsverhältnisses Versorgungsleistungen zu erbringen.	Vom Arbeitgeber auf das Leben des Arbeitnehmers (= versicherte Person) abgeschlossene private Rentenversicherung.	Unterschiedliche Formen von Versorgungseinrichtungen, in die Arbeitgeber und/oder Arbeitnehmer Beiträge für eine spätere Betriebsrente einzahlen.

Finanzierung

Die Finanzierung der betrieblichen Altersvorsorge kann auf drei Wegen erfolgen:

Entgeltumwandlung	Entgeltumwandlung und Arbeitgeberbeteiligung	Finanzierung allein durch den Arbeitgeber
Der Arbeitnehmer macht von seinem Recht Gebrauch, dass Teile seines Lohnes bzw. Gehaltes zum Aufbau einer Betriebsrente mit staatlicher Förderung verwendet werden.	Aufgrund tarifvertraglicher Vereinbarung oder auf freiwilliger Basis beteiligt sich der Arbeitgeber am Aufbau der Betriebsrente.	Der Arbeitgeber macht seinem Arbeitnehmer eine Versorgungszusage und finanziert diese zusätzlich zum laufenden Gehalt.

Betriebliche Altersvorsorge durch Entgeltumwandlung

Arbeitnehmer, die gesetzlich rentenversichert sind, haben seit dem Jahr 2002 Anspruch darauf, Teile ihres Lohnes bzw. Gehaltes in **Betriebsrente** umzuwandeln. Häufig wird hierfür das Weihnachts- bzw. Urlaubsgeld eingesetzt. Der Arbeitgeber muss ein **betriebliches Versorgungswerk** anbieten oder zumindest eine **Direktversicherung** abschließen. Im Tarifvertrag kann der Durchführungsweg festgeschrieben sein. Der Arbeitnehmer hat i. d. R. keine Wahlmöglichkeit. Verlangt der Arbeitnehmer die Entgeltumwandlung, muss er einen **Mindestbeitrag** leisten. Dieser liegt im Jahr 2010 bei 191,62 EUR. Der Mindestbeitrag errechnet sich aus 1/160 der Bezugsgröße der Sozialversicherung von 30.660 EUR im Jahr 2010, die wiederum dem Durchschnittsgehalt von vor zwei Jahren entspricht. Der **Höchstbetrag**, den der Arbeitgeber umwandeln muss, liegt im Jahr 2010 bei 2.640 EUR und entspricht 4 % der Beitragsbemessungsgrenze (West) von 66.000 EUR. Für diesen Betrag sind keine Lohnsteuer und derzeit auch kein Sozialversicherungsbeitrag zu zahlen.[1] Bei einer Direktversicherung gegen Entgeltumwandlung kann der Arbeitnehmer darüber hinaus jährlich noch weitere 1.800 EUR steuerfrei, aber nicht sozialabgabenfrei einzahlen, sofern es sich um einen neuen, nach dem 1. Jan. 2005 abgeschlossenen Vertrag handelt.

10.4.2 Direktversicherung

Rechtsverhältnisse

Staatlich geförderte Direktversicherungen sind eine besondere Form der Rentenversicherung[2]. Der **Arbeitgeber ist Versicherungsnehmer** und der **Arbeitnehmer die versicherte Person**. Der Arbeitnehmer ist gleichzeitig bezugsberechtigte Person für den Erlebensfall. Für den Todesfall sind die Hinterbliebenen des Arbeitnehmers bezugsberechtigt.

1 Die Sozialversicherungsfreiheit sollte ursprünglich 2008 enden.

2 Dies gilt für Direktversicherungen, die nach dem 1. Jan. 2008 abgeschlossen wurden. Davor konnten Direktversicherungen auch als Kapitallebensversicherung vereinbart werden.

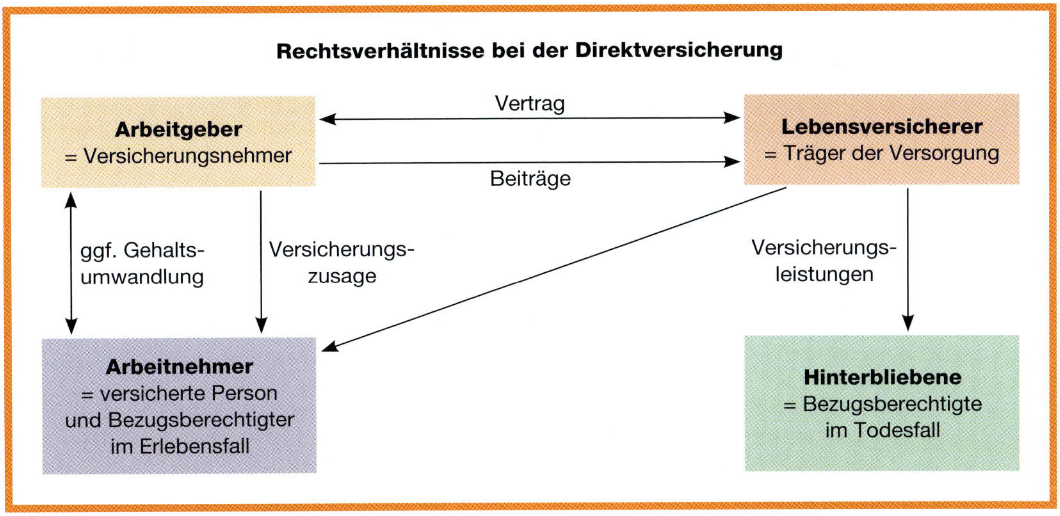

Bei einer Direktversicherung ist der Arbeitgeber der Versicherungsnehmer und der Arbeitnehmer die versicherte Person. Zugunsten des Arbeitnehmers wird ein unwiderrufliches Bezugsrecht vereinbart.

Vertragsgestaltung

Der Arbeitgeber (VN) schließt auf das Leben seines Arbeitnehmers (versicherte Person) eine **Rentenversicherung** (lebenslange Leibrente oder Hinterbliebenenrente) ab, die den Kriterien für die staatliche Förderung genügt:

- Das vereinbarte **Endalter** darf wegen der staatlichen Förderung nicht vor dem 60. Lebensjahr liegen.
- **Zusatzversicherungen**, z. B. Berufsunfähigkeitsrente und/oder Unfalltod-Zusatzversicherung, können eingeschlossen werden.
- Die **Beiträge** können monatlich, vierteljährlich, halbjährlich oder jährlich gezahlt werden. Einmalbeiträge oder die Abkürzung der Beitragszahlungsdauer sind ebenfalls möglich.
- Der Vertrag kann nach dem Ausscheiden auf den neuen Arbeitgeber übertragen oder privat weitergeführt werden (**Portabilität**).
- Die vorzeitige **Kündigung** des Versicherungsvertrags durch den Arbeitnehmer muss für die staatliche Förderung ausgeschlossen sein, wenn er aus dem Betrieb ausscheidet und die Direktversicherung mitnimmt.
- Das **Bezugsrecht** wird von Anfang an als **unwiderruflich** gestaltet und muss für den Erlebensfall auf den Arbeitnehmer, für den Fall seines vorzeitigen Todes auf seine Hinterbliebenen lauten. Durch das unwiderrufliche Bezugsrecht können die Ansprüche des Arbeitnehmers von Beginn an für ihn **nicht verfallen**.
- Der Einschluss einer **Kapitaloption** ist so lange nicht schädlich, wie diese Option nicht ausgenutzt wird. Das Kapital wäre dann im Jahr der Fälligkeit allerdings voll zu versteuern, ohne irgendwelche steuerlichen Verteilungsmöglichkeiten.

Vorteile der Gehaltsumwandlung für Arbeitnehmer und Arbeitgeber

Aufgrund der staatlichen Förderung (vgl. Kap. I 10.4.1) wird der Beitrag zu einer Direktversicherung durch Entgeltumwandlung in erheblichem Maße durch Einsparungen von Steuern und Sozialabgaben des Arbeitnehmers mitfinanziert. Der Arbeitgeber spart zudem den auf den Betrag der Entgeltumwandlung entfallenden Arbeitgeberanteil zur Sozialversicherung.

Zusammenfassung zu Kapitel 10: Bausteine der privaten und betrieblichen Altersvorsorge

Dreischichtenmodell

Schicht 3: Kapitalanlagen

Übrige Vorsorge (keine staatliche Förderung)

Aktien	Kapitallebensversicherung	private Rentenversicherung	Investmentfonds

Keine steuerliche Begünstigung der Beiträge. Die Rentenbezüge einer privaten Rentenversicherung sind nur mit dem Ertragsanteil zu versteuern. Zinserträge aus einer Kapitallebensversicherung unterliegen unter bestimmten Voraussetzungen nur zur Hälfte der Einkommensteuer. Alle anderen Einkünfte aus Kapitalvermögen unterliegen der Abgeltungsteuer (ab 2009: 25 %).

Schicht 2: Zusatzversorgung

(staatlich gefördert)

Betriebliche Altersvorsorge	Riester-Rente

Die **Beiträge** können i. d. R. in beschränktem Maße **steuermindernd als Sonderausgaben im Rahmen der Einkommensteuer** abgesetzt werden. Die **Rentenbezüge** müssen (ohne Übergangszeit) in **voller Höhe versteuert** werden (= nachgelagerte Besteuerung).

Schicht 1: Basisvorsorge

(staatlich gefördert)

Gesetzliche Rentenversicherung	Basisrente (Rürup-Rente)

Die **Beiträge** können in hohem Maße **steuermindernd als Altersvorsorgeaufwendungen im Rahmen der Einkommensteuer** abgesetzt werden (§ 10 (1) Nr. 2 EStG). Die **Rentenbezüge** müssen (nach der Übergangsphase bis 2040) in **voller Höhe versteuert** werden (= nachgelagerte Besteuerung).

Basisrente (Rürup-Rente) = Rentenversicherung mit aufgeschobener Rentenzahlung

↓

Formen

Klassische private Rentenversicherung	Fondsgebundene private Rentenversicherung

Ansprüche sind als Basisrente

nicht vererbbar	nicht übertragbar	nicht veräußerbar	nicht kapitalisierbar

Steuerliche Behandlung der Basisrente

↓

nachgelagerte Besteuerung

Steuerbefreiung der Beiträge	Besteuerung der Renten

Kapitalgedeckte Zusatzversorgung: Riester-Rente

Begünstigte Personen

pflichtversicherte Arbeitnehmer	Beamte

Anlageformen

private Rentenversicherung	Fondssparpläne	Banksparpläne	betriebliche Altersvorsorge

Staatliche Förderung

Zulagen (Grund- und Kinderzulagen)		Günstigerprüfung	Steuerliche Entlastung durch Sonderausgabenabzug der Beiträge
Mindesteigenbeitrag	Sockelbeitrag		

Betriebliche Altersvorsorge

Formen

Direktzusage	Direktversicherung	Pensionskasse, Pensionsfonds, Unterstützungskasse
Arbeitgeber verpflichtet sich, dem Arbeitnehmer oder dessen Angehörigen nach Beendigung des Arbeitsverhältnisses Versorgungsleistungen zu erbringen.	Vom Arbeitgeber auf das Leben des Arbeitnehmers (= versicherte Person) abgeschlossene private Rentenversicherung.	Unterschiedliche Formen von Versorgungseinrichtungen, in die Arbeitgeber und/oder Arbeitnehmer Beiträge für eine spätere Betriebsrente einzahlen.

Finanzierung

Entgeltumwandlung	Entgeltumwandlung und Arbeitgeberbeteiligung	Finanzierung allein durch den Arbeitgeber
Der Arbeitnehmer macht von seinem Recht Gebrauch, dass Teile seines Lohnes bzw. Gehaltes zum Aufbau einer Betriebsrente mit staatlicher Förderung verwendet werden.	Aufgrund tarifvertraglicher Vereinbarung oder auf freiwilliger Basis beteiligt sich der Arbeitgeber am Aufbau der Betriebsrente.	Der Arbeitgeber macht seinem Arbeitnehmer eine Versorgungszusage und finanziert diese zusätzlich zu dem laufenden Gehalt.

Rechtsverhältnisse bei der Direktversicherung

Arbeitgeber (= Versicherungsnehmer) ↔ Vertrag ↔ **Lebensversicherer**

Arbeitgeber → Beiträge → **Lebensversicherer**

Arbeitgeber ↕ Entgeltumwandlung / ↓ Versorgungszusage → **Arbeitnehmer** (= versicherte Person und Bezugsberechtigter im Erlebensfall)

Lebensversicherer ↓ Versicherungsleistung → **Hinterbliebene** (= Bezugsberechtigte im Todesfall)

Aufgaben und Probleme

Kapitel 10 Bausteine der privaten und betrieblichen Altersvorsorge

Dreischichtenmodell

1. Erläutern Sie das Dreischichtenmodell der Altersvorsorge. Begründen Sie dabei auch die Zuordnung von Basisrente (Rürup-Rente) und Riester-Rente zu unterschiedlichen Schichten.

Basisrente (Rürup-Rente)

2. Für welche Zielgruppe ist die Basisrente besonders geeignet?

3. Nennen Sie Vor- und Nachteile der Basisrente.

4. Herr Kuhn, 33 Jahre alt, verheiratet, 4-jährige Tochter, ist als selbstständiger Architekt tätig. Er möchte etwas für seine zukünftige Altersversorgung tun, zumal er nicht gesetzlich rentenversichert ist. Er hat gehört, dass die Eigenvorsorge für das Alter staatlich gefördert wird, und bittet insbesondere zu diesem Punkt um entsprechende Informationen.
   Erläutern Sie Herrn Kuhn eine für ihn geeignete staatlich geförderte Form der Altersvorsorge.

5. Beantworten Sie für einen 40-jährigen Arbeitnehmer mit einem jährlichen Arbeitseinkommen von 60.000 EUR folgende Fragen:
   a) Welcher Betrag ist maximal an steuerlich wirksamen Altersvorsorgebeiträgen zulässig?
   b) Wie hoch sind der Arbeitnehmeranteil und der Arbeitgeberanteil zur gesetzlichen Rentenversicherung im Jahr 2010?
   c) Welcher Betrag wäre hiervon im Jahr 2010 im Rahmen der Sonderausgaben steuerlich ansetzbar?
   d) Wie hoch müsste der Beitrag für eine Rürup-Rentenversicherung sein, wenn er den Altersvorsorgebetrag voll ausschöpfen möchte, und welcher Betrag wäre dann im Jahr 2010 im Rahmen der Sonderausgaben steuermindernd wirksam?
   e) Welcher Prozentanteil seiner Altersrente wird besteuert, wenn er mit 65 Jahren in den Ruhestand tritt?

6. Ein selbstständiger Schriftsteller wendet für eine Rürup-Rentenversicherung monatlich 900 EUR auf.
   a) Wie hoch ist der als Sonderausgaben steuerwirksame Betrag aus den Beiträgen zu dieser Rürup-Rentenversicherung im Jahr 2010?
   b) Bis zu welcher Höhe könnte der Schriftsteller noch „Sonstige Vorsorgeaufwendungen" im Jahr 2010 geltend machen und welche Versicherungsbeiträge können hierfür infrage kommen?

Kapitalgedeckte Zusatzvorsorge: Riester-Rente

7. Welche Personengruppen werden im Rahmen der Riester-Rente staatlich gefördert?

8. Erläutern Sie, was im Zusammenhang mit der Riester-Rente unter folgenden Beiträgen zu verstehen ist und wie hoch sie jeweils sind:
   - Mindestbeitrag
   - Eigenbeitrag
   - Höchstbeitrag
   - Sockelbeitrag

9. Das Ehepaar Lück möchte sich bei Ihnen über die „Riester-Rente" informieren. Heinz Lück, geb. 15. Juli 1974, ist kaufmännischer Angestellter in einer Großhandlung. Er ver-

dient 26.000 EUR brutto im Jahr (2010). Seine Frau Martina, geb. 21. Nov. 1974, ist zurzeit arbeitslos. Das Ehepaar hat zwei Kinder im Alter von 7 und 3 Jahren. Martina Lück macht sich aufgrund ihrer Arbeitslosigkeit Sorgen um ihre Altersversorgung. Heinz Lück hat im Betrieb von der Möglichkeit der staatlich geförderten zusätzlichen Altersvorsorge gehört.
- Erläutern Sie dem Ehepaar Lück die Möglichkeit der staatlichen Förderung im Rahmen der „Riester-Rente".
- Prüfen Sie, ob das Ehepaar Lück zum geförderten Personenkreis gehört, und ermitteln Sie den Mindesteigenbeitrag sowie die Höhe der Zulagen, wenn die Sparleistungen im Jahr 2011 beginnen sollen.

10 Axel Molls, ledig, keine Kinder, hatte im Jahr 2010 ein sozialversicherungspflichtiges Jahreseinkommen von 50.000 EUR. Er zahlt im Jahr 2010 400 EUR in einen Altersvorsorgevertrag. Berechnen Sie die Höhe der Zulage.

11 Herr Frey ist alleinstehend. Er hatte im Jahr 2010 ein sozialversicherungspflichtiges Einkommen von 60.000 EUR. Er zahlt im Jahr 2011 auf einen Altersvorsorgevertrag („Riester-Rente") 2.100 EUR ein. Sein Grenzsteuersatz beträgt 40 %.

a) Erläutern Sie für den vorliegenden Fall, wie die staatliche Förderung der Altersvorsorge erfolgt.
b) Ermitteln Sie den Betrag der staatlichen Förderung von Herrn Frey für das Jahr 2011.

12 Was ist unter der Günstigerprüfung zu verstehen?

Betriebliche Altersvorsorge

13 Formen der betrieblichen Altersvorsorge
a) Welche Durchführungswege werden für die betriebliche Altersvorsorge grundsätzlich unterschieden?
b) Was verbirgt sich hinter der arbeitnehmerfinanzierten betrieblichen Altersvorsorge?
c) Welcher Mindestbeitrag und welcher Höchstbeitrag gilt im Jahr 2010 bei einer Entgeltumwandlung und wie werden diese Beträge berechnet?
d) Welche Vorteile hinsichtlich Steuern und Sozialabgaben bietet die Gehaltsumwandlung dem Arbeitnehmer und dem Arbeitgeber?
e) Wer sind die Vertragspartner bei einer Direktversicherung durch Entgeltumwandlung?
f) Was ist bei der Vertragsgestaltung zu beachten?
g) Durch welche Maßnahmen sind die berechtigten Interessen des Arbeitnehmers bei einer Direktversicherung durch Gehaltsumwandlung gesichert?

14 Was versteht man unter einer Direktzusage und wie wirkt sie sich steuerlich für den Arbeitgeber aus?

15 Herr Müller, ledig und ohne Kinder, ist Abteilungsleiter in einer Großhandlung. Sein monatliches Bruttogehalt beträgt 5.800 EUR. Er möchte im Rahmen der betrieblichen Altersvorsorge durch eine Direktversicherung gegen Entgeltumwandlung für sein Alter vorsorgen.
a) Bis zu welcher jährlichen Beitragshöhe erfolgt eine steuerliche Förderung?
b) Welchen Jahresbeitrag muss Herr Müller mindestens aufbringen?
c) Prüfen Sie, ob die Beiträge der Lohnsteuer- und Sozialversicherungspflicht unterliegen.

J Komplexe Anlageentscheidungen

Warum ist dieses Kapitel wichtig?

Ein effizientes privates Finanzmanagement erfordert im Laufe eines menschlichen Lebens zahlreiche Entscheidungen. Die Bedingungen für die Entscheidungen und damit deren Zielsetzungen können sich ändern und entsprechend müssen die Planungen angepasst werden. Sachliche Informationen über alle Produkte des privaten Vermögensmanagements sind Voraussetzung der zu den Zielen passenden Entscheidungen. Professionelle Berater können bei diesen Entscheidungen hilfreich sein. Deren Denkweise verstehen zu können, erfordert Grundkenntnisse professioneller Anlagestrategien und -theorien. Schließlich muss ein Anleger auch nachvollziehen können, warum er wegen des gesetzlichen Anlegerschutzes bestimmte Angebote gar nicht oder nur unter bestimmten Voraussetzungen erhalten kann.

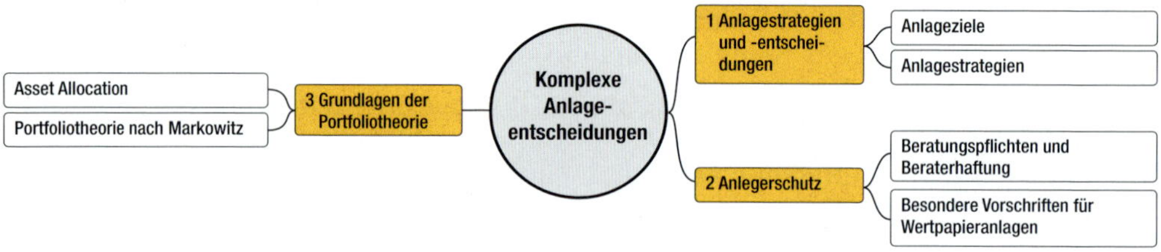

1 Anlagestrategien und -entscheidungen

1.1 Anlageziele

Jede fundierte Anlageentscheidung setzt das Bewusstsein über die eigenen Anlageziele voraus. Dabei sind die Konflikte im Rahmen des Magischen Dreiecks[1] der Geldanlage zu berücksichtigen. Je nach Lebensphase, in der die Entscheidung getroffen wird, können sich Rahmenbedingungen und Zielschwerpunkte ändern. Entsprechend sind auch die Planungen und Entscheidungen anzupassen. Letztlich sind dabei alle zu den jeweiligen Zielen passenden Produkte in die Gesamtentscheidung einzubeziehen, also

- Geldanlagen auf Bankkonten,
- Wertpapiere kurz- und langfristiger Laufzeit und mit unterschiedlichen Risiken und Erträgen,
- Risikoabsicherungs- und Altersvorsorgeprodukte aus dem Versicherungsbereich,
- Immobilien für Eigennutzung und Kapitalanlage.

Auch wenn es, wie in den nächsten Kapiteln dargestellt, verschiedene objektive Maßstäbe und Kriterien zur Beurteilung der verschiedenen Anlageformen gibt, entscheiden doch die persönlichen Vorstellungen und Ziele der Anleger selbst über deren Gewichtung, Vorteilhaftigkeit und Nutzen.

1 Vgl. hierzu Kapitel A

Ziel einer optimalen Anlageentscheidung ist es, hohe Zinssätze, attraktive Gewinnausschüttungen und Kapitalzuwächse bei einer hohen Sicherheit und einer jederzeitigen Verfügbarkeit des angelegten Kapitals zu erreichen.

1.2 Anlagestrategien

Bei einer Vermögensstreuung (Diversifikation) mit Wertpapieren sind unterschiedliche Wertpapierformen und Vermögensanlagen in verschiedenen Branchen, Ländern und Währungen zu berücksichtigen.

Statt einer systematisch mathematisch fundierten Anlagestrategie reicht für viele Entscheidungen die Beachtung von allgemeinen Erfahrungsgrundsätzen und die Abwägung der persönlichen Ziele aus. So gilt schon lange die Regel für die Risikostreuung:

Nicht alles in einen Korb legen (Don't put all your eggs in one basket).

William Shakespeare (1564–1616) im „Kaufmann von Venedig":

„Ich dank es meinem Glück: Mein Vorschuss ist nicht einem Schiff vertraut noch einem Ort; noch hängt mein ganz Vermögen am Glücke dieses gegenwärtigen Jahres; deswegen macht mein Handel nicht traurig."[1]

Schon frühzeitig hatten die Menschen erkannt, dass sich das Risiko von Investitionen durch breite Streuung reduzieren lässt. Der einzelne Kaufmann war dadurch in der Lage, sein Kapital auf verschiedene Produkte zu verteilen und dadurch sein Risiko zu senken.

Folgende allgemeine Anlagestrategien können bei der Entscheidung, insbesondere bei der Auswahl von Aktien, zur Anwendung kommen:

Averaging[2] ist eine Anlagemethode, bei der ein Anleger über einen längeren Zeitraum hinweg in regelmäßig wiederkehrenden Zeitabschnitten gleich hohe Beträge in bestimmten Wertpapieren, z. B. Investmentanteilen, anlegt.

Hierdurch soll ein optimaler Durchschnittserwerbskurs erreicht werden. Bei einem hohen Stückpreis des Wertpapiers werden weniger Stücke, bei einem geringeren Stückpreis entsprechend mehr Stücke erworben.

Asset Allocation ist die Vorgehensweise zur optimalen Aufteilung eines Vermögens auf verschiedene Märkte und Anlageobjekte (Assets) mithilfe verschiedener Methoden. Entscheidungskriterien sind neben den besonderen Eigenschaften der Anlageobjekte auch die Anlageziele und die allgemeine finanzielle Situation des Anlegers.

Bei der Auswahl kann nach dem Top-down- oder dem Bottom-up-Verfahren vorgegangen werden.

1 Übersetzung entnommen aus Hermann Schulte-Mattler, Harry Markowitz – auf den Schultern von Giganten, die bank 4/2007, S. 73.

2 Vgl. hierzu Kap. G 2.3

Beim Top-down-Verfahren werden erst die Anteile der verschiedenen Märkte und Anlageformen festgelegt, anschließend werden die dazu passenden Einzelwerte ausgesucht.

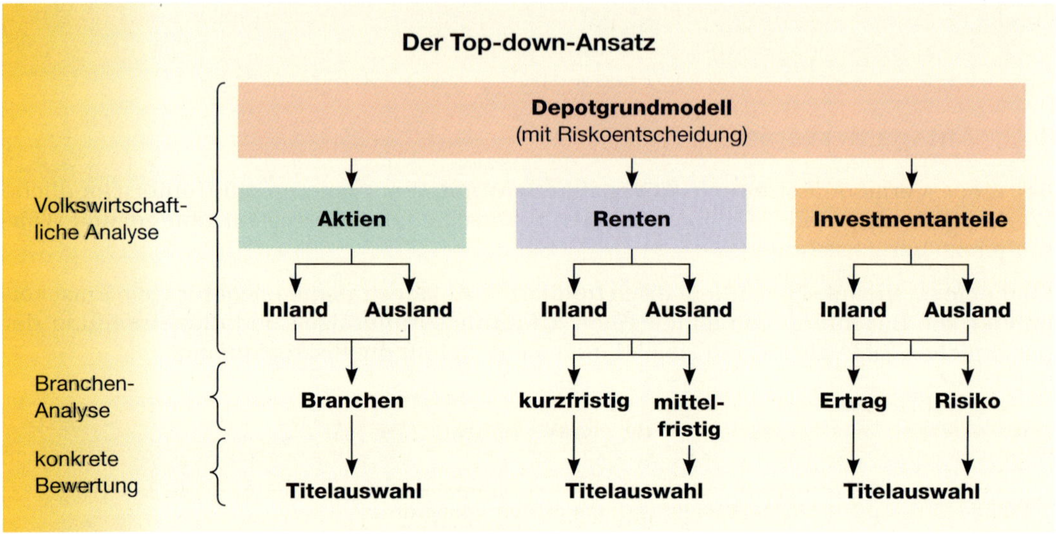

▶ Bottom-up-Ansatz

Beim Bottom-up-Verfahren werden einzelne Werte analysiert und ausgesucht und danach ihr Einsatz auf die Gesamtkonzeption abgestimmt.

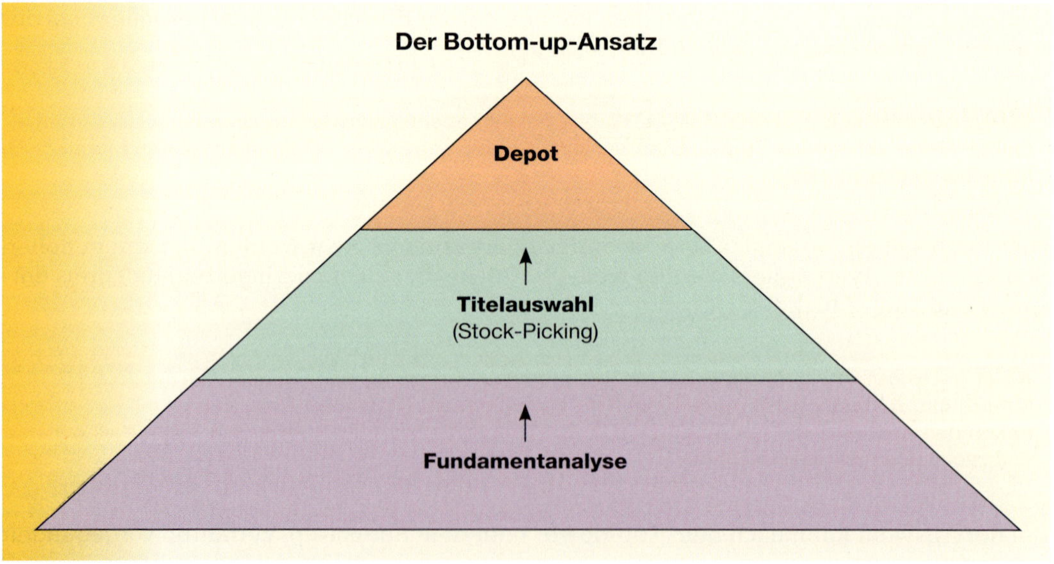

Weitere Auswahlstrategien sind:

Der **Value-(Wert-)Ansatz** zielt darauf ab, in unterbewertete Aktien zu investieren. Diese verfügen im Vergleich zu „normal" bewerteten Unternehmen über ein höheres Kurssteigerungspotential. Als „unterbewertet" werden dabei Aktien mit einem unterdurchschnittlichem Kurs-Gewinn-Verhältnis bzw. Kurs-Buchwert-Verhältnis, Kurs-Umsatz-Verhältnis oder auch einer Kurs-Cashflow-Kennziffer[1] eingestuft. Aktien, die im Vergleich zum Gesamtmarkt oder zu Konkurrenten bei diesen Kennziffern niedrigere Zahlenwerte aufweisen, gelten als unterbewertet. Gemessen an diesen Kennzahlen sind sie mehr wert, als es der derzeitige Aktienkurs anzeigt. Geachtet wird hierbei auf die Kennziffern vergleichbarer Unternehmen aus derselben Branche. Außerdem wird nach Unternehmen mit einer hohen Dividendenrendite gesucht. Die Anhänger dieses Investmentansatzes hoffen darauf, dass der Markt den wahren Wert des Unternehmens erkennen wird und dadurch Kurssteigerungen ausgelöst werden. Allgemein folgen die Anhänger dieser Strategie dem

Grundsatz: „Unterbewertete Aktien kaufen, überbewertete Aktien verkaufen."

Im Gegensatz zum Value-Ansatz setzt die **Growth-(Wachstum-)Strategie** mehr auf Branchentrends und weniger auf die Suche nach unterbewerteten Aktien. Die Anleger betrachten bestimmte Märkte und suchen sich die zu diesem Zeitpunkt erfolgreichsten Branchen heraus. Diese zeichnen sich in der Regel durch ein überdurchschnittliches Umsatz- und Gewinnwachstum aus. Innerhalb der Wachstumsbranchen wird dann zumeist in Unternehmen investiert, die über eine besonders gute Marktposition verfügen. Die Anleger, die nach dieser Strategie handeln, kaufen bereits höher bewertete Aktien und erwarten, dass künftige Gewinnwachstumsraten noch nicht im Kurs eingerechnet sind. Sie gehen also davon aus, dass der Aktienkurs steigt, wenn die Gewinne der Gesellschaft steigen.

Eine Entscheidungsbewertung kann mithilfe einer **Entscheidungsbewertungstabelle**[2] erleichtert werden. Bei Anlageentscheidungen sind dabei insbesondere die Anlageziele und die Nebenbedingungen zu gewichten.

Beispiel für eine Entscheidungsbewertungstabelle

Bewertungspunkte von 1–5; 5 Punkte höchste Bewertung
(Gewichtung · Punkte)/100 = Ergebnis je Bedingung

Bewertungsmerkmal	Gewichtung in %
Rentabilität	40
Risikovermeidung	25
Liquidität	20
Gute Kenntnis der Anlage	10
Geringer Verwaltungsaufwand	5
Summe	100

Ein Anleger hat 100.000 EUR zur Anlage auf Dauer zur Verfügung. Er erwägt folgende Alternativen:
1. Anlage vorübergehend nur in Tagesgeld bis zur endgültigen Entscheidung
2. Anlage nur in Bundeswertpapieren
3. Anlage in einem reinen Aktienfonds
4. Anlage in einem gemischten Fonds mit 30 % Aktienanteil

1 Vgl. hierzu Kap. F 4.1
2 Zur Erstellung einer Entscheidungsbewertungstabelle siehe auch Kap. D 4.2

Es können sich folgende Bewertungen ergeben:

Anlagealternative 1: Tagesgeld

Bewertungsmerkmal	Gewichtung in %	Punkte	Ergebnis
Rentabilität	40	2	0,80
Risikovermeidung	25	5	1,25
Liquidität	20	5	1,00
Kenntnis der Anlage	10	4	0,40
Geringer Verwaltungsaufwand	5	5	0,25
Gesamtergebnis	**100**		**3,7**

Anlagealternative 2: Bundeswertpapiere

Bewertungsmerkmal	Gewichtung in %	Punkte	Ergebnis
Rentabilität	40	3	1,20
Risikovermeidung	25	4	1,00
Liquidität	20	4	0,80
Kenntnis der Anlage	10	5	0,50
Geringer Verwaltungsaufwand	5	3	0,15
Gesamtergebnis	**100**		**3,65**

Anlagealternative 3: Aktienfonds

Bewertungsmerkmal	Gewichtung in %	Punkte	Ergebnis
Rentabilität	40	4	1,60
Risikovermeidung	25	2	0,50
Liquidität	20	4	0,80
Kenntnis der Anlage	10	3	0,30
Geringer Verwaltungsaufwand	5	4	0,20
Gesamtergebnis	**100**		**3,4**

Anlagealternative 4: Mischfonds

Bewertungsmerkmal	Gewichtung in %	Punkte	Ergebnis
Rentabilität	40	3	1,20
Risikovermeidung	25	4	1,00
Liquidität	20	4	0,80
Kenntnis der Anlage	10	3	0,30
Geringer Verwaltungsaufwand	5	4	0,20
Gesamtergebnis	**100**		**3,5**

Als Rangordnung der Auswahl ergibt sich: Alternative 1, 2, 4, 3

Die Anbieter von Finanzdienstleistungen bieten insbesondere im Investmentfondsbereich häufig bereits „fertige" Zusammensetzungen in Abhängigkeit von den Hauptzielen der Anleger an und kennzeichnen diese entsprechend:

- Garantie/Kontinuität: geringes Risiko, in erster Linie Rentenwerte
- Chance: größeres Risiko und höherer Anteil Aktien
- Wachstum: größtes Risiko und höchster Anteil Aktien und evtl. Derivate

Beispiel

Zusammensetzung von Depots anhand der zugrunde gelegten Strategie

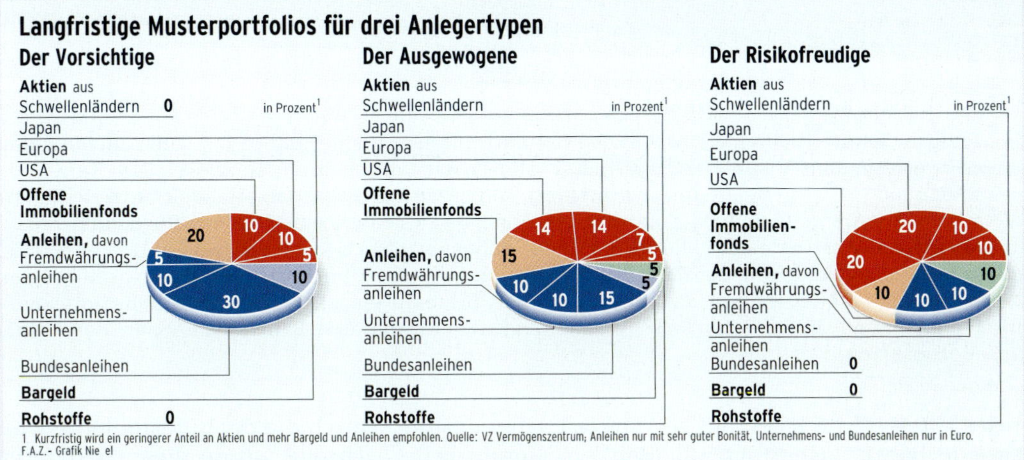

Quelle: Frankfurter Allgemeine Sonntagszeitung, 26.10.2008

2 Anlegerschutz

2.1 Beratungspflichten und Beraterhaftung

Anleger möchten bei einer Geldanlage folgende Risiken vermeiden, einschränken oder wenigstens „sehenden Auges" eingehen können:

- Verlust des Wertes ihrer Anlage
- Schaden durch betrügerische Angebote
- verschwiegene Kosten der Anlage

Einen Schutz dahingehend, dass eine Anlageentscheidung nicht optimal war, kann es nicht geben. Die Entscheidung trifft letztlich regelmäßig der Anleger.

Beispiel

Moritz Schuster beantragt bei der Bank ein Sparkonto „für vorübergehend nicht benötigte Gelder" und erhält das Angebot eines niedrig verzinslichen Sparkontos mit dreimonatiger Kündigungsfrist, auf das er 5.000 EUR einzahlt. Nach einem halben Jahr will er sein Geld zurück. Er stellt fest, dass er zuerst kündigen oder Vorschusszinsen zahlen muss. Inzwischen hat er gehört, dass er auf einem Tagesgeldkonto mehr Zinsen erhalten hätte und hier keine Kündigung erforderlich gewesen wäre. Für den entgangenen Zins hat Schuster keine Ansprüche wegen Falschberatung.

Insbesondere Verbraucher haben häufig nicht genügend Kenntnisse und Informationen, um diese Risiken vermeiden zu können. Deswegen haben sie aufgrund der Rechtsprechung und Gesetze, die häufig durch die Rechtsprechung veranlasst worden sind, entsprechenden Schutz erhalten. Es besteht eine Fülle von Vorschriften, die von Finanzdienstleistern beachtet werden müssen, so insbesondere die **Beratungs- und Informationspflichten**.

Informationspflichten

Die umfangreichsten Informationspflichten enthält das **Wertpapierhandelsgesetz (WpHG)**.

Beispiel

Bond-Urteil des Bundesgerichtshofs[1]

Ein Ehepaar kaufte 1989 eine DM-Anleihe der australischen Bond-Finance Ltd. Die Anleihe hatte beim Erwerb ein Rating von B (hochspekulativ, ohne Kapitalabsicherung). Kurz nach dem Kauf sank das Rating auf CCC (drohende Insolvenzgefahr). Die beratende Bank gab an den Kunden lediglich die Information weiter, dass kein Kursrisiko bestünde, da es sich um eine DM-Anleihe handle. Somit gingen die Anleger von einer völlig risikofreien Anlage aus. Nach Insolvenz des Emittenten wurde die Anleihe nicht mehr zurückgezahlt. Die Information war insofern richtig, als kein Kursrisiko wegen Währungsschwankungen zum australischen Dollar bestand, jedoch wurde das Kursrisiko wegen Insolvenz nicht erwähnt. Wegen Falschberatung musste die beratende Bank dem Ehepaar den vollen Schaden ersetzen.

Dieses Urteil führte zu einem verstärkten Anlegerschutz durch die damit festgelegte weitgehende Beratungshaftung der Banken. Durch weitere Urteile wurde dies als ständige Rechtsprechung verstärkt. Dazu kommen ergänzende Richtlinien der EU zum Anlegerschutz. Diese Rechtsprechung ist auch größtenteils in die letzte Fassung des Wertpapierhandelsgesetzes eingeflossen.

! Nach dem Bond-Urteil muss eine faire Anlageberatung wahr, klar und verständlich sein.

Grundsätze der fairen Anlageberatung	
Anlegergerechte Beratung (know your customer)	**Objektgerechte Beratung** (know your product)
Ermittlung des **Anlegertyps** nach der Bereitschaft, Risiken zu übernehmen, unter Berücksichtigung der **persönlichen Finanzlage** des Anlegers	Hinweis auf **marktbezogene Rahmenbedingungen** (z. B. Konjunkturlage, Zinsniveau) und **besondere Eigenschaften** der Anlage (besondere Verlustrisiken, Rating)

! Voraussetzung für eine Beratungshaftung ist ein Beratungsvertrag und eine falsche Beratung.

Ein Beratungsvertrag kann ausdrücklich, z. B. im Rahmen der Vermögensverwaltung, oder auch durch schlüssige Handlung vereinbart sein. Bei einem Verkäufer von Finanzdienstleistungen kann immer von einem Beratungsvertrag ausgegangen werden, es sei denn, ein solcher wird ausdrücklich ausgeschlossen. Dies ist häufig bei einem Geschäftsabschluss mit einer Direktbank üblich.

! Ein Finanzdienstleister kann glaubhaft machen, richtig beraten zu haben, wenn er nachweist, dass er Ziele, Wissen und Risikobereitschaft des Anlegers erfragt und diesen über die Eigenschaften und Risiken des Angebots informiert hat.

Der Finanzdienstleister muss dabei den eigenen Wissensstand heranziehen. Er ist nicht verpflichtet, Nachforschungen bei Dritten vorzunehmen. Auch kann er künftige Marktent-

1 BGH-ZIP 1993, 1148.

wicklungen nicht voraussehen. Allerdings gehört zur sachgerechten Beratung, dass der Berater fachlich dazu in der Lage ist. Bei unerfahrenen Anlegern bestehen nach der Rechtsprechung gesteigerte Anforderungen an die Beratung.

Beispiel

Ein Anleger informiert den Schalterangestellten bei einer Abhebung von seinem Sparkonto, dass er auch einmal eine Anlage in besser rentierlichen Werten, z.B. Aktien oder Fonds, machen wolle. Er fragt den Angestellten, was er ihm da raten würde. Der Angestellte muss die Beratung dann verweigern und den Kunden an eine Kollegin oder einen Kollegen verweisen, wenn er nicht die erforderliche Sachkenntnis, z.B. keine Bankausbildung oder Schulung in riskanten Anlageprodukten, hat.

Die meisten Finanzberater vereinbaren mit ihren Kunden insbesondere bei einem Erstkontakt ein Beratungsgespräch, in dem sie die Rahmenbedingungen erfragen und über die Produkte aufklären. Die Ergebnisse werden schriftlich dokumentiert und das Anlegerprofil wird festgelegt. Dem Anleger wird vor Abschluss eines Geschäfts ein Protokoll ausgehändigt.

Wenn der Anleger die Angaben verweigert, findet keine Beratung statt und er übernimmt dann das volle Risiko.

Auch dies wird dann dokumentiert. Der Anleger wird meistens um Unterschrift zu dem Ergebnis der Beratung gebeten, ist dazu aber nicht verpflichtet. In der Regel verwenden Finanzdienstleister entsprechend gestaltete Kundenbefragungsbogen.

Ermittlung und Festlegung des Anlegerprofils nach Angaben des Anlegers		
Kenntnisse und Erfahrungen	**Anlageziele**	**Finanzielle Verhältnisse**
▪ Kenntnisse in Anlageformen ▪ bisher genutzte Anlageprodukte	▪ kurz- und langfristige Ziele ▪ einmalige oder wiederkehrende Ertragsausschüttung gewünscht ▪ Umfang der Risikobereitschaft	▪ Einkommensverhältnisse, Art der Einkünfte, Sicherheit der Einkünfte ▪ Vermögensverhältnisse, Verbindlichkeiten

Um zuordnen zu können, welche Produkte einem Anleger unter Beachtung der Beratungspflichten angeboten werden können, ordnet man den Anleger entsprechend seiner Angaben im Befragungsblatt einer Risikoklasse und daraus den entsprechenden Produkten zu. Es gibt keine einheitliche Festlegung, wie diese Risikoklassen und die zugeordneten Produkte aussehen müssen. Am häufigsten sind fünf Klassen. Es gibt aber auch Anbieter, die zehn Risikoklassen verwenden. Bei allen Strukturen ist aber einheitlich:

Je höher die Risikoklasse, desto risikoreicher sind die Anlageprodukte.

Nachfolgend ein Beispiel für die Einteilung von Risikoklassen:

Risikoklasse	typische Merkmale	Beispiele für Anlageformen	spezielle Risiken der Anlageformen
1 konservativ	hohes Sicherheits- und Liquiditätsbedürfnis, Substanzerhaltung	Spareinlagen, Sondersparformen, Geldmarktfonds, Bundesschatzbriefe, Tagesgeld	Zinsänderungsrisiko

(Fortsetzung Tabelle: „Einteilung von Risikoklassen")

Risikoklasse	typische Merkmale	Beispiele für Anlageformen	spezielle Risiken der Anlageformen
2 risikoscheu	Sicherheitsbedürfnis geht über Renditeerwartung; Kursstabilität bei höheren Erträgen	Euro-Schuldverschreibungen deutscher öffentlicher Emittenten und Banken	Kursrisiko bei vorzeitigem Verkauf; Zinsänderungsrisiko
3 risikobereit	Renditeerwartung, Toleranz gegenüber moderaten Kursschwankungen, Substanzerhaltung	Standardaktien; entsprechende Aktienfonds, Euro-Anleihen inländischer Industrieunternehmen	Kursrisiko; Bonitätsrisiko; Zinsänderungsrisiko; Dividendenrisiko
4 spekulativ	Streben nach kurzfristig hoher Gewinnrealisierung; Kursschwankungen werden toleriert	Aktien in besonderen Marktsegmenten, entsprechende Fonds, Auslandsaktien, Index-Zertifikate	Kursrisiko; Bonitätsrisiko; Zinsänderungsrisiko; Dividendenrisiko; Währungsrisiko
5 hoch spekulativ	Nutzung höchster Risikochancen bei hohem Risiko bis zum Totalverlust	Finanzderivate; Junkbonds; Pennystocks	Kursrisiko bis Totalverlust; Bonitätsrisiko; Zinsänderungsrisiko; Dividendenrisiko; Währungsrisiko; Kostenrisiko; Nachschussrisiko

2.2 Besondere Vorschriften für Wertpapieranlagen

Die beschriebenen Pflichten für Anlageberater gelten grundsätzlich für alle Anlageprodukte. Für die Anlage in Wertpapieren gelten dabei verschärfte Bestimmungen, z. B. die gesetzliche Dokumentationspflicht der Kundenangaben. Darüber hinaus gibt das Wertpapierhandelsgesetz weitere Schutzbestimmungen für Anleger.

§

§ 31 WpHG Allgemeine Verhaltensregeln

(1) Ein Wertpapierdienstleistungsunternehmen ist verpflichtet,

1. Wertpapierdienstleistungen und Wertpapiernebendienstleistungen mit der erforderlichen Sachkenntnis, Sorgfalt und Gewissenhaftigkeit im Interesse seiner Kunden zu erbringen …

(2) Alle Informationen einschließlich Werbemitteilungen, die Wertpapierdienstleistungsunternehmen Kunden zugänglich machen, müssen redlich, eindeutig und nicht irreführend sein. Werbemitteilungen müssen eindeutig als solche erkennbar sein …

▶ Vorschriften des Wertpapierhandelsgesetzes zum Anlegerschutz

- Verhaltensregeln nach § 31 Abs. 1 WpHG:
  - Sorgfaltspflicht im Interesse der Anleger
  - Vermeidung von Interessenkonflikten durch entsprechende organisatorische Vorkehrungen
- Anlegergerechte und objektgerechte Beratung nach § 31 Abs. 2 WpHG nach den allgemeinen Beratungsregeln
- Verbotene Tätigkeiten für Führungskräfte und Mitarbeiter in der Anlageberatung
- Organisationsregeln für die ordnungsmäßige Durchführung der Wertpapierdienstleistungen
- Verbot des Insiderhandels nach §§ 12 und 13 WpHG

Um ihren Aufklärungspflichten nachzukommen, verwenden Finanzberater häufig vorgefertigte Unterlagen, die sie den Kunden aushändigen und deren Übergabe sie sich bestätigen lassen, so die

- Basisinformationen über Vermögensanlagen in Wertpapieren
- Basisinformationen über Vermögensanlagen in alternativen Investments

3 Grundlagen der Portfoliotheorie

3.1 Asset Allocation

Ein häufig gebrauchter Begriff in der Diskussion um eine erfolgreiche Anlage ist – wie im vorstehenden Kapitel bereits erwähnt – die „Asset Allocation". Ihre Optimierung soll bei gegebenem Risiko das Renditemaximum bringen. Die wörtliche Übersetzung lautet: „Verteilung der Vermögenswerte". Die erwünschte Streuung kann mithilfe von mathematisch orientierten Modellen optimiert werden. Ausschlaggebend für den Erfolg einer Vermögensanlage ist zunächst die Aufteilung des Vermögens auf die verschiedenen Märkte, Marktsegmente und Währungen (Diversifikation).

Strategische Asset Allocation ist die grundsätzliche und langfristige Aufteilung des Anlagekapitals auf verschiedene Anlageklassen, die den finanziellen Zielen und der Risikobereitschaft des Anlegers entsprechen, mithilfe mathematischer Modelle. !

Beispielsweise wird die Anlageklasse „Aktien" in Länder bzw. Regionen, wie z. B. Europa, USA und Fernost, aufgeteilt. Anschließend wird in unterschiedliche Branchen gegliedert. Den somit ermittelten Land-Branchen-Kombinationen wird ein Prozentsatz zugeordnet, der den entsprechenden Investitionsumfang ausdrückt. Das Ergebnis der strategischen Asset Allocation ist ein Depot, das sich nicht aus mehr oder weniger zufallsbedingten einzelnen Wertpapieren zusammensetzt, sondern aus unterschiedlichen Anlageklassen, die sich aus verschiedenen Ländern, Branchen und Währungen strukturieren. Dieses Vorgehen entspricht der oben beschriebenen Methode des Top-downs, wird strategisch aber systematisch unter Einsatz statistisch-mathematischer Instrumente durchgeführt.

Taktische Asset Allocation wird angewendet, um kurzfristige Chancen innerhalb einer Anlageklasse wahrzunehmen. !

Die taktische Asset Allocation wird als kurzfristige Abweichung von der strategischen Asset Allocation in Form einer Über- bzw. Untergewichtung bestimmter Märkte und/oder Branchen ausgedrückt. Mit einer solchen aktiven Anlagepolitik soll eine bessere Entwicklung des Gesamtwertes (Performance) erreicht werden. Wenn der Asset-Allocation-Prozess die Ebene der Titelauswahl erreicht hat, ist bereits über die Aufteilung auf Assetklassen, Länder, Währungen und Branchen bzw. Laufzeiten- und/oder Schuldnerklassen entschieden. Nur durch die Berücksichtigung aller zur Verfügung stehenden Anlagegattungen lassen sich maximale Effekte erreichen.

Diversifikation ist die Streuung des Vermögens, insbesondere eines Wertpapierdepots, in Bezug auf die Art der Anlagen und die Art der Emittenten nach dem Prinzip der Risikostreuung. !

Durch die systematische Streuung ist eine bestimmte Rendite mit geringerem Risiko erreichbar. Dies wird im Rahmen der Portfoliotheorie nachgewiesen.

3.2 Portfoliotheorie nach Markowitz

Sämtliche in der Praxis anzutreffenden Varianten der Asset Allocation beruhen auf der vom Nobelpreisträger Harry M. Markowitz entwickelten Portfolioselection-Theorie.

Als Risiko bezeichnet Markowitz die Wertschwankungen nach oben und nach unten, denen die Wertpapiere bzw. das Depot ausgesetzt sind. Mathematisch wird als Risiko die Schwankungsbreite der Erträge um den Erwartungswert mit der Standardabweichung (Varianz) erfasst. Man bezeichnet die Wertschwankungen auch als Volatilität.

Anlagen können mittels eines Ertrag-Risiko-Diagramms miteinander bezüglich dieses Risikos und der Ertragserwartungen verglichen werden.

Risiken in der Kapitalmarkttheorie	
systematische Risiken	**unsystematische Risiken**
Veränderungen, die im Markt enthalten sind und die Gesamtheit der untersuchten Anlagegattung betreffen	Risiken, die nur bei den betreffenden Anlagewerten bestehen
Beispiele: Anleihen: Zinsänderungsrisiko Aktienmarkt: politische Ereignisse, gesamtwirtschaftliche Veränderungen Immobilien: Mietpreisentwicklung	Beispiele: Anleihen: Bonität des Schuldners Aktien: Konkurrenzprodukte entstehen Immobilien: Mieter werden zahlungsunfähig

Die Addition von beiden Risikogruppen ergibt das Gesamtrisiko einer Kapitalanlage. Durch einen Vergleich der Volatilitäten unterschiedlicher Anlagekategorien können sich Investoren ein Bild von ihrem jeweiligen Risiko machen.

Eine Anlage, deren mögliche Ergebnisse sich in einer engen Bandbreite bewegen, ist demnach weniger riskant und eine Anlage, deren Ergebnisse eine große Streuung aufweisen, ist als deutlich riskanter einzustufen. Denn je höher die Varianz bzw. Standardabweichung ist, desto größer ist – bei gleichem Erwartungswert – die Wahrscheinlichkeit, ein schwächeres Ergebnis zu erzielen, und umso höher kann auch der maximale Verlust ausfallen.

Eine Anleihe hat eher das Risikoprofil mit geringer Volatilität, eine Aktie das Profil einer hohen Volatilität. Die Portfoliotheorie weist nach, dass mit einer Kombination solcher unterschiedlich riskanter Anlagen eine bestimmte Rendite mit geringerem Risiko bzw. mit bestimmtem Risiko ein höherer Ertrag zu erzielen ist.

Entscheidend für das Ausmaß dieser positiven Wirkung ist die Korrelation der Anlagen, d. h. wie sehr sich die Kursverläufe der Anlagen ähneln. Je weniger Gemeinsamkeiten die Kursverläufe der Anlageobjekte haben, desto größer ist die mögliche Risikominderung.

Korrelation zwischen Anlagen bzw. Anlagengruppen		
Korrelation = + 1	**Korrelation = – 1**	**Korrelation = 0**
Die Anlagen verhalten sich gleich. Eine Risikostreuung ist nicht möglich.	Die Anlagen verhalten sich gegenläufig. Steigt der Wert der einen Anlage, fällt der Wert der anderen Anlage. Eine Reduzierung von Wertschwankungen durch Risikostreuung ist nicht möglich.	Die Anlagen verhalten sich weder gegenläufig noch gleichförmig, sondern unabhängig voneinander. Eine Reduzierung von Wertschwankungen durch Risikostreuung ist möglich.

Je niedriger die absolute Korrelation zwischen zwei Anlagen ist, desto mehr Risiko kann durch deren Kombination reduziert werden.

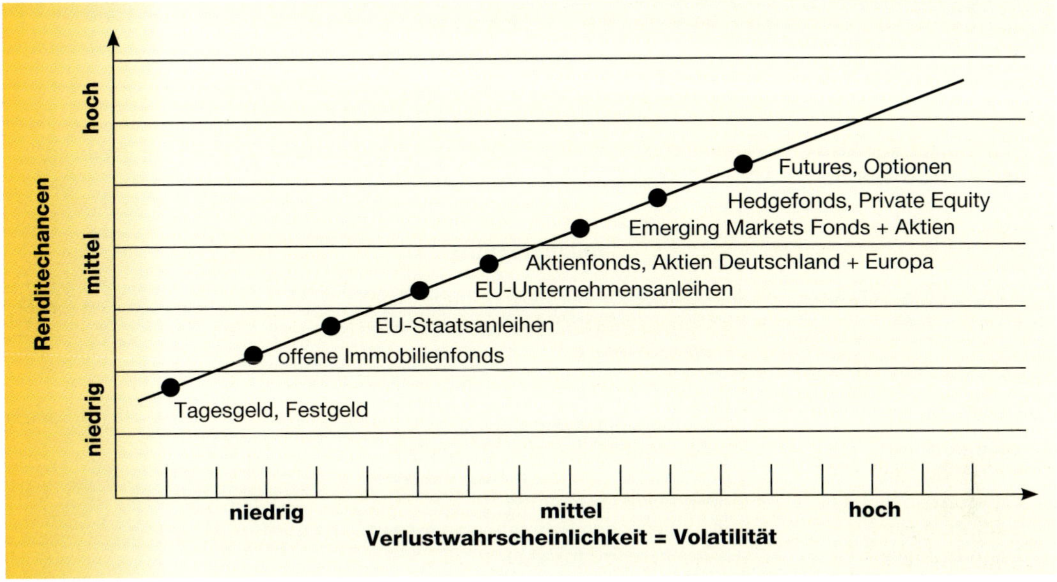

Der Zusammenhang zwischen Renditeerwartung und Risiko einer Anlage wird im **Risiko-/ Performance-Diagramm** dargestellt. Die Performance ist auf der senkrechten, das Risiko auf der waagrechten Achse der Grafik eingetragen. Das bedeutet: Je weiter links, desto weniger Risiko birgt die Anlage, je weiter oben, desto höher sind die Performance-Chancen.

Beispiel

Die Abbildung zeigt den Zusammenhang für zwei Anlagen A und B und die möglichen Kombinationen beider Anlagen mit einem festgelegten Gesamtwert. Es zeigt sich, dass es eine Kombination gibt, mit der bei geringerem Risiko eine höhere Rendite als nur mit der Anlage A zu erreichen ist.[1]

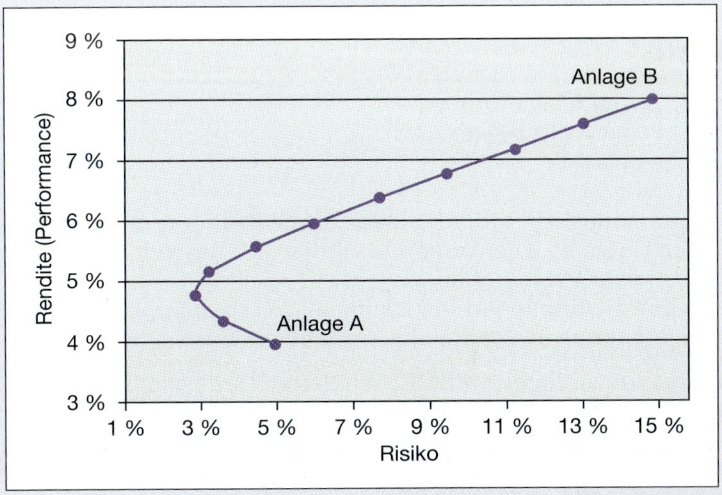

Die Kombination der risikoarmen Anlage A mit der risikoreichen Anlage B führt zu einem geringeren Risiko, als die Anlage A alleine hat. Dies entsteht dadurch, dass die Anlage B von anderen Faktoren bestimmt wird als die Anlage A und somit keinen gleichlaufenden Kursverlauf aufweist.

1 Auf die mathematische Ableitung dieses Verfahrens wird in diesem Buch verzichtet. Hinweise dazu finden sich in Graz-Günther-Moriabadi, Portfolio-Management, Theorie und Anwendung, Frankfurt 2002.

Zusammenfassung zu Kapitel J: Komplexe Anlageentscheidungen

Anlagestrategien	Diversifikation = Streuung Top-down-Verfahren: nach Märkten und Anlageformen Bottom-up-Verfahren: nach Einzelwerten ■ Value-Ansatz: Kauf überwiegend unterbewerteter Werte ■ Growth-Ansatz: Kauf überwiegend Wachstumswerte
Hilfsmittel der Strategieentscheidung	Entscheidungsbewertungstabelle nach persönlichen Zielschwerpunkten im Rahmen des magischen Anlagedreiecks

Anlegerschutz	
Allgemeine Schutzvorschriften	■ Aufsichtsbehörden: BaFin, Bundesbank ■ Zulassungsvorschrift für Finanzdienstleister ■ Einlagensicherung ■ Verbot Insiderhandel (Wertpapierhandelsgesetz)
Informationspflichten und Erfragung der Rahmenbedingungen beim Anleger	■ Anlegergerechte Beratung – Anlegerprofil/Risikoklasse festlegen – persönliche Finanzlage des Anlegers ■ Objektgerechte Beratung – marktbezogene Rahmenbedingungen – besondere Produkteigenschaften ■ Aufzeichnungspflicht bei Wertpapieranlagen
Portfoliotheorie	■ Diversifikation nach Risiken und Ertrag ■ systematische (marktbezogene) und unsystematische (produktbezogene) Risiken
Markowitz-Theorie	■ Risikostreuung mit Anlagegruppen geringster Korrelation der Wertentwicklung (Volatilität) ■ Risiko kann bei gleicher Performance durch Kombination nicht korrelierter Anlagegruppen vermindert bzw. Performance bei gleichem Risiko gesteigert werden

Aufgaben und Probleme

Kapitel J Komplexe Anlageentscheidungen

Hinweis:
Die Beantwortung der Aufgaben hängt von individuellen Einschätzungen und bei Anlageentscheidungen von aktuellen Daten ab. Die Aufgaben eignen sich deshalb insbesondere zur Erarbeitung in Gruppen und zur Präsentation.

1. Beschreiben Sie, unter welchen Bedingungen ein optimales Wertpapierportfolio unter Berücksichtigung der Portfoliotheorie von Markowitz erreicht werden kann.

2. Beschreiben Sie für nachfolgende Anlegerprofile/Risikoklassen die jeweils passenden Anlageziele und die Risiken, die Anleger dieser Gruppe jeweils einzugehen bereit sind.

   Risikoklassen:
   a) wertbewahrend
   b) sicherheitsorientiert
   c) wachstumsorientiert
   d) risikoorientiert

3 a) Ordnen Sie die nachstehend beschriebenen Profile dem entsprechenden Risikotyp zu.
b) Geben Sie an, welche Ertragschancen erwartet werden sollen.
c) Erarbeiten Sie jeweils einen Anlagevorschlag für ein entsprechendes Wertpapierdepot aus dem Nettogeld- bzw. Wertpapiervermögen, möglichst mit aktuellen Werten.

Risikotypen:
I. Sicherheit
II. Ertrag
III. Wachstum
IV. Chance
V. Spekulation

Benutzerdaten[1]:

Fragenbeantwortung	Profil A	Profil B	Profil C	Profil D	Profil E
1	a,b,d	a,b,d,e	a	a,b,c,d,f	a,b,c,d,e,f
2	a	b	a	b	b
3	b	c	a	d	c
4	c	d	c	d	d
5	a	c	a	c	d
6	b	c	a	c	d
7	b	c	a	c	d
8	c	c	a	c	d
9	a	b	a	b	c

Fragen zur Profilerstellung	Alternativen:
1. In welchen der folgenden Anlageformen haben Sie heute die notwendigen Kenntnisse und Erfahrungen für eine fundierte Anlageentscheidung?	a) Sparbuch, Bundesschatzbriefe, Festgeld, Geldmarktfonds b) Schuldverschreibungen, Immobilienfonds, geldmarktnahe Fonds c) Rentenfonds, sonstige EUR-Anleihen, Garantiefonds d) Inländische Aktien(-fonds), Mischfonds e) Ausländische Aktien(-fonds), Spezialitätenfonds f) Optionsscheine, Termingeschäfte
2. Wie hoch waren Ihre bisherigen Transaktionen durchschnittlich in EUR?	a) bis 3.000 b) über 3.000 bis 15.000 c) über 15.000
3. Wie hoch ist Ihr Nettogeld- und Wertpapiervermögen in EUR?	a) unter 20.000 b) 20.000 bis unter 50.000 c) 50.000 bis unter 100.000 d) 100.000 bis unter 250.000 e) ab 250.000
4. Wie hoch ist Ihr durchschnittliches monatliches Netto-Haushaltseinkommen in EUR?	a) unter 1.000 b) 1.000 bis unter 2.500 c) 2.500 bis unter 4.000 d) 4.000 bis unter 8.000 e) 8.000 und darüber

1 In Anlehnung an den „Anleger-Profil-Check" der Deka-Investmentfonds, Quelle: www.deka.de.

5. Die Gefahr, einen Teil Ihres Vermögens an der Börse zu verlieren, belastet Sie stark.	a) stimme ich voll zu b) stimme ich zu c) stimme ich etwas zu d) stimme ich nicht zu
6. Stabilität und Kontinuität bei Ihren Kapitalanlagen ist Ihnen wichtiger als die Chance auf einen schnellen Gewinn.	a) stimme ich voll zu b) stimme ich zu c) stimme ich etwas zu d) stimme ich nicht zu
7. In Geldangelegenheiten gehen Sie nur ungern Risiken ein.	a) stimme ich voll zu b) stimme ich zu c) stimme ich etwas zu d) stimme ich nicht zu
8. Auch kleine Verluste machen Sie schon nervös.	a) stimme ich voll zu b) stimme ich zu c) stimme ich etwas zu d) stimme ich nicht zu
9. Wenn Sie Ihr Vermögen ein Jahr lang investieren würden, für welche der folgenden Anlagen würden Sie sich entscheiden?	a) 3 % Rendite bei guter bzw. schlechter Entwicklung b) 12 % Rendite bei guter und –2 % bei schlechter Entwicklung c) 21 % Rendite bei guter und –7 % bei schlechter Entwicklung d) 30 % Rendite bei guter und –12 % bei schlechter Entwicklung

4 Erstellen und begründen Sie jeweils eine Anlagestrategie für Anleger in der jeweiligen Lebensphase aus folgenden Elementen:
Anteil an
a) Rentenfonds und Zertifikaten
b) Anleihen
c) Auszahlungsplan
d) Tagesgeld, Festgeld
e) Aktienfonds, Zertifikate und Anleihen
f) Riester-Rente, betriebliche Altersvorsorge
g) Bausparvertrag

Lebensphasengruppe:
I. Berufseinsteiger
II. Verheiratete
III. Familienphase
IV. Vorruhestand
V. Ruhestand

5 Gina Gros ist 55 Jahre alt. Ihr Monatsgehalt beträgt 3.900 EUR. Sie erhielt aus einer Lebensversicherung 90.000 EUR ausbezahlt. Sie besitzt ein Depot, in welchem sich
- 5 %ige Bundesanleihen im Nennwert von 50.000 EUR,
- Anteile an einem Aktienfonds im Wert von insgesamt 10.000 EUR,
- Anteile an einem Rentenfonds im Wert von 15.000 EUR,
- Aktien von fünf Gesellschaften im Wert von 15.000 EUR befinden.

Sie möchte ihr Geld aus der Lebensversicherung anlegen und überlegt, welche Positionen ihres Geldvermögens sie weiter ausbauen soll. Da sie noch eine weitere Lebensversicherung auf Rentenbasis besitzt, will sie grundsätzlich über ihr Geldvermögen frei verfügen können.
Versetzen Sie sich in die Rolle von Gina Gros und beantworten Sie für sie die mit der Anlageentscheidung entstehenden Fragen.
a) Beschreiben Sie eine Zielstruktur für das Anlageverhalten von Gina Gros unter Berücksichtigung der beschriebenen Lebenssituation.
b) Erstellen Sie eine Übersicht über die Vermögens- und Ertragsstruktur von Gina Gros.
c) Erstellen Sie für Gina Gros eine längerfristige Anlagestrategie.

6 Vermögensberatung für Familie Becker

a) Rahmenbedingungen der jungen Familie Becker:

Anja Becker, 30 Jahre alt, Bürokauffrau, in Teilzeit angestellt bei einer öffentlichen Verwaltung.
Knut Becker, 34 Jahre, Grafiker, angestellt bei einem Verlagsunternehmen.
Das Ehepaar hat zwei Kinder:
Cevin Becker, 6 Jahre alt.
Dörte Becker, 4 Jahre alt.
Beckers wohnen zur Miete in einer mittelgroßen Stadt in einer 4-Zimmer-Wohnung, da sie berufsbedingt erst seit zwei Jahren in dieser Stadt leben.
Anja Becker ist Eigentümerin eines Einfamilienhauses (Wert 180.000 EUR), das sie von ihrem Onkel an dessen Heimatort geerbt hat. Beckers wollen aber in diesem Ort nicht leben, weshalb das Haus vorerst noch vermietet ist. Konkrete Pläne zu einem Neuerwerb einer Immobilie bestehen derzeit nicht.
Beckers haben, teils aus der Erbschaft, teils aus Erspartem, ein verfügbares Geldvermögen von rund 50.000 EUR, das überwiegend in Geldforderungen angelegt ist.
Beckers wollen ihr Vermögen so ausbauen, dass sie sich einerseits einmal besondere Wünsche leisten können – Knut Becker liebäugelt immer mal wieder mit einem Segelboot –, andererseits ihre Kinder eine gute Ausbildung erhalten können und sie sich auch in späteren Lebensphasen ihren Lebensstandard halten können.

Auszug aus einer Befragung der Beckers zum Risikobewusstsein durch eine Bank:
Bisheriges Anlageverhalten:

Welche Geschäfte wurden bisher mit Banken getätigt?
- Rentenpapiere
- begrenzt Aktien

Welchen Umfang hatten diese Geschäfte je Transaktion?
- bis 5.000 EUR

Wurden Wertpapiergeschäfte auf Kreditbasis getätigt?
- Nein

Künftig verfolgte Anlageziele:
- Substanzerhaltung steht im Vordergrund
- Familienvorsorge
- Altersvorsorge

Eine Einnahmen- und Ausgabenübersicht für Beckers hat ergeben:

Einnahmen- und Ausgabenübersicht	EUR/Monat
Einnahmen	
aus lfd. Einkommen:	3.000
aus Vermögen:	
– Zinsen, Dividenden	150
– Mieterträge	500
Ausgaben:	
– Lebenshaltungskosten	1.800
– Wohnen	750
– Anschaffungen	200
– Versicherungen	150
– Sonstige Ausgaben	100

Arbeitsaufgaben:
a1) Stellen Sie übersichtlich die Einkommens- und Vermögenssituation von Beckers zusammen.
a2) Formulieren Sie Anlageziele für die Familie Becker.
a3) Machen Sie einen allgemeinen Anlagevorschlag für Beckers.

b) Familie Becker 15 Jahre später

Familie Becker ist inzwischen 15 Jahre älter geworden. Die Kinder sind aus der Schule, das Vermögen ist gewachsen und hat sich in seiner Struktur wie folgt verändert:
Beckers bewohnen inzwischen das geerbte Haus. Für später beabsichtigte Um- und Anbauten werden etwa 100.000 EUR benötigt werden.
Auf verschiedenen Bankanlagen befinden sich etwa 50.000 EUR, die maximal auf 2 Jahre angelegt sind. Das Wertpapierdepot enthält für 30.000 EUR Rentenwerte und für weitere 30.000 EUR Aktien, die aber relativ planlos und unsystematisch zusammengekommen sind.

Versetzen Sie sich in die Rolle der Familie Becker und lösen Sie folgende Aufgaben:
b1) Analysieren Sie die Vermögenssituation der Beckers in der jetzigen Lebensphase und erstellen Sie eine Zielstruktur für die weitere Anlageplanung. Formulieren Sie die Zielsetzungen.
b2) Entwickeln Sie eine Strategie für die Zusammensetzung und den weiteren Aufbau des Vermögens mit fiktiven Annahmen.
b3) Stellen Sie aus aktuellen Werten ein Musterdepot zusammen, das die Zielsetzungen und Strategie berücksichtigt. Gehen Sie davon aus, dass die Wertpapiere jederzeit umgeschichtet werden können.
b3a) Gehen Sie von einer Top-down-Strategie aus. Definieren Sie die Zusammensetzung und legen Sie Aktienwerte fest.
b3b) Gehen Sie alternativ nach der Bottom-up-Methode vor, indem Sie aus mindestens 4 Branchen jeweils die vier Werte mit dem günstigsten KGV heraussuchen.
b4) Erstellen Sie ein Kreisdiagramm mit der Vermögenszusammensetzung für Beckers nach
b4a) Zusammensetzung nach Art des Vermögens
b4b) Zusammensetzung des Depots nach Art der Wertpapiere
b4c) Aktienanteile nach Branchen und Ländern

7 Warum wird im Zusammenhang mit den Zielen der Geldanlage auch vom „Magischen Dreieck" gesprochen?

8 Beschreiben Sie die Zielkonflikte zwischen den Zielen
a) Sicherheit und Rentabilität
b) Liquidität und Rentabilität

9 Kennzeichnen Sie das Top-down-Verfahren und das Bottom-up-Verfahren im Rahmen der Asset Allocation.

10 Erklären Sie die Vorteile der Diversifikation.

11 Erklären Sie den Cost-Average-Effekt und geben Sie an, worin dieser begründet liegt.

12 Welche Folgerung ergibt sich, wenn der Anleger Angaben zu Einkommens- und Vermögensverhältnissen verweigert?

K Kapitalbedarf und Investition

?

Warum ist dieses Kapitel wichtig?

Investition ist die Verwendung der im Rahmen der Finanzierung beschafften Mittel. Finanzierung und Investition gehören somit untrennbar zusammen. Die Kapitalbedarfsrechnung gibt Auskunft darüber, in welchem Umfang und für welche Dauer bei bestimmten Investitionsanlässen finanzielle Mittel beschafft werden müssen. Vor der Verwendung der Finanzierungsmittel für bestimmte Investitionsvorhaben sollte im Rahmen einer Investitionsplanung die Zweckmäßigkeit der Investition geprüft und beurteilt werden, um eine Fehlinvestition und damit eine Kapitalvernichtung zu vermeiden. Zur Beurteilung der Vorteilhaftigkeit einer Investition bieten sich unterschiedliche Rechenverfahren an. Die Investitionsrechnung ist in der Praxis die wichtigste Entscheidungsgrundlage bei Investitionsentscheidungen. Sie ist sowohl für die Auswahl aus verschiedenen Investitionsalternativen als auch für die nachträgliche Kontrolle von Bedeutung. Da Höhe und Zeitpunkt der künftigen Zahlungsströme im Zusammenhang mit Investitionen in den meisten Fällen nicht mit Sicherheit vorausgesagt werden können, handelt es sich bei Investitionsentscheidungen in der Regel um Entscheidungen unter Unsicherheit, die besondere Rechenverfahren erforderlich machen.

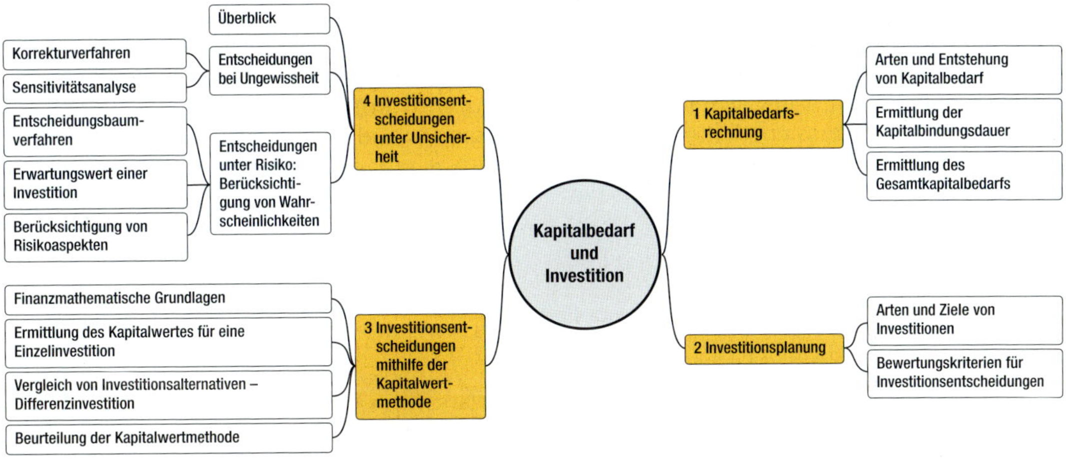

1 Kapitalbedarfsrechnung

1.1 Arten und Entstehung von Kapitalbedarf

Weil die Ausgaben für die Beschaffung der Produktionsfaktoren einerseits und die Einnahmen beim Absatz der Erzeugnisse andererseits zeitlich auseinanderfallen, ergibt sich für ein Unternehmen ein **Kapitalbedarf**, um diesen Zeitraum zu überbrücken.

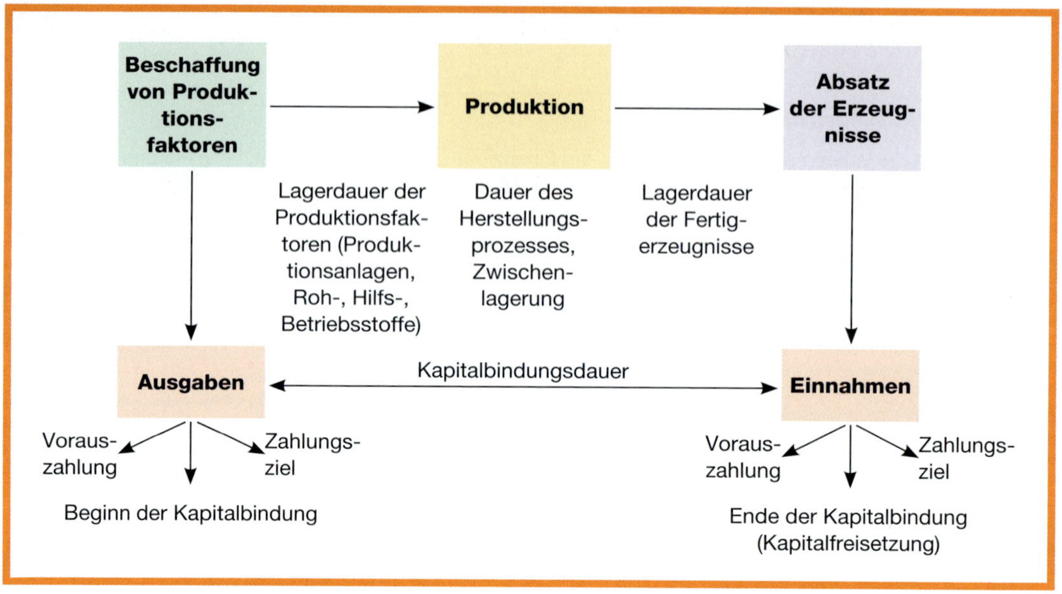

Höhe und Zeitpunkt des Kapitalbedarfs zur Überbrückung des Zeitraums zwischen Ausgaben und Einnahmen (= **Kapitalbindungsdauer**) lassen sich im Rahmen einer Kapitalbedarfsrechnung ermitteln. Eine Kapitalbedarfsrechnung wird üblicherweise bei der Gründung und/oder Erweiterung von Unternehmen vorgenommen. Bei diesen Anlässen müssen vom Unternehmen zunächst finanzielle Vorleistungen (Ausgaben) erbracht werden, bevor über die Umsatzerlöse finanzielle Rückflüsse erfolgen (Einnahmen).

Unter einer Kapitalbedarfsrechnung ist die Ermittlung des Kapitalbedarfs eines Unternehmens bei einmaligen Vorgängen wie Gründung, Erweiterung oder ähnlichen Anlässen zu verstehen.

Während des Zeitraums, für den die Kapitalbedarfsrechnung erstellt wird, steigt der Kapitalbedarf zunächst so lange, bis der Kapitalrückfluss durch Einnahmen einsetzt (= **Kapitalfreisetzung**). Aufgabe der **Finanzplanung** ist es, dafür zu sorgen, dass der sich im Planungszeitraum ergebende Finanzierungsbedarf gedeckt ist.

Der Finanzplan eines Unternehmens umfasst alle in einem bestimmten Zeitraum zu erwartenden Einnahmen und Ausgaben.

Kapitalbedarf für die Herstellung der Betriebsbereitschaft

Bereits zur **Herstellung der Betriebsbereitschaft** müssen Ausgaben, z. B. für die Anschaffung von Gebäuden, Maschinen und Werkzeugen, getätigt werden. Dabei handelt es sich um den Kapitalbedarf für die Beschaffung des Anlagevermögens (**Anlagekapitalbedarf**).

Der Anlagekapitalbedarf ist der Kapitalbedarf, der durch das Anlagevermögen des Unternehmens verursacht wird und dazu dient, die Betriebsbereitschaft des Unternehmens sicherzustellen.

Anschaffungspreis (einschl. Umsatzsteuer) + Anschaffungsnebenkosten (z. B. Transport, Montage, Versicherungen) – Anschaffungspreisminderungen (z. B. Skonto) = Anschaffungsausgaben	**Einmalige Anschaffungsausgaben für Erweiterung einer Möbelfabrik**	
	Grundstück	600.000 EUR
	Notariatsgebühren, Maklerprovision	1.800 EUR
	Baukosten der Fabrikhalle	3.600.000 EUR
	Anschaffung von Maschinen	2.400.000 EUR
	Betriebs- und Geschäftsausstattung	330.000 EUR
	Eiserner Bestand an Roh-, Hilfs- und Betriebsstoffen	90.000 EUR
	= Anlagekapitalbedarf	7.021.800 EUR

Kapitalbedarf für den laufenden Geschäftsbetrieb

Für die **laufende Betriebstätigkeit** werden u. a. Materialien benötigt. Die damit zusammenhängenden Ausgaben beziehen sich auf das Umlaufvermögen (= **Umlaufkapitalbedarf**).

Der Umlaufkapitalbedarf ist der Kapitalbedarf, der durch das Umlaufvermögen des Unternehmens verursacht wird und dazu dient, das für den Produktionsprozess benötigte Umlaufvermögen bereitzustellen.

Neben den Ausgaben für Materialien fallen für die laufende Betriebstätigkeit aber z. B. auch Zahlungen für Löhne, Zinsen, Mieten, Verwaltung und Vertrieb an.

1.2 Ermittlung der Kapitalbindungsdauer

Ausgabenhöhe und Dauer der Kapitalbindung können nicht exakt ermittelt werden. Um eine möglichst genaue Schätzung zu erreichen, werden Ausgaben und Kapitalbindungsdauer zunächst getrennt nach einzelnen betrieblichen Bereichen (Materialbereich, Fertigungsbereich, Verwaltungs- und Vertriebsbereich) erfasst. Neben der Ausgabenhöhe und der Kapitalbindungsdauer in diesen einzelnen Bereichen müssen noch die mit Lieferern und Kunden vereinbarten Zahlungsbedingungen berücksichtigt werden.

Zeitraum der Vorauszahlung an Lieferer	von Lieferern gewährtes Zahlungsziel	Zeitraum der Vorauszahlung von Kunden	an Kunden gewährtes Zahlungsziel
führt zur Verlängerung der Kapitalbindungsdauer	führt zur Verkürzung der Kapitalbindungsdauer	führt zur Verkürzung der Kapitalbindungsdauer	führt zur Verlängerung der Kapitalbindungsdauer

Kapitalbedarfsrechnung für die laufende Betriebstätigkeit
Zur Ermittlung der Kapitalbindungsdauer werden in einer Möbelfabrik für die Bereiche Material, Fertigung, Verwaltung und Vertrieb folgende Zeiten berücksichtigt:

Lagerdauer des Materials: 16 Tage | Fertigungsdauer: 2 Tage
Lagerdauer der Fertigerzeugnisse: 2 Tage | Kundenziel: 14 Tage | Liefererziel: 10 Tage

Berechnung der Kapitalbindungsdauer

Kapitalbindungsdauer Material:
Materiallagerdauer – Liefererziel + Fertigungsdauer + Lagerdauer Fertigerzeugnisse + Kundenziel = 24 Tage
16 Tage – 10 Tage + 2 Tage + 2 Tage + 14 Tage

Kapitalbindungsdauer Fertigung:
Fertigungsdauer + Lagerdauer Fertigerzeugnisse + Kundenziel = 18 Tage
2 Tage + 2 Tage + 14 Tage

Kapitalbindungsdauer Verwaltung und Vertrieb:
Materiallagerdauer + Fertigungsdauer + Lagerdauer Fertigerzeugnisse + Kundenziel = 34 Tage
16 Tage + 2 Tage + 2 Tage + 14 Tage

<table>
<tr><td colspan="3">MATERIAL-
EINGANG</td><td colspan="3" align="right">ERSTER
ZAHLUNGS-
EINGANG</td></tr>
<tr><td colspan="2">Lagerdauer des Materials
16 Tage</td><td>Fertigungsdauer
2 Tage</td><td>Lagerdauer
Fertigerzeugnisse
2 Tage</td><td colspan="2">Kundenziel
14 Tage</td></tr>
<tr><td>Liefererziel
10 Tage</td><td colspan="5">Kapitalbindungsdauer Materialausgaben: 24 Tage →</td></tr>
<tr><td colspan="2"></td><td colspan="4">Kapitalbindungsdauer Fertigungsausgaben: 18 Tage →</td></tr>
<tr><td colspan="6">Kapitalbindungsdauer Verwaltungs- und Vertriebsausgaben: 34 Tage →</td></tr>
</table>

Formeln zur Berechnung der Kapitalbindungsdauer		
Materialbereich	**Fertigungsbereich**	**Verwaltungs- und Vertriebsbereich**
Lagerdauer des Materials – Liefererziel[1] + Liefervorauszahlungszeitraum + Fertigungsdauer + Lagerdauer der Fertigerzeugnisse + Kundenziel – Kundenvorauszahlungszeitraum = Kapitalbindungsdauer im Materialbereich	Fertigungsdauer + Lagerdauer der Fertigerzeugnisse + Kundenziel – Kundenvorauszahlungszeitraum = Kapitalbindungsdauer im Fertigungsbereich	Lagerdauer des Materials + Fertigungsdauer + Lagerdauer der Fertigerzeugnisse + Kundenziel – Kundenvorauszahlungszeitraum = Kapitalbindungsdauer im Verwaltungs- und Vertriebsbereich

1.3 Ermittlung des Gesamtkapitalbedarfs

Beispiel

Die Möbelfabrik schätzt für die verschiedenen Bereiche folgende Tagesausgaben:

Materialeinsatz	10.800 EUR/Tag
Fertigungsausgaben	8.700 EUR/Tag
Verwaltungs- und Vertriebsausgaben	1.500 EUR/Tag

Kapitalbedarf für die laufende Betriebstätigkeit:

Materialeinsatz	10.800 EUR pro Tag · 24 Tage	= 259.200 EUR
+ Fertigung	8.700 EUR pro Tag · 18 Tage	= 156.600 EUR
+ Verwaltung und Vertrieb	1.500 EUR pro Tag · 34 Tage	= 51.000 EUR
= Kapitalbedarf laufende Betriebstätigkeit		466.800 EUR

Kapitalbedarf für die laufende Betriebstätigkeit =
Kapitalbedarf in EUR je Tag · Kapitalbindungsdauer in Tagen

Der gesamte Kapitalbedarf für die Erweiterung der Möbelfabrik beträgt:

Kapitalbedarf für die Herstellung der Betriebsbereitschaft	7.021.800 EUR
+ Kapitalbedarf für die laufende Betriebstätigkeit	466.800 EUR
= Gesamter Kapitalbedarf	**7.488.600 EUR**

1 Bei bestimmten ausgabewirksamen Materialgemeinkosten wie z. B. für Lagergebäude und Lagerpersonal sind Liefererziel und Liefervorauszahlung bei der Ermittlung der Kapitalbindungsdauer nicht zu berücksichtigen. Für diese Arten von Materialgemeinkosten gilt vielmehr dieselbe Kapitalbindungsdauer wie für die ausgabewirksamen Verwaltungs- und Vertriebsgemeinkosten.

Kapitalbedarf für die Herstellung der Betriebsbereitschaft
\+ Kapitalbedarf für die laufende Betriebstätigkeit
= Gesamter Kapitalbedarf

Zusammenfassung zu Kapitel 1: Kapitalbedarfsrechnung

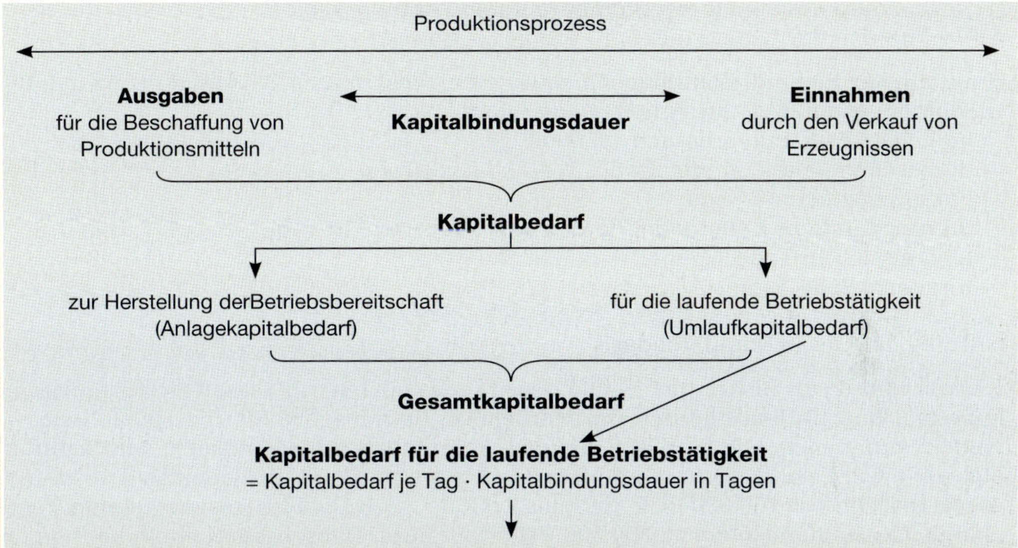

Formeln zur Berechnung der Kapitalbindungsdauer

Materialbereich	Fertigungsbereich	Verwaltungs- und Vertriebsbereich
Lagerdauer des Materials – Liefererziel + Lieferervorauszahlungszeitraum + Fertigungsdauer + Lagerdauer der Fertigerzeugnisse + Kundenziel – Kundenvorauszahlungszeitraum = Kapitalbindungsdauer im Materialbereich	Fertigungsdauer + Lagerdauer der Fertigerzeugnisse + Kundenziel – Kundenvorauszahlungszeitraum = Kapitalbindungsdauer im Fertigungsbereich	Lagerdauer des Materials + Fertigungsdauer + Lagerdauer der Fertigerzeugnisse + Kundenziel – Kundenvorauszahlungszeitraum = Kapitalbindungsdauer im Verwaltungs- und Vertriebsbereich

Aufgaben und Probleme

Kapitel 1 Kapitalbedarfsrechnung

Kapitalbedarf – Herstellung der Betriebsbereitschaft

1. Nennen Sie Beispiele für Auszahlungen, die für die Herstellung der Betriebsbereitschaft getätigt werden müssen.

Kapitalbindungsdauer

2 Wie wirken sich folgende Faktoren auf die Kapitalbindungsdauer im Materialbereich aus?
a) Verlängerung des den Kunden eingeräumten Zahlungsziels
b) Einführung einer Just-in-time-Beschaffung (= fertigungssynchrone Lieferung)
c) Verkürzung der Fertigungszeiten
d) Vorauszahlung an Lieferer
e) Vorauszahlung von Kunden
f) Verkürzung des vom Lieferer eingeräumten Zahlungsziels
g) Verkürzung der Lagerdauer der Fertigerzeugnisse

3 Ermitteln Sie die Kapitalbindungsdauer für einen bestimmten Werkstoff in einem Industriebetrieb, wenn folgende Angaben vorliegen:
- täglicher Werkstoffverbrauch: 20.000 EUR
- durchschnittliche Lagerdauer des Werkstoffs: 2 Tage
- Fertigungsdauer: 6 Tage
- durchschnittliche Lagerdauer der Fertigerzeugnisse: 10 Tage
- Liefererziel: 15 Tage
- Kundenziel: 30 Tage

Ermittlung des Gesamtkapitalbedarfs

4 Eine Brotfabrik, die bisher auch Feingebäck hergestellt hat, will diesen Produktionszweig aufgeben und in dem dadurch frei werdenden Betriebsgebäude die Herstellung von Nudeln aufnehmen. Die Einrichtung eines Fertigungsbandes verursacht Anschaffungsausgaben von 1 Mio. EUR. Außerdem entstehen Anschaffungsausgaben für Trocknungskessel in Höhe von 100.000 EUR, für Silos in Höhe von 80.000 EUR sowie für eine Verpackungsmaschine in Höhe von 300.000 EUR. Mit dieser Betriebseinrichtung können und sollen täglich 22 t Hartweizengries zu Bandnudeln verarbeitet werden. Eine Tonne Hartweizengrieß kostet 350 EUR. An Rohstoffen werden außerdem je Tonne verarbeitetem Hartweizengrieß für 150 EUR Eizusatz und sonstige Zutaten benötigt. Als Sicherheitsbestand (eiserne Reserve) soll ein Vorrat an Hartweizengrieß und den anderen Rohstoffen gehalten werden, der die Produktion für drei Tage ermöglicht.
Für die Einführungswerbung müssen 388.000 EUR aufgebracht werden.

a) Wie hoch ist der einmalige Kapitalbedarf zur Herstellung der Betriebsbereitschaft?
Zur Schätzung des Kapitalbedarfs für die laufende Betriebstätigkeit liegen folgende Angaben vor:

Dauer der Lagerung und der Produktion
Lagerdauer der Rohstoffe (Hartweizengrieß und Zutaten): durchschnittlich 5 Tage
Nudelproduktion: 1 Tag
Trocknung der Nudeln im Zwischensilo: 2 Tage
Verpackung und Lagerung der fertigen Nudeln: durchschnittlich 5 Tage

Zahlungsbedingungen
Zahlungseingang nach Versand der Ware: durchschnittlich 5 Tage
Zahlungsziel des Lieferers: 10 Tage

Kosten des laufenden Geschäftsbetriebs

Material	
Hartweizengrieß je t	350 EUR
Zutaten für 1 t Hartweizengrieß	150 EUR
Ausgabewirksame Materialgemeinkosten	
(Lagermiete, Lagerpersonal, Strom …)	5.000 EUR
Fertigung	
Lohnkosten	3.000 EUR
Ausgabewirksame Fertigungsgemeinkosten	2.000 EUR

Verwaltung und Vertrieb
Ausgabewirksame Verwaltungs- und Vertriebsgemeinkosten 10.000 EUR

b) Stellen Sie die Kapitalbindungsdauer in den Bereichen Material, Fertigung, Verwaltung/Vertrieb für den Zeitraum bis zum ersten Zahlungseingang in Form einer Zeitachse dar (vgl. S. 416).
c) Ermitteln Sie den Kapitalbedarf für die Einrichtung der Nudelfabrik und die laufende Betriebstätigkeit bis zu dem Zeitpunkt, an dem der erste Zahlungseingang durch den Nudelverkauf erfolgt.
d) Entwickeln Sie für die einzelnen Bereiche (Material, Fertigung, Verwaltung/Vertrieb) jeweils eine allgemeine Formel zur Berechnung des Kapitalbedarfs für die laufende Betriebstätigkeit.

2 Investitionsplanung

2.1 Arten und Ziele von Investitionen

Eine Investition liegt vor, wenn das im Rahmen der Finanzierung beschaffte Kapital in betrieblichem Vermögen angelegt wird. Die Aktivseite der Bilanz gibt Auskunft für die Verwendung des Kapitals (= Investition).

Die verschiedenen Formen von Investitionen lassen sich wie folgt unterscheiden:

Investitionsarten	
Sachinvestitionen	**Finanzinvestitionen**
Kapitalanlage in Wirtschaftsgütern, die am Leistungsprozess einer Unternehmung direkt beteiligt sind, z. B. Maschinen, Gebäude, Grundstücke, Werkzeuge, Vorräte	Kapitalanlagen im Finanzanlagevermögen eines Unternehmens in Form von Beteiligungen (z. B. Aktien), Forderungen (z. B. gewährte Darlehen, festverzinsliche Wertpapiere)

Sachinvestitionen lassen sich entsprechend den unterschiedlichen Zielsetzungen wie folgt einteilen:

Sachinvestitionen			
Gründungsinvestitionen (einmalig)	**laufende Investitionen**		
	Erweiterungsinvestitionen	**Rationalisierungsinvestitionen**	**Ersatzinvestitionen**
= Anfangsinvestition bei der Gründung eines Unternehmens	Anschaffung von Wirtschaftsgütern zur Ausweitung der Produktionskapazität	Anschaffung technisch verbesserter Wirtschaftsgüter mit dem Ziel, die Leistungsfähigkeit zu erhöhen	Ersatz von abgenutzten Wirtschaftsgütern durch neue gleichartige mit dem Ziel, die Leistungsfähigkeit zu erhalten

Bruttoinvestitionen Summe aller in einer Periode vorgenommenen Investitionen	
Nettoinvestitionen	**Ersatzinvestitionen**

Nur **Nettoinvestitionen** erhöhen die Produktionskapazität, weil sie über die bloße Ersatzbeschaffung hinausgehen.

Nettoinvestition = Bruttoinvestition – Ersatzinvestition

Alle Investitionen dienen letztlich dazu, zur Erreichung der übergeordneten Unternehmensziele beizutragen.

2.2 Bewertungskriterien für Investitionsentscheidungen

Es lassen sich **quantitative** und **qualitative Kriterien** für die Beurteilung eines Investitionsvorhabens unterscheiden.

Quantitative Kriterien

Quantitative Kriterien für die Beurteilung der Vorteilhaftigkeit von Investitionen sind diejenigen rechnerisch ermittelbaren Größen, die den verschiedenen Arten der Investitionsrechnung zugrunde liegen.

Die Investitionsrechnung soll zeigen, ob geplante Investitionen unter rechnerischen Gesichtspunkten vorteilhaft sind. Sie liefert die Grundlage für betriebliche Investitionsentscheidungen.

Dabei lassen sich u. a. folgende Verfahren der Investitionsrechnung unterscheiden:

Statische Investitionsrechnung	Dynamische Investitionsrechnung
Es werden nur die Daten einer Periode in die Betrachtung einbezogen.	**Es werden die Daten mehrerer künftiger Perioden in die Betrachtung einbezogen.**
Kosten Vergleich der Kosten verschiedener Investitionsalternativen (= Kostenvergleichsrechnung)	**Kapitalwert** Vergleich der Kapitalwerte (= Differenz der Barwerte von Ein- und Auszahlungen) verschiedener Investitionsalternativen (= Kapitalwertmethode)
Gewinn Vergleich der Gewinnhöhe verschiedener Investitionsalternativen (= Gewinnvergleichsrechnung) **Rentabilität** Vergleich der Rentabilität verschiedener Investitionsalternativen (= Rentabilitätsvergleichsrechnung)	**interner Zinssatz** Vergleich der Zinssätze, mit denen bei verschiedenen Investitionsalternativen die künftigen Ein- und Auszahlungen abgezinst werden müssen, damit sich ein Kapitalwert von 0 ergibt (= interne Zinsfußmethode)
Amortisationszeit Vergleich der Zeiträume, innerhalb derer bei unterschiedlichen Investitionsalternativen die Investitionsausgaben durch die künftigen Einzahlungsüberschüsse, die durch die Investitionen entstehen, gedeckt werden (= statische oder dynamische Amortisationsvergleichsrechnung)	

Qualitative Kriterien

Qualitative Kriterien für die Beurteilung der Vorteilhaftigkeit von Investitionen sind solche Größen, die nicht zahlenmäßig erfasst und verglichen werden können. Im Rahmen von **Entscheidungsbewertungstabellen** können sie aber als subjektive Einschätzungen bei einer Investitionsentscheidung Berücksichtigung finden.

Qualitative Bewertungskriterien bei Investitionsentscheidungen			
wirtschaftliche Kriterien	**technische Kriterien**	**soziale, ökologische und ähnliche Kriterien**	**rechtliche Kriterien**
Herstellergarantie Kundendienst Kulanz Zuverlässigkeit und Termintreue des Lieferers ...	Qualität, Genauigkeit Kapazitätsreserve Störanfälligkeit Energieverbrauch Geschwindigkeit Unfallsicherheit ...	Ergonomie des Arbeitsplatzes Arbeitsmonotonie Arbeitsplatzerhaltung Geräuschpegel Staubentwicklung Umweltfreundlichkeit ...	Unfallverhütungs- und Umweltvorschriften Bauvorschriften Genehmigungsbedürftigkeit sonstige rechtliche Auflagen ...

Im Folgenden wird die **Kapitalwertmethode** als eine **Form der dynamischen Investitionsrechnung** beispielhaft dargestellt.

Zusammenfassung zu Kapitel 2: Investitionsplanung

Investitionsarten

Sachinvestitionen | **Finanzinvestitionen**

Gründungsinvestition	**laufende Investitionen**		
	Erweiterungsinvestitionen	Rationalisierungsinvestitionen	Ersatzinvestitionen

Bewertungskriterien für Investitionsentscheidungen

Quantitative Kriterien (= Verfahren der Investitionsrechnung)		**Qualitative Kriterien**
statische Investitionsrechnung	**dynamische Investitionsrechnung**	wirtschaftliche Kriterien technische Kriterien soziale Kriterien ökologische Kriterien rechtliche Kriterien
Kosten Gewinn Rentabilität	Kapitalwert interner Zinssatz	

Aufgaben und Probleme

Kapitel 2 Investitionsplanung

1. Was ist unter Investition zu verstehen?
2. Was ist unter Sachinvestitionen zu verstehen und wie lassen sie sich einteilen?
3. Wie unterscheiden sich Brutto-, Netto- und Ersatzinvestitionen?
4. Welcher Zweck wird mit der Investitionsrechnung verfolgt?
5. Welche Investitionsrechenverfahren lassen sich unterscheiden?
6. Nennen Sie qualitative Kriterien zur Beurteilung der Vorteilhaftigkeit eines Investitionsvorhabens.

3 Investitionsentscheidungen mithilfe der Kapitalwertmethode

3.1 Finanzmathematische Grundlagen

Die **statischen Verfahren** der Investitionsrechnung berücksichtigen lediglich die auf **eine Periode** bezogenen **Kosten, Erlöse und Gewinne** einer Investition. Die **dynamischen Verfahren** der Investitionsrechnung beziehen dagegen die **Ein- und Auszahlungen** (Zahlungsströme) **aller Perioden** ein, während derer das Investitionsgut genutzt wird. Durch **Abzinsung** der künftigen Ein- und Auszahlungen auf den Zeitpunkt des Investitionsbeginns wird der **Barwert** (Gegenwartswert) ermittelt. Die zu unterschiedlichen Zeitpunkten und in unterschiedlicher Höhe anfallenden künftigen Ein- und Auszahlungen werden dadurch vergleichbar gemacht.

Der Grundgedanke der dynamischen Investitionsrechnung lautet:

Ein- oder Auszahlungen zu unterschiedlichen Fälligkeitszeitpunkten haben einen unterschiedlichen Wert. Heute verfügbares Geld ist mehr wert als künftiges. Der Unterschied ist durch den (Zinses-)Zins bedingt.

Grundlage aller dynamischen Investitionsrechnungsverfahren ist daher die **Zinseszinsrechnung** (Barwertberechnung). Für die Abzinsung wird ein **Kalkulationszinssatz** benötigt. Die Höhe des vom Investor zu bestimmenden Kalkulationszinssatzes kann u. a durch die Orientierung an folgenden Vergleichsgrößen festgelegt werden:

- Gegenwärtiger Zinssatz am Kapitalmarkt vermehrt um einen Risikozuschlag (Sollzins am Kapitalmarkt bildet die Untergrenze)
- Zinssatz, mit dem sich das Eigen- oder Fremdkapital des Unternehmens derzeit verzinst
- Eine vom Investor vorgegebene Mindestverzinsung

Die Festlegung des Kalkulationszinssatzes ist eine subjektive Entscheidung des Investors, die die Ergebnisse der dynamischen Investitionsrechnungsverfahren maßgeblich beeinflusst.

Barwertformel

Fragestellung: Wie hoch muss das Anfangskapital (K_0 = Barwert) sein, um bei einem Zinssatz von p und einer Laufzeit von n ein Endkapital von K_n zu erreichen?

Abzinsung

Barwert	n Jahre	Endkapital
X EUR		**100.000 EUR**

Kn = Endkapital K_0 = Anfangskapital
n = Laufzeit   p = Zinssatz
i = p/100   q = 1 + p/100 = 1 + i

$$\mathbf{K_0 = \frac{K_n}{\left(1 + \frac{p}{100}\right)^n} = \frac{K_n}{(1 + i)^n} = \frac{1}{q^n} \cdot K_n}$$

Barwert für K_n = 100.000, p = 5 %, n = 5 Jahre

$$K_0 = \frac{1}{1{,}05^5} \cdot 100.000 = 78.352{,}62 \text{ EUR}$$

3.2 Ermittlung des Kapitalwertes für eine Einzelinvestition

Das am weitesten verbreitete Verfahren der dynamischen Investitionsrechnung ist die **Kapitalwertmethode**.

Der Kapitalwert (C_0) einer Investition ist die Barwertsumme aller durch diese Investition verursachten Zahlungen (Einzahlungsüberschüsse – Anschaffungsausgaben).

C_0 = Kapitalwert A_0 = Anschaffungsausgaben
$A_1, A_2, A_3 \ldots A_n$ = regelmäßige (jährliche) Auszahlungen während der Laufzeit n
$E_1, E_2, E_3 \ldots E_n$ = regelmäßige (jährliche) Einzahlungen während der Laufzeit n
Ü = Einzahlungsüberschuss: Ü = E – A
$Ü_1, Ü_2, Ü_3, \ldots Ü_n$ = regelmäßige (jährliche) Einzahlungsüberschüsse während der Laufzeit n
t = 1, 2, … n = Zahlungszeitpunkte der Überschüsse (Ende eines jeden Jahres der Laufzeit n)
p = Kalkulationszinssatz   i = p/100   q = 1 + p/100 = 1 + i
$1/q^n$ bzw. q^{-n} = Abzinsungsfaktor

Der Kapitalwert einer Investition ergibt sich somit wie folgt:

$$C_0 = -A_0 + \frac{Ü_1}{q^1} + \frac{Ü_2}{q^2} + \frac{Ü_3}{q^3} + \ldots + \frac{Ü_n}{q^n}$$

Durch Umformung ergibt sich:

$$C_0 = \sum_{t=1}^{n} (E_t - A_t) \cdot (1 + i)^{-t} - A_0 \quad \text{oder} \quad C_0 = \sum_{t=1}^{n} Ü_t \cdot q^{-t} - A_0$$

Für den Ausnahmefall, dass die Ein- und Auszahlungen jährlich gleich hoch sind, ergibt sich die Barwertsumme der Überschüsse mit Hilfe der Summenformel einer geometrischen Reihe (= Barwertfaktor). Der Kapitalwert lässt sich dann wie folgt berechnen:

$$C_0 = -A_0 + Ü \cdot \frac{q^t - 1}{q^t (q-1)}$$

Ist ein Liquidationserlös L zum Zeitpunkt t zu berücksichtigen, erweitert sich die allgemeine Formel zur Ermittlung des Kapitalwertes um den abgezinsten Liquidationserlös wie folgt:

$$C_0 = \sum_{t=1}^{n} Ü_t \cdot q^{-t} - A_0 + L_t \cdot q^{-t}$$

Kriterium für die Wahl einer Investitionsalternative ist die Höhe des Kapitalwertes C_0. Eine Investition ist umso vorteilhafter, je höher ihr Kapitalwert ist.

Beispiel

Bei der Metallbau GmbH soll über die Anschaffung einer neuen Produktionsanlage entschieden werden. Die Anschaffungskosten betragen 100.000 EUR. Der Kalkulationszinssatz beträgt 10 %. Die während der 5-jährigen Nutzungsdauer anfallenden Ein- und Auszahlungen sind geschätzt.

Zahlungszeitpunkt t (Jahresende)	Einzahlungen (E) EUR	Auszahlungen (A) EUR	Einzahlungsüberschüsse (Ü) EUR	Abzinsungsfaktor $1/q^t$ bzw. q^{-t}	Barwerte EUR
1	100.000	70.000	30.000	0,909091	27.273
2	110.000	60.000	50.000	0,826446	41.322
3	100.000	70.000	30.000	0,751315	22.539
4	100.000	80.000	20.000	0,683013	13.660
5	110.000	80.000	30.000	0,620921	18.628
Barwertsumme der Einzahlungsüberschüsse: $\sum_{t=1}^{n} Ü_n \cdot q^{-t}$					**123.422**
– Anschaffungsausgaben: A_0					**100.000**
= Kapitalwert: C_0					**+ 23.422**

Ergebnis: Der Kapitalwert der Investition ist positiv. Die Investition ist daher vorteilhaft. Das eingesetzte Kapital bleibt erhalten und verzinst sich zum Kalkulationszinssatz von 10 %. Darüber hinaus wird ein Überschuss erzielt, dessen Barwert 23.422 EUR beträgt.

Bei einer **Einzelinvestition** gilt jedes Investitionsobjekt als vorteilhaft, dessen Kapitalwert größer als 0 ist.

! Entscheidungskriterium bei Einzelinvestition: $C_0 \geq 0$

Höhe des Kapitalwertes	Bedeutung	Vorteilhaftigkeit der Investition
Kapitalwert ist positiv $\mathbf{C_0 > 0}$ z. B. C_0 = 10.000 EUR	Der Investor erhält ■ sein investiertes Kapital zurück, ■ eine Verzinsung des Kapitals in Höhe des Kalkulationszinssatzes, ■ einen zusätzlichen Überschuss, dessen Barwert 10.000 EUR beträgt.	**vorteilhaft**
Kapitalwert ist null $\mathbf{C_0 = 0}$	Der Investor erhält ■ sein investiertes Kapital zurück, ■ eine Verzinsung des Kapitals in Höhe des Kalkulationszinssatzes. Ein Überschuss wird nicht erzielt.	Es ist **gleichgültig,** ob investiert oder die Investitionssumme anderweitig zum Kalkulationszinssatz angelegt wird.
Kapitalwert ist negativ $\mathbf{C_0 < 0}$ z. B. C_0 = –10.000 EUR	Der Investor erhält ■ sein investiertes Kapital nicht bzw. nicht in vollem Umfang zurück und/oder ■ nicht die erwartete Verzinsung des Kapitals in Höhe des Kalkulationszinssatzes. Ein Überschuss wird nicht erzielt.	**nicht vorteilhaft**

3.3 Vergleich von Investitionsalternativen – Differenzinvestition

Bei einem Vergleich zwischen zwei Investitionsalternativen I und II ist das Investitionsobjekt mit dem höheren Kapitalwert das vorteilhaftere.

Entscheidungskriterium beim Vergleich zweier Investitionsobjekte: $C_0^{I} \lesseqgtr C_0^{II}$
Dabei muss gelten: $C_0 \geq 0$.

Zwei Investitionsobjekte sind aber nur dann direkt vergleichbar, wenn für beide Alternativen das während der Nutzungsdauer gebundene Kapital gleich hoch ist. Diese Voraussetzungen sind jedoch in den meisten Fällen nicht erfüllt. Unterscheiden sich die Anschaffungsausgaben und/oder die Nutzungsdauern von zwei Investitionsobjekten und besteht die (reale oder fiktive) Möglichkeit, den Differenzbetrag, um den sich die Auszahlungen der beiden Alternativen unterscheiden, zinsbringend anzulegen (= **Differenzinvestition**), so muss dies in die Ermittlung der Vorteilhaftigkeit einbezogen werden. Eine solche **Differenzinvestition** kann beispielweise in Form einer (fiktiven) **Finanzinvestition** (z. B. Anlage auf dem Kapitalmarkt in festverzinslichen Wertpapieren) erfolgen.

Eine Differenzinvestition ist eine zusätzliche Investition, um Investitionsalternativen mit unterschiedlicher Nutzungsdauer und/oder unterschiedlichen Anschaffungsausgaben vergleichbar zu machen.

Differenzinvestition bei unterschiedlichen Anschaffungsausgaben

Bei unterschiedlichen Anschaffungsausgaben von zwei Investitionesalternativen (z. B. Anlage I 120.000 EUR, Anlage II 80.000 EUR) wird davon ausgegangen, dass der Unterschiedsbetrag (Differenz) zwischen den Anschaffungsausgaben (hier: 40.000 EUR) in eine Anlage III investiert wird. Dahinter steckt folgende Überlegung: Um überhaupt eine Auswahl zwischen Anlage I und Anlage II treffen zu können, muss davon ausgegangen werden, dass der Investor in der Lage ist, jede der beiden Investitionsalternativen zu finanzieren. Wählt der Investor die Anlage I (Anschaffungsausgaben: 120.000 EUR), so verzichtet er nicht nur auf die Anlage II (Anschaffungsausgaben: 80.000 EUR), sondern zusätzlich auch auf eine dritte Investition (Anlage III) mit Anschaffungsausgaben in Höhe von 40.000 EUR (= Differenzbetrag der Anschaffungsausgaben von Anlage I und Anlage II). Die Wahl zwischen Anlage I und Anlage II beruht also in Wirklichkeit auf einem Vergleich zwischen Anlage I einerseits und Anlage II und III andererseits.

Der Kapitalwert der Differenzinvestition wird zum Kapitalwert des Investitionsobjekts mit den geringeren Anschaffungsausgaben bzw. der geringeren Nutzungsdauer hinzugezählt. Auf diese Weise können die Anschaffungsausgaben bzw. die Nutzungsdauern beider Investitionsalternativen einander angepasst und die Investitionsobjekte vergleichbar gemacht werden.

! **Um zwei unterschiedliche Investitionsobjekte vergleichbar zu machen, wird der Kapitalwert der Differenzinvestition zum Kapitalwert des Investitionsobjekts mit den geringeren Anschaffungsausgaben bzw. der geringeren Nutzungsdauer hinzugezählt. Die Summe dieser beiden Kapitalwerte wird mit dem Kapitalwert der anderen Investitionsalternative verglichen.**

Für dieses grundsätzliche Vorgehen ergibt sich allerdings bei Anwendung der **Kapitalwertmethode** folgende **Besonderheit**: Der Kapitalwertmethode liegt die (unrealistische) Annahme zugrunde, dass der Investor auf dem Kapitalmarkt beliebig hohe Beiträge zu dem von ihm gewählten Kalkulationszinssatz verzinslich anlegen oder als Kredit beschaffen kann (= Annahme eines vollkommenden Kapitalmarktes). Bei Anwendung der Kapitalwertmethode wird daher in der Regel unterstellt, dass Differenzbeträge, die sich aus unterschiedlich hohen Auszahlungen der zu vergleichenden Investitionsalternativen ergeben, jederzeit zum Kalkulationszinssatz wieder angelegt werden können. Eine Investition mit einer Verzinsung zum Kalkulationszinssatz hat jedoch immer einen **Kapitalwert von null**. In diesem Fall entsprechen die Einzahlungsüberschüsse nämlich der Verzinsung mit genau demselben Zinssatz, der wiederum für die Barwertermittlung (Abzinsung der Überschüsse) verwendet wird.

Differenzinvestition in Form einer Finanzinvestition – Verzinsung zum Kalkulationszinssatz

Die Differenz der Anschaffungsausgaben zwischen Anlage I und Anlage II in Höhe von 40.000 EUR (siehe Bsp. oben) wird (gedanklich) in festverzinslichen Wertpapieren mit einer Verzinsung zum Kalkulationszinssatz von 10 % angelegt. Der Einfachheit halber wird angenommen, dass die Nutzungsdauern der Anlagen und damit auch die Anlagedauer der Finanzinvestition auf 2 Jahre beschränkt sind. Anders als bei Sachinvestitionen, die während der Nutzungsdauer an Wert verlieren und daher am Ende keinen oder nur einen geringeren Liquidationserlös als die Anschaffungsausgaben aufweisen, wird der in die festverzinslichen Wertpapiere investierte Betrag am Ende der Anlagedauer in voller Höhe zurückgezahlt. Der „Liquidationserlös" (L_t) der Finanzinvestition entspricht somit den „Anschaffungsausgaben" (A_0). Der Kapitalwert C_0 der Finanzinvestition in Höhe von 0 EUR lässt sich wie folgt nachweisen:

Anschaffungsausgaben (A_0): 40.000 EUR
jährliche Einzahlungsüberschüsse ($Ü_t$): 10 % von A_0
Liquidationserlös ($L_{t=2}$): 40.000 EUR
Kalkulationszinssatz: 10 %

$$C_0 = -A_0 + Ü_1 \cdot 1/q^1 + Ü_2 \cdot 1/q^2 + L_2 \cdot 1/q^2$$
$$C_0 = -40.000 \text{ EUR} + 4.000 \text{ EUR} \cdot 0{,}909091 + 4.000 \cdot 0{,}826446 + 40.000 \cdot 0{,}826446$$
$$C_0 = -40.000 \text{ EUR} + 3.636 \text{ EUR} + 3.306 \text{ EUR} + 33.058 \text{ EUR} = 0$$

Der Kapitalwert einer Investition, die sich zum Kalkulationszinssatz verzinst, ist null.

Wenn davon ausgegangen wird, dass bei Anwendung der Kapitalwertmethode überschüssige liquide Mittel immer zum Kalkulationszinssatz angelegt werden, brauchen für die Ermittlung der vorteilhafteren Investitionsalternative keine Differenzinvestitionen berücksichtigt zu werden. Da die Kapitalwerte solcher zum Kalkulationszinssatz verzinsten Investitionen null sind, haben sie keinen Einfluss auf die Investitionsentscheidung. Es genügt in diesem Fall vielmehr, die Kapitalwerte der Investitionsalternativen ohne Berücksichtigung einer Differenzinvestition miteinander zu vergleichen und die Investitionsalternative mit dem höheren Kapitalwert zu wählen.

Bei Anwendung der Kapitalwertmethode kann für den Vorteilhaftigkeitsvergleich zwischen Investitionsalternativen mit unterschiedlich hohen Anschaffungsausgaben auf die Berücksichtigung von Differenzinvestitionen verzichtet werden, wenn angenommen wird, dass jederzeit und in beliebigem Umfang ergänzende Investitionen getätigt werden können, die sich genau zum Kalkulationszinssatz verzinsen.

Wird dagegen davon ausgegangen, dass der Investor ausnahmsweise ergänzende Investitionen zu einem höheren als dem von ihm gewählten Kalkulationszinssatz tätigen kann, ist der Kapitalwert der **Differenzinvestition** – wie im folgenden Beispiel dargestellt – zu berücksichtigen.

Bei der Metallbau GmbH stehen folgende beiden Investitionsobjekte zur Auswahl.

	Anlage I	**Anlage II**
Anschaffungsausgaben (EUR)	120.000	80.000
Nutzungsdauer (Jahre)	5	5
Liquidationserlös (EUR)	12.000	0
laufende Einzahlungsüberschüsse (Ü)	siehe nachfolgende Tabelle	
Kalkulationszinssatz	10 %	

Zur Ermittlung der Vorteilhaftigkeit ist es notwendig, die Differenz zwischen den Anschaffungsausgaben der beiden Anlagen in Höhe von 40.000 EUR durch eine Differenzinvestition zu berücksichtigen. Im vorliegenden Fall wird angenommen, dass diese fiktiven 40.000 EUR in eine Anlage investiert werden könnten, die ebenfalls 5 Jahre genutzt wird, danach einen geschätzten Liquidationserlös von 5.000 EUR erzielt und zu den in der folgenden Tabelle dargestellten geschätzten jährlichen Einnahmeüberschüssen führt.

Zeitpunkt (Jahresende)	Abzinsungsfaktor $1/q^t$ bzw. q^{-t}	Anlage I		Anlage II		Differenzinvestition	
		Überschüsse (Ü) in EUR	Barwert in EUR	Überschüsse (Ü) in EUR	Barwert in EUR	Überschüsse (Ü) in EUR	Barwert in EUR
1	0,909091	30.000	27.273	20.000	18.182	8.000	7.273
2	0,826446	45.000	37.190	25.000	20.661	10.000	8.264
3	0,751315	40.000	30.053	25.000	18.783	15.000	11.270
4	0,683013	45.000	30.736	25.000	17.075	20.000	13.660
5	0,620921	35.000	21.732	20.000	12.418	20.000	12.418
Summe		195.000	146.984	115.000	87.119	73.000	52.885
Liquidationserlös	0,620921	12.000	7.451	0	0	5.000	3.105
Barwertsumme der Überschüsse			154.435		87.119		55.990
– Anschaffungsausgaben			120.000		80.000		40.000
					7.119		**15.990**
= Kapitalwert			**34.435**		**23.109**		

Ergebnis: Für die Metallbau GmbH ist es günstiger, sich für die Anlage I zu entscheiden. Der Kapitalwert dieser Anlage beträgt 34.435 EUR. Er ist um 11.326 EUR höher als der sich aus der Summe der Kapitalwerte von Anlage II (7.119 EUR) und der Differenzinvestition (15.990 EUR) ergebende Kapitalwert von 23.109 EUR.

Bei Wahl der Anlage I erhält das Unternehmen
- die investierten 120.000 EUR zurück,
- eine Verzinsung dieses eingesetzten Kapitals in Höhe von 10 %,
- einen zusätzlichen Überschuss, dessen Barwert 34.435 EUR beträgt.

3.4 Beurteilung der Kapitalwertmethode

Im Gegensatz zu den Verfahren der statischen Investitionsrechnung werden bei der Kapitalwertmethode als einem dynamischen Investitionsrechnungsverfahren die zukünftigen Zahlungen zeitlich und betragsmäßig einzeln erfasst. Dadurch wird die Investitionsentscheidung erheblich sicherer. Allerdings ergeben sich bei der Anwendung der Kapitalwertmethode u. a. folgende Probleme:

Probleme bei Anwendung der Kapitalwertmethode

- Probleme bei der Zurechenbarkeit der Zahlungen: Die Zahlungen sind häufig nicht einem einzigen Investitionsprojekt direkt zurechenbar.
- Ungewissheit der zukünftigen Zahlungen, die nach Höhe und zeitlichem Anfall prognostiziert werden müssen. Nicht alle jährlichen Ein- und Auszahlungen fallen am Ende der einzelnen Perioden $t_1, t_2, t_3 \ldots t_n$ an.
- Wahl des Kalkulationszinssatz ist problematisch und hängt stark von den subjektiven Zielen (Mindestverzinsung) des Investors ab.
- Alle Zahlungen werden ein und demselben Zinssatz unterworfen (= Kalkulationszinssatz). Das beinhaltet die Annahme, dass zu diesem Kalkulationszinssatz beliebig viel Kapital beschafft und angelegt werden kann (= Wiederanlageprämisse). Erwirtschaftete Überschüsse können beispielsweise jederzeit zur Kredittilgung verwendet werden (= Zinsersparnis in Höhe des Kalkulationszinssatzes) oder aber zum gleichen Zinssatz zinsbringend angelegt werden. Diese Annahme trifft nur für einen vollkommenen Kapitalmarkt, auf dem Soll- und Habenzinssatz gleich hoch sind, zu und ist nicht realistisch.

Zusammenfassende Übersicht zu Kapitel 3:
Investitionsentscheidungen mithilfe der Kapitalwertmethode

Kalkulationszinssatz p

$i = p/100$ ↓ $q = 1 + i = 1 + p/100$

Barwert (K_0) einer künftigen Zahlung: $K_0 = K_n \cdot 1/q^n$
$1/q^n$ bzw. q^{-n} = Abzinsungsfaktor

↓

Kapitalwert (C_0) = Barwertsumme aller durch die Investition verursachten Zahlungen

A_0 = Anschaffungsausgaben

$Ü$ = Einzahlungsüberschüsse

$$C_0 = \sum_{t=1}^{n} Ü_t \cdot \frac{1}{q^t} - A_0 + L_t \cdot \frac{1}{q^t}$$

L_t = Liquidationserlös zum Zeitpunkt t

$C_0 > 0$	$C_0 = 0$	$C_0 < 0$
↓	↓	↓
Investition ist vorteilhaft	**Indifferenz**	**Investition ist nicht vorteilhaft**

Vergleich von Investitionsalternativen
Je höher der Kapitalwert, desto vorteilhafter ist die Investition.

↓

bei unterschiedlichen Anschaffungsausgaben der Investitionsobjekte

↓

Differenzinvestition
Der Kapitalwert der Differenzinvestition wird dem Kapitalwert der Investitionsalternative mit den geringeren Anschaffungsausgaben hinzugezählt.

Aufgaben und Probleme

Kapitel 3 Investitionsentscheidungen mithilfe der Kapitalwertmethode

Finanzmathematische Grundlagen

1. Worin besteht der wesentliche Unterschied zwischen den Verfahren der statischen und der dynamischen Investitionsrechnung?

2. Warum sind in Zukunft zu zahlende Beträge weniger wert als gegenwärtige?

3. Wie wird der Barwert (Gegenwartswert) einer künftigen Zahlung berechnet?

Kapitalwertmethode: Ermittlung des Kapitalwertes für eine Einzelinvestition

4. Was ist unter dem Kapitalwert einer Investition zu verstehen und wie wird er berechnet?

5. Wie lautet das Entscheidungskriterium bei einer Einzelinvestition?

6. Was bedeutet es für einen Investor, wenn der Kapitalwert einer Investition
   a) positiv
   b) null
   c) negativ
   ist?

7. Kapitalwertmethode: Vergleich zwischen Sach- und Finanzinvestition.

   Ein Unternehmen verfügt über liquide Mittel in Höhe von 200.000 EUR. Wegen mittelfristig geplanter anderweitiger Investitionen wird überlegt, ob dieser Betrag vorübergehend für zwei Jahre in festverzinslichen Wertpapieren mit einer Verzinsung von 8 % p. a. angelegt oder zur Anschaffung einer gebrauchten Produktionsanlage mit einer Restnutzungsdauer von 2 Jahren verwendet werden soll. Es wird geschätzt, dass im Zusammenhang mit der Produktionsanlage folgende Ein- und Auszahlungen anfallen:

	Anschaffungszeitpunkt t_0	Ende des ersten Jahres t_1	Ende des zweiten Jahres t_2
Auszahlungen in EUR	200.000	100.000	100.000
Einzahlungen in EUR		200.000	230.000

   Ein Liquidationserlös für die Produktionsanlage fällt nicht an. Als Kalkulationszinssatz wird der Zinssatz für festverzinsliche Wertpapiere verwendet.
   Ermitteln Sie die Kapitalwerte der beiden Investitionsalternativen und erläutern Sie das Ergebnis.

   Hinweis: *Die Ermittlung des Kapitalwertes kann mithilfe der finanzmathematischen Funktionen eines Taschenrechners erfolgen.*

8. Anwendung der Kapitalwertmethode bei Kauf eines Lkw.

   Eine Spedition beabsichtigt ein neues Spezialfahrzeug zum Preis von 600.000 EUR anzuschaffen. Mit dem Lkw-Hersteller wird vereinbart, dass der Rechnungspreis in zwei gleichen Jahresraten bezahlt werden kann (erste Rate bei Auslieferung, zweite Rate ein Jahr später). Für den neuen Lkw wird eine Nutzungsdauer von 5 Jahren angenommen. Danach kann er voraussichtlich zum Restwert von 100.000 EUR verkauft werden.
   Es wird mit folgenden Einzahlungsüberschüssen durch den Lkw-Einsatz gerechnet:

Jahr	01	02	03	04	05
Einzahlungsüberschüsse in EUR	100.000	150.000	200.000	150.000	170.000

Prüfen Sie mithilfe der Kapitalwertmethode, ob sich die Anschaffung bei einem Kalkulationszinssatz von 10 % lohnt.

Vergleich von Investitionsalternativen – Differenzinvestition

9 Wie lautet das Entscheidungskriterium bei einem Vergleich von mehreren Investitionsalternativen?

10 In welchen Fällen müssen Differenzinvestitionen berücksichtigt werden?

11 Wie geht der Kapitalwert einer Differenzinvestition in die Investitionsentscheidung ein?

12 Vergleich von Investitionsalternativen mit unterschiedlichen Anschaffungsausgaben – Differenzinvestition

Die Metallbau GmbH will eine neue Maschine anschaffen. Für die Investitionsentscheidung wird ein Kalkulationszinssatz von 10 % zugrunde gelegt. Es stehen zwei Alternativen zur Verfügung:

		Anlage I	**Anlage II**
Anschaffungsausgaben in EUR		90.000	60.000
Einzahlungsüberschüsse während der 5-jährigen Nutzung in EUR	$Ü_1$	20.000	20.000
	$Ü_2$	30.000	20.000
	$Ü_3$	40.000	20.000
	$Ü_4$	30.000	20.000
	$Ü_5$	15.000	15.000
erwarteter Liquidationserlös in EUR		5.000	0

a) Ermitteln Sie die Kapitalwerte der beiden Investitionen.

Hinweis: *Die Ermittlung des Kapitalwertes kann mithilfe der finanzmathematischen Funktionen eines Taschenrechners erfolgen.*

b) Geschäftsführer Abele möchte aufgrund des Ergebnisses von a) die Maschine A anschaffen. Geschäftsführer Bäuerle bezweifelt die Richtigkeit einer solchen Entscheidung und weist darauf hin, dass die Anschaffungsausgaben für die Anlage I um 50 % höher sind als bei Anlage II. Er schlägt vor, die Anlage II anzuschaffen und die ersparten 30.000 EUR in ein anderes Investitionsobjekt zu investieren.
Beurteilen Sie die Einwände von Herrn Bäuerle kritisch.

c) Die 30.000 EUR könnten in ein anderes Investitionsobjekt investiert werden, das ebenfalls eine Laufzeit von fünf Jahren hat und zu folgenden Einzahlungsüberschüssen führen würde.

Jahr 1	**Jahr 2**	**Jahr 3**	**Jahr 4**	**Jahr 5**
5.000 EUR	6.000 EUR	10.000 EUR	15.000 EUR	15.000 EUR

Ermitteln Sie den Kapitalwert dieser Differenzinvestition. Welche Investitionsentscheidung sollte die Metallbau GmbH treffen?

d) Würde sich die Investitionsentscheidung ändern, wenn der Differenzbetrag in Höhe von 30.000 EUR zinsbringend zum Kalkulationszinssatz am Kapitalmarkt angelegt würde? Begründen Sie Ihre Aussage.

e) Wie hoch muss der Kapitalwert der Differenzinvestition mindestens sein, damit die Anlage II vorteilhafter ist?

f) Überprüfen Sie, ob eine Differenzinvestition in Höhe von 30.000 EUR (= Unterschied der Anschaffungsausgaben zwischen Anlage I und II) den unter e) ermittelten Kapitalwert erzielt, wenn die jährlichen Einzahlungsüberschüsse genau der Differenz zwischen den Einzahlungsüberschüssen der Anlagen I und II entsprechen.

Jahr	1	2	3	4	5
Einzahlungsüberschüsse Anlage I in EUR	20.000	30.000	40.000	30.000	20.000[1]
– Einzahlungsüberschüsse Anlage II in EUR	20.000	20.000	20.000	20.000	15.000
= Einzahlungsüberschüsse Differenzinvestition in EUR	0	10.000	20.000	10.000	5.000

13 Vergleich von Investitionsalternativen mit unterschiedlicher Nutzungsdauer und unterschiedlichen Anschaffungsausgaben – Differenzinvestitionen.
Für zwei alternative Investitionsobjekte wurden folgende Daten ermittelt:

Anschaffungsausgaben	150.000 EUR	135.000 EUR
Liquidationserlös	0 EUR	0 EUR
Nutzungsdauer	5 Jahre	3 Jahre
Kalkulationszinssatz	10 %	10 %
Jährliche Einzahlungsüberschüsse	45.000 EUR	60.000 EUR

a) Vergleichen Sie die Vorteilhaftigkeit der beiden Investitionsalternativen
  aa) anhand der Kapitalwerte der beiden Anlagen.
  ab) anhand des Kapitalwertes der Differenzinvestition (Kalkulationszinssatz 10 %).
b) Erläutern Sie die Ergebnisse und die ihnen zugrunde liegende Annahme.

14 Nennen Sie Vor- und Nachteile der Kapitalwertmethode.

4 Investitionsentscheidungen unter Unsicherheit

4.1 Überblick

Bei den bisherigen Investitionsentscheidungen (vgl. Kap. 3) wurde davon ausgegangen, dass die Ein- und Auszahlungen sowie der Kalkulationszinssatz für die gesamte Dauer der Investition bekannt sind. In Wirklichkeit sind aber Vorhersagen über die Entwicklung dieser Größen teilweise mit erheblichen **Unsicherheiten** behaftet.

Entscheidungen unter Unsicherheit liegen dann vor, wenn zukünftige Entwicklungen (z. B. Höhe und Zeitpunkt der Zahlungsströme im Zusammenhang mit Investitionen) nicht mit Sicherheit vorausgesagt werden können.

Die Auswirkungen, die sich bei der Auswahl einer der zur Verfügung stehenden Investitionsalternativen ergeben, sind also nicht vollständig bekannt.

1 einschließlich Liquidationserlös von 5.000 EUR.

Investitionsentscheidungen lassen sich hinsichtlich Sicherheit und Unsicherheit wie folgt gliedern:

Sicherheit Alle Zahlungsströme werden als sicher gegeben angesehen.	**Unsicherheit** Die Zahlungsströme werden nicht als gegeben betrachtet.	
	Ungewissheit Dem Entscheidungsträger sind nur die von seiner Entscheidung abhängigen möglichen Folgen bekannt. Er kann jedoch keine Aussage über die Wahrscheinlichkeiten treffen, mit denen diese eintreten werden.	**Risiko** Dem Entscheidungsträger sind bezüglich der von seiner Entscheidung abhängigen Folgen (z. B. künftige Zahlungsströme) die Eintrittswahrscheinlichkeiten entweder objektiv (wie beim Lotto) oder subjektiv (aufgrund von Schätzungen oder von Vergangenheitswerten) bekannt.
	ohne Berücksichtigung von Eintrittswahrscheinlichkeiten	**mit Berücksichtigung von Eintrittswahrscheinlichkeiten**

Entscheidungen unter Ungewissheit liegen dann vor, wenn keine Wahrscheinlichkeiten hinsichtlich des Eintretens möglicher Folgen berücksichtigt werden können.

Entscheidungen unter Risiko liegen dann vor, wenn Wahrscheinlichkeiten hinsichtlich des Eintretens möglicher Folgen berücksichtigt werden können.

4.2 Entscheidungen bei Ungewissheit

4.2.1 Korrekturverfahren

Das Korrekturverfahren ist ein einfacher Ansatz zur Berücksichtigung der Ungewissheit bei Investitionsentscheidungen. Die Korrekturen erfolgen dabei durch Risikozuschläge oder Risikoabschläge hinsichtlich der Höhe des Kalkulationszinssatzes, der Amortisationszeit[1] (vgl. Kap. K 1.2) und/oder der Höhe der Einzahlungsüberschüsse (Rückflüsse).

Bei Investitionsentscheidungen unter Ungewissheit wird im Rahmen des Korrekturverfahrens versucht, durch Risikozuschläge/Risikoabschläge für wichtige Zielgrößen die Ungewissheit zu berücksichtigen.

1 Die Amortisationszeit ist der Zeitraum, innerhalb dessen die Investitionsausgaben (Kapitaleinsatz) über die künftigen Einzahlungsüberschüsse, die durch die Investition entstehen, zurückgeflossen sind. Diejenige Investitionsalternative mit der geringeren Amortisationsdauer ist die vorteilhaftere.

Risikozuschläge/Risikoabschläge für wichtige Zielgrößen		
Kalkulationszinssatz	**Amortisationszeit**	**Einzahlungsüberschüsse (Rückflüsse)**
Je höher die Ungewissheit eingeschätzt wird, desto höher der Risikozuschlag auf den Kalkulationszinssatz. Der Kapitalwert eines Investitionsvorhabens sinkt dadurch.	Je höher die Ungewissheit eingeschätzt wird, desto kürzer wird die Soll-Amortisationszeit gewählt. Der Kapitaleinsatz muss also in kürzerer Zeit über die Einzahlungsüberschüsse zurückgeflossen sein (= Amortisierung).	Je höher die Ungewissheit eingeschätzt wird, desto geringer werden die erwarteten Einzahlungsüberschüsse angesetzt. Dadurch sinkt der Kapitalwert eines Investitionsvorhabens.

Beispiel für die Berücksichtigung von Risikozuschlägen beim Kalkulationszinssatz

Grundlage für die Festlegung des Kalkulationszinssatzes bei Investitionsentscheidungen unter Ungewissheit ist normalerweise der Zinssatz für eine sichere Geldanlage (z. B. Zinssatz für festverzinsliche Wertpapiere des Staates). Zu diesem Zinssatz (z. B. 10 %) werden je nach Situation unterschiedliche Risikozuschläge addiert, wie die folgende Tabelle beispielhaft zeigt.

Situation		Risikozuschlag	Kalkulationszinssatz
Markt	Produkt		
vorhanden	bekannt	0 %-Punkte	10 %
vorhanden	neu	5 %-Punkte	15 %
neu	bekannt	15 %-Punkte	25 %
neu	neu	20 %-Punkte	30 %

Das **Korrekturverfahren** stellt lediglich eine **grobe Faustregel** zur Berücksichtigung von Ungewissheit bei Investitionsentscheidungen dar. Einen objektiv ermittelbaren Maßstab für die Höhe der anzuwendenden Risikozuschläge/Risikoabschläge gibt es nicht. Werden bei mehreren Zielgrößen gleichzeitig Korrekturen vorgenommen, kann das zu einer **Kumulierung des Vorsichtsprinzips** führen. Beispielsweise kann ein hoher Kalkulationszinssatz, kombiniert mit niedrigen Einzahlungsüberschüssen, zu einem extrem niedrigen oder sogar negativen Kapitalwert führen. Möglicherweise werden dadurch Investitionsprojekte wegen zu vorsichtiger Beurteilung der Einflussgrößen nicht durchgeführt und Potenziale des Unternehmens nicht genutzt.

4.2.2 Sensitivitätsanalyse

Die Sensitivitätsanalyse im Zusammenhang mit Investitionsentscheidungen soll zeigen, wie empfindlich (sensibel) der Kapitalwert einer Investition auf Änderung von Einflussgrößen (Kalkulationszinssatz, Nutzungsdauer, Absatzmengen, Absatzpreise) reagiert.

Fragestellungen der Sensitivitätsanalyse bei Investitionsentscheidungen	
Wie stark dürfen eine oder mehrere Einflussgrößen (Kalkulationszinssatz, Nutzungsdauer, Absatzmenge, Absatzpreise) von den ursprünglich geplanten Werten abweichen, ohne dass der Kapitalwert einen bestimmten vorgegebenen Wert über- oder unterschreitet?	Wie ändert sich der Kapitalwert, wenn sich eine oder mehrere Einflussgrößen (Kalkulationszinssatz, Nutzungsdauer, Absatzmenge, Absatzpreis) in bestimmtem Umfang gegenüber den ursprünglich geplanten Werten ändern?

Ermittlung des Kapitalwertes aufgrund der Schätzwerte

Beispiel

Der Metallbau GmbH stehen für ein Investitionsvorhaben folgende Schätzwerte zur Verfügung:

	Anlage 1
Anschaffungsausgaben	1.000.000 EUR
Nutzungsdauer	10 Jahre
Liquidationserlös	0,00 EUR
Kalkulationszinssatz	10 %
Absatzmenge	2.000 Stück pro Jahr
Verkaufspreis	220 EUR je Stück
variable Kosten (ausgabewirksam)	85 EUR je Stück
fixe Kosten (ausgabewirksam)	80.000 EUR pro Jahr

1. Ermittlung des Kapitalwertes auf der Basis der Schätzwerte

Die jährlichen Einzahlungsüberschüsse (Rückflüsse) betragen
2.000 Stück · 220 EUR – 2.000 Stück · 85 EUR – 80.000 EUR = 190.000 EUR
Absatzmenge · Stückpreis – variable Kosten – fixe Kosten

Entsprechend der Barwertformel für den Fall jährlich gleichbleibender Überschüsse (vgl. Kap. 3.2)

$$C_0 = -A_0 + Ü \cdot \frac{q^n - 1}{q^n(q-1)}$$

ergibt sich folgender Kapitalwert: $C_0 = -1.000.000 + 190.000 \cdot \frac{1{,}1^{10} - 1}{1{,}1^{10} \cdot (1{,}1 - 1)}$

$C_0 = -1.000.000 + 190.000 \cdot 6{,}144567$ (Barwertfaktor)
$= 167.467{,}75$ EUR

Lösung mithilfe der finanzmathematischen Funktionen eines Taschenrechners (TI) *Barwert mehrerer gleicher Beträge*	
1. Speichern der Einzahlungsüberschüsse als Liste *[2nd]{190000 [2nd]} [STO] [2nd] [L₁] [ENTER]*	{190000}→L₁ {190000} ■

2. Anwendung der Barwertfunktion nvp (Zinssatz, heutige Zahlung, gespeicherte Liste) *1. APPS 1: Finance CALC 7: npv(* *2. In runden Klammern durch Kommata getrennt Kalkulationszinssatz (10), heutige Zahlung ((–)1.000.000, gespeicherte Liste der künftigen Zahlungen (L_1) und in geschweiften Klammern Häufigkeit (10) eingeben.* *npv(10, (–)1.000.000, L1,{10}) [ENTER]* *Die Barwertsumme (Kapitalwert) wird mit 167.467,75 EUR ausgegeben.*	npv(10, ⁻1000000, L₁, {10}) 167467.7501 ■

▶ Ermittlung der kritischen Werte

2. Ermittlung der kritischen Anschaffungsausgaben

Fragestellung: Wie hoch dürfen die Anschaffungsausgaben höchstens sein, damit sich die Investition unter sonst gleichen Bedingungen noch lohnt?

Problemlösung:
Gesucht sind die Anschaffungsausgaben, die bei einer unveränderten Nutzungsdauer von 10 Jahren, einem unveränderten Kalkulationszinssatz von 10 % und unveränderten Einzahlungsüberschüssen von jährlich 190.000 EUR zu einem Kapitalwert von 0 führen.

Bei einem Kapitalwert von 0 ergeben sich Anschaffungsausgaben in Höhe von 1.167.468 EUR.

```
 N=10
 I%=10
▪PV=-1167467.75
 PMT=190000
 FV=0
 P/Y=1
 C/Y=1
 PMT:END BEGIN
```

3. Ermittlung der kritischen Nutzungsdauer

Fragestellung: Wie niedrig darf die Nutzungsdauer (= Laufzeit) höchstens sein, damit sich die Investition unter sonst gleichen Bedingungen noch lohnt?

Problemlösung:
Gesucht ist die Nutzungsdauer (= Laufzeit n), die bei unveränderten Anschaffungsausgaben von 1.000.000 EUR, einem unveränderten Kalkulationszinssatz von 10 % und unveränderten Einzahlungsüberschüssen von jährlich 190.000 EUR zu einem Kapitalwert von 0 führt.

Bei einem Kapitalwert von 0 ergibt sich eine Nutzungsdauer von 7,84 Jahren.

```
▪N=7.839817356
 I%=10
 PV=-1000000
 PMT=190000
 FV=0
 P/Y=1
 C/Y=1
 PMT:END BEGIN
```

4. Ermittlung des kritischen Kalkulationszinssatzes

Fragestellung: Wie hoch darf der Kalkulationszinssatz höchstens sein, damit sich die Investition unter sonst gleichen Bedingungen noch lohnt?

Problemlösung:
Gesucht ist der Kalkulationszinssatz, der bei unveränderten Anschaffungsausgaben von 1.000.000 EUR, einer unveränderten Nutzungsdauer von 10 Jahren und unveränderten Einzahlungsüberschüssen von jährlich 190.000 EUR zu einem Kapitalwert von 0 führt.

Bei einem Kapitalwert von 0 ergibt sich ein Kalkulationszinssatz von 13,77 %.

```
 N=10
▪I%=13.77057206
 PV=-1000000
 PMT=190000
 FV=0
 P/Y=1
 C/Y=1
 PMT:END BEGIN
```

5. Ermittlung der kritischen Absatzmenge

Fragestellung: Wie hoch muss die Absatzmenge mindestens sein, damit sich die Investition unter sonst gleichen Bedingungen noch lohnt?

Problemlösung:
Gesucht ist die Absatzmenge, die bei unverändertem Absatzpreis von 220 EUR je Stück, unverändertem Kalkulationszinssatz von 10 %, unveränderten Anschaffungsausgaben von 1.000.000 EUR und einer unveränderten Nutzungsdauer von 10 Jahren zu Einzahlungsüberschüssen führt, die zu einem Kapitalwert von 0 führen.

Für einen Kapitalwert von 0 ergeben sich Einzahlungsüberschüsse von jährlich 162.745 EUR.

```
 N=10
 I%=10
 PV=-1000000
▪PMT=162745.394
 FV=0
 P/Y=1
 C/Y=1
 PMT:END BEGIN
```

Berechnung der Absatzmenge
Überschuss = $(p - k_v) \cdot x - K_{fix}$ — 162.745 = (220 – 85) · x – 80.000
x = 1.798 Stück

Die Mindestabsatzmenge beträgt 1.798 Stück.

6. Ermittlung des kritischen Verkaufspreises

Fragestellung: Wie hoch muss der Verkaufspreis mindestens sein, damit sich die Investition unter sonst gleichen Bedingungen noch lohnt?

Problemlösung:
Gesucht ist der Verkaufspreis, der bei unveränderter Absatzmenge von 2.000 Stück, unverändertem Kalkulationszinssatz von 10 %, unveränderten Anschaffungsausgaben von 1.000.000 EUR und einer unveränderten Nutzungsdauer von 10 Jahren zu Einzahlungsüberschüssen führt, die zu einem Kapitalwert von 0 führen.

Für einen Kapitalwert von 0 ergeben sich Einzahlungsüberschüsse von jährlich 162.745 EUR (siehe Nr. 5).

Berechnung des Verkaufspreises
Überschuss = $(p - k_v) \cdot x - K_{fix}$ — 162.745 = (p – 85) · 2.000 – 80.000
p = 206,37 EUR

Der Verkaufspreis muss mindestens 206,37 EUR betragen.

Zusammenfassung und Vergleich der kritischen Werte

Einflussgröße	Schätzwert	kritischer Wert	höchstens zulässige Abweichung in %
Anschaffungsausgaben	1.000.000 EUR	1.167.468 EUR	+ 16,7 %
Nutzungsdauer	10 Jahre	7,84 Jahre	– 21,6 %
Kalkulationszinssatz	10 %	13,77 %	+ 37,7 %
Absatzmenge	2.000 Stück	1.798 Stück	– 10,1 %
Verkaufspreis	220 EUR je Stück	206,37 EUR je Stück	– 6,2 %

Die Sensitivitätsanalyse zeigt, dass der Kapitalwert im vorliegenden Fall am empfindlichsten auf den Verkaufspreis reagiert. Bereits bei einer Minderung des Absatzpreises um 6,2 % gegenüber dem Schätzwert ergibt sich ein Kapitalwert von 0. Der Absatzpreis muss somit bei dieser Investition besonders sorgfältig beobachtet werden.

4.3 Entscheidungen unter Risiko: Berücksichtigung von Wahrscheinlichkeiten

4.3.1 Entscheidungsbaumverfahren

Das **Entscheidungsbaumverfahren** kommt insbesondere bei **mehrstufigen Investitionsentscheidungen** zur Anwendung. Eine mehrstufige Investitionsentscheidung liegt dann vor, wenn Entscheidungen zeitlich gestaffelt nacheinander getroffen werden müssen und die Folgeentscheidungen die Vorteilhaftigkeit der ursprünglichen Entscheidung beeinflussen. Bei grafischer Darstellung der Zusammenhänge entsteht eine Struktur, die einem Baum mit Ästen und Zweigen ähnelt. Daher wird eine solche Darstellung als **Entscheidungsbaum** bezeichnet.

Ein Entscheidungsbaum ist ein Hilfsmittel zur grafischen Darstellung der Abhängigkeiten zwischen verschiedenen (Investitions-)Entscheidungen, die zeitlich nacheinander getroffen werden müssen und sich beeinflussen.

Zur Erstellung eines Entscheidungsbaumes müssen zunächst

- die **Entscheidungsalternativen**,
- die zeitliche Reihenfolge der Entscheidungen (**Entscheidungszeitpunkte**),
- mögliche **Zufallsereignisse**,
- die **Wahrscheinlichkeiten**, mit denen ein bestimmtes Ereignis eintritt,
- die sich für die einzelnen Alternativen jeweils ergebenden **Barwertsummen der Einzahlungsüberschüsse** (= Rückflüsse) bzw. die Kapitalwerte

ermittelt werden.

Ein Unternehmen der Maschinenbauindustrie steht vor folgenden Problemen:

1. Ausgangsproblem: Beschaffung von wichtigen Zubehörteilen für ein neu entwickeltes Produkt
   Alternative A_1: Anschaffung einer vollautomatischen Fertigungsanlage zur vollständigen eigenen Herstellung der Zubehörteile: Erforderlicher Kapitaleinsatz: 1,80 Mio. EUR
   Alternative A_2: Anschaffung einer halbautomatischen Fertigungsanlage und gleichzeitig Vergabe von Fertigungsaufträgen an Zulieferer (Outsourcing): Erforderlicher Kapitaleinsatz: 1,10 Mio. EUR
2. Folgeprobleme
   2.1 Soll auch eine Einführung des Produkts auf ausländischen Märkten erfolgen?
   2.2 Kann der Absatz durch entsprechende Werbemaßnahmen gesteigert werden?
   2.3 Soll eine Zusatzinvestition vorgenommen werden?

In diesem Zusammenhang erstellt das Unternehmen folgenden Entscheidungsbaum:

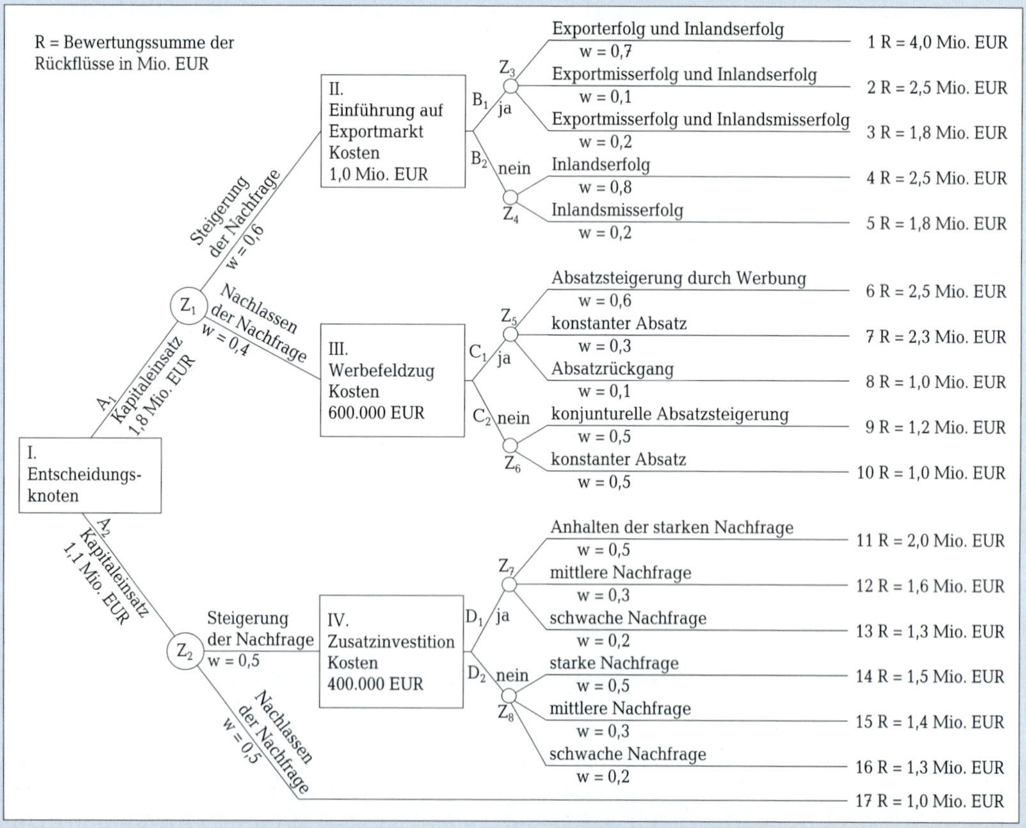

Quelle: L. Perridon, M. Steiner, Finanzwirtschaft der Unternehmung, München 2004, S. 128 ff.

Bedeutung der Symbole:

□	Rechtecke mit Nummerierung I, II, III, … Entscheidungsknoten: Knoten, die eine Entscheidung charakterisieren
○	Kreis mit der Nummerierung Z1, Z2, … Zufallsknoten: Knoten, die ein Zufallsereignis charakterisieren
w	Wahrscheinlichkeit, mit der ein bestimmtes Ereignis eintritt
R	Bewertungssumme der Rückflüsse in Mio. EUR

Lösung:
Die optimale Entscheidung lässt sich wie folgt ermitteln: Ausgehend von den im Entscheidungsbaum rechts stehenden Barwertsummen der Überschüsse werden durch Multiplikation mit der Wahrscheinlichkeit ihres Eintritts die Erwartungswerte ermittelt. Diese Vorgehensweise, sich innerhalb des Entscheidungsbaumes, ausgehend von den Endergebnissen (rechts), zeitlich Schritt für Schritt rückwärts zum Ausgangspunkt (links) zu bewegen, wird als **Rollback-Verfahren** bezeichnet. Es wird unterstellt, dass der Investor die Alternative wählen möchte, bei der der Erwartungswert für den entsprechenden Kapitalwert möglichst groß ist. Es wird somit nach der **erwartungswertmaximalen Investitionsentscheidung** gesucht. Für den vorliegenden Fall führt das zu folgendem Ergebnis:

1. Schritt:

Entscheidungsknoten	Entscheidungsalternativen	Berechnung des Erwartungswertes	Erwartungswert des Kapitalwertes
Entscheidungsknoten II	Alternative B_1: Exportmarkt	4,0 Mio. EUR · 0,7 + 2,5 Mio. EUR · 0,1 + 1,8 Mio. EUR · 0,2 = 3,41 Mio. EUR – Ausgabewirksame Kosten Exportmarkt 1,00 Mio. EUR = 2,41 Mio. EUR	**2,41 Mio. EUR**
	Alternative B_2: kein Exportmarkt	2,5 Mio. EUR · 0,8 + 1,8 Mio. EUR · 0,2 = 2,36 Mio. EUR	2,36 Mio. EUR

Von den beiden Alternativen B_1 und B_2 hat die Entscheidung für den Exportmarkt den höheren Erwartungswert (Erwartungswert des Kapitalwertes 2,41 Mio. EUR). Die Alternative B_2 (kein Exportmarkt) scheidet somit für weitere Überlegungen aus.

2. Schritt

Entscheidungsknoten	Entscheidung	Berechnung des Erwartungswertes	Erwartungswert des Kapitalwertes
Entscheidungsknoten III	Alternative C_1: Werbung	2,5 Mio. EUR · 0,6 + 2,3 Mio. EUR · 0,3 + 1,0 Mio. EUR · 0,1 = 2,29 Mio. EUR – Ausgabewirksame Kosten Werbung 0,60 Mio. EUR = 1,69 Mio. EUR	**1,69 Mio. EUR**
	Alternative C_2: keine Werbung	1,2 Mio. EUR · 0,5 + 1,0 Mio. EUR · 0,5 = 1,10 Mio. EUR	1,10 Mio. EUR

Von den beiden Alternativen C_1 und C_2 hat die Entscheidung für die Werbung den höheren Erwartungswert (Erwartungswert des Kapitalwertes 1,69 Mio. EUR). Die Alternative C_2 (keine Werbung) scheidet somit für weitere Überlegungen aus.

3. Schritt

Entscheidungsknoten	Entscheidung	Berechnung des Erwartungswertes	Erwartungswert des Kapitalwertes
Entscheidungsknoten IV	Alternative D_1: Zusatzinvestition	2,0 Mio. EUR · 0,5 + 1,6 Mio. EUR · 0,3 + 1,3 Mio. EUR · 0,2 = 1,74 Mio. EUR – Ausgabewirksame Kosten Investition 0,40 Mio. EUR = 1,34 Mio. EUR	1,34 Mio. EUR
	Alternative D_2: keine Zusatzinvestition	1,5 Mio. EUR · 0,5 + 1,4 Mio. EUR · 0,3 + 1,3 Mio. EUR · 0,2 = 1,43 Mio. EUR	**1,43 Mio. EUR**

Von den beiden Alternativen D_1 und D_2 hat die Entscheidung gegen die Zusatzinvestition den höheren Erwartungswert (Erwartungswert des Kapitalwertes 1,43 Mio. EUR). Die Alternative D_1 (Zusatzinvestition) scheidet somit für weitere Überlegungen aus.

4. Schritt

Entscheidungsknoten	Entscheidung	Berechnung des Erwartungswertes	Erwartungswert des Kapitalwertes
Entscheidungsknoten I	Alternative A_1: vollautomatische Fertigungsanlage	2,41 Mio. EUR · 0,6 + 1,69 Mio. EUR · 0,4 (aus Knoten II) (aus Knoten III) = 2,122 Mio. EUR – Kapitaleinsatz vollautomat. Anlage 1,800 Mio. EUR = 0,322 Mio. EUR	**0,322 Mio. EUR**
	Alternative A_2: halbautomatische Fertigungsanlage	1,43 Mio. EUR · 0,5 + 1,0 Mio. EUR · 0,5 (aus Knoten IV) (aus Knoten I) = 1,215 Mio. EUR – Kapitaleinsatz halbautomat. Anlage 1,100 Mio. EUR = 0,115 Mio. EUR	0,115 Mio. EUR

Von den beiden Alternativen A_1 und A_2 hat die Entscheidung für die vollautomatische Fertigungsanlage den höheren Erwartungswert (Erwartungswert des Kapitalwertes 0,322 Mio. EUR). Die Alternative A_2 (halbautomatische Fertigungsanlage, Erwartungswert des Kapitalwertes: 0,115 Mio. EUR) scheidet somit für weitere Überlegungen aus.

Ergebnis:
Das Unternehmen sollte sich für die vollautomatische Fertigungsanlage, für die Auslandsexpansion und für die Werbekampagne entscheiden, da bei diesen Entscheidungen der erwartungsmaximale Kapitalwert erzielt wird.

In der Praxis wird das Entscheidungsbaumverfahren allenfalls bei Großinvestitionen als Ergänzung bei der Entscheidungsfindung eingesetzt. Die relativ seltene Anwendung dieses Verfahrens ist häufig durch die fehlenden (oder bis zur Ungenauigkeit vereinfachten) Voraussetzungen, auf denen dieses Verfahren beruht, zurückzuführen. Folgende Voraussetzungen müssen gegeben sein:

- Der Investor muss risikoneutral sein, d. h. die mit der Investition verbundenen Chancen dürfen nicht nach anderen Maßstäben gewichtet werden als die Risiken.
- Es muss möglich sein, die Barwertsummen der Rückflüsse sowie deren Eintrittswahrscheinlichkeiten mit hinreichender Genauigkeit zu ermitteln. Die Wahrscheinlichkeiten sind aber selbst sehr unsichere Größen, auf deren Veränderung das Modell sehr empfindlich reagiert.

- Die Quantifizierung der Daten muss bis zum Ende der Planungsperiode, d.h. bis zum Ende des langlebigsten Investitionsobjekts, möglich sein.

Der praktische Wert des Entscheidungsbaumverfahrens liegt daher vorrangig darin, mehrstufige Entscheidungsprobleme sorgfältig zu durchdenken und zu versuchen, die Eintrittswahrscheinlichkeiten für mögliche Entscheidungskonsequenzen zu ermitteln.

4.3.2 Erwartungswert einer Investition

Für Investitionsentscheidungen lassen sich – neben dem Entscheidungsbaumverfahren (vgl. Kap. 4.3.1) – auch andere entscheidungstheoretische Vorgehensweisen nutzen, bei denen (in der Regel subjektive) Wahrscheinlichkeiten und Risikopräferenzen zusätzlich zu den rein rechnerischen Größen (z.B. Kapitalwert) berücksichtig werden. Eine solche Entscheidungsregel stellt die **Regel der maximalen Erwartungswerte** (Bayes-Regel)[1] dar. Voraussetzung für die Anwendung eines solchen Verfahrens ist, dass der Investor Wahrscheinlichkeiten (w) für das Erreichen bestimmter Zielgrößen Z (z.B. Umsatzerlöse, Kapitalwerte) angeben kann. Bei der Regel der maximalen Erwartungswerte werden die Wahrscheinlichkeiten (w) mit den jeweiligen Werten der Zielgröße (Z) multipliziert und addiert. Auf diese Weise lässt sich der Erwartungswert (μ) für eine bestimmte Investitionsalternative ermitteln.

Die Regel der maximalen Erwartungswerte (Bayes-Regel) besagt, dass diejenige Investitionsalternative gewählt werden soll, deren Erwartungswert μ am größten ist.

$$\mu = \sum_{i=1}^{n} w_i \cdot Z_i \rightarrow \text{Max!}$$

μ = Erwartungswert
Z_i = Werte einer Zielgröße (z.B. Umsatz, Kapitalwert)
w_i = Wahrscheinlichkeiten, mit denen bestimmte Werte der Zielgröße eintreten
i = Laufvariable ($i = 1, 2, \dots, n$)

Beispiel

Absatzentwicklung (Umweltbedingungen)	Kapitalwert		Wahrscheinlichkeit
	Investitionsalternative 1	Investitionsalternative 2	
Absatz steigt	3,0 Mio. EUR	3,5 Mio. EUR	0,1
Absatz unverändert	2,5 Mio. EUR	2,5 Mio. EUR	0,8
Absatz sinkt	1,8 Mio. EUR	1,6 Mio. EUR	0,1

Berechnung des maximalen Erwartungswertes:
Alternative 1: Erwartungswert $\mu_1 = 3{,}0$ Mio. $\cdot$ 0,1 + 2,5 Mio. $\cdot$ 0,8 + 1,8 Mio. $\cdot$ 0,1 = 2,48 Mio. EUR
Alternative 2: Erwartungswert $\mu_2 = 3{,}5$ Mio. $\cdot$ 0,1 + 2,5 Mio. $\cdot$ 0,8 + 1,6 Mio. $\cdot$ 0,1 = 2,51 Mio. EUR

Bei Anwendung der Bayes-Regel ist die Investitionsalternative 2 günstiger, da der Erwartungswert der Kapitalwerte höher ist.

1 Benannt nach dem englischen Mathematiker Thomas Bayes, 1702–1761.

Die Kritik an der Regel der maximalen Erwartungswerte ist weitgehend dieselbe wie beim Entscheidungsbaumverfahren (vgl. Kap. 4.3.1):

- Der Investor muss risikoneutral sein, d. h., die mit der Investition verbundenen Chancen dürfen nicht nach anderen Maßstäben gewichtet werden als die Risiken.
- Es muss möglich sein, die Zielgrößen (z. B. Kapitalwerte) sowie deren Eintrittswahrscheinlichkeiten mit hinreichender Genauigkeit zu ermitteln. Die Wahrscheinlichkeiten sind aber selbst sehr unsichere Größen.

4.3.3 Berücksichtigung von Risikoaspekten

Standardabweichung – (μ, σ)-Prinzip

Die Regel der maximalen Erwartungswerte (Bayes-Regel) kann ergänzt werden, indem neben dem Erwartungswert (μ) zusätzlich noch Risikoaspekte berücksichtigt werden. Zur Erfassung des Risikos wird die **Standardabweichung** (σ), die die Streuung der Einzelerwartungen um den Erwartungswert beschreibt, verwendet. **Je höher die Standardabweichung ist, desto größer ist das Risiko der Investitionsalternative**. Diese Vorgehensweise wird als kombiniertes Risiko-Erwartungswertkriterium oder **(μ, σ)-Prinzip** bezeichnet. Die Berechnung der Standardabweichung σ erfolgt nach folgender Formel:

$$\sigma = \sqrt{\sum_{i=1}^{n} (Z_i - \mu)^2 \cdot w_i}$$

σ = Standardabweichung
μ = Erwartungswert
Z_i = Werte einer Zielgröße (z. B. Umsatz, Kapitalwert)
w_i = Wahrscheinlichkeiten, mit denen bestimmte Werte der Zielgröße Z eintreten

Variation des Beispiels aus Kap. 4.3.2

Absatzentwicklung (Umweltbedingungen)	Kapitalwert		Wahrscheinlichkeit
	Investitionsalternative 1	Investitionsalternative 2	
Absatz steigt	6,0 Mio. EUR	9,0 Mio. EUR	0,1
Absatz unverändert	5,0 Mio. EUR	5,0 Mio. EUR	0,8
Absatz sinkt	4,0 Mio. EUR	1,0 Mio. EUR	0,1

Berechnung des maximalen Erwartungswertes:
Alternative 1: Erwartungswert $\mu_1 = 6{,}0$ Mio. $\cdot$ 0,1 + 5,0 Mio. $\cdot$ 0,8 + 4,0 Mio. $\cdot$ 0,1 = 5,0 Mio. EUR
Alternative 2: Erwartungswert $\mu_2 = 9{,}0$ Mio. $\cdot$ 0,1 + 5,0 Mio. $\cdot$ 0,8 + 1,0 Mio. $\cdot$ 0,1 = 5,0 Mio. EUR
Der Erwartungswert μ ist im vorliegenden Fall für beide Alternativen gleich.

Berechnung der Standardabweichung:
Alternative 1:
$(6{,}0 \text{ Mio.} - 5{,}0 \text{ Mio.})^2 \cdot 0{,}1 + (5{,}0 \text{ Mio.} - 5{,}0 \text{ Mio.})^2 \cdot 0{,}8 + (4{,}0 \text{ Mio.} - 5{,}0 \text{ Mio.})^2 \cdot 0{,}1 = 0{,}2$ Mio. EUR
$\sigma_1 = \sqrt{0{,}2 \text{ Mio.}} = 0{,}447856$ Mio. EUR

Alternative 2:
$(9{,}0 \text{ Mio.} - 5{,}0 \text{ Mio.})^2 \cdot 0{,}1 + (5{,}0 \text{ Mio.} - 5{,}0 \text{ Mio.})^2 \cdot 0{,}8 + (1{,}0 \text{ Mio.} - 5{,}0 \text{ Mio.})^2 \cdot 0{,}1 = 3{,}2$ Mio. EUR
$\sigma_2 = \sqrt{3{,}2 \text{ Mio.}} = 1{,}788854$ Mio. EUR

Ergebnis: Alternative 1 hat die geringere Standardabweichung. Bei Alternative 1 ist somit das Risiko geringer als bei Alternative 2. Da die Erwartungswerte (Rendite) bei beiden Alternativen gleich hoch sind, ist Alternative 1 wegen des geringeren Risikos vorteilhafter.

Nach dem (μ, σ)-Prinzip (= kombiniertes Risiko-Erwartungskriterium) ist eine Investitionsalternative vorteilhafter als eine andere Alternative, wenn sie
- **bei mindestens gleich hohem Erwartungswert eine niedrigere Standardabweichung hat,**
- **bei höchstens ebenso hoher Standardabweichung einen höheren Erwartungswert hat.**

Abweichungskoeffizient

Wenn die Investitionsalternative A zwar einen höheren Erwartungswert, gleichzeitig aber auch eine höhere Standardabweichung aufweist als die Investitionsalternative B, bedeutet das: Alternative A erzielt zwar eine höhere Rendite, ist aber gleichzeitig risikoreicher. Eine Entscheidung über die Vorteilhaftigkeit kann in diesem Fall nicht unmittelbar getroffen werden. Allerdings lassen sich die durch den Erwartungswert μ ausgedrückte Rendite und das durch die Standardabweichung σ ausgedrückte Risiko zueinander ins Verhältnis setzen. Die so ermittelte Kennzahl wird als **Abweichungskoeffizient (AWK)** bezeichnet. Auf diese Weise kann ermittelt werden, wie viel zusätzliches Risiko für eine zusätzliche Renditeeinheit in Kauf genommen werden muss. Je geringer der Abweichungskoeffizient ist, umso vorteilhafter ist die Investition bei Anwendung des (μ, σ)-Prinzips.

Variation und Fortsetzung des Beispiels aus Kap. 4.3.2

Absatzentwicklung (Umweltbedingungen)	Kapitalwert		Wahrscheinlichkeit
	Investitionsalternative 1	Investitionsalternative 2	
Absatz steigt	3,0 Mio. EUR	3,5 Mio. EUR	0,1
Absatz unverändert	2,5 Mio. EUR	2,5 Mio. EUR	0,8
Absatz sinkt	1,8 Mio. EUR	1,6 Mio. EUR	0,1

Berechnung des maximalen Erwartungswertes:
Alternative 1:
Erwartungswert μ_1 = 3,0 Mio. EUR · 0,1 + 2,5 Mio. EUR · 0,8 + 1,8 Mio. EUR · 0,1 = 2,48 Mio. EUR

Alternative 2:
Erwartungswert μ_2 = 3,5 Mio. EUR · 0,1 + 2,5 Mio. EUR · 0,8 + 1,6 Mio. EUR · 0,1 = 2,51 Mio. EUR

Berechnung der Standardabweichung:
Alternative 1:
$(3 \text{ Mio.} - 2{,}48 \text{ Mio.})^2 \cdot 0{,}1 + (2{,}5 \text{ Mio.} - 2{,}48 \text{ Mio.})^2 \cdot 0{,}8 + (1{,}8 \text{ Mio.} - 2{,}48 \text{ Mio.})^2 \cdot 0{,}1 = 0{,}0736 \text{ Mio.}$
$\sigma_1 = \sqrt{0{,}0736 \text{ Mio.}} = 0{,}271293 \text{ Mio.}$

Alternative 2:
$(3{,}5 \text{ Mio.} - 2{,}51 \text{ Mio.})^2 \cdot 0{,}1 + (2{,}5 \text{ Mio.} - 2{,}51 \text{ Mio.})^2 \cdot 0{,}8 + (1{,}6 \text{ Mio.} - 2{,}51 \text{ Mio.})^2 \cdot 0{,}1 = 0{,}1809 \text{ Mio.}$
$\sigma_2 = \sqrt{0{,}1809 \text{ Mio.}} = 0{,}425323 \text{ Mio.}$

Ergebnis: Alternative 2 hat den höheren maximalen Erwartungswert und Alternative 1 die geringere Standardabweichung. Bei Alternative 2 ist somit der Ertrag höher als bei Alternative 1. Gleichzeitig ist aber bei dieser Alternative 2 auch das Risiko höher als bei Alternative 1. Eine Entscheidung kann nicht unmittelbar getroffen werden, da Rendite und Risiko gegeneinander abgewogen werden müssen.

Um die Werte für das Risiko (σ) und die Rendite (μ) in einer einzigen Kennzahl zu kombinieren, die dann in eine Rangfolge gebracht werden kann, wird ein Abweichungskoeffizient (AWK) ermittelt.

Der Abweichungskoeffizient wird wie folgt berechnet:

$$\text{AWK} = \frac{\text{Risiko}}{\text{Erwartungswert}} = \frac{\sigma}{\mu}$$

Je niedriger der **Abweichungskoeffizient** ist, desto vorteilhafter ist eine Investition, da dies einen tendenziell höheren Erwartungswert und eine tendenziell niedrigere Standardabweichung bedeutet.

Fortsetzung des Beispiels:

Berechnung der Abweichungskoeffizienten
Alternative 1: Abweichungskoeffizient A_1 = 0,271293 Mio./2,48 Mio. = 0,10939
Alternative 2: Abweichungskoeffizient A_2 = 0,425323 Mio./2,51 Mio. = 0,16945

Die Alternative 1 ist unter Berücksichtigung von Rendite und Risiko [(μ, σ)-Prinzip] vorteilhafter, da der Abweichungskoeffizient niedriger ist. Bei Alternative 1 wird eine zusätzliche Rendite mit einer Erhöhung des Risikos um 0,10939 Einheiten erkauft. Bei Alternative 2 ist dagegen für eine zusätzliche Erhöhung der Rendite um eine Einheit eine Risikoerhöhung um 0,16945 Einheiten nötig.

Risikopräferenzfunktion – Indifferenzkurven

! Bei den Problemen der Investitionsentscheidung unter Unsicherheit handelt es sich um ein Abwägen zwischen einer höheren Rendite, verbunden mit höherem Risiko, oder einer kleineren Rendite, verbunden mit niedrigerem Risiko.

Dieses Abwägen zwischen Rendite und Risiko lässt sich durch sog. **Risikopräferenzfunktionen** ausdrücken. In einer solchen Funktion spiegelt sich die Vorstellung eines Investors wider, welchen Nutzen er einem erhöhten (oder verminderten) Risiko beimisst (**Risikonutzen**).

Eine solche Funktion sagt für einen bestimmten Investor aus, wie viel mehr (oder weniger) Risiko (ausgedrückt durch die Standardabweichung σ) er zu übernehmen bereit ist, wenn die Rendite (ausgedrückt durch den Erwartungswert μ) steigt (oder fällt).

! Die funktionale Abhängigkeit des Risiko-Nutzens von der Rendite und vom Risiko wird als Risikopräferenzfunktion bezeichnet.

Risikopräferenzfunktion: Risikonutzen = f (μ, σ)

Grafisch lassen sich Risikopräferenzfunktionen für einen bestimmten Risikonutzen (z. B. N_1) in Form von **Risikoindifferenzkurven** darstellen.

! Eine Risikoindifferenzkurve ist der geometrische Ort aller Kombinationen zwischen Rendite (μ) und Risiko (σ), die vom Investor gleich (= indifferent) beurteilt werden und ihm daher den gleichen Risiko-Nutzen (z. B. N_1) stiften.

Gedanklich lässt sich für einen Investor eine Schar solcher Indifferenzkurven in einem μ/σ-Diagramm konstruieren. Die einzelnen Indifferenzkurven unterscheiden sich durch die Höhe ihres Risikonutzens. Der individuelle Grad der Risikoscheu oder der Risikobereitschaft eines Investors schlägt sich in einem unterschiedlichen Verlauf dieser Indifferenzkurvenschar nieder.

Verlauf der Indifferenzkurven bei risikoscheuem Verhalten des Investors

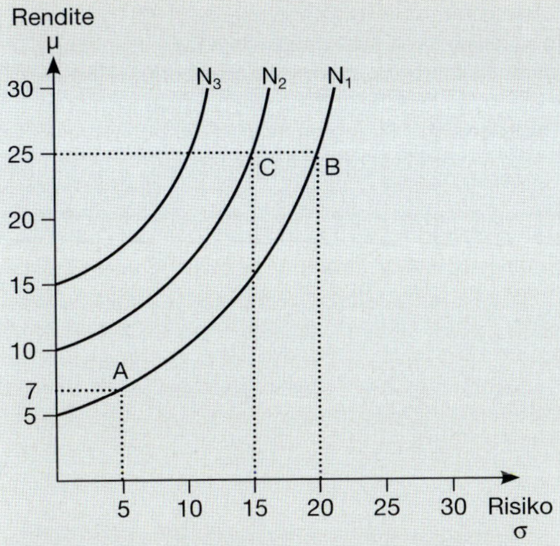

Gelangt man bei konstantem μ (z. B. 25) und sinkendem σ (z. B. Übergang von B nach C) zu einer Indifferenzkurve mit höherem Risikonutzen (Übergang von N_1 nach N_2), so liegt risikoscheues Verhalten vor.

Die Kombinationen von μ und σ im Punkt A (7/5) stiften dem Investor nach seiner persönlichen Einschätzung den gleichen Risikonutzen wie die Kombinationen von μ und σ im Punkt B (25/20). Deshalb liegen beide Punkte auf derselben Indifferenzkurve N_1. Der progressiv steigende Verlauf der Indifferenzkurve bewirkt, dass beim Übergang von Punkt A nach Punkt B die höhere Rendite (25 % statt 7 %) nur dann als vorteilhaft angesehen wird, wenn die damit einhergehende Zunahme des Risikos (20 % statt 5 %) geringer als der Renditezuwachs ist. Anders ausgedrückt: Das Risikoverhalten dieses Investors ist dadurch geprägt, dass ein erhöhtes Risiko zu einem überproportional starken Anstieg der Rendite führen muss. Je risikoscheuer ein Anleger ist, desto größer ist die progressive Steigung seiner Indifferenzkurven. Jede Kombination von μ und σ, die auf einer höheren Indifferenzkurve (z. B. N_2) liegt, ist für den Investor vorteilhafter als eine Kombination auf einer niedrigeren Indifferenzkurve. In Punkt C auf der Indifferenzkurve N_2 ist beispielsweise die Rendite gleich hoch wie in Punkt B auf der Indifferenzkurve N_1. Da das Risiko hier aber geringer ist, ist diese Kombination höherwertig als die Kombination B.

Risikoscheuer Investor: Ein höheres Risiko muss durch eine überproportional steigende Rendite ausgeglichen werden.

Je stärker die progressive Steigung der Risikoindifferenzkurven eines Investors in einem μ/σ-Diagramm ist, desto risikoscheuer ist der Investor.

Verlauf der Indifferenzkurven bei risikofreudigem Verhalten des Investors

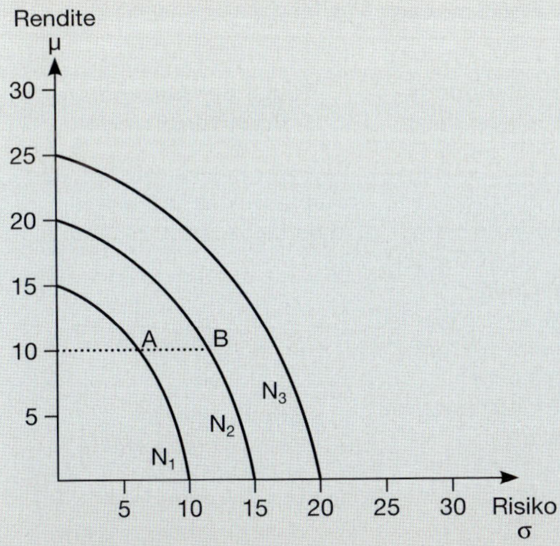

Gelangt man bei konstantem μ (z. B. 10) und steigendem σ (z. B. Übergang von A nach B) zu einer Indifferenzkurve mit höherem Risikonutzen (z. B. Übergang von N_1 nach N_2), so liegt risikofreudiges Verhalten vor.

Risikofreudiger Investor: Der Investor nimmt höheres Risiko sogar dann in Kauf, wenn dadurch die Rendite sinkt.

Bei degressiv fallendem Verlauf der Indifferenzkurven eines Investors in einem μ/σ-Diagramm ist der Investor risikofreudig.

Verlauf der Indifferenzkurven bei risikoneutralem Verhalten des Investors

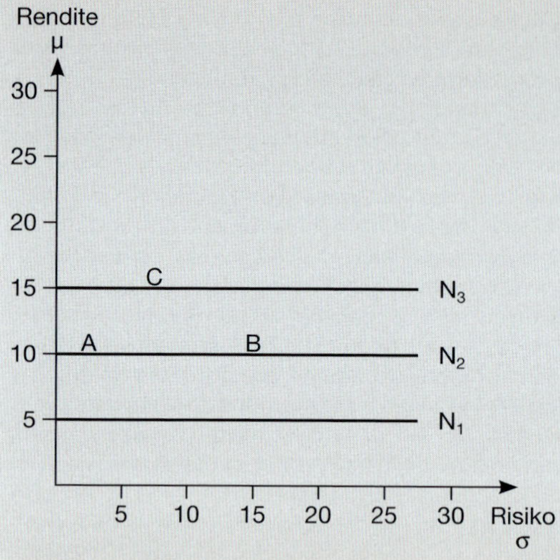

Gelangt man bei konstantem μ (z. B. 10) trotz steigendem σ (z. B. Übergang von A nach B) nicht zu einer Indifferenzkurve mit einem anderen Risikonutzen, so liegt risikoneutrales Verhalten vor. Der Investor zieht die Alternative mit der höchsten Rendite vor (hier: Kombination C).

Risikoneutraler Investor: Der Investor beurteilt verschiedene Alternativen nur nach der jeweiligen Rendite.

Zusammenfassung zu Kapitel 4: Investitionsentscheidungen unter Unsicherheit

Unsicherheit
künftige Entwicklungen können nicht mit Sicherheit vorausgesagt werden

Ungewissheit		**Risiko**	
ohne Berücksichtigung von Wahrscheinlichkeiten		mit Berücksichtigung von Wahrscheinlichkeiten	
Korrekturverfahren ↓ Risikozu- bzw. -abschläge für ■ Kalkulationszinsatz ■ Amortisationszeit ■ Höhe der Rückflüsse	**Sensitivitätsanalyse** Frage: Wie stark dürfen sich einzelne Einflussgrößen ändern, ohne dass der Kapitalwert negativ wird? ↓ **Ermittlung der kritischen Werte und der höchstens zulässigen Abweichung vom Schätzwert**	**Entscheidungsbaumverfahren** grafische Darstellung der Abhängigkeiten zwischen mehreren Investitionsentscheidungen unter Berücksichtigung der Wahrscheinlichkeiten, mit denen bestimmte Ereignisse eintreten	**Regel der maximalen Erwartungswerte** Es wird diejenige Investitionsalternative gewählt, deren Erwartungswert μ am größten ist. $\mu = \sum_{i=l}^{n} w_i \cdot Z_i \rightarrow \text{Max!}$ μ = Erwartungswert Z_i = Werte einer Zielgröße (z. B. Umsatz, Kapitalwert) w_i = Wahrscheinlichkeiten, mit denen bestimmte Werte der Zielgröße eintreten i = Laufvariable (i = 1, 2, … ,n)

Berücksichtigung von Risikoaspekten
= Ergänzung der Regel des maximalen Erwartungswertes μ um Risikoaspekte durch die Standardabweichung σ

↓

kombiniertes Risiko-Erwartungskriterium
(μ, σ)-Prinzip

$$\sigma = \sqrt{\sum_{i=1}^{n} (Z_i - \mu)^2 \cdot w_i}$$

σ = Standardabweichung (gibt die Streuung der Einzelerwartungen um den Erwartungswert μ an)
μ = Erwartungswert
Z_i = Werte einer Zielgröße (z. B. Umsatz, Kapitalwert)
w_i = Wahrscheinlichkeiten, mit denen bestimmte Werte der Zielgröße Z eintreten

Abweichungskoeffizient

$$\text{AWK} = \frac{\text{Risiko}}{\text{Erwartungswert}} = \frac{\sigma}{\mu}$$

Je niedriger der Abweichungskoeffizient, desto vorteilhafter ist die Investition.

↓

Abwägung zwischen Rendite und Risiko

↓

Risikopräferenzfunktion: Risikonutzen = f (μ, σ)
(= funktionale Abhängigkeit des Risikonutzens von Rendite und Risiko)

↓

Risikoindifferenzkurve
= geometrischer Ort aller Kombinationen zwischen Rendite (μ) und Risiko (σ), die dem Investor den gleichen Risikonutzen stiften.

Risikoindifferenzkurven

bei risikoscheuem Verhalten

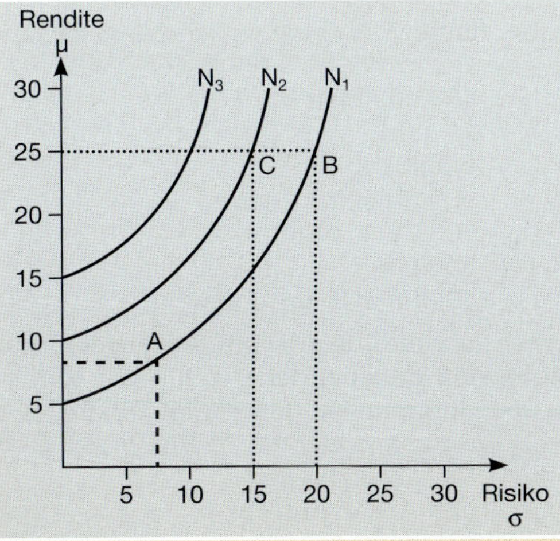

bei risikofreudigem Verhalten

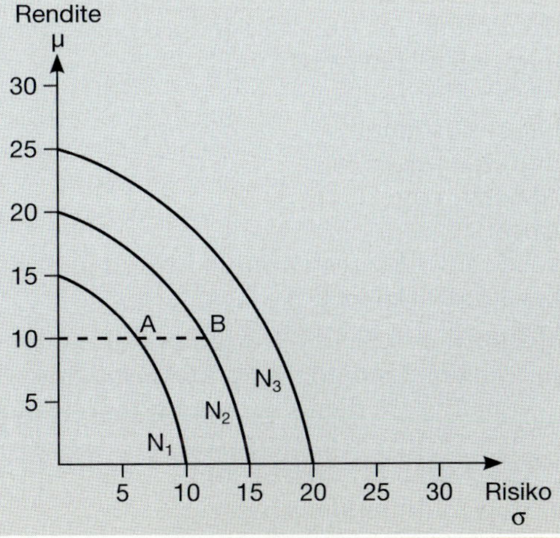

Aufgaben und Probleme

Kapitel 4 Investitionsentscheidungen unter Unsicherheit

Entscheidungen bei Ungewissheit

1. Korrekturverfahren
   - Erläutern Sie das Korrekturverfahren zur Berücksichtigung von Ungewissheit bei Investitionsentscheidungen.
   - Bei welchen Einflussgrößen können Risikozu- bzw. -abschläge berücksichtigt werden?
   - Nennen Sie Vor- und Nachteile dieses Verfahrens.

2. Korrekturverfahren bei Entscheidung unter Ungewissheit

Die ALPINA AG hat durch eine innovative Erfindung ein neues Geschäftsfeld im Sportartikelbereich erschlossen. Um die Absatzchancen nutzen zu können, ist die Anschaffung einer entsprechenden Produktionsanlage nötig. Für dieses Investitionsobjekt liegen folgende Daten vor:

Anschaffungsausgaben:	500.000 EUR
geschätzte Nutzungsdauer:	8 bis 10 Jahre
geschätzter Liquidationserlös:	0 bis 20.000 EUR
geschätzte jährliche Überschüsse:	100.000 bis 120.000 EUR

Der Kalkulationszinssatz soll vom Risiko der Investition abhängig gemacht werden. Dazu liegt folgende Tabelle zugrunde:

Risikosituation		Risikozuschlag auf den jeweiligen Marktzinssatz
Markt	Produkt	
vorhanden	bekannt	0 %-Punkte
vorhanden	neu	2 %-Punkte
neu	bekannt	5 %-Punkte
neu	neu	8 %-Punkte

Der Marktzinssatz beträgt zurzeit 7,5 %.

a) Ermitteln Sie die Vorteilhaftigkeit der Investition bei
vorsichtiger Kalkulation,
optimistischer Kalkulation.

b) Beurteilen Sie die Berechnungen und begründen Sie, ob der ALPINA AG zu der geplanten Investition geraten werden soll.

3. Sensitivitätsanalyse – Kritische Werte

Die Produkt AG muss über die Anschaffung einer neuen Maschine entscheiden. Es liegen folgende Schätzwerte vor.

Anschaffungsausgaben	480.000 EUR
Nutzungsdauer	10 Jahre
Liquidationserlös	0,00 EUR
Absatzmenge	900 Stück pro Jahr
Absatzpreis	200 EUR je Stück
ausgabewirksame variable Kosten je Stück	50 EUR
ausgabewirksame fixe Kosten	40.000 EUR pro Jahr

a) Beurteilen Sie die Vorteilhaftigkeit der Investition mithilfe der Kapitalwertmethode.

b) Der Vorstand der Produkt AG möchte wissen, wie weit die geschätzten Werte schwanken dürfen, damit die geplante Investition noch lohnend ist. Berechnen Sie die jeweiligen kritischen Werte für
die Anschaffungsausgaben,
den Kalkulationszinssatz,
die Nutzungsdauer,
die Absatzmenge,
den Absatzpreis.

c) Fassen Sie die Ergebnisse von Aufgabe 2 in einer Tabelle nach folgendem Muster zusammen und berechnen Sie die jeweilige relative Änderung. Beurteilen Sie, auf welche Einflussgröße die Investitionsentscheidung am empfindlichsten reagiert.

Inputgröße	**geschätzter Wert**	**kritischer Wert**	**relative Änderung**
Anschaffungswert	480.000 EUR		
Nutzungsdauer	10 Jahre		
Kalkulationszinssatz	10 %		
Absatzmenge	900 Stück		
Absatzpreis	200 EUR		

4 Sensitivitätsanalyse

Für ein Investitionsobjekt gelten folgende Daten:

Anschaffungsausgaben	95.000 EUR
Einzahlungsüberschüsse pro Jahr	10.000 EUR
Kalkulationszinssatz	6 %
Nutzungsdauer	15 Jahre
Liquidationserlös	7.000 EUR

a) Beurteilen Sie die Vorteilhaftigkeit der Investition mithilfe der Kapitalwertmethode.
b) Es ist nicht ausgeschlossen, dass bei ungünstigster Entwicklung der Kalkulationszinssatz auf 10 % steigt. Wie hoch ist in diesem Fall der Kapitalwert?
c) Auf welche Höhe darf der jährliche Einzahlungsüberschuss sinken, ohne dass die Investition unvorteilhaft wird, wenn der Kalkulationszinssatz weiterhin 6 % beträgt und kein Liquidationserlös anfällt?

5 Entscheidungsbaumverfahren bei einstufiger Investitionsentscheidung[1]

Die Geschäftsleitung der Metallbau GmbH hat eine Entscheidung über die Anschaffung einer neuen Maschine zu treffen. Es stehen eine vielseitig verwendbare Universalmaschine sowie eine auf die speziellen Bedürfnisse des Unternehmens angepasste Spezialmaschine zur Auswahl. In beiden Fällen hängen die künftigen Zahlungsüberschüsse von der konjunkturellen Entwicklung ab. Dabei werden zwei Konjunkturlagen (gute oder schlechte Konjunktur) unterschieden. Es liegen folgende Daten vor:

Universalmaschine			**Spezialmaschine**		
Anschaffungsausgaben: 90.000 EUR Liquidationserlös: 0,00 EUR			Anschaffungsausgaben: 110.000 EUR Liquidationserlös 0,00 EUR		
Erwartete Einzahlungsüberschüsse in Periode 1 und 2 (Barwerte)			Erwartete Einzahlungsüberschüsse in Periode 1 und 2 (Barwerte)		
Zeit	gute Konjunktur	schlechte Konjunktur	Zeit	gute Konjunktur	schlechte Konjunktur
P1	65.000 EUR (w = 0,7)	30.000 EUR (w = 0,3)	P1	80.000 EUR (w = 0,7)	45.000 EUR (w = 0,3)
P2	65.000 EUR (w = 0,8)	25.000 EUR (w = 0,2)	P2	75.000 EUR (w = 0,8)	30.000 EUR (w = 0,2)

Die Entscheidung soll anhand der Erwartungswerte der Kapitalwerte getroffen werden.
a) Erstellen Sie für die vorliegenden Daten einen Entscheidungsbaum und tragen Sie am Ende der Zweige den jeweiligen Kapitalwert (Barwertsumme – Anschaffungsausgaben) ein.

1 In Anlehnung an G. Wöhe u. a., Übungsbuch zur Einführung in die allgemeine Betriebswirtschaftslehre, München 2002, S. 303.

b) Gewichten Sie die Kapitalwerte mit ihren Wahrscheinlichkeiten und entscheiden Sie, welche Maschine nach dem Kriterium „Höhe der Erwartungswerte der Kapitalwerte" angeschafft werden soll.

6 Entscheidungsbaumverfahren bei zweistufiger Investitionsentscheidung
Ein Unternehmen der Getränkeindustrie plant die Einführung eines neuen Erfrischungsgetränks. Es ist zu entscheiden, ob dieses Produkt nur regional (Baden-Württemberg) oder national (ganzes Bundesgebiet) angeboten werden soll. Diese Entscheidung schlägt sich in einer Investitionsentscheidung nieder, bei der zwischen einer Abfüllanlage mit geringer Kapazität (= nationale Angebot) und einer Abfüllanlage mit großer Kapazität (= regionales Angebot) zu wählen ist. Falls aus Vorsichtsgründen zunächst nur der regionale Markt getestet werden soll, könnte bei entsprechend hohem Absatz zu einem späteren Zeitpunkt erneut geprüft werden, ob die Ausdehnung des Angebots auf nationaler Ebene vorteilhaft ist. In diesem Zusammenhang erstellt das Unternehmen folgenden Entscheidungsbaum, bei dem für die verschiedenen Alternativen bereits die jeweiligen Kapitalwerte ermittelt wurden.

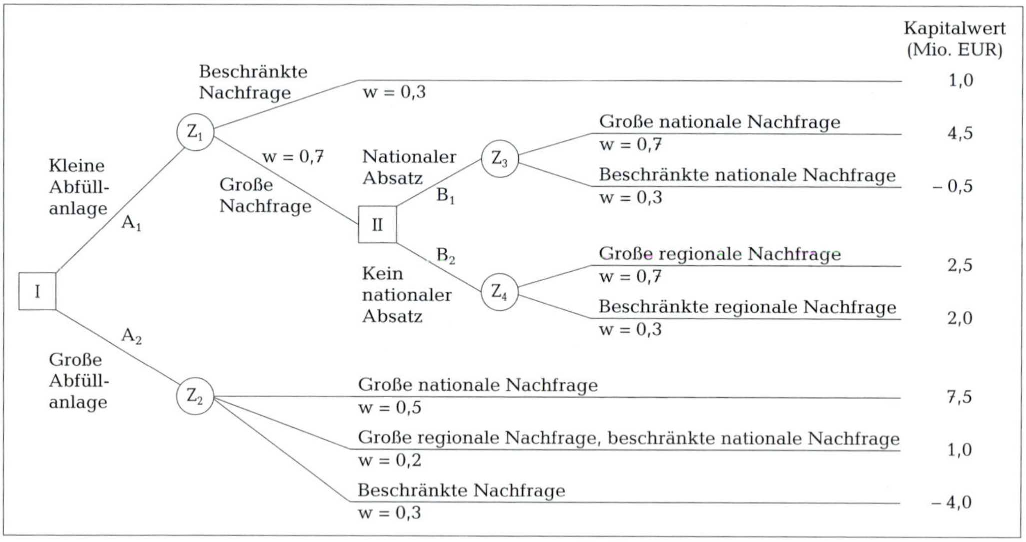

☐	Rechtecke mit Nummerierung I, II, III, … Entscheidungsknoten: Knoten, die eine Entscheidung charakterisieren
◯	Kreis mit der Nummerierung Z_1, Z_2, … Zufallsknoten: Knoten, die ein Zufallsereignis charakterisieren
w	Wahrscheinlichkeit, mit der ein bestimmtes Ereignis eintritt

Begründen Sie mithilfe des Entscheidungsbaumverfahrens, für welche Abfüllanlage bzw. für welches Absatzgebiet (regional oder national) sich das Unternehmen entscheiden soll.

7 Abweichungskoeffizient
Für zwei Investitionsalternativen 1 und 2 ergeben sich folgende Erwartungswerte und Standardabweichungen:

	Alternative 1	**Alternative 2**
Erwartungswert Rendite μ	30	50
Standardabweichung Risiko σ	10	30

Entscheiden Sie anhand der Abweichungskoeffizienten, für welche Alternative sich der Investor bei Anwendung des (μ, σ)-Prinzips entscheiden soll.

8 Erwartungswert und Standardabweichung[1]

Ein Investor hat die Wahl zwischen den vier Investitionsalternativen A, B, C und D. Jedes Investitionsobjekt würde gleich hohe Anschaffungsausgaben von 10.000 EUR verursachen. Die künftigen Einzahlungsüberschüsse sind mit Risiko behaftet. Die Eintrittswahrscheinlichkeiten für einen guten, mittelmäßigen und schlechten Absatz des mit dem Investitionsobjekt herzustellenden Produkts sind mit jeweils $^1/_3$ (w = 0,333) gleich hoch.

Absatz-entwicklung	Rückflüsse bei Investitionsalternative in EUR				Wahrschein-lichkeit
	A	B	C	D	
gut	600	900	1.800	3.600	0,333
mittel	600	600	600	600	0,333
schlecht	600	300	– 600	– 2.400	0,333

a) Erläutern Sie, was unter der Regel der maximalen Erwartungswerte zu verstehen ist. Wie hoch ist der Erwartungswert μ der Kapitalrückflüsse für die einzelnen Projekte?

b) Erläutern Sie, was unter der Standardabweichung σ zu verstehen ist und ermitteln Sie diese für die einzelnen Projekte.

c) Für welches Projekt soll sich der Investor entscheiden, wenn er
ca) risikoneutral,
cb) risikoscheu
ist?

9 Risikoindifferenzkurven

Erläutern Sie die Aussagekraft der folgenden Indifferenzkurvenscharen und ordnen Sie in jedem Schaubild den fünf Indifferenzkurven die Risikonutzen N_1 bis N_5 zu.

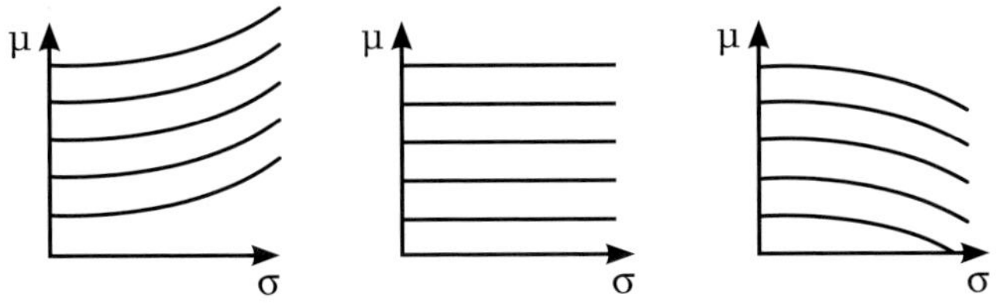

10 Die folgende Abb. zeigt je zwei Risikoindifferenzkurven aus der Indifferenzkurvenschar der Investoren I und II.

a) Welches unterschiedliche Risikoverhalten der Investoren I und II lässt sich aus dem Verlauf der jeweiligen Indifferenzkurven ableiten?

b) Vergleichen und erläutern Sie die Einschätzung des Risikonutzens durch die beiden Investoren I und II in den Punkten A, B, C und D.

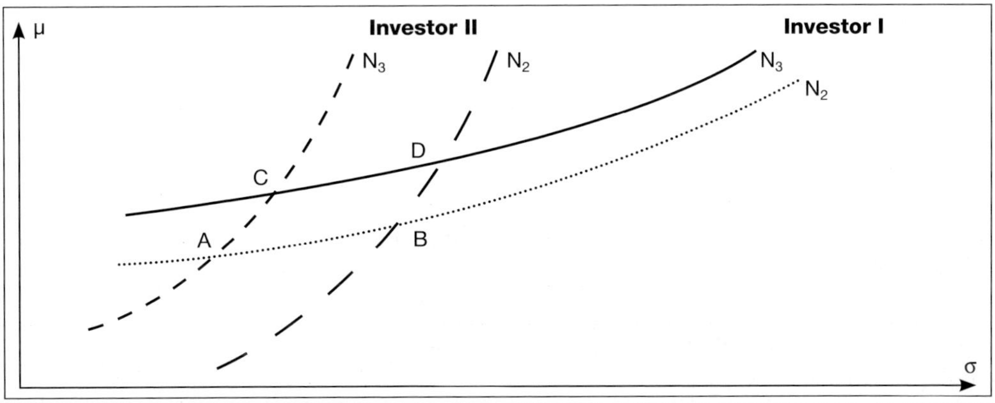

1 In Anlehnung an G. Wöhe, a.a.O., S. 308.

L Finanzplanung und -steuerung

? Warum ist dieses Kapitel wichtig?

Während die Kapitalbedarfsrechnung auf einen einzelnen Zeitpunkt oder ein einzelnes Investitionsprojekt bezogen ist, geht es bei der Finanzplanung um die Erfassung und Steuerung aller künftig zu erwartenden Zahlungsströme eines Unternehmens. Die Stromgrößen für die Finanzplanung sind Einzahlungen und Auszahlungen, also letztlich immer Veränderungen des Geldbestands. Die Zahlungsströme richtig vorausschätzen zu können und damit durch entsprechende Maßnahmen die jederzeitige Zahlungsfähigkeit zu sichern, ist für ein Unternehmen unabdingbar, um seine Existenz zu sichern. In diesem Kapitel werden die betriebswirtschaftlichen Grundlagen der Finanzsteuerung behandelt.

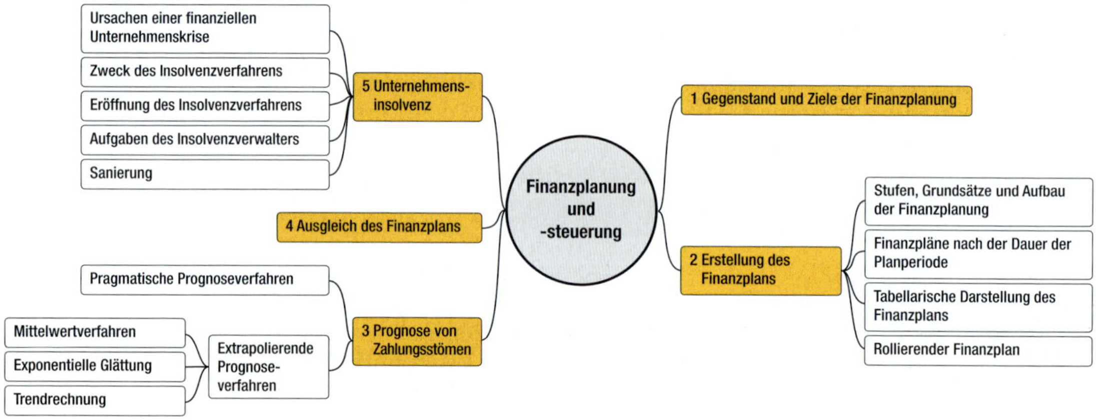

1 Gegenstand und Ziele der Finanzplanung

! Zum Finanzbereich eines Unternehmens gehören die Zahlungsströme, die sich aus dem Leistungsbereich ergeben.

Darüber hinaus sind auch alle andere Ursachen für die Auslösung eines Zahlungsvorgangs in die Finanzplanung einzubeziehen.

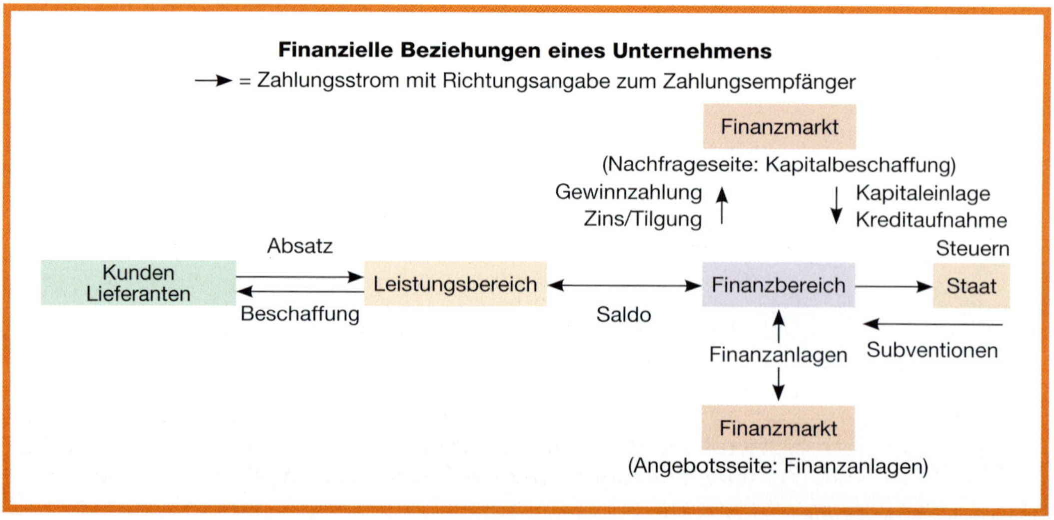

Der Finanzplan dient der künftigen Sicherung der Zahlungsfähigkeit eines Unternehmens und bildet die Grundlage für die sich anschließende Finanzkontrolle und Finanzdisposition.

Für den Finanzplan sind nur Zahlungsvorgänge von Bedeutung. Dies sind **Ein- und Auszahlungen**, die Kassen- oder Bankbestände verändern, und **Einnahmen und Ausgaben**, die zusätzlich Forderungen bzw. Verbindlichkeiten verändern. Die Plangrößen werden in erster Linie aus der Geschäftsbuchhaltung entnommen. Dabei sind die Daten finanzplangerecht aufzubereiten.

Zur Finanzplanung gehören die zukunftsorientierte Erfassung, Disposition und Kontrolle sämtlicher Ereignisse und Handlungen in einem Unternehmen mit Konsequenzen für die Zahlungsmittelebene.

Beispiel

Die Ermittlung von Abschreibungen als Wertminderung des Anlagevermögens ist wichtig für die betriebliche und steuerliche Erfolgsrechnung. Für die Finanzplanung spielt die Höhe der Abschreibung grundsätzlich keine Rolle, da Abschreibungen nicht zu Auszahlungen führen. Lediglich die Bezahlung der Beschaffung des Anlagegutes geht in die Finanzplanung ein.

Die Finanzplanung ist Teilbereich der betrieblichen Gesamtplanung. Grundlage der Finanzplanung sind alle Teilpläne der Unternehmung: Absatz-, Umsatz-, Produktions-, Beschaffungs-, Vorrats-, Personal- und Investitionsplan. Insbesondere mit einer integrierten Unternehmenssoftware (IUS) für die Planungen wird eine Überleitung der Planzahlen aus der Produktionssteuerung in die Finanzplanung wesentlich erleichtert.

Abhängigkeit des Finanzplans von der Gesamtplanung eines Unternehmens

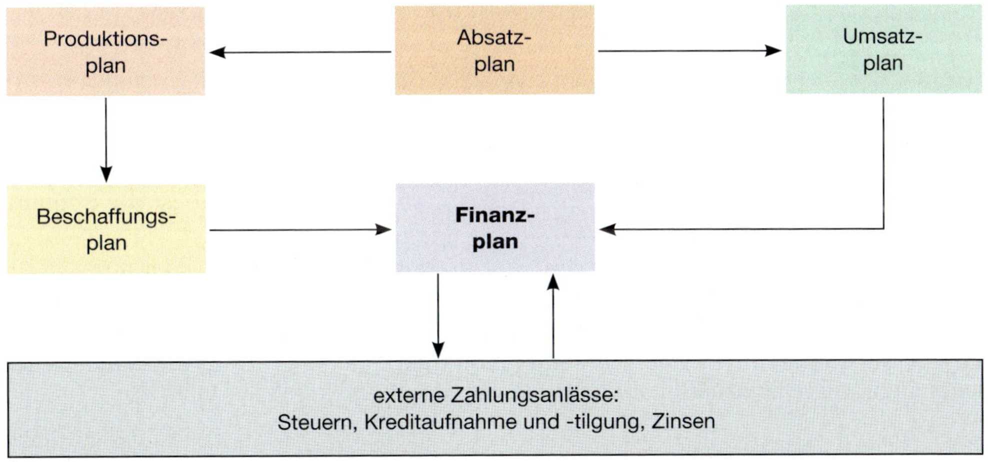

Der Absatzplan bestimmt den Produktionsplan, aus dem sich die mengen- und zeitmäßig zu beschaffenden Betriebsmittel ergeben. Dazu gehören auch der Werkstoff- und Personaleinsatz. Die sich aus dem Absatz- bzw. Produktionsplan ergebenden Ausgaben gehen in den entsprechenden Zeitabschnitt des Finanzplans ein. Der aus dem Absatzplan abgeleitete Umsatzplan macht die zu erwartenden Zahlungseingänge planbar. Externe Zahlungsvorgänge können Steuerzahlungen, Kreditaufnahme und -tilgung, Zinsen, Eigenkapitalzuführung und Entnahmen sein.

Ziele der Finanzplanung

Ziele der Finanzplanung		
Liquiditätssicherung	**Risikoeinschränkung**	**Rentabilitätserhaltung**
Erhalt der jederzeitigen Zahlungsbereitschaft	Vermeidung finanzieller Risiken durch Vorsorgemaßnahmen	Beachtung des Wirtschaftlichkeitsprinzips bei den finanziellen Entscheidungen

Die **Liquiditätssicherung** gewährleistet, dass das Unternehmen zahlungsfähig bleibt. Sie muss für ein Unternehmen jederzeit gegeben sein. Das Ziel des Finanzmanagers ist es, zu vermeiden, dass die Ausgaben in einer Periode die Einnahmen überschreiten.

Ein Unternehmen ist liquide, wenn es jederzeit alle Zahlungsverpflichtungen termingerecht erfüllen kann.

Mit Liquidität wird einmal diese Fähigkeit innerhalb eines Zeitraums bezeichnet, zum anderen manchmal auch der zeitpunktbezogene Bestand an geeigneten Zahlungsmitteln.

Als Bedingung für den Erhalt der Liquidität gilt:

Zahlungsmittelbestand zu Beginn der Planperiode
+ Einzahlungen
– Auszahlungen
≥ 0

Voraussetzung einer **Risikoeinschränkung** ist das rechtzeitige Erkennen und Analysieren der Risiken.

Das Hauptrisiko einer Finanzplanung besteht darin, dass die Zahlungen nicht den Erwartungen entsprechend zufließen.

Bei der Erfassung dieses Risikos kann man sich geeigneter statistischer bzw. mathematischer Methoden bedienen. Eine übliche Risikoabsicherungsmaßnahme ist die Einhaltung einer „eisernen Zahlungsmittelreserve".

Die finanzwirtschaftlichen Ziele stehen in Konkurrenz zueinander. Ist die Zahlungsmittelreserve größer als von der Risikoseite her notwendig, so beeinträchtigt dies die **Rentabilität**. Entweder werden zu viele teure Fremdmittel beschafft oder man verzichtet auf Erträge durch eine geeignete Anlage überschüssiger Liquidität. Dies alles in ein langfristiges Gleichgewicht zu bringen, ist das Ziel der Optimierung der finanziellen Verhältnisse.

Von statischer Liquidität wird gesprochen, wenn der aktuelle Bestand an liquiden Mitteln den Verbindlichkeiten gegenübergestellt wird. Liquide Mittel sind der Kassenbestand und frei verfügbare Bankguthaben.

Aus den Zahlen der Bilanz können sogenannte Liquiditätskennzahlen berechnet werden. Solche Kennziffern können auf gewisse sich abzeichnende finanzielle Risiken verweisen. Kennzahlen sind nicht geeignet, die tatsächliche Zahlungsfähigkeit in einem absehbaren Zeitraum bewerten zu können. Dies ist nur möglich, wenn die Zahlungsströme in dem betreffenden Zeitraum einander gegenübergestellt werden.

Das Ergebnis der Gegenüberstellung von Aus- und Einzahlungen in einem bestimmten Zeitraum wird als dynamische Liquidität bezeichnet.

Der betriebliche Leistungsprozess kann nur dann störungsfrei ablaufen, wenn die Zahlungsströme so aufeinander abgestimmt werden, dass die jederzeitige Zahlungsfähigkeit und das finanzielle Gleichgewicht gewahrt bleiben, d. h. sowohl Illiquidität als auch eine rentabilitätsbeeinträchtigende Überliquidität vermieden werden. Eine angemessene **Liquiditätsreserve** kann diesem Ziel in geeigneter Weise dienen.

Beispiel

Die CASA GmbH hat aus Vorsichtsgründen auf dem Girokonto jeweils ein unverzinsliches Guthaben in Höhe von 15.000 EUR. Der neu eingestellte Finanzcontroller eröffnet ein Tagesgeldkonto, das mit 3,5 % verzinst wird. Auf dieses Konto werden 10.000 EUR übertragen. Dies bringt jährlich einen durchschnittlichen Zinsertrag von 350 EUR. Alle vorübergehend nicht benötigen Mittel sollen auf dieses Konto geleitet werden. Um ganz kurzfristig abgesichert zu sein, wird mit der Hausbank vereinbart, dass der Dispositionsspielraum für den Kontokorrentkredit auf 30.000 EUR ausgedehnt wird. Statt 16,5 % würden so nur 10,5 % p. a. Sollzinsen verrechnet.

Der Finanzplanung muss die Erfassung des kurz-, mittel- und langfristigen **Kapitalbedarfs** der Unternehmung vorausgehen.[1]

2 Erstellung des Finanzplans

2.1 Stufen, Grundsätze und Aufbau der Finanzplanung

Die Finanzplanung eines Unternehmens wird in folgenden **Stufen** durchgeführt:

- **Informationsbeschaffung:** Aus dem Rechnungswesen sowie vor allem aus der Beschaffungs-, Produktions-, Absatz- und Investitionsplanung werden möglichst vollständige zeitpunktbezogene Informationen entnommen.
  ↓
- **Ableitung von Zahlungsströmen** aus diesen Informationen.
  ↓
- **Prognose** der Zahlungsströme und damit des voraussichtlichen Zahlungsmitteldefizits oder -überschusses (Finanzplan).
  ↓
- **Alternativenplanung:** Ermittlung und systematische Analyse der alternativen Finanzierungs- und Anlagemöglichkeiten.
  ↓
- **Planfeststellung:** Entscheidung für die als optimal erachtete Alternative unter Berücksichtigung der Unsicherheit der Erwartungen und entsprechende Planvorgabe.
  ↓
- **Plankontrolle:** Ermittlung von Planabweichungen durch Soll-Ist-Vergleich sowie Analyse der Abweichungsursachen.
  ↓
- **Plananpassung:** laufende Anpassung an die tatsächlichen Erfordernisse.

1 Vgl. hierzu Kap. K

Bei der Aufstellung des Finanzplans sind folgende **Grundsätze** einzuhalten:

- **Vollständigkeit:** Erfassung sämtlicher Zahlungsströme.
- **Bruttoprinzip:** Ein- und Auszahlungen dürfen nicht saldiert werden.
- **Betragsgenauigkeit:** möglichst exakte Erfassung zukünftiger Zahlungsströme der Höhe nach.
- **Zeitpunktgenauigkeit:** möglichst exakte Erfassung der Zahlungstermine.
- **Flexibilität:** Plananpassungen müssen zu jedem Zeitpunkt möglich sein.
- **Wirtschaftlichkeit:** Nutzen und Kosten der Finanzplanung selbst müssen in einem vernünftigen Verhältnis zueinander stehen.

Aufbau des Finanzplans

Grundsätzlich ist ein Finanzplan nach folgendem **Schema** aufgebaut:

Planungsperiode, z. B. Tag, Woche
(1) Zahlungsmittelbestand zum Periodenanfang
(2) Einzahlungen:
ordentliche Einzahlungen, z. B. Barverkäufe
außerordentliche Einzahlungen, z. B. Anlagenverkauf
(3) Auszahlungen:
ordentliche Auszahlungen, z. B. Auszahlungen für Material
außerordentliche Auszahlungen, z. B. Kauf von Lizenzen
(4) Zahlungsmittelbedarf bzw. -überschuss aus (1) + (2) – (3)
(5) Ausgleichsmaßnahmen:
Einzahlungen bei einer Unterdeckung, z. B. durch Kreditaufnahme
Auszahlung bei einer Überdeckung, z. B. kurzfristige Geldanlage
(6) Zahlungsmittelbestand zum Periodenende = Bestand zu Beginn der nächsten Periode

Beispiel

Die CASA GmbH stellt Verpackungen aus verschiedenen Materialien her. Die an Industrie- und Großhandelsunternehmen verkauften Produkte werden bisher regelmäßig innerhalb eines Monats nach Lieferung bezahlt. Finanzielle Engpässe wurden bisher mit Kontoüberziehungen bei der Bank ausgeglichen. Die Bank weist in einem Kundengespräch auf die relativ hohen Zinsen für die Kontoüberziehungen hin und bittet um Einhaltung der vereinbarten Kreditlinien. Dies nimmt der Geschäftsführer zum Anlass, das Finanzwesen zu ordnen. Für die nächsten drei Monate wird ein vereinfachter Finanzplan erstellt:

Zahlungsmittelbestände: Girokonto und Tagesgeld	15.000 EUR
Kasse	2.000 EUR
Auszahlung pro Monat für Gehälter:	15.000 EUR
Rohstoffkauf im zweiten Monat jeweils für die Produktion von zwei Monaten:	50.000 EUR
Laufende Auszahlungen für verschiedene Zwecke (Energie, Beiträge usw.):	26.000 EUR
Auslieferungen am Anfang des Monats; Rechnungen werden von den Kunden bis Ende des Monats beglichen:	55.000 EUR

Vorgang	Monat 1	Monat 2	Monat 3
Zahlungsmittelbestand Monatsanfang	17.000	31.000	– 5.000
Einzahlungen aus Verkäufen	55.000	55.000	55.000
Zwischensumme	72.000	86.000	50.000
Auszahlungen Gehälter	15.000	15.000	15.000
Auszahlung laufende Kosten	26.000	26.000	26.000
Rohstoffkauf		50.000	
Zahlungsmittelbestand Monatsende	31.000	– 5.000	9.000

2.2 Finanzpläne nach der Dauer der Planperiode

Nach der Fristigkeit werden folgende Finanzpläne unterschieden:

- Ein **kurzfristiger** (operativer) Finanzplan ist die Grundlage für Entscheidungen zur Sicherung der täglichen Liquidität. Dafür wird meistens ein Zeitraum von maximal einem **Monat** mit taggenauer Erfassung der Zahlungsströme gewählt. Die Planungseinheiten sind eine Woche oder ein Tag.
- Ein **mittelfristiger** (taktischer) Finanzplan ist ein Vorschauplan für den Zeitraum von einem **Jahr** bis zu fünf Jahren. Er ist der Rahmenplan für die jeweilige kurzfristige Planung. Planungseinheiten sind meistens Monate oder Quartale.
- Ein **langfristiger** (strategischer) Finanzplan ist ein Steuerungsinstrument für die gesamte Unternehmung, da alle Unternehmensbereiche unter finanziellem Blickwinkel erfasst und bewertet werden. Je länger die Planperiode gewählt wird, umso unsicherer sind die erwarteten Zahlungsströme. Der Planungszeitraum geht über **mehrere Jahre**, als Planungseinheit werden Jahre verwendet.

Arten von Finanzplänen	Planungshorizont	Merkmale
Langfristige Finanzpläne	über 5 Jahre	▪ Strategische Pläne, die von der obersten Führungsebene vorgegeben werden. ▪ Kapitalbindungspläne
Mittelfristige Finanzpläne	1 bis 5 Jahre	▪ Taktische Pläne, die sich aus den strategischen Plänen ergeben und diese umsetzen.
Kurzfristige Finanzpläne	bis 1 Jahr	▪ Operative Pläne, die aus den taktischen Plänen abgeleitet werden und Ausführungspläne darstellen. ▪ Liquiditätspläne

Probleme ergeben sich vor allem wegen der Unsicherheit der künftigen Aus- und Einzahlungen. Deshalb bietet sich eine laufende Anpassung des Planes an, bei dem die jeweils zur Verfügung stehenden Daten, z. B. nach Ablauf jeweils eines Monats, berücksichtigt werden. Damit kann eine Liquiditätskontrolle verbunden werden. Ein solcher **gleitender** Finanzplan ermöglicht es, den genauen kurzfristigen Finanzplan mit dem relativ unscharfen langfristigen Plan zu verbinden.

Wenn die Planung über mehrere Perioden fortgeführt wird, wird der jeweilige Kassenüberschuss bzw. der Fehlbetrag zusammengerechnet (kumuliert). Daraus kann der maximale Finanzmittelbedarf berechnet werden. Gleichwohl kann es vorkommen, dass innerhalb einer Planperiode die Ausgaben größer als die Einnahmen sein werden. Eine „eiserne Kassenreserve" dient dazu, um hier eine auch nur kurzfristige Zahlungsunfähigkeit zu vermeiden.

Beispiel

Die CASA GmbH geht im nächsten Monat von folgenden Zahlungen aus:

Lohnzahlung am 1. des Monats:	15.000 EUR
Steuervorauszahlung am 10. des Monats:	12.000 EUR
Rechnung über geliefertes Material wird am 15. fällig:	30.000 EUR
Kundenrechnungen werden fällig am 5.:	20.000 EUR
15.:	30.000 EUR
25.:	10.000 EUR

Insgesamt wird die Summe der Auszahlungen mit 57.000 EUR geringer als die erwarteten Einzahlungen in Höhe von 60.000 EUR sein. Während eines Monats ergibt sich aber grafisch folgendes Bild:

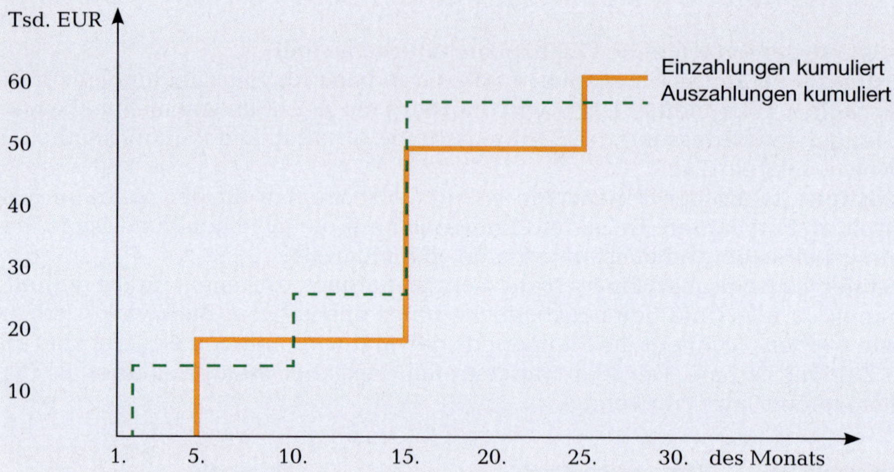

Zwischen dem 1. und 5. und dem 10. und 25. des Monats besteht eine Finanzierungslücke von 7.000 EUR.

2.3 Tabellarische Darstellung des Finanzplans

Die verwendeten Planzahlen werden üblicherweise mit der gewünschten Zahl der Planperioden in eine Tabelle der IUS oder in eine Excel-Tabelle eingetragen. Der wichtigste rechnerische Schritt dabei ist die richtige Zuordnung der Zahlungen auf die Planperioden entsprechend den tatsächlichen Zahlungen.

Beispiel

Eine Lieferung an verschiedene Kunden im Rechnungsbetrag von 100.000 EUR wird voraussichtlich wie folgt beglichen: 30 % werden innerhalb einer Woche mit 3 % Skonto beglichen, 60 % werden mit Ausnutzung des Zahlungsziels in der vierten Woche beglichen, der Rest wird in der 6. Woche erwartet. Daraus ergeben sich für einen nach Wochen gegliederten Finanzplan folgende Einzahlungen in EUR:

Woche 1	Woche 2	Woche 3	Woche 4	Woche 5	Woche 6
29.100			60.000		10.000

Ein Finanzplan in Tabellenform wird in folgenden Schritten erstellt:

1. Der Anfangsbestand an Zahlungsmitteln, die Ein- und Auszahlungen der ersten Periode werden verrechnet.
2. Alle zu erwartenden Ein- und Auszahlungen werden ganz oder anteilig der entsprechenden Planperiode zugeordnet.
3. Der zu erwartende Endbestand an Zahlungsmitteln einer Periode wird als Anfangsbestand in die nächste Periode übertragen.
4. Entscheidungen über finanzielle Ausgleichsmaßnahmen können getroffen werden.

Beispielrechnung

Die Elektronik AG produziert elektronische Schaltschränke für Unternehmen der Maschinenbauindustrie.

Folgende Stückzahlen werden produziert und auch abgesetzt:

Monat	Absatz in Stück	Preis je Stück in EUR
05	500	950

06	650	900
07	600	950
08	550	1.000
09	500	1.100
10	600	1.100

Bei den Kundenrechnungen ist mit folgendem Zahlungseingang zu rechnen: 50 % der Kunden zahlen im gleichen Monat unter Abzug von 2 % Skonto, 30 % zahlen erst im Folgemonat, 15 % zahlen erst im übernächsten Monat. Der Rest fällt voraussichtlich zunächst aus.

Im Monat September werden 130.000 EUR aus einer Festgeldanlage fällig.

Am 01.07. beträgt der Bestand an Barmitteln 50.000 EUR.

Die Materialkosten je produzierter Einheit betragen 200 EUR und werden jeweils im Vormonat des Verbrauchs zur Zahlung fällig. Die Fixkosten sind mit 200.000 EUR pro Monat liquiditätswirksam zu berücksichtigen. An Personalkosten fallen auszahlungswirksam 250.000 EUR je Monat an.

Im Monat August wird eine Produktionsmaschine für 100.000 EUR angeschafft, diese wird bei Lieferung zu 50 % bezahlt, der Rest wird erst im Monat Oktober fällig.

Umsatzsteuer und Vorsteuer werden aus Vereinfachungsgründen nicht berücksichtigt.

Es ist ein Finanzplan für das dritte Quartal des Jahres zu erstellen. Auftretende Probleme sind aufzudecken und Lösungsvorschläge sind zu unterbreiten.

	Juli	**August**	**September**	**Dreimonatsplanung**
A) Zahlungsmittelbestand	**50.000**	**16.050**	**– 55.700**	**50.000**
B) Einzahlungen				
aus Umsatzerlösen gemäß Nebenrechnung	526.050	528.250	520.000	1.574.300
aus Festgeldfälligkeit			130.000	130.000
Summe A und B	**576.050**	**544.300**	**594.300**	**1.754.300**
C) Auszahlungen				
Materialbeschaffung	110.000	100.000	120.000	330.000
Personalausgaben	250.000	250.000	250.000	750.000
sonstige Fixkosten	200.000	200.000	200.000	600.000
Ausgaben für Anschaffung von Investitionsgütern		50.000		50.000
Summe Auszahlungen	**560.000**	**600.000**	**570.000**	**1.730.000**
D) Über-/Unterdeckung	**16.050**	**– 55.700**	**24.300**	**24.300**

Probleme: Die Quartalsrechnung zeigt eine leichte Überdeckung der Liquidität. Im Monat August besteht eine Liquiditätslücke. Diese ist z. B. durch eine Bankvereinbarung über vorzeitige Fälligkeit des Festgeldes oder über einen Kontokorrentkredit zu decken.

Nebenrechnungen:
Verteilung der Erlöse auf die Planmonate:

Monat	**Verkaufsrechnung** (Stück mal Preis)	**anteiliger Erlös im Monat**				
		05	06	**07**	**08**	**09**
05	475.000	50 %	30 %	15 % : 71.250		
06	585.000		50 %	30 % : 175.500	15 % : 87.750	

Fortsetzung Tabelle: Verteilung der Erlöse auf die Planmonate:

Monat	**Verkaufsrechnung**	**anteiliger Erlös im Monat**				
		05	06	**07**	**08**	**09**
07	570.000			50 · 0,98 : 279.300	30 % : 171.000	15 % : 85.500
08	550.000				269.500	165.000
09	550.000					269.500
Summe Erlös je Monat				**526.050**	**528.250**	**520.000**
				planungsrelevanter Bereich		

Auszahlungen für Materialbedarf

Monat 07 aus Produktion in 08	550 · 200 = 110.000
Monat 08 aus Produktion in 09	500 · 200 = 100.000
Monat 09 aus Produktion in 10	600 · 200 = 120.000

2.4 Rollierender Finanzplan

Eine Finanzplanung ist laufend an die neuen Daten aus dem betrieblichen Ablauf anzupassen. Der Zeithorizont für einen Finanzplan bestimmt auch seinen Anpassungsrhythmus:

Ein wöchentlicher Plan ist jede Woche, ein monatlicher Plan jeden Monat, ein Quartalsplan jedes Quartal und ein Jahresplan jedes Jahr neu mit aktuellen Daten zu erstellen. Wird ein Jahresplan nur einmal jährlich erstellt, kann er zwar eine Vorschau über eventuelle Finanzierungsengpässe liefern, er ist aber im Laufe des Planjahres immer weniger tauglich, da sich die zugrunde liegenden betrieblichen Vorgänge geändert haben.

Bei einer rollierenden Finanzplanung wird in regelmäßigen Abständen innerhalb einer Planungsperiode überprüft, ob und welche Plangrundlagen sich geändert haben. Diese werden an die neue Situation angepasst und die Planung unter Berücksichtigung der bekannten Ist-Werte dementsprechend verändert. Gleichzeitig wird die Planung um den bereits abgelaufenen Zeitraum in die Zukunft fortgeschrieben.

Auf einen **Soll-Ist-Vergleich** folgt eine **Abweichungsanalyse** über die Ursachen der Abweichung.

Entsprechend können die mittelfristigen Pläne mit jeder Änderung der kurzfristigen Pläne angepasst werden. Ob dies wirtschaftlich vertretbar ist, hängt von der Datenverarbeitungsorganisation ab. Mit einer integrierten Unternehmenssoftware (IUS) wird dies ermöglicht. In der Praxis werden rollierende Pläne deshalb häufig in ein Planungssystem eingebunden, in dem mittelfristige Grob- und Detailpläne aller Unternehmensteilpläne zusammengeführt werden.

Beispiel für eine Plananpassung

Neufassung des Finanzplans ab dem Monat 08 durch Änderung der Planzahlen der Elektronik AG für die Produktion. Die Personalkosten werden um 10 % höher angesetzt. Die Materialkosten aus der Produktionserhöhung im Juli wurden nachgezahlt. Die anderen Bedingungen sollen der Einfachheit halber unverändert bleiben. Der tatsächliche Bestand an Zahlungsmitteln hat sich entsprechend dem Ist-Absatz im Juli geändert. Die Planung wird jeweils für weitere drei Monate rollierend fortgeführt.

Monat	Absatz in Stück Soll (alt)	Absatz in Stück	Preis je Stück in EUR
05	500		950
06	650	650 Ist	900
07	600	650 Ist	950
08	550	600 Soll neu	1.000
09	500	600 Soll neu	1.100
10	600	650 Soll neu	1.100
11		700 Soll neu	1.100

	Juli	August	September	Oktober	08–10
A) Bestand	**50.000**	**19.325**	**– 58.675**	**62.350**	**19.325**
B) Einzahlungen					
aus Umsatzerlösen gemäß Nebenrechnung	549.325	567.000	596.025	638.350	1.801.375
aus Festgeldfälligkeit			130.000		130.000
Summe A und B	**599.325**	**586.325**	**667.350**	**700.700**	**1.950.700**
C) Auszahlungen					
Materialkosten	130.000	120.000	130.000	140.000	390.000
Personalkosten	250.000	275.000	275.000	275.000	825.000
sonstige Fixkosten	200.000	200.000	200.000	200.000	600.000
Investitionen		50.000		50.000	100.000
Summe Auszahlungen	**580.000**	**645.000**	**605.000**	**665.000**	**1.915.000**
D) Über-/Unterdeckung	**19.325**	**– 58.675**	**62.350**	**35.700**	**35.700**

Verteilung der Erlöse auf die Planmonate:

Monat	**Verkaufsrechnung** (Stück mal Preis)	**anteiliger Erlös im Monat**			
		07 Ist-Werte	**08**	**09**	**10**
05		15 % : 71.250			
06		30 % : 175.500	15 % : 87.750		
07	617.500	49 % : 302.575	30 % : 185.250	15% : 92.625	
08	600.000		49 % : 294.000	30% : 180.000	15 % : 90.000
09	660.000			49 % : 323.400	30 % : 198.000
10	715.000				49 % : 350.350
Summe Erlös je Monat		549.325	**567.000**	**596.025**	**638.350**
			planungsrelevanter Bereich		

Auszahlungen für Materialbedarf

Monat 08 aus Produktion in 09	600 · 200 = 120.000
Monat 09 aus Produktion in 10	650 · 200 = 130.000
Monat 10 aus Produktion in 11	700 · 200 = 140.000

Zusammenfassung
zu Kapitel 1: Gegenstand und Ziele der Finanzplanung
zu Kapitel 2: Erstellung des Finanzplans

Finanzströme	Beispiel	Verknüpfung mit Gesamtplanung
Auszahlungen	Kauf Anlagegüter	Investitionsplanung
	Lohnzahlung	Produktionsplanung/Personalplanung
	Umsatzsteuerzahlung	Umsatzplanung
	Gewinnausschüttung	Gewinnplanung
	Darlehensrückzahlung	Finanzplanergebnis
	Geldanlage	Finanzplanergebnis
	Zinszahlung	Finanzplanergebnis
Einzahlungen	Verkauf Anlagegüter	Investitionsplanung
	Produktverkauf	Absatzplanung
	Kapitaleinlage	Kapitalplanung
	Darlehensaufnahme	Finanzplanergebnis
	Auflösung Geldanlage	Finanzplanergebnis
	erhaltene Erträge aus Finanzanlagen	Finanzplanergebnis

Phasen der Finanzplanung

- Informationsbeschaffung
- Ableitung von Zahlungsströmen aus diesen Informationen
- Prognose der Zahlungsströme
- Alternativenplanung
- Planfeststellung und Planvorgabe
- Plankontrolle
- Plananpassung

Ziele der Finanzplanung

- Sicherung der Liquidität
- Risikoeinschränkung
- Erhalt ausreichender Rentabilität

Diese Ziele stehen bei ihrer Verfolgung im Konflikt zueinander.

Arten der Finanzpläne

Nach der Zeitspanne	■ kurzfristige (operative) Pläne innerhalb eines Jahres ■ mittelfristige (taktische) Pläne bis zu 5 Jahren ■ langfristige (strategische) Pläne über 5 Jahre
Nach der Erstellungshäufigkeit	■ einmalige Planung ■ rollierende Planung

Aufbau eines Finanzplans

Anfangsbestand liquider Mittel
\+ Einzahlungen
– Auszahlungen
= Endbestand der Planperiode und Anfangsbestand der nächsten Periode
evtl. Ausgleichsmaßnahmen zur Erhaltung der Liquidität

Aufgaben und Probleme

Kapitel 1 Gegenstand und Ziele der Finanzplanung
Kapitel 2 Erstellung des Finanzplans

1. Unterscheiden Sie
   - statische,
   - dynamische Liquidität.

2. Beschreiben Sie den Zustand einer „optimalen Liquidität".

3. Kennzeichnen Sie die Arten der Finanzpläne nach der Dauer der Planungsperiode.

4. Beschreiben Sie die Phasen der Finanzplanung.

5. Beschreiben Sie den finanzwirtschaftlichen Zielkonflikt.

6. Stellen Sie den Grundaufbau eines Finanzplans dar.

7. Verdeutlichen Sie an einem selbst gewählten Beispiel, warum eine Zahlungsunfähigkeit entstehen kann, auch wenn die Finanzierungsplanung in dem betrachteten Zeitraum einen Ausgleich ausweist.

8. Ein Betrieb zur Herstellung eines elektronischen Steuerungselements wird gegründet. Für die Aufstellung eines Finanzplans für die ersten vier Monate sind folgende Daten heranzuziehen:
   - Barzahlung für Investitionen im Monat 1 für 28.000 EUR;
   - Lohnzahlung jeweils am Monatsende 16.000 EUR;
   - Privatentnahme für den Unternehmer jeweils am Monatsende 14.000 EUR;
   - Mietzahlung monatlich im voraus 3.700 EUR;
   - Wareneinkauf ab Januar monatlich für 25.000 EUR, Barzahlung;
   - Warenverkauf monatlich für 66.000 EUR, Zahlung jeweils ein Drittel bar, ein Drittel mit einem Monat Zahlungsziel, ein Drittel mit zwei Monaten Zahlungsziel.

   Zur Finanzierung stehen im Gründungszeitpunkt 30.000 EUR bar zur Verfügung. Die weiteren Mittel werden zunächst durch einen Kredit in Höhe von 40.000 EUR aufgebracht werden. Dieser wird im ersten Monat aufgenommen und darauf ab Ende des dritten Monats ein monatlicher Kapitaldienst für Zins und Tilgung in Höhe von 2.000 EUR geleistet.

   a) Erstellen Sie einen Finanzplan für die ersten vier Monate nach folgendem Schema.

   b) Ermitteln Sie den Kreditrahmen für den Kontokorrentkredit.

Vorgang	Einzahlung +, Auszahlung –, jeweils in Tsd. EUR			
	Monat 1	Monat 2	Monat 3	Monat 4
Zahlungsmittelbestand				
Einzahlungen				
Erlöse				
Zwischensumme				
Auszahlungen für				
Investitionen				
Löhne				
Privatentnahme				
Miete				
Wareneinkauf				
Zwischensumme				
Fremdmittel Aufnahme + Kapitaldienst –				
Mittelbedarf – **Mittelfreisetzung** +				

9 Hanna Laurenz plant die Eröffnung einer Boutique für hochwertige Mode.
Sie rechnet in den ersten zwei Monaten mit einem Umsatz von 1.500 EUR pro Tag, in den folgenden Monaten mit 2.300 EUR pro Tag, das Geschäft wird an durchschnittlich 25 Tagen im Monat geöffnet sein. Vier Fünftel der Kunden zahlen erfahrungsgemäß bar, der Rest gegen Rechnung. Für diese 20 % des Umsatzes geht Laurenz von einem Zahlungsziel von maximal 30 Tagen aus.
Die Zahlung für das Investitionsvolumen für die Geschäftsausstattung zu Beginn beträgt 75.000 EUR bei einem durchschnittlichen Abschreibungssatz von 20 %.
Hanna Laurenz rechnet mit Personalausgaben von zunächst 7.000 EUR je Monat und Ausgaben für Warenbeschaffung von 20.000 EUR je Monat bis Ende des zweiten Planungsmonats, danach 30.000 EUR. Für ihren persönlichen Bedarf möchte sie zunächst mindestens 2.000 EUR entnehmen können. Ab dem vierten Monat plant sie mit 11.000 EUR Personalausgaben je Monat, 3.000 EUR für ihren Privatbedarf je Monat. Die Zahlung für den Wareneinkauf erfolgt jeweils am Monatsanfang, bei allen anderen Zahlungen geht sie vom Monatsende aus. Die Sozialversicherungsbeiträge und die Lohnsteuerzahlungen sind in den Personalausgaben enthalten. Einkommensteuervorauszahlungen braucht Laurenz im ersten Jahr nicht zu leisten, weil sie im ersten Jahr mit einem buchhalterischen Verlust rechnet.
Die sonstigen monatlichen Ausgaben für Kosten einschließlich der Miete betragen in den ersten drei Monaten 8.000, ab dem vierten Monat 9.000 EUR.
Laurenz' Eigenkapital beträgt 70.000 EUR. Diesen Betrag bringt sie als liquide Mittel ein.
Planen Sie die Finanzentwicklung der ersten sechs Monate. Passen Sie das Lösungsschema aus Aufgabe 8 entsprechend an.

10 Die Getriebetechnik AG stellt als Zulieferer der Automobilindustrie Getriebewellen für Lastkraftwagen her. Für das zweite Quartal des Jahres ist ein Finanzplan unter Verwendung nachstehender Daten zu erstellen. Verwenden Sie dabei das nachstehende Lösungsschema.
Die Ausgaben für Materialbeschaffung je produzierter Einheit betragen 200 EUR und werden jeweils im Vormonat zur Zahlung fällig. Es entstehen sonstige Auszahlungen von 200.000 EUR pro Monat, für Personal von 150.000 EUR je Monat.
Im Monat Mai wird eine Werkzeugmaschine für 500.000 EUR angeschafft und sofort bezahlt. Zur Finanzierung wurde ein Darlehen über 400.000 aufgenommen, das ab dem Folgemonat mit einem Kapitaldienst von monatlich 20.000 EUR bedient wird.
Folgende Stückzahlen wurden bis März produziert und abgesetzt, die Planungen ab April stammen aus der Produktions- und Absatzplanung.

Monat	Produktion = Absatz
Januar	1.800
Februar	2.000
März	1.800
April	2.000 Planwert
Mai	2.100 Planwert
Juni	1.900 Planwert
Juli	2.200 Planwert

Es ist von einem Verkaufserlös in Höhe von 410 EUR pro Stück auszugehen.
Bei den Kundenrechnungen ist mit folgendem Zahlungseingang zu rechnen: 40 % der Kunden zahlen im gleichen Monat unter Abzug von 2 % Skonto, 40 % zahlen erst im Folgemonat, 20 % zahlen erst im übernächsten Monat.
Zum 31. März des Jahres beträgt der Kassen-/Bankbestand 10.000 EUR.
Umsatzsteuer und Vorsteuer werden aus Vereinfachungsgründen nicht berücksichtigt.
Erstellen Sie die Finanzplanung nach folgendem Schema:

	April	Mai	Juni
Bestand			
Mittelzuflüsse aus			
Umsatzerlösen Februar			
Umsatzerlösen März			
Umsatzerlösen April			
Umsatzerlösen Mai			
Umsatzerlösen Juni			
verfügbare Mittel			
Mittelabflüsse für			
Materialbeschaffung			
Personal			
sonstige Auszahlungen			
Investitionen			
Fremdmittelbeschaffung			
Kapitaldienst			
Summe Auszahlungen			
Über-/Unterdeckung			

11 Die Getriebetechnik AG stellt Ende April fest, dass der tatsächliche Absatz im April 2.100 Stück betragen hat. Daraufhin werden auf Grundlage der Produktions- und Absatzplanung neue Plandaten vorgegeben. Erstellen Sie die neue Finanzplanung für die Monate Mai, Juni und Juli.
Der Kassenbestand Anfang Mai beträgt 10.000 EUR.
Die Materialkosten je produzierte Einheit betragen 200 EUR und werden jeweils im Vormonat zur Zahlung fällig. Für die Fixkosten entstehen Auszahlungen von 220.000 EUR pro Monat, für Personalkosten 165.000 EUR je Monat.
Im Monat Mai wird eine Werkzeugmaschine für 500.000 EUR angeschafft und sofort bezahlt. Zur Finanzierung wurde ein Darlehen über 400.000 aufgenommen, das ab dem Folgemonat mit einem Kapitaldienst von monatlich 20.000 EUR bedient wird.
Folgende Stückzahlen wurden produziert und abgesetzt:

Monat	Produktion = Absatz
Januar	1.800
Februar	2.000
März	1.800
April	2.100
Mai	2.200 Planwert
Juni	2.000 Planwert
Juli	2.300 Planwert
August	2.400 Planwert

Es ist weiterhin von einem Verkaufserlös in Höhe von 410 EUR pro Stück auszugehen.
Bei den Kundenrechnungen ist mit folgendem Zahlungseingang zu rechnen: 40 % der Kunden zahlen im gleichen Monat unter Abzug von 2 % Skonto, 40 % zahlen erst im Folgemonat.
20 % zahlen erst im übernächsten Monat.

3 Prognose von Zahlungsströmen

3.1 Pragmatische Prognoseverfahren

Eine Finanzplanung beruht auf Vorhersagen für künftige Zahlungsströme. Die Qualität der Finanzplanung hängt davon ab, wie genau die zugrunde gelegten Prognosewerte sind. Dabei ist auch die Wirtschaftlichkeit bei der Datenermittlung zu berücksichtigen.

Prognoseverfahren sind Schätzverfahren zur Beschreibung einer Größe im Zeitablauf und zur Bildung von Erwartungen über künftige Entwicklungen.

Solche Verfahren sind auch Grundlage anderer betriebswirtschaftlicher Analysen, z. B. bei der Planung der Absatz- und Materialbedarfsentwicklung. Entsprechend können die daraus folgenden wahrscheinlichen finanzwirtschaftlichen Werte abgeleitet werden. Andererseits gibt es unabhängig davon zu prognostizierende finanzwirtschaftliche Größen, z. B. das Zahlungsverhalten der Kunden.

Zukunftswerte können durch die Verarbeitung von Vergangenheits- und Gegenwartsdaten gewonnen werden. Ein Finanzplan kann nach unterschiedlichen Prognosewahrscheinlichkeiten differenziert werden, z. B. nach der ungünstigsten, günstigsten und wahrscheinlichen Entwicklung.

Prognoseverfahren für die Finanzplanung		
Pragmatische Verfahren	**Extrapolierende Verfahren**	**Trendrechnung**
■ Expertenbefragung ■ Delphi-Methode ■ Szenario-Technik	■ Mittelwertverfahren – gleitender Mittelwert – gewogener gleitender Mittelwert ■ Exponentielle Glättung	■ vereinfachte Formel ■ Ermittlung mit GTR

Bei den pragmatischen oder subjektiven Verfahren werden die Prognosewerte aufgrund von Erfahrung geschätzt. Dies sind zwar ungenaue, jedoch kostengünstige Verfahren. Meistens schätzt der Inhaber oder der für die Finanzen zuständige Mitarbeiter die voraussichtliche Entwicklung der Zahlungsströme aus der Erfahrung der Vergangenheit heraus. In diesem Fall spricht man von **Expertenbefragung**. Wenn mehrere Personen in die Prognose einbezogen werden, kann diese Befragung, z. B. mit einer Delphi-Befragung, mehr systematisiert werden.

Den Experten wird ein Fragenkatalog vorgelegt, z. B. die Frage, wie sie das Zahlungsverhalten der Kunden einschätzen. Die schriftlich erhaltenen Schätzungen werden aufgelistet und daraus Mittelwerte gebildet. Diese Werte werden einer Expertengruppe erneut zur Diskussion und Meinungsbildung vorgelegt. Daraus soll eine Verfeinerung der Schätzgrößen erfolgen. Das Ergebnis ist schließlich eine aufbereitete Gruppenmeinung, die die Aussagen selbst und Angaben über die Bandbreite vorhandener Meinung enthält. Die Delphi-Methode ist in folgende Stufen gegliedert:

- Erste Schätzgrößen
- Korrektur und Rückkopplung
- Anpassung/Verfeinerung der Prognosen
- Mittel- und Grenzwertbildung

Die Delphi-Methode[1] ist ein systematisches, mehrstufiges Befragungsverfahren mit Rückkoppelung zu den Befragten.

Die Voraussage kann von einem wahrscheinlichen Trend ausgehen und daran die günstigste (best case) und ungünstigste (worst case) Entwicklung gezeigt werden. Üblicherweise wird die Szenario-Technik in folgenden Phasen durchgeführt:

- **Aufgaben- und Problemanalyse**
  Dabei werden die Faktoren beschrieben, die die untersuchten Werte beeinflussen können, z. B. die betrieblichen Planungsgrößen, die für die Entwicklung der Geldströme relevant sind.
- **Einflussanalyse**
  In dieser Phase wird untersucht, wie sich die einzelnen Faktoren wechselseitig beeinflussen. Dies kann mittels einer Vernetzungstabelle oder Einflussmatrix dargestellt werden. Es wird untersucht und festgestellt, welchen Wirkungsgrad die einzelnen Faktoren haben können.
- **Trendvoraussage und Ermittlung von Alternativen**
  Mehrere sogenannte Szenarios werden ermittelt und dargestellt, mindestens das für die Extremsituationen und den Trend.
- **Bewertung**
  Unter Beachtung ihrer Eintrittswahrscheinlichkeiten werden die Szenarios miteinander verglichen und bewertet.

Die Szenario-Technik ist eine Methode, bei der die Prognosen jeweils für günstigste, ungünstigste und mittlere Werte dargestellt werden.

3.2 Extrapolierende Prognoseverfahren

Während bei den pragmatischen Verfahren die Prognosewerte aufgrund von Erfahrung und Intuition ermittelt werden, erfolgt bei den extrapolierenden[2] Prognoseverfahren eine Analyse der Vergangenheit der zu planenden Größen mit mathematisch-statistischen Methoden. Es wird unterstellt, dass eine dabei ermittelte Gesetzmäßigkeit auch in Zukunft gilt. Wenn beispielsweise der Umsatz und die damit verbundenen Geldeingänge in ihrer zeitlichen Entwicklung eine bestimmte Gesetzmäßigkeit zeigen, kann dies auch für die Zukunft unterstellt werden.

Beispiel

In einem Herstellungsbetrieb für Spielwaren gibt es jedes Jahr einen saisonalen Höhepunkt vor Weihnachten mit rund einem Drittel des Jahresabsatzes. Die vor Weihnachten verkauften Produkte müssen aber bereits im Sommer des Jahres produziert werden, was entsprechende Ausgaben für den Herstellungsprozess mit sich bringt.

Die Fehlerwahrscheinlichkeit nimmt mit größerem Zeitraum immer mehr zu. Die Methode eignet sich daher eher für eine Prognose in kürzeren Zeiträumen. Sie ist zudem kostengünstig, schnell verfügbar und einfach zu handhaben.

1 Delphi ist die altgriechische Kult- und Orakelstätte der Griechen. Pythia, eine Priesterin, gab, auf einem Dreifuß sitzend, ihre Ratschläge für politische Unternehmen der Griechen.

2 D. h. aus den bisherigen Werten auf weitere schließen.

3.2.1 Mittelwertverfahren

Das Mittelwertverfahren ist die einfachste Form der Extrapolation.

Bei der Ermittlung des gleitenden Mittelwerts sind die Werte der Vergangenheit Grundlage der Berechnung des künftigen Wertes. Als Prognosewert wird unterstellt, dass der zuletzt ermittelte Mittelwert die wahrscheinlichste Ausprägung für den künftigen Wert ist, d. h., dass sich der Trend fortsetzt.

Dabei werden die Werte mehrerer Perioden der Vergangenheit zusammengetragen und durch die Zahl der betrachteten Perioden geteilt: Der gleitende Mittelwert zeigt einen Trend mit zeitlicher Verzögerung, da alle Daten gleich gewichtet sind. Je größer die Anzahl der Perioden ist, die für den Mittelwert zugrunde gelegt werden, um so größer ist der Glättungseffekt.

Als Formel für den gleitenden Mittelwert gilt:

$$W_V = \frac{W_1 + W_2 + W_3 + \ldots W_n}{n}$$

n = Anzahl der betrachteten Perioden
W_i = Wert der Periode i
W_V = Vorhersagewert für die nächste Periode

Bei einem gleitenden Mittelwert verschieben sich die Periodenwerte um jeweils eine Einheit zeitlich nach vorne, d. h., die Periode W_1 ist immer $W_V - n$.

Ein gleitender Durchschnitt für jeweils drei Perioden wird auch Mittelwert dritter Ordnung genannt, bei sechs Perioden Mittelwert sechster Ordnung usw.

Eine Prognose für den Monat Oktober bei drei Perioden beginnt mit dem Wert von Juli, die Prognose für November beginnt mit dem Wert von August. Bei sechs Perioden ist W_1 von Oktober entsprechend der Wert von April, für die Prognose für November dann der Wert vom Mai.

Je größer die Zahl der in den gleitenden Durchschnitt einbezogenen Perioden ist, desto größer ist der Glättungseffekt.

Rechenbeispiel

Im letzten Jahr wurden in den jeweiligen Monaten folgende Zahlungseingänge gebucht:

Monat	01	02	03	04	05	06	07	08	09	10	11	12
Tsd. EUR	610	550	505	400	380	250	300	370	460	530	650	750

Folgende Prognosewerte sollen mithilfe des gleitenden Mittelwertverfahrens ermittelt werden:

a) aus den bis zum Vormonat jeweils vorliegenden Zahlungseingängen für die Monate Oktober und November bei Zugrundelegung von drei und sechs Perioden.
b) für den Monat Januar nächsten Jahres bei einer Periodenzahl von drei, sechs und zwölf.

Lösung:

a) *Drei Perioden:*
Monat Oktober: (300 + 370 + 460)/3 = 1.130/3 = 376,6
Monat November: (370 + 460 + 530)/3 = 1.360/3 = 453,3
Sechs Perioden:
Monat Oktober: (400 + 380 + 250 + 300 + 370 + 460)/6 = 2.160/6 = 360
Monat November: (380 + 250 + 300 + 370 + 460 + 530)/6 = 2.290/6 = 381,6

b) Prognosewert für Januar:
3 Perioden: (530 + 650 + 750)/3 = 643,3
6 Perioden: (300 + 370 + 460 + 530 + 650 + 750)/6 = 510
12 Perioden: (610 + 550 + 505 + 400 + 380 + 250 + 300 + 370 + 460 + 530 + 650 + 750)/12 = 5.755/12 = 479,6

Aus den Berechnungen ergibt sich die Wirkung des Glättungseffekts. Es zeigt sich aber auch, dass bei größeren Schwankungen die Prognose von den tatsächlichen Werten erheblich abweichen kann. Der gleitende Mittelwert reagiert auf einen Trend nur mit zeitlicher Verzögerung, da alle Daten gleich gewichtet sind.

Eine Verfeinerung ergibt sich durch den **gewogenen gleitenden Mittelwert**. Hierbei werden die jüngeren Perioden stärker als die älteren Perioden gewichtet. Dies ermöglicht es, trendmäßige Entwicklungen früher zu erkennen.

Beispiel

Die im vorigen Beispiel verwendeten Perioden sollen bei der Periodenzahl sechs wie folgt gewichtet werden:

Periode	01	02	03	04	05	06
Gewichtung in Prozent	5	8	12	17	25	33

Prognosewerte

Oktober: $\frac{400 \cdot 5 + 380 \cdot 8 + 250 \cdot 12 + 300 \cdot 17 + 370 \cdot 25 + 460 \cdot 33}{5 + 8 + 12 + 17 + 25 + 33} = \frac{37.570}{100} = 375{,}7$

November: $(380 \cdot 5 + 250 \cdot 8 + 300 \cdot 12 + 370 \cdot 17 + 460 \cdot 25 + 530 \cdot 33)/100 = 427{,}8$

Gleitender Durchschnitt im Zeitverlauf

Zur Darstellung des zeitlichen Verlaufs von gleitenden Durchschnitten wird der entsprechende Mittelwert aus den Werten vor und nach dem Zeitabschnitt berechnet. Beispielsweise wird der Durchschnittswert dritter Ordnung für den Monat Mai aus den Werten für April, Mai und Juni, für den Monat Juni aus den Werten für Mai, Juni und Juli ermittelt. Bei einer geraden Ordnung kann der Mittelwert nicht eindeutig zugeordnet werden.

Man behilft sich dadurch, dass dann die Reihe um die Hälfte eines weiteren Wertes erweitert wird. Daraus ergibt sich für den Wert April bei einer 6. Ordnung:

$$\frac{610/2 + 550 + 505 + 400 + 380 + 250 + 300/2}{6} = 423{,}3$$

Beispiel für die obigen auf Tsd. EUR gerundeten Werte mit einem gleitenden Durchschnitt dritter und sechster Ordnung für die Werte von April bis September des Jahres:

Monat	04	05	06	07	08	09
3. Ordnung	428	343	310	307	377	453
6. Ordnung	423	382	364	371	404	468

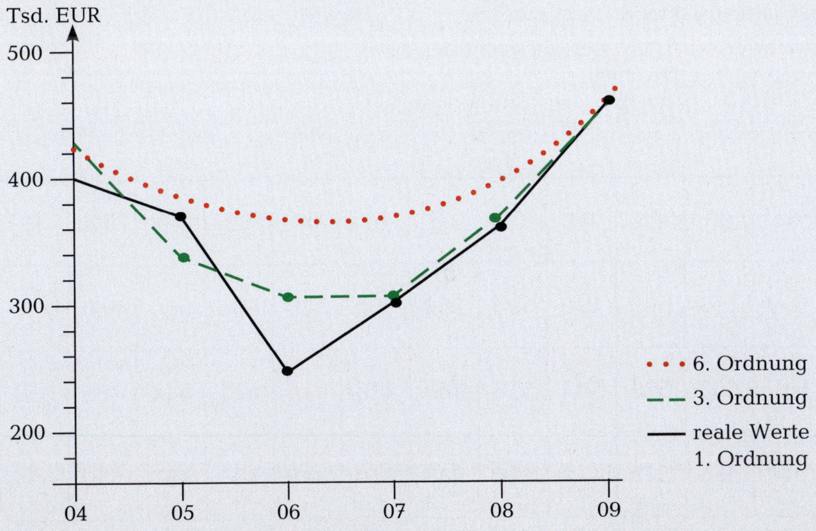

3.2.2 Exponentielle Glättung

Beim Verfahren der exponentiellen Glättung werden die Daten gewichtet. Die **Gewichtung** erfolgt durch den **Glättungsfaktor α**, der zwischen den Werten 0 und 1 angesetzt wird. Je nachdem, wie stark sich der Einfluss der Vergangenheit auswirken soll, wird der sogenannte Glättungsfaktor α gewählt. Dabei wird davon ausgegangen, dass der gegenwärtige Wert einer Zeitreihe von den vergangenen Werten beeinflusst wird, wobei aber deren Einfluss umso schwächer ist, je weiter der Wert in der Vergangenheit liegt. Je kleiner α, umso stärker werden die Perioden der Vergangenheit gewichtet und Zufallsschwankungen geglättet. Bei einem hohen α-Wert – etwa 0,5 – erfahren die jüngeren Perioden besondere Gewichtung. Zufallsschwankungen werden nur wenig geglättet. In der betrieblichen Praxis sind Werte zwischen 0,1 und 0,3 üblich.

Insbesondere wenn eine Zeitreihe kein systematisches Muster wie beispielsweise einen linearen Anstieg erkennen lässt, ist eine exponentielle Glättung zur Prognose für die nächste Periode sinnvoll.

Wenn die Zeitreihenwerte $y_1, y_2, \ldots, y_t$ zu den Zeitpunkten t gegeben sind, kann im jeweiligen Zeitpunkt t für y_t ein geglätteter Schätzwert y^*_t für die nächste Periode errechnet werden, der sich als gewichteter Durchschnitt aus dem aktuellen Zeitreihenwert y_t und dem Schätzwert aus der Vorperiode (y^*_{t-1}) für die aktuelle Periode ergibt. Man erhält

$$y^*_t = \alpha \cdot y_t + (1 - \alpha) \cdot y^*_{t-1}$$

wobei gilt: α = Glättungsfaktor
Nach Umformung ergibt sich:

$$y^*_t = y^*_{t-1} + \alpha\,(y_t - y^*_{t-1})$$

Für den Beginn der Berechnung wird der Anfangswert gewählt.

Modell für eine Zeitreihenentwicklung:

Für die Zahlungsströme aus dem vorigen Beispiel ergibt sich folgende exponentielle Glättung mit dem angenommenen Glättungsfaktor α = 0,2 bzw. 0,5:

Für t_2 wird der Ausgangswert von t_1 gewählt. Es ergibt sich dann
$y_2^* = 0{,}2 \cdot 550 + 0{,}8 \cdot 610 = 110 + 488 = 598$
bzw. $= 610 + 0{,}2\,(550 - 610) = 598$ (Prognosewert für Periode 3)
$y_3^* = 0{,}2 \cdot 505 + 0{,}8 \cdot 598 = 579$
usw.

t	01	02	03	04	05	06	07	08	09	10	11	12
y_t	610	550	505	400	380	250	300	370	460	530	650	750
y_t^* für $\alpha = 0{,}2$	610	598	579	543	510	458	426	414	423	444	485	538
y_t^* für $\alpha = 0{,}5$	610	580	543	472	426	338	319	345	403	467	559	654

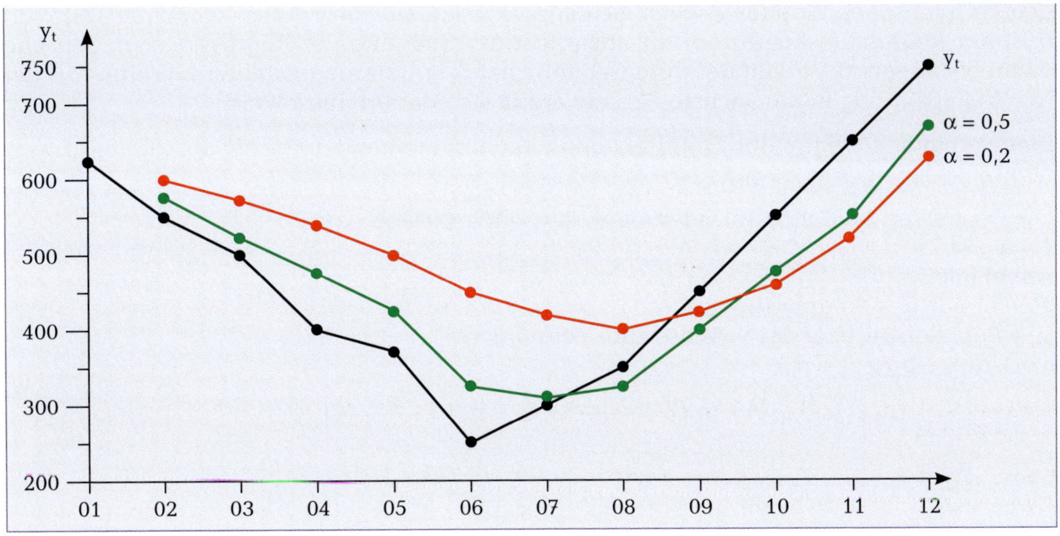

3.2.3 Trendrechnung

Aus einem festgestellten Trend, z. B. für Zahlungsströme oder für Umsatzentwicklungen, kann eine Prognose für die kommende Periode gemacht werden, indem der Trend weitergeführt wird.

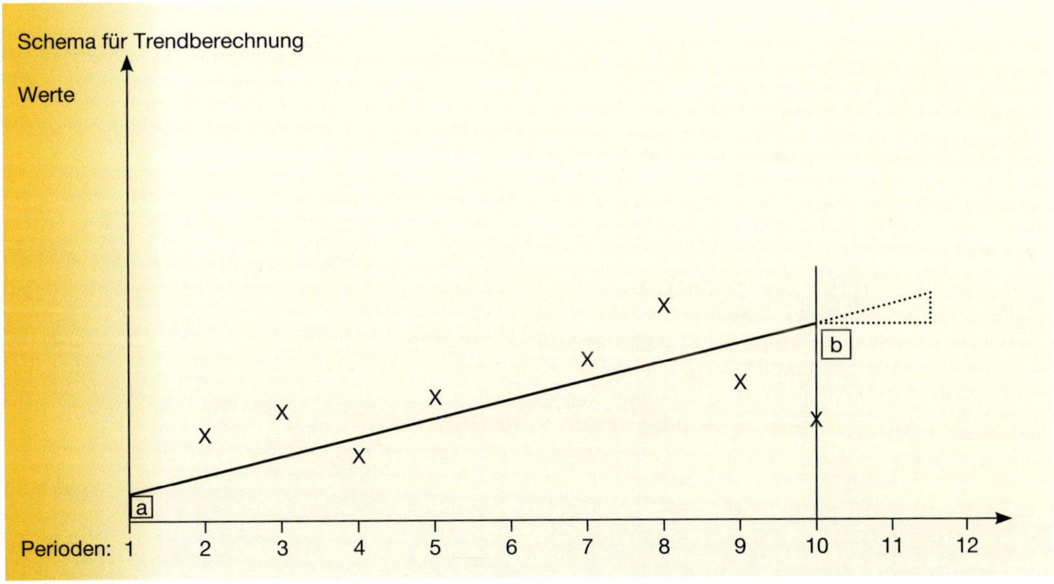

Aus verschiedenen Werten kann der Trend mathematisch mit dem statistischen Instrumentarium ermittelt werden. Hilfreich ist dabei der Einsatz grafikfähiger Taschenrechner (GTR). Die einfachste Kennzeichnung eines Trends ist die Ermittlung einer sogenannten Regressionsgeraden mit der Grundformel:

$y = a + b \cdot x$

In den hier verwendeten Beispielen hängt der ermittelte Prognosewert des Zahlungseingangs von der Zeit, also von der gewählten Periode mit dem Wert x ab. Der Wert a entspricht dem rechnerischen Wert für y, wenn die Regressionsgerade die y-Achse schneidet. Der Wert b ist der Regressionskoeffizient. Er entspricht der Steigung der Regressionsgeraden und damit bei linearem Verlauf der durchschnittlichen Veränderungsrate der y-Werte. Aus deren Weiterführung in die nächste Periode ergibt sich der Prognosewert.

Eine vereinfachte Form der Trendrechnung kann mit folgender Formel durchgeführt werden:[1]

Die Formel für die Regressionsgerade wird wie folgt festgelegt:
$y = a + bt$
wobei gilt:
p = Periode des Prognosewertes
p_n = Periodenwert auf der y-Achse zum Zeitpunkt n
$a = 1/n(p_1 + p_2 + \ldots + p_n)$

$$b = \frac{12}{n\,(n^2 - 1)} \left[p_1\,(1 - \frac{n+1}{2}) + p_2\,(2 - \frac{n+1}{2}) + \ldots + p_n\,(n - \frac{n+1}{2})\right]$$

$$t = p - \frac{n+1}{2}$$

Beispiel

Für den Monat Oktober soll die Prognose mithilfe der Trendrechnung erstellt werden. Es werden die Werte der vorangegangenen sechs Monate (n = 6) verwendet.

Monat	04	05	06	07	08	09	10
Tsd. EUR	400	380	250	300	370	460	Prognose

$a = (400 + 380 + 250 + 300 + 370 + 460)/6 = 360$

$b = [400\,(1–3{,}5) + 380\,(2–3{,}5) + 250\,(3–3{,}5) + 300\,(4–3{,}5) + 370\,(5–3{,}5) + 460\,(6–3{,}5)]\ \frac{12}{210} = 9{,}14$

$t = 7 - (6 + 1)/2 = 3{,}5$

$y_P = 360 + 9{,}14 \cdot 3{,}5 = 392$

Lösung mit GTR:
$y = a \cdot x + b$
$a = 9{,}1428$
$b = 328$
$y_7 = 392$

Berechnung mit GTR Casio CFX 9850
→ Menü STAT (Statistik) → exe
→ Werte in die Tabelle eingeben (Tabelle 1: x-Werte, Tabelle 2: y-Werte)
→ GRPH → GPH 1 → Punkte anzeigen lassen
→ Wahl des Regressions-Typs: x (= lineare Regression)
→ Die Werte für die Geradengleichung werden ausgegeben (y = ax + b).

4 Ausgleich des Finanzplans

Eine **Unterdeckung** im Finanzplan weist auf eine drohende künftige Zahlungsunfähigkeit hin. Diese kann ohne Ausgleichsmaßnahmen zu schwerwiegenden Folgen für das Unternehmen führen:

- Material kann nicht in der optimalen Menge beschafft werden, weil die erforderliche Losgröße nicht bezahlt werden kann,
- unpünktliche Lohnzahlung führt zu Unsicherheit bei den Beschäftigten,

1 Nach Olfert, Finanzierung, Ludwigshafen

- Zwangsvollstreckungsmaßnahmen drohen,
- letztlich kann anhaltende Zahlungsunfähigkeit zu Insolvenz führen.

Eine **Überdeckung** im Finanzplan beeinträchtigt die Rentabilität, weil die Rendite liquider Mittel im Verhältnis zur Rendite des betrieblichen Mitteleinsatzes geringer ist.

Voraussetzung eines dauerhaften Finanzmittelausgleichs ist eine Kapitalbedarfsplanung, bei der die langfristig erforderlichen Mittel in ausreichender Höhe und Fristigkeit zur Verfügung stehen.

Je größer der Unsicherheitsfaktor bei der Aufstellung des Finanzplans ist, umso größer muss der finanzielle Ausgleichsspielraum sein, um die negativen Folgen eines Ungleichgewichts zu vermeiden.

Handlungsspielräume zum Ausgleich von finanziellen Ungleichgewichten ergeben sich einmal durch finanzwirtschaftliche und zum anderen durch leistungswirtschaftliche Maßnahmen. Letztere sind in der Regel nur längerfristig zu realisieren.

Leistungswirtschaftliche Ausgleichsmaßnahmen sind z. B.:
- Änderung des Bestellrhythmus für Materialeinkäufe
- Straffung des Mahnwesens

Finanzwirtschaftliche Ausgleichsmaßnahmen:
- Vereinbarung von längeren Zahlungszielen mit Lieferanten
- Verkürzung der Zahlungsziele für Kunden
- Vermeidung von Investitionsfinanzierungen durch Leasingverträge[1]
- Verkauf von Forderungen durch Factoring[2]
- Geldanlage in geldnahen Formen wie Tagesgeld u. Ä.
- Vereinbarung von Kreditspielräumen mit Kreditinstituten

Dispositionskreditspielräume für Unternehmen setzen entsprechende Kreditverträge und Bonität des Unternehmens voraus. Kreditinstitute können Kreditzusagen zurücknehmen, wenn sich die Bonität des Unternehmens verschlechtert. Auch bereits beanspruchte Kredite können dann gekündigt werden. Überschreitungen der vereinbarten Kreditlinien können zwar stillschweigend von den Kreditinstituten zugelassen werden, dies führt jedoch zu erheblichen Zinszuschlägen von meistens mindestens 5 % gegenüber einer vereinbarten Überziehung der Zusage des Limits. Auf der anderen Seite ist eine Inanspruchnahme des Kontokorrentkredits meistens erheblich günstiger als die Ausnutzung von Zahlungszielen der Lieferanten. Solche gibt es allerdings ohne die Stellung von Sicherheiten.

Beispiel

Ein Lieferant gewährt ein Skonto von 2 % bei Zahlung innerhalb einer Woche bei einem Zahlungsziel von vier Wochen. Dies entspricht einem Effektivzinssatz (bei einer Laufzeit von 21 Tagen) von rund 35 %.

$$p = \frac{2 \cdot 360 \cdot 100}{21 \cdot 98} = 34{,}98\ \%$$

Finanzwirtschaftliche Steuerungsmaßnahmen bei ungefährdeter Liquiditätslage:
- Erhöhung oder Vorverlegung von Einkäufen
- verstärkte Skontoausnutzung bei Lieferanten
- Erhöhung oder Vorverlegung von Tilgungszahlungen bei Darlehen
- Unterlassung oder Verschiebung einer Kreditaufnahme
- Kauf statt Miete oder Leasing

1 Vgl. Kapitel M 2

2 Vgl. Kapitel M 3

Finanzwirtschaftliche Steuerungsmaßnahmen bei gefährdeter Liquiditätslage:
- Verzicht auf skontowirksame Nutzung von Zahlungszielen bei Lieferanten
- längere Zahlungsziele mit den Lieferanten vereinbaren
- Tilgungsaussetzung bei Darlehen beantragen
- Lagerbestände abbauen
- Höhere Kundenskonti anbieten
- Abbau von Forderungsbeständen
- Verkauf von nicht benötigten Sachanlagen und Finanzanlagen
- Miete oder Leasing statt Kauf von Anlagegegenständen

Eine Maßnahme zur Risikobegrenzung durch abweichende Pläne kann die Einbeziehung einer pessimistischen Erwartung bei elastischen Plänen sein. Geht man immer vom schlechtesten erwarteten Wert aus, ergibt sich eine entsprechende Sicherheitsreserve.

Zusammenfassung zu
Kapitel 3: Prognose von Zahlungsströmen
Kapitel 4: Ausgleich des Finanzplans

Prognose von Zahlungsströmen	
Pragmatische Prognoseverfahren	▪ Expertenbefragung, auch nach Delphi-Methode, in systematischer, mehrstufiger Form ▪ Szenario-Technik mit günstigsten, ungünstigsten und mittleren Werten
Extrapolierende Prognoseverfahren	▪ Mittelwertverfahren mit gleitendem Mittelwert und gewogenem gleitendem Mittelwert ▪ Exponentielle Glättung, d. h. Glättung mit Gewichtungsfaktor ▪ Trendrechnung mit Regressionsgerade
Ausgleich des Finanzplans	
Zu vermeiden sind Unterdeckung und Überdeckung durch	
leistungswirtschaftliche Ausgleichsmaßnahmen	▪ Straffung des Mahnwesens ▪ Bestellrhythmus optimieren
finanzwirtschaftliche Ausgleichsmaßnahmen	▪ Zahlungsziele mit Lieferanten verlängern ▪ Zahlungsziele für Kunden verkürzen ▪ Leasingverträge statt Investitionen ▪ Forderungsverkauf (Factoring) ▪ Kreditlinien mit Banken erweitern

Aufgaben und Probleme

Kapitel 3 Prognose von Zahlungsströmen
Kapitel 4 Ausgleich des Finanzplans

Prognose von Zahlungsströmen

1 Kennzeichnen Sie die pragmatische Prognose im Zusammenhang mit der Finanzierungsplanung und nennen Sie den Vorteil dieses Verfahrens.

2 In einem Ein-Produkt-Unternehmen wurden folgende Absatzzahlen als Grundlage einer aufzustellenden Finanzplanung ermittelt:
Berechnen Sie
a) absoluter Mittelwert
b) gleitender Mittelwert mit 3 und 5 Monaten
c) exponentielle Glättung α 0,1 und 0,3 ab Monat 02
d) Trendrechnung als Prognose für Monat 11, 6 Monate
Rechnungen auf 1 Stelle nach dem Komma kaufmännisch gerundet.
Verwenden Sie auch Ihren GTR und vergleichen Sie das Ergebnis mit den ohne GTR ermittelten Werten.

Monat	01	02	03	04	05	06	07	08	09	10	11	12
Absatz in Tsd. Stück	100	90	80	75	60	70	85	95	110	120	140	170

3 In einem Unternehmen wird erhoben, wie viele Kunden jeweils ein Zahlungsziel beanspruchen.
a) Arbeiten Sie diese Werte statistisch für eine Finanzplanung auf.
b) Beschreiben Sie, welche weiteren Informationen herangezogen werden könnten bzw. müssten, um eine gute Grundlage für die Planung zu erhalten.

Zahlungsziel in Wochen	01	02	03	04	05	06	07	08	09	10	11	12
Zahl der Beanspruchungen	56	38	40	25	31	18	10	8	9	4	2	0

4 In einem Unternehmen soll der Auftragseingang für den nächsten Monat geschätzt werden. Es liegen bisher folgende Daten vor:

Monat	01	02	03	04	05	06	07
Auftragseingänge	395	404	412	409	411	413	421

a) Ermitteln Sie mithilfe des Mittelwertverfahrens die prognostizierte Anzahl der Auftragseingänge für den Monat 08, wenn bei der Berechnung die letzten vier Monate berücksichtigt werden.
b) In einer älteren Statistik wurde die Anzahl der Auftragseingänge für den Monat 07 auf 411 geschätzt. Berechnen Sie mithilfe der exponentiellen Glättung den Prognosewert für den Monat 08, wenn der Glättungsfaktor mit 0,4 angesetzt wird.
c) Erläutern Sie die Unterschiede der beiden Prognoseverfahren.

5 Beschreiben Sie je zwei Instrumente, die bei Über- bzw. Unterdeckung eines Finanzplans zur Anwendung kommen können.

5 Unternehmensinsolvenz

5.1 Ursachen einer finanziellen Unternehmenskrise

Die Krise eines Unternehmens kann dazu führen, dass es in seinem Fortbestand gefährdet oder dieser unmöglich geworden ist. Eine solche Krise kann zu einem Insolvenzverfahren führen. Hinweise auf eine kommende Krise liegen häufig schon vor der Einleitung eines Insolvenzverfahrens vor. In diesem Stadium kann die Krise durch geeignete Maßnahmen eventuell noch überwunden und die Insolvenz verhindert werden.

Eine strategische Krise liegt vor, wenn die langfristig wirkenden Erfolgsfaktoren eines Unternehmens gestört sind.

Die Ursache kann in einem falschen Produktionsprogramm, an einem ungeeigneten Standort oder in einem mangelhaften Marketing liegen.

Die Folge einer strategischen Krise ist meistens ein Ertragseinbruch durch Umsatzrückgänge und Kostensteigerungen. Sinkende oder ausbleibende Erträge führen mittelfristig zu Liquiditätsproblemen, weil die Einzahlungen zurückgehen und die Auszahlungen zunehmen. Eine sich daraus ergebende Zahlungsunfähigkeit führt zur **Existenzkrise** und zum Insolvenzverfahren. Wenn dies nicht abgewendet werden kann, ist die Fortführung des Unternehmens in der bisherigen Form nicht mehr möglich.

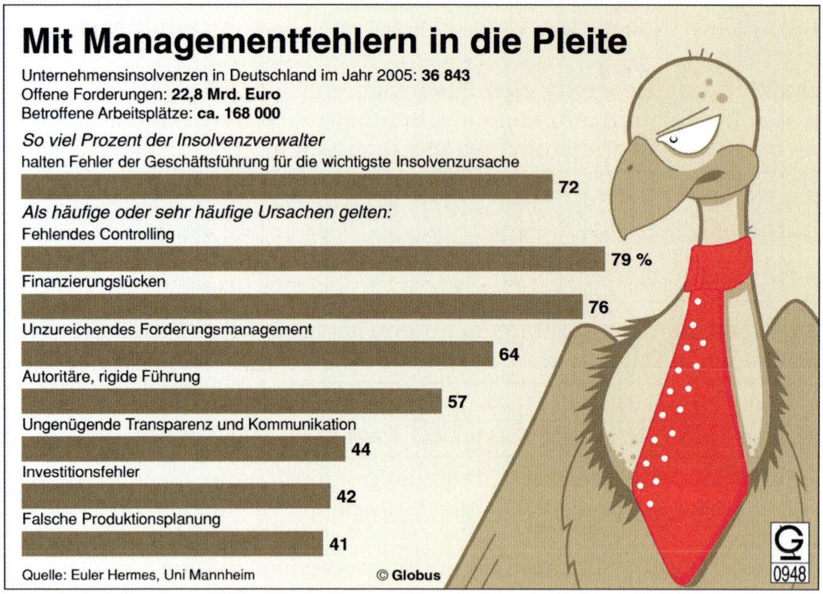

5.2 Zweck des Insolvenzverfahrens[1]

Wenn ein Unternehmen zahlungsunfähig ist, können die Gläubiger ihre ausstehenden Forderungen beim Schuldner grundsätzlich im Wege der Einzelvollstreckung über das Vollstreckungsgericht eintreiben. Würden auf diese Weise mehrere Gläubiger die Vollstreckung betreiben, kann sich derjenige zuerst bedienen, der zuerst kommt. Ein solches „Zufallsprinzip" bei der Befriedigung mehrerer Gläubiger soll durch das Insolvenzverfahren vermieden werden.

Grundsätzliches Ziel des Insolvenzverfahrens ist es, das Unternehmen zu erhalten und zu sanieren. Gelingt dies nicht, sind die Gläubiger zu gleichen Bedingungen zu befriedigen.

Dabei ist aber eine Rangfolge von genannten bevorrechtigten Gläubigern zu beachten. Beim Insolvenzverfahren spricht man deshalb von „Gesamtvollstreckung", weil alle Ver-

1 Insolvenz von lat. insolvens, d. h. nicht einlösend, bedeutet die Unfähigkeit, bestehende Schuldverpflichtungen einlösen zu können. Im Volksmund auch „Pleite" genannt. „Bankrott" ist ein Strafdelikt, wenn schuldhaft eine Insolvenz herbeigeführt wird, von lat. bancarotta = zerschlagener Tisch. Der Geldwechslertisch wurde dem unehrenhaften Zahlungsunfähigen symbolisch zerbrochen.

bindlichkeiten zugleich geregelt werden sollen. Die Gläubiger sollen gemeinschaftlich durch die Verwertung des Vermögens des Schuldners und die Verteilung des hieraus entstehenden Erlöses befriedigt werden. Ein weiteres Ziel des Verfahrens ist es, ein insolventes Unternehmen möglichst zu erhalten und zu sanieren.

5.3 Eröffnung des Insolvenzverfahrens

Rechtsgrundlage für ein Insolvenzverfahren ist die **Insolvenzordnung (InsO)**. Ein Verfahren wird nur auf **Antrag** eingeleitet.

Eröffnungsgründe für ein Insolvenzverfahren		
Zahlungsunfähigkeit	**Drohende Zahlungsunfähigkeit**	**Überschuldung**
Zahlungsunfähigkeit ist von Zahlungsunwilligkeit und Zahlungsstockungen zu unterscheiden. Als zahlungsunfähig wird ein Unternehmen meistens angesehen, wenn es weniger als 90 Prozent seiner Verbindlichkeiten zum Zeitpunkt der Fälligkeit begleichen kann. Dabei kann es ohne Weiteres sein, dass noch geringe Zahlungen geleistet werden können.	Den Antrag wegen drohender Zahlungsunfähigkeit kann nur die verschuldete Person selbst stellen. Er ist dann zulässig, wenn der Antragsteller absehen kann, dass seine Zahlungsmittel nicht ausreichen, um alle Verpflichtungen innerhalb eines überschaubaren Zeitraumes, z. B. eines Jahres, zu erfüllen.	Eine Überschuldung liegt vor, wenn die Schulden die Vermögenswerte übersteigen. Eine Überschuldung ist nur für juristische Personen ein Eröffnungsgrund. Dazu muss ein sogenannter Überschuldungsstatus erstellt werden. In diesen sind die vorhandenen Vermögenswerte mit ihren aktuellen Verkehrswerten den Verbindlichkeiten gegenüberzustellen.

Der Insolvenzantrag ist beim zuständigen **Amtsgericht** einzureichen. Antragsberechtigt sind die Gläubiger oder der Schuldner selbst. Eine Kapitalgesellschaft ist zur Beantragung eines Insolvenzverfahrens innerhalb von drei Wochen nach Feststellung der Zahlungsunfähigkeit oder Überschuldung verpflichtet. Verstöße gegen diese Antragspflicht können zu Schadensersatzverpflichtungen führen und strafbar sein.

Ein Insolvenzantrag setzt voraus, dass mindestens einer der in der Insolvenzordnung festgelegten Gründe vorliegt und die Insolvenzmasse die Verfahrenskosten deckt. Deckt die Insolvenzmasse die Verfahrenskosten nicht, wird der Eröffnungsantrag „mangels Masse" abgewiesen.

Zunächst wird ein Insolvenzverwalter bestellt. Wenn dem Insolvenzverwalter die Weiterführung sinnvoll erscheint, wird er ein Unternehmenskonzept und einen darauf beruhenden Finanzplan erstellen. Aus diesem ergibt sich die voraussichtliche Entwicklung der Liquidität. Auf diese Weise kann beurteilt werden, ob das Unternehmen in einem überschaubaren Prognosezeitraum von zwei bis drei Jahren seine Zahlungsverpflichtungen aller Voraussicht nach begleichen kann. Nur wenn diese zusätzliche Bedingung erfüllt ist, kann für das Unternehmen eine positive Fortführungsprognose gestellt werden.

5.4 Aufgaben des Insolvenzverwalters

▶ Hauptaufgabe

Mit Eröffnung des Insolvenzverfahrens verliert ein Unternehmen die Verwaltungs- und Verfügungsbefugnis über sein Vermögen. !

Diese Befugnis geht auf den vom Gericht eingesetzten **Insolvenzverwalter** über. Meistens wird der vorläufig eingesetzte Insolvenzverwalter auch der Insolvenzverwalter während des gesamten Verfahrens. Der Verwalter übernimmt die Befugnisse des Schuldners vollständig und hat weitgehende Befugnisse und Aufgaben, insbesondere die Sicherung der Vermögensmasse, die Weiterführung des Unternehmens sowie die Prüfung, ob die Masse die Verfahrenskosten deckt. Der Insolvenzverwalter zieht Forderungen des Schuldners kraft seiner Verwaltungsbefugnis ein.

§

§ 148 InsO Übernahme der Insolvenzmasse

(1) Nach der Eröffnung des Insolvenzverfahrens hat der Insolvenzverwalter das gesamte zur Insolvenzmasse gehörende Vermögen sofort in Besitz und Verwaltung zu nehmen.

Aufgaben des Insolvenzverwalters

- Sicherung, Verwaltung und Verwertung der Masse
- Bericht in der ersten Gläubigerversammlung
- Anfechtungsrecht
- Führen von Prozessen
- Prüfen der angemeldeten Forderungen
- Prüfen der Aus- und Absonderungsrechte
- Verwaltung der Insolvenzmasse

Sicherungsmaßnahmen

In der Zeit bis zur Entscheidung über den Eröffnungsantrag hat das Insolvenzgericht die Pflicht, Maßnahmen zur Sicherung des Schuldnervermögens zu treffen. Das Gericht kann bei Zulässigkeit des Eröffnungsantrags dem Schuldner ein **Verfügungsverbot** auferlegen und **Zwangsvollstreckungen** gegen den Schuldner untersagen oder einstweilen einstellen. Dies wird öffentlich bekannt gemacht.

Massebereinigung

Gegenstände, die nicht im Eigentum des Unternehmens stehen, z. B. gemietete, geleaste oder unter Eigentumsvorbehalt stehende Sachen, sondert der Insolvenzverwalter aus der Insolvenzmasse aus und gibt sie an den Berechtigten heraus (Aussonderung).

Gegenstände, an denen ein Dritter ein Pfandrecht oder ein Sicherungseigentum hat, verwertet der Verwalter außerhalb der Insolvenz einzeln oder durch Zwangsversteigerung im Wege der abgesonderten Befriedigung. Die absonderungsberechtigten Gläubiger erhalten den Verkaufserlös unter Abzug der Verwertungskosten.

Verwertung

Nach einem Berichtstermin verwertet der Verwalter die nach der Aussonderung noch vorhandenen Wirtschaftsgüter, wenn kein gegenteiliger Beschluss der Gläubigerversammlung besteht. Die Verwertung kann auf drei verschiedenen Wegen erfolgen:

- **Liquidierung:** Das gesamte Schuldnervermögen wird – in der Regel im Rahmen von Zwangsversteigerungen – verwertet. Die Gläubiger werden aus dem Erlös befriedigt.
- **Sanierung:** Nach der Sanierung fallen die erwirtschafteten Gewinne den Gläubigern zu.
- **Übertragung:** Mit dem Verkauf des Unternehmens an ein anderes Unternehmen wird der Kaufpreis zur Befriedigung der Gläubiger verwendet.

Verteilung

Ist die Masse in Geld umgewandelt, so werden daraus zuerst die Kosten des Insolvenzverfahrens beglichen. Hierzu zählen die Vergütungen des vorläufigen und des endgültigen Verwalters sowie die Gerichtskosten. Im nächsten Schritt werden die sonstigen Masseverbindlichkeiten beglichen, die z. B. durch Handlungen des Insolvenzverwalters entstanden sind. Aus der dann noch verbleibenden Teilungsmasse werden schließlich die Insolvenzgläubiger befriedigt. Danach wird das Verfahren aufgehoben. Eine Kapitalgesellschaft wird dann von Amts wegen aus dem Handelsregister gelöscht. Gegen natürliche Personen kann dann grundsätzlich wieder unbegrenzt vollstreckt werden, es sei denn, das Gericht hat eine Restschuldbefreiung[1] angeordnet.

§

§ 55 InsO Sonstige Masseverbindlichkeiten

(1) Masseverbindlichkeiten sind weiter die Verbindlichkeiten:

1. die durch Handlungen des Insolvenzverwalters oder in anderer Weise durch die Verwaltung, Verwertung und Verteilung der Insolvenzmasse begründet werden, ohne zu den Kosten des Insolvenzverfahrens zu gehören;
2. aus gegenseitigen Verträgen, soweit deren Erfüllung zur Insolvenzmasse verlangt wird oder für die Zeit nach der Eröffnung des Insolvenzverfahrens erfolgen muss;

...

(2) Verbindlichkeiten, die von einem vorläufigen Insolvenzverwalter begründet worden sind, auf den die Verfügungsbefugnis über das Vermögen des Schuldners übergegangen ist, gelten nach der Eröffnung des Verfahrens als Masseverbindlichkeiten. Gleiches gilt für Verbindlichkeiten aus einem Dauerschuldverhältnis, soweit der vorläufige Insolvenzverwalter für das von ihm verwaltete Vermögen die Gegenleistung in Anspruch genommen hat.

Arbeitnehmer haben einen Anspruch auf Insolvenzgeld, und zwar maximal für die letzten drei Monate ihres Arbeitsverhältnisses bis zur Eröffnung des Verfahrens bzw. bis zur Abweisung des Insolvenzantrags mangels Masse.

Beispiel für die Verteilung einer Insolvenzmasse nach Liquidation des Vermögens

Vermögen in EUR	**Ansprüche/Forderungen in EUR**	**Bemerkungen**
Gemietete Maschinen 50.000 Geleaste Fahrzeuge 100.000	Rückgabeanspruch an Eigentümer	= **Aussonderung**
Gesamte Insolvenzmasse nach Verwertung Forderungen 40.000 Barvermögen 40.000	Forderungen der Bank über 50.000 Sicherungsabtretung Forderungen 40.000	= **Absonderung** von 40.000 Restforderung ungesichert
	Gerichtskosten 15.000	= **Massekosten**
	Sozialplan 20.000	= **Masseverbindlichkeiten**
	Restvermögen 5.000 für Forderungen Lieferanten 190.000 und Bank 10.000	= **Insolvenzquote 2,5 %**
	evtl. nachrangige Gläubiger gehen ganz leer aus, z. B. Gesellschafterdarlehen	

1 Vgl. Kap. D 5

Sanierung

Innerhalb des Regelverfahrens bietet die Insolvenzordnung das Instrument des Insolvenzplans an. Im Insolvenzplan können die Verfahrensbeteiligten vom Regelverfahren abweichende Vereinbarungen treffen. Insbesondere kann in einem **Insolvenzplan** eine Regelung zum Erhalt des Unternehmens getroffen werden.

Das **Sanierungskonzept** ist ein Leitfaden und dient während der Sanierung des Unternehmens als Orientierungshilfe. Mithilfe dieses Konzeptes soll die Wettbewerbsfähigkeit des Unternehmens wiederhergestellt werden, um nachhaltig Einnahmeüberschüsse zur Befriedigung der Gläubiger zu erzielen.

Sanierungsmaßnahmen

- **Kapitalzufuhr:** Bei einer Kapitalgesellschaft besteht die Möglichkeit, eine Überschuldung durch Zufuhr von Eigenkapital in die Gesellschaft abzuwenden. Die Kapitalzufuhr kann durch eine Bar- oder eine Sacheinlage erfolgen.
- **Umwandlung von Schulden der Gesellschaft in Eigenkapital:** Eine Sanierung der Gesellschaft kann auch durch Umwandlung von Darlehensverbindlichkeiten in Eigenkapital erfolgen. Bei dieser Form der Schuldumwandlung bringt ein Gläubiger im Zuge einer Kapitalerhöhung seine Forderungen ganz oder in Teilen in das Eigenkapital des sanierungsbedürftigen Unternehmens ein. Durch die Umwandlung wird die Überschuldung in entsprechender Höhe bei der Gesellschaft beseitigt.
- **Forderungsverzicht:** Durch den Verzicht eines Gläubigers auf seine Forderung gegenüber der Not leidenden Gesellschaft kann eine bestehende Überschuldung in Höhe des Verzichts abgebaut werden, sofern der Gläubiger auf eine vollwertige Forderung verzichtet. Zum Forderungsverzicht sind Gläubiger in der Regel dann bereit, wenn sie an der weiteren Geschäftsbeziehung interessiert sind und ihre Forderungen aufgrund fehlender Sicherheiten nicht mehr als werthaltig angesehen werden können.

Zusammenfassung zu Kapitel 5: Unternehmensinsolvenz

Insolvenz eines Unternehmens	
Ursachen einer Krise	■ falsches Produktprogramm ■ ungeeigneter Standort ■ mangelhaftes Marketing ■ Ertragseinbruch durch Umsatzrückgänge ■ Kostensteigerungen
Symptome einer Krise	■ Zahlungseingänge vermindern sich ■ Kontoüberziehungen nehmen zu ■ Buchhaltung ist nicht aktuell ■ Investitionen haben sich vermindert ■ hohe Forderungen an wenige Unternehmen ■ Vorräte und Lagerbestände an Fertigerzeugnissen nehmen zu ■ Insolvenzen bei Abnehmern

Insolvenzverfahren	
Hauptziel: Erhaltung des Unternehmens oder gleichmäßige Befriedigung der Gläubiger	
Verfahrensablauf	■ Eröffnung nach Antrag durch Amtsgericht wegen – Zahlungsunfähigkeit – drohender Zahlungsunfähigkeit – Überschuldung (Schulden > Vermögen) ■ Insolvenzverwalter prüft, sichert, verwertet und verteilt oder stellt Insolvenzplan zur Sanierung auf
Rangordnung der Verteilung nach erfolgter Liquidation	Bruttovermögen – Aussonderung fremden Vermögens = Insolvenzmasse – Absonderung (gesonderte Verwertung verpfändeter oder sicherungsübereigneter Sachen) = freies Vermögen – Verfahrenskosten – sonstige Masseverbindlichkeiten (z. B. Sozialplan) = Teilungsmasse: Verteilung nach Quoten

Aufgaben und Probleme

Kapitel 5 Unternehmensinsolvenz

1. Beschreiben Sie drei betriebswirtschaftliche Ursachen, die zu einer Insolvenz führen können.

2. Beschreiben Sie die rechtlichen Voraussetzungen zur Eröffnung eines Insolvenzverfahrens.

3. Ein Unternehmen hat folgende Verbindlichkeiten bei Eröffnung bzw. Weiterführung des Insolvenzverfahrens:

Löhne nach Verfahrenseröffnung	15.000 EUR
Verfahrenskosten	25.000 EUR
Abfindungen gemäß Sozialplan	25.000 EUR
Lieferantenverbindlichkeiten ohne Deckung	230.000 EUR
Lieferantenverbindlichkeiten mit Eigentumsvorbehalt	100.000 EUR
Betriebsausgaben nach Eröffnung	30.000 EUR
Ungesicherte Bankverbindlichkeiten	300.000 EUR
Darlehen gegen Sicherungsübereignung Geschäftsausstattung	250.000 EUR

An Aktiva stehen zur Schlussverteilung mit dem angegebenen Wert zur Verfügung:

Aus Geschäftsausstattung nach Versteigerung	150.000 EUR
Geldeingang aus Forderungen an Kunden	50.000 EUR
Warenlager	160.000 EUR
davon gegen Eigentumsvorbehalt von Lieferanten	100.000 EUR

Stellen Sie eine Rangordnung der Verteilung mit den zugehörigen Beträgen auf.

M Besondere Finanzierungsinstrumente

Warum ist dieses Kapitel wichtig?

Meistens beschreitet jedes Unternehmen die herkömmlichen Finanzierungswege der Fremd- und Eigenfinanzierung. Wenn diese Wege ausgeschöpft oder nicht in normalem Umfang erreichbar sind, so z. B. in der Aufbauphase eines Unternehmens, bieten Finanzdienstleister auch andere und ergänzende Wege an. Zusätzlich kann es staatliche Hilfen und Unterstützungen durch Spezialbanken im Auftrag des Staates geben. Kreditinstitute sind durch die Vorgaben der Bankenaufsicht oft gezwungen, Finanzierungen nicht oder nur zu teureren Konditionen zu vergeben. Daher ist es für eine optimale Finanzplanung notwendig, die alternativen Finanzierungswege zu kennen. In diesem Kapitel werden deshalb deren wesentlichen Elemente dargestellt.

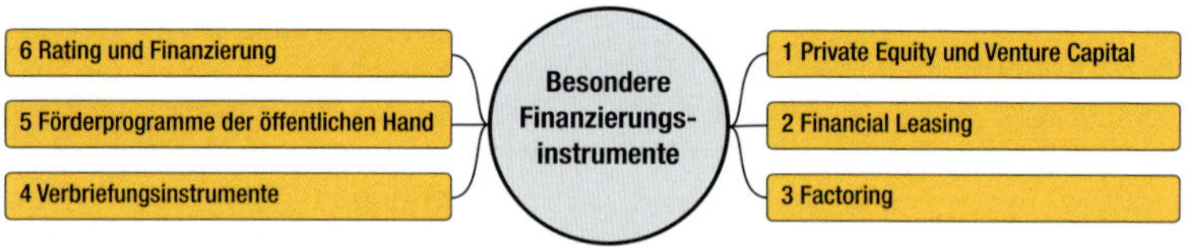

1 Private Equity und Venture Capital

Zu den „klassischen" Finanzierungswegen gehören die Beschaffung von dauerhaftem Eigenkapital und die Aufnahme von Darlehen mit und ohne Besicherung. Diese Wege sind in erster Linie für solche Unternehmen offen, die bereits erfolgreich am Markt eingeführt sind. Unternehmen, die in der **Gründungs- oder Markteinführungsphase** stehen, werden eher Probleme haben, diese klassischen Finanzierungswege zu beschreiten. Diese Lücke können Finanzierungsinstitutionen schließen, die spezielle Finanzierungsangebote unterbreiten, um insbesondere den Finanzbedarf von jungen Unternehmen zu decken. **Private Equity**[1] gilt als Oberbegriff für besondere Anlageformen, z.B. Beteiligungen in den Gründungsphasen oder Gesellschafterdarlehen. Bei dieser Art der Außenfinanzierung müssen die Unternehmen keine banküblichen Sicherheiten stellen, weil die Kapitalgeber ein höheres Risiko einzugehen bereit sind.

Venture[2] Capital (Wagniskapital) ist die Bereitstellung von haftendem Eigenkapital oder eigenkapitalähnlichen Mitteln in der Gründungs-, Markteinführungs- oder Wachstumsphase eines Unternehmens.

Dabei ist im Unterschied zum herkömmlichen Eigenkapital eines Unternehmens von Anfang an vereinbart, dass die Bereitstellung seitens der Kapitalgeber zeitlich begrenzt ist, z. B. auf drei bis zehn Jahre. Die Kapitalgeber können aber nach Ablauf ihres geplanten Investitionszeitraums von dem finanzierten Unternehmen keine Rückgabe des Kapitals verlangen, sondern dies nur durch einen Verkauf ihrer Anteile erreichen. Venture Capital wird zur Finanzierung der Gründungs- und Wachstumsphasen sowie zu besonderen Finanzierungsanlässen bereitgestellt. Zusätzlich bieten die Kapitalgeber üblicherweise Betreuung und Beratung (Managementunterstützung) an.

Venture Capital wird häufig von sogenannten Venture-Capital-Gesellschaften bereitgestellt. Diese beteiligen sich in verschiedenen rechtlichen Formen meist bis maximal der Hälfte der Eigenmittel des Unternehmens. Den Kapitalgebern können i. d. R. vertraglich Kontroll- und Mitspracherechte eingeräumt werden. Sie verfolgen mit ihrer Beteiligung

1 Der Begriff Equity = Eigenkapital stammt aus den USA.

2 Venture = Wagnis.

keine langfristigen strategischen Interessen. Die zu finanzierenden Unternehmen können ihre Eigenständigkeit bewahren.

Verwendungszwecke für Venture Capital

- Gründungsphase vor einer umfassenden Vermarktung (Start-up-Finanzierung)
- Umsetzung innovativer Ideen (Seed[1]-Finanzierung)
- Erweiterung von Kapazitäten, Produktdiversifikation oder Erschließung neuer Märkte (Expansionsfinanzierung)
- Finanzierung von Unternehmensübernahmen
- Finanzierung von Sanierungsmaßnahmen (Turnaround[2]-Situationen)
- Vorbereitung eines Börsengangs zur Verbesserung des Eigenkapitals (Bridge[3]-Finanzierung)
- Übernahme des Unternehmens durch das Management (Management-Buy-out)

Beteiligungsformen beim Venture Capital

- Übernahme von Kommandit-, GmbH-Anteilen oder Aktien nicht börsennotierter Gesellschaften
- Einlagen als stiller Gesellschafter
- Gewährung von Darlehen mit Rangrücktritt vor allen anderen Gläubigern (Nachrangdarlehen)
- Genussrechte mit besonderer individueller Vereinbarung, auch in Form einer sogenannten Mezzanine-Finanzierung[4] als Mischform zwischen Eigen- und Fremdfinanzierung

Ablauf der Venture-Capital-Finanzierung

- Auswahl der Venture-Capital-Gesellschaft
  In den meisten Fällen wird eine Venture-Capital-Finanzierung von einer Venture-Capital-Gesellschaft durchgeführt. Dabei suchen Venture-Capital-Gesellschaften zum einen nach geeigneten Unternehmen für ihr Portfolio, zum anderen machen sich Unternehmen selbst auf die Suche nach einem geeigneten Partner für die Venture-Capital-Finanzierung. Wichtige Punkte bei der Auswahl der Gesellschaft sind die Höhe des erforderlichen Kapitals sowie die benötigte Laufzeit der Kapitalbereitstellung. Daneben stellt das Management-Team der Venture-Capital-Gesellschaft ein wichtiges Kriterium bei der Wahl dar. Bei der Entscheidung für eine Gesellschaft ist auch deren Beratungs- und Betreuungsangebot zu berücksichtigen.
- Kontaktaufnahme mit der Venture-Capital-Gesellschaft
  Der Erstkontakt erfolgt meist durch die Übersendung eines Businessplans des Kapital suchenden Unternehmens. Daran kann der Kapitalgeber eine erste Beurteilung des Unternehmens vornehmen.
  Ein **Businessplan** enthält beispielsweise Aussagen zum Unternehmen (Strategie, Geschäftszweck, Gesellschafterstruktur), zum Markt (qualitativ und quantitativ, Trends), zum Angebot des Unternehmens (Preisgestaltung, Herstellungstechnik, Serviceleistungen), zum Vertrieb, zur Unternehmensführung und zu der Finanzsituation.
- Abschluss der Verträge und Zurverfügungstellung des Kapitals
  Das von dem zu finanzierenden Unternehmen geplante Vorhaben kann mit den Venture-Capital-Mitteln unter Begleitung und Unterstützung des Venture-Capital-Gebers durchgeführt werden.

---

1 Engl. seed = Samen.

2 Engl. turn around = umkehren (hier vom Negativen ins Positive).

3 Engl. to bridge = überbrücken.

4 Mezzanine ital. = Zwischengeschoss, hier in der Bedeutung von Zwischenform.

- Ausstieg des Venture-Capital-Gebers (Exit)
  Nach zwei bis fünf Jahren wird sich der Kapitalgeber aus der Begleitung zurückziehen und seine Anteile veräußern wollen. Dafür kommen folgende Verfahren infrage:
  - Initial Public Offering (IPO): Verkauf der Anteile nach Börsennotierung am Markt
  - Übernahme des Unternehmens durch ein anderes Unternehmen, i. d. R. aus derselben Branche (Trade Sale)
  - Veräußerung des gesamten in Händen des Kapitalgebers befindlichen Aktienpakets an einen Dritten
  - Rückerwerb der Anteile durch den Gründungsunternehmer (Company-Buy-back)
  - Liquidation des Unternehmens, wenn es am Markt erfolglos ist

2 Financial Leasing

Beim Finanzierungsleasing[1] wird der Leasinggegenstand vom Leasinggeber für eine bestimmte, unkündbare Grundmietzeit zur Nutzung zur Verfügung gestellt.

Der Leasinggeber ist nicht der Hersteller des Gegenstands, sondern übernimmt nur die Finanzierung. Der Leasingnehmer trägt das **Investitionsrisiko** wie ein Eigentümer. Er hat die Wartung und Reparaturen zu übernehmen und ihn treffen auch eventuelle Mängel des Leasinggegenstands. Leasing[2] in dieser Form ist eine rechtliche Mischform zwischen Miete und Kauf. Der Leasingnehmer zahlt monatlich feste Raten für die Überlassung des Leasinggegenstands. Am Ende der Grundmietzeit kann ihm das Recht eingeräumt werden, den Leasingvertrag mit anderen Leasingraten zu verlängern oder den Gegenstand vom Leasinggeber zu erwerben (Kaufoption). Wenn davon kein Gebrauch gemacht wird, bleibt der Leasinggegenstand wie während der gesamten Leasingzeit im Eigentum des Leasinggebers.

Beispiel

Leasinggegenstände
Bewegliche Wirtschaftsgüter: Fahrzeuge, Produktionsmaschinen, Büromaschinen, EDV-Einrichtungen.
Unbewegliche Wirtschaftsgüter (Immobilien): Bürogebäude, Lagerhallen, Produktionshallen

Der Leasinggegenstand wird in der Bilanz des Leasinggebers ausgewiesen, wenn beim Leasingvertrag der so genannte **Leasing-Erlass**[3] der Steuerverwaltung beachtet wird.

Die Grundmietzeit muss mindestens 40 % und darf höchstens 90 % der betriebsgewöhnlichen Nutzungsdauer betragen.

Mit den in der Grundmietzeit zu entrichtenden Leasingraten müssen die Anschaffungs- und Herstellungskosten sowie alle Nebenkosten einschließlich der Finanzierungskosten des Leasinggebers gedeckt werden[4]. Darüber hinaus regelt dieser Erlass die Bedingungen für

1 Eine Übersicht über die Leasingformen und deren betriebswirtschaftliche Grundlagen werden im Unterricht des Profilfachs Wirtschaft am Wirtschaftsgymnasium in Baden-Württemberg vermittelt.

2 engl. to lease = mieten; aber auch to rent = mieten wie bei Fahrzeugen, „rent a car".

3 Mobilien-Leasing-Erlass des Finanzministeriums vom 19.04.1971, Bundessteuerblatt IV B/2- S1270 – 31/71.

4 Hier werden nur sogenannte Vollamortisationsverträge behandelt, die die gesamten Anschaffungskosten in die Berechnung der Raten einbeziehen. Teilamortisationsverträge sind vor allem bei Fahrzeugen üblich, vgl. hierzu Kap. D 4.

den Preis einer etwa vereinbarten Kaufoption oder einer Miet-Verlängerungsoption nach Ablauf der Grundmietzeit. Bei einem Leasingvertrag mit Unternehmen wird darauf geachtet, dass die Einhaltung dieser Bedingungen gewährleistet ist.

Beispiel

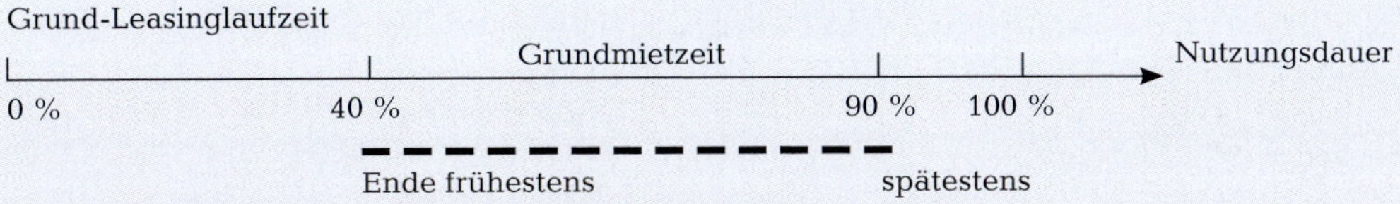

Beispiel: betriebsgewöhnliche Nutzungsdauer: 60 Monate
frühestes Ende der Grundmietzeit: 24. Monat
spätestes Ende der Grundmietzeit: 54. Monat

Bei Einhaltung des Leasing-Erlasses können die Leasingraten für den Leasingnehmer in voller Höhe steuerlich wirksam als **Aufwand** gebucht werden.

Finanzmathematische Vergleichsrechnungen für Leasingvertrag – Kauf – Fremdfinanzierung

Leasingverträge können unterschiedliche Ausgestaltungen im finanziellen Ablauf aufweisen. Dabei kann es zu Fehlentscheidungen führen, wenn die Zahlungsströme im gesamten Leasingzeitraum einfach addiert werden. Diese müssen deshalb auf den Lieferzeitpunkt abgezinst werden[1]. Damit können auch Alternativen wie der Kauf in Verbindung mit herkömmlicher Kreditfinanzierung vergleichbar gemacht werden. Die Ermittlung der **Barwerte** und damit die Vergleichsgrundlage hängt davon ab, welcher Abzinsungssatz gewählt wird. Je niedriger dieser ist, desto geringer wird der angesetzte Barwert. Je nach betriebswirtschaftlicher Entscheidung kann der sonst vom Unternehmen bei Investitionsrechnungen verwendete Zinssatz oder der aktuelle Kapitalmarktzins für die entsprechende Laufzeit verwendet werden.

Für folgendes Objekt liegen Angebote der Leasingfirmen vor:

▪ Anschaffungspreis einer Produktionsstraße	7.200.000 EUR
▪ Betriebsgewöhnliche Nutzungsdauer (AfA-Zeit)	60 Monate
▪ kalkulatorische Amortisationszeit	72 Monate

Angebot A:
Grundmietzeit 54 Monate, monatliche Leasingrate 2,08 % des Anschaffungspreises
Mietoption nach Ende der Grundmietzeit für 18 Monate pro Monat 10.000 EUR
Kaufoption am Ende des 72. Monats zu 2 % des Anschaffungspreises

Angebot B:
Laufzeitoptionsvertrag
a) ab 1. Monat 54 monatliche Leasingraten 1,779 % des Anschaffungspreises
ab 55. bis 72. Monat monatliche Leasingrate 1,150 %
bei Ablauf des 72. Monats Kaufoption 2 %
b) ab 1. Monat 54 monatliche Leasingraten 1,779 %
Schlusszahlung bei Ablauf des 54. Monats: 19,99 %
Kaufoption 3 % am Ende des 54. Monats

Angebot der Hausbank zur Finanzierung des Gesamtbetrags ohne Eigenmitteleinsatz:
Finanzierung zu fest 6 % p.a., Rückzahlung in 5 gleichen Jahresraten.

Die Angebote sind nach Ermittlung der Barwerte miteinander zu vergleichen. Als kalkulatorischer Zinsfuß gilt der Satz von 4,8 % p.a. Die Kaufoptionen werden ausgeübt.

1 Vgl. Kap. D 4

Absolute Zahlungsbeträge:

Angebot A:

Grundmietzeit 54 · 149.760 =	8.087.040 EUR
Anschlussrate 18 · 10.000 =	180.000 EUR
Kaufoption	144.000 EUR
Summe	**8.411.040 EUR**

Angebot B a)

Grundmietzeit 54 · 128.088 =	6.916.752 EUR
Anschlussrate 18 · 82.800 =	1.490.400 EUR
Kaufoption nach 72 Monaten	144.000 EUR
Summe	**8.551.152 EUR**

Angebot B b)

Grundmietzeit 54 · 128.088 =	6.916.752 EUR
Schlusszahlung 19,99 % =	1.439.280 EUR
Kaufoption 3 %	216.000 EUR
Summe	**8.572.032 EUR**

Angebot der Hausbank

Rückzahlung des Kredits	7.200.000 EUR
Zinsen 6 % p. a. aus durchschn. Kapital 4.320.000 =	1.296.000 EUR
Summe	**8.496.000 EUR**

Rangfolge der absoluten Zahlungen: A, Hausbank, B a, B b

Um die Geldbeträge wegen der unterschiedlichen Zahlungsströme vergleichen zu können, werden sie auf den Barwert abgezinst. Für die Leasingraten wird der Jahresabzinsungssatz von 4,8 % auf den Monat gerechnet, also 0,4 %. Die Perioden entsprechen der Zahl der Monate. Es wird die Formel für die nachschüssige Rente verwendet.

Anwendung der Rentenformel für nachschüssige Renten:

R_n = Rentenendwert nach n Perioden $= r \cdot \frac{q^n - 1}{q - 1}$

r = die in ihrer Höhe konstante Rentenrate

q^n = Aufzinsungsfaktor

q = 1 + p

p = Zinssatz p. a.

R_0 = Rentenbarwert $= \frac{R_n}{q^n}$

Faktor q = 1,004

Aufzinsungsfaktor nach 54 Perioden: 1,2405677

Aufzinsungsfaktor nach 18 Perioden: 1,074501

Aufzinsungsfaktor nach 72 Perioden: 1,3329913

Barwert jeweils abgezinst mit 1/Aufzinsungsfaktor

Rentenendwert nach 54 Perioden $= r \, \frac{1{,}2405677 - 1}{1{,}004 - 1}$

Daraus ergeben sich folgende Barwerte:

Angebot A:

Rentenbarwert der Raten nach 54 Monaten: 149.760 · 0,2405677/0,004/1,2405677 =	7.260.268,60 EUR
Rentenbarwert der weiteren 18 Raten: 10.000 · 0,074501/0,004/1,3329913 =	139.725,22 EUR
Rentenbarwert der Kaufoption 144.000/1,3329913 =	108.027,71 EUR
Summe Barwerte	**7.508.012,50 EUR**

Angebot B a)

Rentenbarwert der Raten nach 54 Monaten: 128.088 · 0,2405677/0,004/1,2405677 =	6.209.623,90 EUR
Rentenbarwert der weiteren 18 Raten: 82.800 · 0,074501/0,004/1,3329913 =	1.156.924,80 EUR
Rentenbarwert der Kaufoption 144.000/1,3329913 =	108.027,71 EUR
Summe Barwerte	**7.474.576,40 EUR**

Angebot B b)

Rentenbarwert der Raten nach 54 Monaten: 128.088 · 0,2405677/0,004/1,2405677 =	6.209.623,90 EUR
Rentenbarwert der Schlusszahlung 1.439.280/1,2405677 =	1.160.178,50 EUR
Rentenbarwert der Kaufoption 216.000/1,2405677 =	174.113,84 EUR
Summe Barwerte	**7.543.916,20 EUR**

Angebot der Hausbank:

Jahr	Tilgung + Zinsen am Ende des Jahres in EUR	Barwert in EUR
1	1.872.000 (1.440.000 + 432.000)	1.786.259,50
2	1.785.600	1.625.779,40
3	1.699.200	1.476.252,50
4	1.612.800	1.337.012,20
5	1.526.400	1.207.430,00
Summe	**8.496.000**	**7.432.733,60**

Abzinsungsfaktor: $\frac{1}{1{,}048^n}$

Rangfolge der Barwerte: Hausbank, B a, A, B b

Eine Entscheidung für eine Finanzierungsmöglichkeit ist meistens nicht allein durch die Barwertberechnung bedingt, sondern kann von weiteren Faktoren abhängen. Wenn eine andere Rangfolge als die nach dem günstigsten Barwert gewählt wird, kann zumindest ermittelt werden, was diese Entscheidung im Vergleich zu anderen „kostet".

3 Factoring

Factoring im engeren Sinne ist der Ankauf von noch nicht fälligen Geldforderungen aus Waren- und Dienstleistungsgeschäften.

Grundlage ist ein Vertrag zwischen einem Unternehmen, der sogenannten Anschlussfirma, also dem Forderungsverkäufer, und einem Finanzinstitut als Factor[1]. Meistens werden in dem Vertrag weitere Dienstleistungen wie die Risikoübernahme für die Forderungen und die Debitorenbuchhaltung[2] vereinbart. Diese Leistungen können alle auch einzeln von darauf spezialisierten Unternehmen bezogen werden. Die Besonderheit des Factorings besteht darin, dass es dabei „alles aus einer Hand" gibt, was zu wirtschaftlichen Vorteilen in der Preisgestaltung der Dienstleistungen führen kann[3].

Geschäftsbeziehungen beim Factoring von Forderungen aus Lieferungen und Leistungen

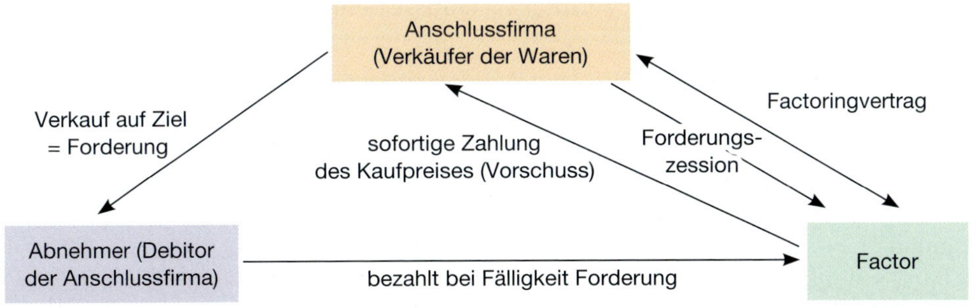

1 In dem Begriff Factor steckt das lat. Wort Faktura = Bearbeitung, auch ähnlich in Fakturierung = Rechnungserstellung.

2 Lat. Debitor = Schuldner des Lieferanten.

3 So könnte die Finanzierungsfunktion von einer Bank, die Risikoübernahme von einer Versicherung und die Buchhaltung von einem Steuerberaterbüro übernommen werden.

Angebote des Factors		
Finanzierung der Forderungen aus Lieferungen und Leistungen	Delkredere, d.h. Übernahme des Zahlungsrisikos	Dienstleistung durch Übernahme der Debitorenbuchhaltung

Finanzierungsfunktion

Diese Funktion steht i.d.R. im Mittelpunkt des Interesses des Anschlussunternehmens, also des Factoring-Kunden. Ihm wird der Gegenwert der Forderung nach Abzug eines Sicherheitseinbehalts von meistens 10 % bis 20 % direkt nach der Abtretung vom Factor zur Verfügung gestellt. Das Anschlussunternehmen kann über diese Mittel sofort frei verfügen. Die Forderung wird ausgebucht, wodurch sich die Bilanzrelationen und damit das Rating verbessern können. Der Einbehalt wird auf einem Sperrkonto der Anschlussfirma gutgeschrieben. Der Factor sichert sich damit gegen Mängelrügen und Warenrückgaben ab. Als Entgelt werden bankübliche Zinsen berechnet.

Vorteile der Finanzierungsfunktion:
- Sofortige Liquidität
- Automatische Anpassung des Finanzierungsumfangs an die Umsatzentwicklung und die Außenstände
- Finanzierungsplanung wird einfacher, da keine Unsicherheit bezüglich des Zahlungsverhaltens der Debitoren besteht
- Bilanzkennzahlen verbessern sich
- Skonti gegenüber eigenen Lieferanten können besser genutzt werden

Delkrederefunktion

Als Delkredere[1] wird die Haftung des Factors für den teilweisen oder vollständigen Ausfall einer Forderung aufgrund der Zahlungsunfähigkeit eines Debitors bezeichnet.

Ist der Debitor zahlungsunfähig, kann der Factor nicht mehr auf die Anschlussfirma zurückgreifen, um den Verlust auszugleichen. Der Factor streut sein Risiko, indem er nur alle Forderungen oder eine geschlossene Forderungsgesamtheit übernimmt und nicht einzelne, ausgewählte Forderungen. Weiterhin vergibt der Factor für jeden Debitor ein Ankaufslimit, bis zu dessen Höhe das Ausfallrisiko übernommen wird. Forderungen an Debitoren, bei denen schon zum Zeitpunkt des Vertragsabschlusses eine mangelnde Bonität festgestellt wird, werden nicht übernommen.

Das Entgelt für die Risikoübernahme beträgt zwischen 0,3 % und 2 % des Forderungsankaufvolumens.

Es ist u.a. abhängig von:
- Laufzeit der Forderungen
- Bonität (Rating) der Schuldner
- Branche
- Risikostreuung

Vorteile der Delkrederefunktion für das Anschlussunternehmen:
- Übernahme des vollen Ausfallrisikos im Rahmen der Ankaufslimite
- Sicherheit vor Verlusten aus Insolvenzen der Debitoren
- Auswahl und Überwachung der Debitoren hinsichtlich ihrer Bonität durch den Factor
- Reservebildung für Forderungsausfälle entfallen

---
1 Delkredere im kaufmännischen Sprachgebrauch als „für das Vertrauen, den Glauben stehen"; lat. credere = glauben.

Dienstleistungsfunktion

Der Factor kann bei Bedarf das Debitorenmanagement, also die Debitorenbuchhaltung, das Mahnwesen und das Inkasso übernehmen. Das Entgelt für diese Dienstleistung beträgt meistens zwischen 0,5 % und 2,5 % vom Umsatz.

Es ist u. a. abhängig von:
- Gesamthöhe des Forderungsankaufs
- Zahl der Kunden und Kundenkonten
- Durchschnittsbetrag der Rechnungen
- Durchschnittliche Laufzeit der Forderungen

Vorteile der Dienstleistungsfunktion für das Anschlussunternehmen:
- Geringere Verwaltungskosten für das Debitorenmanagement
- Verbesserte Informationen und statistische Auswertungen über Kundenverhalten
- Entlastung der Geschäftsleitung von administrativen Aufgaben
- Zahlungsmoral der Debitoren kann sich durch Einschaltung des Factors verbessern

Das Entgelt für die Übernahme der Debitorenbuchhaltung und das Delkredererisiko wird zur sogenannten Factoring-Gebühr in Abhängigkeit vom angekauften Forderungsbestand zusammengefasst.

Je höher die Rechnungsbeträge, je geringer die Kundenzahl und je kürzer die Zahlungsziele, umso geringer wird die Factoring-Gebühr ausfallen. Dazu kann ein gesondertes Entgelt für die Bonitätsprüfung („Limit-Gebühr") kommen. Die Zinsen sind laufzeitabhängig.

Beispiel

Factoring-Konditionsangebot

Sehr geehrte Damen und Herren,

nach Rücksprache mit Ihrem Wirtschaftsprüfer und der Auswertung Ihrer vorläufigen Zahlen

– Jährlicher Gesamtumsatz	10.000.000 EUR
– Durchschnittliche Außenstände	1.200.000 EUR
– Anzahl der Kunden	
Inland	800
Ausland	50
– Anzahl der jährlichen Rechnungen	10.000

machen wir Ihnen nachstehend folgendes Factoring-Konditionsangebot:
1. Die Sollzinsen für den von Ihnen in Anspruch genommenen Kredit belaufen sich derzeit auf 8,0 % p. a., veränderlich entsprechend der Zins- bzw. Geldmarktlage
2. Die Factoring-Gebühr für die Übernahme der Debitorenbuchhaltung mit Bonitätsüberwachung, Mahnwesen und Inkasso sowie die Übernahme des 100 %igen Ausfallrisikos beträgt 1,40 % vom Umsatz.
3. In der Regel werden 10 % des angekauften Forderungsbestandes auf einem Sperrkonto einbehalten. Die Angleichung des Sperrbetrags an das Factoring-Obligo erfolgt jeweils am Monatsende. Als Habenzinsen für das zu unterhaltende Sperrkonto vergüten wir derzeit 4,0 % p. a.
4. Die unter 1.–3. genannten Zinsen und Gebühren verstehen sich zuzüglich der gesetzlichen Umsatzsteuer, zzt. 19 %, die Sie als Vorsteuer absetzen können.

Vorstehendes Factoring-Konditionsangebot erteilen wir freibleibend und unverbindlich.
Wir würden uns freuen, wenn unser Angebot Ihr Interesse findet, und stehen für weiterführende Gespräche gerne zu Ihrer Verfügung.

Mit freundlichen Grüßen

Factor AG

Formen des Factorings

Nach der Art der Offenlegung der Forderungsabtretung werden unterschieden:

- **Offenes Verfahren** (Offenes Factoring, Notification Factoring): Die Abtretung wird dem Debitor angezeigt. Dieser kann schuldbefreiend nur noch an den Factor bezahlen.
- **Verdecktes Verfahren** (Stilles Factoring, Non-Notification-Factoring): Die Abtretung wird nicht offengelegt. Der Debitor zahlt schuldbefreiend an das Anschlussunternehmen.

Factoring eignet sich für Unternehmen, wenn insbesondere folgende Voraussetzungen gelten:

- Das mittelständische Unternehmen weist eine gesunde Ertragsstruktur auf. Der jährliche Umsatz soll zwischen 1 und 1,5 Mio. EUR liegen.
- Das Zahlungsziel soll 120 Tage nicht überschreiten.
- Der Rechnungsdurchschnitt soll mindestens 200 EUR betragen.
- Die Abnehmer sollen gewerblich sein.
- Wenn bisher auf Lieferantenskonto verzichtet wurde.
- Wenn mit den vorhandenen Sicherheiten weitere Bankkredite nicht mehr zu bekommen sind.
- Wenn das Unternehmen aus folgenden Branchen kommt: Textil, Schuhe, Metallverarbeitung, Autozulieferer, Elektronik, Haushaltsgeräte, Möbel, Papier, Heimtextilien, Reinigung, Transportwesen;
  nicht geeignet sind Branchen wie: Sondermaschinenbau, Baugewerbe, Privatpersonen.

Der Abschluss eines Factoringvertrags wirkt sich insofern positiv auf die Bilanzstruktur aus, als die Fremdkapitalquote sinkt beziehungsweise die Eigenkapitalquote steigt.

Beispiel

Vereinfachte Bilanz eines Unternehmens in Tsd. EUR

Bilanz mit Finanzierung der Debitoren über Kontokorrentkredit einer Bank

Aktiva			**Passiva**
Anlagevermögen	500	Verbindl. Lieferanten	400
Sonst. Umlaufvermögen	800	Kontokorrentkredit	1.000
Debitoren	1.200	Langfristige Darlehen	600
		Eigenkapital	500
Bilanzsumme	**2.500**	**Bilanzsumme**	**2.500**

Bilanz mit Finanzierung der Debitoren über Factoring

Aktiva			**Passiva**
Anlagevermögen	500	Verbindl. Lieferanten	200
Sonst. Umlaufvermögen	800	Langfristige Darlehen	600
		Eigenkapital	500
Bilanzsumme	**1.300**	**Bilanzsumme**	**1.300**

Der Erlös aus dem Factoring kann zur Rückführung der Lieferantenverbindlichkeiten und zur Ablösung des Kontokorrentkredits verwendet werden. Die Eigenkapitalquote ist von 25 % auf rund 38 % angestiegen.

4 Verbriefungsinstrumente

Seit es aus dem Geschäftsverkehr Forderungen gibt, war es immer schon ein wirtschaftliches Anliegen der Gläubiger, solche Forderungen vor Fälligkeit übertragbar zu machen. Aus diesem Bedürfnis heraus wurde schon im Mittelalter der Wechsel[1] als Wertpapier entwickelt.

1 Der Wechsel ist ein Wertpapier, das vom Schuldner unterschrieben ist. Er gilt als Schuldschein und kann im Unterschied zu einer nicht verbrieften Forderung wie eine Sache gutgläubig durch einen unterschriftlichen Übertragungsvermerk weitergegeben werden.

In der deutschen Rechtsordnung kann nach dem BGB grundsätzlich jede Forderung auf einen anderen Gläubiger übertragen werden, sofern dies nicht vertraglich ausgeschlossen worden ist.[1]

Eine Übertragung und damit ein Handel von Forderungen kann auch durch die Ausstellung von Wertpapieren des Gläubigers, in denen die Forderung verbrieft wird, erfolgen. Durch die – auch mehrfache – Übertragung der Forderung vor Fälligkeit sind individuelle Finanzierungsgestaltungen möglich.

Commercial Papers (CP)

Commercial Papers sind Schuldverschreibungen in der Form von Inhaberwertpapieren mit kurzfristigen Laufzeiten von i. d. R. 30 bis 270 Tagen.

Schuldner sind bonitätsmäßig erstklassige Industrieunternehmen und Banken. Zinsen werden nicht gesondert ausgezahlt, sondern sind durch Abzinsung zu erhalten. Man rechnet diese Papiere wegen der kurzen Laufzeit zu den sogenannten Geldmarktpapieren aus Sicht der Anleger. Die Emittenten als direkte Schuldner gehen üblicherweise davon aus, dass sie die notwendigen liquiden Mittel zur Einlösung bei Fälligkeit der Papiere durch Ausgabe neuer Wertpapiere beschaffen können. Anleger können sich von den Papieren bereits vor Fälligkeit über eine meistens bestehende Handelsplattform außerhalb der Börsen trennen.

Asset-backed Commercial Papers (ABCP)

Als eine besondere Form der Finanzierung können die ABCP gelten. Dabei ist der Emittent[2] in gewisser Weise nur Vermittler und steht mit seiner Bonität ebenfalls hinter dem eigentlichen Schuldner. Geschäftsgrundlage ist daher ein Forderungsverkauf. Die Finanzierungsgesellschaft gibt die Wertpapiere aus und finanziert mit dem Gegenwert Kredite. Diese Kredite dienen als Deckung für die ausgegebenen Wertpapiere. Man spricht deshalb auch von forderungsbesicherten Wertpapieren.

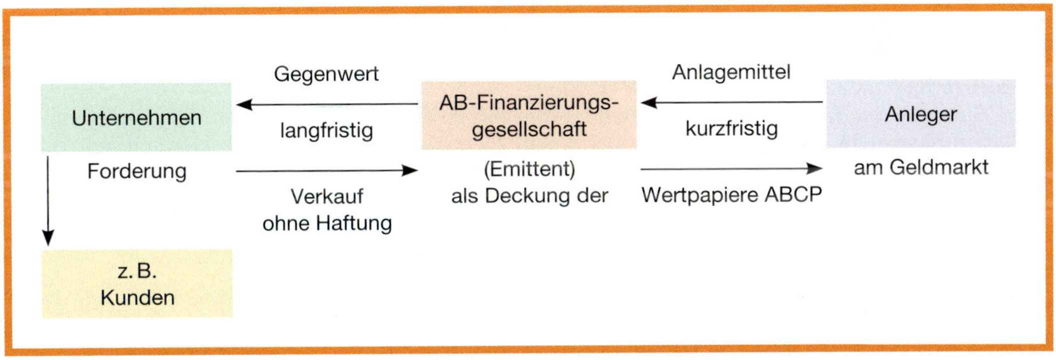

Das Verfahren setzt voraus, dass die Refinanzierung am Geldmarkt laufend gelingt. Dafür kann zusätzlich eine Liquiditätsgarantie einer oder mehrerer Banken eintreten. Das finanzierte Unternehmen erhält von dem Emittenten den endgültigen Gegenwert für die verkauften Forderungen ohne Haftungsverpflichtung[3]. Durch die Ausnutzung der Differenz zwi-

1 Die Weitergabe von Immobilienkrediten nebst den dazugehörenden Sicherheiten mittels Verbriefung (Suprime Notes) insbesondere im amerikanischen Kapitalmarkt hat mit zur Auslösung einer Finanzkrise im Jahr 2007 gehört.

2 Emittent = Herausgeber des Wertpapiers, d. h. hier Schuldner aus dem Wertpapier.

3 Das Geschäft ist deshalb mit dem Factoring vergleichbar, das in Kapitel M 3 beschrieben wird.

schen dem kurz- und langfristigen Zinsniveau erhoffen sich die Beteiligten mit dieser Finanzierungsform wirtschaftliche Vorteile.[1]

Die Vorteile dieses Finanzierungsweges können in günstigeren Zinskonditionen gegenüber der direkten Bankfinanzierung, in besseren Bilanzkennzahlen durch die „Auslagerung" von Verbindlichkeiten und einem indirekten Zugang zum Kapitalmarkt für Forderungspapiere, der sonst von der Größe des Unternehmens her nicht möglich wäre, bestehen. Durch die Auslagerung der Ausfallrisiken ergeben sich auch ein besseres Rating und damit evtl. weitere Zinsvorteile bei der herkömmlichen Finanzierung.

Im Unterschied zum Factoring bleibt das Debitorenmanagement bei dem Unternehmen. Bei ihm bleibt bei normalem Verlauf der Forderungseinzug.

5 Förderprogramme der öffentlichen Hand

Für mittelständische Unternehmen bestehen zahlreiche Fördermöglichkeiten, insbesondere bei Unternehmensgründung und -ausweitung. Deshalb ist es für jeden Existenzgründer unumgänglich, sich im Einzelfall mit den für ihn möglichen Förderungen zu befassen. Dafür gibt es auch eigens geschulte Beratungsunternehmen.

Förderung durch die KfW Bankengruppe

Die KfW Bankengruppe[2] ist als eine Anstalt des öffentlichen Rechts die Förderbank des Bundes und der Länder. Sie fördert insbesondere mittelständische Unternehmen in Deutschland und Investitionen im Ausland. Diese Aktivitäten werden mit besonderen „Marken" durchgeführt.

Die „KfW Förderbank" unterstützt die Bereiche Bauen, Infrastruktur, Bildung, Soziales, Umwelt- und Klimaschutz.

Die **„KfW Mittelstandsbank"** unterstützt Gründer, Freiberufler und mittelständische Unternehmen.

Beispielrechnung der KfW Mittelstandsbank

Existenzgründung und -festigung mit ERP-Kapital
Herr Baum war lange Jahre Angestellter einer Möbelfabrik. Da die Aufträge seit einiger Zeit kontinuierlich zurückgehen, hat ihm der Inhaber gekündigt. Herr Baum ist von Beruf Tischler und sieht gute Chancen, mit einem individuellen Angebot für hochwertige Einzelmöbel am Markt bestehen zu können. Er benötigt ca. 60.000 EUR Startkapital für Maschinen, die Einrichtung seiner Werkstatt sowie für ein erstes Warenlager mit Hölzern und Hilfsstoffen.
Es sind 10.000 EUR Ersparnisse vorhanden.
Wie kann die Existenzgründung finanziert werden?
Zunächst wird geprüft, ob die Mindestgröße für die Eigenmittel vorhanden ist (15 % sind gefordert). 10.000 EUR von 60.000 EUR Investitionssumme sind rund 16,7 % und somit ausreichend. Mit dem ERP-Kapital für Gründung stockt Herr Baum die Eigenmittel auf 40 % = 24.000 EUR auf. Die fehlenden 36.000 EUR und das Disagio in Höhe von 560 EUR kann er mit Fremdkapital finanzieren, z. B. mit dem Unternehmerkredit.

Die Finanzierung ergibt sich wie folgt:

	EUR
Eigenmittel	10.000
Nachrangdarlehen aus dem ERP-Kapital	14.000
= 40 % der Gesamtkosten	24.000

1 Es handelt sich eigentlich um klassische komparative Kosten, wie sie in der Volkswirtschaftslehre meistens beim internationalen Handel beschrieben werden.

2 Angebote der KfW unter www.kfw.de.

Auszahlungsbetrag Nachrangdarlehen 96 %	13.440
Fremdkapital aus dem Unternehmerkredit	36.560
Gesamt	50.000
Davon müssen besichert werden	36.550

Beispielrechnung für Zins und Tilgung
Herr Baum hat die jeweils maximal mögliche Laufzeit und tilgungsfreie Zeit gewählt. (Beispielzinssätze: ERP-Kapital für Gründung 5,84 % eff., Unternehmerkredit 3,99 % eff.)
Belastung in den ersten 10 Jahren in EUR, gerundet, 1.–2. Jahr keine Tilgung

	Zins und Tilgung	Restschuld
ERP-Kapital für Gründung (Laufzeit 15 Jahre/7 Jahre tilgungsfrei))	11.000	8.750
Unternehmerkredit (Laufzeit 10/2)	45.700	0
Summe	56.700	8.750

Förderprogramme des Bundes und der Länder

Die Förderungsprogramme für den Mittelstand werden durch das Bundesministerium für Wirtschaft und Technologie (BMWi) zusätzlich unterstützt.

Das BMWi hat sein Fördersystem in drei Förderlinien gegliedert:
- „Gründungen und junge Technologieunternehmen",
- „Forschungskooperation" und
- „technologieorientierte Serviceeinrichtungen".

Die Förderlinien zielen jeweils auf einen spezifischen Förderbedarf ab und sind klar voneinander abgegrenzt. In allen Förderlinien werden die Forschungsaktivitäten des Mittelstandes unterstützt. Für Unternehmen und Forschungsinstitutionen in den neuen Bundesländern werden spezielle Förderprogramme und besonders günstige Konditionen angeboten.

Zur Unterstützung bei Unternehmensgründung und -führung bietet das BMWi Ansprechpartner und Softwarepakete an.

Parallel zum Bund fördern die Bundesländer[1] mittelständische Unternehmen durch Bürgschaften, zinsgünstige Kredite oder durch Haftungsfreistellungen der finanzierenden Banken. Dazu kommen weitere Förderprogramme der einzelnen Bundesländer.

Mittelstandsfinanzierungshilfen in Baden-Württemberg
Gefördert werden gewerbliche Unternehmen und Freiberufler bei Investitionen aller Art und Betriebsmittelbedarf.
Förderwege sind:
- Darlehen im Programm Gründungs- und Wachstumsfinanzierung
- Darlehen als verbilligte Liquiditätshilfekredite, insbesondere für kurzfristige Investitionen und Kontokorrent-Umschuldungen
- Bürgschaftsübernahmen gegenüber der finanzierenden Hausbank
- Nachrangdarlehen zur Stärkung des Eigenkapitals („L-MezzaFin")
- Zuschüsse bis zu sechs Monatsgehältern für zusätzliche Ausbildungsplätze
- Beteiligungen über den Mittelstandsfonds als Private Equity

Für die meisten Förderungen mithilfe der öffentlichen Einrichtungen gelten folgende Grundsätze:
1. Die öffentliche Förderung soll eine Anreizwirkung haben; Förderanträge sind vor Beginn eines Vorhabens zu stellen. Nachfinanzierungen, Umschuldungen oder Sanierungsfälle werden nicht gefördert.

1 In Baden-Württemberg erfolgt die Förderung z.B. durch die L-Bank (www.l-bank.de) und die Bürgschaftsbank (www.buergschaftsbank.de).

2. Eine Beratung vor und bei der Antragstellung ist zweckmäßig. Als Ansprechpartner kommen infrage: Einzelhandelsverbände, Industrie- und Handelskammern, Kreditinstitute (Hausbanken), die zuständigen Ministerien des Bundes und der Länder sowie Unternehmensberater.
3. Zinsgünstige Förderdarlehen werden immer über die Hausbank eines Antragstellers gewährt. Falls die Hausbank mit dem Verfahren der öffentlichen Förderung nicht vertraut ist oder nur hauseigene Darlehen vermitteln will, empfiehlt sich ein Wechsel des Kreditinstituts.
4. Öffentliche Kredite, für die die Hausbank voll haftet, sind in der Regel banküblich abzusichern. Kann ein Kreditnehmer keine Sicherheiten bieten, können Bürgschaften und/oder Garantien des Bundes oder der Länder gewährt werden. Bei einigen Programmen ist die Freistellung des Kreditinstituts von der Haftung für den Kredit zu einem bestimmten Prozentsatz möglich.
5. Ein Rechtsanspruch auf die Gewährung öffentlicher Fördermittel besteht nicht.
6. Die öffentliche Förderung ist grundsätzlich eine zusätzliche Hilfe; es handelt sich um eine Hilfe zur Selbsthilfe. Die Gesamtfinanzierung des zu fördernden Vorhabens muss nachweislich gesichert sein; der Antragsteller muss sich in angemessenem Umfang mit eigenen Mitteln an der Finanzierung beteiligen.
7. Förderprogramme des Bundes können untereinander oder mit Länderprogrammen kombiniert werden. Bei einer solchen Kumulierung ist zu beachten, dass bestimmte Höchstfördersätze nicht überschritten werden.
8. Öffentliche Fördermittel dürfen nur für den vorgesehenen Zweck verwendet werden. Nach Abschluss der Maßnahme ist ein Verwendungsnachweis der Fördermittel zu erbringen. Die Antrags- bzw. Bewilligungsstellen haben ein Prüfungsrecht.

Die Kammern, für Gewerbebetriebe die **Industrie- und Handelskammern**, unterstützen ihre Mitglieder bei der Gründung und Finanzierung durch Informationen, Schulungs- und Gesprächsangebote.

6 Rating und Finanzierung

! Rating[1] bezeichnet ein Verfahren, mit dessen Hilfe die wirtschaftliche Lage und damit die Bonität[2] eines Unternehmens eingeschätzt wird.

Als Ergebnis eines Ratings erhält man eine Einordnung in eine Bonitätsstufe oder Ratingklasse. Dabei wird eine Rangordnung nach der Ausfallwahrscheinlichkeit für vergleichbare Unternehmen mittels mathematisch-statistischer Verfahren errechnet. Unternehmen mit der gleichen Ratingeinstufung weisen die gleiche Wahrscheinlichkeit für einen Kreditausfall auf.

Ratings werden in erster Linie dazu verwendet, den Zinssatz festzulegen, den das Unternehmen für Fremdkapital zu zahlen hat.

! Je schlechter das Rating, desto höher ist der zu zahlende Zins.

1 engl. to rate = bewerten, einschätzen.

2 Bonität von lat. bonus = gut.

Beispiel

Eine Ausfallwahrscheinlichkeit von 5 % bedeutet für den Kapitalgeber, dass bei einer Kreditvergabe an vergleichbare Unternehmen von 20 Kreditnehmern einer ganz ausfällt. Entsprechend müssten die anderen 19 Kreditnehmer kalkulatorisch diesen Ausfall über die Zinsen mittragen. Das bedeutet, dass diese einen um 100 : 19 = 5,26 Zinspunkte höheren Zins als der Durchschnitt aufbringen müssten. Bei einer Ausfallrate von 1 % wären dies nur 100 : 99 = 1,01 Prozentpunkte. Wäre der niedrigste Kreditzins im letzteren Fall 5 %, müssten die Unternehmen mit einer Ausfallrate von 1 % also mindestens 6,01 % bezahlen. Diese kalkulatorischen Verrechnungen sind am Markt meistens so nicht direkt durchsetzbar.

Grundlage eines Ratings bilden die internen Daten des zu bewertenden Unternehmens, ergänzt durch externe wirtschaftliche Rahmenbedingungen, wie z. B. Branchenanalysen. Dabei werden sowohl sogenannte harte Faktoren wie die Jahresabschlüsse als auch weiche Faktoren wie die Managementqualität berücksichtigt.

Internes Rating

Ein Finanzinstitut, beispielsweise die Hausbank des Kreditnehmers, führt das Rating selbst durch. Im Unterschied zu einer individuellen Kreditwürdigkeitsprüfung wird dabei unter Verwendung einer großen Datenmenge von anderen vergleichbaren Unternehmen die statistische Ausfallwahrscheinlichkeit errechnet und das Unternehmen dann einer Ratingklasse zugeordnet. Für den Kreditnehmer ist dieses Verfahren kostenlos. Die genauen Ergebnisse stehen ihm aber nicht zur Verfügung. Für andere Zwecke können sie deshalb von ihm nicht verwendet werden.

Externes Rating

Unabhängige Agenturen können mit dem Rating eines Unternehmens beauftragt werden. Dies ist kostenpflichtig.[1] Die detaillierten Ergebnisse stehen ihm aber in vollem Umfang zur Verfügung. Bekannte internationale Agenturen sind Standard & Poors und Moody's.[2] Diese verwenden zur Erstellung der Rangordnung Buchstabencodes vom geringsten Ausfallrisiko bis zur Wahrscheinlichkeit des Totalausfalls. Ein gutes externes Rating kann als Zeichen der Bonität z. B. gegenüber Lieferanten, Kunden, Mitarbeitern und Kapitalgebern herangezogen werden.

Rating-Kriterien

Sogenannte **harte Faktoren** beim Rating können sein:
- Finanzwirtschaft
- Branchenrisiko
- Wettbewerbsposition
- Ertragskraft
- Kapitalausstattung
- Liquidität
- Marktanalyse

Diese Faktoren sind mehr quantitativer Natur.

Als **weiche Faktoren** können herangezogen werden:
- Unternehmensstrategie
- Personalpolitik
- Management
- Organisationsstrukturen

1 Die Kosten liegen meistens zwischen 15.000 und 50.000 EUR.

2 Vgl. hierzu Kap. E 2, Rating von Anleihen.

- Mitarbeiterpotenzial
- Umweltfaktoren

Diese gelten eher als qualitative Faktoren.

Banken können bei Vorlage entsprechender Sicherheiten eine günstigere Bonitätseinstufung vornehmen.

Vergleich von Ratingklassen (Auszug)		
Ratingklassen der Sparkassen	**Ausfallrate**	**Ratingklasse Standard & Poors**
1 sehr gute Bonität	0,08	AAA bis A-
2 gute Bonität	0,12	BBB+
3	0,17	BBB-
8 befriedigende Bonität	1,3	BB+
9	2,0	BB
12 noch ausreichende Bonität	6,7	B+
13 kritische Bonität	10	B
14 sehr kritische Bonität	15	B-
15 äußerst kritische Bonität	20	CCC bis CC
16–18	Zahlungsunfähigkeit	

Basel-II-Anforderungen

In Basel hat der 1975 gegründete Ausschuss der Bankaufsichtsbehörden und Zentralbanken der unter der Bezeichnung G10 geführten Industriestaaten[1] seinen Sitz. Dieser Ausschuss legt Richtlinien für die Risikopolitik der Kreditinstitute in den angeschlossenen Ländern fest. Ziel ist eine gewisse Vereinheitlichung der Bankenaufsicht. Die Vorgaben werden aufgrund der Abkommen über EU-Richtlinien in nationales Aufsichtsrecht umgesetzt. Die erste Festlegung wurde „Basel I" genannt. Seit 2007 werden neue, als „Basel II" bezeichnete Richtlinien in den Mitgliedstaaten der EU angewendet. Diese zielen in erster Linie darauf, einheitliche Wettbewerbsbedingungen für Banken durch die Verpflichtung zur Haltung eines angemessenen Eigenkapitals zu schaffen. Indirekt trifft dies auch das Verhältnis der Banken zu ihren Kreditnehmern. Hier wird nur auf diese Eigenkapitalanforderungen eingegangen.

Die Basel-II-Richtlinien gehen davon aus, dass erwartete Kreditausfälle das Eigenkapital der Banken direkt belasten und unerwartete, noch nicht genau erkannte Ausfälle deshalb mit Eigenkapital gedeckt werden müssen. Das Kreditrisiko wird dabei anhand eines internen oder externen Ratings bestimmt. Für ein internes Rating müssen Mindestvoraussetzungen eingehalten werden.

Grundsätzlich müssen Banken ihre Kredite mit 8 % Eigenkapital unterlegen[2]. Dabei wird eine Risikogewichtung je nach dem Rating des Kreditnehmers vorgenommen werden. Je besser das Rating, umso geringer ist das von der kreditgebenden Bank dafür anteilig zu haltende Eigenkapital. Die Bereitstellung des erforderlichen Eigenkapitals muss von den Banken letztlich über die Erträge aus dem Kreditgeschäft, das sind in erster Linie die Zinsen, erwirtschaftet werden. Daraus folgt der oben beschriebene Zusammenhang zwischen der Ratingstufe und dem von der Kredit gebenden Bank kalkulierten Risikoanteil (Risikoprämie) für die zu verlangenden Zinsen.

---

1 G10 = Group of Ten: USA, Kanada, Großbritannien, Frankreich, Deutschland, Italien, Belgien, Niederlande, Schweden, Japan; Schweiz als 11. Mitglied.

2 Eine Erhöhung der Anforderungen ist geplant (Basel III)

Ein Kreditnehmer kann mit einer qualitativen Finanzplanung negative Signale für eine Ratingherabstufung vermeiden. Solche könnten beispielsweise sein

- Lastschriftrückgaben mangels Kontodeckung
- Kontoüberziehungen
- nicht ausgeführte Überweisungen
- wiederholte Anfragen nach Kreditausweitung oder Ratenstundung

Beispiele für die Ermittlung der kalkulierten Eigenkapitalkosten einer Bank

Kredit über 100.000 EUR, erwartete Eigenkapitalrendite 12 %

a) Durchschnittliches Rating und Risikogewichtung des Kredits zu 100 %
Eigenkapitalbedarf 8 % von 100.000 = 8.000 EUR
Als Mehraufwand für die Erwirtschaftung des Eigenkapitals werden 4 % p. a. angesetzt.
Die Eigenkapitalkosten betragen dann 4 % aus 8.000 = 320 EUR
Bezogen auf die Kreditsumme von 100.000 EUR ergibt sich ein Kalkulationsanteil auf den Zinssatz von 0,32 %.

b) Das bankaufsichtsrechtliche Risikogewicht sei wegen eines günstigeren Ratings für den Kredit 60 %. Der darauf entfallende Eigenkapitalanteil beträgt dann 8 % aus 60.000 = 4.800 EUR. Dieser Anteil zu 4 % ergibt 192 EUR, was jetzt einem Zinsaufschlag von 0,192 entsprechen würde.

c) Das Risikogewicht sei wegen eines schlechten Ratings 200 %. Daraus ergibt sich dann entsprechend ein Zinsaufschlag in doppelter Höhe der Situation a, also von 0,64 %.

Zusammenfassung zu Kapitel M:
Besondere Finanzierungsinstrumente

Venture Capital	■ Wagniskapital als Eigenkapital oder Eigenkapitalersatz (Private Equity), insbes. für Unternehmensgründung oder -ausweitung ■ Businessplan als Voraussetzung ■ Managementunterstützung ist üblich ■ Venture-Capital-Geber veräußern Beteiligung nach vereinbarter Zeit
Financial Leasing	■ Grundmietzeit gemäß Leasing-Erlass 40–90 % der Nutzungsdauer üblich ■ Leasingrate = Aufwand ■ gleichmäßiger Liquiditätsabfluss ■ keine Bilanzierung von Anlagevermögen beim Leasingnehmer ■ Investitionsrisiko beim Leasingnehmer
Factoring	Verkauf von Forderungen an Kunden mit ■ Vorfinanzierung bis zur Fälligkeit ■ Zahlungsausfallrisiko beim Factor ■ Übernahme der Debitorenbuchhaltung durch Factor Verfahren: ■ offenes Verfahren = Anzeige der Abtretung an Debitor ■ verdecktes Verfahren: keine Information an Debitor
Verbriefung von Forderungen	■ Commercial Papers = Industrieschuldverschreibungen mit kurzer Laufzeit ■ Asset-backed Commercial Papers mit Vermittler des wiederholten Absatzes ■ Mezzanine-Kapital nach Art von Genussrechten
Förderprogramme	■ KfW Mittelstandsbank ■ ERP-Mittel ■ Existenzgründungshilfen der Länder ■ Information und Unterstützung durch Kammern
Rating	■ internes Rating durch ein Kreditinstitut ■ externes Rating durch Agentur ■ je besser das Rating, desto günstiger die Kreditkonditionen

Aufgaben und Probleme

Kapitel M Besondere Finanzierungsinstrumente

1. Beschreiben Sie, inwiefern sich Venture Capital von herkömmlichen Finanzierungen unterscheidet.

2. Geben Sie an, warum Venture Capital aus Sicht des Kapitalgebers nur mittelfristig, aus Sicht des Unternehmens aber langfristig zur Verfügung stehen kann.

3. Begründen Sie, inwiefern sich Leasing von einer Sachmiete unterscheidet und was beide Rechtsformen gemeinsam haben.

4. Eine Anlage zum Investitionsbetrag von 1,2 Mio. EUR kann zu folgenden Bedingungen geleast werden:
   Nutzungsdauer 8 Jahre, Vollamortisation.
   Angebot A:
   Jährliche Miete während der Grundmietzeit von 4 Jahren 340.000 EUR, nach Ablauf der Grundmietzeit Miete 60.000 EUR jährlich.
   Angebot B:
   Jährliche Miete während Grundmietzeit von 7 Monaten 225.000 EUR; im letzten Jahr 50.000 EUR.
   Darlehensangebot der Bank:
   1,2 Mio. EUR zu 8 % p. a. mit jährlicher Tilgung in 5 gleichen Jahresraten.
   Vergleichen Sie die Angebote mit dem Barwert zu 5 % p. a.

5. Beschreiben Sie die klassischen Funktionen des Factoring.

6. Geben Sie an, für welche Unternehmen Factoring infrage kommen kann.

7. Unterscheiden Sie offenes und verdecktes, echtes und unechtes Factoring.

8. Zeigen Sie die Auswirkung von Factoring und Leasing auf den Jahresabschluss eines Unternehmens.

9. Geben Sie an, welchen Zweck ein Sperrkonto beim Factoring erfüllt.

10. Die Konditionen eines Factors sind:
    Delkredere 1,25 % des Umsatzes
    Debitorenbuchhaltung 2,25 % des Umsatzes
    Zinsen 9 % p. a.
    Der Umsatz pro Monat liegt bei 2 Mio. EUR.
    Einbehalt auf Sperrkonto 10 %.
    a) Geben Sie die Höhe der monatlichen Barauszahlung an.
    b) Berechnen Sie die Höhe der Factoringgebühr in Prozent des Umsatzes.

11. Informieren Sie sich über die aktuellen Förderprogramme des Landes für Existenzgründer.

12. Begründen Sie, warum die „Basel II"-Vorgaben, die eigentlich nur Banken betreffen, auch für Unternehmen, die Kredite nachfragen, eine Rolle spielen.

Stichwortverzeichnis

A

B

C

D

E

F

G

L

M

N

O

P